Lehrgang Elektrotechnik und Elektronik

Erich Boeck · Hanno Kallies

Lehrgang Elektrotechnik und Elektronik

Theoretische Grundlagen der Elektrotechnik und Elektronik mit ihren Anwendungen zur Analyse elektrotechnischer Prozesse

3. Auflage

Mit Übungsaufgaben und Lösungen

Erich Boeck
Technische Universität Hamburg
Rostock, Deutschland

Hanno Kallies
Hochschule für Angewandte
Wissenschaften Kiel
Kiel, Deutschland

ISBN 978-3-658-50902-6   ISBN 978-3-658-50903-3 (eBook)
https://doi.org/10.1007/978-3-658-50903-3

Die Deutsche Nationalbibliothek verzeichnet diese Publikation in der Deutschen Nationalbibliografie; detaillierte bibliografische Daten sind im Internet über https://portal.dnb.de abrufbar.

Planung/Lektorat: Alexander Grün
Springer Vieweg ist ein Imprint der eingetragenen Gesellschaft Springer Fachmedien Wiesbaden GmbH und ist ein Teil von Springer Nature.
Die Anschrift der Gesellschaft ist: Abraham-Lincoln-Str. 46, 65189 Wiesbaden, Germany

Vorwort

Im vorliegenden Lehrgang werden die theoretischen Grundlagen der Elektrotechnik und Elektronik mit ihren Anwendungen zur Analyse elektrotechnischer Vorgänge in engem Zusammenhang mit den Hauptanwendungsfeldern dargestellt, die üblicherweise fast alle nichtelektrotechnischer Art sind. Dabei erscheint es als wichtig, dass die theoretischen Grundlagen ein anerkanntes „Werkzeug" zur Bewältigung praktischer Aufgaben darstellen.

Heute wird im Studium insbesondere ein Überblick im jeweiligen Berufsfeld und Fachgebiet zur Orientierung in den sich schnell wandelnden Technologien gegeben. Exemplarisch werden diese an einigen repräsentativen Aufgabenstellungen vertieft, um so die Grundlagen für eine vor allem selbstständige Erarbeitung fachlicher und beruflicher Inhalte zu schaffen. Der kompakte Lehrgang soll gerade dafür einmal eine Anleitung zur eigenen Orientierung bei einer Anwendung geben und zum anderen immer wieder eine Einordnung in den Gesamtzusammenhang der Theorie ermöglichen, um so die Übertragbarkeit auf weitere Aufgaben zu erreichen.

Die Inhalte entwickelten sich in der Lehrtätigkeit für Studenten nichtelektrotechnischer Fachrichtungen sowie in fast zwanzig Jahren für Lehramtsstudenten elektrotechnischer Berufe. Im Vordergrund stehen deshalb das Kennen, Einordnen und Verstehen des Zusammenwirkens der theoretischen Begriffe, das Bewerten von Inhalten der Fachliteratur sowie neuer Entwicklungsrichtungen und insbesondere das Analysieren und Aufklären der Funktionsweise von Geräten, Einrichtungen und Anlagen. Dagegen ist die eigene elektrotechnische bzw. elektronische Entwicklungstätigkeit nicht gleichermaßen erforderlich.

Es wird der Bogen von den Grundlagen – den Vorgängen in Leitern, Nichtleitern und im Magnetfeld – über die Analyse elektrischer Stromkreise bei Gleich- und zeitveränderlichen Strömen, die Analyse von Halbleiterbauelementen, analogen und digitalen Schaltungen bis zur Analyse von Signalen und Systemen, Analysen in der Regelungstechnik, der Antriebstechnik und der Leistungselektronik gespannt. Darüber hinaus wurden kurze Exkurse zur benötigten Mathematik eingebunden.

Die theoretischen Grundlagen der Elektrotechnik haben sich vor allem durch experimentelle Untersuchungen und Entdeckungen entwickelt. Deren Interpretationen und insbesondere ihre zunehmende mathematische Beschreibung führten zur Herausbildung der heutigen Theorien. Die Darlegung des experimentellen Ursprungs fördert das Verstehen der Begriffe und Gesetzmäßigkeiten sowie deren mathematischen Formulierungen, die sich vielfach bewährt und somit durchgesetzt haben. In diesem Sinne erscheint die Theorie als komprimierte Erfahrung. Eine exakte Kenntnis kann somit nicht ersetzt werden. Wichtig ist aber, wie man Fragen an die Theorie stellt und die Theorie für deren Antworten entfaltet. Das soll für viele wichtige Hauptanwendungsfelder aufgezeigt werden.
Dieser Lehrgang richtet sich insbesondere an Lehramtsstudenten elektrotechnischer Berufe, an Berufsschullehrer, an Studenten nichtelektrotechnischer Fachrichtungen, Studenten der Elektrotechnik als Repetitorium sowie an Praktiker (vieler Fachrichtungen), die eine Einordnung ihrer Erfahrungen in den elektrotechnischen Hintergrund benötigen. Nach den theoretischen Grundlagen erfolgt für diese Studenten der notwendige Überblick zu vielen relevanten Anwendungsgebieten in gleichartig heruntergebrochener Abhandlung.
Für die dritte Auflage wurden eine Reihe Änderungen und Erweiterungen mit Hilfe des Coautors eingefügt.

Über Anregungen zu Verbesserungen (oder Hinweise zu leider immer möglichen Unkorrektheiten) wären wir sehr dankbar.

Unseren Kollegen aus dem Institut für Technik, Arbeitsprozesse und Berufliche Bildung (inzwischen: Institut für Technische Bildung und Hochschuldidaktik) danken wir für die Anregung und Ermutigung zu diesem Lehrbuch. Bei Prof. Joseph Pangalos bedanken wir uns für den Anstoß zu dieser Arbeit sowie die Hilfe zur Regelungstechnik.
Dankbar sind wir auch allen unseren Lehrern, Hochschullehrern und vielen Kollegen, die nicht alle einzeln genannt werden können, für unsere insgesamt solide Ausbildung sowie für viele Inhalte ihrer Lehre.
Für die vielfältige Unterstützung zur Veröffentlichung dieses Lehrgangs bedanken wir uns bei der Programmleitung des Springer Vieweg Verlages.
Unser Dank gilt insbesondere unseren Frauen für die Unterstützung und den fortwährenden Ansporn.

Rostock und Kiel, Dezember 2025   Erich Boeck
                                                                Hanno Kallies

Interessenkonflikt Die Autoren haben keine relevanten Interessenkonflikte im Zusammenhang mit dieser Publikation.

Inhaltsverzeichnis

1 Einführung zu den theoretischen Grundlagen

Die Ausübung jeder beruflichen Tätigkeit erfordert eine Verknüpfung von Wissen und Fertigkeiten verschiedener, häufig sehr unterschiedlicher, wissenschaftlicher Disziplinen, ist also interdisziplinär. Jede Disziplin hat in ihrer historischen Entwicklung eine eigene Fachsprache mit spezifischen Begrifflichkeiten, eine eigene Strukturierung des fachspezifischen Wissens (Fachsystematik) und Strukturierungen der Arbeitsabläufe typischer beruflicher Arbeits- und Geschäftsprozesse (Handlungsstrukturen) entwickelt, deren Kenntnis für das Verständnis der jeweiligen Disziplin relevant ist. Wird beispielsweise die Analyse der Facharbeit im Elektrohandwerk an den Dienstleistungen für die Kunden orientiert (Häg02 S. 115-118), so ergibt sich eine Struktur zur Einteilung der Arbeit in Handlungsfelder und für den Berufsschulunterricht in Lernfelder. Eine solche Einteilung entspricht den Erfordernissen der Arbeitsprozesse in der Facharbeit. Die Erfordernisse der Arbeit einer Lehrkraft folgen aus der Analyse der Unterrichtstätigkeit und der dazu notwendigen Vorbereitung und Absicherung, die eines Ingenieurs oder einer Ingenieurin aus der Analyse dessen bzw. deren Tätigkeiten in der Produktionsleitung bis zur Konstruktions-, Entwicklungs- oder Forschungstätigkeit.

Die Disziplin Elektrotechnik, die in diesem Lehrgang behandelt wird, spielt mittlerweile in vielen beruflichen Tätigkeitsfeldern, aber auch für Gesamtgesellschaftliche Prozesse eine ausgeprägte Rolle. So ist die Elektrotechnik beispielsweise in den Curricula vieler technischer Bildungsgänge verankert. Bei der fortschreitenden Digitalisierung und Energiewende werden elektrotechnische Erkenntnisse zur Anwendung gebracht, dessen Verständnis zugleich einen fundierten gesellschaftlichen Diskurs ermöglicht.

Die Kenntnis der verschiedenen Begriffe und Strukturen der Disziplinen ist eine Voraussetzung, um den jeweiligen Inhalt zu verstehen. Bildungssituationen sollten daher ermöglichen, dass die Lernenden unmittelbar die notwendigen Verbindungen des Wissens der verschiedenen Disziplinen erleben, selbst herstellen und mit ihrem jeweiligen Arbeits- bzw. Geschäftsprozessen verknüpfen. Mit einer solchen Erfahrung können Gestaltungsspielräume beim Lösen von Aufgaben wahrgenommen und ausgefüllt werden.

Im folgenden Lehrgang geht es um elektrotechnische Fragestellungen sowie davon ausgehende Hinweise zur erfolgreichen Anwendung bei verschiedenen praktischen Aufgaben. Zur Bewältigung dieser Fragestellungen ist elektrotechnisches Fachwissen unabdingbar. Sicher unverzichtbar, aber auch schnell vergänglich reichen einfache Informationen, Informationssammlungen [1] nicht, um den Einsatz zu bewerten, über örtliche Anpassungen zu entscheiden, geschweige denn ein Zusammenwirken mit vorhandenen (evtl. älteren) Teilen zu gewährleisten. Hierzu sind neben personalen Kompetenzen umfassende Fachkompetenzen notwendig, die sich aus fundiertem fachtheoretischem Wissen und kognitiven Fertigkeiten zusammensetzen (siehe: (Bun25)).

---

[1] z.B. Informationen

- über einsetzbare Elemente, Geräte und Anlagen sowie deren Ausstattungsmerkmale von möglichst vielen Anbietern oder
- zur Befestigung/Aufstellung, Montage und Installation der „vom Kunden" ausgewählten Geräte oder
- über Vorschriften zur Auswahl bzw. Dimensionierung von Zuleitungen Sicherungen u.Ä.

Nach Ansicht der Autoren erlaubt fundiertes fachtheoretisches Wissen

- ein Denken, das zum Verständnis und zu der Fähigkeit einer Bewertung der betreffenden elektrotechnischen Vorgänge führt, sowie
- ein Verstehen der notwendigen Zusammenhänge zwischen den Vorgängen.

Kognitive Fertigkeiten befähigen zu

- bewusstem selbstgeführtem praktischem Handeln sowie
- dem Erkennen und Nutzen vorhandener Gestaltungsmöglichkeiten.

Auch das elektrotechnische fachtheoretische Wissen selbst tritt bei seinem Einsatz immer in komplexer Form und verbunden mit der Disziplin der Anwendung [2] auf.
Weiter kommt zum Tragen, dass seit der Herausbildung der Elektrotechnik die Tätigkeit auf diesem Gebiet von drei **Besonderheiten** dieser Technik bestimmt wird.

Unabhängig von den immer schnelleren Veränderungen der Technologien sind Vorgänge und Prozesse der Elektrotechnik [3] grundsätzlich durch

- *Intransparenz*, die nur punktuell durch Messmittel aufgehoben werden kann,
- heute sogar noch stark zunehmende *Komplexität* und
- eine deutliche *Eigendynamik* gekennzeichnet.

Der Umgang mit diesen Besonderheiten verlangt in der Vorstellung von Elektrotechnikern und Elektrotechnikerinnen ein gedankliches Abbild der Vorgänge und Prozesse [3] (vergleiche (Dör89 S. 58 ff)) in Form von mentalen Modellen, die die Möglichkeit der Simulation, des Durchspielens von Ereignisfolgen sowie des Probehandelns bieten (vergleiche: (Dut94 S. 76 ff) und (Mar01 S. 50 ff)) und einen ständigen Vergleich mit den punktuell sichtbaren Ereignissen ermöglichen. Nur durch dieses „elektrotechnische Denken", gepaart mit der Entwicklung der dazu notwendigen Intuition [4], kann die tatsächliche Funktion kontrolliert, eine Anlage in Betrieb genommen, ein Prozess gesteuert und optimiert, eine Fehlfunktion korrigiert oder gar eine Anlage geplant, projektiert und errichtet werden, kann also Gestaltung auf der elektrotechnischen Ebene realisiert werden. Andererseits ist dazu eine ausreichende Basis an fachtheoretischem Wissen erforderlich, damit die genannten gedanklichen Abbilder bei aller notwendigen Reduktion die Realität auch hinreichend akkurat wiedergeben können.

Realität und Komplexität wird individuell wahrgenommen (vergleiche: (Dör89 S. 58 ff) (Arn04 S. 85)) und verarbeitet, sodass jeder Lernende seinen Lernweg finden und seine Intuition [4] entwickeln muss. Für Lernprozesse bedeutet dies, im Kontext von zunächst komplexitätsreduzierten Anwendungssituationen bewusst Wissen entsprechend seiner inneren Logik aufzubauen und, bis die notwendige Basis geschaffen ist, schrittweise zu komplexeren Prozessen vorzudringen.
Jede Disziplin benötigt zu ihrem Verständnis und zur Erlangung von Fachkompetenzen entsprechend ihrer eigenen inneren logischen Struktur eine konsequente Darstellung. So ist es nicht möglich, aus der Struktur der Elektrotechnik heraus den Arbeitsprozess und seine optimale, folgerichtige Gestaltung zu erkennen. Genauso ergibt sich aus der Struktur des Arbeitsprozesses kein logisches Verständnis der inneren Zusammenhänge eines Wissensgebietes. Eine solche bruchstückhafte Wissensvermittlung führt unweigerlich zu

---

[2] z.B. mechanischer Antrieb, Waschvorgang, Bildbearbeitung/-übertragung, Datenverarbeitung …
[3] Mit elektrotechnischen Prozessen bezeichnen wir Vorgänge und Abläufe in Systemen (Elemente, Geräte und Anlagen) einschließlich ihrer Intransparenz, Komplexität und Eigendynamik. Der kompakte Lehrgang ist für Studenten vorgesehen, die solche Prozesse insbesondere analysieren, verstehen und bewerten können müssen.
[4] Die hohe Komplexität kann heute nur damit ausreichend reduziert werden.

Oberflächlichkeit [5]. Die verschiedenen Strukturen können nur aus einem Verständnis der Interdisziplinarität heraus bewältigt und so alle wichtigen Querverbindungen erkannt werden.

Welche Forderungen sind an eine Theorie und ihre Vermittlung zu stellen, damit sie für eine praktische Tätigkeit als unverzichtbares und hervorragendes „Werkzeug" erkannt wird? Nur aneinandergereihte kleine Infos ohne Einordnung in das Gesamtverhalten werden kaum nachhaltig angenommen.

- Die Theorie muss eine Plausibilitätsebene besitzen, die Anschaulichkeit und Verständlichkeit anspricht und so Vorstellungskraft und Fantasie erreicht.
- Der Formalismus der Theorie muss für die Lernenden handhabbar sein bzw. beim Umgang mit ihr werden.
- Bei der Kompetenzförderung sind unmittelbar relevante praktische Konsequenzen und Schlussfolgerungen erfahrbar zu machen und die „Entfaltung der Theorie" für eine Fragestellung der Anwendung muss selbst erlebt werden.

In der Bildungsbiografie der Autoren wurden Theorien grundsätzlich immer orientiert auf praktische Anwendungen erfahren. Vielfach konnte dabei erlebt werden, wie sich ganze Felder mit neuen Gestaltungsmöglichkeiten eröffneten. Ausgehend von Lernprozessen, bei denen zunehmend der gesamte Arbeitsprozess mit angelegtem Gestaltungsspielraum untersucht wird, kann das Nutzen dieses Freiraumes mit Fachkompetenzen erlebt werden, was einen echten Wissenserwerb fördert.

Praxistipp: Physikalisch exakte Begriffe (z.B. für Strom, Spannung usw.) sind unabdingbar für ein wirkliches Verständnis der Theorie. Reduzierte, verkürzte „verständlichere" Theorien nutzen niemandem.
Zur praktischen Nutzung sind dagegen vor allem Erfahrungen mit den Zahlenwerten bei ihrer Messung erforderlich (z.B.: Was sagt mir 238 V gemessene Netzspannung statt 230 V? Oder z.B. noch verständlicher: Was ziehe ich bei 83 °F an?).

Zusätzliche Aspekte für Lehrende in Bezug auf ihre eigene Tätigkeit betreffend ihrer elektrotechnischen Fachkenntnisse sind:

- Das fachtheoretische Wissen inklusive Begriffe und Definitionen mit ihrer Entstehung und Entwicklung, welche im Unterricht thematisiert werden sollen, muss in die Zusammenhänge des Fachgebietes eingebettet und somit vom Lehrenden bewertet werden können.
- Die Fachliteratur muss ausgewertet, bewertet und zutreffende Entwicklungen müssen umgesetzt werden können.
- Technische Lernumgebungen müssen geplant, entwickelt, erprobt, realisiert und gewartet werden können.

Die theoretischen Grundlagen der Elektrotechnik und Elektronik sind der Gegenstand des folgenden Lehrgangs. Das Ziel ist Lernprozesse in angeführtem Sinne in sich geschlossen, zusammenhängend und in gleicher Weise für alle wichtigen Grundlagen „heruntergebrochen" darzustellen.

Der Aufbau folgt der Logik des Verständnisses des Gegenstandes [6]. Die Theorie kann dabei nicht beschnitten werden, wird aber nicht in alle möglichen Richtungen ausdiskutiert und

---

[5] Der Versuch erzeugt eine Degradierung von Wissen (es reichen ja Kurzerklärungen oder Informationssammlungen etwa von Arbeitsblättern). Dies ergibt auch eine Haltung zur Abwertung von Wissen.
[6] Das ist nicht identisch mit der Systematik der Fachdisziplin, da historische und lösungsmethodische Hierarchien nicht einfließen müssen. Die Ordnung folgt vor allem didaktischen Gesichtspunkten zum Verständnis und zur besseren Verarbeitung des Stoffes. Es soll nicht um das Auswendiglernen von ein paar wichtigen Formeln gehen.

vertieft. Das wäre für Spezialisten dagegen notwendig. Ein angemessener Überblick wird nach Möglichkeit angestrebt.

An allen wichtigen Stellen werden die Bezüge zur praktischen Nutzung dargestellt. Übungsaufgaben sowie ratsame Versuchsaufgaben dienen zur eigenen Vertiefung und als Beispiele zu Fragestellungen an die Theorie sowie deren „Entfaltung" für diese Frage. Damit wird gleichzeitig eine Diskussion von Fakten und Zusammenhängen verbunden. Im Anhang befinden sich dazu die Lösungen.

Die Abschnitte können auch nach dem gerade benötigten Wissen einzeln genutzt werden. Deshalb erfolgen vor allen Hauptabschnitten Hinweise, welche Abschnitte zum Verständnis vorher zu erarbeiten bzw. als hilfreich anzusehen sind.

Zur leichteren Wiederholung wurden mathematische Exkurse eingefügt. Ergänzende und interessante zum unmittelbaren Verständnis aber nicht erforderliche Teile sind mit einem „*" gekennzeichnet und können auch überlesen werden.

2 Einleitung zur Elektrotechnik

Im Altertum waren bereits die Erscheinungen der Anziehungskraft bei „geriebenem"
Bernstein oder bei einigen eisenhaltigen Mineralien bekannt. Es wird auch vermutet, dass
einige Ausgrabungen auf die Möglichkeit zum Galvanisieren (Versilbern, Vergolden)
hinweisen könnten (die sogenannte Batterie von Bagdad). Im 16. und 17. Jahrhundert gab es
mehrere Versuche und Arbeiten zu Magnetismus und Reibungselektrizität. Exakte
Untersuchungen von Ladungen unternahm insbesondere Coulomb. Dennoch begann eine
systematische Untersuchung erst mit den Entdeckungen von Galvani und Volta, die in ihrer
Folge verwendbare Quellen hervorbrachten.

Ein entscheidender Schritt waren die durch Faraday entwickelten Vorstellungen von Feldern
und Feldlinien, verbunden mit dem Übergang zu einer Deutung durch Nahwirkungen, die zu
einer endlichen Ausbreitungsgeschwindigkeit aller Wechselwirkungen führten. Diese
Vorstellungen wurden dann von Maxwell mathematisch in anerkannter Weise formuliert.
Damit wurden nun für die Physik zwei Probleme sichtbar:

- Es muss auch im Vakuum einen Träger für die Felder (die Nahwirkungen) geben, dieses
  führte zur Vertiefung der Äthertheorie, und
- die Felder waren nicht invariant gegenüber Galileitransformationen von einem
  Inertialsystem in ein anderes. D.h., das bewährte Relativitätsprinzip aus der klassischen
  Physik galt für die Felder nicht und dies trennte die physikalischen Theorien.

Die Problematik wurde nicht einfacher, nachdem Michelson und Morley in ihrem Versuch
keinen Ätherwind nachweisen konnten und sich damit die immer komplizierter werdende
Äthertheorie nicht bewährte.

Einsteins Gedanke, umgekehrt vorzugehen (Ein70 S. 38 ff) und das Relativitätsprinzip der
Feldtheorie, welches er in der Lorentztransformation erkannte, auf die klassische Physik
anzuwenden, schuf wieder eine einheitliche Physik. Dabei ergab sich aber als „Nebeneffekt"
das ersatzlose Streichen der Äthertheorie und mit ihr vieler Vorstellungen, aus denen die
Begriffswelt der Elektrotechnik z.T. hervorgegangen war. Alle physikalischen Vorgänge
waren ausreichend in der mathematischen Formulierung enthalten und diese wiederum in
hervorragender und vielfältiger Weise praktisch bestätigt worden (Bor69 S. 192 ff). Somit
entstand aber ein „Verzicht" auf das Verständnis der Funktionsweise der oben genannten
Nahwirkung. (In der folgenden Zeit wurde durch den Übergang zu vierdimensionalen
mathematischen Räumen und dem Tensorkalkül die Anschaulichkeit in der theoretischen
Physik weiter „vernachlässigt".)

In der Elektrotechnik besteht die Möglichkeit, Anschaulichkeit und Plausibilität zu
erreichen, indem die Begriffe konsequent aus praktischen Beobachtungen (dem
Experiment, den Messungen) dargestellt werden und die Mathematik „nur" zur
Formulierung unserer Beobachtungen herangezogen wird.

Die Berechtigung dazu ergibt sich, weil die Elektrotechnik vorrangig durch praktische und
experimentelle Erfahrungen entstanden ist. Eine theoretische und mathematische
Formulierung wurde vielfach anschließend auf der Basis der gewonnenen Erkenntnisse
erstellt. (So erscheinen viele Gesetzmäßigkeiten als „mathematischer Ausdruck einer
Messkurve", z.B. das Ohm'sche Gesetz). Für die Herausbildung der Vorstellungen in der
Elektrotechnik hat diese Entwicklung eine erkennbare Bedeutung gehabt.

2.1 Die Ladung

Experimentelle Untersuchungen, bei denen sowohl Anziehung als auch Abstoßung auftreten, führten zu der Schlussfolgerung, dass es zwei verschiedene Ladungen geben muss. Dafür haben sich zur Unterscheidung die Bezeichnungen „positiv" bzw. „negativ" durchgesetzt. Die Festlegung des Vorzeichens einer Ladung erfolgte relativ willkürlich. So wurde die Ladung, die beim Reiben eines Glasstabes entsteht als „positiv" und die beim Reiben eines Hartgummistabes als „negativ" bezeichnet. Dadurch ergab sich dann später die Ladung eines Elektrons als negativ. Weil positive und negative Ladungen ihre Wirkung gegenseitig kompensieren, erschien diese Bezeichnung als geeignet, wurde von anderen übernommen und hat sich so durchgesetzt.
Ein ungeladener Körper besteht aus positiv und negativ geladenen Teilchen in gleicher Menge (zusätzlich evtl. aus neutralen Teilchen). Ein Entzug negativer Ladungen (z.B. von Elektronen) lässt einen positiv geladenen Körper zurück; die Aufnahme negativer Teilchen ergibt einen negativ geladenen Körper.

In der Natur gibt es positive und negative Ladungen, immer in gleicher Menge, also ausgeglichen. Es kann aber zeitweilig in begrenzten Gebieten durch Ladungstrennung (z.B. durch Reibung) ein Überschuss bzw. Mangel erzeugt werden, auch wenn insgesamt der Ladungsausgleich immer bestehen bleibt. Das entspricht physikalisch einem Erhaltungssatz:

$$\sum_{\text{über alle}} \text{Ladungen} = 0 \quad \text{(in geschlossenen Systemen)} \,.$$

Praxistipp: Das bedeutet, dass Ladungen weder erzeugt noch vernichtet werden können, und diese Tatsache ist für das Verständnis elektrotechnischer Gesetze sehr hilfreich.

1784 hat Coulomb mit einer Torsionswaage die Kraftwirkungen von Ladungen untersucht.

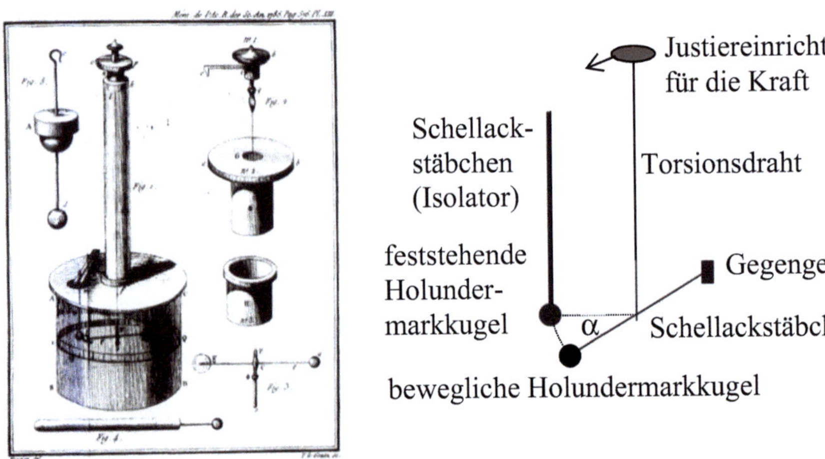

Abb. 2.1: Torsionswaage von Coulomb [7] sowie ihre schematische Darstellung

Durch die Verdrillung (Winkel α) des dünnen Torsionsdrahtes konnte Coulomb die kleinen Kräfte sehr genau messen. Dazu wurden beide Holundermarkkugeln durch die Justiereinrichtung so eingestellt, dass sie gerade nebeneinander lagen. Mit einem geladenen Stab wurden beide Kugeln gleichzeitig berührt und bekamen so gleiche Ladungen. Nachdem sie sich abgestoßen hatten, konnte der Winkel als Maß für die Kraft ermittelt werden. Danach wurde an der Justiereinrichtung gedreht, bis α halbiert war. Die neue Zeigerstellung der

---

[7] Gemeinfreie Abbildung aus http://upload.wikimedia.org/wikipedia/commons/0/04/Bcoulomb.png 11.05.2009

Justiereinrichtung ergab die neue Kraft. Danach wurde α wiederum halbiert. Die Auswertung der Messreihe ergab eine Abhängigkeit der Kraft mit $1/r^2$ (das Coulomb'sche Gesetz).

> Praxistipps zur experimentellen Darstellung: Das Kraftfeld geladener Körper lässt sich (analog zu Eisenfeilspänen beim Magnetfeld) durch kleine Dipole mit länglicher Form, die sich in den Kraftfeldern ausrichten, darstellen (Gipskristalle bei (Poh44 S. 15 ff), dünne ca. 3 mm lange Polyamidfasern bei (Pau07 S. 256) jeweils trocken oder Grießkörner aber in Rizinusöl als Isolator fixiert). Dazu werden über die mit 3 bis 10 kV (z.B. mit einem Bandgenerator) versehene Elektrodenanordnung eine Glasscheibe gelegt und darauf die Dipole gestreut. Die Spannung und die Dichte der Dipolteilchen muss erprobt werden.

2.2 Die Ladung als Ausgangspunkt

> **Der Ausgangspunkt** der theoretischen Betrachtung soll die Ladung Q sein, weil sie als **Naturgröße** angesehen und vielfältig nachgewiesen werden kann (siehe Abschnitt 2.1).

Bei Experimenten (Faraday'sche elektrolytische Abscheidungsversuche, Versuch von Millikan 1910 zur genauen Bestimmung der Elementarladung) existiert eine kleinste Ladungsmenge – die Elementarladung „e" oder auch „e-", „e+" bzw. $q_0 = 1{,}6 \cdot 10^{-19}$ As [8]. Daraus folgt:

$$Q = N \cdot q_0 \qquad\qquad N = \text{Anzahl} \ . \qquad\qquad\qquad (\,2.1\,)$$

Andererseits wird die Ladungsmenge, wenn sie nicht zur Punktladung vereinfacht werden kann, durch die Raumladungsdichte (ρ = Ladung pro Volumenelement) ausgedrückt.

$$\rho = \frac{dQ}{dV} \qquad \text{und} \qquad Q = \int_V \rho \, dV \qquad\qquad\qquad (\,2.2\,)$$

Für die elektromagnetischen Vorgänge und somit die Elektrotechnik hat es sich bewährt, nach Faraday davon auszugehen, dass sich die Wirkungen der Ladung in Form einer Nahwirkung ausbreiten. Das Prinzip besteht darin, dass von der Ladung eine Wirkung nur auf ihre unmittelbare Umgebung erfolgt, diese dann die Wirkung wiederum auf ihre unmittelbare Umgebung weitergibt usw. An einem betrachteten Raumpunkt kommt die Wirkung also mit einer entsprechenden Zeitverzögerung an. Damit breiten sich für unsere Untersuchungen (in der „makroskopischen" Elektrotechnik) von einer Ladung über eine Nahwirkung in den Raum zwei Faktoren aus, die wir beschreiben wollen; zusätzlich ist ihre Bewegung darzustellen.

> 1. Die Verbindung einer Ladung mit der gleichen Größe an Gegenladungen,
> 2. eine in jedem Punkt des Raums zu jeder Zeit messbare Kraftwirkung einer Ladung auf andere Ladungen und
> 3. die Bewegung der Ladungen selbst.

Die beiden ersten Faktoren sind miteinander verbunden, haben aber unterschiedliche Auswirkungen, sodass es sinnvoll ist, beide zu beschreiben. Der erste Faktor breitet sich unabhängig vom umgebenden Material im Raum aus [9], der zweite wird vom umgebenden Material deutlich beeinflusst.

---

[8] Im metrischen Maßsystem hat die Ladung keine Grundmaßeinheit bekommen und wird in Amperesekunden (As) gemessen, und nach Coulomb (C) genannt.
[9] Die Menge der notwendigen Gegenladungen kann sich nicht durch das dazwischen liegende Material ändern. Bei praktischen Berechnungen wird deshalb in der Regel von dieser Größe ausgegangen (siehe (Lun91 S. 169)).

Die dazugehörenden Begriffe werden einmal in einem Beobachtungssystem (Koordinatensystem) untersucht, in dem die erzeugenden Ladungen ruhen.

Das ergibt das elektrostatische Feld.

Die Beschreibung der Bewegung der Ladungen führt zum Begriff des elektrischen Stromes. Die Untersuchung der entsprechenden Begriffe erfolgt in einem Beobachtungssystem, in dem die Leiter ruhen.

Das ergibt das elektrische Strömungsfeld.

Darüber hinaus sind aber auch die Effekte zu untersuchen, die durch die Bewegung der Ladungen erst erzeugt werden. Eine tiefgründige Untersuchung dieser Effekte kann erst mit der speziellen Relativitätstheorie verstanden werden (Boe23 S. 38 ff). Bei den experimentellen Untersuchungen traten sie historisch gesehen als „eigenständiges" Feld hervor.

Das ergibt das Magnetfeld.

Mit dieser Betrachtung können letztendlich *alle von der Ladung ausgehenden Wirkungen* auf *Kräfte zwischen Ladungen* bei Beachtung *des Nahwirkungsprinzips* zurückgeführt werden. Das heißt auch, dass der Nahwirkung eine Existenz zukommt, auch wenn ihr Mechanismus in der „makroskopischen" Elektrotechnik nicht untersucht wird und in der Theorie keine direkte Rolle spielt.

Da sich die Zusammenhänge am anschaulichsten beim elektrischen Strömungsfeld zeigen lassen und dabei auch die geringsten mathematischen Anforderungen auftreten, wird mit diesem begonnen. Es folgen das elektrostatische Feld und das Magnetfeld.
Im Kapitel 9 und 11 beginnen mit der „Analyse elektrischer Stromkreise und Netzwerke" die Anwendungen dieses Wissens zur

- Analyse von Bauelementen und Schaltungen der Elektrotechnik (Stromkreise und Netzwerke) einschließlich der Erarbeitung dazu notwendiger Methoden anhand praktisch besonders bedeutsamer Beispiele.

Diese Anwendungen werden in den folgenden Kapiteln 12 bis 21 mit der

- Analyse von Bauelementen und Schaltungen der Informationstechnik (Analog- und Digitaltechnik),
- Analyse von Schaltungen und Geräten der Audio- und Videotechnik sowie
- Analyse von Antriebsprozessen, deren Steuerung und von Prozessen der Energieumwandlung

fortgesetzt. Dazu müssen die Methoden zunehmend ausgebaut werden. Die Darstellung folgt insgesamt der Logik des Verständnisses der elektrotechnischen Vorgänge.

Praxistipp: Es ergibt sich *keine* Einteilung des Wissens nach Gleich- bzw. Wechselstrom usw., weil sich die Gesetze darin nicht unterscheiden. Es sind lediglich bei der Analyse der verschiedenen Prozesse die jeweils erforderlichen mathematischen Methoden anzuwenden.

3 Erster Exkurs Mathematik

3.1 Vektorrechnung

Größen, die durch eine Zahlenangabe und eine Richtung im Raum charakterisiert sind, werden als **Vektoren** bezeichnet. Im Weiteren werden für sie Buchstaben in fetter Schriftart verwendet (z.B. $\mathbf{A}$, $\mathbf{r}$, $\mathbf{s}$…). Grafisch werden sie durch Pfeile dargestellt (Länge des Pfeils entspricht dem Betrag = Zahlenangabe, die Richtung entspricht ihrer Wirkungsrichtung). Vergleiche alle Erläuterungen mit (Bro79 S. 605-639).
Im Folgenden werden wichtige Rechenregeln zusammengestellt.

Darstellung in kartesischen Koordinaten

$$\mathbf{r} = \mathbf{i}\, r_x + \mathbf{j}\, r_y + \mathbf{k}\, r_z \tag{3.1}$$

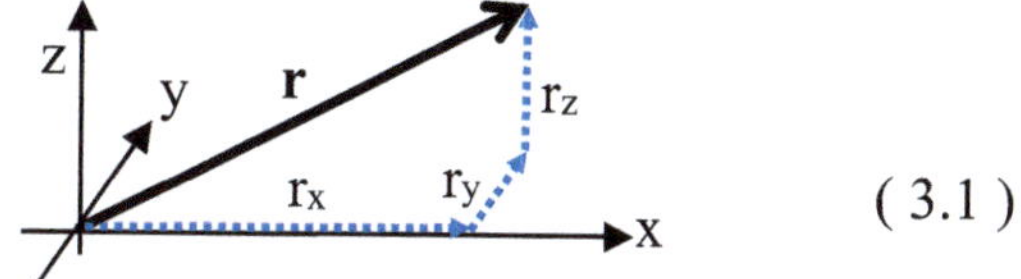

Dabei sind $\mathbf{i}$, $\mathbf{j}$ und $\mathbf{k}$ Einheitsvektoren (Betrag = 1) in die Richtungen von x, y und z.

Darstellung in Polarkoordinaten (nur Ebene):

$$\mathbf{r} = \mathbf{i}\, r\cos\varphi + \mathbf{j}\, r\sin\varphi \tag{3.2}$$

Die Einheitsvektoren (kleine Pfeile) $\mathbf{e}_r$ und $\mathbf{e}_\varphi$ haben in jedem Punkt P(x,y) eine andere Richtung (Richtung von r bzw. φ in diesem Punkt), stehen aber immer senkrecht aufeinander und liegen in der Ebene.

Darstellung in Zylinderkoordinaten:

$$\mathbf{r} = \mathbf{i}\, \rho\cos\varphi + \mathbf{j}\, \rho\sin\varphi + \mathbf{k}\, z \tag{3.3}$$

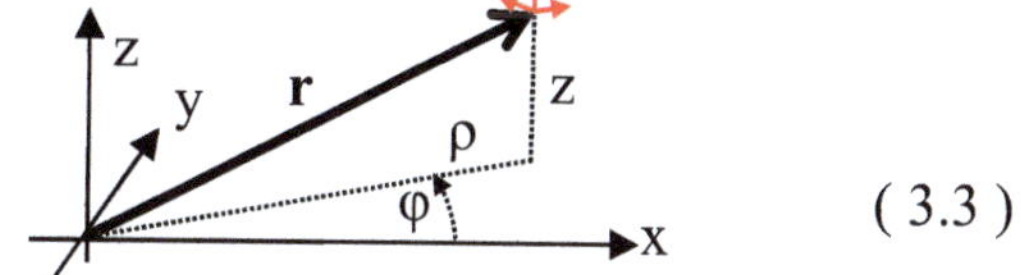

Die Einheitsvektoren (kleine Pfeile) $\mathbf{e}_\rho$ und $\mathbf{e}_\varphi$ haben in jedem Punkt P(x,y,z) eine andere Richtung (Richtung von ρ bzw. φ in diesem Punkt), stehen aber immer senkrecht aufeinander sowie auf $\mathbf{e}_z$ (dieses zeigt in z-Richtung).

Addition und Multiplikation mit skalaren Faktoren:
- in Vektorschreibweise,
- in Komponentenschreibweise und
- als Grafik (an der Spitze des vorigen Pfeils den Anfang des nächsten Pfeils anhängen bis zum letzten; Ergebnispfeil geht vom Anfang des ersten zur Spitze des letzten Pfeils).

$$
\begin{aligned}
\mathbf{r} &= a\,\mathbf{r}_1 + b\,\mathbf{r}_2 + c\,\mathbf{r}_3 + d\,\mathbf{r}_4 \\
\mathbf{r} &= \ \ \mathbf{i}\,(a\,r_{x1}+b\,r_{x2}+c\,r_{x3}+d\,r_{x4}) \\
&\quad + \mathbf{j}\,(a\,r_{y1}+b\,r_{y2}+c\,r_{y3}+d\,r_{y4}) \\
&\quad + \mathbf{k}\,(a\,r_{z1}+b\,r_{z2}+c\,r_{z3}+d\,r_{z4})
\end{aligned}
\tag{3.4}
$$

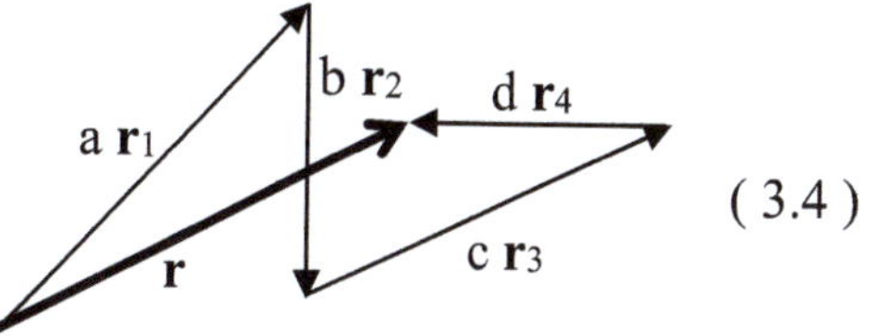

Dabei können, wie bei der Rechnung mit Skalaren, Faktoren ausgeklammert und Plätze vertauscht werden. (Subtraktion entspricht Addition mit umgekehrter Richtung ähnlich r_4.)

Multiplikation von Vektoren – Skalarprodukt (auch Punktprodukt):

$$a = \mathbf{r}_1 \cdot \mathbf{r}_2 = r_1\, r_2\, \cos<r_1,r_2>$$

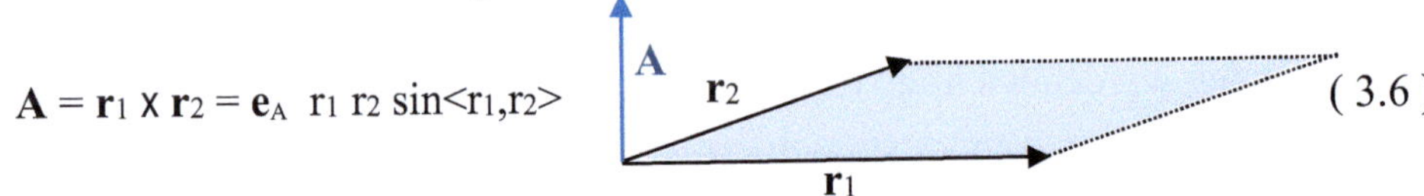

$$(\; 3.5 \;)$$

Das Produkt entspricht der Projektion eines Vektors auf die Richtung des anderen und der Multiplikation der entstandenen Längen. Die Plätze der Vektoren können vertauscht werden (a = skalar).

Multiplikation von Vektoren – Vektorprodukt (auch Kreuzprodukt):

$$\mathbf{A} = \mathbf{r}_1 \times \mathbf{r}_2 = \mathbf{e}_A\, r_1\, r_2\, \sin<r_1,r_2> \qquad (\; 3.6 \;)$$

Die Richtung von **A** ist senkrecht sowohl auf $\mathbf{r}_1$ als auch auf $\mathbf{r}_2$ im Sinne eines Rechtssystems (wie x, y, z). |**A**| entspricht der aufgespannten Fläche (Grundlinie r_1 mal Höhe $r_2 \sin<r_1,r_2>$). Bei Platztausch von $\mathbf{r}_1$ und $\mathbf{r}_2$ ändert sich das Vorzeichen von **A** (d.h. die Richtung). $\mathbf{e}_A$ ist ein Einheitsvektor in Richtung von **A**. Damit ist auch der Vektor einer Fläche sinnvoll definiert. Bei Mehrfachprodukten ergeben sich entsprechende Entwicklungen (Bro79 S. 605-639).

Division durch einen Vektor:
Eine Division durch einen Vektor ist nicht definiert und kann nicht genutzt werden.

Definition für ein Feld (skalares Feld und Vektorfeld):
Ist jedem Punkt im Raum ein Wert zugeordnet (bei Anwendung in der Physik z.B. eine Temperatur), so werden diese Werte als **skalares Feld** bezeichnet. Ist jedem Punkt im Raum ein Vektor (Wert mit Richtung; bei Anwendung in der Physik z.B. eine Strömungs-geschwindigkeit) zugeordnet, so werden diese Vektoren als **Vektorfeld** bezeichnet. Gibt es zwischen mehreren Feldern und/oder Vektorfeldern mathematische Abhängigkeiten, gelten obige Rechenregeln in jedem Punkt P(x,y,z).

3.2 Ableitung und Integration nach Weg, Fläche und Volumen

Für ein Feld oder anderweitig über den Raum verteilte Größen können in jedem Punkt P(x,y,z) die Ableitung nach dem Weg, der Fläche oder dem Volumen gebildet werden (wenn es für uns physikalisch einen Sinn ergibt).

$$|\mathbf{E}| = \frac{dU(x, y, z)}{ds_{Leiter}} \qquad |\mathbf{S}| = \frac{d\,I(x, y, z)}{dA_\perp} \qquad \rho = \frac{d\,Q(x, y, z)}{dV} \qquad (\; 3.7 \;)$$

Dabei müssen ds bzw. dA evtl. gekennzeichnet werden, wenn dafür sonst verschiedene Richtungen möglich wären (im Beispiel ds in Richtung des Leiters und so zu U, dA senkrecht zu I und so zum Leiter; d.h., der Flächenvektor zeigt dann in Richtung von I). Ein Vektor unter dem Bruchstrich ist nicht möglich (keine Division durch einen Vektor).
Die Umkehrungen sind Integrale über einen gegebenen Weg, eine bestimmte Fläche bzw. über ein entsprechendes Volumen. Z.B.:

$$U = \int\limits_{s_{Anfang}}^{s_{Ende}} \mathbf{E}\cdot d\mathbf{s} \; ; \; I = \int\limits_{Fläche_{Leiter}} \mathbf{S}\cdot d\mathbf{A} \; ; \; Q = \int\limits_{Volumen} \rho\, dV \; ; \; u = - \int\limits_{Länge_{Leiter}} (\mathbf{v}_{Leiter}\times\mathbf{B})\cdot d\mathbf{s}_{Leiter} \qquad (\; 3.8 \;)$$

Hierbei werden für jedes Wegelement, Flächenelement bzw. Volumenelement des Integrationsbereiches (also kleines Stück Weg, Fläche bzw. Volumen) das entsprechende

Produkt gebildet und dann für alle Elemente integriert (also aufsummiert). Das letzte Beispiel in (3.8) ist ein Mehrfachprodukt. Der Integrationsbereich ist am Integral anzugeben.
Eine Sonderform sind Integrale über einen geschlossenen Weg (z.B. Kreisring) oder eine geschlossene Oberfläche (z.B. Kugeloberfläche). Wie z.B.:

$$0 = \oint \mathbf{E} \cdot \mathbf{ds} \qquad 0 = \oiint \mathbf{S} \cdot \mathbf{dA} \quad \text{oder einfach} \quad 0 = \oint \mathbf{S} \cdot \mathbf{dA} \; . \tag{3.9}$$

Die Berechnung erfolgt auf gleiche Art und Weise (vergleiche auch (Bro79 S. 605-639)).

3.3 Partielle Ableitungen*

Wenn die Koordinaten x, y, und z sowie auch t voneinander unabhängig sind oder so behandelt werden, also z.B. $x \neq x(y)$ sein soll, dann werden partielle Ableitungen genutzt. Diese sind durch ein rundes ∂ darzustellen. Da die Koordinaten senkrecht aufeinander stehen, ist das bei Feldern in der Regel der Fall. Deshalb werden partielle Ableitungen in jede Koordinatenrichtung zu einem Operator zusammengefasst, der dann auf entsprechende Größen angewendet wird:

$$\nabla = \mathbf{i} \frac{\partial}{\partial x} + \mathbf{j} \frac{\partial}{\partial y} + \mathbf{k} \frac{\partial}{\partial z} \quad \text{Nabla-Operator.}$$

Gradient (geht in die Richtung der größten Zunahme, aus einem Skalar wird ein Vektor):

$$\nabla \varphi = \mathbf{i} \frac{\partial \varphi}{\partial x} + \mathbf{j} \frac{\partial \varphi}{\partial y} + \mathbf{k} \frac{\partial \varphi}{\partial z} = \mathbf{grad}\, \varphi$$

Divergenz (beschreibt die Differenz von Zu- und Abfluss in und aus dV, ist als Punktprodukt ein Skalar):

$$\nabla \cdot \mathbf{S} = \mathbf{i} \cdot \frac{\partial \mathbf{S}}{\partial x} + \mathbf{j} \cdot \frac{\partial \mathbf{S}}{\partial y} + \mathbf{k} \cdot \frac{\partial \mathbf{S}}{\partial z} = \mathrm{div}\, \mathbf{S}$$

Rotation (beschreibt die Größe der Verwirbelung in dV, ist als Kreuzprodukt ein Vektor)

$$\nabla \times \mathbf{E} = \mathbf{i} \times \frac{\partial \mathbf{E}}{\partial x} + \mathbf{j} \times \frac{\partial \mathbf{E}}{\partial y} + \mathbf{k} \times \frac{\partial \mathbf{E}}{\partial z} = \mathbf{rot}\, \mathbf{E} \tag{3.10}$$

Regeln zur Umformung und Entwicklung sich addierender und multiplizierender Ableitungen von Feldern oder Operatoren in anderen Koordinatensystemen (z.B. Zylinderkoordinaten) siehe (Bro79 S. 605-639).
Das **totale Differential** zeigt die Änderung einer Größe $f(x_1, x_2 \dots x_n)$ in Abhängigkeit von den Änderungen aller ihrer Variablen (bzw. Parameter), siehe (Bro79 S. 328).

$$\Delta f = \frac{\partial f}{\partial x_1} \Delta x_1 + \frac{\partial f}{\partial x_2} \Delta x_2 \dots + \frac{\partial f}{\partial x_n} \Delta x_n \tag{3.11}$$

Es eignet sich besonders zur Fehlerrechnung z.B.: $\Delta R(l, \kappa, A) = \dfrac{\partial R}{\partial l} \Delta l + \dfrac{\partial R}{\partial \kappa} \Delta \kappa + \dfrac{\partial R}{\partial A} \Delta A$.

4 Vorgänge in elektrischen Leitern

Ausgehend vom Begriff der Ladung, der entsprechend der <u>Abschnitte 2.1 und 2.2 verstanden worden sein sollte</u>, werden

- das elektrische Strömungsfeld – Feld und Stromdichte,
- die elektrischen Größen zur Beschreibung von Stromkreisen – Strom, Spannung und Widerstand,
- die Zusammenhänge zwischen diesen Größen sowie
- die Gesetzmäßigkeiten der Vorgänge in elektrischen Leitern

vorgestellt, welche aus vielfachen reproduzierbaren experimentellen Beobachtungen hervorgegangen sind.

<u>Hilfreich</u> kann die Wiederholung der mathematischen Formalismen in <u>Abschnitt 3</u> sein.

4.1 Grundbegriffe im Leiter – Strom, Spannung

4.1.1 Darstellung der Grundgrößen aus physikalischen Überlegungen

Der Ausgangspunkt zur Beschreibung der Vorgänge in elektrischen Leitern ist die **Naturgröße Ladung**, wie sie in Abschnitt 2.1 gezeigt wurde.

Um die **Bewegung der Ladungen zu beschreiben** (ohne von der Bewegung ausgehende zusätzliche Wirkungen), wird die eingängige **Rechengröße** elektrischer Strom I [10] definiert. Der Ausgangspunkt ist der Sonderfall des linienhaften Leiters (Abb. 4.1), der ruhend im Beobachtungssystem angeordnet ist.

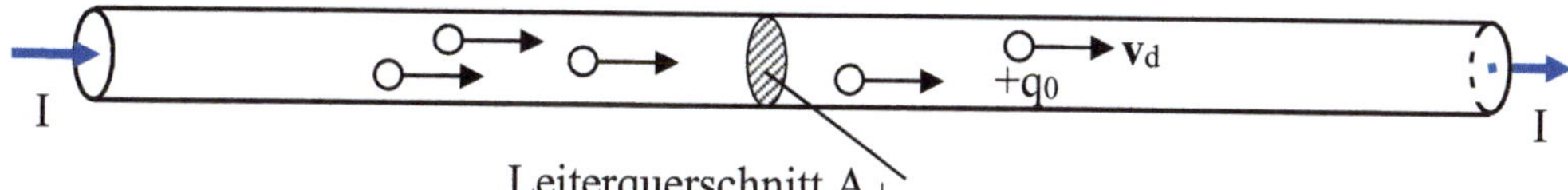

Abb. 4.1: Bewegte Ladungen und Leiterquerschnitt im Leiter

Die Ladungen $+q_0$ bewegen sich entsprechend der technischen Stromrichtung mit der mittleren Driftgeschwindigkeit v_d in Richtung des Stromes.

Praxistipp: Elektronen mit $-q_0$ würden sich mit $-v_d$ entgegengesetzt bewegen.

Der Strom berechnet sich nun aus dem Anteil der Ladungsmenge, die pro Zeiteinheit durch den Leiterquerschnitt tritt.

Definition: elektrischer Strom I

$$I = \frac{dQ}{dt} \qquad \text{und} \qquad Q = \int_{\text{Dauer}} I \cdot dt \tag{4.1}$$

---

[10] Im metrischen Maßsystem erhielt der Strom die Grundmaßeinheit A, benannt nach Ampère.

Diese Größe kann praktisch nicht direkt nach dieser Definition sinnvoll gemessen werden [11], sondern es werden Wirkungen des Stromes genutzt. Die Definition beschreibt aber *genau das* an diesem Vorgang, *was elektrisch wichtig* und *notwendig* ist. Sie hat sich bewährt, wurde von anderen Wissenschaftlern übernommen und hat sich somit durchgesetzt. Es wären andere Definitionen möglich, z.B. ähnlich wie in der Strömungslehre über die Driftgeschwindigkeit, vergleiche (4.3).

Praxistipp: Die Definition der Einheit des Stromes A erfolgte mit der Einführung des internationalen Maßsystems (SI-Einheiten) so, dass sich gerade $\mu_0 = 4\pi \cdot 10^{-7}$ N/A^2 ergab. Im Gauss'schen Maßsystem (cm, g, s) wurde dagegen die Ladung (sogar etwas „vereinfacht" nach dem Coulomb'schen Gesetz $F = Q \cdot Q/r^2$) allein aus den mechanischen Einheiten definiert. $[Q] = [(F \cdot r^2)^{1/2}] = (g\ cm\ s^{-2}\ cm^2)^{1/2} = g^{1/2}\ cm^{3/2}\ s^{-1}$ [10]

Zur Beschreibung der Bewegung der Ladungen (also des Stromes) in räumlich ausgedehnten Leitern nutzt man den Begriff der Stromdichte **S** [12].

Definition: Stromdichte S

$$|\mathbf{S}| = \frac{d\,I}{dA_\perp} \qquad \text{mit} \quad \mathbf{S} = |\mathbf{S}|\,\mathbf{e}_I \quad \text{und} \qquad I = \int_{\text{Fläche Leiter}} \mathbf{S} \cdot d\mathbf{A} \qquad\qquad (4.2)$$

Dabei wird der Anteil des Stromes durch ein kleines Flächenelement ($dA_\perp$) senkrecht zur Stromrichtung ($\mathbf{e}_I$) berechnet. Die Stromdichte kann in jedem Punkt des Leiters bestimmt (gemessen) werden (in Betrag und Richtung).

Das entspricht dem Begriff eines Vektorfeldes – dem elektrischen Strömungsfeld.

Die Darstellung der Stromdichte kann auch aus Driftgeschwindigkeit ($\mathbf{v}_d = d\mathbf{s}_I/dt$) und der Raumladungsdichte [13] erfolgen.

$$\mathbf{S} = \mathbf{v}_d\,\rho \quad = \frac{d\mathbf{s}_I}{dt}\frac{dQ}{dV} = \frac{ds}{dt}\frac{d^2Q}{ds\,dA_\perp}\mathbf{e}_I = \frac{d}{dt}\frac{dQ}{dA_\perp}\mathbf{e}_I = \frac{d\,I}{dA_\perp}\mathbf{e}_I \qquad\qquad (4.3)$$

Praxistipp: Das entspricht unmittelbar einer Vorstellung von mit der Driftgeschwindigkeit ($-\mathbf{v}_d$) strömenden Elektronen ($-q_0$) entsprechend ihrer Raumladungsdichte (ρ). Die vielen Elektronen schieben sich dabei durch ihre Abstoßung (Abb. 4.2) gegenseitig vorwärts. Der Strom fließt so zugleich im ganzen Stromkreis und ergibt einen geschlossenen Umlauf.

Zur **Beschreibung der Kraftwirkungen** wird in jedem Raumpunkt P(x,y,z) (und zu jeder Zeit t) um eine ruhende Ladung mit einer ebenfalls ruhenden Probeladung [14] (Q_p) die Kraft **F** gemessen (Abb. 4.2). Dabei wird davon ausgegangen, dass sich die Wirkung der Ladung nach dem bewährten Prinzip der oben genannten Nahwirkung ausbreitet.

---

[11] Mit dem Faraday'schen Abscheidungsgesetz aber in günstigen Fällen möglich; war die erste Definition von A.

[12] Maßeinheit A/m^2

[13] Dabei sind für die Raumladungsdichte nur die beweglichen Ladungsträger mit ihrer jeweiligen Geschwindigkeit anzusetzen (im Leiter nur die Elektronen mit $\mathbf{v}_{d-}$).

[14] Die Probeladung soll so klein sein, dass sie vernachlässigbare Rückwirkungen auf das Feld ausübt. Sie dient nur zur Messung. Bei ruhenden Ladungen wird hierbei der Unterschied zur Fernwirkung noch nicht deutlich.

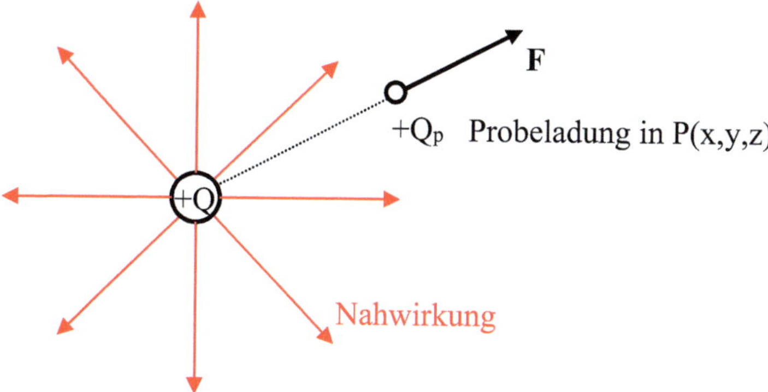

Abb. 4.2: Probeladung im Feld einer Ladung

Da diese Kraft in jedem Punkt des Raumes ermittelt werden kann, stellt sie ebenfalls als mathematische Beschreibung ein Feld dar, das in jedem Punkt einen Vektor (Betrag und Richtung) bestimmt. Weil dieses Kraftfeld von der Größe der verwendeten Probeladung abhängt, wird der Begriff des elektrischen Feldes **E** [15] von dieser Abhängigkeit entkoppelt.

Definition: elektrisches Feld E

$$\mathbf{E} = \frac{\mathbf{F}}{Q_p} \qquad \text{und} \qquad \mathbf{F} = Q_p \mathbf{E} \tag{4.4}$$

Die Definition (4.4) erfolgt demzufolge aus der **messbaren Kraft auf eine Probeladung**. Es wird also nicht der Zustand des Raumes oder der Mechanismus der Nahwirkung erfasst, sondern nur deren Ergebnis, das mit der Kraft ermittelt wird. Es wird insgesamt zu sehen sein, dass dieser Begriff mit dieser Interpretation folgerichtig (und ohne Spekulationen) die experimentellen Erfahrungen wiedergibt und praktisch uneingeschränkt genutzt werden kann.

Bewegt sich die Probeladung in Abb. 4.3 auf ihrem Weg (Wegelement **ds**) vom Punkt P_1 nach P_2, kann die Änderung ihrer potentiellen Energie (Kraft · Weg) untersucht werden.

$$\Delta W = \int_{r(P_1)}^{r(P_2)} \mathbf{F} \cdot \mathbf{ds} = Q_p \int_{r(P_1)}^{r(P_2)} \mathbf{E} \cdot \mathbf{ds} \tag{4.5}$$

Wird die Abhängigkeit von der verwendeten Probeladung entkoppelt und die Abgabe, also der **Verbrauch elektrischer Energie positiv definiert**, bekommt man den Begriff der elektrischen Spannung U [16] (auch Spannungsabfall genannt).
Nutzen wir einen absoluten Bezugspunkt (z.B. könnte die potentielle Energie im Unendlichen null gesetzt werden, d.h. $W_\infty = \varphi_\infty = 0$), erhalten wir den Begriff des elektrischen Potentials φ [16].

---

[15] Maßeinheit aus Kraft durch Ladung N/As = V/m (V siehe Spannung).
[16] Die Maßeinheit ergibt sich als Energie durch Ladung Nm/As oder wird nach Volta mit V benannt.

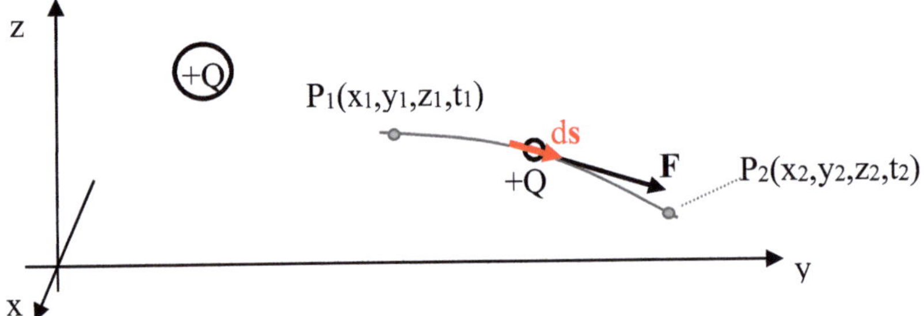

Abb. 4.3: Weg der Probeladung

Definition: elektrische Spannung U (und Potential φ)

$$U = \frac{\Delta W_{Abgabe}}{Q_p} = \frac{-\Delta W}{Q_p} = \varphi_1 - \varphi_2$$

$$\varphi = \frac{W}{Q_p} = \int\limits_{r(P)}^{\infty} \mathbf{E} \cdot \mathbf{ds} = -\int \mathbf{E} \cdot \mathbf{ds} + \varphi_\infty \qquad (\,4.6\,)$$

$$\Delta W = (W_{Endwert} - W_{Anfangswert}) \qquad U = \varphi_{Anfangswert} - \varphi_{Endwert}$$

Praxistipp: D.h., die Spannung folgt aus der verbrauchten Energie, geteilt durch die dazu transportierte Ladung. Das ist für das Verständnis elektrotechnischer Gesetze wesentlich. [17]

Wenn sich nach diesem Zusammenhang die Probeladung getrieben von der Kraft des Feldes bewegt [18] (d.h. Entfernung nimmt zu; siehe Abb. 4.3), nimmt ihre potentielle Energie ab. Werden W bzw. φ kleiner, steigt in gleichem Maße der Verbrauch ΔW_{Abgabe} bzw. U (siehe schematische Darstellung in Abb. 4.4).

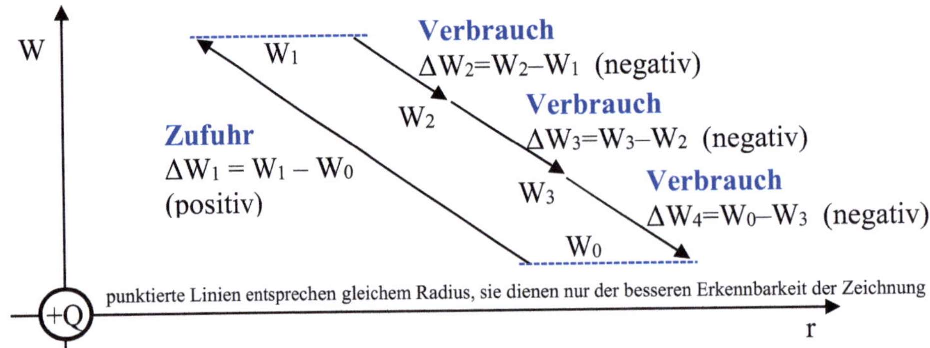

Abb. 4.4: Energie bei der Bewegung von $+Q_p$ im Feld von $+Q$ (schematisch)

Diese Energie wird in kinetische Energie, in Reibungswärme oder in andere Energieformen umgewandelt (Energieumwandlung aus dem Elektrischen ins Mechanische, in Wärme, d.h. für einen Verbraucher).

Wird dagegen durch eine äußere Kraft die Probeladung gegen die Kraft des Feldes bewegt, erhöht sich ihre potentielle Energie (Energieumwandlung vom Mechanischen usw. ins Elektrische – Spannungsquelle). Das ergibt ein positives ΔW (d.h. ein negatives ΔW_{Abgabe}) und damit eine negative Spannung U. In der Literatur (z.B. (Lun91 S. 32,33 u. 51)) wird diese Spannung als Urspannung ($E_0 = \Delta W/Q_p = \Delta W_{Zufuhr}/Q_p$) bezeichnet. [17]

---

[17] Eine Reduzierung auf „Druck" oder „Wasserkreisläufe" ist inkorrekt und somit problematisch.
[18] Bewegte Probeladungen entsprechen einem Strom, vergleiche (4.1) und (4.3).

Praxistipp: Man kann Bereiche mit ΔW_{Zufuhr} „umgehen" und den Begriff Urspannung „einsparen", indem immer die Spannung an den Klemmen einer Quelle gemessen wird. (Da Urspannungen nicht direkt messbar sind, werden sie in praktisch orientierter Ausbildung in der Regel weggelassen.)

Mit dieser Definition sind entsprechende Zählpfeilregeln verbunden [19].

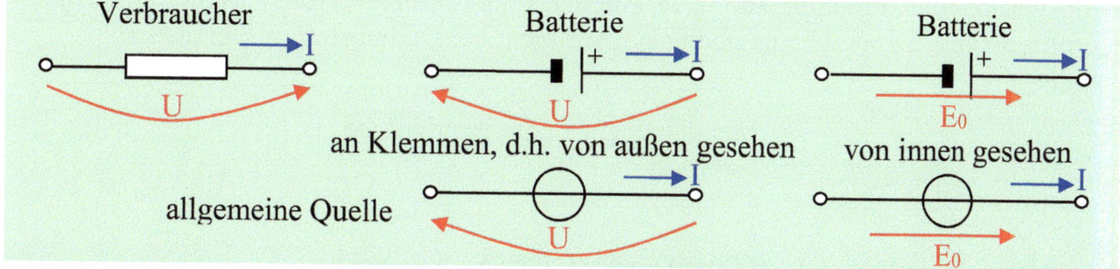

Abb. 4.5: Zählpfeilrichtungen für Strom und Spannung

Natürlich kann man aus der Spannung mit Hilfe der Umkehrung von (4.6) auch das elektrische Feld berechnen (d$\mathbf{s}$ zeigt in die Richtung von I also $\mathbf{e}_I$).

$$\mathbf{E} = \frac{dU}{ds}\,\mathbf{e}_I \quad (* \text{ genauer } \ \mathbf{E} = \mathbf{grad}\,U = -\mathbf{grad}\,\varphi \ \text{ aus } \ U = \int_{r(P_2)}^{r(P_1)} \mathbf{E} \cdot d\mathbf{s}\,) \qquad (4.7)$$

Durch experimentelle Untersuchungen wurde mit hoher Genauigkeit und Reproduzierbarkeit gefunden, dass

- die Richtungen von $\mathbf{S}$ und $\mathbf{E}$ immer gleich sind [20]
- und sie über die Materialkonstante κ (Kappa – Leitfähigkeit) zusammenhängen [21].

$$\mathbf{S} = \kappa\,\mathbf{E} \qquad\qquad (4.8)$$

Mit diesen Begriffen können alle Vorgänge in elektrischen Leitern und genauso die räumlich ausgedehnten Vorgänge im elektrischen Strömungsfeld dargestellt werden.

4.1.2 Messung der Größen in Leitern – Ladung, Strom, Spannung

Messung der Ladungsmenge

Die Messung der Ladungsmenge ist wichtig für eine Reihe von Sensoren (z.B. piezoelektrische Drucksensoren) und kann über ihre Kraftwirkung, über den Strom oder über die Spannung erfolgen.
Bei einer Messung über den Strom müssen alle Ladungen abfließen und dabei deren Summe gebildet werden. Da dieses einem Totalverlust entspricht, ist es nur zur Ermittlung von Ladungsänderungen sinnvoll.

---

[19] Eine andere Definition würde andere Zählpfeilregeln ergeben.
[20] Positive Ladungen werden immer in Richtung des el. Feldes angetrieben (also auch die Stromdichte).
[21] Die Leitfähigkeit kann von der Temperatur und anderen Einwirkungen abhängen (siehe Abschnitt 12.1), ist aber weitgehend konstant. Ihre Maßeinheit ist $(A/m^2)/(V/m)=A/Vm$.

Bei einer Messung über die Spannung sollte eine möglichst geringe Menge Ladungen abfließen, es wird deren Spannung $U = \Delta W_{Abgabe}/Q_{abgeflossen}$ gemessen und daraus die Ladung mit Hilfe von Parametern der Anordnung (siehe Abschnitte 5 und 13.2.2) ermittelt.

Eine Kraftmessung war historisch gesehen die entscheidende Untersuchungsmethode (Torsionswaage von Coulomb; Abb. 2.1). Auch das Elektrometer (Abb. 4.6) nutzt im Prinzip eine Kraftmessung. Es wird heute noch als Instrument bei Demonstrationsversuchen verwendet.

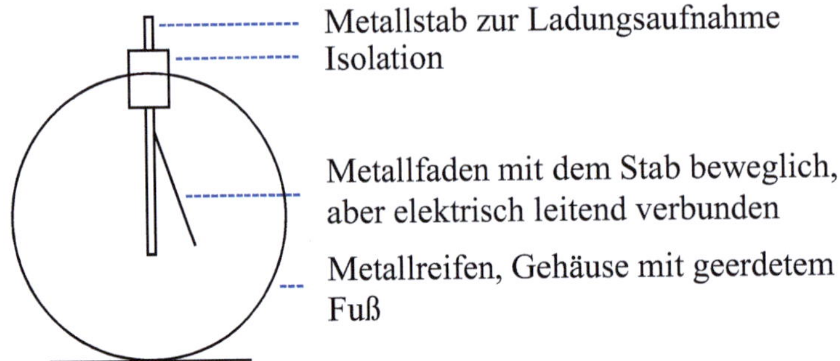

Abb. 4.6: Elektrometer

Die gleichartigen Ladungen auf dem Stab und dem Faden erfahren einander abstoßende Kräfte, außerdem wird der Faden von den entgegengesetzten Ladungen des Reifens angezogen. Mit den gegebenen Parametern der Anordnung lässt sich die Ladungsmenge auf dem Stab (oder die Spannung zwischen Stab und Reifen, siehe Abschnitt 5) ermitteln.

Messung des elektrischen Stromes

Zur Messung des Stromes muss der gesamte Strom durch den Strommesser (Amperemeter) fließen. Dazu ist das Amperemeter mit dem Verbraucher in Reihe zu schalten.

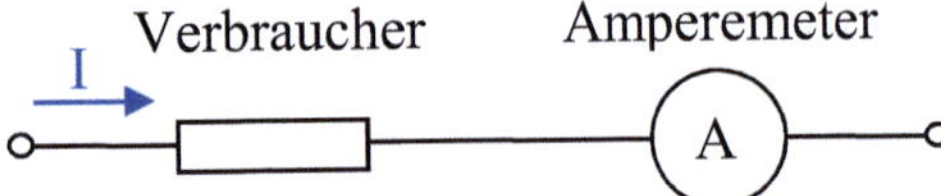

Abb. 4.7: Schaltung für eine Strommessung

Elektromechanische Amperemeter nutzen magnetische Kräfte des Stromes für einen Zeigerauschlag (siehe Abschnitt 6.3). Elektronische Messgeräte messen die Spannung an einem bekannten Verbraucher (Shunt), verstärken diese und zeigen in der Regel einen digitalen Stromwert an. Stromwandler und Stromzangen nutzen zusätzlich eine magnetische Übertragung und Wandlung (siehe Abschnitt 6.1.7). In jedem Fall erfolgt durch das Amperemeter ein kleiner Energieverbrauch und somit ein Spannungsverlust. Bei guten Amperemetern kann dieser Spannungsverlust aus dem angezeigten Strom und dem angegebenen Innenwiderstand des Amperemeters berechnet werden (zur Fehlerkorrektur).

Messung der elektrischen Spannung

Zur Messung der elektrischen Spannung, die ein Verbraucher zwischen zwei Punkten abnimmt (oder abnehmen könnte), muss an diese beiden Punkte – parallel zum Verbraucher – ein Spannungsmesser (Voltmeter) angeschlossen werden.

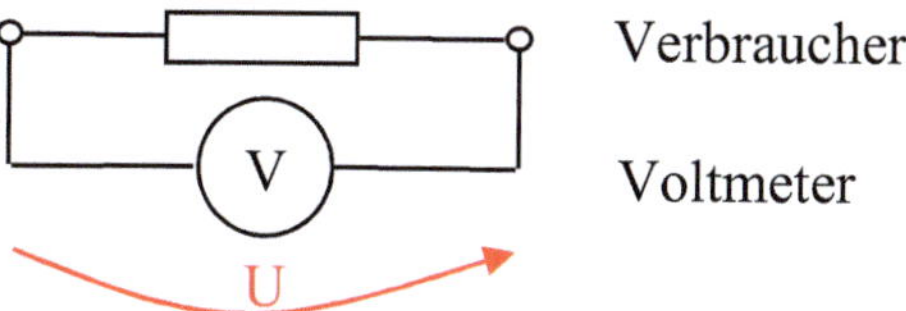

Abb. 4.8: Schaltung für eine Spannungsmessung

Auch wenn durch das Voltmeter nur eine sehr kleine Ladungsmenge fließt (Strom), ergibt $U=\Delta W_{Abgabe}/Q$ zwischen den beiden Punkten den gleichen Wert wie am Verbraucher (vergleiche Praxistipp Seite 16). Elektromechanische Voltmeter nutzen magnetische Kräfte des kleinen Stromes für einen Zeigerauschlag (siehe Abschnitt 6.3). Elektronische Messgeräte messen die Spannung, verstärken diese und zeigen in der Regel einen digitalen Spannungswert an.

Spannungswandler nutzen zusätzlich eine magnetische Übertragung und Wandlung (siehe Abschnitt 6.1.7). In jedem Fall erfolgt durch das Voltmeter ein kleiner Energieverbrauch (hier gegenüber dem Verbraucher ein Stromverlust). Bei guten Voltmetern kann dieser Verlust aus der angezeigten Spannung und dem angegebenen Innenwiderstand des Voltmeters berechnet werden (zur Fehlerkorrektur). Heutige Multimeter haben einen Innenwiderstand (10 MΩ), der bei einem Volt nur 0,1 µA vom Strom „abzweigt" (ein Fehler unterhalb der Messauflösung für einen Strom durch das gleiche Instrument). Bei Nutzung von Elektrometerverstärkern (siehe Abschnitt 13.2.2) kann dieser Wert 10^6- bis 10^7-mal kleiner sein, das ist insbesondere für Ladungsmessungen wesentlich.

4.1.3 Übungsaufgaben zur Verdeutlichung praktischer Größenordnungen

Klärung interessanter und relevanter praktischer Größen bei Strom und Spannung.

Aufgabe 4.1

Durch einen elektrischen Leiter (Abb. 4.9) aus Kupfer mit einem Querschnitt von $A_\perp = 1{,}5$ mm² fließt für die Dauer von $t = 1$ h ein Strom von $I = 1{,}5$ A. Das entspricht mit etwas gerundeten Zahlen einem Haushaltsgerät für ca. 350 W (oder ca. 35 LED - Lampen mit je 10 W im ganzen Haus).

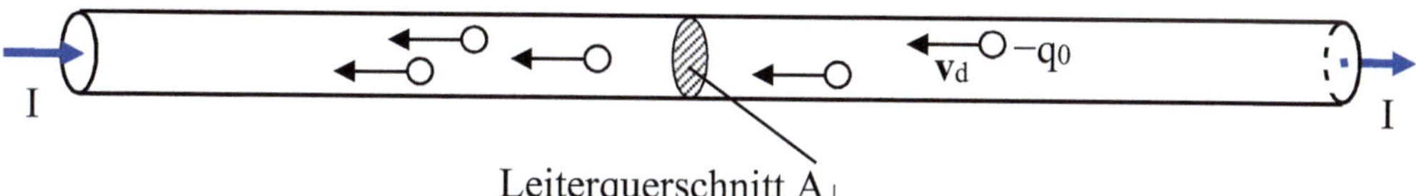

Abb. 4.9 Stromdurchflossener Leiter

1) Berechnen Sie die Ladungsmenge und die Anzahl der Elektronen, die nach der angegebenen Zeit durch den Leiter geflossen sind.
2) Bestimmen Sie die Anzahl der Elektronen, die pro cm³ Kupfer für die Leitung zur Verfügung stehen sowie die Raumladungsdichte.

Hinweis: Die spezifische Masse von Kupfer ist $\gamma=8{,}93$ g/cm³. Die Masse eines Kupferatoms beträgt $m_{Cu}=106\cdot10^{-24}$ g (relative Atommasse/Avogadro'sche Zahl). Bei Kupfer steht in sehr guter Näherung bei Raumtemperatur pro Atom ein Valenzelektron für eine freie Bewegung zur Verfügung.

3) Ermitteln Sie die Stromdichte im Leiter.
4) Berechnen Sie die mittlere Driftgeschwindigkeit der Elektronen durch den Leiter.

5) Diskutieren Sie die erhaltenen Werte und erklären Sie deren Größenordnung für diesen
   alltäglichen Fall

Aufgabe 4.2

Eine Hochspannungsleitung 110 kV ist gerissen und liegt waagerecht auf dem Boden.

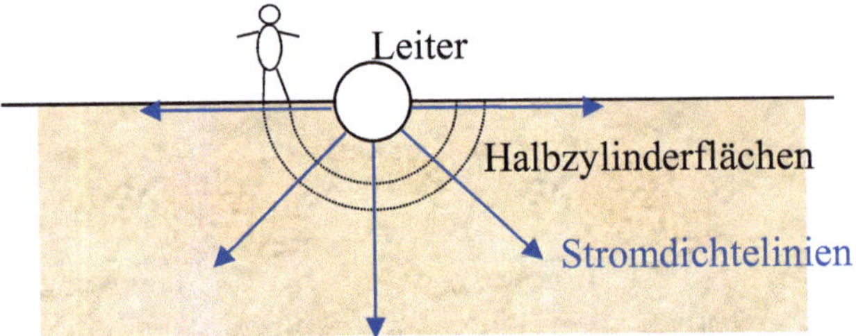

Abb. 4.10: Querschnittzeichnung eines auf dem Erdboden liegenden Leiters

Pro einem Meter Länge fließt ein Strom von ca. 100 A in den Boden (Leitfähigkeit für Erde
$\kappa \approx 10^{-2}$ A/Vm, Luft nicht leitend). Das Leiterseil hat einen Durchmesser von 2 cm und ist
näherungsweise zur Hälfte in den Boden eingesunken (siehe Abb. 4.10).
   1) Bestimmen Sie die Stromdichte und die elektrische Feldstärke auf einer
      Halbzylinderfläche in Abhängigkeit von der Entfernung vom Leitermittelpunkt.
   2) Berechnen Sie die Schrittspannung für einen Menschen (bei 0,5 m Abstand der Füße) in
      Abhängigkeit von der Entfernung vom Leitermittelpunkt?
Hinweis: **S** und **E** zeigen in radiale Richtung, d.h., die Integration des Feldes ist in radialer
               Richtung auszuführen; auf dem Halbzylinder sind **S** und **E** konstant.
   3) Stellen Sie die ermittelten Werte in Abhängigkeit des Radius in einem Diagramm dar und
      diskutieren Sie die Ergebnisse.

4.1.4 Wichtige Formen und Kenngrößen

Beispiele für häufige Stromformen

Bei der praktischen Nutzung, beim Messen und bei der mathematischen Behandlung
benötigen die verschiedenen Stromformen (Abb. 4.11) ein unterschiedliches Herangehen.

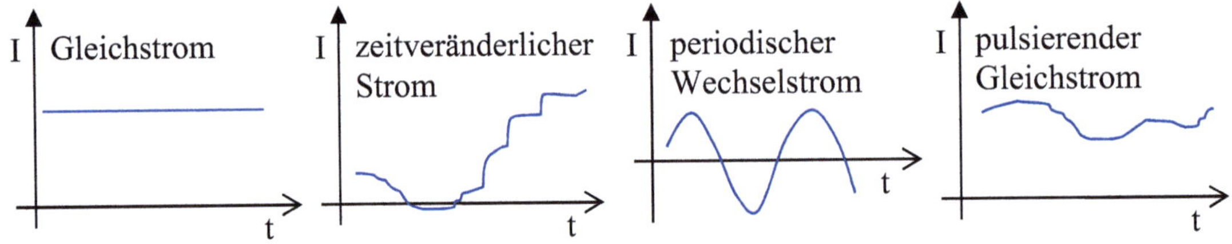

Abb. 4.11: Beispiele wichtiger Stromformen

Zum Verständnis sind die Abschnitte 5 und 6 erforderlich. Eine ausführliche Analyse erfolgt
in Abschnitt 11.

Beispiele für wichtige Stromkennwerte

Nennstrom	– Strom für Normalbetrieb, für den das Gerät ausgelegt wurde.
Maximalstrom	– Ein größerer Strom führt zur Überlastung und evtl. Zerstörung. (Hierzu wird oft eine einzuhaltende maximale Dauer angegeben, es können auch mehrere Stromwerte mit unterschiedlicher Dauer sein.)
Schaltstrom	– Strom, den ein entsprechendes Bauteil zum Schalten benötigt.

Beispiele für wichtige Spannungskennwerte

Nennspannung   – Spannung für Normalbetrieb, für den das Gerät ausgelegt wurde.
Maximalspannung   – Spannung, bis zu der ein Gerät betrieben werden darf.
Prüfspannung   – Spannung, bis zu der ein Gerät auf Sicherheit geprüft wurde.
Durchschlagsspannung – Spannung, bei der ein Bauteil durch einen Spannungsdurchschlag
         zerstört wird.
Schaltspannung   – Spannung, bei der ein entsprechendes Bauteil seinen Schaltzustand
         ändert.

Die Beispiele sollen zeigen, dass eine genaue Kenntnis der Definition solcher Kennwerte
erforderlich ist, wenn Geräte oder Bauteile beurteilt und in Betrieb genommen werden.

Praxistipp: Kennwerte sind in der Regel spezifisch für jedes Arbeitsgebiet.

4.1.5 Messung und Darstellung von Feldern in leitenden Medien – Feldlinien

Zur Darstellung und Veranschaulichung von Feldern hat insbesondere Faraday den Begriff
der Feldlinien benutzt. Hier soll dieser Begriff durch Messungen am elektrolytischen Trog
verdeutlicht werden. Der elektrolytische Trog war etwa bis in die Sechzigerjahre des vorigen
Jahrhunderts eine wichtige Forschungsmethode, die dann durch die Möglichkeiten der
Methode der finiten Elemente in Zusammenhang mit entsprechend leistungsfähigen Rechnern
in den Hintergrund trat. Heute bietet der elektrolytische Trog den einfachsten Weg, Felder mit
im normalen Labor vorhandenen Messgeräten zu messen und darzustellen.

Versuchsaufbau:

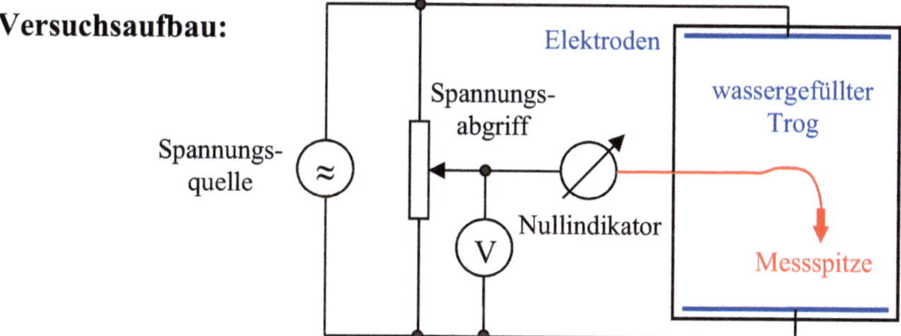

Abb. 4.12: Schematische Darstellung des Versuchsaufbaus (Draufsicht)

Es ist darauf zu achten, dass der Trog aus nicht leitendem Material waagerecht aufgestellt
wird und somit überall einen **gleichen** Wasserstand von ca. 1 cm hat. Auf dem Boden muss
Millimeterpapier wasserfest angebracht sein. Als Spannungsquelle wird ein
Funktionsgenerator mit einer Sinusspannung (von ca. 800 Hz und z.B. U= 6 V) genutzt.

Praxistipps: Leitungswasser hat eine ausreichende Leitfähigkeit. Wechselstrom vermeidet
Elektrolyse. 800 Hz können gut verstärkt und mit einem Oszilloskop als Nullindikator in
der Brückenschaltung angezeigt werden. Damit wird das Feld nicht verändert, denn es
erfolgt keine Stromentnahme. Auf eventuelle Erdklemmen an den Geräten ist zu achten.

(Dieser Aufbau entspricht einer herausgeschnittenen Scheibe aus einer Anordnung, die nach
oben und unten unendlich fortgesetzt wäre.)

Versuchsdurchführung:

Durch den Stellwiderstand wird eine Teilspannung der Quelle abgegriffen.
Mit der Messspitze werden mit Hilfe des Nullindikators auf dem Millimeterpapier Linien

gleicher Spannung (Äquipotentiallinien) gesucht und in einer Zeichnung festgehalten.

Praxistipp: Eine Darstellung gibt nur bei ausgewählten Äquipotentiallinien ein sinnvolles Bild vom Feld der Anordnung. Ausgewählte Linien entsprechen einer Einteilung der Spannung der Quelle in eine ganze Anzahl Teilspannungen mit gleichem Spannungsabstand. Dabei sind Symmetrielinien unbedingt einzubeziehen.

Das Feld wird für folgende Elektrodenanordnungen ermittelt:
1. Parallele Plattenelektroden
2. Parallele Plattenelektroden mit einem leitenden Ring symmetrisch zwischen den Elektroden (Metallring)
3. Parallele Plattenelektroden mit einer nicht leitenden Kreisscheibe symmetrisch zwischen den Elektroden
4. Einem Leiter mit einer scharfen 90^0-Ecke sowie einer gerundeten 90^0-Ecke
5. Einer Anordnung entsprechend Aufgabe 4.2 (Die größtmögliche Außenelektrode ist so anzuordnen, dass sie einer Äquipotentiallinie entspricht, d.h. koaxialer Halbkreis zum Halbkreis des Leiterseils.)

Auf diese Weise erhält man nicht nur eindrucksvolle Darstellungen der Feldbilder, sondern man kann z.B. in der 5. Elektrodenanordnung die Schrittspannung nach den gemessenen Äquipotentiallinien direkt mit der Rechnung (Aufgabe 4.2) vergleichen.

Praxistipp zur Vervollständigung der Feldbilder:
Da die Stromdichte in jedem Punkt des Feldbildes senkrecht auf den Äquipotentiallinien steht (Spannung fällt immer entlang des Stromes ab), können nach der Methode der quadratähnlichen Figuren ausgewählte Stromdichtelinien nach „Augenmaß" gezeichnet werden.
Diese Methode ist am einfachsten bei der 1. Elektrodenanordnung auszuführen, weil nur parallele Geraden auftreten. (Die senkrechten Geraden der Stromdichtelinien werden in der Anzahl so gewählt, dass Quadrate entstehen. Dabei Symmetrielinien einbeziehen.) Mit etwas Übung verfährt man bei den anderen Elektrodenanordnungen sinngemäß. Je dichter die Linien gewählt werden (Äquipotentiallinien und Stromdichtelinien gleichsam z.B. verdoppeln), desto einfacher erkennt man die Quadrate. Orientierung geben „ungestörte" Bereiche und Symmetrielinien.

Versuchergebnisse:
Der Trog muss genau waagerecht stehen, damit das Wasser überall gleich hoch ist. Die Messspitze ist senkrecht einzutauchen. Punkte gleicher Spannung in die Zeichnung eintragen.

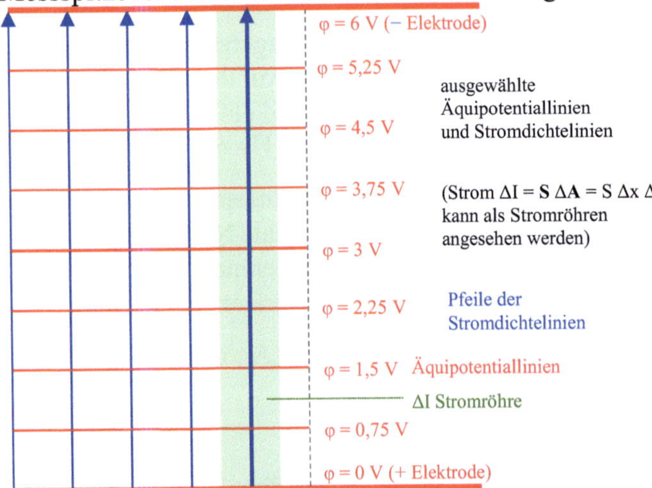

Die gemessenen ausgewählten Äquipotentiallinien und (die nur gezeichneten) Stromdichtelinien ergeben bei diesem homogenen Feld natürlich Quadrate.

Gute Leiter (z.B. Elektroden) sind Äquipotentiallinien.

Die Stromdichtelinie in der Mitte wurde mit ihrer Stromröhre etwas stärker dargestellt.

(Aus Gründen der Symmetrie reicht es, einen halben bzw. sogar einen viertel Trog auszumessen!)

Abb. 4.13: Parallele Plattenelektroden

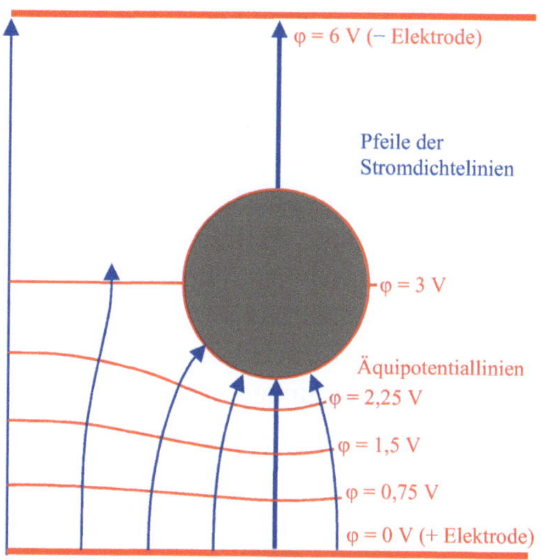

Abb. 4.14: Leitender Zylinder im vorher homogenen Feld

Der leitende Zylinder zieht die Stromdichtelinien zu sich (für diese der bessere Weg) und wird selbst zur Äquipotentiallinie. Die Stromdichtelinien enden so senkrecht auf dem Zylinder.

Gut leitende Gegenstände und die Elektroden sind immer identisch mit einer Äquipotentiallinie. (Das stellen Ausgleichsströme in diesen Leitern unmittelbar her.) In dem leitenden Ring kann so keinerlei Spannungsunterschied auftreten, der Ring ist feldfrei (bekannt als Faraday'scher Käfig).

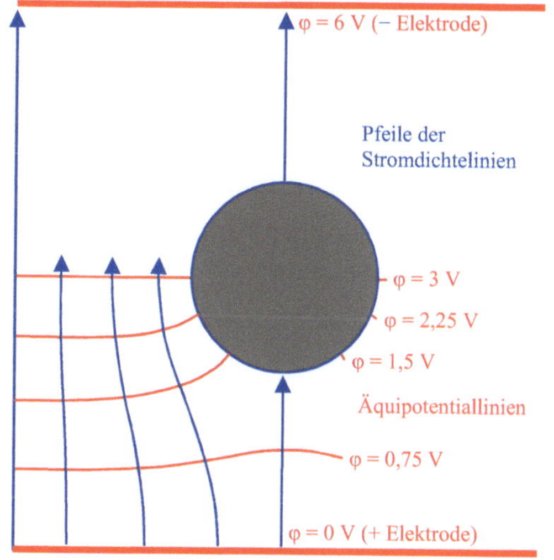

Abb. 4.15: Nichtleitender Zylinder im vorher homogenen Feld

Der nichtleitende Zylinder verdrängt die Stromdichtelinien (für diese kein Weg) und seine Oberfläche wird selbst zur Stromdichtelinie. Äquipotentiallinien treffen immer senkrecht auf nicht leitende Begrenzungen. Die Begrenzungen ergeben somit immer die letzte Stromdichtelinie.

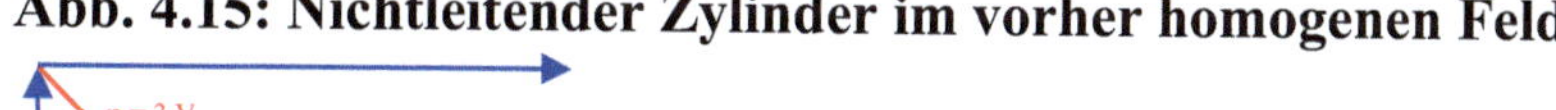

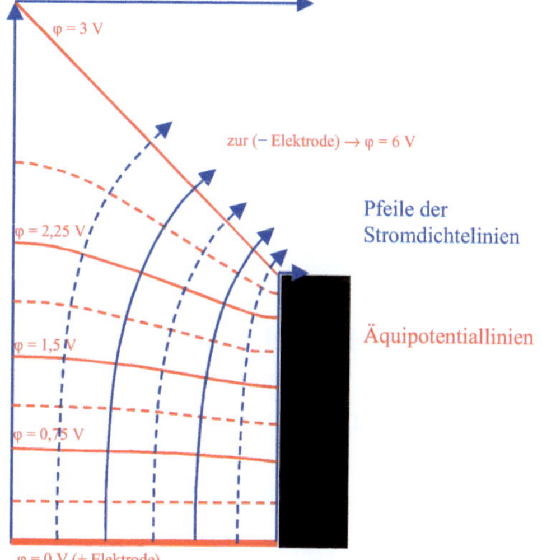

Abb. 4.16: Rechtwinklige Ecke

An der scharfen Ecke drängen sich die Stromdichtelinien, was auch zu dichteren Äquipotentiallinien führt. Zum besseren Zeichnen der quadratähnlichen Figuren wurden zusätzlich gestrichelte Linien jeweils in der Mitte eingefügt.

D.h., an so einer Ecke gibt es starke Strombelastungen und dichtere Spannungsabfälle, also auch hohe Feldstärken (dU/ds).

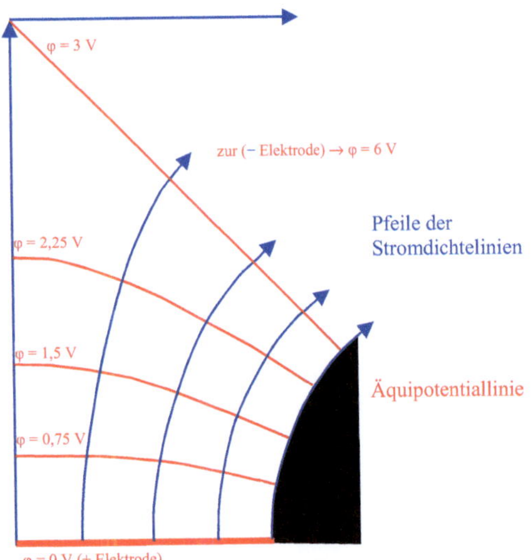

Abb. 4.17: Abgerundete Ecke

An der abgerundeten Ecke sieht es deutlich ausgeglichener aus.

- Der Strom bevorzugt den besser leitenden und den kürzeren Weg, nutzt aber, wenn auch in geringerem Maße, alle leitenden Bereiche. Er füllt immer den gesamten zur Verfügung stehenden Raum aus.
- Bei Konstruktionen sind Anordnungen, bei denen sich der Strom (ungewollt) konzentriert, zu vermeiden. Z.B. abgerundete statt scharfe Ecken wählen.

Bei den konzentrischen Zylindern wurde die Elektrode des Innenradius r_i bei 3 cm, die des Außenradius r_a bei 14,5 cm angeordnet. U wird gegen U(r_a) gemessen.

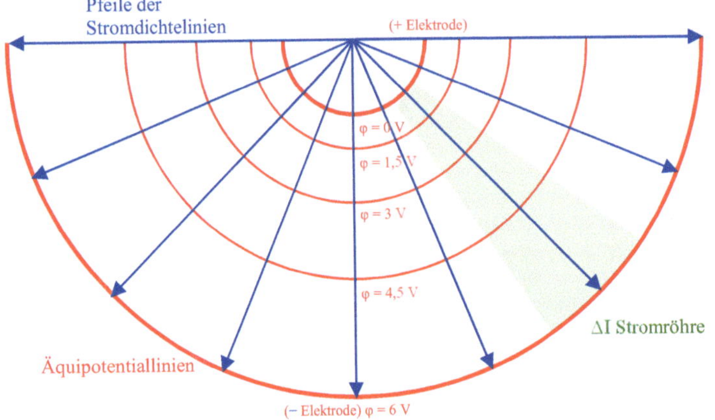

Die theoretischen Abstände bei U_{ges}, ¾ -, ½ - und ¼ U_{ges} sowie bei U = 0 stimmen mit den gemessenen Entfernungen genau überein.

U/Uges	r/ra	r/cm
1	0,207	3
¾	0,307	4,4
½	0,455	6,6
¼	0,674	9,7
0	1	14,5

$$\frac{U}{U_{ges}} = \frac{\ln(r/r_a)}{\ln(r_i/r_a)}$$

Abb. 4.18: Konzentrische Zylinder

Ein Vergleich zeigt insgesamt eine gute Übereinstimmung und Anschaulichkeit. Diese Methode ist wegen ihrer einfachen Durchführung und der geringen Anforderungen für eine Veranschaulichung von Feldern sehr gut geeignet. Mit etwas Übung lassen sich auch die ausgewählten Stromdichtelinien nach Augenmaß vernünftig zeichnen (Methode der quadratähnlichen Figuren). Bei allen Anordnungen wurden Symmetrien ausgenutzt.

Zusammenfassung der Versuchergebnisse:
1. Gut leitende Gegenstände und die Elektroden sind immer identisch mit einer Äquipotentiallinie. (Das stellen Ausgleichsströme in diesen Leitern unmittelbar her.) Dadurch kann in dem leitenden Ring keinerlei Spannungsunterschied auftreten, der Ring ist feldfrei (sogenannter Faraday'scher Käfig).
2. Äquipotentiallinien treffen immer senkrecht auf nicht leitende Begrenzungen. Begrenzungen ergeben somit immer die letzte Stromdichtelinie.
3. Der Strom bevorzugt den besser leitenden und den kürzeren Weg, nutzt aber, auch in geringerem Maße, alle leitenden Bereiche. Er füllt immer den gesamten zur Verfügung stehenden Raum aus.

4. Bei Konstruktionen sind Anordnungen, bei denen sich der Strom (ungewollt) konzentriert, zu vermeiden (z.B. runde statt scharfe Ecken wählen).

Praxistipp: Feldbilder gibt es in vielen Bereichen der Physik (z.B. Temperaturfelder, Druckfelder, Strömungsfelder bei Flüssigkeiten usw.), sie sind ein wichtiges Hilfsmittel, um diese Prozesse darzustellen und zu untersuchen.

4.2 Strom-Spannungs-Beziehung am Widerstand

4.2.1 Driftbewegung und Ohm'sches Gesetz

In leitenden Materialien können bewegliche Ladungsträger (Elektronen, in Flüssigkeiten auch Ionen und bei Halbleitern auch Löcher; siehe Abschnitt 12.1.1) an der Stromleitung teilnehmen. Dazu müssen sie zwischen den feststehenden Atomen driften.

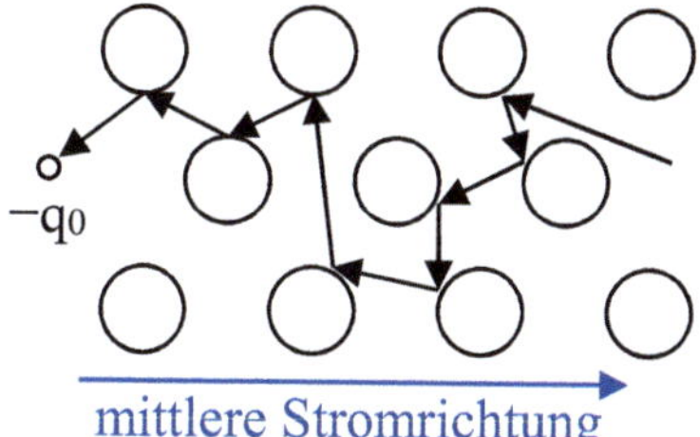

Abb. 4.19: Driftbewegung eines Elektrons im Leiter (vereinfacht)

Wie gut die Stromleitung erfolgen kann, hängt davon ab, wie viele bewegliche Ladungsträger zur Verfügung stehen und von deren Beweglichkeit. Die Anzahl Ladungsträger wird durch Material, Temperatur, elektrische Felder, Lichteinstrahlung sowie weitere Faktoren beeinflusst. Die Beweglichkeit ist ebenfalls von Material, Temperatur und anderen Faktoren abhängig (siehe Abschnitt 12.1.1).

Aus Messungen von Strom und Spannung an Leitern verschiedener Materialien ergibt sich ein praktisch nutzbarer experimenteller Zusammenhang (Abb. 4.20), linke Darstellung).

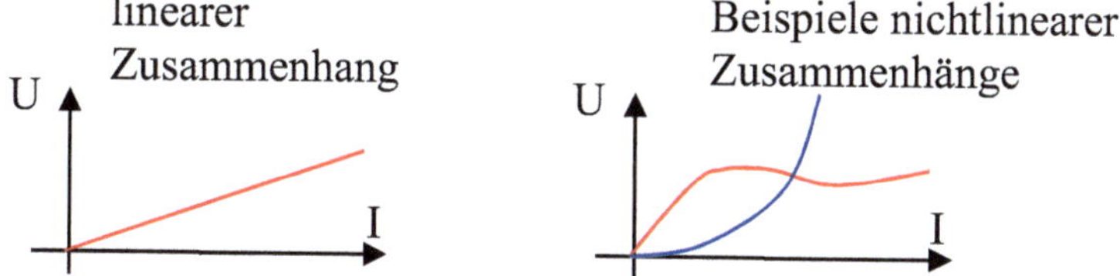

Abb. 4.20: Beispiele gemessener Strom-Spannungs-Kurven

Der größte Teil der technisch verwendeten Materialien hat einen linearen Zusammenhang zwischen Strom und Spannung, es gilt $U \sim I$ oder als Geradengleichung: $U = R \cdot I$ (mit dem Proportionalitätsfaktor R). Dieser Proportionalitätsfaktor stellt einen Widerstand dar, den das Material dem Stromfluss entgegenstellt (größeres R mehr Energieverlust bei gleichem I).

Definition des elektrischen Widerstandes − Ohm'sches Gesetz

$$R = \frac{U}{I} \ ^{[22]} \qquad \text{aus der } \textbf{Definitionsgleichung:} \quad U = R\,I$$

(4.9)

---

[22] Die Maßeinheit V/A wird nach Ohm mit Ω bezeichnet.

Für einige Anwendungsbereiche ist es üblich, auch einen **Leitwert** zu definieren:

$$G = \frac{1}{R} = \frac{I}{U} \,^{23} \qquad \text{nach} \qquad I = G\,U \tag{4.10}$$

Für lineare Leiter mit homogener Stromverteilung (Abb. 4.21) kann eine Bemessungsgleichung für den Widerstand angegeben werden.

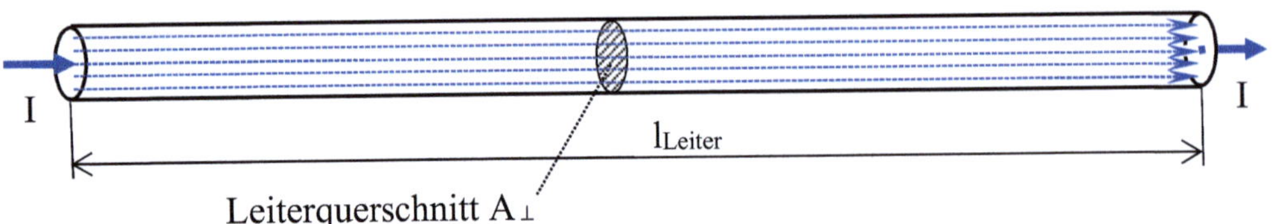

Abb. 4.21: Leiter mit homogener Stromverteilung

Bemessungsgleichung des elektrischen Widerstandes

$$R = \frac{l_{Leiter}}{\kappa\,A_\perp} = \frac{\rho\,l_{Leiter}}{A_\perp} \qquad \text{mit} \quad \rho = \text{spezifischer Widerstand} \,^{24} \qquad \kappa = \text{spezifischer Leitwert} \tag{4.11}$$

Liegt keine homogene Stromverteilung vor, wird der Leiter in kleine Leiterteile unterteilt, die jeweils so klein sind, dass dort in guter Näherung die Stromverteilung homogen ist, und anschließend der Gesamtwiderstand berechnet.

Sehr oft ist die Temperaturabhängigkeit eines Widerstandes zu beachten oder sie wird sogar ausgenutzt. Auch dazu wird die Beschreibung aus einer Messkurve (Abb. 4.22) abgeleitet.

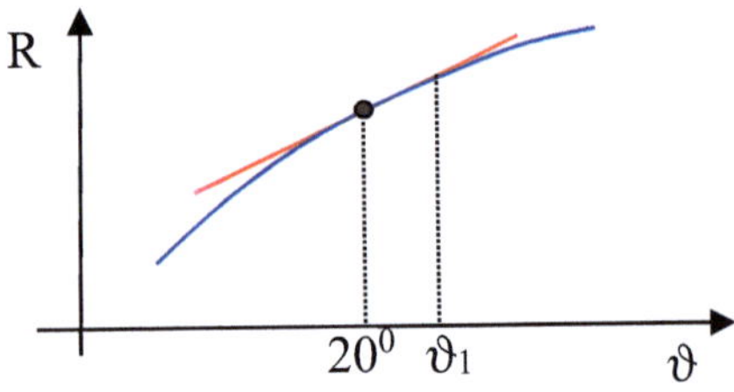

Abb. 4.22: Messkurve R = f(ϑ) **und Näherung durch eine Gerade**

Indem die Kurve R = f(ϑ) um den Bezugspunkt (Temperatur = 20^0 C) in einer Taylorreihe entwickelt und diese nach der ersten Ordnung abgebrochen wird, ergibt sich eine Näherung durch eine Gerade (Tangente im Bezugspunkt).

Temperaturabhängigkeit des elektrischen Widerstandes

$$R_\vartheta = R_{20}\left(1 + \alpha_{20}\,\Delta\vartheta\right) \qquad \text{mit} \quad \Delta\vartheta = \vartheta_1 - 20^0 \tag{4.12}$$

---

[23] Die Maßeinheit A/V=1/Ω wird nach Siemens mit S bezeichnet.
[24] Die Maßeinheit von ρ wird für die praktische Anwendung sinnvoll mit $\Omega\ mm^2/m$ angegeben.

Darin sind R_{20} der Widerstandswert und α_{20} der Temperaturkoeffizient (steht für den Anstieg der Geraden) und sie werden jeweils im Bezugspunkt bei 20^0 C bestimmt. Für einige Anwendungen ist es sinnvoll, einen anderen Bezugspunkt zu wählen. Bei sehr großen Temperaturbereichen wird die zweite Ordnung der Taylorreihe ($\beta_{20}\Delta\vartheta^2$) hinzugezogen. ($\beta_{20}$ steht für die Änderung des Anstieges im Bezugspunkt.)

> **Praxistipp:** Die Temperaturkoeffizienten sind für viele Materialien in Tabellenbüchern gesammelt.

4.2.2 Bauformen und Kenngrößen

Widerstände müssen in der Praxis verschiedenen Anforderungen genügen. Der Widerstandswert ist nur ein Auswahlkriterium. Das zweite ist die Leistung, die als Wärme abgeführt werden muss (bei einigen Bauformen steht an dieser Stelle auch die maximale Strombelastung).

Zusätzlich stehen Anforderungen wie
- Temperaturstabilität
- Baugröße und -form
- Kapazität der Kappen und Wicklungen oder Induktivität von Wicklung und Leitungen (siehe Abschnitte 5 und 6) Abb. 4.23
- Spannungsfestigkeit bei Hochspannungseinsatz oder
- Stabilität gegen Wetter- und Umgebungsbedingungen

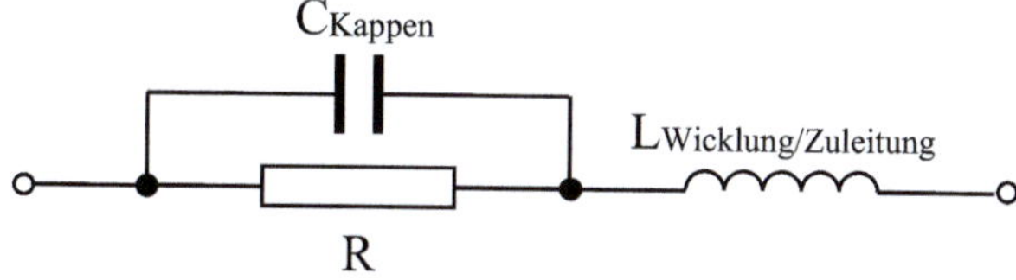

Abb. 4.23: Ersatzschaltbild Widerstand mit parasitärer Kapazität und Induktivität

In Abb. 4.24 sind einige Beispiele für grundlegende Bauformen abgebildet.

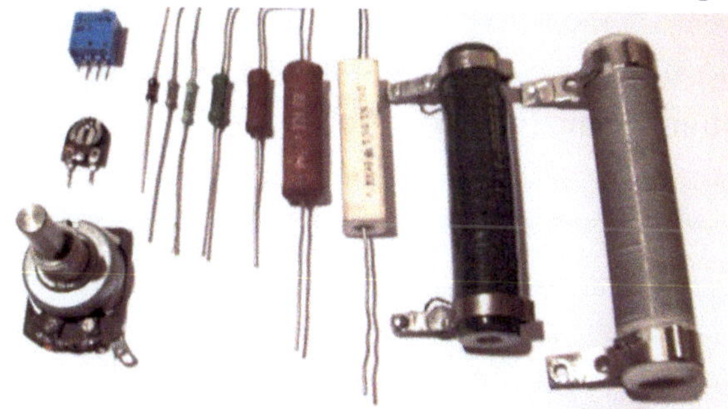

Abb. 4.24: Verschiedene Widerstände

Links von oben nach unten: Präzisionseinstellregler, Miniatureinstellregler, Potentiometer,
weiter von links nach rechts: 1/20 bis 1/2 W Kohleschichtwiderstände 4 Größen
1 bis 12 W Drahtwiderstände (teils nicht umhüllt)

Als Beispiel für Spezialbauformen seien Vierleiterwiderstände genannt. Bei diesen befinden sich unmittelbar am justierten Teil des Widerstandes zwei zusätzliche Anschlussdrähte für

eine genaue belastungsunabhängige Spannungsmessung (z.B. bei Shunts und Präzisionsmess-
widerständen).

4.2.3 Messung von Widerständen

Der Widerstandswert kann durch eine Messung von Strom und Spannung ermittelt werden
(entsprechend seiner Definitionsgleichung).

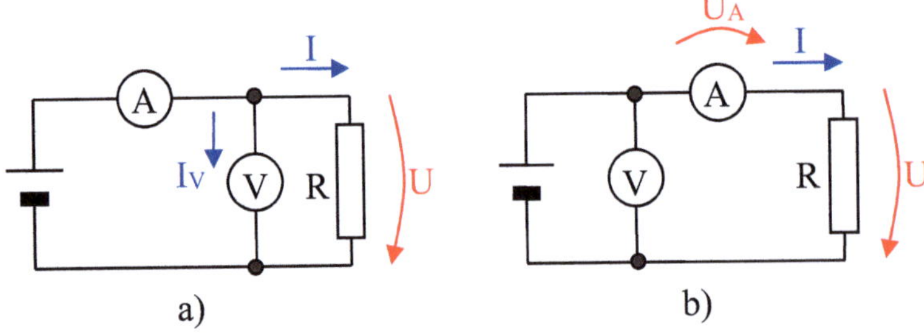

Abb. 4.25: Strom- und Spannungsmessung

Die Darstellung (Abb. 4.25) zeigt, dass im Fall
   a) der Strom $I_m = I_V + I$ gemessen wird, aber die Spannung U richtig gemessen wird,
   b) der Strom I richtig gemessen wird, aber die Spannung $U_m = U_A + U$ gemessen wird.

Eine in der Regel genauere (aber aufwändigere) Variante stellt die Vergleichsmethode dar.
Dazu kann eine Wheatston'sche Brückenschaltung benutzt werden (Abb. 4.26).

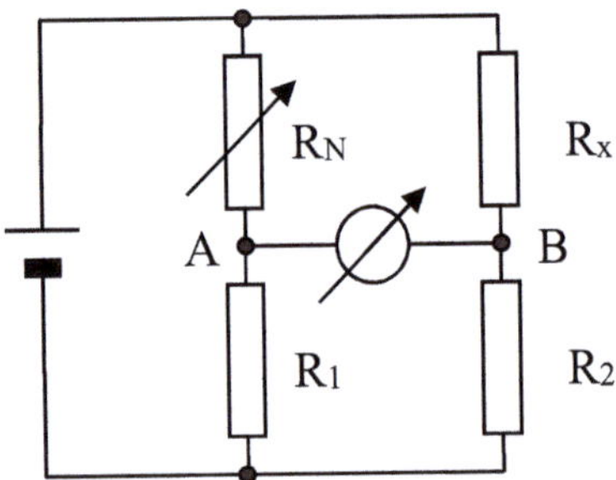

Abb. 4.26: Wheatston'sche Messbrücke

Mit Hilfe des Normalwiderstandes R_N und des empfindlichen Messinstruments wird der
Brückenstrom auf null abgeglichen. Fließt kein Strom zwischen A und B, kann zwischen A
und B kein Spannungsunterschied bestehen und es gilt:

$$\frac{R_N}{R_1} = \frac{R_x}{R_2} \qquad \text{d.h.} \qquad R_x = R_2 \frac{R_N}{R_1} \quad . \tag{4.13}$$

Das Verhältnis von R_1 und R_2 ist bekannt, der Normalwiderstand kann genau abgelesen werden. Die Genauigkeit hängt nur von der Exaktheit des Normalwiderstands und des Widerstandsverhältnisses R_2/R_1 ab.

Praxistipp: Diese Schaltung eignet sich auch zur elektronischen Auswertung widerstandsabhängiger Sensoren (z.B. Thermowiderstände, Dehnmessstreifen …).

4.2.4 Nichtlineare Widerstände

Widerstände haben infolge einer Reihe physikalischer Einflüsse einen nichtlinearen Zusammenhang zwischen U und I. Neben äußeren Einflüssen (wie Licht, Temperatur…) können auch U bzw. I selbst die Leitfähigkeit beeinflussen. Spätestens seitdem Halbleiterbauelemente (siehe Abschnitt 12) ihre Bedeutung erlangt haben, muss mit nichtlinearen Kennlinien gearbeitet werden. Das kann entweder

- durch eine Bauelementelinearisierung (Kombination mit einer möglichst genau gegenläufigen Kennlinie im gewünschten Arbeitsbereich),
- durch Linearisierung über eine Kleinsignalbetrachtung (siehe Abschnitt 12.3.3) oder
- durch vollständige Berücksichtigung der Kennlinie $U = f(I)$ oder $R = R(U, I)$

erfolgen.

Methodisch wird entweder direkt mit den grafischen Darstellungen der betreffenden Widerstandsbauelemente (z.B. mittels grafischer Verfahren) gearbeitet oder es wird ein geeignetes Modell für eine Rechnersimulation genutzt (siehe Abschnitt 9.5).

Praxistipp: Bei nichtlinearen Kennlinien lohnt sich fast immer eine Rechnersimulation.

4.2.5 Übungsaufgaben zum Widerstand

Aufgabe 4.3

Mit der Schaltung von Abb. 4.27 werden folgende Werte gemessen:

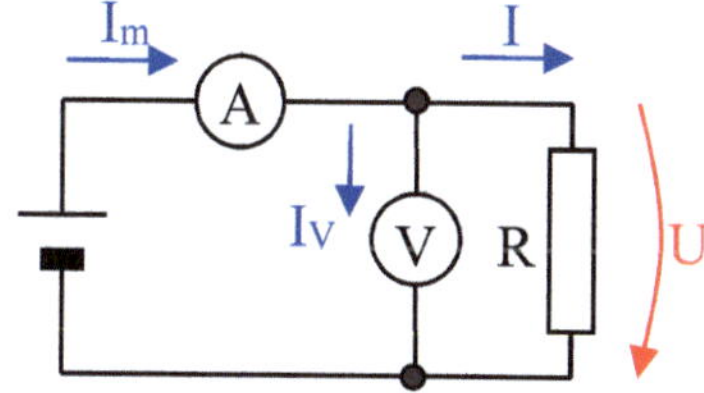

$I_m \qquad = 0,11\ \mathrm{A}$
$U \qquad = 100\ \mathrm{V}$
Gegeben ist zusätzlich:
$R_V \qquad = 10\ \mathrm{k\Omega}\ .$

Bestimmen Sie den Widerstand R und den Leitwert G.

Abb. 4.27: Messanordnung

Aufgabe 4.4

Zwei Adern eines Telefonkabels mit einem Durchmesser von je 0,3 mm bestehen aus Kupfer mit $\kappa = 56\ \mathrm{m/\Omega mm^2}$ und haben einen Kurzschluss bei einem Widerstand von 2 kΩ. Bestimmen Sie die Entfernung zum Kurzschluss.

Aufgabe 4.5

Die Temperatur verändert sich von 20° auf 40°. Für Kupfer ist $\alpha_{20} = 3{,}93 \; 10^{-3} \; K^{-1}$.

1) Bestimmen Sie den Widerstand, der sich bei der neuen Temperatur an der Anordnung von Aufgabe 4.4 ergibt.
2) Bestimmen Sie die Entfernungsdifferenz mit dem gemessenen Widerstandswert 2 kΩ, wenn statt 40° bei Berechnung der Entfernung 20° angenommen wird.

Aufgabe 4.6

Das gleiche Kabel von Aufgabe 4.4 wird zum Anschluss eines Lautsprechers mit 4 Ω benutzt, der 50 m von der Bühne entfernt ist. Bestimmen Sie den Gesamtwiderstand aus Lautsprecher und Zuleitung.

Aufgabe 4.7

Als Beispiel für eine Spannungsteilung mit einem nichtlinearen Widerstand ist eine einfache Spannungsstabilisierung zu untersuchen. Mehrere IC sollen aus einer 6 V Batterie mit 5 V versorgt werden. Je nach Zuständen benötigen die IC unterschiedlich viel Strom (maximal jedoch 65 mA). Es soll eine Z-Diode (mit 5,1 V Nenn-Z-Spannung und 100 mA Maximalstrom) eingesetzt werden. (Schwankungen der Batteriespannung sollen in diesem einfachen Beispiel erst einmal nicht berücksichtigt werden.)

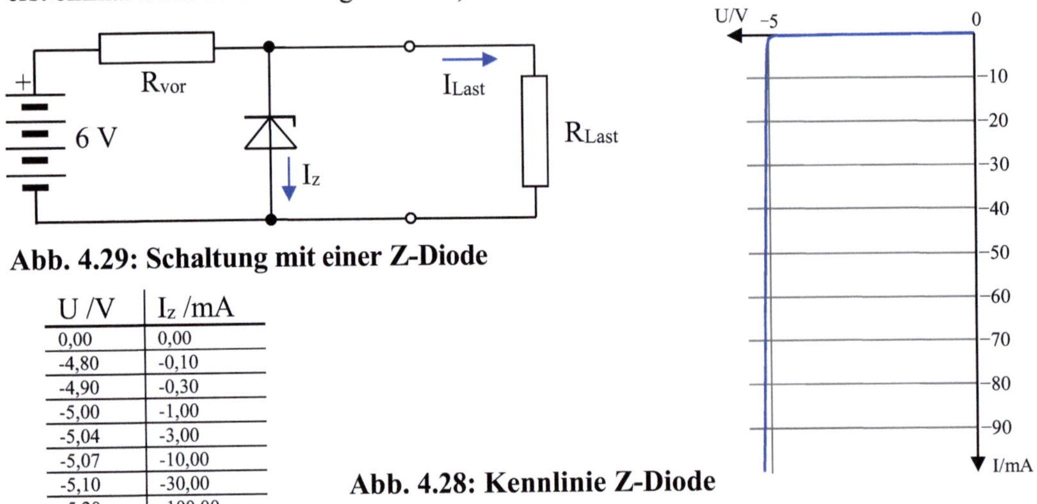

Abb. 4.29: Schaltung mit einer Z-Diode

U /V	I_Z /mA
0,00	0,00
-4,80	-0,10
-4,90	-0,30
-5,00	-1,00
-5,04	-3,00
-5,07	-10,00
-5,10	-30,00
-5,20	-100,00

Abb. 4.28: Kennlinie Z-Diode

1) Bestimmen Sie einen Minimalwert für R_{vor}, so dass die Z-Diode nicht überlastet wird.
Hinweis: I_Z wird für $I_{Last} = 0$ am größten, da der gesamte Strom nur durch die Diode geht.
2) Bestimmen Sie den maximalen Strom der entnommen werden kann ohne dass die Spannung an R_{Last} unter 4,9 V sinkt. Prüfen Sie, ob die Schaltung für den Betrieb der IC ausreichend ist.
Hinweis: I_Z muss mindestens I_Z von 4,9 V bleiben. Der Rest des in diesem Fall fließenden Stromes kann durch die Last fließen.
Zusatzaufgabe: Wie ergeben sich R_{vor} und $I_{Last\,max}$ (im ungünstigsten Fall), wenn die Batteriespannung von frisch 6,3 V bis zum Entladezustand 5,9 V genutzt werden soll? Reicht es auch im ungünstigsten Fall für die IC?
Hinweis: Zuerst den jeweils ungünstigsten Fall abklären; sonst wie 1) und 2) lösen.

4.3 Kirchhoff'sche Sätze sowie Reihen- und Parallelschaltung

4.3.1 Knotenpunkt und Maschensatz

Der Strom war in (4.1) als Ladung pro Zeiteinheit definiert worden. Da Ladungen in der Natur weder „erschaffen" werden noch „verschwinden" können, müssen so viele Ladungen, wie zu einem Ort hinfließen, auch wieder abfließen (Praxistipp Seite 6). In Anordnungen, die Ladungen speichern können, kann zusätzlich eine Änderung der gespeicherten Ladungsmenge auftreten. An einem Verbindungspunkt elektrischer Leiter (Knotenpunkt), wo normalerweise keine Ladungen gespeichert werden, kann demzufolge als Bilanz aufgestellt werden:

Knotenpunktsatz von Kirchhoff

$$\sum_{\uparrow} I_\nu = \sum_{\downarrow} I_\mu \qquad\qquad (4.14)$$

I_ν alle zufließenden und I_μ alle abfließenden Ströme

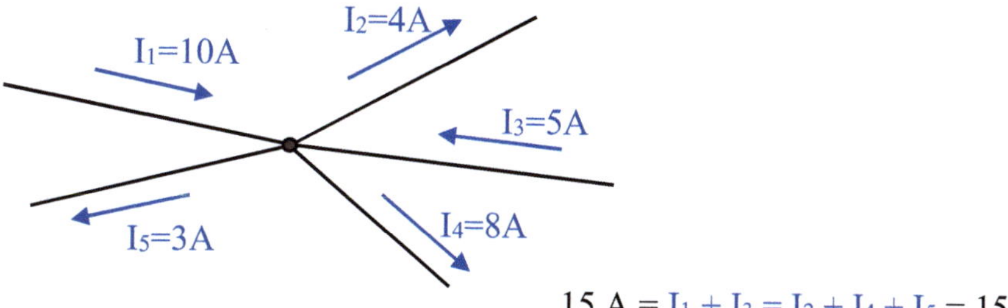

$$15\ A = I_1 + I_3 = I_2 + I_4 + I_5 = 15\ A$$

Abb. 4.30: Beispiel für einen Knotenpunkt (Teil einer Schaltung)

Eine weitere Bilanz kann nach den Darlegungen zu Abb. 4.4 aufgestellt werden. So muss entlang eines geschlossenen Kreislaufes die Summe aller Spannungsabfälle ($U=\Delta W_{Abgabe}/Q_p$) zu null werden. (Bzw. Summe der Urspannungen ist gleich Summe der Spannungsabfälle; das entspricht dem Satz der Energieerhaltung.)

Maschensatz von Kirchhoff

$$\sum_{\circlearrowleft} U_\nu = 0 \qquad\qquad (4.15)$$

mit U_ν alle Spannungsabfälle in gleichem Umlaufsinn

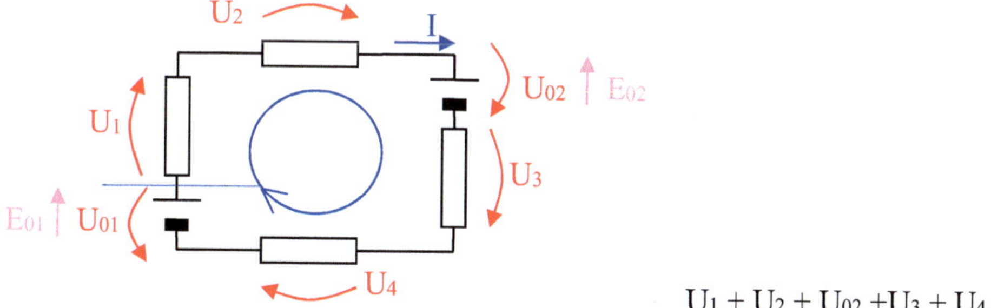

$$U_1 + U_2 + U_{02} + U_3 + U_4 - U_{01} = 0$$

Abb. 4.31: Beispiel für eine Masche (Teil einer Schaltung)

In Richtung des Umlaufsinns (im Beispiel von Abb. 4.31 skizziert) wird die Masche von einem Anfangspunkt an genau einmal umlaufen. Dabei werden alle Spannungen, deren

Richtung mit dem Umlaufsinn übereinstimmt, positiv, die anderen negativ (im Beispiel nur U_{01}) summiert. (U_{01} und U_{02} werden an den Klemmen der Quelle außen gemessen.)

Praxistipp: Die beiden Kirchhoff'schen Sätze gelten *ohne jede Einschränkung*. Sie werden oft vorteilhaft zur Schaltungsberechnung genutzt.

4.3.2 Parallel- und Reihenschaltung, Strom- und Spannungsteilung

Bei einer Reihenschaltung (Abb. 4.32) fließt durch alle Widerstände **derselbe Strom**.

Praxistipp: Das Vorhandensein desselben Stroms kann zum Test benutzt werden, ob eine reine Reihenschaltung vorliegt.

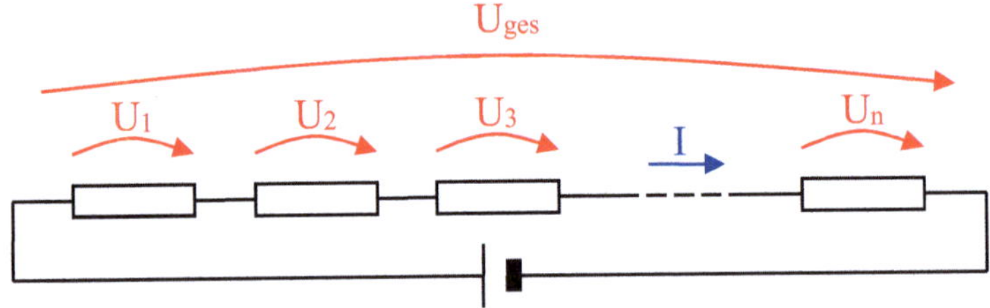

Abb. 4.32: Reihenschaltung von Widerständen

Für denselben Strom kann mit dem Maschensatz geschrieben werden:

$$U_{ges} = U_1 + U_2 + U_3 + ... + U_n \quad \big|:I$$
$$R_{ges} = R_1 + R_2 + R_3 + ... + R_n$$

$$\text{(mit } R = U / I)$$ (4.16)

und ferner
$$I = \frac{U_1}{R_1} = \frac{U_2}{R_2} = \frac{U_3}{R_3} = ... = \frac{U_n}{R_n} = \frac{U_{ges}}{R_{ges}} \; .$$ (4.17)

Aus (4.16) ergibt sich der Zusammenhang für eine Reihenschaltung von Widerständen:

Reihenschaltung von Widerständen

$$R_{ges} = \sum_{v} R_v \; .$$ (4.18)

Aus (4.17) kann die Aufteilung der Spannung auf die Widerstände einer Reihenschaltung für die jeweils gewünschte Kombination abgeleitet werden.

Spannungsteilerregel bei Reihenschaltung

$$\frac{U_1}{U_{ges}} = \frac{R_1}{R_{ges}}$$ (4.19)

In (4.19) wird als Beispiel das Verhältnis von U_1 zu U_{ges} gezeigt.

Praxistipp: Die Spannungen teilen sich im Verhältnis der Widerstände auf.

Bei einer Parallelschaltung (Abb. 4.33) liegt an allen Widerständen **dieselbe Spannung**.

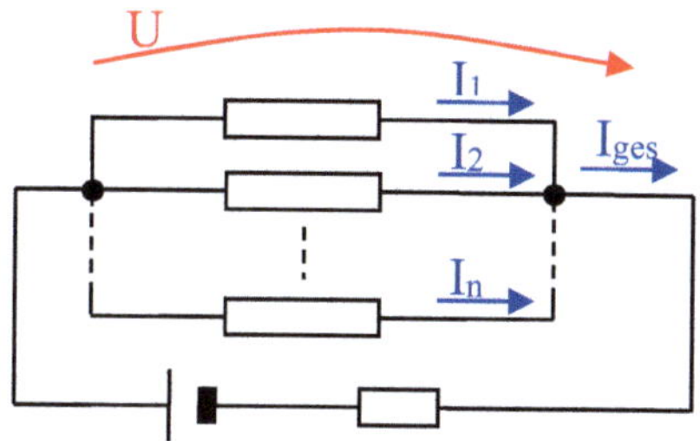

Abb. 4.33: Parallelschaltung von Widerständen

Für dieselbe Spannung kann mit dem Knotenpunktsatz geschrieben werden:

$$I_{ges} = I_1 + I_2 + I_3 + \ldots + I_n \quad \big| : U$$

$$G_{ges} = G_1 + G_2 + G_3 + \ldots + G_n \qquad (\text{mit } G = 1/R = I/U) \qquad (4.20)$$

und ferner $\qquad U = \dfrac{I_1}{G_1} = \dfrac{I_2}{G_2} = \dfrac{I_3}{G_3} = \ldots = \dfrac{I_n}{G_n} = \dfrac{I_{ges}}{G_{ges}} \; .$ $\qquad (4.21)$

Aus (4.20) ergibt sich der Zusammenhang für eine Parallelschaltung von Widerständen:

Parallelschaltung von Widerständen

$$G_{ges} = \frac{1}{R_{ges}} = \sum_{\nu} \frac{1}{R_{\nu}} = \sum_{\nu} G_{\nu} \; . \qquad (4.22)$$

Aus (4.21) kann die Aufteilung des Stromes auf die Widerstände einer Parallelschaltung für die jeweils gewünschte Kombination abgeleitet werden.

Stromteilerregel bei Parallelschaltung

$$\frac{I_1}{I_{ges}} = \frac{G_1}{G_{ges}} = \frac{R_{ges}}{R_1} \qquad (4.23)$$

In (4.23) wird als Beispiel das Verhältnis von I_1 zu I_{ges} gezeigt.

Die hier gezeigten Zusammenhänge entstanden durch die Anwendung des Maschen- und des Knotenpunktsatzes auf die beiden einfachsten Schaltungsvarianten.

4.3.3 Übungsaufgaben zu einigen praktischen Anwendungen

Aufgabe 4.8

Es soll die Zeitfunktion einer Spannung mit einem Maximalwert von 3000 V mit einem Oszilloskop dargestellt werden (z.B. bei einer Funkenentladung). Das Oszilloskop kann eine maximale Eingangsspannung von 400 V darstellen und hat dabei einen Eingangswiderstand von 10 MΩ.

1) Berechnen Sie den Widerstand, der in Reihe zum Eingang des Oszilloskops geschaltet werden muss, damit bei der beschriebenen Anordnung nur 300 V am Eingang anliegen.
2) Vorhandene 10 MΩ Widerstände haben eine Bauform mit einer Länge von ca. 1 cm. Es sollen, um einen Überschlag sicher zu vermeiden, mindestens 8 cm für den Spannungsabfall zur Verfügung stehen. Ermitteln Sie die notwendige Schaltung und räumliche Anordnung der Widerstände.

Aufgabe 4.9

Für einen Test zur Entladung einer Autobatterie von 12 V soll als Verbraucher ein Widerstand von 6 Ω eingesetzt werden. Vorhanden sind 4 Ω Widerstände, die im Dauerbetrieb Wärme bis zu einem Maximalstrom von 1 A abführen können. Bestimmen Sie eine geeignete Schaltung bestehend aus den beschriebenen Widerständen.

Aufgabe 4.10

Bei einer Schaltung (Schaltungsdetail in Abb. 4.34) soll am 100 kΩ Widerstand die Spannung gemessen werden. Es steht ein Multimeter (ein etwas älterer Typ) mit 10 kΩ/V Eingangswiderstand und einem 10-V-Messbereich zur Verfügung.

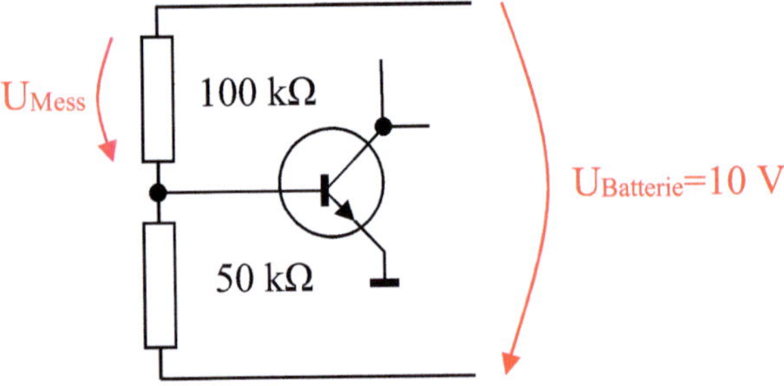

Abb. 4.34: Schaltungsdetail

1) Bestimmen Sie den zu erwartenden Messfehler, der sich durch den Innenwiderstand des Messgerätes ergibt.

Hinweis: Zuerst die Spannung ohne Messgerät berechnen, dann mit Messgerät.

2) Bestimmen Sie den durch den Innenwiderstand des Messgeräts auftretenden Messfehler, wenn ein Multimeter mit messbereichsunabhängigem Eingangswiderstand von 10 MΩ (heute Standard) verwendet wird.

4.4 Energieumwandlung und Leistung

4.4.1 Energie, Leistung und Wirkungsgrad

Die Energie, die an einem elektrischen Verbraucher umgewandelt wird, folgt direkt aus der Umkehrung der Definition der Spannung (4.6).

Verbrauch elektrischer Energie

$$W = \int_{t_1}^{t_2} dW = \int_{t_1}^{t_2} U\, dQ = \int_{t_1}^{t_2} U\, I\, dt \;\;^{25} \qquad\qquad (\,4.24\,)$$

oder $W = U\, I\, t_{12}$ für U und I const

Wird an den Klemmen einer Quelle wie an einem Verbraucher gemessen, wird die Energie negativ (z.B. Batterie oder Straßenbahnmotor, der beim Bremsen als Generator fungiert). Das entspricht der Richtungsumkehr der Energieumwandlung (vergleiche Abb. 4.4).

Die Leistung als Arbeit pro Zeit (Energie pro Zeit) ist in der Elektrotechnik eine der wichtigsten Kenngrößen.

Verbrauch elektrischer Leistung

$$P = \frac{dW}{dt} = U\, I \;\;^{26} \qquad \text{auch als } p(t) = u(t)\, i(t) \qquad\qquad (\,4.25\,)$$

Zusammen mit dem Ohm'schen Gesetz ergibt sich für einen Widerstand mit zeitkonstantem U und I (ansonsten zu jedem Zeitpunkt):
$$P = I^2\, R = U^2 / R$$

Mit der Leistung ist eine weitere wichtige technische Kenngröße verbunden: der Wirkungsgrad. Darin beschreibt P_{ab} die abgegebene Leistung, die genutzt werden kann, und P_{zu} die Leistung, die zugeführt werden muss. Beide Leistungen sind in der Regel von verschiedenen Energieformen (z.B. mechanisch $\rightarrow$ elektrisch, elektrisch $\rightarrow$ Wärme usw.).

Wirkungsgrad

$$\eta = \frac{P_{ab}}{P_{zu}} \qquad\qquad\qquad\qquad (\,4.26\,)$$

Praxistipp: Ein sehr großer Teil der Aufgaben der Elektrotechnik besteht immer in einer Energieumwandlung. Dabei lässt sich Elektroenergie sehr elegant in praktisch jede andere Energieform wandeln. Um diese Prozesse richtig verstehen und handhaben zu können, müssen auch entsprechende Kenntnisse der anderen Energieformen und deren Messung, deren Problemstellungen, deren Handhabung usw. vorliegen. Das umfasst z.B.:
- Handhabung von Batterien, Akkus bzw. Elektrolyse bei chemischer Energie,
- Fragen der Wärmespeicherung, -strahlung und -leitung bei der Wärmeenergie,
- Fragen und Aufgaben der Beleuchtungstechnik beim Licht,
- Antriebsaufgaben bei der mechanischen Energie usw.

(siehe z.B. (Lun91 S. 102-127) und die Abschnitte 4.4.4, 4.4.5, 4.4.6 sowie 20).

---

[25] Die Maßeinheit ist Nm=Ws=VAs.
[26] Die Maßeinheit ist Nm/s=W nach Watt benannt.

4.4.2 Messung von Energie und Leistung

Sind Strom und Spannung zeitkonstant, reichen eine Strommessung, eine Spannungsmessung und eine Zeitmessung, um Energie, Leistung und Wirkungsgrad zu ermitteln.
In der Regel sind die Bedingungen ungünstiger.
Zur Messung der **Energie** muss dann das Integral von (4.24)) gebildet werden. Das leistet jeder Energiezähler im Haushalt (neue Geräte elektronisch, ältere elektromechanisch).
Soll die **Leistung** P gemessen werden, muss das Produkt in (4.25)) gebildet werden.

Praxistipp: Eine Leistungsmessung realisieren ebenfalls neue Geräte elektronisch, ältere elektromechanisch.
Bei p(t) werden in der Regel Mittelwerte über eine definierte Zeit gemessen, ansonsten kann z.B. ein Zweikanal-Oszilloskop mit Multiplikationsfunktion genutzt werden.

Sowohl bei der Leistungsmessung als auch bei der Energiemessung muss das Messgerät gleichzeitig Strom und Spannung auswerten, es ist also wie ein Strommesser **und** ein Spannungsmesser anzuschließen (Abb. 4.35).

Messung der elektrischen Leistung

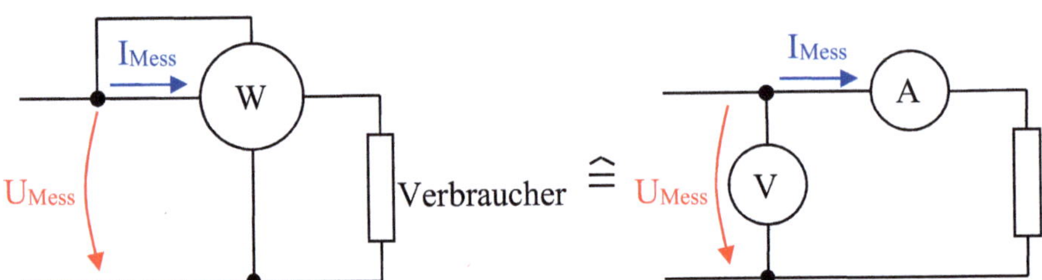

Abb. 4.35: Anschluss eines Wattmeters und Einzeldarstellung des Strom- und Spannungspfades für diese Schaltung

Die gezeigte Schaltung entspricht also einer stromrichtigen Messung. Die Eichung des Wattmeters berücksichtigt aber diesen Fehler.

Messung der elektrischen Energie

Praxistipp: Ein Energiezähler wird genauso angeschlossen wie der Leistungsmesser, nur dass er intern noch das Zeitintegral bildet (oder eben zählt).

Weil p(t) zu jedem Zeitpunkt einen anderen Wert besitzt und damit wenig aussagefähig ist, wurden für wichtige Stromarten andere Parameter geschaffen. Für periodische, so auch für rein sinusförmige Ströme und Spannungen (wie im Energienetz) wird die mittlere Leistung (genannt Wirkleistung) genutzt. Gemittelt wird über eine Periode der Spannung.

Wirkleistung (physikalisch real)

$$P_w = \overline{P} = \frac{1}{T} \int_0^T u(t)\, i(t)\, dt \qquad\qquad (4.27)$$

Diesen Mittelwert bilden elektromechanische Messgeräte aufgrund ihrer mechanischen Trägheit gleich mit, bei elektronischen wird dieses zusätzlich realisiert.
Die Wirkleistung kann aber null werden, obwohl Ströme fließen und Spannungen anliegen, sie reicht zur Bewertung also nicht immer aus. Bei **rein sinusförmigen Strömen** tritt dies

z.B. ein, wenn die Sinusfunktionen von Strom und Spannung um genau 90^0 verschoben sind (Abb. 4.36). Die Rechnung zeigt:

$$P_w = \frac{1}{T}\int_0^T \hat{U}\sin(\omega t)\,\hat{I}\sin(\omega t + \varphi)\,dt \quad = \frac{1}{2}\hat{U}\,\hat{I}\cos\varphi \qquad (4.28)$$

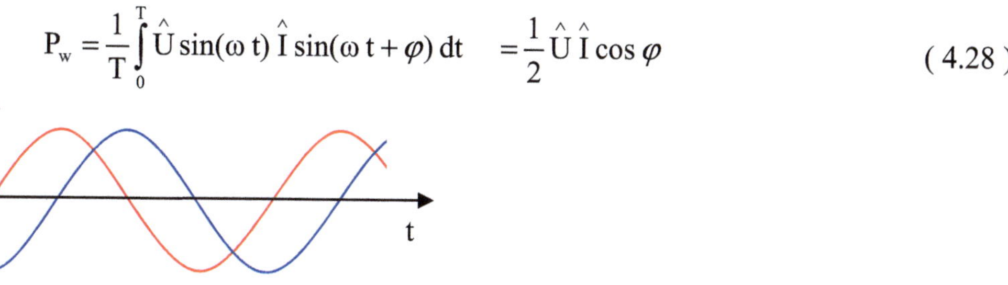

Abb. 4.36: Sinusförmige Spannung und um 90^0 verschobener Strom

Dabei ist $\cos(90^0) = 0$. Es wäre für diesen Fall aber $\sin(90^0) = 1$.
Eine mit $\sin\varphi$ definierte Blindleistung entspricht einer Leistung, die ständig zwischen Quelle und Verbraucher hin und her gespeichert wird, ohne verbraucht zu werden (jeweils 90^0 sind Strom und Spannung gleich gepolt und die nächsten 90^0 entgegengesetzt, siehe Abb. 4.36). Das ist eine nützliche Kenngröße.

Definition von Blindleistung und Scheinleistung

$$P_b = \frac{1}{2}\hat{U}\,\hat{I}\sin\varphi \quad \text{und} \quad P_s = \frac{1}{2}\hat{U}\,\hat{I} \quad \text{mit} \quad P_s^2 = P_w^2 + P_b^2 \qquad (4.29)$$

Praxistipp: Hierbei gibt die Scheinleistung Auskunft über die maximal auftretende Belastung bezüglich Strom und Spannung.

Da $\cos\varphi$ gerade den Anteil der Wirkleistung wiedergibt, folgt daraus der Leistungsfaktor [27].

Definition des Leistungsfaktors

$$\cos\varphi = \cos\langle u(t),\, i(t)\rangle \qquad (4.30)$$

Praxistipp: Zu beachten ist, dass Blindleistung, Scheinleistung und $\cos\varphi$ nur für rein sinusförmige Ströme und Spannungen definiert und so nur dafür anwendbar sind sowie entsprechende Messgeräte nur dafür aussagefähig sind oder benutzt werden können [26].

Die Wirkleistung gibt uns die Möglichkeit, für periodische (und auch für rein sinusförmige) Ströme und Spannungen bessere Kennwerte zu definieren. Diese sollen eine *äquivalente Aussagefähigkeit* haben wie die Messwerte von Gleichstrom *in Bezug auf die Leistung* (bei gleich großen Werten für U bzw. I). Dazu dient der quadratische Mittelwert.

Definition des Effektivwertes

$$U_{eff} = \sqrt{\frac{1}{T}\int_0^T u^2(t)\,dt} \quad \text{und für Sinusspannung } U_{eff} = \hat{U}/\sqrt{2}$$

$$\qquad (4.31)$$

$$I_{eff} = \sqrt{\frac{1}{T}\int_0^T i^2(t)\,dt} \quad \text{und für Sinusstrom} \quad I_{eff} = \hat{I}/\sqrt{2}$$

Es werden: $\quad P_s = U_{eff}\,I_{eff} \qquad\qquad = \hat{U}\,\hat{I}/2 \qquad\qquad$ bei Sinusform,

$\qquad\qquad\quad P_w = U_{eff}\,I_{eff}\cos\varphi \qquad = (\hat{U}\,\hat{I}/2)\cos\varphi \quad$ bei Sinusform und

---

[27] Für nichtsinusförmige periodische Größen werden ähnliche erweiterte Definitionen bereitgestellt.

$$P_b = U_{eff}\, I_{eff}\, \sin\varphi \qquad = (\hat{U}\,\hat{I}\,/2)\, \sin\varphi \qquad \text{bei Sinusform.}$$

Praxistipp: Heute gibt es preisgünstige Messgeräte, die diese Definitionen elektronisch realisieren. Ältere Geräte haben nur den arithmetischen Mittelwert des gleichgerichteten Zeitverlaufs gebildet (mittels der mechanischen Trägheit oder elektronisch mit einem Tiefpass) und nur für reine Sinusform die Skala auf die Effektivwerte geeicht.

Es gibt auch elektromechanische Messgeräte (Dreheisenmesswerk), die einen echten Effektivwert bilden (in der Regel nur für $U > 10$ V bzw. $I > 1$ A).

4.4.3 Übungsaufgaben zur Leistung

Aufgabe 4.11

Auf dem Typenschild einer Asynchronmaschiene sind u.a. folgende Angaben:
Nennspannung :   230/400 V
Nennstrom   :   1,6/0,93 A
$\cos\varphi$:   0,78
Leistung   :   0,33 kW
Bestimmen Sie die Wirkleistung (elektrisch), die Blindleistung und den Wirkungsgrad.
Hinweis: Alle Angaben sind Effektivwerte, die Leistung ist die nutzbare mechanische
Leistung, die Rechnung müsste bei 230 V bzw. 400 V im Rahmen der
Messgenauigkeit gleiche Ergebnisse liefern. Beachten Sie die drei Phasen
$3 \cdot 230$ V $\cdot\, 0{,}93$ A oder $\sqrt{3} \cdot 230$ V $\cdot\, 1{,}6$ A oder $\sqrt{3} \cdot 400$ V $\cdot\, 0{,}93$ A, vergleiche
Abschnitt 20.3.1.

Aufgabe 4.12

Ein Widerstand von 470 Ω ist für eine Wärmeabgabe von 1/8 W im Dauerbetrieb ausgelegt.
 1) Bestimmen Sie den maximalen Strom in einer Gleichstromschaltung.
 2) Bestimmen Sie den Effektivwert des maximalen Stromes bei Wechselstrom.
Hinweis: Für einen Widerstand gilt $\cos\varphi=1$.

Aufgabe 4.13

Eine 100 W Glühlampe hat einen Wirkungsgrad von 5 % und soll durch eine LED-Lampe mit gleicher Lichtleistung ersetzt werden.
Bestimmen Sie die elektrische Leistung einer LED-Lampe mit einem Wirkungsgrad von 40%.
Zusatzaufgabe: Bestimmen Sie die elektrische Leistung für eine Energiesparlampe, wenn sie
einen Wirkungsgrad von 25% besitzt?

Aufgabe 4.14

Ein Audioverstärker hat eine Ausgangsspannung von $U_{eff} = 20$ V. Es kann ein Lautsprecher mit einem Widerstand $R_L \geq 4\ \Omega$ angeschlossen werden.
 1) Bestimmen Sie die maximal entnehmbare Leistung.
 2) Bestimmen Sie die Leistung an einem Lautsprecher mit einem Widerstand von 8 Ω.
 3) Entwickeln Sie eine Schaltung, in der zwei Lautsprecher mit 8 Ω an den Audioverstärker
angeschlossen sind und die maximal mögliche Leistung in den Lautsprechern umgesetzt
wird.

4.4.4 Anwendung in der Elektrochemie (Batterien, Akkus, Elektrolyse)*

In Batterien und Akkumulatoren wird **chemische in elektrische Energie** gewandelt.
Bei Primärzellen (Batterien) findet eine irreversible Wandlung chemischer in elektrische
Energie statt. Bei Sekundärzellen (Akkumulatoren oder Akkus) sind beide Richtungen der
Energiewandlung möglich (reversible Wandlung).

Nach den Versuchen von Galvani und den Diskussionen um die Deutung der Ergebnisse
erfand Volta um 1800 die sogenannte Volta'sche Säule – die erste funktionierende Batterie.
1803 hat Ritter als erster das Prinzip eines Akkumulators (Ritter'sche Säule) entwickelt. Erst
die Kohle-Zink-Batterie (besser die Zink-Braunstein-Zelle [28]), die als Weiterentwicklung des
Leclanché-Elements von 1866 entstand, sowie der Bleiakku, der auf Entwicklungen von
Sinsteden um 1854 zurückgeht, konnten umfassend genutzt werden und sich z.T. bis heute
durchsetzen. Gegenwärtig laufen wieder weltweit intensive Forschungen zu effektiveren
Batterien/Akkumulatoren, die noch keineswegs abgeschlossen sind.
Das Grundprinzip besteht in einer **Redoxreaktion**. Reduktion und Oxidation erfolgen
räumlich getrennt an jeweils einer Elektrode.
An den Elektrodenoberflächen stellt sich dabei (wie an allen Grenzschichten) ein
Gleichgewicht ein. In diesem Fall besteht es zwischen dem **Lösungsdruck** (Bestreben der
Metallatome, als Ionen in Lösung zu gehen) und dem **Abscheidungsdruck** [29] (Bestreben der
Metallionen der Lösung, sich als Atome an der Oberfläche anzulagern). Zusätzlich ziehen die
im Metall verbleibenden Elektronen die positiven Metallionen zurück und die Metallionen in
der Lösung bremsen einen weitere Ionenaustritt [30].
Die Atome der unedleren Metalle werden so in Lösungen, die Ionen edlerer Metalle enthalten,
zu Ionen oxidiert, die in Lösung gehen. Die Ionen des edleren Metalls werden reduziert und
die Atome an der Elektrode abgeschieden (siehe Abb. 4.37).

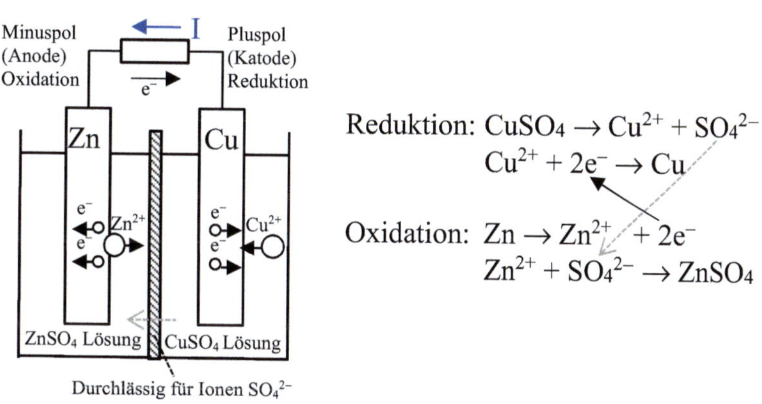

Abb. 4.37: Daniell-Element (schematisch)

Praxistipp: Positive Ladungen bewegen sich **innerhalb** der Zelle von der Anode (hier Zn^{2+})
zur Katode (hier Cu^{2+}). Daraus resultieren die Bezeichnungen. So ergibt sich **außen** an der
Katode der **Pluspol** (e⁻ fließen hinein) und an der Anode der **Minuspol** (e⁻ fließen heraus).
Die Verwirrung wird vermieden, wenn nur von Plus- und Minuspol gesprochen wird.

---

[28] Braunstein ist Mangandioxid.
[29] Wurde auch z.B. von Nernst mit dem osmotischen Druck verglichen.
[30] Zuerst zur Berechnung der Gleichgewichtspotentiale untersucht von Nernst (Nernst-Gleichung).

Entsprechend ihres Verhaltens bei Redoxreaktion können Metalle und andere Materialien in einer elektrochemischen Spannungsreihe dargestellt werden.

Oxidations Form (e⁻-Abgabe) ⇀ ⇌ ⇁ (Minuspol)		Reduktions Form (e⁻-Aufnahme) (Pluspol)	Spannung gegen die Normalelektrode
$Li^+ + e^-$	⇌	Li	$E_0 = -3{,}04$ V
$Na^+ + e^-$	⇌	Na	$E_0 = -2{,}71$ V
$Zn + 4\,OH^-$	⇌	$Zn(OH)_4{}^{2-} + 2\,e^-$	$E_0 = -1{,}20$ V
$Fe(OH)_2 + 2\,e^-$	⇌	$Fe + 2\,OH^-$	$E_0 = -0{,}89$ V
$Cd + 2\,OH^-$	⇌	$Cd(OH)_2 + 2\,e^-$	$E_0 = -0{,}81$ V
$Zn^{2+} + 2\,e^-$	⇌	Zn	$E_0 = -0{,}76$ V
$PbSO_4 + 2\,e^-$	⇌	$Pb + SO_4{}^{2-}$	$E_0 = -0{,}36$ V
$2\,H^+ + 2\,e^-$	⇌	H_2 (Normalwasserstoffelektrode)	$E_0 = \pm 0{,}00$ V
$Cu^{2+} + 2\,e^-$	⇌	Cu	$E_0 = +0{,}34$ V
$O_2 + 2\,H_2O + 4\,e^-$	⇌	$4\,OH^-$	$E_0 = +0{,}40$ V
$NiO(OH) + H_2O + e^-$	⇌	$Ni(OH)_2 + OH^-$	$E_0 = +0{,}49$ V
$Ag^+ + e^-$	⇌	Ag	$E_0 = +0{,}79$ V
$MnO_2 + 4\,H^+ + e^-$	⇌	$Mn^{3+} + 2\,H_2O$	$E_0 = +0{,}95$ V
$O_2 + 4\,H^+ + 4\,e^-$	⇌	$2\,H_2O$	$E_0 = +1{,}23$ V
$PbO_2 + SO_4{}^{2-} + 4\,H_3O^+ + 2\,e^-$	⇌	$PbSO_4 + 6\,H_2O$	$E_0 = +1{,}67$ V
$F_2 + 2\,H^+ + 2\,e^-$	⇌	$2\,HF$	$E_0 = +3{,}05$ V

Tabelle 4.1: Elektrochemische Spannungen einiger ausgewählter Materialien [31]

Für Materialkombinationen können nach Tabelle 4.1 die theoretischen Gesamtspannungen ermittelt werden [32]. Die angegebene Nennspannung hängt in der Praxis noch von den tatsächlichen momentanen Konzentrationen der Elektrolytlösungen, von Verunreinigungen, von weiteren Parametern (pH-Wert, Temperatur usw.) und der vorgesehenen Stromentnahme ab.

Name	positive Elektrode (e⁻-Aufnahme, red. Form)	negative Elektrode (e⁻-Abgabe, oxid. Form)	Spannung in V theoretisch	Nennspannung
Daniell-Element	Cu	Zn	$0{,}34 + 0{,}76$	ca. 1,1
Leclanché-Element	MnO_2	Zn	$0{,}95 + 0{,}76$	ca. 1,5
Alkali-Mangan-Element	MnO_2	Zn	$0{,}95 + 0{,}76$	ca. 1,5
Zink-Luftsauerstoff-Element	O_2	$Zn(OH)_4{}^{2-}$	$0{,}40 + 1{,}20$	ca. 1,6
Nickel-Cadmium-Akku	$NiO(OH)$	$Cd(OH)_2$	$0{,}49 + 0{,}81$	ca. 1,2
Bleiakku	PbO_2	Pb	$1{,}67 + 0{,}36$	ca. 2,0
Lithium-Polymer-Akku z.B.	Graphit (C)	$LiCoO_2$		ca. 3,6
Brennstoffzelle z.B. [33]	O_2	H_2	$1{,}23 + 0{,}00$	ca. < 1,0

Tabelle 4.2: Beispiele für Primär- und Sekundärelemente [30] [34]

---

[31] Es gibt durchweg leicht differierende Angaben. Dabei unterscheiden sich die Reaktionswege sowie die Messgenauigkeit der Angaben. Hier soll nur ein Überblick gegeben werden.

[32] Das gilt für den statischen Gleichgewichtszustand, bei dem alle Ladungen im statistischen Mittel ausgeglichen (sowie alle Ströme null) sind (Differenz E_0 Pluspol $- E_0$ Minuspol).

[33] Durch ständige Zufuhr von O_2 und H_2 ist ein ununterbrochener Betrieb möglich. Das Prinzip ist umkehrbar.

[34] Hier sind die Ausgangsstoffe an den Elektroden aufgeführt. Deren Reaktionen sind in Tabelle 4.1 bei Beachtung der Richtung für Oxidation bzw. Reduktion zu finden.

Praxistipp: Die Messung der Leerlaufspannung zeigt in der Regel nur einen sehr groben Anhaltspunkt über den Entladezustand. Es muss eine Messung bei Belastung vorgenommen werden (bei kleinen Batterien oder Akkus sogar eine kurzzeitige Kurzschlussstrommessung). Es sind dazu Erfahrungswerte bzw. Herstellerangaben erforderlich. Z.B. haben gute frische AA-Alkaline-Batterien einen Kurzschlussstrom größer 7 A.

Eine Wandlung **elektrischer in chemische Energie** wird vor allem für technologische Zwecke verwendet (Elektrolyse). Dabei geht es um Stofftrennung (z.B. Aluminiumherstellung, Wasserstofferzeugung, Herstellung von Reinstkupfer ...) oder galvanisches Beschichten usw. Grundlage ist wiederum die gleiche Spannungsreihe.

Das Faraday'sche Abscheidungsgesetz gibt Auskunft über den Stromverbrauch $Q = I \cdot t$ für die elektrolytische Abscheidung der Masse m.

$$m = \frac{M\,Q}{z\,F} = (96485)^{-1}\,\frac{A}{z}\,(Q/As)\ \ g \tag{4.32}$$

Dabei bedeuten:

M = molare Masse – entspricht der relativen Molekül- bzw. Atommasse in g/mol,
A = relative Molekül- bzw. Atommasse,
z = Ladungszahl des Ions,
F = Faraday'sche Konstante mit $F = 96485$ As mol^{-1} = $N_A\,q_0$,
N_A = Avogadro'sche Zahl (entspricht Teilchenanzahl pro mol) mit $N_A = 6,022 \cdot 10^{23}$ mol^{-1},

An den Elektroden entsteht durch **Polarisation** eine Gegenspannung. Die Ionen bilden um die Elektrode eine zusätzliche Grenzschicht (z.B. eine Wasserstoffhülle). Die so veränderte Grenzschichtstruktur bildet entsprechend der Spannungsreihe eine Gegenspannung U_g [35]. Bei einer Elektrolyse fließt dann nach Anlegen der Spannung U der Strom

$$I = (U - U_g)/R_{Aufbau}. \tag{4.33}$$

Die für $I \cdot U_g$ aufzubringende Energie entspricht der zur Stofftrennung notwendigen Energie und ist somit bei Elektrolyse unvermeidbar [36]. Dagegen ist die Polarisationsschicht bei Spannungsquellen unerwünscht und wird durch eine Bindung mit chemischen Mitteln verhindert (z.B. durch Braunstein beim Leclanché-Element).

Praxistipp: Bei der praktischen Nutzung sind natürlich Erfahrungen zur Gestaltung aller technologischen Bedingungen für ein effektives Ergebnis erforderlich bzw. zu erproben. So wird abhängig von Spannung, Konzentration des Elektrolyten und eventuellen Zusätzen z.B. eine feste Schicht bis zu einer nadelartigen Struktur abgeschieden.

Für weitere Ausführungen siehe z.B. (Lun91 S. 119 ff).

4.4.5 Anwendung in der Wärmelehre*

Eine **Umformung elektrischer Energie in Wärme** erfolgt immer bei Stromfluss durch ohmsche Widerstände sowohl unerwünscht (das muss entsprechend berücksichtigt werden)

---

[35] Z.B. bildet sich um eine Platinelektrode in verdünnter Säure ein Überzug aus Wasserstoff und wirkt entsprechend der Spannungsreihe als Element gegen die angelegte Spannung.
[36] Ist in (4.33) U kleiner als U_g, fließt nur kurz ein Strom, bis die Polarisationsschicht aufgebaut ist.

als auch technologisch gewollt. Dabei wird Wärme sowohl im Aufbau gespeichert als auch durch Wärmeleitung, Konvektion und Strahlung von ihm wieder abgeführt. Damit ergibt sich eine Temperaturerhöhung, bis ein Gleichgewicht zwischen Wärmezufuhr und -abfuhr erreicht ist.

Die **Wärmemenge** Q_{th} entspricht der Wärmeenergie (in J – Joule). Der **Wärmestrom**

$$\dot{Q} = dQ_{th}/dt \qquad\qquad (\,4.34\,)$$

(entspricht der Wärmeleistung in W) beschreibt den *Wärmefluss von einem Ort mit höherer zu einem Ort mit tieferer Temperatur* (und nur in diese Richtung, gemäß dem zweiten Hauptsatz der Thermodynamik). Als Zustandsgröße wird die **Temperatur** T (in K – Kelvin) eingeführt. Die Wärmemenge ist mit der Wärmekapazität C_{th} = m c (Masse m, spezifische Wärmekapazität c in J/(kg K))

$$Q_{th} = C_{th}\,T = c\,m\,T\,.$$

Eine **Erhöhung der Wärmemenge** (z.B. durch Zufuhr elektrischer Leistung P_{el} = dQ_{th}/dt) ergibt demnach im Zeitintervall dt die Temperaturerhöhung $d\vartheta$ (mit der Wärmekapazität C_{th}).

$$\dot{Q} = C_{th}\,d\vartheta/dt = c\,m\,d\vartheta/dt \quad {}^{37}. \qquad\qquad (\,4.35\,)$$

Wärmeabgabe erfolgt durch Wärmeleitung, Konvektion und Strahlung.
Ein Wärmefluss von einem Ort mit höherer (T_1) zu einem Ort mit tieferer Temperatur (T_2) erfolgt bei **Wärmeleitung** entsprechend der Wärmeleitfähigkeit λ in W/(m K).

$$\dot{Q} = \frac{\lambda A}{l}\,\vartheta \qquad \text{mit } \vartheta = \Delta T = T_1 - T_2 \quad {}^{38} \qquad\qquad (\,4.36\,)$$

Dabei kann l/(λ A) als Thermischer Widerstand betrachtet werden (Länge l, Fläche A).
Bei **Konvektion** wird ein Wärmestrom von einer Oberfläche A (mit der Temperatur T_O) entsprechend dem Wärmeübergangskoeffizienten k in W/(K m^2) an ein Medium (Luft, Wasser) der Umgebung (Temperatur T_U) abgegeben.

$$\dot{Q} = k\,A\,\vartheta \quad {}^{37} \qquad \text{mit } \vartheta = T_O - T_U \qquad\qquad (\,4.37\,)$$

Durch **Strahlung** wird nach dem Stefan-Boltzmann-Gesetz ein Wärmestrom mit dem Emissionsgrad ε [39] und der Boltzmann-Konstante σ = 5,67·10^{-8} W m^{-2} K^{-4} von der Oberfläche A (mit der Temperatur T_O) abgestrahlt.

$$\dot{Q} = \varepsilon\,\sigma\,A\,T_O^4$$

Die gleiche Oberfläche absorbiert aber auch Strahlung aus der Umgebung (Temperatur T_U) nach diesem Gesetz und der tatsächlich abgegebene Wärmestrom wird

$$\dot{Q} = \varepsilon\,\sigma\,A\,(T_O^4 - T_U^4) \quad {}^{40}. \qquad\qquad (\,4.38\,)$$

---

[37] Vergleiche mit i = C du/dt bei C_{th} = c m .
[38] Vergleiche mit I = (1/R) U bei $R_{th\,L}$ = l/(λ A) bzw. $R_{th\,K}$ = 1/(k A).
[39] Dabei liegt ε zwischen 0 (perfekter Spiegel) und 1 (idealer schwarzer Körper nach dem planckschen Strahlungsgesetz).
[40] Das könnte auch als nichtlinearer Widerstand $R_{th\,St}$ = ϑ/[ε σ A ($T_O^4 - T_U^4$)] aufgefasst werden.

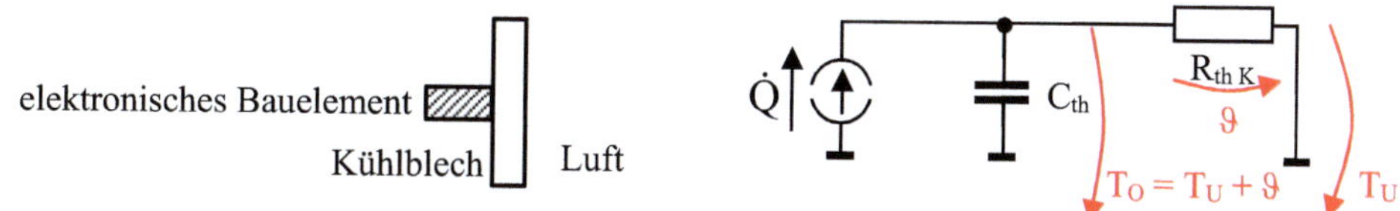

Abb. 4.38: Elektronisches Bauelement mit Kühlblech und Ersatzschaltung

Abb. 4.38 zeigt schematisch ein elektronisches Bauelement, das einem Kühlblech seine Verlustleistung als Wärme ($P_{el} = \dot{Q}$) zuführt. Von der Oberfläche des Kühlblechs wird die Wärme über Konvektion an die vorbeiströmende Luft abgegeben. (In der Ersatzschaltung wurden Massepunkte dargestellt, um den nicht stattfindenden Rückfluss zur Quelle anzudeuten.) Der Knotenpunktsatz ergibt:

$$\dot{Q}_{Zufuhr} = \dot{Q}_{Speicher} + \dot{Q}_{Konvektion} = C_{th}\, d\vartheta/dt + (1/R_{th\,K})\, \vartheta \quad ^{41}.$$

Mit der Lösung für die Anfangsbedingung $\vartheta(t=0) = 0$ (d.h., es ist noch $T_O = T_U$) wird

$$\vartheta = P_{el}\, R_{th\,K}\, (1 - e^{t/\tau_{th}}) \quad \text{mit } R_{th\,K} = 1/(k\,A) \text{ und } \tau_{th} = C_{th}\, R_{th\,K} = c\,m\,/(k\,A) .$$

Nachdem die Erwärmung des Kühlbleches abgeschlossen ist, folgt letztendlich die Temperatur aus $\dot{Q}_{Zufuhr} = \dot{Q}_{Konvektion}$.

Parallel zur Konvektion könnte eine Wärmeabgabe durch Strahlung $R_{th\,St}$ berücksichtigt werden, dann ist eine nichtlineare Gleichung zu lösen.

Praxistipp: Die Wärmeabgabe kann verbessert werden durch eine größere Oberfläche (evtl. Kühlkörper mit Lamellen), eine Erhöhung des Luftstroms (Ventilator) oder eine Schwärzung der Oberfläche zur Erhöhung der abgegebenen Strahlung.

Eine **Umformung von Wärme in elektrische Energie** kann mit Thermoelementen erfolgen. Dabei wird an den Enden von zwei verbundenen Metallen nach dem Seebeck-Effekt eine elektrische Spannung erzeugt, wenn zwischen der Kontaktstelle und den Vergleichsenden eine Temperaturdifferenz $\Delta T = T1 - T2$ mit ($T1 > T2$) besteht.

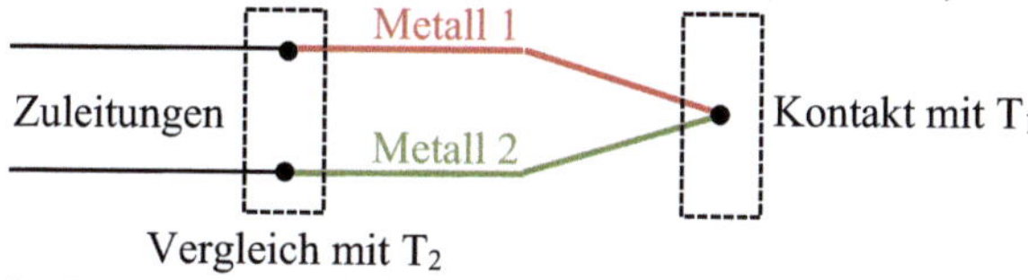

Abb. 4.39: Thermoelement

Die Spannung hängt von der Kombination der Metalle und der Temperaturdifferenz ab. Die Metalle lassen sich in einer Thermoelektrischen Spannungsreihe ordnen.

Metall / Legierung	Seebeckkoeffizient α in µV/K (bei 273 K)
Bismut	−72
Konstantan	−35
Nickel	−15
Platin	+0 als Vergleichsmetall definiert
Aluminium	+3,5
Kupfer	+6,5
Wolfram	+7
Eisen	+19
Nickelchrom	+22

Tabelle 4.3: Thermoelektrische Spannungsreihe

Die Kennlinie eines Thermoelements ist nichtlinear (d.h., α ist temperaturabhängig).

---

[41] Beachte, dass $d\vartheta/dt = dT_O/dt$ ist, da T_U als konstant anzusehen ist.

So kann z.B. ein Thermoelement aus Nickelchrom und Nickel von -270 bis $1372\,°C$ mit einer Spannung zwischen $-6458\,\mu V$ bei $-270\,°C$ und $54886\,\mu V$ bei $1372\,°C$ eingesetzt werden.

Die Spannung ergibt sich entsprechend der genutzten Kombination bei kleinem ΔT (α etwa konstant) nach $U = (\alpha_{M1} - \alpha_{M2})\,\Delta T$.

Praxistipp: Als Messwandler ist die Materialkombination einzusetzen, die im Bereich der vorgesehenen Temperatur eine möglichst hohe Spannung bei geringem Fehler liefert.

Mit dem Peltier-Effekt existiert immer auch die Umkehrung. Durch einen Stromfluss wird dabei eine Temperaturdifferenz zwischen Kontakt- und Vergleichsseite erreicht und Wärme z.B. von der Kontakt- zur Vergleichsseite transportiert.

Praxistipp: Mit Halbleitermaterialien lassen sich heute deutlich höhere Spannungen und auch höhere Temperaturdifferenzen bzw. Wärmeströme erreichen. Entsprechende Bauelemente werden insbesondere zur Kühlung angeboten (Peltier-Elemente).

Für weitere Ausführungen siehe z.B. (Lun91 S. 103 ff).

4.4.6 Anwendung in der Lichttechnik*

In der Lichttechnik geht es um die Eigenschaften von Lichtquellen, deren Anwendung und Bewertung. Dazu wurden einerseits entsprechende physikalische und andererseits mit der Augenempfindlichkeit [42] bewertete Größen definiert. Für technische Vorgänge sind die Ersteren und für jegliche Beleuchtung die Letzteren zuständig. Als Grundeinheit wurde die Candela in das Internationale Einheitensystem aufgenommen [43]. Die Größen repräsentieren jeweils eine andere Betrachtungsweise.

physikalische Größen		Einheit	$V(\lambda)$ bewertete Größen		Einheit
Strahlungsleistung	Φ_s	W	Lichtstrom	$\Phi=I\,\Omega$	lm=cd sr (Lumen)
Strahlungsstärke	I_s	W/sr [44]	Lichtstärke	I	cd=lm/sr (Candela)
Bestrahlungsstärke	E_s	W/m^2	Beleuchtungsstärke	$E=\Phi/A$	$Lux=lm/m^2$
Emissionsdichte	I_s/A	$W/(sr\ m^2)$	Leuchtdichte	$L=I/A$	cd/m^2

Tabelle 4.4: Lichttechnische Größen mit Einheiten

Die Bewertung nach der $V(\lambda)$-Kurve soll von Abb. 4.40 verdeutlicht werden. Das Lichtspektrum jeder Lichtquelle ist mit dieser Kurve zu multiplizieren, um den sichtbaren Anteil der Strahlung für unsere Augen zu ermitteln.

---

[42] Dafür hat die Internationale Beleuchtungskommission (Commission Internationale de l'Éclairage, CIE) die empirisch 1924 ermittelte sogenannte $V(\lambda)$-Kurve weiterentwickelt und genormt.

[43] Candela ist die Lichtstärke in eine Richtung einer Strahlungsquelle der Frequenz $540 \cdot 10^{12}$ Hz, deren Strahlstärke in dieser Richtung 1/683 Watt pro Steradiant beträgt.

[44] Steradiant sr ist die Maßeinheit des Raumwinkels Ω. Auf einer Kugel mit $r = 1$ m umschließt 1 sr eine Kugeloberfläche von 1 m^2.

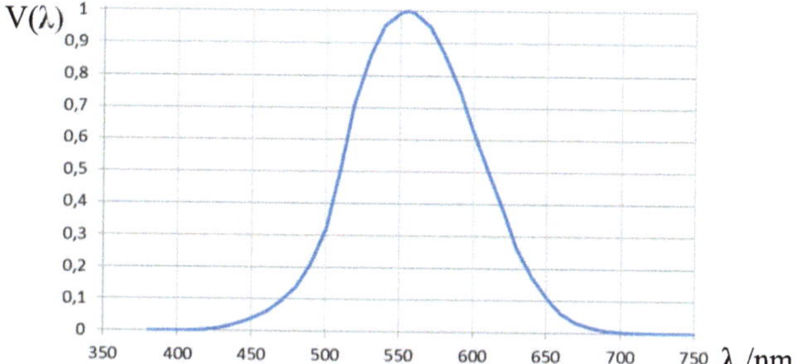

Abb. 4.40: Die V(λ)-Kurve des Tagsehens

Praxistipp: Anforderungen an die **Beleuchtungsstärke** (z.B. an Arbeitsplätzen oder in Räumen) sind in Normen und Arbeitsschutzvorschriften festgelegt. Der **Lichtstrom** ist zur Gesamtbeschreibung von Lichtquellen, die **Lichtstärke** bei richtungsabhängiger Strahlung und die **Leuchtdichte** für die Helligkeit einer leuchtenden Fläche notwendig.

Durch die Bewertung mit der V(λ)-Kurve kann ein Temperaturstrahler mit T = 6500 °C (dessen Maximum entspricht dem Maximum der Augenempfindlichkeit) gerade eine Lichtausbeute a = 96 lm/W erreichen (der größere Teil der Strahlung liegt außerhalb des sichtbaren Lichts).
Eine Glühlampe erreicht bei ca. 3000 °C von ca. 13 lm/W (bei eine Kryptonlampe) bis zu ca. 20 lm/W (bei einer Halogenlampe). D.h., bei 100 W werden ca. 1300 … 2000 lm (damit nur etwa 5 % Licht) abgegeben. Energiesparlampen erreichen 40 … 75 lm/W und weiße LED-Lampen 45 … 85 lm/W (teilweise schon deutlich über 100 lm/W).

Praxistipp: Energiesparlampen erreichen eine etwa fünffach höhere, LED mehr als die sechsfache Lichtausbeute einer Glühlampe.

Bei der Beurteilung der Qualität von Beleuchtungssystemen muss auch das Farbspektrum untersucht werden.
Alle sichtbaren Farben wurden von der CIE [45] 1931 nach empirischen Untersuchungen in einem **Normvalenzsystem** für einen Normalbeobachter erfasst und sind seitdem die Grundlage der **Farbmetrik** und von Farbräumen (siehe auch Abschnitt 17.1.3).

Praxistipp: Die Farbmetrik und Farbräume werden insbesondere in der Videotechnik und deren Signalverarbeitung, in der Bildbearbeitung sowie in der Drucktechnik benötigt.

Nach einer Farbqualitätsskala vom NIST [46] wurde ein **Farbwiedergabeindex** definiert, der neue Lichtquellen mit den klassischen Glühlampen (oder dem Tageslicht) vergleicht. Dabei erhält eine Lichtquelle eine Bewertung zwischen 0 und 100 entsprechend der Vermessung ihrer spektralen Lichtverteilung. So wird die Farbwiedergabe mit einer Referenzquelle verglichen und beurteilt.
Auf diese Weise erhält eine Glühlampe einen Wert von ca. 100 (sie ist nahe am schwarzen Strahler). Eine weiße LED liegt bei 80...95 und eine weiße Leuchtstofflampe bei 70...84.

Praxistipp: Das Farbspektrum wirkt sich auf die Beurteilung der Farbe von Objekten aus. Damit beeinflusst es auch die individuelle Empfindung als angenehmes Licht.

Für weitere Ausführungen siehe z.B. (Lun91 S. 112 ff).

---

[45] Internationale Beleuchtungskommission (Commission Internationale de l'Éclairage, CIE)
[46] National Institute of Standards and Technology (NIST)

4.4.7 Übungsaufgaben zu Chemie, Wärme, Licht *

Aufgabe 4.15

Aus einer Silbernitratlösung wird mit 1 A eine Stunde lang Silber abgeschieden.
  1) Geben Sie an, an welcher Elektrode das Silber abgeschieden wird.
  2) Bestimmen Sie die Masse Silber, die abgeschieden wird.
Hinweis: $A_{Ag} = 107{,}9$ und $z = 1$

Aufgabe 4.16

Bei einer Si-Leistungsdiode (mit 20 A bei einer Durchlassspannung von 0,85 V) soll die Sperrschichttemperatur 150 °C nicht überschreiten. Der thermische Widerstand innerhalb der Diode (d.h. bis zum Kühlkörper) ist 2 K/W, der Wärmeübergangskoeffizient für Konvektion eines vorgesehenen Kühlblechs ist 10^{-3} W cm^{-2} K^{-1}. Der thermische Widerstand des Kühlblechs soll vernachlässigt werden, sodass es überall die gleiche Temperatur hat.
  1) Erstellen Sie eine Ersatzschaltung für den stationären Fall (alle Speichervorgänge sind abgeschlossen).
  2) Bestimmen Sie die Mindestfläche des Kühlblechs für eine Lufttemperatur von 25 °C.

Aufgabe 4.17

Eine etwa punktförmige LED (4 W, 80 lm/W) strahlt halbkugelförmig etwa konstant hell.
  1) Bestimmen Sie den gesamten Lichtstrom
  2) Bestimmen Sie die maximale Höhe der LED-Lampe über einem Arbeitstisch, damit 500 Lux zum Lesen erreicht werden.

5 Vorgänge in elektrischen Nichtleitern

Ausgehend von den Begriffen, die entsprechend der Abschnitte 2 und 4 verstanden worden sein sollten, werden

- das elektrostatische Feld – Feld und Verschiebungsflussdichte,
- die elektrischen Größen zur Beschreibung von Vorgängen in elektrischen Nichtleitern – Verschiebungsfluss, Spannung und Kapazität
- die Zusammenhänge zwischen diesen Größen sowie
- die Gesetzmäßigkeiten für elektrische Nichtleiter – Energie und Kräfte

vorgestellt, die wiederum aus vielfachen reproduzierbaren experimentellen Beobachtungen hervorgegangen sind.

Hilfreich kann die Wiederholung der mathematischen Formalismen in Abschnitt 3 sein.

5.1 Grundbegriffe im Nichtleiter – Verschiebungsfluss

5.1.1 Darstellung der Grundgrößen aus physikalischen Überlegungen

Der Ausgangspunkt zur Beschreibung der Vorgänge in elektrischen Nichtleitern ist ebenfalls die **Naturgröße Ladung**, wie sie in Abschnitt 2.1 gezeigt wurde.

Im Nichtleiter können sich keine Ladungen bewegen, folglich werden die Vorgänge in einem Beobachtungssystem untersucht, in dem die Anordnung ruht.

Da sich am Rande eines Nichtleiters (Abb. 5.1) immer gleich viele positive und negative Ladungen „ansammeln", muss es eine Verbindung zwischen ihnen geben. Der Schlüssel ist die Überlegung zur Nahwirkung in Abschnitt 2.

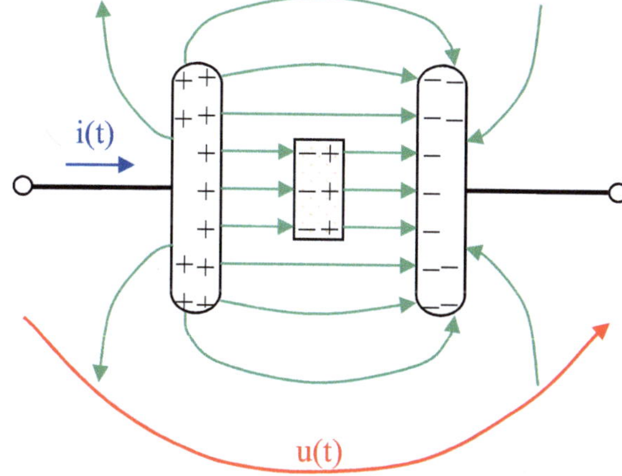

Abb. 5.1: Verbindung der Ladungen in einem Nichtleiter

Die Ladungen auf den Plattenelektroden teilen nach dem Prinzip der Nahwirkung ihren Gegenladungen ihre Ladungsmenge mit.
Das erfolgt unabhängig vom dazwischen liegenden Nichtleitermaterial.

Diese Mitteilung kann durch Influenz nachgewiesen und gemessen werden (Lun91 S. 102-127) [47].

In einem leitenden Influenzkörper (in Abb. 5.1 in der Mitte abgebildet) wandert die entsprechende Menge Ladungen (z.B. bewegliche Elektronen) zur Oberfläche (je gegenüber der positiven bzw. negativen Platte) und es entsteht durch Überschuss bzw. Mangel jeweils eine Oberflächenladung.

Weil in Influenzkörpern Ladungen verschoben [48] werden, wird die Weitergabe dieser Mitteilung auch heute noch Verschiebungsfluss genannt.

Der gesamte von einer Ladung ausgehende Verschiebungsfluss Ψ enthält genau die Information über die Menge der Ladung, von der er ausgeht bzw. an der er endet. Der Verschiebungsfluss besitzt in der mathematischen Beschreibung eine Quelle (positive Ladungen) und eine Senke (negative Ladungen) und ergibt sich zu:

Definition des Verschiebungsflusses Ψ mit

$$\Psi_{ges} = Q \;^{49} \;. \qquad\qquad\qquad (5.1)$$

Der nicht unbedingt gleichmäßige Verschiebungsfluss in den Raum wird durch die Definition einer Verschiebungsflussdichte **D** beschrieben (Linien zwischen den Platten in Abb. 5.1):

Definition der Verschiebungsflussdichte

$$|\mathbf{D}| = \frac{d\Psi}{dA_\perp} \qquad \text{mit} \quad \mathbf{D} = |\mathbf{D}|\; \mathbf{e}_\Psi \;. \qquad\qquad (5.2)$$

Dabei erfasst der Vektor **D** den Anteil des Flusses Ψ, der durch ein senkrecht zu ihm stehendes Flächenelement ($dA_\perp$, Richtung $\mathbf{e}_\Psi$) tritt, und hat die Richtung der Ausbreitung der *Nahwirkung, welche hier als Fluss* erscheint. Es gilt demnach der Zusammenhang

$$\oint_{\text{Hüllfläche}} \mathbf{D} \cdot d\mathbf{A} = \Psi_{gesamt} \equiv Q \;, \qquad\qquad (5.3)$$

welcher zusätzlich zu (5.2) die Vorstellung über den Verschiebungsfluss im Sinne von (5.1) festlegt. In dieser Fassung des Verschiebungsflusses ist nicht enthalten, wie die Nahwirkung im Detail funktioniert. Es werden aber die räumliche Verteilung und die Verbindung jeder Ladung mit der gleichen Menge Gegenladungen wiedergegeben (in Betrag und Richtung in jedem Raumpunkt).

Das entspricht dem Begriff eines Vektorfeldes – dem elektrostatischen Feld.

Zur Beschreibung der *Kraftwirkungen* wird auch hier das *elektrische Feld* verwendet, wie es in Abschnitt 4.1.1 mit Gleichung (4.4) definiert wurde.

Auch der Begriff der *elektrischen Spannung* (und des Potentials) kann aus Abschnitt 4.1.1 Gleichung (4.6) übernommen werden.

Der Charakter der Spannung ist hierbei aber etwas anders zu sehen, weil sich keine Ladungen von Punkt P_1 nach P_2 bewegen (vergleiche Abb. 4.3). Dennoch haben zwei Probeladungen,

---

[47] Da diese Methode nicht sehr praktikabel ist, erfolgt die Messung normalerweise über das Feld nach (5.4)

[48] Zu Zeiten der Äthertheorie waren mit Verschiebung weitere Vorstellungen verbunden.

[49] Damit wird auch die Maßeinheit von Ψ identisch mit der der Ladung As.

die jeweils in Punkt P_1 und P_2 ruhen, eine verschiedene potentielle Energie. Aus der Energiedifferenz wird die Spannung wie in Gleichung (4.6) definiert.

Die Verschiebungsflussdichte und das elektrische Feld beschreiben zusammen die Vorgänge im elektrostatischen Feld. Sie haben die gleiche Richtung – die Ausbreitungsrichtung der Nahwirkung – und hängen über die Dielektrizitätskonstante ε (eine Materialkonstante ähnlich wie κ) unmittelbar zusammen. In jedem Punkt des Raumes gilt:

$$\mathbf{D} = \varepsilon\,\mathbf{E} \quad . \qquad\qquad\qquad (5.4)$$

Dieses experimentelle Ergebnis bestätigt die Möglichkeit zur Definition von Ψ und D nach (5.1) und (5.2).

Die Dielektrizitätskonstante kann für jedes Material ermittelt werden. Sie wird in der Regel als Faktor (ε_r = relative Dielektrizitätskonstante) bezogen auf die Dielektrizitätskonstante für Vakuum (ε_0=8,854 10^{-12} As/Vm [50]) angegeben [51]. Der experimentell belegte Zusammenhang ist plausibel, da die Verschiebungsflussdichte unabhängig vom Material die Menge der Ladung übermitteln muss, die Kraftwirkung auf eine Probeladung aber durchaus vom umgebenden Material beeinflusst werden kann.

5.1.2 Messung und Darstellung von elektrostatischen Feldern

Bei der **Messung einer Spannung** im elektrostatischen Feld mit einem Voltmeter (oder ähnlich wie die Äquipotentiallinien in Abschnitt 4.1.5) müsste eine zumindest geringe Ladungsmenge abfließen. Wenn das nicht geht, da keine beweglichen Ladungen vorhanden sind, bricht die Spannung zwischen den Messspitzen sofort zusammen. Damit verändern aber die Messspitzen das Feld so stark, dass eine Messung mit akzeptablem Fehler so einfach nicht möglich ist. Eine Messung von Elektrode zu Elektrode ist dagegen mit ausreichend kleiner Ladungsentnahme möglich.

Eine **Darstellung von elektrostatischen Feldern** gelingt mit Hilfe kleiner Dipolteilchen (siehe Praxistipp Seite 7).

5.2 Ladung, Strom und Spannung am Kondensator

5.2.1 Zusammenhang von Ladung und Spannung sowie Strom und Spannung

Aus Messungen von Ladung und Spannung an den Elektroden einer Anordnung mit verschiedenen nichtleitenden Materialien ergibt sich ein praktisch nutzbarer experimenteller Zusammenhang (Abb. 5.2).

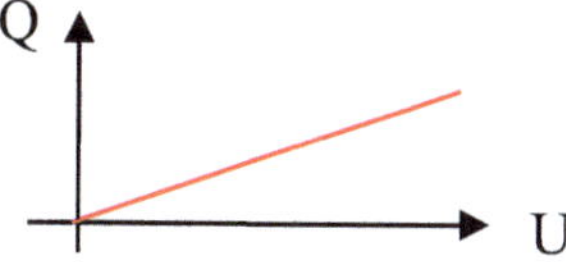

Abb. 5.2: Beispiel einer Messung von Ladung und Spannung

Der größte Teil der technisch verwendeten Materialien ergibt einen linearen Zusammenhang zwischen Ladung und Spannung, d.h. $Q \sim U$ oder als Geradengleichung: $Q = C{\cdot}U$ mit dem

---

[50] Dieser Wert ergibt sich im metrischen Maßsystem; im Gauß'schen Maßsystem wäre $\varepsilon_0 = 1$ eine einfache Zahl.
[51] Anisotrope Materialien mit Richtungsabhängigkeiten müssen gesondert betrachtet werden.

Proportionalitätsfaktor C. Der Proportionalitätsfaktor stellt die Kapazität dar, die diese
Anordnung mit ihrem nicht leitenden Material zur Aufnahme von Ladungen besitzt.

Definition der Kapazität

$$C = \frac{Q}{U} \quad [52] \qquad \text{aus der } \textbf{Definitionsgleichung}: \quad Q = C\,U \qquad\qquad (\,5.5\,)$$

Bei nichtlinearem Zusammenhang muss die Funktion $Q = Q(U)$ oder eine Funktion $C = C(U)$
bzw. $C = C(Q)$ gefunden werden (je nachdem, was physikalisch sinnvoller ist).

Praxistipp: Die Kapazität wurde aus dem *statischen* Verhalten (5.2) definiert.
Das ist insbesondere beim Messen von Kapazitäten zu beachten, weil das meist mit einer
Wechselspannung nach (5.7) erfolgt. Das stimmt nur bei linearen Kapazitäten überein.

Für Anordnungen mit homogenem Feld (siehe Abb. 5.3) kann eine Bemessungsgleichung für
die Kapazität angegeben werden (d = Elektrodenabstand, A = Elektrodenfläche).

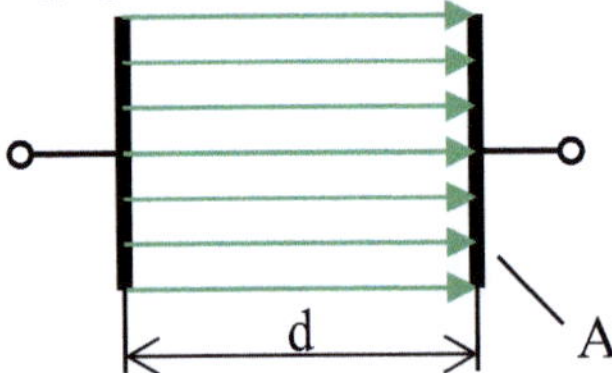

Abb. 5.3: Kapazität mit homogenem Feld

Bemessungsgleichung der Kapazität

$$C = \frac{\varepsilon\,A}{d} = \frac{\varepsilon_r \varepsilon_0\,A}{d} \qquad \text{mit} \quad \varepsilon = \text{Dielektrizitätskonstante} \qquad\qquad (\,5.6\,)$$

Liegt kein homogenes Feld vor und können Randfelder nicht aufgrund ihres geringen
Beitrages vernachlässigt werden, wird der Nichtleiter in kleine Teile unterteilt (jeweils so
kleine, dass dort in guter Näherung ein homogenes Feld vorliegt) und anschließend die
Gesamtkapazität berechnet.
Wenn die Ladungen auf den Platten (z.B. in Abb. 5.1) zu- oder abnehmen, dann müssen auf
jeder Seite durch die Anschlüsse gleich viel Ladungen zu- bzw. abfließen. Wird für diesen
Leitungsstrom (i(t) = dQ/dt) die Ladung Q durch die Beziehung Q = CU ersetzt, ergibt sich
der Zusammenhang des Stromes in den Zuleitungen (auch Verschiebungsstrom) mit ihrer
Klemmenspannung. Die Spannung zwischen den Platten stimmt mit der Spannung an den
Klemmen überein.

Strom und Spannung an der Kapazität

$$i_c(t) = \frac{dQ_c}{dt} = \frac{d(CU_c)}{dt} = C\,\frac{dU_c}{dt} \qquad \text{Letzteres nur für } C = \text{const} \qquad\qquad (\,5.7\,)$$

Ein Vergleich mit dem Ohm'schen Gesetz in der Leitwertform (4.10) zeigt deutliche
Ähnlichkeit, aber bei der Kapazität ist zusätzlich eine Zeitabhängigkeit zu berücksichtigen.

Praxistipp: Ist C nichtlinear C = C(u) oder C = C(i), dann hängt C durch u oder i auch von
der Zeit ab. Die Differentiation muss in diesem Fall nach der Produktenregel erfolgen. Das
ist z.B. bei allen Kapazitäten von Halbleiterbauelementen der Fall.

---

[52] Die Maßeinheit As/V wird nach Faraday mit F bezeichnet.

Oft wird auch die Umkehrung benötigt:

$$u_c(t) = \frac{1}{C}\int_0^t i_c(t)\,dt + u_c(t=0)\ .$$

(5.8)

Den Gleichungen (5.7) bzw. (5.8) liegt das Verbraucherpfeilsystem zugrunde, d.h., beim Aufladen ergibt sich in Abb. 5.1 ein positiver und beim Entladen ein negativer Strom.

Auch bei Kapazitäten gelten Bilanzgleichungen entsprechend den Kirchhoff'schen Sätzen.

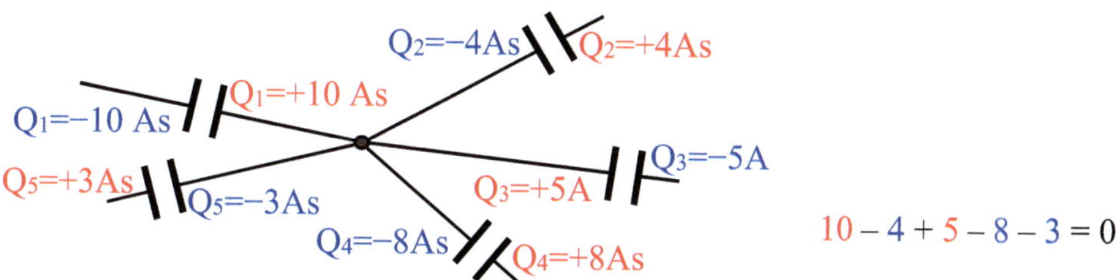

Abb. 5.4: Beispiel für einen Knotenpunkt mit Kapazitäten

Die Ladungen auf den Platten zum Knotenpunkt erfüllen eine analoge Bilanz wie der Knotenpunktsatz (zu jedem Zeitpunkt und natürlich auch statisch).

Ladungsbilanz an einem Knotenpunkt

$$\sum_\nu Q_\nu = 0$$

(5.9)

Bei Beachtung der Ladungsbilanz ergibt sich die **Reihenschaltung** von Kapazitäten.

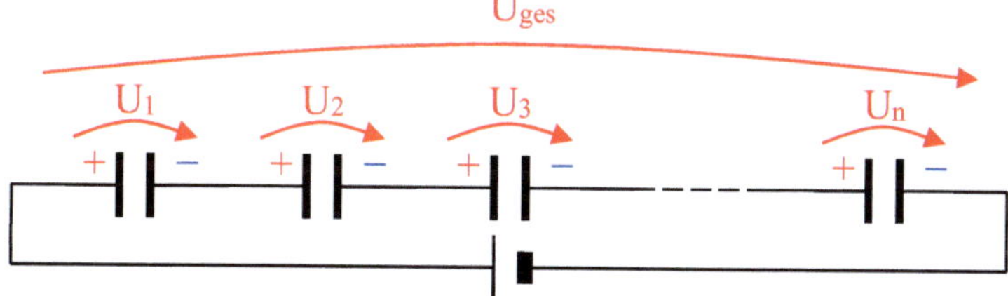

Abb. 5.5: Reihenschaltung von Kapazitäten

Praxistipp:. Dieselbe Ladung kann als Test auf eine reine Reihenschaltung genutzt werden.

Für **dieselbe Ladung** kann mit dem Maschensatz (4.15) geschrieben werden:

$$U_{ges} = U_1 + U_2 + U_3 + ... + U_n \quad \big|:Q$$
$$1/C_{ges} = 1/C_1 + 1/C_2 + 1/C_3 + ... + 1/C_n \qquad \text{(mit } C = Q/U)$$

(5.10)

und ferner $\qquad Q = C_1 U_1 = C_2 U_2 = C_3 U_3 = \ ... \ = C_n U_n = C_{ges} U_{ges}\ .$

(5.11)

Aus (5.10) ergibt sich der Zusammenhang für eine Reihenschaltung von Kapazitäten:

Reihenschaltung von Kapazitäten

$$1/C_{ges} = \sum_{v} 1/C_v \; .$$

(5.12)

Praxistipp: Bei Reihenschaltung addieren sich die Kehrwerte der Kapazitäten.

Aus Abb. 5.11) folgt die Aufteilung der Spannung auf die Kapazitäten einer Reihenschaltung.

Spannungsteilerregel bei Reihenschaltung

$$\frac{U_1}{U_{ges}} = \frac{C_{ges}}{C_1}$$

(5.13)

Die Aufteilung kann daraus für die jeweils gewünschte Kombination abgeleitet werden. In (5.13) wird als Beispiel das Verhältnis von U_1 zu U_{ges} gezeigt.

Praxistipp: Die Spannungen teilen sich umgekehrt wie das Verhältnis der Kapazitäten auf.

Bei einer **Parallelschaltung** (Abb. 5.6) liegt an allen Kapazitäten **dieselbe Spannung**.

Praxistipp:. Dieselbe Spannung dient zum Test auf eine reine Parallelschaltung .

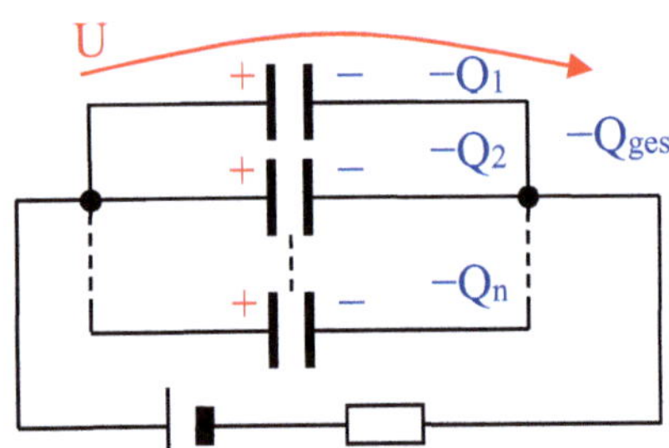

Abb. 5.6: Parallelschaltung von Kapazitäten

Für dieselbe Spannung kann mit der Ladungsbilanz (5.9) geschrieben werden:

$$Q_{ges} = Q_1 + Q_2 + Q_3 + ... + Q_n \quad \big| : U$$
$$C_{ges} = C_1 + C_2 + C_3 + ... + C_n$$

(mit $C = Q / U$)

(5.14)

und ferner

$$U = \frac{Q_1}{C_1} = \frac{Q_2}{C_2} = \frac{Q_3}{C_3} = \; ... \; = \frac{Q_n}{C_n} = \frac{Q_{ges}}{C_{ges}} \; .$$

(5.15)

Aus (5.14) ergibt sich der Zusammenhang für eine Parallelschaltung von Kapazitäten:

Parallelschaltung von Kapazitäten

$$C_{ges} = \sum_{v} C_v \; .$$

(5.16)

Praxistipp: Bei einer Parallelschaltung addieren sich die Kapazitäten selbst.

Aus (5.15) kann die Aufteilung der Ladungen auf die Kapazitäten einer Parallelschaltung für die jeweils gewünschte Kombination abgeleitet werden.

Ladungsaufteilung bei Parallelschaltung

$$\frac{Q_1}{Q_{ges}} = \frac{C_1}{C_{ges}}$$

(5.17)

In (5.17) wird als Beispiel das Verhältnis von Q_1 zu Q_{ges} gezeigt.

Praxistipp 1: Die Ladungen teilen sich wie das Verhältnis der Kapazitäten auf.
Praxistipp 2: Da zur Herleitung von (5.12), (5.13), (5.16) und (5.17) Gleichung (5.5) genutzt wurde, ist die Anwendung auf **lineare Bauelemente** beschränkt bzw. nur für diese sinnvoll.

5.2.2 Zeitverhalten von I und U an der Kapazität

An einer Kapazität besteht nach (5.7) zwischen I und U eine Beziehung mit einer Zeitabhängigkeit. Nach dieser würde ein Spannungssprung (z.B. Umschalten eines Schalters) einen unendlich hohen Strom ergeben, was technisch nicht möglich ist.

Praxistipp: Praktisch gibt es immer strombegrenzende Widerstände in Reihe zur Kapazität.

Betrachtet man eine Kapazität mit einem Reihenwiderstand, so kann z.B. der Einschaltvorgang berechnet werden.

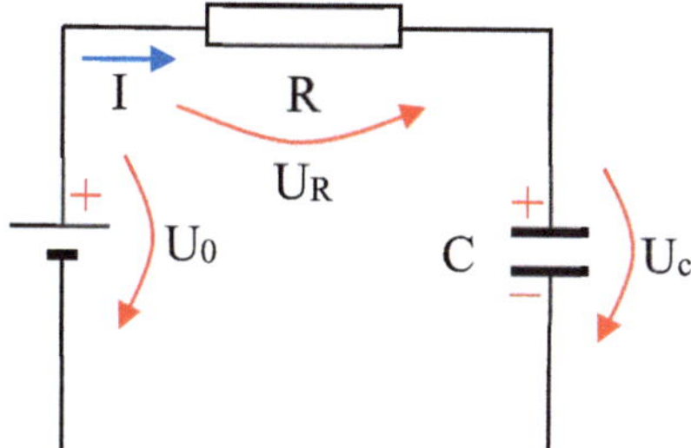

Maschensatz:
$U_0 = U_R + U_c$
mit $U_R = I\,R$ und $I = I_c = C\,dU_c/dt$
wird:
$U_0 = RC\,dU_c/dt + U_c$

Lösung der DGL (siehe Abschnitt 8.2):
$U_c = U_0(1 - e^{-t/RC})$ mit $U_c(0) = 0$

Abb. 5.7: Schaltung nach dem Einschalten von C und R bei t = 0

Für weitere Untersuchungen wird auf die Übungsaufgaben (Aufgabe 5.2, Aufgabe 5.3) sowie auf den Versuch im Abschnitt 5.2.6 verwiesen.

Praxistipp: In der Zeitfunktion für das Schalten einer Spannung an der Kapazität steht der wichtige und bestimmende Parameter $RC = \tau$ als Zeitkonstante dieses Vorgangs.

5.2.3 Bauformen und Kenngrößen

Kondensatoren müssen in der Praxis verschiedenen Anforderungen genügen. Der Kapazitätswert ist nur ein Auswahlkriterium. Das zweite ist die Durchbruchsspannung, die die Isolation des Dielektrikums gewährleistet.

In Fällen, wo Leistung eine Rolle spielt, müssen die Elektroden (in der Regel dünne Folien) auch entsprechende Ströme und die damit zusammenhängende Wärme vertragen. Zusätzlich stehen Anforderungen wie

- Temperaturstabilität,
- Baugröße und -form,
- Leckwiderstand oder Induktivität von Wickelkondensatoren und Zuleitungen (siehe Abschnitt 6),
- Stabilität gegen Wetter- und Umgebungsbedingungen.

Für technische („reale") Kapazitäten kann eine einfache Ersatzschaltung angegeben werden (siehe Abb. 5.8).

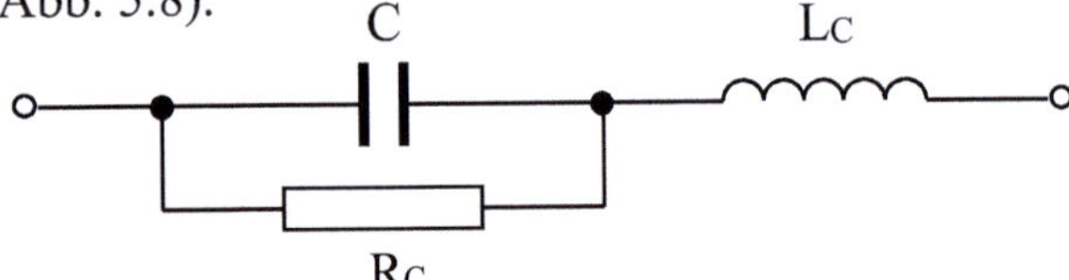

Abb. 5.8: Einfache Ersatzschaltung für einen Kondensator

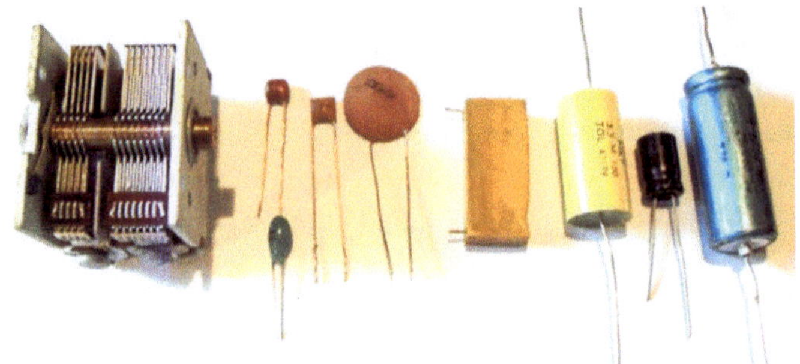

Von links nach rechts:

- Drehkondensator
- Scheibenkondensatoren (4 Ausführungen)
- Wickelkondensatoren (2 Ausführungen)
- Elektrolytkondensatoren (2 Ausführungen)

Abb. 5.9: Verschiedene Bauformen von Kondensatoren

Praxistipp1: Es existieren für Kondensatoren komplette Baureihen mit verschiedener Fehlertoleranz, Spannungsbelastbarkeit und verschiedenen Bauformen.
Praxistipp2: Elektrolytkondensatoren sind aus gewickelter Folie und haben eine deutliche Induktivität. Deshalb wird oft ein viel kleinerer Scheibenkondensator parallel geschaltet, um auch für höhere Frequenzen die Glättung der Spannung zu sichern.

5.2.4 Messung der Kapazität

Bei der Messung der Kapazität müssen zwei Fälle unterschieden werden:
1. Messung der statischen Kapazität entsprechend (5.5).
2. Messung der dynamischen Kapazität entsprechend (5.7).

Die statische Kapazität muss durch Messung von Ladungsmenge und Spannung erfolgen.

Die dynamische Kapazität beinhaltet einmal die wirksame Größe bei Wechselstrom einer bestimmten Frequenz (für viele Materialien ist ε frequenzabhängig) und zum anderen bei nichtlinearen Kapazitäten nur die kleine Wechselstromaussteuerung um den Gleichstromarbeitspunkt.
Für lineare frequenzunabhängige Kapazitäten ergeben beide Messungen ein gleiches Ergebnis.

Multimeter mit Kapazitätsmessung können nur dynamische Kapazitäten im Arbeitspunkt $U_= = 0$ und bei einer geräteabhängigen festen Frequenz messen.

Kapazitätsmessbrücken arbeiten nach einem Vergleichsprinzip und realisieren oft verschiedene wählbare Messbedingungen. Auch sie messen die dynamische Kapazität.

Praxistipp: Multimeter mit Kapazitätsmessung geben gewöhnlich nur eine Orientierung.

5.2.5 Übungsaufgaben zur Kapazität

Aufgabe 5.1

Eine Spannungsquelle mit 30 V soll geglättet werden. Dazu werden 2000 µF benötigt. Es stehen aber nur Kondensatoren von 2000 µF mit einer Spannungsfestigkeit von 20 V zur Verfügung. Entwickeln Sie eine Schaltung, die mit möglichst wenig Kondensatoren die geforderten Werte liefert.

Aufgabe 5.2

Gegeben ist der Stromverlauf durch eine Kapazität in Abb. 5.10.

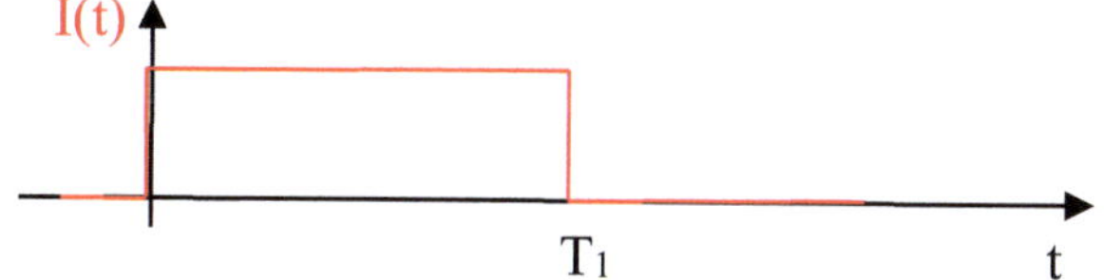

Abb. 5.10: Zeitverlauf des Stromes an einer Kapazität

Zeichnen Sie den zugehörigen Spannungsverlauf in die Abbildung ein.

Aufgabe 5.3

Untersuchen Sie den Ein- und Ausschaltvorgang für den Versuch in Abschnitt 5.2.6!

1) Berechnen Sie den Ein- und den Ausschaltvorgang (Auf- und Entladen von C über R)! Hinweis: Vereinfachen Sie die Schaltung (Abb. 5.11) für den Einschaltvorgang so, dass nur eine konstante Quelle, der Widerstand und der Kondensator einen Stromkreis bilden. Vereinfachen Sie die Schaltung für den Ausschaltvorgang so, dass nur der Widerstand und der Kondensator einen Stromkreis bilden. Berechnen Sie beide Vorgänge einzeln. Stellen Sie jeweils den Maschensatz auf und setzen Sie die Strom-Spannungs-Beziehung einmal für u_R und dann noch einmal für i_C ein. Für die DGL 1. Ordnung kann die homogene Gleichung durch Trennung der Variablen gelöst werden. Die inhomogene Lösung ist identisch mit $u_C(t\rightarrow\infty)$ und die Anfangsbedingung ist $u_C(t=0)$, d.h. 0 bzw. $\hat{U}$. Der Beginn wird für beide Fälle mit t=0 gewählt.

2) Klären Sie den Begriff der Zeitkonstanten $\tau = RC$ anhand von 1) und vergleichen Sie mit Abschnitt 5.2.2!

Darstellung: Zeichnen Sie Spannung und Strom als f(t) in einem Diagramm!

Zusatzaufgabe: Diskutieren Sie wie τ aus einer gemessenen Kurve, die dieser Rechnung entspricht, bestimmt werden kann?

Aufgabe 5.4

Mit einem Elektrolytkondensator von 10 µF soll für eine Lichterkette eine Zeitkonstante von 10 s realisiert werden.

1) Bestimmen Sie den Wert des benötigten Widerstands.
2) Bestimmen Sie die zeitliche Abweichung, die durch den Leckwiderstand des
   Elektrolytkondensators von ca. 10 MΩ verursacht wird.

Aufgabe 5.5 *

Zur Messung der Dicke d_f (d_{fsoll} = 0,2 mm) läuft eine Polyäthylenfolie (ε_r = 2,4) durch zwei
parallele Platten (A = 0,1x1 m^2) eines Luftkondensators (Plattenabstand d = 0,5 mm).
Bestimmen Sie die Kapazität in Abhängigkeit von der Foliendicke und bei Solldicke.
Hinweis: Die Berechnung kann über die Felder ausgehend von **D** erfolgen oder als zwei
        Kapazitäten in Reihe (C_1 mit A, d–d_f, ε_r = 1 und C_2 mit A, d_f, ε_r = 2,4).

5.2.6 Messung des Zeitverlaufes mit einem Messoszilloskop

Es sollen im Messlabor die Zeitverläufe von Strom und Spannung am Kondensator untersucht
werden. Zum Messoszilloskop siehe Abschnitt 7.2.3.

Versuchsaufbau:

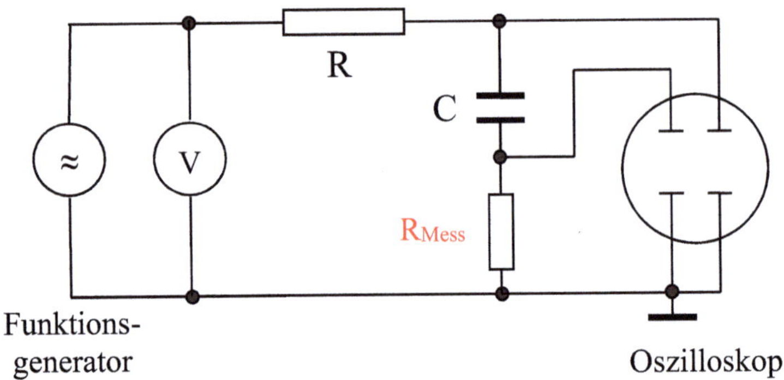

Abb. 5.11: Schaltung des Versuchsaufbaus

Praxistipp: Als Messwiderstand (R_{Mess}) zur Strommessung wird ca. 1 % von R (d.h. 1 kΩ)
eingesetzt. Damit ergibt sich auch nur ein Fehler von ca. 1 %.
Alle Spannungen sind am besten als Spitze-Spitze-Werte vom Oszilloskop abzulesen.

Versuchsdurchführung:

Eine Rechteckspannung vom Funktionsgenerator bewirkt ein Laden (Einschaltvorgang,
U_{Quelle} wird Û) und Entladen (Ausschaltvorgang, U_{Quelle} wird 0, d.h. fast ein Kurzschluss) des
Kondensators über den Widerstand. Auf dem Oszilloskop werden gleichzeitig Strom und
Spannung (Zweikanalbetrieb) dargestellt.
Die Kurven können einem PC übergeben und ausgewertet werden. Aus den gemessenen
Zeitverläufen sind die Zeitkonstanten zu ermitteln und mit den Bauteilparametern zu
vergleichen.

Praxistipp: Die Frequenz ist so zu wählen, dass die Vorgänge etwa ihren jeweiligen
Endzustand erreichen – Richtwert 300 Hz.
Bei 4. ist eine Sinusspannung einzustellen.

Folgende Untersuchungen geben einen Überblick über das Verhalten:

1. Darstellung der Ein- und Ausschaltvorgänge für:
   U_{ss} = 5 V mit R = 100 k Ω und C = 1 nF, 3,3 nF und 10 nF
2. Darstellung der Ein- und Ausschaltvorgänge für:
   U_{ss} = 5 V mit R = 100 k Ω und C = 3,3 nF und 1 nF$\|$ 2,2 nF
3. Darstellung der Ein- und Ausschaltvorgänge für:
   U_{ss} = 5 V und 2,5 V mit R = 100 k Ω und C = 3,3 nF
4. Darstellung der Zeitverläufe bei sinusförmiger Spannung:
   U_{ss} = 5 V bei f = 1 kHz R = 100 k Ω und C = 3,3 nF
   Es sind Amplitude und Zeitverschiebung zu untersuchen.

Zusatzuntersuchung: Vergleichen der Zeitverläufe (z.B. bei 1.) nach Umschalten des Tastkopfes des Oszilloskops von 1:1 auf 1:10 (und dabei von 1 MΩ auf 10 MΩ)!

Zusammenfassung der Versuchsergebnisse:

1. Es ist deutlich, dass sich die Spannung erst langsam aufbaut, indem durch den Strom Ladungen auf den Kondensator fließen, bzw. abbaut, wenn Ladungen abfließen.
2. Je größer der Kondensator ist, desto länger müssen Ladungen fließen, damit die Spannung steigt bzw. abnimmt.
3. Der Zeitverlauf (die Dauer, die Zeitkonstante) hängt bei gleicher Kapazität nicht von der Anzahl zusammengeschalteter Kondensatoren und auch nicht von der Endspannung ab.
4. Bei sinusförmiger Spannung läuft der Strom genau ¼ Periodendauer (90^0) gegenüber der Spannung am Kondensator voraus.
5. Eine mathematische Auswertung erfolgte mit Aufgabe 5.3.
6. Die entscheidende Kenngröße ist die Zeitkonstante τ = R C.
7. Auch beim Anschluss eines Oszilloskops entstehen Messfehler.

Praxistipp: Der Tastkopf eines Oszilloskops fügt dem Messobjekt (Parallelschaltung) einmal seinen Eingangswiderstand und genauso seine Eingangskapazität hinzu.

5.2.7 Anmerkungen zu Dielektrika*

Wird zwischen zwei aufgeladenen Platten ein Dielektrikum eingebracht, verändert sich das elektrische Feld. Bei gleichbleibender Ladung verringert sich dabei die Klemmenspannung. Laut Q = C U muss demzufolge die Kapazität anwachsen.

Der Zusammenhang $\mathbf{D}$ = ε_0 ε_r $\mathbf{E}$ (siehe auch (5.6)) wird (mit der relativen Dielektrizitäts- konstanten oder der relativen Permittivität ε_r und mit der Suszeptibilität χ = ε_r − 1) zu

$$\mathbf{D} = \varepsilon_0\, \mathbf{E} + \varepsilon_0\, (\varepsilon_r - 1)\, \mathbf{E} = \varepsilon_0\, \mathbf{E} + \varepsilon_0\, \chi\, \mathbf{E} = \varepsilon_0\, \mathbf{E} + \mathbf{P}\,.$$

Die Polarisation $\mathbf{P}$ = ε_0 χ $\mathbf{E}$ ergibt sich durch die polarisierende Wirkung des Feldes auf die Moleküle des Isolators. Einerseits entsteht durch **Deformationspolarisation** bei den Atomen bzw. Molekülen des Isolators infolge des Feldes $\mathbf{E}$ eine Verschiebung der Elektronenhülle, sodass der positive und der negative Ladungsschwerpunkt auseinanderfallen. Andererseits können Moleküle einen permanenten Dipol darstellen, wenn sie nicht völlig symmetrisch

aufgebaut sind. In diesem Fall bewirkt das Feld **E** eine Ausrichtung der ansonsten statistisch verteilten und sich in der Summe aufhebenden Dipole – **Orientierungspolarisation**.
Beide Formen fallen unter die **Paraelektrika.**

Bei einigen Isolatoren ist es möglich, eine Orientierungspolarisation im statistischen Mittel festzuhalten (**Elektrete**).
Bei **Ferroelektrika** können sich die Dipole der Moleküle bei genügend tiefen Temperaturen (wie magnetische Dipole bei ferromagnetischen Materialien) parallel ausrichten. Nachfolgend einige Beispiele.

Dielektrikum	ε_r	Dielektrikum	ε_r
Vakuum	1,0	Gummi	2,5–3
Luft	1,00059	Porzellan	2–6
Papier	1–4	Glas	6–8
Paraffin	2,2	Tantalpentoxid	27
Polyethylen (PE)	2,4	Bariumtitanat	103–104

Tabelle 5.1: Beispiele für ε_r bei 18 °C und 50 Hz

Eine detaillierte Untersuchung erfordert eine Behandlung mit der Quantenmechanik, da sich die Vorgänge in atomaren Größenordnungen abspielen. Vertiefende Darlegungen sind z.B. in (Reb99 S. 546 ff) zu finden.

Praxistipp: Superkondensatoren besitzen kein herkömmliches Dielektrikum. Die hohen Faradwerte ergeben sich infolge zweier hochkapazitiver Speicherprinzipien (einmal eine Speicherung elektrischer Energie in elektrochemischen Doppelschichten, zum anderen durch Ladungstausch mit Hilfe von Redoxreaktionen bzw. eine Kombination beider).

Übungsaufgabe siehe Abschnitt 5.2.5 Aufgabe 5.5 zu mehrschichtigem Dielektrikum.

5.3 Energie und Kräfte im elektrischen Feld des Nichtleiters

5.3.1 Beschreibung von Energie und Kräften

Die **Energie** für die Aufladung einer Kapazität ergibt sich ebenfalls nach (4.24) zu:

$$W = \int_0^t u_C(t)\, i_C(t)\, dt \ . \tag{5.18}$$

Mit der Strom-Spannungs-Beziehung an den Klemmen des Kondensators (5.7) wird daraus:

$$W = \int_0^{U_C} u_C(t)\, C\, du_C = C\frac{U_C^2}{2} \quad \text{(für } C = \text{const) und mit} \quad Q = C\,U \quad \text{wird}$$

$$W = \frac{C\,U_C^2}{2} = \frac{Q_C\,U_C}{2} = \frac{Q_C^2}{2\,C} \tag{5.19}$$

Praxistipp: Diese Energie ist im Kondensator **gespeichert**, wenn er mit der Ladung Q_C auf die Spannung U_C aufgeladen worden ist.

Wenn die mittlere **Leistung** über Auf- und Entladevorgänge berechnet wird, ergibt dies $\overline{P} = \overline{u_C(t)\, i_C(t)} = 0$, d.h., es wird keine Leistung umgesetzt. Es erfolgt nur ein Hin- und Herspeichern von Leistung. Bei der Aufladung wird Energie im Kondensator gespeichert (potentielle Energie der Ladungen im elektrischen Feld) und bei der Entladung wird diese Energie zurückgegeben. Lediglich der Transport durch die Leitungen führt durch deren Widerstand zu Verlusten.

Praxistipp: Heute kann dieser Effekt mit sogenannten Goldcaps oder Supercaps zur Speicherung von kleinen (evtl. mittleren) Energiemengen als Ersatz für Batterien genutzt werden. Durch den Leckwiderstand sind Kondensatoren ansonsten nicht für eine Energiespeicherung geeignet (außer für sehr kurze Zeiten, z.B. zur Glättung in Netzteilen oder in der Leistungselektronik).

Im elektrischen Feld existieren zwei Erscheinungsformen für **Kraftwirkungen**
1. Kräfte auf Ladungen und
2. Kräfte auf Grenzflächen verschiedener Materialien (insbesondere Leiter – Nichtleiter).

Für **Kräfte auf Punktladungen** ist die Definition des elektrischen Feldes (4.4) zu nutzen.

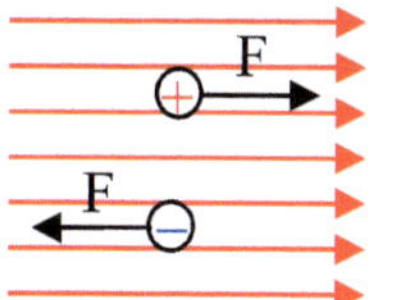

$$\mathbf{F} = Q\,\mathbf{E}$$

Abb. 5.12: Kraft auf eine positive und eine negative Punktladung im Feld

Wenn das Feld von einer zweiten Punktladung erzeugt wird, kann dieses aus (5.2) mit (5.4) ermittelt werden.

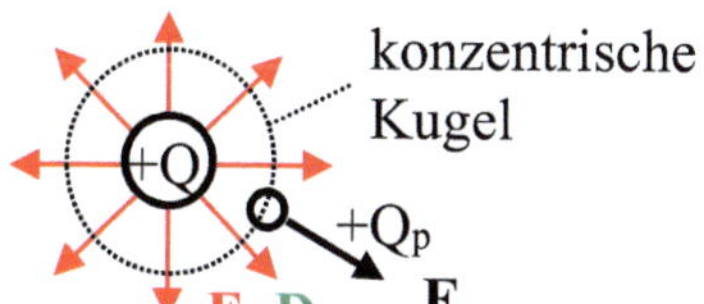

$$|\mathbf{D}| = Q/4\pi\,r^2$$

Abb. 5.13: Punktladung im Feld einer Punktladung

Auf der konzentrischen Kugelfläche ist aus Symmetriegründen überall |D| konstant, deshalb kann für $d\Psi/dA_\perp$ auch $\Psi_{ges}/A_{Kugel} = Q/\,A_{Kugel}$ gesetzt werden. Damit wird:

$$|\mathbf{F}| = \frac{Q_1 Q_2}{4\,\pi\,\varepsilon\,r^2} \quad , \quad \text{das Coulomb'sche Gesetz in heutiger Form.} \qquad (\,5.20\,)$$

Praxistipp 1: Bei Kräften auf Ladungen wird immer *eine Ladung im ungestörten Feld der anderen Ladung* betrachtet. Es werden nicht zuerst die Veränderungen des Feldes durch die zweite Ladung berücksichtigt. Das entspricht der Sichtweise und Definition des elektrischen Feldes.
Für Felder besteht das *Superpositionsprinzip*, d.h., Felder mehrerer Quellen addieren sich.
Praxistipp 2: Diese Kraft wird vielfältig zur Beschleunigung und auch zur Ablenkung von geladenen Teilchen genutzt (Braun'sche Röhre, Teilchenbeschleuniger).

Kräfte auf Grenzflächen werden günstiger aus der Energieerhaltung bestimmt.

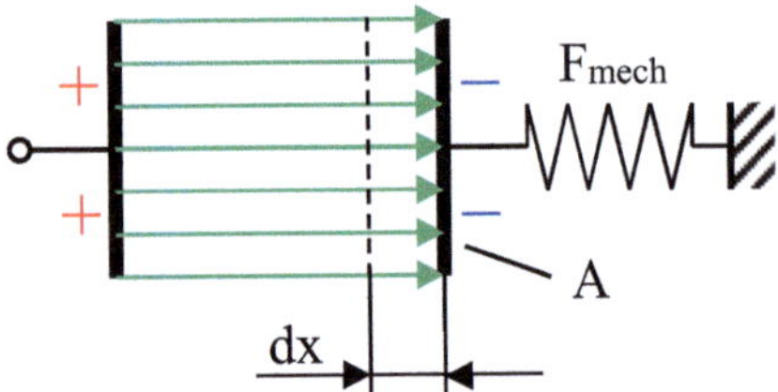

Abb. 5.14: Kräftegleichgewicht mechanische – elektrische Kraft auf die Elektrode

Die Kraft des elektrischen Feldes der positiv geladenen Elektrode auf die negativ geladene Elektrode verkürzt den Abstand der Elektroden, bis die Kraft gleich der Federkraft ist. Nun gilt folgende Energiebilanz, wenn Q konstant bleibt (für W ist (5.19), für C ist (5.6) einzusetzen):

verringerte elektrische Energie = mechanisch in der Feder gespeicherte Energie

$$\Delta W_{el} = (Q^2/2\varepsilon A)\, dx \quad = F_{mech}\, dx \;.$$

Damit ergibt sich mit D = Q/A und D = ε E der Betrag der Kraft auf die Grenzfläche zu:

$$F = \frac{D^2}{2\,\varepsilon}A = \frac{D\,E}{2}A = \frac{\varepsilon\,E^2}{2}A \;. \qquad (5.21)$$

Praxistipp: Die **Richtung der Kraft** ergibt sich immer so, dass sich die Verschiebungsflussdichtelinien in einem für sie schlechterem Medium verkürzen.

Im Falle einer Grenzschicht zwischen zwei Dielektrika muss die Differenz von ΔW_{el} des ersten und des nächsten eingesetzt werden. (In und hinter der Elektrode ist kein Feld mehr.)

Praxistipp: Diese Kraft, die früher nur als Störung bekannt war, wird heute in der Mikromechanik genutzt.

5.3.2 Anwendungsbeispiel zu Energie und Kräften

Elektrische Felder werden vielfach zur Beschleunigung elektrisch geladener Teilchen genutzt, beispielsweise bei Elektronenstrahlröhren zur Materialbearbeitung (Schweißen und Schneiden), in lithografischen Verfahren zur Halbleiterfertigung sowie in Elektronenmikroskopen. Dabei werden sie sowohl für die Strahlbeschleunigung als auch für die präzise Ablenkung ein elektrisches Feld genutzt. Das soll deshalb als Beispiel untersucht werden

Strahlerzeugung

Durch das elektrische Feld zwischen Anode und Katode (siehe Abb. 5.15) erfahren die Elektronen eine Beschleunigung (**a** = **F** /m_{el} = $-q_0$ **E** /m_{el}), daraus entsteht eine Differentialgleichung für die Beträge.

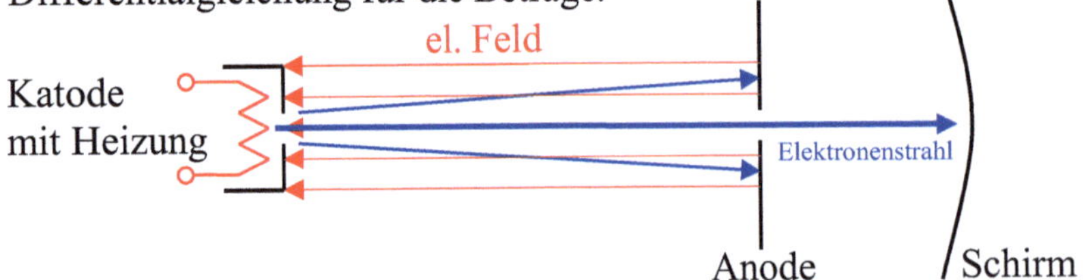

Abb. 5.15: Erzeugung des Elektronenstrahls in der Bildröhre (Prinzip)

$$\frac{dv}{dt} = \frac{q_0}{m_{el}}\frac{dU}{ds} \qquad ds\,\frac{dv}{dt} = \frac{q_0}{m_{el}}\,dU \qquad \int_0^{v_0} v\,dv = \frac{q_0}{m_{el}}\int_0^{U_A} dU$$

Nach Trennung der Variablen und Integration der Geschwindigkeit von 0 bis v_0 bzw. der Spannung von 0 bis U_A folgt:

$$v_0 = \sqrt{\frac{2\,q_0}{m_{el}}U_A} \qquad v_0/\mathrm{km\ s^{-1}} = 593\sqrt{U_A/V}\ . \qquad (\,5.22\,)$$

Natürlich ist diese Rechnung nur gültig, solange die Geschwindigkeiten klein gegenüber der Lichtgeschwindigkeit bleiben. Beim Elektronenstrahlschweißen liegt U_A zwischen 60000 und 150000 V.

Strahlablenkung

Für die Strahlablenkung sind (siehe Abb. 5.16) zwischen Anode und Schirm Ablenkplatten angeordnet.
Die Beschleunigung erfolgt dabei senkrecht zur ursprünglichen Geschwindigkeit, d.h., es kommt eine senkrechte Geschwindigkeitskomponente dazu; die Geschwindigkeit in Richtung Schirm wird nicht verändert.

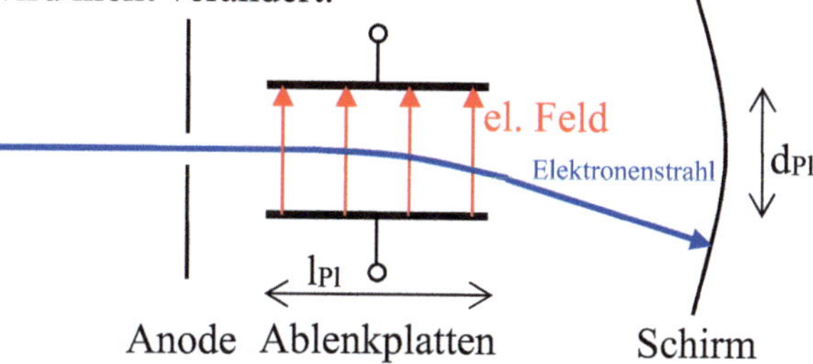

Abb. 5.16: Strahlablenkung in der Bildröhre

Die Elektronen befinden sich somit für die Ablenkzeit $t_{Ab} = l_{Pl}/v_0$ im Feld zwischen den Platten (siehe hierzu Aufgabe 5.7).

5.3.3 Übungsaufgabe zu Energie und Kräften

Aufgabe 5.6

Ein Blitzgerät hat einen Kondensator $C = 250\ \mu F$ und lädt diesen auf $U = 500$ V auf. Bestimmen Sie die elektrische Energie, die an den Lichtblitz abgegeben wird, wenn der Kondensator vollständig entladen wird.

Aufgabe 5.7

Für die Strahlablenkung befinden sich zwischen Anode und Schirm Ablenkplatten, die die Ablenkspannung U_{Ab} erhalten.
Die Beschleunigung erfolgt dabei senkrecht zur konstanten Geschwindigkeit $v_0 = 2\cdot10^7$ m/s (entspricht ca. $U_A = 1000$ V), d.h., es kommt nur eine senkrechte Geschwindigkeitskomponente dazu.

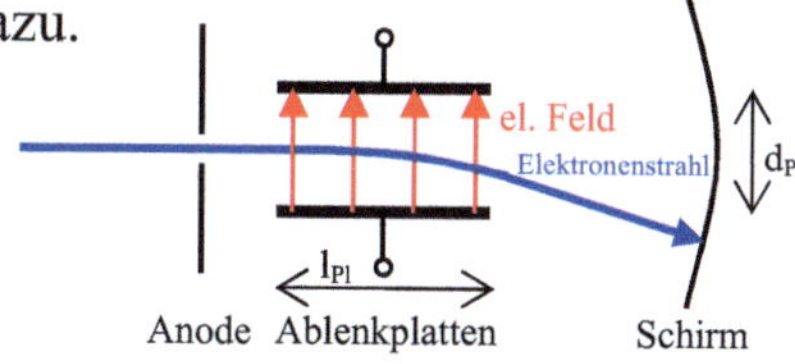

Abb. 5.17: Strahlablenkung in der Bildröhre

Die Elektronen befinden sich somit für die Ablenkzeit $t_{Ab} = l_{Pl}/v_0$ im Feld zwischen den Platten ($m_e = 9{,}1 \cdot 10^{-31}$ kg).

1) Bestimmen Sie die Geschwindigkeit $v_\perp$ bei der Ablenkspannung $U_{Ab} = 20$ V zum Ende der Ablenkung ($l_{Pl} = 2$ cm) bei einem Abstand der Platten $d_{Pl} = 2$ mm.

2) Bestimmen Sie den Ablenkwinkel.

Hinweis: Nutzen Sie die Komponenten der Geschwindigkeit.

6 Vorgänge im Magnetfeld

In Analogie zu den Begriffen, die entsprechend der <u>Abschnitte 4 und 5 verstanden worden sein sollten</u>, werden

- die Größen zur Beschreibung von magnetischen Kreisen – magnetische Urspannung, magnetische Spannung, magnetischer Fluss und magnetischer Widerstand,
- die Größen zur Beschreibung von Vorgängen im Magnetfeld – magnetische Flussdichte und magnetisches Feld,
- die Zusammenhänge zwischen magnetischen Größen,
- deren Zusammenhang mit elektrischen Größen – Induktion und Induktivität sowie
- die Gesetzmäßigkeiten in magnetischen Anordnungen – Energie und Kräfte

vorgestellt.

Diese Modellvorstellungen sind ebenfalls aus vielfachen reproduzierbaren experimentellen Beobachtungen hervorgegangen, haben sich durchgesetzt und werden mit Erfolg angewandt.

<u>Hilfreich</u> kann die Wiederholung der mathematischen Formalismen in <u>Abschnitt 3</u> sein.

6.1 Grundbegriffe: magnetische Urspannung, Fluss, Widerstand

6.1.1 Darstellung der Grundgrößen aus physikalischen Überlegungen

Bei Versuchen stellte Ørsted zufällig fest, dass eine Magnetnadel in der Nähe eines stromdurchflossenen Leiters ausschlägt. Damit war das erste Mal ein Zusammenhang zwischen elektrischen und magnetischen Erscheinungen erkannt worden. Der Raum um einen stromdurchflossenen Leiter musste sich also genauso wie der um einen Permanentmagneten in einem „besonderen Zustand" befinden. Das wurde aus entsprechenden Kraftwirkungen (Ausschlag einer Magnetnadel, Ausrichtung von Eisenfeilspänen) gefolgert.

Diese wichtige Erkenntnis eines Zusammenhanges zwischen elektrischen und magnetischen Erscheinungen hat die theoretische Entwicklung stark beeinflusst. Wie das elektrische Feld konnte auch das magnetische Feld erfolgreich beschrieben werden. Da diese **Beschreibung in der Form eines Modells als Analogie zum elektrischen Strom und dem elektrischen Feld** besonders einfach ist, hat sie sich durchgesetzt und wird bis heute so gelehrt.

* Heute können **Kräfte zwischen bewegten Ladungen** unter Einbeziehung der speziellen **Relativitätstheorie** untersucht werden. Damit wurde klar, dass es nicht zwei Felder oder zwei miteinander verbundene Erscheinungen gibt, sondern **ein einheitliches Feld** (Bor69 S. 255 ff).
Bei einer Unterteilung der Wirkung zwischen bewegten Ladungen in

- einerseits einen Anteil entsprechend dem von ruhenden Ladungen und
- andererseits einen zusätzlichen Anteil durch die Bewegung

können die

- ersteren mit den in ruhenden Beobachtungssystemen (Abschnitt 4 und 5) behandelten Vorgängen und
- die letzteren mit den Vorgängen im Magnetfeld

beschrieben werden. Bei dieser formalen Unterteilung in zwei Felder kann die **bewegte Ladung als Ursache und Ausgangspunkt magnetischer Erscheinungen** nicht adäquat deutlich gemacht werden (wie die Ladung als Ausgangspunkt elektrischer Erscheinungen). Lediglich der Strom bewirkt die magnetische Urspannung (also deren bewegte Ladungen). Weitere Überlegungen dazu können Interessierte, die eine kompliziertere mathematische Untersuchung nicht scheuen, in (Boe23 S. 38 ff) nachvollziehen.

© Der/die Autor(en), exklusiv lizenziert an
Springer Fachmedien Wiesbaden GmbH, ein Teil von Springer Nature 2026
E. Boeck und H. Kallies, *Lehrgang Elektrotechnik und Elektronik*,
https://doi.org/10.1007/978-3-658-50903-3_6

6.1.2 Der magnetische Kreis

Der Ausgangspunkt zur Beschreibung der Vorgänge im Magnetfeld ist die **Analogie** zu elektrischem Strom, der Spannung und insgesamt dem elektrischen Feld.

Dazu gehen wir von einem einfachen magnetischen Kreis und zum Vergleich von einem elektrischen Stromkreis aus (siehe Abb. 6.1).

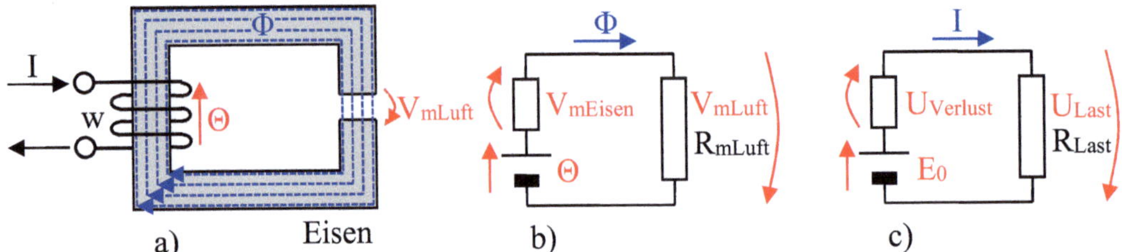

Abb. 6.1: a) Skizze, b) symbolischer magnetischer Kreis aus Eisen, c) Stromkreis

Der elektrische Strom I fließt in w Windungen um den Eisenkern, der zusätzlich einen kleinen Luftspalt hat. Die bewegten Ladungen des Stromes bewirken eine magnetische Urspannung Θ. Es kann experimentell gefunden werden, dass Θ ~ I und Θ ~ w (w = Anzahl Windungen) ist. Durch entsprechende Wahl der Maßeinheit kann der Proportionalitätsfaktor = 1 festgelegt werden:

magnetische Urspannung oder Durchflutung

$$\Theta = I\,w \quad {}^{53}$$
$$(6.1)$$

Praxistipp: Auch Permanentmagnete besitzen eine magnetische Urspannung. Schon Ampère hat darauf hingewiesen, dass molekulare Ströme diese erzeugen (also ebenfalls bewegte Ladungen). In der Regel heben sich alle molekularen Ströme (z.B. um die Atomkerne kreisende Elektronen) gegenseitig auf. Nur bei wenigen Materialien kann hier ein Ungleichgewicht durch Magnetisierung hervorgerufen werden (z.B. bei Eisen, Kobalt, Nickel oder Neodym).

Durch die magnetische Urspannung „angetrieben" wird ein magnetischer Fluss Φ in einem geschlossenen Kreislauf fließen. Als eine **Vorstellung** analog zum elektrischen Strom können damit magnetische Vorgänge einfach und **bildhaft beschrieben** und Größen richtig ermittelt werden, auch wenn hier nichts wirklich fließt. Wegen des geschlossenen Kreislaufs muss auch für diesen Fluss ein Knotenpunktsatz analog (4.14) gelten.

magnetischer Fluss

$$\Phi \quad {}^{54}$$
$$(6.2)$$

Weil Eisen den magnetischen Fluss ca. 1000-mal besser leitet als Luft, wird fast der gesamte Fluss im Eisenkreis und damit ebenfalls um die stromführenden Leiter herumfließen (der kleine Luftspalt ändert dies nicht wesentlich).

---

[53] Die Maßeinheit lautet nach dem Strom A, wird aber in der Regel Amperewindungen genannt (wegen der dimensionslosen Anzahl der Windungen und der besseren Unterscheidung).
[54] Die Maßeinheit ist Vs (erst nach Abschnitt 6.1.7 verständlich) oder wird nach Weber Wb genannt.

Praxistipp: Ein stromführender Leiter wird je nach Stromrichtung rechts- oder linksherum umflossen. Die Festlegung erfolgte in *mathematisch positivem Sinn* und wird am besten mit der Rechten-Hand-Regel ermittelt.

Der Daumen der rechten Hand zeigt in die Richtung des Stromes. Die Fingerspitzen weisen dann in die Richtung des Umfließens durch den magnetischen Fluss.

Abb. 6.2: Rechte-Hand-Regel

Für einen räumlich verteilten Fluss wird zur Beschreibung wieder eine Flussdichte analog zur Stromdichte definiert, in welchem der Anteil des Flusses durch ein kleines Flächenelement ($dA_\perp$) senkrecht zur Flussrichtung (e_Φ) berechnet wird.

magnetische Flussdichte

$$|\mathbf{B}| = \frac{d\Phi}{dA_\perp}\,^{55} \qquad \text{mit} \qquad \mathbf{B} = |\mathbf{B}|e_\Phi \qquad \text{und} \qquad \Phi = \int_{\text{Fläche}} \mathbf{B} \cdot d\mathbf{A} \qquad (6.3)$$

Die Flussdichte kann in jedem Punkt des Leiters in Betrag und Richtung bestimmt (gemessen) werden (vergleiche Abschnitt 6.1.6).

Das entspricht dem Begriff eines Vektorfeldes – dem Feld der magnetischen Flussdichte.

Weiterhin wird in Analogie zum Spannungsabfall des elektrischen Stromkreises ein magnetischer Spannungsabfall V_m ebenfalls in Flussrichtung (entlang eines Wegabschnittes des Flusses) definiert.

magnetischer Spannungsabfall

$$V_m\,^{56} \qquad\qquad\qquad\qquad\qquad (6.4)$$

Daran anknüpfend kann auch der Begriff einer Feldgröße analog zu (4.7) definiert werden.

magnetisches Feld

$$\mathbf{H} = \frac{dV_m}{ds}e_\Phi\,^{57} \qquad (* \text{ genauer} \quad \mathbf{H} = \mathbf{grad}\,V_m \quad \text{und} \quad V_m = \int_{\text{Weg}} \mathbf{H} \cdot d\mathbf{s}\,) \qquad (6.5)$$

Praxistipp: Selbstverständlich gelten auch analoge Zählpfeilrichtungen für magnetischen Fluss, Spannungsabfall und Urspannung wie für elektrischen Strom und Spannung (Abschnitt 4.1.1).

---

[55] Die Maßeinheit lautet A/m^2 oder wird nach Tesla T genannt.
[56] Die Maßeinheit ist die gleiche wie für die magnetische Urspannung, d.h. A.
[57] Die Maßeinheit ergibt sich zu A/m.

Durch experimentelle Untersuchungen wurde mit hoher Genauigkeit und Reproduzierbarkeit gefunden, dass

- die Richtungen von **B** und **H** immer gleich sind [58]
- und sie über die Materialkonstante μ (Permeabilität) zusammenhängen [59].

$$\mathbf{B} = \mu\,\mathbf{H} \qquad\qquad (\,6.6\,)$$

Praxistipp: Die Permeabilität kann von einer Sättigung, der Temperatur und anderen Einwirkungen abhängen. Sie ist gerade bei den technisch interessanten Materialien nicht konstant (vergleiche Abschnitt 6.2.2).

Die Permeabilität kann für jedes Material ermittelt werden. Sie wird in der Regel als Faktor (μ_r = relative Permeabilität) bezogen auf die Permeabilität für Vakuum ($\mu_0 = 1{,}256 \cdot 10^{-6}$ Vs/Am $= 4\pi \cdot 10^{-7}$ Vs/Am [60]) angegeben [61].

In gleicher Weise kann jetzt ein magnetischer Widerstand R_m (analog zum Ohm'schen Gesetz) definiert werden.

magnetischer Widerstand

$$R_m = \frac{V_m}{\Phi}\,{}^{62} \qquad \text{aus der Definitionsgleichung} \quad V_m = R_m\,\Phi \qquad (\,6.7\,)$$

Bemessungsgleichung des magnetischen Widerstands

$$R_m = \frac{1}{\mu\,A} = \frac{1}{\mu_0\,\mu_r\,A} \qquad\qquad (\,6.8\,)$$

Liegt kein homogenes Feld vor und können Randfelder nicht aufgrund ihres geringen Beitrages vernachlässigt werden, wird das Feld in kleine Teile (jeweils so klein, dass dort in guter Näherung ein homogenes Feld vorliegt) eingeteilt und anschließend der Gesamtwiderstand berechnet.

Praxistipp: Für Schaltungen der Elektronik ist die Induktivität (Abschnitt 6.2.1) wichtiger.

Mit diesen Begriffen können alle Vorgänge im Magnetfeld dargestellt werden.

* Für eine mit **v** bewegte Punktladung folgt bei Nutzung der Relativitätstheorie (alle Größen außer **v** am Ort ihrer Bestimmung/Messung erfasst).

$$\mathbf{H} = \mathbf{v}\times\mathbf{D} \qquad \mathbf{B} = (\mathbf{v}\times\mathbf{E})/c^2 \qquad \Phi = \int_{\text{Fläche}} d\mathbf{A}\cdot(\mathbf{v}\times\mathbf{E})/c^2 \qquad V_m = \int_{\text{Weg}} d\mathbf{s}\cdot(\mathbf{v}\times\mathbf{D})$$

Sind mehrere bewegte Ladungen (oder ein Strom) vorhanden, müssen zusätzlich die Wirkungen aller im Wirkungsbereich befindlichen Ladungen addiert werden. Damit ist zwar deutlicher zu sehen, dass nur ein einheitliches Feld besteht, aber die mathematische Komplexität ist ebenfalls unübersehbar. Die Wirkungen dieser vielen Ladungen lassen sich nicht einzeln, deren Summe aber über B genau messen (Abschnitt 6.2.6). Diese mathematischen Ausdrücke „fließen" natürlich nicht, sie ändern sich nur gemäß Ort und Zeit.

---

[58] Das folgt auch aus der analogen Definition zum elektrischen Feld.
[59] Die Maßeinheit ist (Vs/m^2)/(A/m)=Vs/Am.
[60] Dieser Wert ergibt sich im metrischen Maßsystem; im Gauß'schen Maßsystem wäre $\mu_0 = 1$ eine einfache Zahl.
[61] Anisotrope Materialien mit Richtungsabhängigkeiten müssen gesondert betrachtet werden.
[62] Die Maßeinheit wird A/Vs.

6.1.3 Übungsaufgaben zum magnetischen Kreis

Aufgabe 6.1

Für die Darstellung in Abb. 6.3 (vereinfachte Anordnung wie bei einem kleinen Kern eines Transformators, bei Gleichstrom auch Ersatz durch Permanentmagnet) sind weiter gegeben:

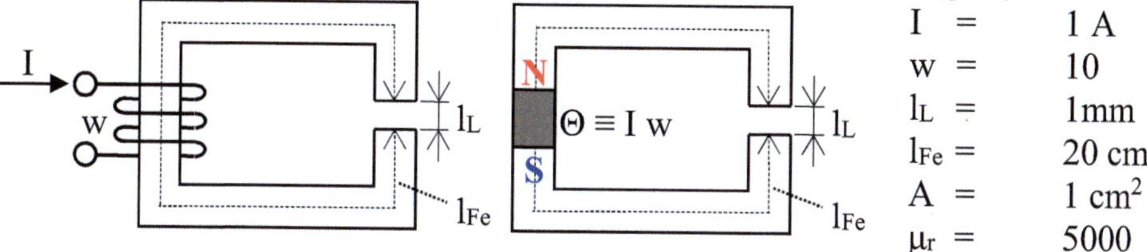

Abb. 6.3: Darstellung der Abmessungen des magnetischen Kreises

1) Berechnen Sie Θ für den elektrisch erregten Fall?
2) Berechnen Sie die magnetischen Widerstände R_{mL} und R_{mFe}?
3) Berechnen Sie den magnetische Fluss und die Flussdichte?
4) Berechnen Sie H_L, H_{Fe}, V_{mL} und V_{mFe} ?

Hinweis: Die Inhomogenität der Ecken vernachlässigen, d.h., skizzierte mittlere Länge nutzen. Für den kleinen Luftspalt das Feld nach außen vernachlässigen.

Aufgabe 6.2

Eine lange einlagige Luftspule (siehe Abb. 6.4) mit 1000 Windungen, 50 cm Länge und 5 cm Durchmesser wird von 1 A durchflossen.

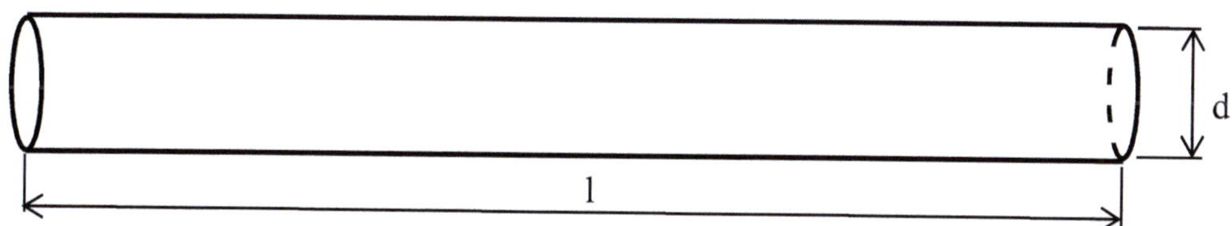

Abb. 6.4: Lange einlagige Luftspule

Berechnen Sie den magnetischen Widerstand und die Flussdichte?

Hinweis: Eine lange Spule hat innen näherungsweise ein homogenes Feld und das äußere Feld ist von vernachlässigbarem Einfluss.

6.1.4 Das Durchflutungsgesetz

Analog zur elektrischen Spannung kann auch für magnetische Spannungsabfälle und Urspannungen ein Maschensatz experimentell bestätigt werden; vergleiche (4.15). Dieser hat für das Magnetfeld aber eine weiterreichende Bedeutung.

Praxistipp: Das Durchflutungsgesetz stellt die Wandlung oder den Übergang von den elektrischen zu den magnetischen Größen dar.

$$\Theta_{ges} = \sum I_{umfasst} = \sum_{\circlearrowleft} \Theta_v = \sum_{\circlearrowleft} V_{m\mu} \quad \text{in gleichem Umlaufsinn gezählt} \qquad (6.9)$$

Anstelle $\Theta = I\,w$ kann verallgemeinert die Summe aller durch den Weg des Flusskreislaufes umfassten Ströme angesetzt werden (Umfassen heißt durch einen geschlossenen Kreislauf). Damit wird auch berücksichtigt, das Ströme in verschiedener Richtung umlaufen können. Hierbei gilt wieder die Rechte-Hand-Regel (mathematisch positive Richtung, siehe Abb. 6.2).

Wird V_m nach (6.5) durch **H** ersetzt (für einen geschlossenen Umlauf), folgt das Durchflutungsgesetz als allgemeinste Form von (6.9) (Durchflutung als Begriff für Antrieb magnetischer Flüsse):

Durchflutungsgesetz

$$\oint \mathbf{H} \cdot d\mathbf{s} = \sum I_{umfasst} \qquad\qquad\qquad (6.10)$$

Magnetische Spannungsabfälle oder die Umlaufsumme (Ringintegral) können mit einer Rogowskispule nachgewiesen werden (Lun91 S. 217, 230ff).

Praxistipp: Die Rogowskispule besteht aus einem Lederriemen, der dicht und gleichmäßig mit einer Lage Windungen versehen ist. Dadurch lassen sich ein oder mehrere (auch verschiedenen Strom führende Leiter) einmal bzw. mehrere Male umfassen.

Die Auswertung der Ergebnisse bestätigt Gleichung (6.10) (vergleiche Abb. 6.5).

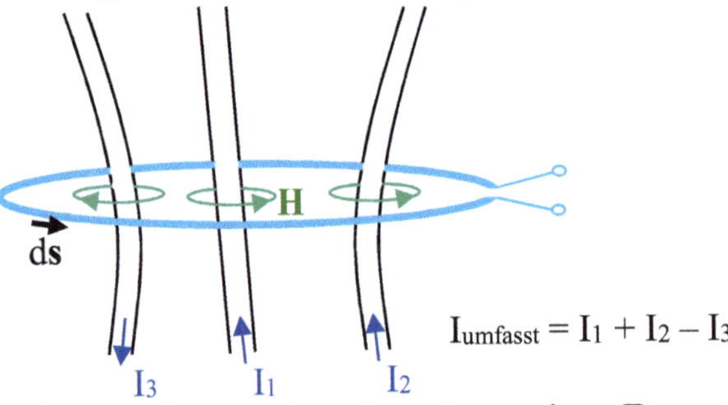

Abb. 6.5: Drei Leiter werden einmal von einer Rogowskispule umfasst

Das Durchflutungsgesetz kann vorteilhaft zur Berechnung von Magnetfeldern eingesetzt werden. Dazu soll das Feld eines unendlich langen geraden Leiters (in der Praxis viel länger als interessierende Entfernungen vom Leiter) untersucht werden. Mit diesem Beispiel werden auch Magnetfelder und ihre Ausdehnung für Leitungen und Kabel demonstriert. Bei einem Leiter wie in Abb. 6.6 gibt es keinen Grund für das Magnetfeld, sich nicht vollkommen

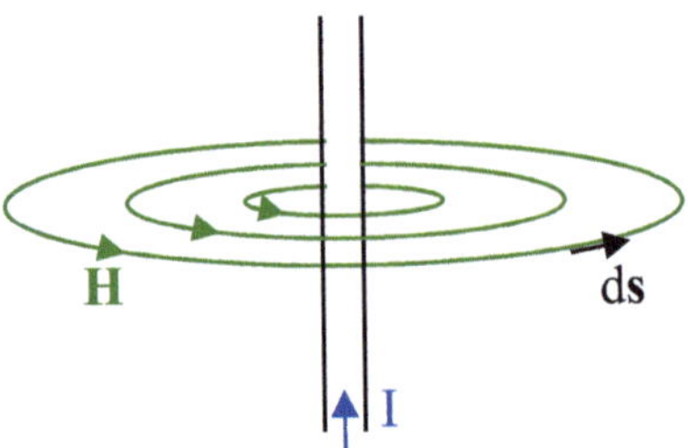

Abb. 6.6: Gerader Leiter mit Magnetfeld

zylindersymmetrisch auszudehnen, denn es gibt in der Ebene senkrecht zum Leiter keine Vorzugsrichtung. Somit muss auf einem konzentrischen Kreis um den Leiter der Betrag von **H** konstant sein. Wird das Ringintegral (6.10) auf einem konzentrischen Kreis in Richtung des Feldes berechnet, können die Beträge von **H** und d**s** eingesetzt, das konstante H vor das Integral gezogen und entlang des Kreisumfangs integriert werden.

$$\oint \mathbf{H} \cdot d\mathbf{s} = H \oint ds = H\, 2\pi\, r = I \quad \text{d.h.} \quad H = \frac{I}{2\pi\, r} \qquad (6.11)$$

Achtung: Für einen Kreis innerhalb des Leiters wird nur ein anteiliger Strom umfasst, sodass ein linearer Zusammenhang entsteht (Anteil $\pi\, r^2/\pi\, r^2_{Leiter} \rightarrow H = I\, r/(2\pi\, r^2_{Leiter})$).

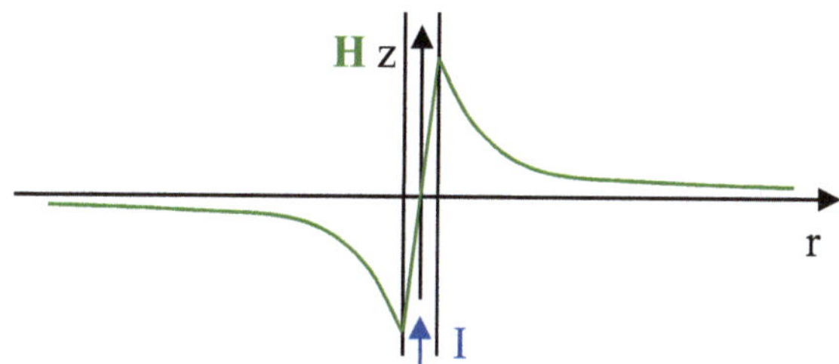

Abb. 6.7: Ergebnis H = f(r) grafisch dargestellt

Praxistipp: Durch die Gültigkeit des Superpositionsprinzips können durch Addition die Felder mehrerer Leiter (mit gleich- oder entgegengerichteten Strömen) bestimmt werden.

Ist die Symmetrie nicht so günstig, bleibt zwar (6.10) richtig, das Integral ist aber kaum lösbar. In diesem Falle müssen das Biot-Savart'sche Gesetz oder Gleichungen des Vektorpotentials genutzt werden (Weiterführendes dazu siehe in (Lun91 S. 217, 230ff)).

6.1.5 Messung und Darstellung von magnetischen Feldern – Feldlinien

Bei der **Messung magnetischer Größen** (Flussdichte **B**, evtl. magnetischer Spannungsabfall V_m zwischen den beiden Enden einer Rogowskispule [63]) kann die Messung mit kleinen Messspulen, Hallsensoren oder magnetoresistiven Sensoren durchgeführt werden, welche genügend kleine Fehler hinterlassen.

Praxistipp: Eine sehr anschauliche **Darstellung von Magnetfeldern** gelingt mit Eisenfeilspänen. Die Teilchen werden auf eine dünne unmagnetische Platte über einer Anordnung von Magneten gestreut. Sie ordnen sich entsprechend der Feldlinien und ergeben ein eindrucksvolles Bild. Für eine solche Illustration reichen einfache Permanent- oder Elektromagnete, die Späne dürfen nicht zu fein und nicht zu rund sein.

Feldbilder verwendete schon Faraday als einfache Form zur qualitativen Darstellung von Vorgängen im Magnetfeld. Dazu werden einige ausgewählte geschlossene Flussdichtelinien vom Nord- zum Südpol bzw. um die Leiter gezeichnet. Als Regel gilt, dass sich diese Feldlinien nie schneiden oder kreuzen, sie müssen sich den Platz teilen. In Abb. 6.8 sind je zwei parallele Leiter mit entgegen- bzw. gleichgerichtetem Strom im Querschnitt dargestellt. Eine quantitative Darstellung kann analog (6.11) oder durch eine punktweise Addition von je zwei Kurven (mit entsprechendem Vorzeichen) gemäß Abb. 6.7 erreicht werden.

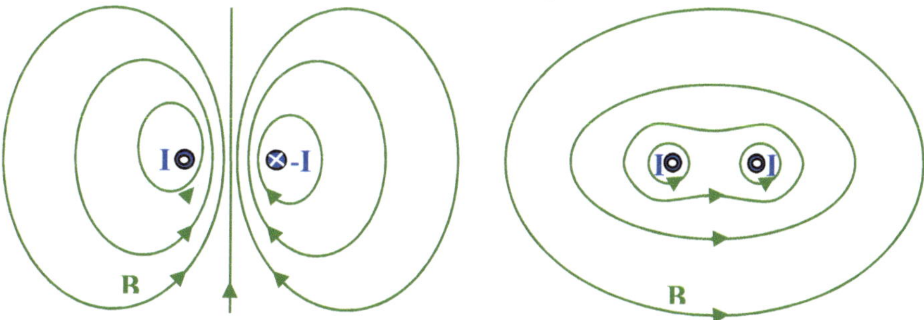

Abb. 6.8: Feldbilder von zwei parallelen Leitern

---

[63] Die Messung geht aber genau genommen auch auf die Flussdichte **B** (Induktionspannung mit dB/dt) zurück.

Sehr deutlich ist erkennbar, wie sich die Feldlinien bei entgegengerichteten Strömen zwischen den Leitern verdichten. Dagegen wird der Raum zwischen gleichgerichteten Strömen vom Feld verdünnt.

> Praxistipp: Aus dieser Tatsache können anschaulich Kraftwirkungen abgeleitet werden.
> - Wo Feldlinien verdichtet sind, entstehen Kräfte, die diese auseinanderdrücken.
> - Wo Feldlinien verdünnt sind, entstehen Kräfte, die diese zusammendrücken.
> - Kräfte versuchen immer, Feldlinien im ungünstigeren Material zu verkürzen.
>
> Das ist nur möglich, wenn die stromführenden Leiter oder die Magnete auseinander- bzw. zusammengedrückt werden.

6.1.6 Lorentzkraft

* Befinden sich in einem Beobachtungssystem S eine bewegte Ladung **sowie** eine bewegte Probeladung, kann mit Hilfe der Lorentztransformation in entsprechend mitbewegte Beobachtungssysteme S′ und S′′ transformiert werden, sodass die Kraft einer ruhenden Ladung im elektrischen Feld nach (4.4) angewendet werden kann (siehe z.B. (Boe23 S. 20 ff)). Nach der Rücktransformation ergibt sich infolge beider Bewegungen für die Kraft ein zusätzlicher Anteil zu dem von zwei ruhenden Ladungen.

Die Kraft zwischen zwei bewegten Ladungen wurde von Lorentz gefunden und entspricht der Kraft einer bewegten Probeladung im Magnetfeld (z.B. von sich bewegenden Ladungen) [64].

Lorentzkraft

$$F = Q_p\, v_p \times B \qquad\qquad (6.12)$$

Das Kreuzprodukt besagt dabei, dass v_p, B und F im Sinne eines Rechtssystems aufeinander senkrecht stehen (siehe Abb. 6.9).

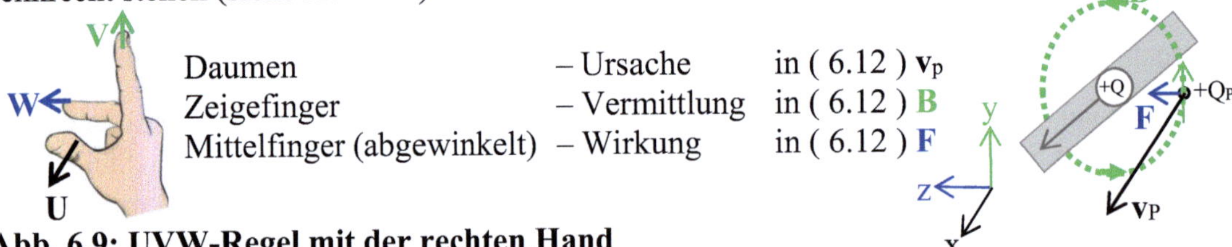

Daumen	– Ursache	in (6.12)	v_p
Zeigefinger	– Vermittlung	in (6.12)	**B**
Mittelfinger (abgewinkelt)	– Wirkung	in (6.12)	**F**

Abb. 6.9: UVW-Regel mit der rechten Hand

Vermittlung bedeutet hierbei, die magnetische Flussdichte vermittelt (entsprechend ihrer Größe und Richtung), bewirkt aber keine Energieänderung. Das ist darin begründet, dass die Kraft immer senkrecht auf der momentanen Bewegungsrichtung steht.

> Praxistipp: Wenn keine weiteren Kräfte Q_p beeinflussen, kann somit durch die Lorentzkraft (d.h. durch ein Magnetfeld) keine Energieänderung erfolgen. Gibt es eine weitere Beeinflussung (z.B. einen mechanischen Antrieb oder einen Strom), müssen diese für jegliche Energieänderung bzw. -wandlung sorgen.

Wichtige Anwendungen erfolgen in der Induktion elektrischer Spannungen im Generator (Stromerzeugung nach dem „Dynamoprinzip") sowie im Elektromotor. Weitere praktische Auswirkungen siehe Abschnitt 6.1.7.

---

[64] Damit kann B über die Kraft auf eine bewegte Probeladung direkt gemessen werden (Induktion, Hallsensor).

6.1.7 Das Induktionsgesetz

Das Induktionsgesetz tritt bei experimentellen Untersuchungen in zwei Formen auf. Die **Bewegungsinduktion** beruht auf der Bewegung eines Leiters im zeitkonstanten Magnetfeld und die **Ruheinduktion** erfolgt durch ein zeitveränderliches Magnetfeld ohne bewegte Teile.

Das **Prinzip der Bewegungsinduktion** zeigt Abb. 6.10.

In dem Leiter, der sich mit v_x nach vorn im Bereich der zeitkonstanten magnetischen Flussdichte B_y bewegt, erfahren positive Ladungsträger [65] die Lorentzkraft F_z und werden nach oben gedrückt. Die Festlegung der Richtung der Spannung u_{ind} erfolgte in Abb. 6.10 nach der Rechten-Hand-Regel.

> Praxistipp: Ein magnetischer Fluss *erzeugt* je nach Richtung rechts- oder linksherum eine Spannung. Zeigt der Daumen in Flussrichtung, dann zeigen die um diese gekrümmten Finger (von der Anfangsklemme um den Fluss herum mit den Fingerspitzen zur Zielklemme) an den Klemmen die Spannungsrichtung an (analog Abb. 6.2).

Damit wird der Spannungsabfall (und der Strom) an den Klemmen in Abb. 6.10 negativ [66], denn die Lorentzkraft drückt positive Ladungsträger im Leiter nach oben.

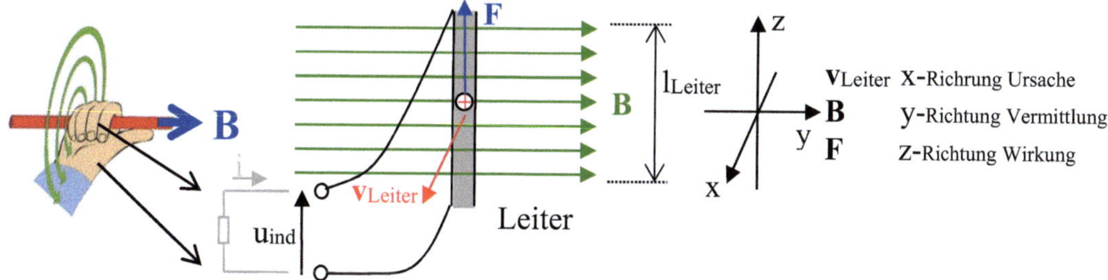

Abb. 6.10: Leiter bewegt sich im Magnetfeld nach <u>vorn</u>

Nach (4.7) wird also (Energie = Kraft mal Weg mit genanntem negativem Vorzeichen):

$$u_{ind} = -\int_{l_{Leiter}} \mathbf{E} \cdot d\mathbf{s}_{Leiter} = -\int_{l_{Leiter}} (\mathbf{v}_{Leiter} \times \mathbf{B}) \cdot d\mathbf{s}_{Leiter} \quad \text{mit } U = W/Q_p \text{ und } \mathbf{E} = \mathbf{F}/Q_p .$$

Bei konstanter Geschwindigkeit sowie Flussdichte folgt mit dem Weg $\mathbf{l}_z = \mathbf{k}\, l_z$ entsprechend der Länge des Leiters (in z-Richtung; nur im Bereich der magnetischen Flussdichte):

Induktionsgesetz der Bewegungsinduktion

$$u_{ind} = -(\mathbf{v}_{Leiter} \times \mathbf{B}) \cdot \mathbf{l}_z = -v_x\, B_y\, l_z \qquad\qquad (\,6.13\,)$$

(Letzteres wenn alles $\perp$ zueinander steht).

> Praxistipp: Durch diese Richtungsfestlegungen ist die Lenz'sche Regel unmittelbar erfüllt. Nach Schließen des Stromkreises an den Klemmen mit einem Widerstand wird durch den Stromfluss (u_{ind} und damit i sind negativ) in Kraftrichtung die Gegenkraft $F_{gegen} = Q_p\, v_{Strom} \times \mathbf{B}$ entstehen (UVW-Regel) und der Bewegung des Leiters (v_{Leiter} ist die Ursache) entgegenwirken (also in die negative x-Richtung). [67]

Eine Umformung von (6.13) kann mit $B_y\, l_z\, v_x = B_y\, l_z\, dx/dt = B_y\, (-dA_{LS}/dt) = -d\Phi_{LS}/dt$ [68] erfolgen. Die **Bewegung** des Leiters nach **vorn** wird den Fluss, der durch die Leiterschleife

---

[65] Elektronen erfahren eine umgekehrte Kraft. Das bedeutet aber (infolge der negativen Ladung) gleiche Spannung und gleicher Strom.
[66] Ein Vergleich mit Abb. 4.5 ergibt die Zählpfeilrichtungen eines Erzeugers.
[67] Bei einer Bewegung nach hinten mit einer Vergrößerung des Flusses ergibt sich das entsprechende Ergebnis.
[68] $l_z \cdot dx$ ist ein Streifen der genannten Leiterschleife, der deren Fläche durch v_x verkleinert. Deshalb folgt $-dA_{LS}$. Weiter ist $B \cdot A = \Phi$.

hindurchtritt, verkleinern ($-d\Phi_{LS}$). Die Leiterschleife A_{LS} besteht aus Leiter, Zuleitungen und Widerstand, die nach vorn außerhalb des Flusses laufen und allen Fluss innerhalb umfassen.

$$u_{ind} = -(-\frac{d\Phi_{LS}}{dt}) = \frac{d\Phi_{LS}}{dt} \quad [69] \qquad\qquad (\,6.14\,)$$

Dabei ist Φ der Fluss innerhalb der Leiterschleife. Die Richtung von u_{ind} wird unverändert nach der Rechten-Hand-Regel festgelegt (in Abb. 6.10 wurde Φ kleiner).
Wichtig ist, dass zur Berechnung einer Anordnung nur entweder (6.13) oder (6.14) genutzt werden darf. Deshalb muss vorher der Betrachtungsstandpunkt genau geklärt werden.

Praxistipp: Entweder wird der Standpunkt ruhend zum konstanten Magnetfeld eingenommen, dann folgen ein bewegter Leiter und Gleichung (6.13), **oder** der Standpunkt ruhend zum Leiter, es folgen eine zeitliche Änderung des Magnetfeldes durch A_{LS} und Gleichung (6.14).

Das **Prinzip der Ruheinduktion** benötigt ein sich zeitlich änderndes Magnetfeld, z.B. von einem sich zeitlich ändernden Strom. Das Prinzip kann aus (6.14) gefolgert werden. Es wurde von Faraday experimentell gefunden. Eine entsprechende Anordnung zeigt Abb. 6.11.

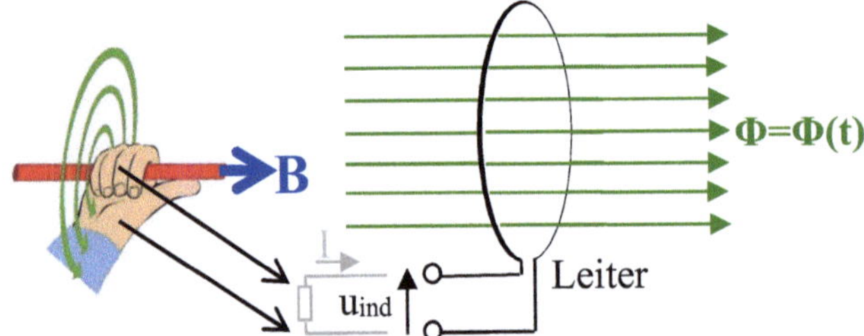

Abb. 6.11: Leiterschleife in einem zeitveränderlichen Magnetfeld
Die Richtungsfestlegung des Spannungsabfalls erfolgte in Abb. 6.11 wieder nach der Rechten-Hand-Regel.

Praxistipp: Die Lenz'sche Regel ist wiederum unmittelbar erfüllt. Nach Schließen des Stromkreises an den Klemmen durch einen Widerstand wird durch den Stromfluss entsprechend u_{ind} ein dem Anstieg des Flusses **B(t)** (der Ursache) entgegenwirkender Fluss erzeugt. [70]

Für die Ruheinduktion kann auf dieser Denkweise nur der Standpunkt ruhend zum Leiter eingenommen werden. Wird anstelle der Leiterschleife eine Spule mit w Windungen eingesetzt, entsteht u_{ind} für jede Windung und es wird insgesamt:

Induktionsgesetz der Ruheinduktion

$$u_{ind} = w\,\frac{d\Phi}{dt} \;. \qquad\qquad (\,6.15\,)$$

Liegt eine Bewegung in einem zeitveränderlichen Feld vor, sind beide Teile zu beachten.

Induktionsgesetz insgesamt

$$u_{ind} = w\,\frac{d\Phi_{LS}}{dt} - (\mathbf{v}_{Leiter} \times \mathbf{B}) \cdot \mathbf{l}_{aller\ Leiter} \qquad\qquad (\,6.16\,)$$

---

[69] Hier erklärt sich die Maßeinheit von Φ zu Vs.
[70] Ein Vergleich mit Abb. 4.5 ergibt ebenfalls die Zählpfeilrichtungen eines Erzeugers.

Praxistipp: Der Betrachtungsstandpunkt ist immer eindeutig zu wählen, um keine Anteile doppelt zu erfassen.

* Bei Einbeziehung der speziellen Relativitätstheorie ergibt sich für einen zeitveränderlichen Strom in einem Beobachtungssystem S′, das sich mit der Ausbreitungsgeschwindigkeit der Stromänderung (Lichtgeschwindigkeit des Leitermaterials c_{Kupfer}) mitbewegt, ein zeitkonstantes Feld. Auf diese Weise lässt sich auch die Ruheinduktion auf die Lorentzkraft zurückführen. Die Ladungsträger einer Leiterschleife, die zum Leiter in S ruhend angeordnet ist, bewegen sich mit c_{Kupfer} in S′ in umgekehrter Richtung wie das System. Es kann sinngemäß entsprechend der konkreten Verhältnisse mit (6.13) gerechnet und mit der Lorentztransformation zurücktransformiert werden (siehe (Boe23 S. 28 ff)). Damit entsteht die Wirkung der Ruheinduktion ebenfalls aus einer Kraft auf bewegte Ladungsträger, nur ist hierbei das Prinzip der Stromausbreitung im Leiter konkret zu berücksichtigen.

Für die meisten Anwendungen ist es hilfreich, die Ruheinduktion in Selbst- und Gegeninduktion zu unterteilen. Bei der **Selbstinduktion** Abb. 6.12 wird das Magnetfeld von dem Strom durch die Leiterschleife (oder Spule mit w Windungen) erst selbst erzeugt (Rechte-Hand-Regel).

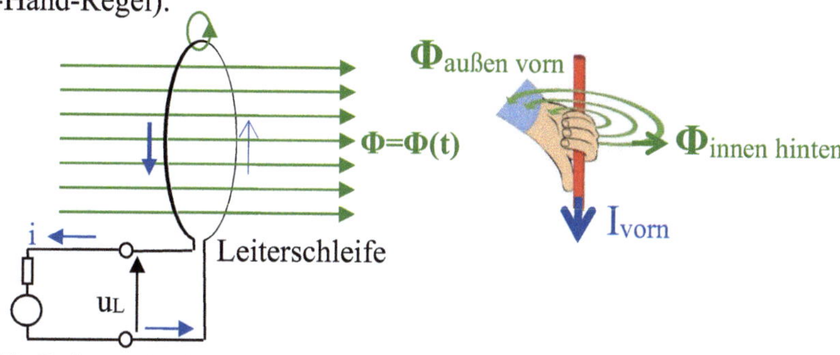

Abb. 6.12: Leiterschleife mit selbst erzeugtem Magnetfeld

Für den Fall eines zeitveränderlichen Stromes wird die Leiterschleife demzufolge von einem zeitveränderlichen magnetischen Fluss $\Phi(t)$ durchsetzt. Damit entsteht mit mathematisch positiver Richtungsdefinition (Rechte-Hand-Regel) an den Klemmen die Spannung u_L.

$$u_L = w \frac{d\Phi(i)}{dt}$$

(6.17)

Zur Darstellung der **Gegeninduktion** und ihrer **vollen Verkopplung** wird eine zweite Leiterschleife (oder Spule mit w_2 Windungen) gezeichnet Abb. 6.13. Durch Leiterschleife 1

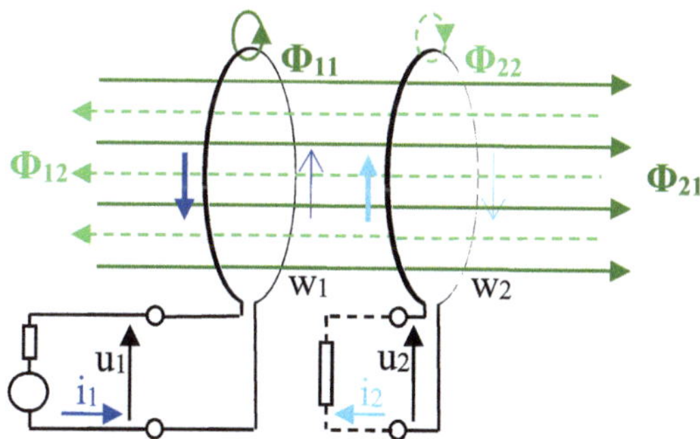

Abb. 6.13: Verkopplung von Selbst- und Gegeninduktion

fließt der Strom i_1 und erzeugt den magnetischen Fluss Φ_{11}, der natürlich vollständig durch diese Schleife strömt. Ein etwas geringerer Teil dieses Flusses Φ_{21} durchströmt Leiterschleife 2. Daraus folgen die induzierten Spannungen:

$$u_{\text{ind}\,11} = w_1 \frac{d\Phi_{11}}{dt} \quad \text{und} \quad u_{\text{ind}\,21} = w_2 \frac{d\Phi_{21}}{dt} \ .$$

Beide zeigen nach der Rechten-Hand-Regel in Richtung von u_1 und u_2. Wird an die Klemmen von Leiterschleife 2 ein Widerstand angeschlossen, fließt infolge $u_{\text{ind}\,2}$ der Strom i_2 und erzeugt den Fluss Φ_{22}, der wiederum vollständig durch Leiterschleife 2 geht, aber etwas geringer (Φ_{12}) durch Leiterschleife 1 (jeweils noch zusätzlich). Daraus folgen die induzierten Spannungen:

$$u_{\text{ind}\,12} = w_1 \frac{d\Phi_{12}}{dt} \quad \text{und} \quad u_{\text{ind}\,22} = w_2 \frac{d\Phi_{22}}{dt} \ .$$

Beide zeigen nach der Rechten-Hand-Regel entgegen der Richtung von u_1 und u_2 (vergleiche auch Lenz'sche Regel). Für u_1 und u_2 folgt insgesamt:

$$u_1 = u_{\text{ind}\,11} - u_{\text{ind}\,12} \quad \text{und} \quad u_2 = u_{\text{ind}\,21} - u_{\text{ind}\,22}$$

und daraus werden die Vierpolgleichungen (vier Klemmen vergleiche Abschnitt 12.3.3):

$$u_1 = w_1 \frac{d\Phi_{11}(i_1)}{dt} - w_1 \frac{d\Phi_{12}(i_2)}{dt} \quad \text{und}$$
$$u_2 = w_2 \frac{d\Phi_{21}(i_1)}{dt} - w_2 \frac{d\Phi_{22}(i_2)}{dt} \qquad , \qquad (\,6.18\,)$$

welche Strom und Spannung von beiden Klemmen in Beziehung zueinander setzen. Diese Gleichungen sind die Grundlage für den Transformator (siehe 20.2.1).

Praxistipp: Werden die magnetischen Flüsse mit $\Phi = \Theta/R_m$ und $\Theta = wI$ auf die Ströme zurückgeführt, können die Bauelemente mit ihren Strom-Spannungs-Beziehungen an den Klemmen ohne alle Magnetfelder betrachtet werden.

6.1.8 Übungsaufgaben zur Durchflutung und Induktion

Aufgabe 6.3

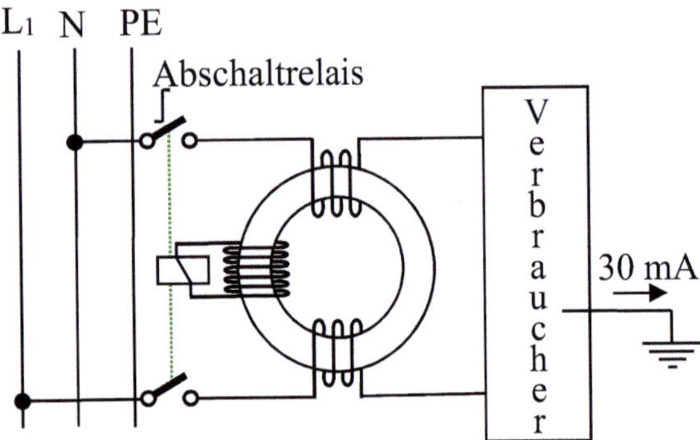

Abb. 6.14: Schematischer Aufbau eines FI-Schalters

Ein Fehlerstromschutzschalter (RCD, RCCB) nutzt das Durchflutungsgesetz und das Induktionsgesetz (Abb. 6.14).
Er schaltet z.B. bei einem Fehlerstrom von 0,03 A den Stromkreis ab.
1) Beschreiben Sie die Funktionsweise eines Fehlerstromschutzschalters?
2) Bestimmen Sie die magnetische Urspannung die auftritt, wenn 30 mA über die Erde zurückfließen (je $w = 5$).

Aufgabe 6.4

Eine angetriebene Kupferscheibe rotiert in einem konstanten Magnetfeld (Unipolarmaschine). Zwei Schleifkontakte (bei r_{innen} und $r_{außen}$ mit $r_{außen} - r_{innen} = l_{Leiter}$) stellen eine Verbindung zu den Klemmen her (Abb. 6.15).

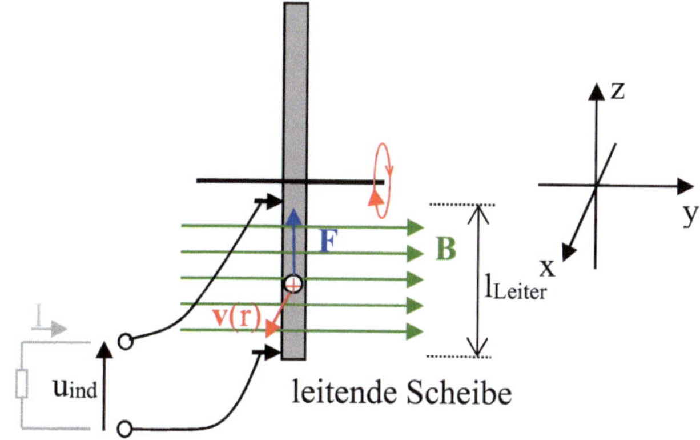

Abb. 6.15: Rotierende Scheibe im Magnetfeld

1) Bestimmen Sie den für diese konkrete Anordnung möglichen Standpunkt.
2) Bestimmen Sie die induzierte Spannung u_{ind}.

Hinweis: Da der Betrag $|v(r)|$ von r abhängt, ist für jedes „dr" zu berechnen und zu integrieren.

Aufgabe 6.5

In einem konstanten Magnetfeld rotiert eine dünne Spule von w Windungen. Die induzierte Spannung wird über Schleifringe abgenommen (Abb. 6.16, die grauen Pfeile zeigen die Rechte-Hand-Regel). Die w Leiterschleifen zeigen nach hinten (z-Richtung, Länge l_z) und sind im Querschnitt zu sehen (Durchmesser 2 r_s).

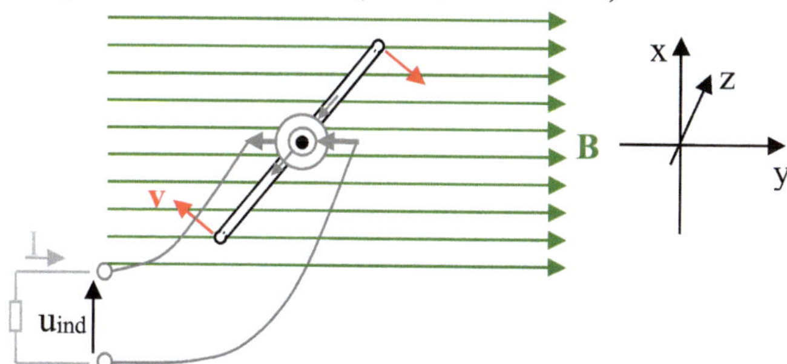

Abb. 6.16: Dünne Spule rotiert im Magnetfeld (Querschnitt)

1) Bestimmen Sie die für diese Anordnung möglichen Standpunkte.
2) Bestimmen Sie für die ermittelten Standpunkte die jeweils induzierte Spannung u_{ind}.

Hinweis: Nur die senkrecht zu **B** stehende Komponente von **v** liefert einen Beitrag. Kräfte senkrecht zum Leiter können nicht zur induzierten Spannung beitragen. Nur die senkrechte Komponente der Fläche der Spule ergibt den Fluss durch die Spule.

Aufgabe 6.6

In einem Eisenkreis erzeugt i_1 (Wechselstrom) einen zeitveränderlichen magnetischen Fluss (Abb. 6.17). Dieser induziert sowohl in w_1 als auch in w_2 Spannungen. Gegeben sind folgende Werte und Parameter:

$i_1 = (1\ A)\sin(2\pi\ 50\ Hz \cdot t)$, $w_1 = 10$, $w_2 = 100$, $l_{Fe} = 20$ cm, $A = 1$ cm^2, $\mu_r = 5000$.

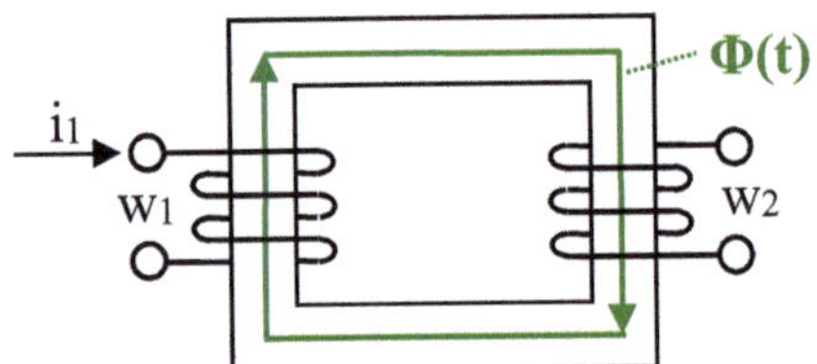

Abb. 6.17: Spule in einem zeitveränderlichen Magnetfeld

1) Bestimmen Sie den möglichen Standpunkt für diese Anordnung.
2) Bestimmen Sie Richtung und Größe der induzierten Spannung u_{ind} an w_2.

Hinweis: Siehe Aufgabe 6.1. Alle Flüsse außerhalb des Eisenkerns werden vernachlässigt.

Aufgabe 6.7 Zusatzaufgabe

Begründen Sie, aus welchem Grund Ruhe- **und** Bewegungsinduktion erforderlich sind. Erläutern Sie in Auswertung von Aufgabe 6.4 bis Aufgabe 6.6!

Aufgabe 6.8

In einem zeitveränderlichen magnetischen Störfluss $B = 0{,}002\ \mathrm{Vs/m^2}\ \sin(2\pi\ 50\ \mathrm{Hz}\ t)$ befinden sich über die Länge l=10 m eine parallele Zweidrahtleitung (Abstand d=1 mm), eine verdrillte Zweidrahtleitung (Abstand d, Länge einer Verdrillung 3 cm) und ein Koaxialkabel (Durchmesser 2d). B entspricht ca. einer direkt daneben liegenden Energieleitung mit 10 A. Bestimmen Sie die Störspannungen, die bei ungünstigster Orientierung induziert werden.

Hinweis:　Von der verdrillten Zweidrahtleitung befinden sich im ungünstigsten Fall eine ungerade Zahl Verdrillungen im Bereich des Feldes. Das Koaxialkabel kann in viele Leiterschleifen als Kreissegmente $d\alpha$ gedacht werden, deren Spannungen „parallel" geschaltet sind. Die Dicken der Leiter werden vernachlässigt.

6.2　Koppelfluss, Strom und Spannung an der Induktivität (Spule)

6.2.1　Zusammenhang zwischen Koppelfluss, Spannung und Strom

Der Koppelfluss ist der Fluss einschließlich seiner Verkopplung mit den entsprechenden Windungen. Bei 100 % Kopplung ist der Fluss mit allen w Windungen vollständig verkoppelt, d.h., es gilt $\Phi_{kop} = w\ \Phi$. Aus Messungen des Koppelflusses und des Stromes an den Klemmen einer Spule ergibt sich ein praktisch nutzbarer experimenteller Zusammenhang (Abb. 6.18).

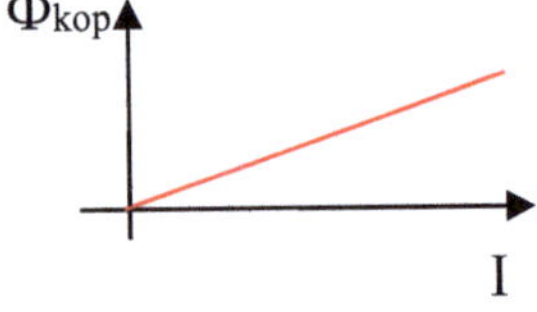

Abb. 6.18: Beispiel einer Messung von Koppelfluss und Strom

Nur ein Teil der technisch verwendeten Materialien ergibt einen linearen Zusammenhang zwischen Koppelfluss und Strom, d.h. $\Phi_{kop} \sim I$ oder als Geradengleichung: $\Phi_{kop} = L \cdot I$ mit dem Proportionalitätsfaktor L. Der Proportionalitätsfaktor stellt die Induktivität dar, mit der diese Anordnung einer Stromänderung entgegenwirkt.

Definition der Induktivität

$$L = \frac{\Phi_{kop}}{I} \quad {}^{71} \qquad \text{aus der } \textbf{Definitionsgleichung:} \quad \Phi_{kop} = L \cdot I \qquad (\,6.19\,)$$

Praxistipp: Wie C wird die Induktivität aus einem statischen Zusammenhang definiert.

Bei nichtlinearem Zusammenhang muss entweder die Funktion $\Phi_{kop} = \Phi_{kop}\,(I)$ oder $L = L(I)$ bzw. $L = L(\Phi_{kop})$ gefunden werden (je nachdem, was physikalisch sinnvoller ist). Das führt bei ferromagnetischen Materialien zur Hysteresekurve (Weiterführendes siehe Abschnitt 6.2.2, vergleiche (Lun91 S. 218,219)).

Praxistipp: In der Praxis wird fast immer der lineare Bereich der Hysteresekurve genutzt.

Auch hier kann eine Bemessungsgleichung für die Induktivität angegeben werden.

Bemessungsgleichung der Induktivität

$$L = \frac{w^2}{R_m} \qquad \text{mit } R_m \text{ nach } (\,6.8\,) \quad \Phi_{kop} = w\Phi = \frac{w\Theta}{R_m} = \frac{w^2}{R_m} I \qquad (\,6.20\,)$$

Ändert sich der Strom an den Klemmen (Zunahme oder Abnahme), muss sich die Spannung entsprechend der Selbstinduktion einstellen. Wird für $u(t) = w\,d\Phi/dt = d\Phi_{kop}/dt$ der Koppelfluss durch die Beziehung $\Phi_{kop} = L\,I$ ersetzt, ergibt sich der Zusammenhang zwischen Strom und Spannung an den Klemmen.

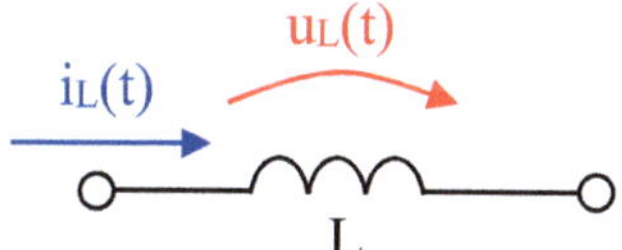

Abb. 6.19 Strom und Spannung an den Klemmen der Induktivität

Strom und Spannung an der Induktivität

$$u_L(t) = \frac{d(L\,i_L)}{dt} = L\,\frac{di_L}{dt} \qquad \text{Letzteres für } L = \text{const} \qquad (\,6.21\,)$$

Ein Vergleich mit dem Ohm'schen Gesetz (4.9) zeigt deutliche Ähnlichkeit, aber bei der Induktivität ist zusätzlich eine Zeitabhängigkeit zu berücksichtigen.

Praxistipp: Ist L nichtlinear, $L = L(u)$ oder $L = L(i)$, dann hängt es durch u oder i auch von der Zeit ab. Die Differentiation muss in diesem Fall nach der Produktenregel erfolgen. Das ist z.B. bei speziellen Anwendungen mit Ferromagneten notwendig.

Oft wird auch die Umkehrung benötigt:

$$i_L(t) = \frac{1}{L} \int_0^t u_L(t)\,dt + i_L(t=0) \; . \qquad (\,6.22\,)$$

Die Gleichungen (6.21) bzw. (6.22) legen das Verbraucherpfeilsystem zugrunde, d.h., bei Stromanstieg ergibt sich eine positive und bei Stromabnahme eine negative Spannung.

---

[71] Die Maßeinheit Vs/A wird nach Henry mit H bezeichnet.

Auch bei Induktivitäten gelten Bilanzgleichungen entsprechend der Kirchhoff'schen Sätze.
Die Ströme erfüllen zu jedem Zeitpunkt den Knotenpunktsatz und die Spannungen den
Maschensatz.

Praxistipp: **Achtung!** Das Folgende gilt bei rein elektrischer Zusammenschaltung, es
darf keine zusätzliche magnetische Verkopplung vorliegen! D.h., mehrere Spulen sind so
anzuordnen, dass die Magnetfeldlinien nicht wechselseitig durch die Windungen laufen.

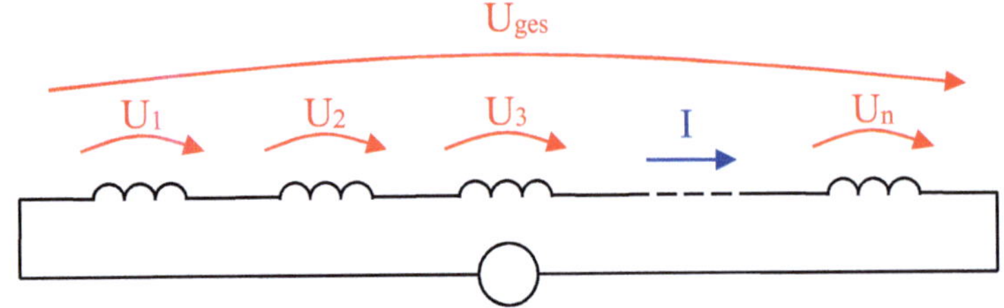

Abb. 6.20: Reihenschaltung von Induktivitäten

Praxistipp: Derselbe Strom kann als Test auf eine reine Reihenschaltung genutzt werden.

Für **denselben Stromanstieg** kann mit dem Maschensatz (4.15) für lineare Bauelemente (es
muss (6.21) mit L = const gelten) geschrieben werden [72]:

$$u_{ges} = u_1 + u_2 + u_3 + \dots + u_n \quad \Big| : di/dt$$

$$L_{ges} = L_1 + L_2 + L_3 + \dots + L_n \tag{6.23}$$

und ferner
$$\frac{di}{dt} = \frac{u_1}{L_1} = \frac{u_2}{L_2} = \frac{u_3}{L_3} = \dots = \frac{u_n}{L_n} = \frac{u_{ges}}{L_{ges}} \; . \tag{6.24}$$

Aus (6.23) ergibt sich der Zusammenhang für eine Reihenschaltung:

Reihenschaltung von Induktivitäten

$$L_{ges} = \sum_{\nu} L_{\nu} \; . \tag{6.25}$$

Praxistipp: Bei Reihenschaltung addieren sich die Induktivitäten.

Aus (6.24) kann die Aufteilung der Spannung zu jedem Zeitpunkt bei Reihenschaltung
linearer Bauelemente für die jeweils gewünschte Kombination abgeleitet werden.

Spannungsteilerregel bei Reihenschaltung

$$\frac{u_1}{u_{ges}} = \frac{L_1}{L_{ges}} \tag{6.26}$$

Praxistipp: Die Spannungen teilen sich wie das jeweilige Verhältnis der Induktivitäten auf.

In (6.26) wird als Beispiel das Verhältnis von u_1 zu u_{ges} gezeigt.

Bei einer Parallelschaltung Abb. 6.21.

Praxistipp: Dieselbe Spannung kann als Test auf eine Parallelschaltung genutzt werden.

---

[72] Eine Darstellung über $\Phi_{kop} = L\,I$ (also statisch) ist genauso möglich, aber hier umständlicher und ebenfalls
nur für lineare Bauelemente gültig.

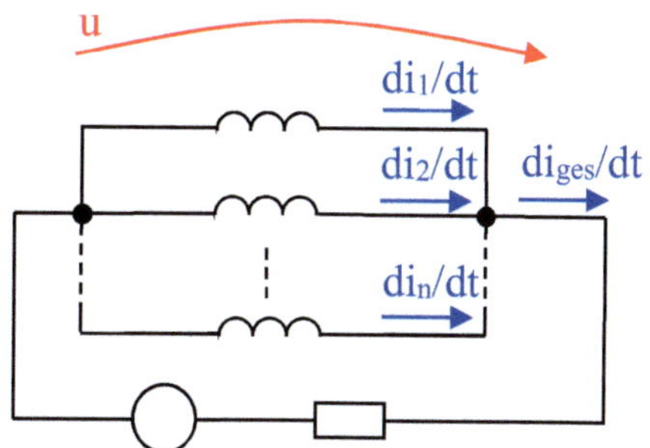

Abb. 6.21: Parallelschaltung von Induktivitäten

Für dieselbe Spannung kann bei linearen Bauelementen geschrieben werden:

$$di_{ges} / dt = di_1 / dt + di_2 / dt + di_3/dt + ... + di_n/dt \quad |:u$$

$$1/L_{ges} = 1/L_1 + 1/L_2 + 1/L_3 + ... + 1/L_n \tag{6.27}$$

und ferner

$$u = L_1 \frac{di_1}{dt} = L_2 \frac{di_2}{dt} = L_3 \frac{di_3}{dt} = ... = L_n \frac{di_n}{dt} = L_{ges} \frac{di_{ges}}{dt} . \tag{6.28}$$

Aus (6.27) ergibt sich der Zusammenhang für eine Parallelschaltung von Induktivitäten:

Parallelschaltung von Induktivitäten

$$1/L_{ges} = \sum_\nu 1/L_\nu . \tag{6.29}$$

Praxistipp: Bei Parallelschaltung werden die Kehrwerte der Induktivitäten addiert.

Aus (6.28) kann die Aufteilung der Stromanstiege und wegen der linearen Bauelemente auch der Ströme zu jedem Zeitpunkt für die jeweils gewünschte Kombination abgeleitet werden.

Aufteilung bei Parallelschaltung

$$\frac{i_1}{i_{ges}} = \frac{L_{ges}}{L_1} \tag{6.30}$$

In (6.30) wird als Beispiel das Verhältnis von i_1 zu i_{ges} gezeigt.

Praxistipp: Die Ströme teilen sich umgekehrt wie das Verhältnis der Induktivitäten auf.

Bei nichtlinearen Bauelementen können keine einfachen Beziehungen angegeben werden, es müssen z.B. die Kennlinien entsprechend **derselben Spannung** (bzw. sogar $\Phi_{kop} = \int u\,dt$) oder **desselben Stromes** (bzw. sogar $\Theta = i\,w$) addiert werden (eine Simulation ist hier sinnvoll).
Wesentlich komplexer werden die Verhältnisse, wenn zusätzlich eine magnetische Verkopplung vorliegt. Hier sollen nur zwei wichtige Beispiele einer Kopplung von 100 % untersucht werden.

Abb. 6.22: Zwei 100 % verkoppelte Spulen in Reihenschaltung

In Abb. 6.22 sind die Wicklungen mit gleichem und entgegengesetztem Wicklungssinn in Reihe geschaltet. Bei 100 % Verkopplung verhalten sich diese wie *eine* Wicklung.

$$L_{ges} = \frac{(w_1 \pm w_2)^2}{R_m} = \left(\frac{w_1}{\sqrt{R_m}} \pm \frac{w_2}{\sqrt{R_m}} \right)^2 = \left(\sqrt{L_1} \pm \sqrt{L_2} \right)^2 \qquad (6.31)$$

> Praxistipp: Die Windungszahlen addieren sich bei gleichem und subtrahieren sich bei entgegengesetztem Wicklungssinn. Das kann praktisch als Hilfe dienen, um bei Spulen oder Transformatoren allein durch *Hinzufügen* von weiteren Windungen die Wicklungen anzupassen. Abwickeln ist dagegen normalerweise nicht zu empfehlen.

6.2.2 Anmerkungen zu magnetischen Materialien*

Wird ein Material in ein Magnetfeld eingebracht, verändert sich das magnetische Feld. Bei gleichbleibender magnetischer Urspannung Θ vergrößert oder verkleinert sich dabei der magnetische Fluss. Laut $\Phi = \Theta/R_m$ muss demzufolge der magnetische Widerstand kleiner oder größer werden. (Nach $L = w^2/R_m$ verhält sich eine Induktivität entsprechend.) Der Zusammenhang $\mathbf{B} = \mu_0\,\mu_r\,\mathbf{H}$ (siehe auch (6.6), mit der relativen Permeabilitätskonstanten μ_r bzw. der magnetischen Suszeptibilität $\kappa = \mu_r - 1$) wird zu

$$\mathbf{B} = \mu_0\,\mathbf{H} + \mu_0\,(\mu_r - 1)\,\mathbf{H} = \mu_0\,\mathbf{H} + \mu_0\,\kappa\,\mathbf{H} = \mu_0\,(\mathbf{H} + \mathbf{M}) \,.$$

Die Magnetisierung $\mathbf{M} = \kappa\,\mathbf{H}$ ergibt sich durch die Wirkung des magnetischen Feldes auf die Atome bzw. Moleküle. Einerseits werden dadurch **atomare bzw. molekulare Ringströme** in den Atomen bzw. Molekülen induziert und somit entstehen magnetische Momente, die nach der Lenz'schen Regel dem magnetischen Feld entgegenwirken – **Diamagnetismus**. Andererseits können **vorhandene magnetische Momente** (des Spin- sowie Bahndrehimpulses) durch das Magnetfeld im statistischen Mittel (also nicht permanent) ausgerichtet werden und verstärken das magnetische Feld – **Paramagnetismus**. Sind die magnetischen **Momente nicht unabhängig** voneinander, richten sich diese parallel zueinander aus und bilden sogenannte **Weiss'sche Bezirke**. Diese sind im Normalfall statistisch verteilt – **Ferromagnetismus**. Die Weiss'schen Bezirke werden durch ein Magnetfeld ausgerichtet und behalten diese Ausrichtung (unterhalb der Curie-Temperatur) auch nach Wegfall des Feldes bei. Eine andere Möglichkeit entsteht bei zwei ungleichen magnetischen Bezirken, die sich antiparallel ausrichten – **Ferrimagnetismus**. Ein ähnliches Verhalten, bei dem aber mit steigender Temperatur die antiparallele Ausrichtung wegfällt, ergibt eine weitere Variante – **Antiferromagnetismus**.
Bei ferromagnetischen Materialien erfolgt die Ausrichtung der Weiss'schen Bezirke in einem erstmalig zunehmenden Magnetfeld, bis alle Bezirke ausgerichtet sind. Danach tritt eine Sättigung ein und bei weiter steigendem Feld kann der Fluss nur noch wie in Luft zunehmen (Neukurve in Abb. 6.23 punktiert). Bei einer Verringerung des Feldes werden zuerst $+\mathbf{B}_r$ (Remanenz) und dann $-\mathbf{H}_c$ (Koerzitivfeldstärke) durchlaufen sowie danach die negative Sättigung erreicht. Wird das Feld wieder erhöht, werden zuerst $-\mathbf{B}_r$ und dann $+\mathbf{H}_c$ durchlaufen sowie danach die positive Sättigung erreicht. Die Remanenz ist der Fluss, eines Permanentmagneten. Der Flächeninhalt der Hysteresekurve zeigt die Ummagnetisierungsverluste.

> Praxistipp: Bei „Weichmagneten" ist die Fläche fast null und die Kurven fallen zusammen.

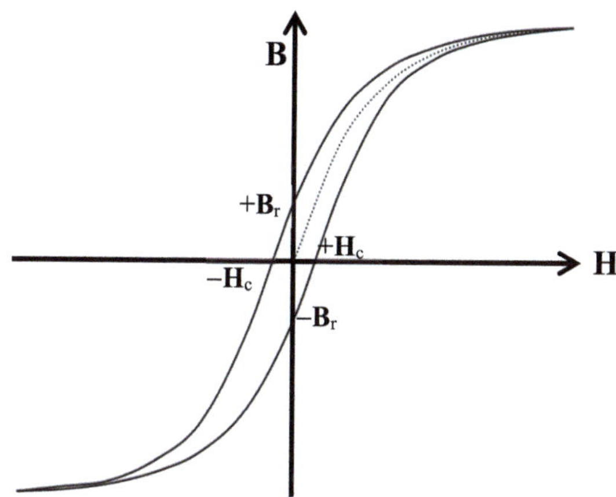

Abb. 6.23: Hysteresekurve mit Neukurve (schematisch)

Material	μ_r
diamagnetisch	$\mu_r < 1$
Kupfer	$1 - 6{,}4 \cdot 10^{-6}$
Wasserstoff	$1 - 2{,}1 \cdot 10^{-9}$
Vakuum	1
paramagnetisch	$\mu_r > 1$
Luft	$1 + 0{,}4 \cdot 10^{-6}$
Aluminium	$1 + 2{,}2 \cdot 10^{-5}$
Platin	$1 + 2{,}6 \cdot 10^{-4}$
ferromagnetisch	$\mu_r \gg 1$
Kobalt	80…200
Eisen	300…10 000
Ferrite	4…15 000
Mumetall (NiFe)	50 000…140 000

Tabelle 6.1: Beispiele für einige magnetische Materialien

Eine detaillierte Untersuchung erfordert eine Behandlung mit der Quantenmechanik, da sich die Vorgänge in atomaren Größenordnungen abspielen. Vertiefende Darlegungen sind z.B. in (Reb99 S. 614 ff) zu finden.

Praxistipp: Die meisten verwendeten Materialien haben eine nichtlineare Kennlinie (Hysterese). Wird insbesondere bei Weichmagneten die Kurve nur mit ausreichendem Abstand zur Sättigung genutzt, ist sie in guter Näherung linear.

Aufgabe 6.14 verdeutlicht die Verhältnisse an einer nichtlinearen Induktivität.

6.2.3 Bauformen und Kenngrößen

Induktivitäten müssen in der Praxis verschiedenen Anforderungen genügen. Der Induktivitätswert ist nur ein Auswahlkriterium. Das zweite ist die Strombelastbarkeit der Wicklungen bezüglich Wärmeabfuhr und bei allen Spulen mit Eisenkernen unbedingt auch die Sättigung. Es darf nur der lineare Bereich unterhalb der Sättigung genutzt werden [73]. Bei Hochspannungseinsatz spielt die Isolation des Wickeldrahtes und die zwischen den Lagen eine bedeutende Rolle. Zusätzlich stehen Anforderungen wie

---

[73] Oberhalb der Sättigung geht μ gegen μ von Luft und L wird deutlich kleiner (fast wie L einer Luftspule).

- Temperaturstabilität (insbesondere bei Eisen die Sprungtemperatur),
- Baugröße und -form sowie notwendiger Abstand zu anderen magnetischen Materialien oder eigene Streufelder,
- Wicklungswiderstand oder Kapazität zwischen den Windungen sowie die Eisenverluste,
- Stabilität gegen Wetter- und Umgebungsbedingungen.

Für technische („reale") Induktivitäten (Spulen) kann eine einfache Ersatzschaltung angegeben werden (siehe Abb. 6.24).

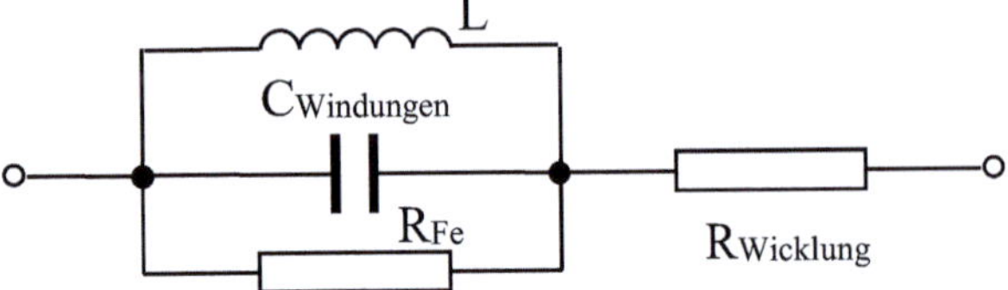

Abb. 6.24: Einfache Ersatzschaltung für einen Spule

Dabei stellt der „Eisenwiderstand" einen elektrischen **Ersatzwiderstand** für die Verluste im Eisen dar (durch Wirbelstromverluste und Ummagnetisierungsverluste im Eisen). Er ist somit nur aus dem Gesamtverhalten ermittelbar.

Praxistipp: Leider sind die parasitären Elemente einer realen Spule meistens nicht zu vernachlässigen. Deshalb findet man bei Spulen in Schaltungsunterlagen oft keine konkreten Angaben. (Es sind die Originalteile zu verwenden.)

Es gibt eine Normung für die unterschiedlichsten Kerne (von Trafoblechen für 50 Hz bis zu verschiedenen Ferriten für Hochfrequenz) und für Wicklungsmaterial (von verschiedenen Stärken Kupferlackdraht für unterschiedliche Strombelastung bis zu Litzen für hohe Frequenzen).

Praxistipp: Es gibt nicht wie bei Widerständen und Kondensatoren komplette genormte Bauelementereihen, sondern nur konkrete anwendungsbezogene Elemente.

6.2.4 Messung der Induktivität

Bei der Messung der Induktivität müssen zwei Fälle unterschieden werden:

1. Messung der statischen Induktivität entsprechend (6.19). Das ist bei nichtlinearen Induktivitäten zur Kennlinienermittlung erforderlich, wie sie z.B. zur Simulation benötigt wird.
2. Messung der dynamischen Induktivität entsprechend (6.21).

Die statische Induktivität muss durch Messung von $\Phi_{kop} = \int u_L \, dt$ und dem Strom erfolgen. Daraus ergeben sich $\Phi_{kop} = \Phi_{kop}(I)$ oder $L = L(I)$ und über $\Theta = I\,w$ auch die Kennlinie für den magnetischen Widerstand $\Phi_{kop} = f(\Theta)$ sowie über Querschnittsflächen und Längen die der Permeabilität $B = f(H)$. Zur Integration kann die Messkurve dem PC übermittelt und dort mit entsprechenden Auswertungsprogrammen bearbeitet werden. (Es ist auch eine grafische Integration oder die Nutzung einer entsprechenden elektronischen Schaltung möglich.)

Die dynamische Induktivität beinhaltet einmal die wirksame Größe bei Wechselstrom einer bestimmten Frequenz (für viele Materialien ist μ frequenzabhängig, insbesondere bei Eisen) und zum anderen bei nichtlinearen Induktivitäten nur die Wechselstromaussteuerung um den Gleichstromarbeitspunkt. Beides ist z.B. für Weicheisenkerne und eine Aussteuerung, die nicht in den Sättigungsbereich reicht, eine brauchbare Näherung.

Mit Multimetern können dynamische Induktivitäten durch eine Strom-Spannungs-Messung mit einer sinusförmigen Wechselspannung ermittelt werden. Ein zusätzliches Oszilloskop sollte dabei den Aussteuerbereich kontrollieren.
Wird auch der Eisenwiderstand benötigt, muss die Phasenverschiebung zwischen U und I ebenfalls bestimmt werden. Sind Wicklungskapazitäten zu berücksichtigen, muss bei zwei Frequenzen gemessen werden (bei noch mehr Frequenzen, wenn auch noch eine Frequenzabhängigkeit der Permeabilität vorliegt).
Weiterhin kann der Wicklungswiderstand durch eine Widerstandsmessung bei Gleichstrom ermittelt werden.

Praxistipp: Die Messschaltung entspricht der bei Widerständen (Abschnitt 4.2.3) mit einer Wechselspannung(U_{eff}, I_{eff}). Ein zusätzliches Wattmeter ($P_W = U_{eff}I_{eff}\cos\varphi$) gibt den $\cos\varphi$.

Induktivitätsmessbrücken arbeiten nach einem Vergleichsprinzip und realisieren oft verschiedene wählbare Messbedingungen.

6.2.5　Übungsaufgaben zur Induktivität

Aufgabe 6.9

Gegeben ist der Stromverlauf an einer Induktivität in Abb. 6.25.

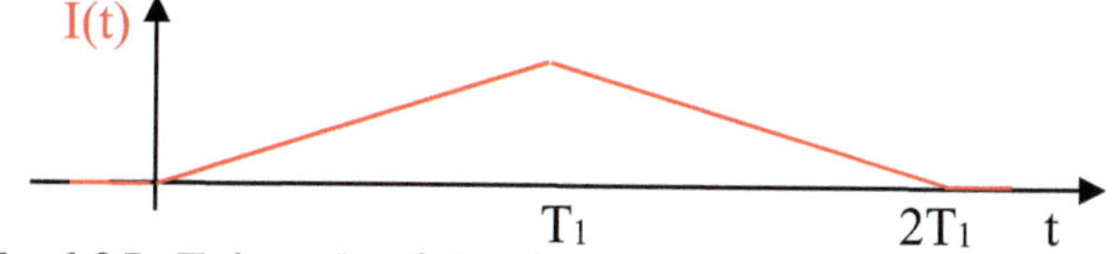

Abb. 6.25: Zeitverlauf des Stromes an einer Induktivität

Zeichnen Sie den zugehörigen Spannungsverlauf in die Abbildung ein.

Aufgabe 6.10

Zur Herstellung einer Induktivität wurden auf den gewählten Spulenkern 10 Windungen gewickelt und danach eine Induktivität von 5 µH gemessen.
  1) Erläutern Sie, unter welchen Voraussetzungen dieses Verfahren genügt, um die notwendige Windungszahl zu ermitteln.
  2) Bestimmen Sie die notwendige Windungszahl, um eine Spule mit einer Induktivität von 1 mH herzustellen

Aufgabe 6.11

Berechnen Sie den Ein- und den Ausschaltvorgang für den Versuch in Abschnitt 6.2.6!
Hinweis:　Vereinfachen Sie die Schaltung für den Einschaltvorgang so, dass nur eine konstante Quelle, der Widerstand und die Induktivität einen Stromkreis bilden. Für den Ausschaltvorgang sollen nur der Widerstand und die Induktivität einen Stromkreis bilden. Berechnen Sie beide Vorgänge einzeln. Stellen Sie jeweils den Maschensatz auf und setzen die Strom-Spannungs-Beziehung einmal für u_R und dann noch einmal für i_L ein. Für die DGL 1. Ordnung kann die homogene Gleichung durch Trennung der Variablen gelöst werden. Die inhomogene Lösung

ist $i_L(t\rightarrow\infty)$ und die Anfangsbedingung ist $i_L(t=0)$, d.h. 0 bzw. $\hat{U}/R$. Der Beginn wird für beide Fälle mit t=0 gewählt.

Darstellung: Spannung und Strom in einem Diagramm!

Zusatzaufgabe: Diskutieren Sie wie τ aus einer gemessenen Kurve, die dieser Rechnung entspricht, bestimmt werden kann.

Aufgabe 6.12

Eine Leuchtstofflampe hat in gezündetem Zustand ca. 30 V. Mit einer Induktivität soll der Strom auf 0,4 A begrenzt werden (entspricht 12 W).

Erstellen Sie eine Schaltungszeichnung und bestimmen Sie die notwendige Induktivität L.

Hinweis: $i = \sqrt{2}$ 0,4 A $\sin(2\pi$ 50 Hz t$)$, $u = \sqrt{2}$ (230-30 V) $\cos(2\pi$ 50 Hz t$)$ (d.h. 90° vor)

Aufgabe 6.13

Für eine Spule mit einem sehr kleinen Wicklungswiderstand soll der Eisenwiderstand ermittelt werden. Bei 200 V wird ein Strom von 0,4 A gemessen und der Strom läuft 87° nach.

Bestimmen Sie die Induktivität und den Eisenwiderstand.

Hinweis: Mit der speziellen Form der Additionstheoreme

$$a\cdot\cos\omega t + b\cdot\sin\omega t = (a^2 + b^2)^{\frac{1}{2}} \cos(\omega t - \varphi) \text{ bei } \tan\varphi = b/a \text{ bzw. } \cos\varphi = a/(a^2 + b^2)^{\frac{1}{2}}$$

ergeben a, b und $(a^2 + b^2)^{\frac{1}{2}}$ ein rechtwinkliges Dreieck mit dem Winkel φ. Damit kann der Strom in einen Anteil mit -90° (d.h. Strom durch L) und einen mit 0° (d.h. Strom durch R) Verschiebung zu u(t) aufgeteilt werden (Thaleskreis).

Aufgabe 6.14

Die Hysteresekurve eines Trafokerns wurde gemessen (siehe Tabelle und Skizze). Für sehr gutes Weicheisen fallen hierbei der aufsteigende und absteigende Ast in der Darstellung zusammen.

Φ_{kop}/Vs	I/A
$-7{,}88\cdot10^{-02}$	$-1{,}20\cdot10^{-01}$
$-7{,}75\cdot10^{-02}$	$-1{,}00\cdot10^{-01}$
$-7{,}50\cdot10^{-02}$	$-8{,}00\cdot10^{-02}$
$-7{,}00\cdot10^{-02}$	$-6{,}00\cdot10^{-02}$
$-6{,}00\cdot10^{-02}$	$-4{,}00\cdot10^{-02}$
$-4{,}00\cdot10^{-02}$	$-2{,}00\cdot10^{-02}$
$0{,}00\cdot10^{+00}$	$0{,}00\cdot10^{+00}$
$4{,}00\cdot10^{-02}$	$2{,}00\cdot10^{-02}$
$6{,}00\cdot10^{-02}$	$4{,}00\cdot10^{-02}$
$7{,}00\cdot10^{-02}$	$6{,}00\cdot10^{-02}$
$7{,}50\cdot10^{-02}$	$8{,}00\cdot10^{-02}$
$7{,}75\cdot10^{-02}$	$1{,}00\cdot10^{-01}$
$7{,}88\cdot10^{-02}$	$1{,}20\cdot10^{-01}$

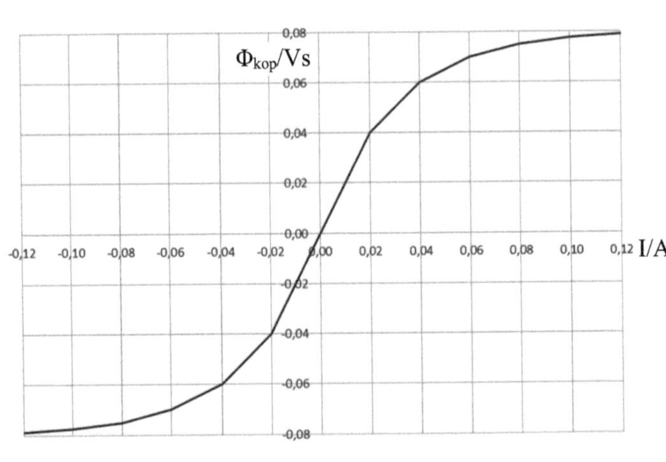

1) Bestimmen Sie die Induktivität im linearen Bereich $(-0{,}02$ A $< I < 0{,}02$ A$)$.

2) Bestimmen Sie unter Nutzung der beiden obersten Messpunkte die dynamische Induktivität im Sättigungsbereich.

Hinweis: Aus (6.21) folgt $d\Phi_{kop}/dt = d(L\ i)/dt$ und mit Differenzen $\Phi_{kop} = L(I)\ \Delta I$.

3) Erläutern Sie die daraus abzuleitenden Konsequenzen.

6.2.6　Messung von Zeitverläufen an der Induktivität

Es sollen im Messlabor die Zeitverläufe von Strom und Spannung an einer Spule untersucht werden (Vorschaltgerät einer Hochdrucklampe 300 mH bei 50 Hz).

Versuchsaufbau:

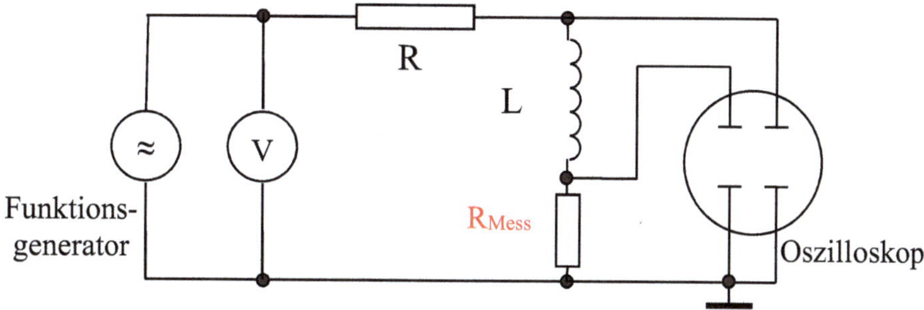

Abb. 6.26: Schaltung des Versuchsaufbaus

Praxistipp: Als Messwiderstand (R_{Mess}) zur Strommessung wird ca. 1 % von R (d.h. 10 Ω) eingesetzt. Damit ergibt sich auch nur ein Fehler von ca. 1 %.
Alle Spannungen sind am besten als Spitze-Spitze-Werte vom Oszilloskop abzulesen.

Versuchsdurchführung:

Eine Rechteckspannung vom Funktionsgenerator bewirkt einen Stromanstieg (Einschaltvorgang, U_{Quelle} wird $\hat{U}$) und Stromabfall (Ausschaltvorgang, U_{Quelle} wird 0, d.h. Kurzschluss) der Induktivität über den Widerstand. Auf dem Oszilloskop werden gleichzeitig Strom und Spannung (Zweikanalbetrieb) dargestellt.
Die Kurven können einem PC übergeben und ausgewertet werden. Aus den gemessenen Zeitverläufen sind die Zeitkonstanten zu ermitteln und mit den Bauteilparametern zu vergleichen.

Praxistipp: Die Frequenz ist so zu wählen, dass die Vorgänge etwa ihren jeweiligen Endzustand erreichen – Richtwert 300 Hz.

Bei 3. ist eine Sinusspannung einzustellen.

Folgende Untersuchungen geben einen Überblick über das Verhalten:

1. Darstellung der Ein- und Ausschaltvorgänge für:
   U_{SS} = 5 V mit R = 1 kΩ und 3,3 kΩ
2. Darstellung der Ein- und Ausschaltvorgänge für:
   U_{SS} = 5 V und 2,5 V mit R = 1 kΩ
3. Darstellung der Zeitverläufe bei sinusförmiger Spannung:
   U_{SS} = 5 V bei f = 1 kHz R = 1 kΩ
   Es sind Amplitude und Zeitverschiebung zu untersuchen.

Zusammenfassung der Versuchsergebnisse:

1. Es ist deutlich, dass sich der Strom erst langsam aufbaut. Dagegen hat die Spannung sofort die volle Größe und nimmt in gleichem Maße ab. Bzw. der Strom wird

abgebaut, während die Spannung sofort die volle Größe in die negative Richtung annimmt und ihr Betrag wiederum in gleichem Maße abnimmt.

2. Je größer der Widerstand (bzw. die Induktivität) ist, desto kürzer (bzw. länger) dauert der Stromanstieg bzw. -abfall. Der Zeitverlauf (die Dauer, die Zeitkonstante) hängt nicht von der Spannung der Quelle ab, sondern nur der Strom bei $t \rightarrow \infty$.
3. Bei sinusförmiger Spannung läuft der Strom genau ¼ Periodendauer (90^0) gegenüber der Spannung an der Induktivität hinterher.
4. Eine mathematische Auswertung erfolgt mit Aufgabe 6.11.
5. Die entscheidende Kenngröße ist die Zeitkonstante $\tau = L/R$.
6. Die Induktivität von 300 mH wird bei 300 Hz bis 1000 Hz von diesem Kernmaterial nicht erreicht.

Praxistipp: Dass die Induktivität von 300 mH bei 300 Hz bis 1000 Hz nicht erreicht wird, zeigt die Bedeutung der Auswahl des richtigen Kernmaterials.

6.3 Energie und Kräfte im magnetischen Feld

6.3.1 Beschreibung von Energie und Kräften

Die **Energie** für den Stromanstieg einer Induktivität ergibt sich ebenfalls nach (4.24) zu:

$$W = \int_0^t u_L(t)\, i_L(t)\, dt \ . \tag{6.32}$$

Mit der Strom-Spannungs-Beziehung an den Klemmen der Induktivität (6.21) wird daraus:

$$W = \int_0^{I_L} i_L(t)\, L\, di_L = L\frac{I_L^2}{2} \quad \text{(für L = const) und mit} \quad \Phi_{kop} = L\, I \quad \text{wird}$$

$$W = \frac{L\, I_L^2}{2} = \frac{\Phi_{kop}\, I_L}{2} = \frac{\Phi_{kop}^2}{2\, L} \tag{6.33}$$

Praxistipp: Diese Energie ist in der Induktivität **gespeichert**, wenn sie Φ_{kop} und I_L erreicht hat.

Wenn die mittlere **Leistung** über Anstieg und Abfall des Stromes berechnet wird, ergibt dies $\overline{P} = \overline{u_L(t)\, i_L(t)} = 0$, d.h., es wird keine Leistung umgesetzt. Es erfolgt nur ein Hin- und Herspeichern von Leistung. Beim Anstieg wird magnetische Energie im Feld der Induktivität gespeichert und beim Abfall wird diese Energie zurückgegeben. (Lediglich der Transport durch die Leitungen und natürlich R_L führen durch deren Widerstand zu Verlusten.)

Praxistipp: Heute wird dieser Effekt für eine kurzzeitige Energiespeicherung insbesondere in der Leistungselektronik, aber auch in Schaltnetzteilen genutzt.

Im magnetischen Feld existieren zwei Erscheinungsformen für **Kraftwirkungen**
1. Kräfte auf *bewegte* Ladungen und
2. Kräfte auf Grenzflächen verschiedener Materialien (insbesondere Eisen − Luft).

Für Kräfte auf bewegte Punktladungen ist die Lorentzkraft (6.12) zu nutzen.

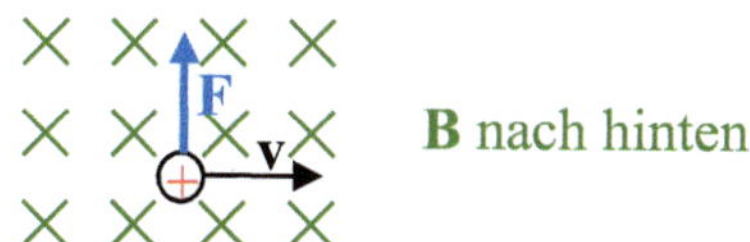

$$\mathbf{F} = Q\,(\mathbf{v} \times \mathbf{B})$$

Abb. 6.27: Kraft auf eine positive Punktladung im magnetischen Feld

Wenn die bewegte Ladung ein Strom I_2 ist, wird für $I_2 = \mathbf{S}_2 \cdot \mathbf{A} = \rho\, \mathbf{v}_2 \cdot \mathbf{A} = (Q/l_{Leiter})v_2$. Somit folgt $Q\,\mathbf{v}_2 = I_2\, \mathbf{l}_{Leiter}$ und (siehe Abb. 6.28 links):

$$\mathbf{F} = I_2\, \mathbf{l}_{Leiter} \times \mathbf{B}_1 = B_1\, I_2\, l_{Leiter} \quad \text{mit Richtung } \mathbf{l}_{Leiter} = \text{Richtung von } I_2 . \qquad (\,6.34\,)$$

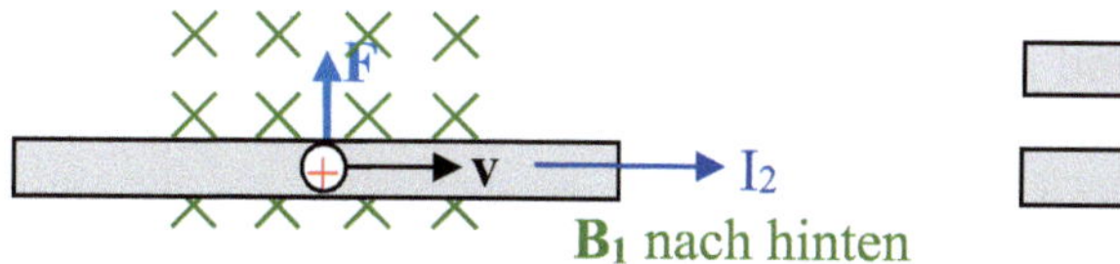

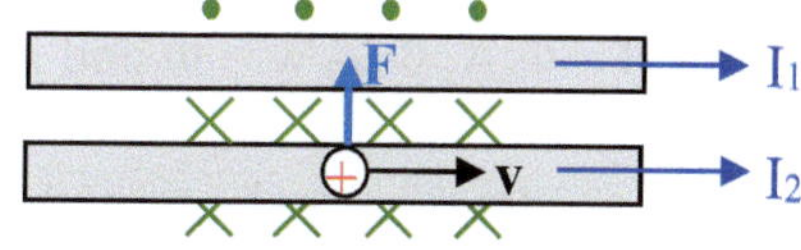

Abb. 6.28: Strom I_2 im Feld B_1 bzw. im Feld des Stromes I_1

Wenn das Feld ferner vom Strom I_1 erzeugt wird (siehe Abb. 6.28 rechts), folgt der Betrag der Kraft mit (6.11)

$$F = \frac{\mu I_1 I_2}{2\pi\, r}\, l_{Leiter} \quad \text{mit} \quad |B_1| = \mu\, I_1/2\pi\, r \ . \qquad (\,6.35\,)$$

Die gleiche Kraft wirkt natürlich auch auf den anderen Leiter. Deshalb ist (6.35) auch symmetrisch für beide Ströme.

> Praxistipp 1: Bei Kräften auf eine bewegte Ladung oder einen Strom werden diese wiederum *im ungestörten Feld der anderen bewegten Ladung* (des anderen Stromes) betrachtet. Es werden nicht zuerst die Veränderungen des Feldes berücksichtigt. Das entspricht der Sichtweise und Definition der Felder.
> Für Felder besteht das *Superpositionsprinzip*. D.h. Felder mehrerer Ströme addieren sich.
> Praxistipp 2: Diese Kraft wird vielfältig zur Ablenkung von geladenen Teilchen genutzt (Bildröhren, Teilchenbeschleuniger). Eine Vergrößerung von $|\mathbf{v}|$ ist damit nicht möglich.

Die Kraft auf bewegte Ladungen ist auch die Ursache der Strahlungsgürtel in der Erdatmosphäre (Aufgabe 6.15).

Gleichung (6.34) ist eine wesentliche Grundlage für elektrische Maschinen.
Auf der Basis von (6.35) können elektromechanische Messinstrumente gebaut werden, die ein Produkt ($u \cdot i$, i^2, u^2) benötigen.

Kräfte auf Grenzflächen werden günstiger aus der Energieerhaltung bestimmt.

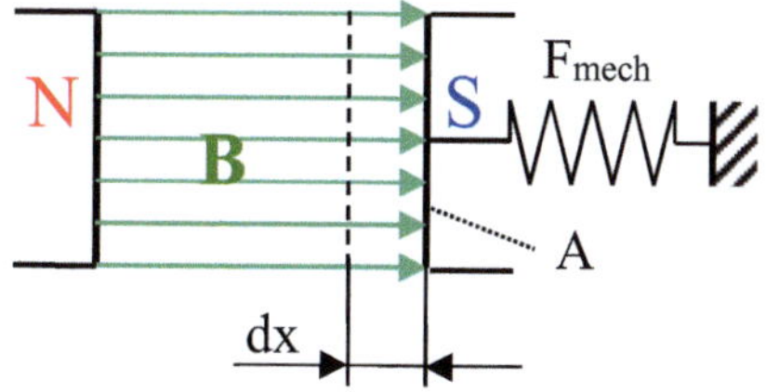

Abb. 6.29: Kräftegleichgewicht: mechanische − magnetische Kraft

Die Kraft des magnetischen Feldes auf den Südpol verkürzt den Abstand der Pole, bis die
Federkraft gleich ist. Nun gilt folgende Energiebilanz, wenn Φ konstant bleibt (mit (6.33) für
die magnetische Energie, für L wird (6.20) und für R_m (6.8) eingesetzt):

verringerte magnetische Energie   = mechanisch in der Feder gespeicherte Energie

$$\Delta W_{magn} = \frac{\Phi_{kop}^2 \, dx}{2\,w^2 \mu_0 A} \left(\frac{1}{\mu_{rLuft}} - \frac{1}{\mu_{rFe}} \right) = F_{mech}\, dx \quad .$$

Damit ergibt sich mit $B = \Phi/A$, $\Phi_{kop}/w = \Phi$ und $\mu_{rFe} \gg \mu_{rLuft}$ der Betrag der Kraft auf die
Grenzfläche zu:

$$F = \frac{B^2}{2\,\mu_0} A = \frac{B\,H}{2} A = \frac{\mu_0\,H^2}{2} A \quad . \tag{6.36}$$

Im Falle einer Grenzschicht zwischen zwei ähnlichen Materialien muss die Differenz von
ΔW_{magn} des vorherigen und des nachherigen Materials belassen werden.

Praxistipp: Die **Richtung der Kraft** ist immer so, dass sich die Flussdichtelinien im für
den Fluss schlechteren Medium verkürzen.

Diese Kraft ist die Grundlage für eine breite technische Nutzung (vom Relais bis zum
Kraftmagneten oder auch für spezielle Motore).

6.3.2 Anwendungen zu Kräften im Magnetfeld

Ein **elektrodynamisches Messinstrument** (Leistungsmesser) besteht aus zwei Spulen ohne
Eisen.

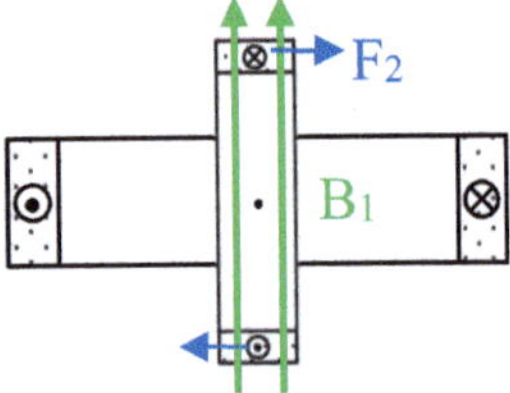

Abb. 6.30: Elektrodynamisches Messinstrument (Schnittdarstellung)

Die innere Spule w_2 ist drehbar. Ihre stromführenden Leiter befinden sich im Feld der äußeren
Spule w_1. Nach (6.34) bzw. (6.35) ergibt sich eine Kraftwirkung, die zu einem
Zeigerausschlag genutzt wird [74]. Dieser erfolgt mit dem Produkt von $I_1 \cdot I_2$ (mit $I_1 = U_1/R_{w1}$).

Ein **Dreheiseninstrument** benutzt ein bewegliches Weicheisenteil und eine Spule w. Es wird
die Kraft auf Grenzflächen (6.36) für einen Zeigerausschlag genutzt.

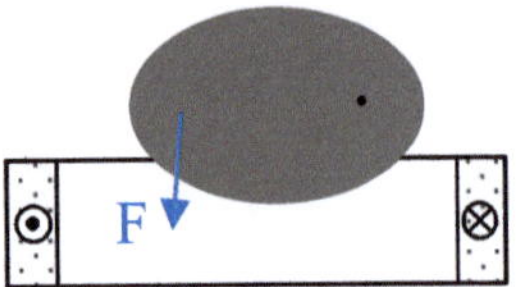

Abb. 6.31: Dreheiseninstrument (schematisch)

---

[74] Die mechanische Trägheit bewirkt die Mittelwertbildung über die Zeit (Rückstellfeder, Zeiger weggelassen).

Das Magnetfeld zieht das Weicheisenteil in die Spule. Die Kraft ist mit B^2 proportional zu I^2 bzw. $(U/R_w)^2$ (infolge $B = \Phi/A$ und $\Phi = \Theta/R_m = Iw/R_m$). Damit kann der Effektivwert von U bzw. I gemessen werden [74]. (Es gibt verschieden aufgebaute Instrumente.)
Weitere Anwendungen werden in den folgenden Übungsaufgaben diskutiert.

6.3.3 Übungsaufgaben zu Kräften im Magnetfeld

Aufgabe 6.15

Berechnung der Bahn einer bewegten Punktladung (Proton) im Magnetfeld der Erde (Strahlungsgürtel).

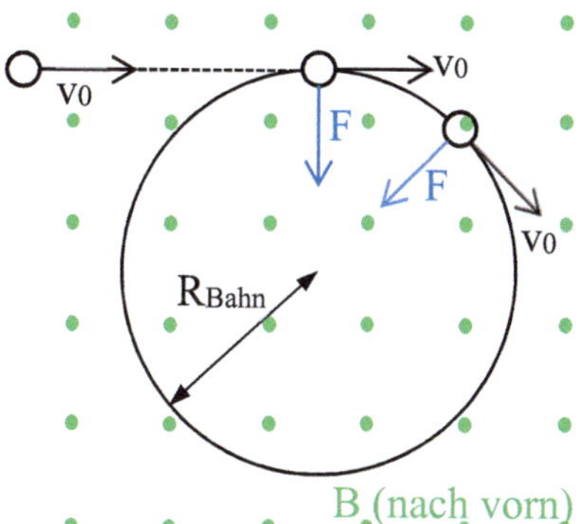

$m_{Proton} = 1{,}67 \cdot 10^{-24}$ g

$Q_{Proton} = +1{,}6 \cdot 10^{-19}$ As

$v_0 = 200.000$ km/s entspricht ca. 100 MeV

$B_{Erde} = 48 \cdot 10^{-6}$ Vs/m^2

Für den Hinweis:

$$Q_{Prot}\, v_0\, B_{Erde} = m_{Prot} \frac{v_0^2}{R} \quad \text{(alles senkrecht aufeinander)}$$

Abb. 6.32: Bahn eines Protons im Strahlengürtel der Erde

Bestimmen Sie den Radius der Kreisbahn.
Hinweis: Der Radius folgt aus dem Kräftegleichgewicht einer Kreisbahn:
Lorentzkraft (= Beschleunigungskraft zum Zentrum) = Fliehkraft.

Aufgabe 6.16

Berechnung der Kraft eines Leiterstabes (z.B. vom Anker eines Motors) im Feld eines Permanentmagneten (z.B. Stator eines Motors).
Hinweis: Alles steht senkrecht aufeinander. Daher können $Qv = \rho Vv = \rho vV$ in der Lorentzkraft durch Stromdichte · Länge · Fläche sowie S·A durch I ersetzen werden.

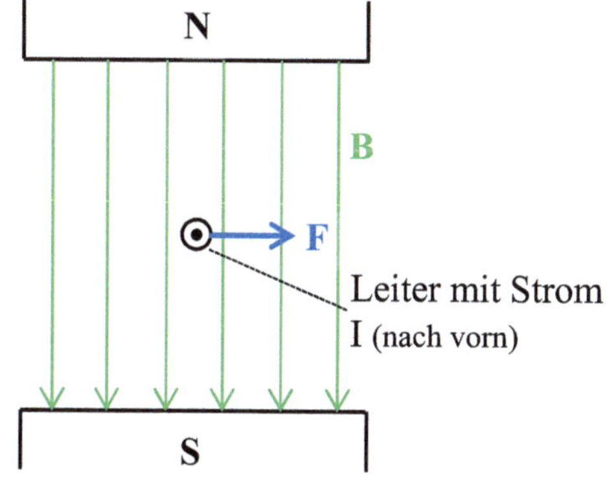

$B = 1$ Vs/m^2

$I = 1$ A

$l_{Leiter} = 10$ cm (innerhalb des Magnetfelds)

Abb. 6.33: Leiterstab im Magnetfeld

Bestimmen Sie die Kraft, die auf diesen einen Stab (Leiter) wirkt.

Aufgabe 6.17

Kraft auf einen Magnetpol in der Anordnung von Abb. 6.33 (Polfläche nach hinten 1 cm^2 und μ_{Luft} ca. $\mu_0 = 1{,}256 \cdot 10^{-6}$ Vs/Am sowie $1/\mu_{Fe}$ ca. null).
Bestimmen Sie die Kraft, die auf die Grenzfläche Luft – Pol wirkt.

7 Zusammenfassung und Gegenüberstellung

7.1 Gegenüberstellung der Grundgrößen

Bezeichnung	Vorgänge im elektrischen Leiter (Strömungsfeld)	Vorgänge im elektrischen Nichtleiter (elektrostatisches Feld)	Vorgänge im Magnetfeld
Ladung Naturgröße	$Q = \int\limits_{Dauer} I \cdot dt$	Q $\rho = dQ/dV$ $Q = N \cdot q_0 = \int\limits_V \rho\, dV$ $q_0 = 1{,}6 \cdot 10^{-19}\,\text{As}$ $[Q] = C = As$	
Fluss- bzw. Stromgröße	I $I = dQ/dt$ $I = \int\limits_{Fläche} \mathbf{S} \cdot d\mathbf{A}$ $[I] = A$	Ψ $\Psi_{ges} = Q$ $\Psi = \int\limits_{Fläche} \mathbf{D} \cdot d\mathbf{A}$ $[\Psi] = As$	Φ $\Phi_{kop} = w\,\Phi$ $\Phi = \int\limits_{Fläche} \mathbf{B} \cdot d\mathbf{A}$ $[\Phi] = Wb = Vs$
Knotenpunktsatz	$\oint \mathbf{S} \cdot d\mathbf{A} = 0$	$\oint \mathbf{D} \cdot d\mathbf{A} = Q_{innerhalb}$	$\oint \mathbf{B} \cdot d\mathbf{A} = 0$
Flussdichte bzw. Stromdichte	$\mathbf{S}$ $|\mathbf{S}| = dI/dA_\perp$ $\mathbf{S} = \mathbf{v}_d\,\rho$ $[S] = A/m^2$	$\mathbf{D}$ $|\mathbf{D}| = d\Psi/dA_\perp$ $[D] = As/m^2$	$\mathbf{B}$ $|\mathbf{B}| = d\Phi/dA_\perp$ $[B] = T = Vs/m^2$
Feldstärke	$\mathbf{E} = \mathbf{F}/Q_p$ $|\mathbf{E}| = dU/dl$ $[E] = V/m$	$\mathbf{E} = \mathbf{F}/Q_p$ $|\mathbf{E}| = dU/dl$ $[E] = V/m$	$\mathbf{H}$ $|\mathbf{H}| = dV_m/dl$ $[H] = A/m$
Spannungsgröße, Urspannung	$U = \Delta W_{Ab}/Q_p$ $E_0 = \Delta W_{Zu}/Q_p$ $U = \int\limits_{Weg} \mathbf{E} \cdot d\mathbf{s}$ $[U] = V$	$U = \Delta W_{Ab}/Q_p$ $E_0 = \Delta W_{Zu}/Q_p$ $U = \int\limits_{Weg} \mathbf{E} \cdot d\mathbf{s}$ $[U] = V$	V_m $\Theta = I\,w = \Sigma\,I_{umf}$ $V_m = \int\limits_{Weg} \mathbf{H} \cdot d\mathbf{s}$ $[V_m] = A$
Maschensatz	$\oint \mathbf{E} \cdot d\mathbf{s} = E_0$	$\oint \mathbf{E} \cdot d\mathbf{s} = E_0$	$\oint \mathbf{H} \cdot d\mathbf{s} = \Theta = \Sigma\,I_{umf}$ Durchflutungsgesetz
Beziehung Flussdichte und Feldstärke	$\mathbf{S} = \kappa\,\mathbf{E}$	$\mathbf{D} = \varepsilon\,\mathbf{E}$	$\mathbf{B} = \mu\,\mathbf{H}$
Materialkonstante	κ = spez. Leitwert, ρ = spez. Widerstand	$\varepsilon = \varepsilon_0\,\varepsilon_r$ $\varepsilon_0 = 8{,}86 \cdot 10^{-12}\,\text{As/Vm}$	$\mu = \mu_0\,\mu_r$ $\mu_0 = 1{,}256 \cdot 10^{-6}\,\text{Vs/Am}$

Beziehung Flussgr. und Spannungsgr.	$U = R\,I$ $I = G\,U$	$U = (1/C)\,Q$ $Q = C\,U$	$V_m = R_m\,\Phi$ $\Phi = (1/R_m)\,V_m$
Definition:	$R = U/I$ $[R] = \Omega = V/A$	$C = Q/U$ $[C] = F = As/V$	$R_m = V_m/\Phi$ $[R_m] = A/Vs$
Bemessung: homogene Verhältnisse	$R = \dfrac{1}{\kappa\,A} = \dfrac{\rho\,l}{A}$	$C = \dfrac{\varepsilon\,A}{d}$	$R_m = \dfrac{1}{\mu\,A}$
Bez. Flussgr. mit el. Größe	$(I = G\,U)$	$Q = C\,U$	$\Phi_{kop} = w\Phi = L\,I$
Induktion Def. Induktivität: Bemessung Induktivität:			$u_{ind} = w\,d\Phi/dt - (\mathbf{v} \times \mathbf{B})\cdot\mathbf{l}$ $L = \Phi_{kop}/I$ $L = w^2/R_m$ $[L] = H = Vs/A$
Energie	$W_{12} = \displaystyle\int_{t_1}^{t_2} u\,i\,dt$ Verlustenergie $W_{12} = U\,I\,t_{12}$ für u, i=const $[W] = Ws = VAs$	$W_{12} = \displaystyle\int_{t_1}^{t_2} u\,i\,dt$ gespeicherte Energie $W = \dfrac{QU}{2} = \dfrac{CU^2}{2} = \dfrac{Q^2}{2C}$ gespeichert bei Q, U $[W] = Ws = VAs$	$W_{12} = \displaystyle\int_{t_1}^{t_2} u\,i\,dt$ gespeicherte Energie $W = \dfrac{\Phi_{kop}I}{2} = \dfrac{LI^2}{2} = \dfrac{\Phi_{kop}^2}{2L}$ gespeichert bei Φ_{kop}, I $[W] = Ws = VAs$
Leistung	$p(t) = dW/dt = u\,i$ $P = UI = U^2/R = I^2R$ für u, i=const $[P] = W = VA$	$p(t) = u\,i$	$p(t) = u\,i$
Kräfte auf Ladungen bzw. Strom bzw. zwischen Q bzw. I auf Grenzflächen	nicht direkt	$\mathbf{F} = Q\,\mathbf{E}$ $F = \dfrac{Q_1 Q_2}{4\pi\,\varepsilon\,r^2}$ Coulomb'sches Gesetz $F = \dfrac{Q^2}{2A}\left(\dfrac{1}{\varepsilon_0} - \dfrac{1}{\varepsilon}\right)$ $= \dfrac{D^2}{2\varepsilon_0}A = \dfrac{DE}{2}A = \dfrac{\varepsilon_0 E^2}{2}A$	$\mathbf{F} = Q\,(\mathbf{v} \times \mathbf{B})$ $\mathbf{F} = I\,(\mathbf{l} \times \mathbf{B})$ Lorentzkraft $F = \dfrac{\mu\,I_1 I_2}{2\pi\,r}$ $F = \dfrac{\Phi^2}{2A}\left(\dfrac{1}{\mu_0} - \dfrac{1}{\mu}\right)$ $= \dfrac{B^2}{2\mu_0}A = \dfrac{BH}{2}A = \dfrac{\mu_0 H^2}{2}A$

Für linienhafte Anordnungen:

Knotenpunktsatz	$\sum_{\uparrow} I_\nu = \sum_{\downarrow} I_\mu$	$\sum_{+} Q_\nu = \sum_{-} Q_\mu$	$\sum_{\uparrow} \Phi_\nu = \sum_{\downarrow} \Phi_\mu$
Maschensatz	$\sum \circlearrowleft U_\nu = \sum \circlearrowleft E_{0\mu}$ bzw. 0	$\sum \circlearrowleft U_\nu = \sum \circlearrowleft E_{0\mu}$ bzw. 0	$\sum \circlearrowleft V_{m\nu} = \sum \circlearrowleft \Theta_\mu$
Teilung Fluss	$\dfrac{I_1}{I_2} = \dfrac{R_2}{R_1}$ Bedingung: U=const	$\dfrac{Q_1}{Q_2} = \dfrac{C_1}{C_2}$ Bedingung: U=const	$\dfrac{\Phi_1}{\Phi_2} = \dfrac{R_{m2}}{R_{m1}}$ Bedingung: V_m=const
Teilung Spannung	$\dfrac{U_1}{U_2} = \dfrac{R_1}{R_2}$ Bedingung: I=const	$\dfrac{U_1}{U_2} = \dfrac{C_2}{C_1}$ Bedingung: Q=const	$\dfrac{V_{m1}}{V_{m2}} = \dfrac{R_{m1}}{R_{m2}}$ Bedingung: Φ=const
Reihenschaltung	$R_{ges} = \sum_\nu R_\nu$	$\dfrac{1}{C_{ges}} = \sum_\nu \dfrac{1}{C_\nu}$	$R_{m\,ges} = \sum_\nu R_{m\nu}$ $L_{ges} = \sum_\nu L_\nu$
Parallelschaltung	$\dfrac{1}{R_{ges}} = \sum_\nu \dfrac{1}{R_\nu}$	$C_{ges} = \sum_\nu C_\nu$	$\dfrac{1}{R_{m\,ges}} = \sum_\nu \dfrac{1}{R_{m\nu}}$ $\dfrac{1}{L_{ges}} = \sum_\nu \dfrac{1}{L_\nu}$
Symbol			
Beziehung an den Klemmen des idealen Bauelementes	$u = i\,R$ $i = u/R$	$u = \dfrac{1}{C} \int i\,dt$ $i = C\dfrac{du}{dt}$	$u = L\dfrac{di}{dt}$ $i = \dfrac{1}{L} \int u\,dt$
technisches Bauelement einfache Ersatzschaltung	C_R Kappenkapazität L_R Wicklungsinduktivität	R_C Verlustwiderstand des Dielektrikums L_C Wickelinduktivität	R_L Drahtwiderstand R_{Fe} Verlustwiderstand Eisen C_L Windungskapazität

7.2 Erweiterungen zu den theoretischen Grundlagen

In den Abschnitten 2, 4, 5, und 6 wurden die theoretischen Grundlagen dargelegt, wie sie für Anwendungen in der Elektrotechnik und Elektronik benötigt werden. Dazu gehören

- ein grundlegendes Verständnis von Feldern und ihren Eigenschaften,
- Verständnis und Kenntnisse zu Spannungs- bzw. Stromquellen,
- Verständnis und Kenntnisse über die passiven Bauelemente Widerstand, Kapazität und Induktivität,
- Verständnis und Kenntnisse über die Vorgänge in elektrischen Stromkreisen und deren Berechnung und
- Verständnis und Kenntnisse der Messung der betreffenden Größen.

Weiterführende Darstellungen und Untersuchungen sind der Literatur (insbesondere (Lun91)) zu entnehmen.

Die Felder wurden für ein grundlegendes Verständnis nur einzeln und vorwiegend stationär behandelt. Für Vorgänge mit Gleichstrom und niedrige Frequenzen ist das vertretbar. Bei Stromkreisen mit höheren Frequenzen (z.B. mit Problemen der Wellenleitung in Kabeln von Kommunikationsnetzen) und insbesondere bei der Ausbreitung elektromagnetischer Wellen müssen die Felder in ihrer gegenseitigen Verkopplung betrachtet werden. Das wird in der Regel im Lehrfach „Theoretische Elektrotechnik" oder mehr physikalisch orientiert in „Elektrodynamik" vorgenommen und erfordert eine aufwendige mathematische Darstellung mit Hilfe der Vektor- oder sogar Tensoranalysis.

Die Gleichungen in Abschnitt 7.1 (zur Definition von Ladung und Verschiebungsfluss, die Knotenpunktsätze, die Maschensätze und die Induktion) können zu den vier **Maxwell'schen Gleichungen** [75] (partielle Differentialgleichungen) „komprimiert" werden und enthalten *prinzipiell* die gesamte Elektrotechnik.

$$\text{div}\mathbf{D} = \rho \qquad \text{rot}\mathbf{E} = -\partial\mathbf{B}/\partial t$$

$$\text{div}\mathbf{B} = 0 \qquad \text{rot}\mathbf{H} = \mathbf{S} + \partial\mathbf{D}/\partial t$$

Interessierte finden dazu z.B. in (Kar11 S. 30 ff), (Nol12 S. 51 ff) oder (Reb99 S. 369 ff) eine sehr tiefgehende und vollständige Darlegung. Einige Autoren stellen die vier Maxwell'schen Gleichungen als eine Art Axiome an den Anfang und leiten daraus alle theoretischen Grundlagen ab (Phi76 S. 17). In (Boe23 S. 11) wird eine axiomatische Ableitung aller Grundbegriffe der Elektrotechnik aus verallgemeinerten abstrahierten Erfahrungen zu den Kraftwirkungen, der Ladungserhaltung und dem geschlossenen Stromkreis vorgeschlagen. Die Vorgehensweise in den Abschnitten 2, 4, 5, und 6 entspricht dem letztendlich.

Die Anwendung der oben aufgelisteten Kenntnisse in elektrischen Stromkreisen, Schaltungen und Netzwerken werden in den folgenden Abschnitten 9 sowie 11 vertieft. Aktive Bauelemente und ihre Anwendungen (Halbleiterbauelemente, analoge und digitale Schaltungen) folgen in den Abschnitten 12, 13 und 15, eine Analyse von Signalen und Systemen im Abschnitt 17, elektrische Maschinen und Leistungselektronik in den Abschnitten 20 und 21.

---

[75] Von Maxwell mit einem mechanischen Modell als Analogievorstellung entwickelt, vergleiche (Max76). Die Schreibweise wurde allerdings der heutigen Zeit angepasst.

7.2.1 Beispiele verkoppelter Felder (Skineffekt, Wellenleitung)*

Das Magnetfeld infolge eines Stromes wurde für einen geraden Leiter mit Hilfe des
Durchflutungsgesetzes (6.12) in Abb. 6.6 sowie Abb. 6.7 dargestellt (vergleiche (6.11)).

$$H = \frac{I}{2\pi\,r} \text{ für } r \ge r_{Leiter} \qquad H = \frac{I}{2\pi\,r} \cdot \frac{\pi\,r^2}{\pi\,r_{Leiter}^2} = \frac{I}{2\pi} \cdot \frac{r}{r_{Leiter}^2} \text{ für } r \le r_{Leiter}$$

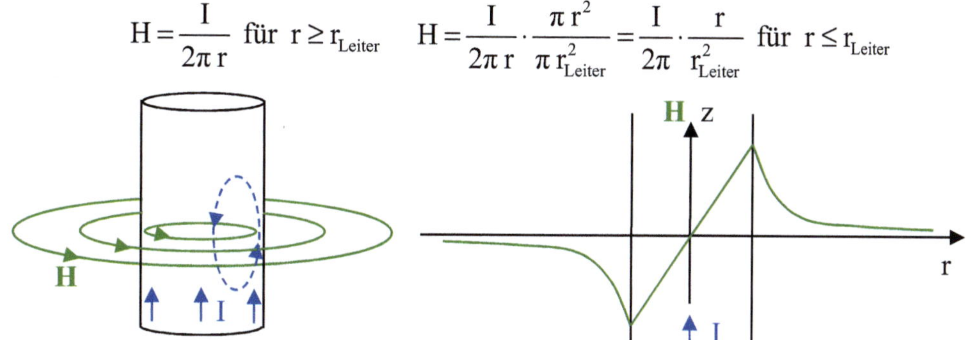

Abb. 7.1: Magnetfeld in einem geraden Leiter (l >> d)

Wird ein sinusförmiger Wechselstrom verwendet, werden auch **H** und **B** = μ**H** sinusförmig.
Damit ergibt sich durch die Ruheinduktion (6.15) eine induzierte Spannung, deren Strom im
Leiter der Ursache – dem Strom I – entgegenwirkt (gestrichelt in Abb. 7.1, vergleiche die
Richtung des Wirbelstromflusses um die Feldlinien mit Abb. 6.11). So wird innen der Strom
unterdrückt und kann nur an der Außenseite des Leiters fließen. Durch diesen
Stromverdrängungseffekt fließt der Strom im Wesentlichen an der Haut des Leiters; das wird
Skineffekt genannt. Der Skineffekt vergrößert den Widerstand eines Leiters.

Praxistipp: Der Skineffekt kann nützlich sein. So sorgt er für einen größeren Widerstand
des Kurzschlusskäfigs einer Asynchronmaschine beim Anlauf und begrenzt den Anlaufstrom (höhere Differenzgeschwindigkeit zwischen dem stehendem Läufer und dem
Ständerdrehfeld → größeres ω). Insbesondere bei HF-Anordnungen stört der Skineffekt
und wird durch Versilbern der Oberfläche sowie durch Litze anstatt Volldraht verringert.

Eine vollständige Berechnung ist z.B. in (Reb99 S. 646 ff) zu finden. Dazu muss zu
Differentialgleichungen übergegangen werden, welche durch Besselfunktionen gelöst werden
können.

Ein weiteres Beispiel für die gegenseitige Verkopplung elektrischer und magnetischer Felder
wird in der **Wellenleitung** sichtbar. Dazu werden z.B. in (Reb99 S. 696 ff) wiederum die
entsprechenden Differentialgleichungen gelöst.
Für eine ebene Zweidrahtleitung mit konstanten Parametern ε, μ und κ ergeben sich die
sogenannten Telegrafengleichungen [76]. An Stelle der Differentialgleichungen kann anschau-
licher eine **Ersatzschaltung mit verteilten Parametern** (Bauelementen) genutzt werden.

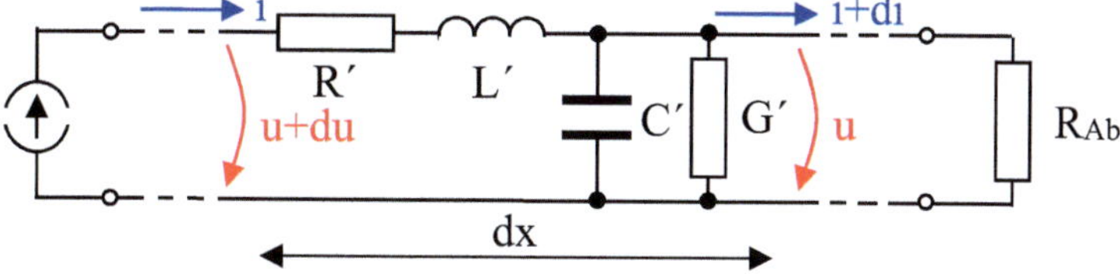

Abb. 7.2: Ersatzschaltung einer langen Paralleldrahtleitung (Telegrafenleitung)

---

[76] Für Telefonübertragungen über lange Distanzen wurde das Problem zuerst erkannt und behandelt.

In jedem differentiellen Stück dx der Leitung sind die auf die Länge bezogenen Parameter R´(Leiterwiderstand pro Länge), L´(Induktivität pro Länge), C´ (Kapazität zwischen den Leitern pro Länge) und G´ (evtl. Isolationswiderstand pro Länge) anzusetzen. Am Eingang erfolgt die Stromeinspeisung, am Ende befindet sich ein Abschlusswiderstand.

Strom und Spannung verändern sich in jedem dx um eine differentielle Größe Abb. 7.2. Die Lösung erfolgt mit Hilfe der komplexen Rechnung für sinusförmige Spannung und Strom (siehe Abschnitt 11.1.1). Sie erfolgt mit einem Maschensatz und einm Knotenpunktsatzes für jedes dx (vergleiche Abschnitt 9.2.1).

Die Lösung ergibt eine vom Anfang zum Ende der Leitung **hinlaufende Welle** mit exponentiell kleiner werdender Amplitude und eine vom Ende zum Anfang **zurücklaufende Welle** (genauso kleiner werdend). Zu jedem Zeitpunkt addieren sich an jedem Ort beide Wellen.

$$u(x,t) = u_{Anfang} \exp(-\delta x) \cos(\omega t - kx) \qquad + u_{Ende} \exp(+\delta x) \cos(\omega t + k(x-l))$$
$$i(x,t) = (u_{Anfang}/Z_0)\exp(-\delta x)\cos(\omega t - kx + \varphi_i) - (u_{Ende}/Z_0)\exp(+\delta x)\cos(\omega t + k(x-l) + \varphi_i)$$

Dabei sind Z_0 der Wellenwiderstand

$$Z_0 = \sqrt{L'/C'} \text{ für } R' \approx 0, G' \approx 0$$

(somit auch $\delta \approx 0$), $\omega = 2\pi f$ die Kreisfrequenz der sinusförmigen Spannung bzw. des Stromes, δ die Dämpfungskonstante und $k = \omega/c = 2\pi/\lambda$ die Wellenzahl entlang der Länge x (mit der Phasengeschwindigkeit c und der Wellenlänge λ). Der erste Term zeigt jeweils die hinlaufende und der zweite die zurücklaufende Welle [77].

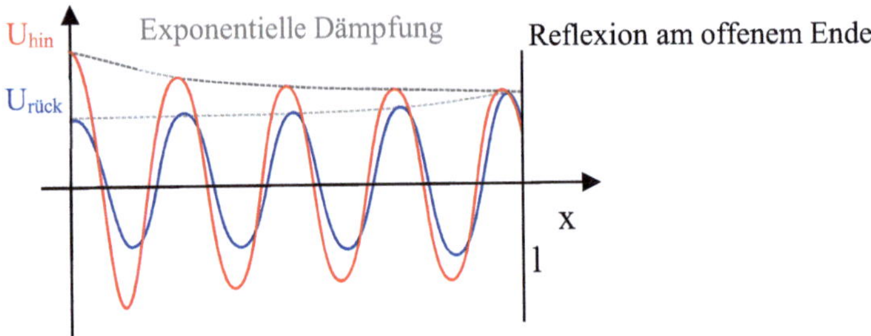

Abb. 7.3: Hin- und zurücklaufende Welle zum Zeitpunkt t = 0 [78]

Die Summe wäre punktweise zu bilden, ist aber zur besseren Übersichtlichkeit nicht dargestellt. An einem offenen Ende muss der Strom null sein, dagegen muss an einem kurzgeschlossenen Ende die Spannung Null sein. Ist der Abstand von Anfang bis Ende der Leitung ein ganzes Vielfaches der Wellenlänge λ, ergeben sich stehende Wellen. Die Maxima/Minima sowie die Nulldurchgänge sind dann zu jeder Zeit am gleichen Ort, wenn auch mit zeitlich wechselnder Amplitude.

In der Form der Lecher-Leitung wurde die Wellenleitung anfangs zur HF-Frequenzmessung genutzt, heute spielt es noch zu Demonstrationszwecken eine Rolle. Im UHF-Bereich werden mit Wellenleitung günstig Filter realisiert (z.B. Streifenleitertechnik). In vielen Fällen werden aber auch Signale durch Reflexionen gestört.

Praxistipp: Zur Vermeidung der Reflexion wird die Leitung genau mit $R_{Ab} = Z_0$ abgeschlossen. Das ist identisch mit einer bis ins Unendliche weiterreichenden Leitung. Das erfolgt bei allen Signalübertragungen (ISDN, Ethernet bis HF-Anwendungen), ist entweder bereits in den Anschluss integriert oder muss selbst angeschlossen werden.

Eine tiefgehende Untersuchung ist z.B. in (Küp84 S. 404 ff) zu finden.

---

[77] Eine ungedämpfte Welle hat die Form $A(x,t) = A_0 \cos(\omega t - kx)$. Das ist eine Sinusschwingung, die sich entlang der x-Richtung ausbreitet.
[78] Offenes Ende heißt $R_{Ab} = \infty$. Bei t = 0 ist $\omega t = 0$ und so folgt in x-Richtung die Funktion cos(kx).

7.2.2 Zusammenfassende Aspekte der Messtechnik

Je nach Aufgabe stehen für eine Messung verschiedene Verfahren mit unterschiedlichen Eigenschaften und Anwendungsbedingungen zur Verfügung.

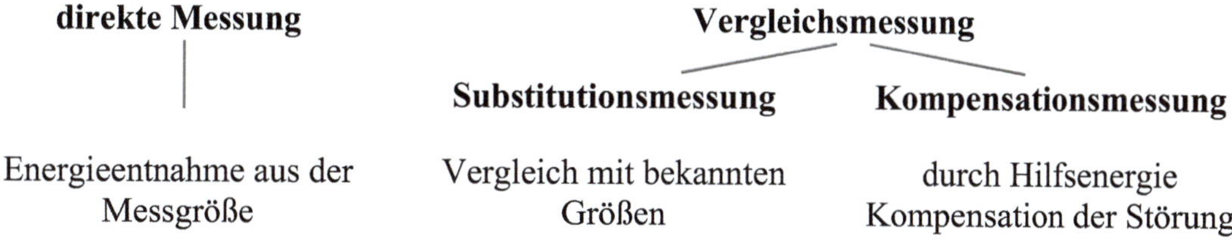

Eine **direkte Messung** (z.B. von Strom oder Spannung) erfordert das Einfügen eines Messgerätes in den Aufbau. Dieser Eingriff in die Anordnung bedingt (neben dem Einbau selbst) grundsätzlich zumindest den Entzug einer geringen Menge Energie und kann die Funktion verändern (durch R, C und L des Messgerätes). Das kann oft durch eine Fehlerbetrachtung behoben werden (vergleiche Abschnitte 4.2.3, 4.4.2 oder 5.2.6).

> Praxistipp: Die direkte Messung ist in der Regel die einfachste Messmethode.

Bei einer **Vergleichsmessung** können Fehlereinflüsse bezüglich der Messgenauigkeit besser beherrscht werden. Bei einigen Messgrößen kann entweder eine Substitutionsmethode oder eine Kompensationsmethode genutzt werden. Ein Beispiel zur **Substitutionsmethode** zeigt Abb. 7.4: Widerstandsmessung mit Substitutionsmethode.

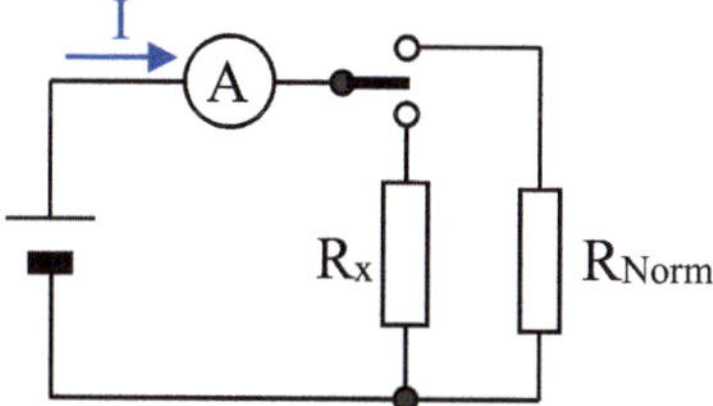

Abb. 7.4: Widerstandsmessung mit Substitutionsmethode

Es wird der Normalwiderstand so lange vergrößert, bis in beiden Schalterstellungen der gleiche Strom fließt. Ein weiteres Beispiel ist die Wheatston'sche Brückenschaltung (vergleiche Abschnitt 4.2.3).

> Praxistipp: Es ist aber in der Regel zumindest eine Teildemontage notwendig.

Ein Beispiel zur **Kompensationsmethode** zeigt Abb. 7.5.

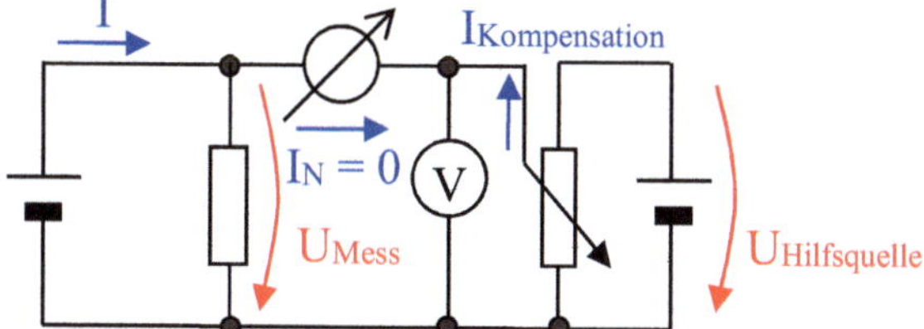

Abb. 7.5: Spannungsmessung mit Kompensationsmethode

Der Kompensationsstrom wird mittels Potentiometer so lange erhöht, bis I_N am Nullindikator zu Null wird. Dann ist der ursprüngliche Stromkreis ungestört und das Voltmeter zeigt die exakte Spannung U_{Mess} an. Die Hilfsspannungsquelle kompensiert dazu die Energieentnahme.

Praxistipp 1: Das ist für die Messung von Gleichspannung (und analog für Gleichstrom) gut und genau realisierbar. Bei zeitveränderlichen Größen muss eine schnelle Regelschaltung die Kompensation zu jedem Zeitpunkt gewährleisten.

Praxistipp 2: Spannungs- und Stromwandler (auch Stromzangen) können sowohl zur direkten Messung als auch zur Kompensationsmessung gebaut werden.
Bei der direkten Messung wird nach dem Prinzip eines Transformators etwas Energie entnommen. Dabei können nie Gleichgrößen gemessen werden.
Wird das Magnetfeld des Stromes im Wandler mit einer Regelschaltung durch ein Gegenfeld ständig zu null kompensiert, erfolgt eine Kompensationsmessung. Der Frequenzbereich hängt in diesem Fall vom Magnetfeldsensor (Nullindikator) und der Regelschaltung ab und kann so auch Gleichgrößen umfassen.

Bei der **direkten Messung** nichtelektrischer Größen entnehmen Messwandler ebenfalls Energie (z.B. müssen Flüssigkeitsthermometer oder Thermowiderstände erwärmt werden). Es sind auch **indirekte Messverfahren** möglich (z.B. die Messung der Schallgeschwindigkeit mit einer leistungsarmen Ultraschallstrecke und anschließende Auswertung der Temperatur und/oder der Strömungsgeschwindigkeit des Mediums).

Praxistipp: Dazu ist immer eine Hilfsenergie erforderlich und diese sollte die Messgröße selbst nicht beeinflussen (z.B. bei schwacher Ultraschall- oder Lichtstrahlung der Fall).

Es existieren beim Messen **immer Messfehler** mit unterschiedlichen Auswirkungen.

systematische Messfehler	statistische Messfehler	grobe Messfehler
z.B. Spannungsabfall am Amperemeter, Strom durch das Voltmeter	Klasse des Messinstruments, nicht erfassbare Einflüsse auf das Messinstrument (z.B. Temperatur, Luftdruck…)	falsches Ablesen, Messbereich verwechselt, schräges Ablesen
Praxistipp:		
Korrigierbar! Ist durch Umrechnen immer möglich (z.B. in Abb. 4.25 mit $U = U_m - I\,R_A$ oder mit $I = I_m - U/R_V$).	Nicht korrigierbar! Wahrscheinlichkeit oder maximale Fehlergröße kann angegeben werden. Besseres Messgerät nutzen.	Keine Aussage möglich! Messung muss wiederholt werden!
Messung unrichtig	Messung unsicher	Messung falsch
objektive Fehler		subjektive Fehler

Tabelle 7.1: Einteilung der Messfehler

Praxistipp: Der statistische Fehler wird in Prozent des Endwertes des Messbereichs angegeben und ist bei geringem Messwert in diesem Bereich relativ groß. Analoges gilt genauso bei digitalen Messgeräten.

Die **Prozess- und die Labormesstechnik** unterscheiden sich vor allem durch die bestehenden Umgebungsbedingungen. Nicht alle physikalischen Messprinzipien sind für beide Einsatzfälle gleich gut geeignet.

Praxistipp: Im Labor kann immer von klimatisierten Räumen und der Möglichkeit zur ständigen Pflege und evtl. Kalibrierung der Messmittel ausgegangen werden.
In der Prozessmesstechnik sind generell die bestehenden Umgebungsbedingungen, eine hohe Robustheit und eine lange Betriebsdauer ohne jede Wartung zu berücksichtigen.

Die **Sensortechnik** hat sich zu einem eigenen Zweig entwickelt. Dabei spielen neben den Umgebungsbedingungen, einer hohe Robustheit und einer lange Betriebsdauer ohne Wartung auch die **Schnittstellen** für die Messsignale und die Energieversorgung des Sensors eine wichtige Rolle. (Teilweise werden im weiten Sinn auch alle Messwandler als Sensoren bezeichnet.)

Praxistipp: Schnittstellen sind vor allem für SPS und Feldbussysteme genormt.

Ausführlicheres sollte der jeweils aktuellen Spezialliteratur entnommen werden, weil auf diesem Gebiet die technologische Entwicklung ein hohes Tempo hat.

7.2.3 Messoszilloskop

Funktionsprinzip eines Oszilloskops

Praxistipp: Bei zeitveränderlichen Spannungen ist das Oszilloskop nach wie vor das wichtigste Messinstrument zur Erfassung, Darstellung und Auswertung der Vorgänge. Heute in der Regel mit digitaler Anzeige, ist doch das Funktionsprinzip auch bei digitaler Verarbeitung immer noch im Wesentlichen das Gleiche.

Aufbau und Wirkungsweise eines Oszilloskops können an der Prinzipdarstellung Abb. 7.6 erläutert werden.

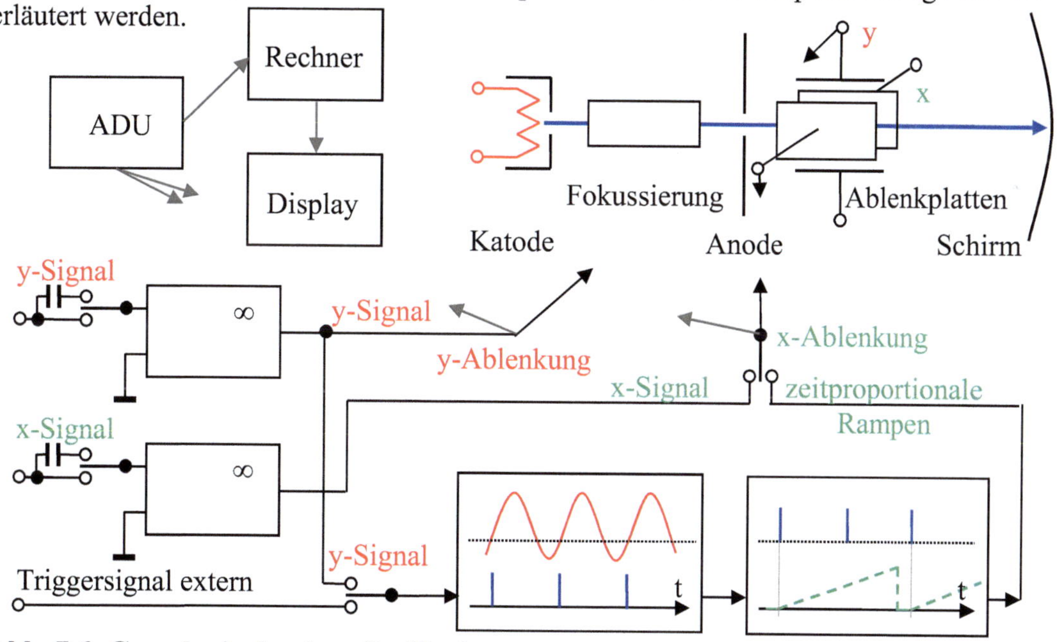

Abb. 7.6: Grundprinzip eines Oszilloskops

An den Eingangssignalverstärkern kann eine Signalspannung entweder direkt oder über eine Kapazität (Gleichanteil fällt weg) angeschlossen werden. Das verstärkte Eingangssignal vom y-Verstärker (y-Signal) wird an die y-Ablenkung und zugleich an die Synchronisationseinheit angeschlossen (bzw. an den Analog-Digital-Umsetzer gegeben). Für die Synchronisation vergleicht ein Komparator das Signal mit einem Schwellwert und leitet daraus einen Synchronimpuls ab (in Abb. 7.6 als Impulse dargestellt).

Bei einem Synchronimpuls beginnt eine zeitproportionale Rampenspannung (in Abb. 7.6 gestrichelt dargestellt). Hat diese ihren Endwert erreicht (Zeitablenkung in x-Richtung ist ganz rechts auf dem Bildschirm), wird bis zum nächsten Synchronimpuls gewartet und dann neu begonnen. Dazwischen liegende Synchronimpulse werden ignoriert. Auf diese Weise entsteht bei periodischen Signalen ein stehendes Bild. (Ein Rechner behandelt das Signal auf die gleiche Weise.)

Für spezielle Darstellungen kann die Synchronisation aus einem externen Signal stammen oder ein zweites Eingangssignal (ein x-Signal) wird zur x-Ablenkung (bzw. vom Analog-Digital-Umsetzer) genutzt.

Mehrkanaloszilloskope benutzen normalerweise im Timesharing mehrere Eingangssignale für die gleiche y-Ablenkung. So erscheinen sie quasi gleichzeitig und sind gemeinsam auszuwerten.

Durch die Einstellung der Verstärkungsfaktoren und die Anstiegszeit der Rampe kann eine optimale Bildschirmdarstellung erreicht werden.

Das Grundprinzip ist auch bei modernen Oszilloskopen gleich, aber die Einstellung erfolgt über Menüs und die Verarbeitung wird teilweise vollständig von einem Rechner übernommen bzw. gesteuert. Außerdem werden zunehmend moderne farbige Displays und eine digitale Speicherung genutzt.

Genaueres sollte den jeweiligen Bedienungsanleitungen entnommen werden, da es in den Details zu viele Unterschiede gibt.

8 Zweiter Exkurs Mathematik

8.1 Lösung linearer Gleichungssysteme

Ein lineares Gleichungssystem von n Gleichungen mit m Unbekannten lautet:

$$a_{11} x_1 + a_{12} x_2 + a_{13} x_3 + \ldots + a_{1m} x_m = b_1$$
$$a_{21} x_1 + a_{22} x_2 + a_{23} x_3 + \ldots + a_{2m} x_m = b_2$$
$$a_{31} x_1 + a_{32} x_2 + a_{33} x_3 + \ldots + a_{3m} x_m = b_3 \tag{8.1}$$
$$\ldots$$
$$a_{n1} x_1 + a_{n2} x_2 + a_{n3} x_3 + \ldots + a_{nm} x_m = b_n$$

Sind im Gleichungssystem (8.1) alle a_{ik} konstant, alle n Gleichungen voneinander linear unabhängig (d.h., jede Gleichung beinhaltet zusätzliche Informationen, die noch nicht in den anderen vorkommen), n = m und mindestens ein $b_i \neq 0$, hat das System immer eine eindeutige Lösung. Andernfalls ist es nicht bzw. nicht eindeutig lösbar.

Praxistipp: Reale elektrische Schaltungen mit linearen Bauelementen ergeben immer ein eindeutig lösbares lineares Gleichungssystem.

Die Lösung erfolgt

- durch Vertauschen zweier Gleichungen, Multiplikation einer Gleichung mit einer Konstanten und Addition zweier Gleichungen (intuitiv so oft, bis eine Unbekannte explizit auftritt),
- durch den Gauß'schen Algorithmus oder
- durch die Cramer'sche Regel.

Die letzten beiden stellen einen immer ausführbaren klaren Algorithmus dar.

Gauß'scher Algorithmus:

- Die erste Gleichung wird jeweils mit a_{i1}/a_{11} multipliziert und von den nächsten Gleichungen (mit $2 \leq i \leq n$) subtrahiert. Dann stehen bei diesen vor x_1 immer 0 und vor $x_2 \ldots x_m$ neue Koeffizienten (z.B. $a'_{22} \ldots a'_{2m}$).
- Die neue zweite Gleichung wird jeweils mit a'_{i2}/a'_{22} multipliziert und wieder von den nächsten Gleichungen (mit $3 \leq i \leq n$) subtrahiert. Dann stehen bei diesen vor x_1 und x_2 immer 0 und vor $x_3 \ldots x_m$ neue Koeffizienten (z.B. $a''_{33} \ldots a''_{3m}$).
- Der Algorithmus wird fortgesetzt, bis in der n. Gleichung nur noch vor x_m keine 0 steht. Das geht auf, wenn n = m unabhängige Gleichungen vorliegen.
- Dann können rückwärts die Lösungen eingesetzt werden, bis alle Lösungen vorliegen.

Cramer'sche Regel

- Die Gleichungen werden in die Matrizenform umgewandelt (Beispiel n = m = 3).

$$\begin{pmatrix} b_1 \\ b_2 \\ b_3 \end{pmatrix} = \begin{pmatrix} a_{11} & a_{12} & a_{13} \\ a_{21} & a_{22} & a_{23} \\ a_{31} & a_{32} & a_{33} \end{pmatrix} \cdot \begin{pmatrix} x_1 \\ x_2 \\ x_3 \end{pmatrix} \tag{8.2}$$

Dabei stehen links der Spaltenvektor der bekannten Werte und rechts die Koeffizientenmatrix multipliziert mit dem Spaltenvektor aus den unbekannten Werten.

© Der/die Autor(en), exklusiv lizenziert an
Springer Fachmedien Wiesbaden GmbH, ein Teil von Springer Nature 2026
E. Boeck und H. Kallies, *Lehrgang Elektrotechnik und Elektronik*,
https://doi.org/10.1007/978-3-658-50903-3_8

- Aus der Koeffizientenmatrix kann die Koeffizientendeterminante geschrieben und ausgerechnet werden (gut zu erkennen bei Verlängerung um die ersten zwei Spalten).

$$D = \begin{vmatrix} a_{11} & a_{12} & a_{13} \\ a_{21} & a_{22} & a_{23} \\ a_{31} & a_{32} & a_{33} \end{vmatrix} \begin{matrix} a_{11} & a_{12} \\ a_{21} & a_{22} \\ a_{31} & a_{32} \end{matrix} = \begin{aligned} & a_{11}\,a_{22}\,a_{33} + a_{12}\,a_{23}\,a_{31} + a_{13}\,a_{21}\,a_{32} \\ & - a_{31}\,a_{22}\,a_{13} - a_{32}\,a_{23}\,a_{11} - a_{33}\,a_{21}\,a_{12} \end{aligned} \qquad (8.3)$$

Dafür werden die Elemente der drei von links nach rechts abfallenden Diagonalen multipliziert und die Produkte addiert, anschließend die der drei ansteigenden Diagonalen multipliziert und die Produkte subtrahiert [79].

- In der Koeffizientendeterminante wird die i-te Spalte durch die bekannten Werte ersetzt und es folgt die Determinante D_i (mal ohne Verlängerung, Beispiel i = 2).

$$D_i = D_2 = \begin{vmatrix} a_{11} & b_1 & a_{13} \\ a_{21} & b_2 & a_{23} \\ a_{31} & b_3 & a_{33} \end{vmatrix} = \begin{aligned} & a_{11}\,b_2\,a_{33} + b_1\,a_{23}\,a_{31} + a_{13}\,a_{21}\,b_3 \\ & - a_{31}\,b_2\,a_{13} - b_3\,a_{12}\,a_{11} - a_{33}\,a_{21}\,b_1 \end{aligned} \qquad (8.4)$$

Die Unbekannten ergeben sich dann zu (Beispiel i = 2)

$$x_2 = \frac{D_2}{D} = \frac{a_{11}\,b_2\,a_{33} + b_1\,a_{23}\,a_{31} + a_{13}\,a_{21}\,b_3 - a_{31}\,b_2\,a_{13} - b_3\,a_{12}\,a_{11} - a_{33}\,a_{21}\,b_1}{a_{11}\,a_{22}\,a_{33} + a_{12}\,a_{23}\,a_{31} + a_{13}\,a_{21}\,a_{32} - a_{31}\,a_{22}\,a_{13} - a_{32}\,a_{23}\,a_{11} - a_{33}\,a_{21}\,a_{12}} \,. \qquad (8.5)$$

Ist n = m = 2, gibt es nur eine abfallende und eine ansteigende Diagonale. Für n = m > 3 müssen die Determinanten so lange zu Unterdeterminanten entwickelt werden, bis nur noch Dreier- Determinanten berechnet werden müssen.

> Praxistipp: Es kann das Verfahren gewählt werden, welches individuell am schnellsten und sichersten zum Ziel führt.

Vergleiche mit (Bro79 S. 207 ff).

8.2 Lösung linearer Differentialgleichungen*

Eine lineare Differentialgleichung (DGL) der Ordnung n mit konstanten Koeffizienten a_i lautet allgemein:

$$a_n \frac{d^{(n)}y}{dx^{(n)}} + \ldots + a_2 \frac{d^2 y}{dx^2} + a_1 \frac{dy}{dx} + a_0 y = b \,. \qquad (8.6)$$

Dafür ergibt sich die **homogene DGL**, indem b = 0 gesetzt wird (kein Term ohne ein y). Für die homogene DGL sind so viele unabhängige Lösungen zu suchen, wie die Ordnung (n) angibt. Diese Lösungen sind jeweils mit einer Konstanten zu multiplizieren und zur Gesamtlösung zu addieren.

Dazu ist weiter eine **inhomogene Lösung** nach Einsetzen der homogenen Lösungen in (8.6) zu ermitteln und zu addieren.

Eine homogene DGL 1. Ordnung (n = 1) hat eine Lösung und kann am besten durch Trennung der Variablen berechnet werden (ohne Einschränkung wird $a_1 = 1$ und $a_0 = a$ gesetzt sowie als Integrationskonstante $\ln C_1 \equiv$ const).

---

[79] Beachte, dass die Produkte sowohl Nullen als auch negative Koeffizienten enthalten.

$$\frac{dy}{dx} + ay = 0 \;\rightarrow\; \frac{dy}{dx} = -ay \;\rightarrow\; \frac{dy}{y} = -a\,dx \;\rightarrow\; \int \frac{dy}{y} = -a \int dx \;\rightarrow$$

$$\ln y = -a\,x + \ln C_1 \;\rightarrow\; \underline{y = C_1\, e^{-a\,x}} \tag{8.7}$$

Praxistipp: Die inhomogene Lösung stimmt in der Elektrotechnik bei realen Vorgängen immer mit dem Zustand für $t \rightarrow \infty$ überein und kann daraus bestimmt werden.

Damit $y(t \rightarrow \infty)$ in (8.7) z.B. den Wert C_2 annimmt, wird C_2 hinzuaddiert: $y = C_1\, e^{-a\,x} + C_2$.

Praxistipp: Es wird eine Randbedingung benötigt, um die Konstante C_1 zu bestimmen.

Die Konstante C_1 ist aus der **Randbedingung** (z.B. für x=0) bei Ableitung nach der Zeit der **Anfangsbedingung** (z.B. für t=0) zu ermitteln. Soll z.B. $y(x=0)= 0$ sein, folgt aus $0 = C_1 + C_2$, dass $C_1 = -C_2$ wird. Die Lösung der homogenen DGL kann auch mit dem Lösungsansatz $y = C_1\, e^{-\alpha\,x}$ erfolgen. Dann ergibt sich α nach Einsetzen des Lösungsansatzes in die homogenen DGL.

Eine homogene DGL 2. Ordnung (n = 2) hat zwei unabhängige Lösungen. Diese können am besten durch einen Lösungsansatz gefunden werden. Dazu kann mit $y = \exp(\delta x)$ versucht werden, Lösungen zu finden. Zuerst werden die Ableitungen gebildet

$$\frac{d}{dx}\{\exp(\delta\,x)\} = \delta \exp(\delta\,x) \;\text{ und }\; \frac{d^2}{dx^2}\{\exp(\delta\,x)\} = \delta^2 \exp(\delta\,x)$$

und diese in die DGL eingesetzt (ohne Einschränkung wird $a_2 = 1$ gesetzt).

$$\frac{d^2y}{dx^2} + a_1 \frac{dy}{dx} + a_0 y = \delta^2 \exp(\delta\,x) + \delta\, a_1 \exp(\delta\,x) + a_0 \exp(\delta\,x) = 0$$

Danach kann δ durch einen Koeffizientenvergleich bestimmt werden.

$$\delta^2 + \delta\, a_1 + a_0 = 0$$

$$\delta_{1,2} = -a_1 / 2 \pm \sqrt{a_1^{\,2} / 4 - a_0}$$

In diesem Fall gibt es die zwei gesuchten Lösungen und die homogene Lösung lautet:

$$y_h = C_1 \exp(\delta_1\,x) + C_2 \exp(\delta_2\,x) \tag{8.8}$$

Bei der Lösung (8.8) sind drei Fälle zu unterscheiden:

- $a_1^2/4 > a_0$ ergibt zwei reelle verschiedene δ. Die homogene Lösung entspricht der Summe aus zwei Exponentialfunktionen.
- $a_1^2/4 = a_0$ ergibt zwei reelle gleiche δ. Das entspricht einem Grenzfall. Der Grenzübergang für die DGL führt zu $y_{hGrenz} = C_1 \exp(\delta_1\,x) + C_2\, x \exp(\delta_1\,x)$.
- $a_1^2/4 < a_0$ ergibt zwei konjugiert komplexe δ. Das entspricht der Summe aus zwei konjugiert komplexen Exponentialfunktionen und kann mit der Euler'schen [80] Formel zu gedämpften Schwingungen umgeformt werden.

Praxistipp 1: Die inhomogene Lösung stimmt in der Elektrotechnik bei realen Vorgängen immer mit dem Zustand für $t \rightarrow \infty$ überein und kann auch hier daraus bestimmt werden.
Praxistipp 2: Es werden zwei Randbedingungen benötigt, um C_1 und C_2 zu bestimmen.

---

[80] $\exp(j\alpha\,x) = \cos(\alpha\,x) + j \sin(\alpha\,x)$

Weitere Lösungen linearer Differentialgleichungen mit konstanten Koeffizienten werden vorteilhaft mit der Laplacetransformation erreicht (siehe Abschnitt 10.8 und 11.4.1) oder mit Hilfe der komplexen Rechnung umgangen (siehe Abschnitte 10.1 und 11.1.1).
In (Bro79 S. 466 ff) werden für viele Fälle Wege gezeigt. Aber es gibt nicht für alle DGL Verfahren zur Lösung, d.h., Suchen oder Probieren sind erforderlich.

9 Analyse elektrischer Stromkreise und Netzwerke

Die Abschnitte 4, 5 und 6 sollten verstanden worden sein. Es werden

- als Ausgangspunkt der Grundstromkreis untersucht und dessen Verhalten für die Hauptanwendungsfälle bewertet,
- elektrische Stromkreise insbesondere bei Gleichstrom analysiert,
- die Methoden zur Berechnung von elektrischen Netzwerken an Beispielen vorgestellt, verglichen und diskutiert,
- die Gesetzmäßigkeiten in elektrischen Stromkreisen untersucht sowie
- die Ergebnisse mit Messungen verglichen.

Hilfreich können die Wiederholung der mathematischen Formalismen in Abschnitt 8 sowie die Zusammenfassung in Abschnitt 7.1 sein.

9.1 Grundstromkreis

9.1.1 Analyse eines Grundstromkreises

Ein Grundstromkreis besteht jeweils aus dem einfachsten aktiven und passiven Zweipol.

Aktive Zweipole sind eine Zusammenschaltung mehrerer Bauelemente einschließlich Spannungs- und/oder Stromquellen (aber mit mindestens einer) an zwei äußeren elektrischen Anschlussklemmen.

Praxistipp: Der *einfachste* aktive Zweipol besteht aus einer *idealen Quelle* (U_0) und einem Element zur Darstellung der inneren Verluste, dem *Innenwiderstand* (R_i).

Passive Zweipole sind eine Zusammenschaltung mehrerer Bauelemente ohne Spannungs- und/oder Stromquellen an zwei äußeren elektrischen Anschlussklemmen.

Praxistipp: Der *einfachste* passive Zweipol besteht aus einem Element zur Darstellung der Energieumwandlung, dem Lastwiderstand oder *Außenwiderstand* (R_a).

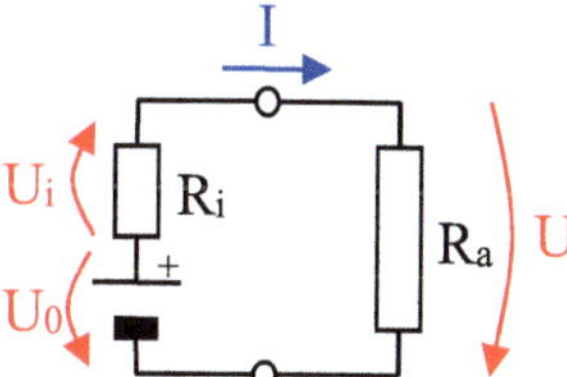

Abb. 9.1: Grundstromkreis

Eine Analyse des Grundstromkreises (Abb. 9.1) verdeutlicht in repräsentativer Weise viele Zusammenhänge und Probleme aller Stromkreise der verschiedensten Anwendungen und wird deshalb an den Anfang gestellt.

Praxistipp: **Kennlinien** stellen die Betriebszustände eines Elementes, Gerätes oder einer Anlage besonders anschaulich dar.

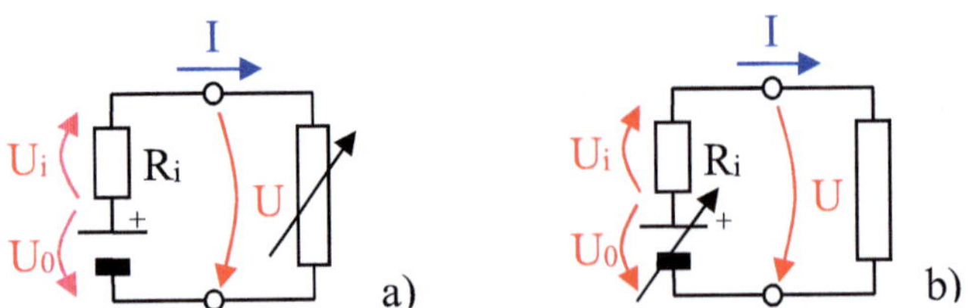

Abb. 9.2: Messanordnung für die Kennlinien eines a) aktiven und b) passiven Zweipols

Kennlinie und Parameter des aktiven Zweipols

Nach Abb. 9.2 a) folgt die Kennlinie durch Verändern der Testlast im Bereich der zulässigen Belastung (im Idealfall von $0 \leq R_a < \infty$). Der Maschensatz (Umlauf im Uhrzeigersinn) wird

$$0 = U_i + U - U_0$$

und mit $U_i = R_i\, I$ ergibt sich die **Kennlinie des aktiven Zweipols** zu:

$$U = U_0 - R_i\, I \;.$$

(9.1)

Praxistipp: In (9.1) treten drei besondere Fälle auf (siehe auch Abb. 9.3).
- Für $I = 0$ (kein Laststrom, $R_a = \infty$), d.h. *Leerlauf*, wird die Klemmenspannung zur Leerlaufspannung $U_L = U(I{=}0) = U_0$ (größtmögliche Klemmenspannung, $R_a = \infty$).
- Für $U = U_i$ (bei $R_a = R_i$), d.h. *Anpassung* (gleich große innere Verluste wie der Umsatz am Lastwiderstand), wird $U = U_0/2$ und $I = I_k/2$.
- Für $I = I_k$ (Kurzschlussstrom, größtmöglicher Laststrom, $R_a = 0$), d.h. *Kurzschluss*, wird die Klemmenspannung zu $U(I{=}I_k) = 0$.

Dabei sind drei Parameter des aktiven Zweipols (U_0, R_i und I_k) erkennbar. Zwei dieser Parameter sind unabhängig, während sich der jeweils dritte aus den beiden anderen ergibt (gemäß $U_0 = R_i\, I_k$).

Praxistipp: Der aktive Zweipol wird durch **zwei Parameter** eindeutig gekennzeichnet.

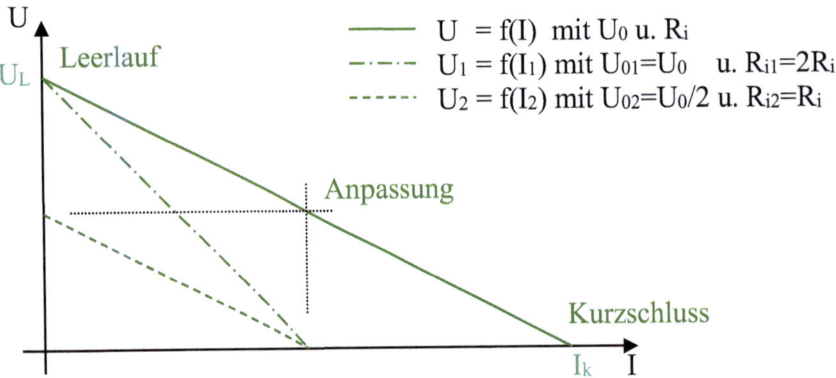

Abb. 9.3: Kennlinie des aktiven Zweipols

In Abb. 9.3 wurden zur Verdeutlichung des Einflusses von U_0 und R_i auf den Kurvenverlauf die Kennlinien mit $U_0/2$ bzw. $2R_i$ zusätzlich dargestellt.

Kennlinie und Parameter des passiven Zweipols

Nach Abb. 9.2 b) folgt die Kennlinie durch Verändern der Spannung einer Testquelle im Bereich der zulässigen Belastung des passiven Zweipols (von $0 \leq U \leq U_{max}$ oder $U(I=I_{max})$). Am Widerstand R_a wird nach dem Ohm'schen Gesetz die **Kennlinie des passiven Zweipols**:

$$U = I\,R_a \quad . \tag{9.2}$$

Praxistipp: Mit R_a wird der passive Zweipol durch **einen Parameter** eindeutig bestimmt.

Der *Schnittpunkt der Kennlinien* eines passiven und eines aktiven Zweipols erfüllt beide Gleichungen, d.h. (9.1) und (9.2). Er kennzeichnet den **Arbeitspunkt**, der sich beim Zusammenschalten dieser beiden Zweipole infolge des Gleichgewichts zwischen ihnen einstellt (siehe Abb. 9.4).

Praxistipp: **Arbeitspunkt** realisiert das Gleichgewicht von aktivem und passivem Zweipol.

Zur Messung der Kennlinie wird durch Variation des Arbeitspunktes (Verändern der Testlast bzw. der Testquelle) die Kennlinie durchlaufen und folglich ermittelt.

Praxistipp: Im Fall, dass die Kennlinien Geraden sind, reichen minimal zwei Messpunkte aus. Praktisch wird durch weitere Messpunkte die Kennlinie überprüft. Dabei sollten die drei besonderen Fälle so exakt wie möglich enthalten sein.

Zu weiteren Gesichtspunkten siehe Abb. 9.7.

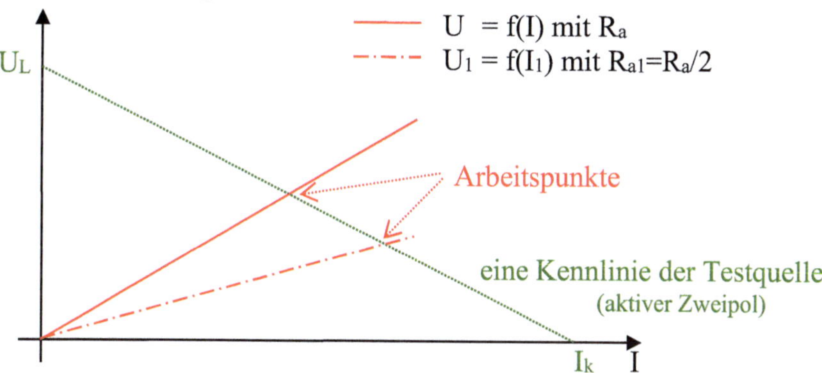

Abb. 9.4: Kennlinie des passiven Zweipols

Die Kennlinie von $R_a/2$ verdeutlicht den Einfluss von R_a auf den Kurvenverlauf. Entsprechend dem Verhalten an den Klemmen (siehe Gleichung (9.1) bzw. Abb. 9.3) kann ein *aktiver Zweipol durch zwei **elektrisch** gleichwertige Ersatzschaltungen* dargestellt werden.

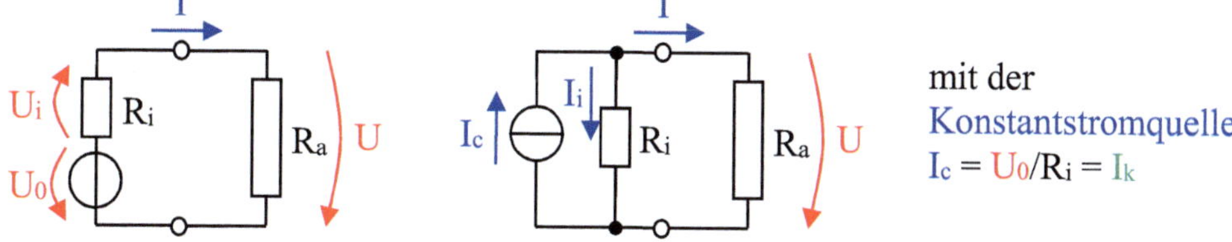

Abb. 9.5: Die zwei Ersatzschaltungen des aktiven Zweipols

Auch hier sind drei Parameter des aktiven Zweipols (I_c, R_i und U_L) [81] erkennbar. Genauso sind nur zwei dieser Parameter unabhängig, während sich der jeweils dritte aus den beiden anderen ergibt (gemäß $U_L = R_i\,I_c$).

> Praxistipp: Beide elektrisch an ihren Klemmen nicht unterscheidbaren Ersatzschaltungen sind *nicht gleichwertig* bezüglich der **Energiewandlung**.

Wie in Abb. 9.5 zu erkennen ist, ergibt sich für die Spannungsquellen-Ersatzschaltung bei Leerlauf ($R_a = \infty$) keine Verlustleistung an R_i. Dagegen folgt für die Stromquellen-Ersatzschaltung an R_i die Verlustleistung $P_v = U_L\,I_i = U_L\,I_c$, die durch die Energiewandlung der Quelle (z.B. aus dem Mechanischen) aufgebracht werden muss. Umgekehrt ist es im Fall des Kurzschlusses ($P_v = U_i\,I_k = U_0\,I_k$ bzw. $P_v = 0$).
In der Praxis vorkommende Quellen entsprechen zum größten Teil der Spannungsquellen-Ersatzschaltung (z.B. chemische Batterien, Akkus, Generatoren). Es existieren aber auch Quellen, die mehr der Stromquellen-Ersatzschaltung entsprechen. Das praktisch wichtigste Beispiel ist die Solarbatterie [82] (siehe Abschnitt 12.2.5, vergleiche (Boe78 S. 991)), aber auch der Bandgenerator und die Influenzmaschine [83] gehören dazu.

> Praxistipp: Auch im praktischen Einsatz von Quellen werden von den dargestellten einfachsten Ersatzschaltungen die wesentlichen Eigenschaften wiedergegeben.
> Es kommen aber Effekte wie Selbstentladung, Alterung, Temperaturabhängigkeiten u.Ä. dazu. Darüber hinaus gibt es Quellen mit nichtlinearen Kennlinien (z.B. die Solarbatterie).

Analyse des Verhaltens des aktiven Zweipols in Abhängigkeit vom Lastwiderstand

Werden die verschiedenen Größen des Grundstromkreises (U_0, U_i, U, I, P_i, P_a und η) über dem Lastwiderstand R_a dargestellt, sind eine Reihe grundlegender Zusammenhänge deutlich zu erkennen. Die Messschaltung entspricht Abb. 9.2 a.

$$
\begin{aligned}
I\ &= && U_0/(R_i+R_a) && = U/R_a = U_i/R_i \\[4pt]
U\ &= && I\,R_a = U_0\,R_a/(R_i+R_a) && \text{oder}\ \ U/U_0 = R_a/(R_i+R_a) \\[4pt]
U_i = U_L - U\ &= && I\,R_i = U_0\,R_i/(R_i+R_a) && \text{oder}\ \ U_i/U_0 = R_i/(R_i+R_a)
\end{aligned}
\qquad (\,9.3\,)
$$

aus Messwerten   aus Berechnung

Aus dem Maschensatz und dem Ohm'schen Gesetz folgen die Gleichungen (9.3). Die Größen können direkt aus den Messwerten (U, $U(I{=}0)$ und I) ermittelt bzw. aus den Bauelementeparametern berechnet werden (Darstellungen in Abb. 9.6).

---

[81] Beachte, dass $U_0 = U_L$ und $I_c = I_k$ gelten (entspr. der Bauelemente- bzw. der gemessenen Kennlinienparameter).

[82] Die Solarbatterie nimmt auch im Leerlauf alle Lichtleistung auf und erwärmt sich entsprechend. Sie kann im Gegensatz zu anderen Quellen immer auch im Kurzschluss (kaum innere Verluste) betrieben werden.

[83] Beide werden nur noch bei Demonstrationsexperimenten eingesetzt.

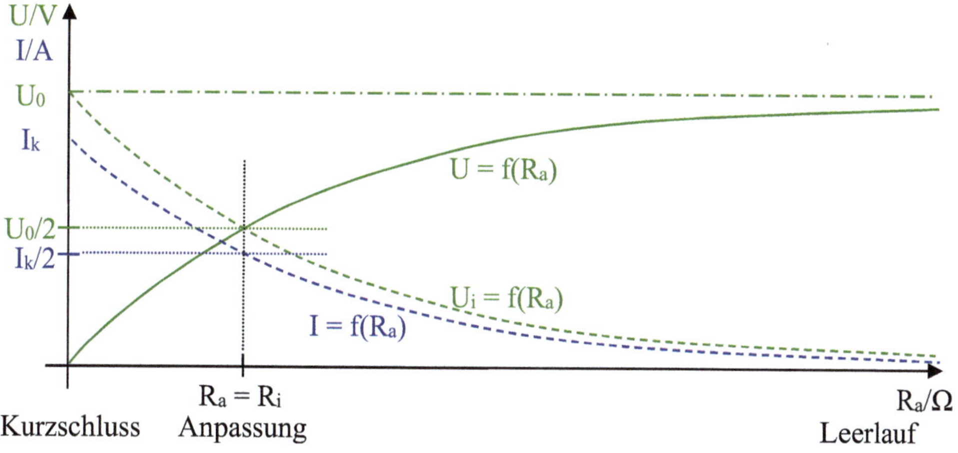

Abb. 9.6: Aktiver Zweipol in Abhängigkeit vom Lastwiderstand (Diagramme U, I)

Nach (4.25) und (4.26) können die Verlustleistungen am Innenwiderstand, die abgegebene Leistung am Außenwiderstand sowie der Wirkungsgrad bestimmt werden. Diese werden einmal direkt aus den Messwerten (U, U(I=0) und I) ermittelt bzw. zum anderen aus den Bauelementeparametern berechnet, siehe Gleichungen (9.4).

$$
\begin{aligned}
P &= I\,U &&= U_0^2\,R_a/(R_i+R_a)^2 \\[4pt]
P_i = I\,U_i &= I\,(U_L-U) &&= U_0^2\,R_i/(R_i+R_a)^2 \\[4pt]
\eta = P/(P+P_i) &= U/U_L &&= R_a/(R_i+R_a)
\end{aligned}
\qquad (\,9.4\,)
$$

aus Messwerten   aus Berechnung

Praxistipp: Die Messkurven sollten nur direkt aus den Messwerten ermittelt werden.

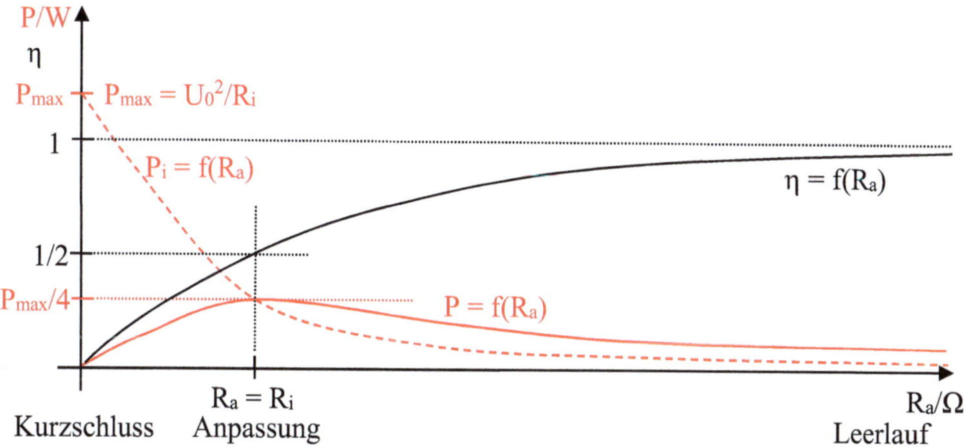

Abb. 9.7: Aktiver Zweipol in Abhängigkeit vom Lastwiderstand (Diagramme P, η)

Die Darstellungen in Abb. 9.7 ermöglichen folgende grundlegende Feststellungen:

- Bei **Kurzschluss** erfolgt der größte Leistungsumsatz (aber ausschließlich als Verlust). An der Last ist die Leistung null und der Wirkungsgrad wird $\eta = 0$.
- Bei **Anpassung** sind die Verlustleistung und die Leistung an der Last gleich groß (je $P_{max}/4$). An R_a ergibt sich für die Last die maximal mögliche Leistung und der Wirkungsgrad wird $\eta = 50\,\%$.

- In der *Nähe des* **Leerlaufs** strebt die Verlustleistung stärker gegen Null als die Leistung an der Last und der Wirkungsgrad geht gegen $\eta = 100\ \%$ [84].

(Bei einer Stromquelle wären die Aussagen zum Kurzschluss und Leerlauf auszutauschen.)

Praxistipp: Zur Darstellung der Kurven in Abb. 9.7 sollten bei praktischen Messungen zum besseren Erkennen des Maximums der Leistung (bei Anpassung) rechts und links ein bis zwei weitere Messpunkte (U und I) ermittelt werden (das Maximum ist relativ flach).

Diese Verhältnisse müssen nun für verschiedene Anwendungsfälle ausgewertet und interpretiert werden.

9.1.2 Interpretation der Kenngrößen für verschiedene Anwendungen

Praxistipp: Die drei dargestellten besonderen Fälle entsprechen drei ausgewählten Betriebszuständen, deren Bewertung je nach Anwendung von „Hauptanwendung" bis zu „Havariefall" variiert. Dazu die folgenden Ausführungen.

Anwendung	Informationstechnik	Mess- u. Sensortechnik	Energietechnik
Kurzschluss $I=I_k=I_{max}$, $U=0$, $P_a=0$, $P_i=P_{max}$ bzw. $P_i=0$	• Schaltungsausgang kann einer Stromquelle entsprechen. • *Kurzschlussfestigkeit* von Ein- bzw. Ausgängen sichern.	• Messwandler entspricht einer *Stromquelle*, die in der Nähe des Kurzschlusses den größten Ausgangsstrom hat (z.B. Fotoelement).	• *Havariefall* • Muss durch Sicherheitsmaßnahmen verhindert werden.
Anpassung $I=I_k/2$, $U=U_L/2$, $P_a=P_{max}/4$, $P_i=P_{max}/4$	• *Hauptanwendung der Informationstechnik* • Bei der Signalübertragung, Signalverstärkung usw. liegen die höchste Signalleistung und somit das *beste Signal-Rausch-Verhältnis* bzw. der *beste Störabstand* vor. • (Rauschen und andere Störsignale wirken immer als Leistung.)	• Messwandler entspricht einem *Leistungswandler,* der bei Anpassung die größte Ausgangsleistung abgibt (z.B. Messempfänger).	• Ist *unbrauchbar*, weil $\eta = 50\ \%$ völlig unakzeptabel ist. • (Leistung bei Anpassung liegt im Normalfall weit über der Nennleistung und über der in der Konstruktion realisierten maximalen Belastbarkeit.)
Leerlauf In der Nähe des Leerlaufs: $I\approx0$, $U=U_L$, $P_a\geq0$, $P_i\approx0$, bzw. $P_i\approx P_{max}$ (für Stromquelle)	• Schaltungsausgang kann einer Spannungsquelle entsprechen. • Anwendung zur *rückwirkungsfreien (belastungslosen) Kopplung* zwischen Baustufen. • Leerlaufkennwerte von Schaltungen (z.B. Leerlaufverstärkung).	• Messwandler entspricht einer *Spannungsquelle*, die in der Nähe des Leerlaufes die größte Ausgangsspannung hat (z.B. Tachogenerator, Thermoelement).	• *Hauptanwendung der Energietechnik.* • Der *Wirkungsgrad* in der Nähe des Leerlaufs erreicht die notwendigen hohen Werte. • *Leerlauffestigkeit* von Ein- bzw. Ausgängen sichern.

---

[84] In der Nähe des Leerlaufs ist die Leistung noch nicht null, sondern erst bei $R_a = \infty$.

Folgende Begriffe sind in diesem Zusammenhang zu verdeutlichen:

- **Kurzschlussfestigkeit** — Bei Kurzschluss soll *keine Zerstörung* (durch zu große Ströme) eintreten. Dazu sind oft besondere Schaltungsmaßnahmen notwendig.
- **Größter Ausgangsstrom** — Größter *erreichbarer* Ausgangsstrom
- **Maximaler Ausgangsstrom** — Maximal *zulässiger* Ausgangsstrom
- **Havariefall** — Ein Kurzschluss kann den Ausfall eines Gerätes, die *Zerstörung* einer Anlage bis zu einem Kraftwerksunfall auslösen.
- **Rauschen und Störsignale** — Werden als stochastische Signale durch Zufallsfunktionen beschrieben. Die *mittlere Leistung hat einen definierten Wert*. Das häufigste und leider immer vorhandene Störsignal ist Rauschen.
- **Signal-Rausch-Verhältnis** — *Signalleistung / Rauschleistung*
- **Störabstand** — Angabe in *Dezibel* für Signalleistung / Rauschleistung bzw. Signalleistung / Störleistung
- **Größte Ausgangsleistung** — Größte *erreichbare* Leistung
- **Nennleistung** — Leistung für den Nennbetrieb *entsprechend der konstruktiven Auslegung*
- **Maximale Belastbarkeit** — Maximal *zulässige* Leistung
- **Rückwirkungsfreie** Kopplung — Der Anschluss an den Ausgang ist belastungslos und hat somit *keinen Einfluss* (Rückwirkung) auf das Betriebsverhalten.
- **Leerlaufkennwerte** — Kennwerte bei ausgangsseitigem Leerlauf stellen in der Regel Idealwerte dar (z.B. Leerlaufverstärkung).
- **Leerlauffestigkeit** — Bei Leerlauf ($I < I_{min}$) tritt *keine Zerstörung* (durch zu hohe Spannungen z.B. bei leistungselektronischen Stromwandlern und Schaltnetzteilen) ein, auch dazu sind bei einigen Schaltungen besondere Maßnahmen notwendig.
- **Größte Ausgangsspannung** — Größte *erreichbare* Ausgangsspannung
- **Maximale** Ausgangsspannung — Maximal *zulässige* Ausgangsspannung
- **Wirkungsgrad** — Da die Leistungen ohnehin gering sind, *spielt* der Wirkungsgrad *in der Informationstechnik keine Rolle*. Hier geht es nur um die Qualität der Signalverarbeitung. (*Ausnahme*: Endverstärker mit hohen Ausgangsleistungen sind nur mit gutem Wirkungsgrad akzeptabel.) *In der Energietechnik die entscheidende Kenngröße.*

Durch die sehr unterschiedliche Bewertung der Betriebszustände insbesondere aus der Sicht der Informationstechnik (und Elektronik) und der Energietechnik (und Leistungselektronik) kann keine einheitliche Betrachtung erfolgen und es gibt keine einheitliche Denkweise. Das trug mit zur Spezialisierung und zu verschiedenen Fachrichtungen in der Elektrotechnik bei.

9.1.3 Messungen am Grundstromkreis

Messung 1

Es soll im Messlabor die Kennlinie eines aktiven Zweipols ermittelt werden.
Der aktive Zweipol wird zur Verdeutlichung des prinzipiellen Verhaltens in diesem Versuch
durch ein geregeltes Netzteil (R_i wird durch die Regelung null) und einen zusätzlichen
Innenwiderstand simuliert.

Versuchsaufbau:

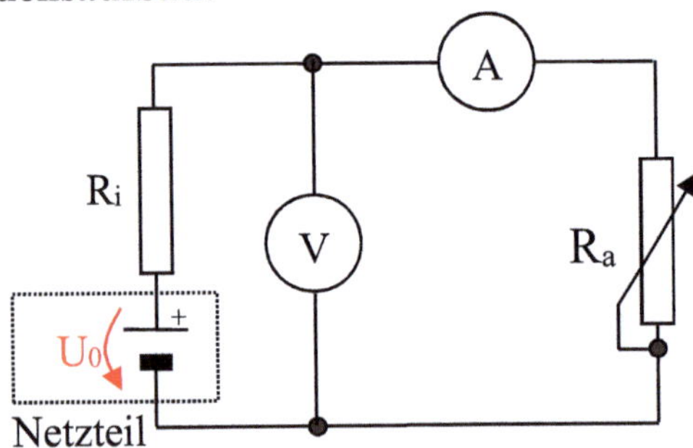

Abb. 9.8: Schaltung des Versuchsaufbaus

Hinweis: Betrachten Sie den Widerstand des Amperemeters als Bestandteil von R_a. Es ist zu
berücksichtigen, dass aber **nur** R_a selbst zu null geregelt werden kann.

Versuchsdurchführung:

Für das Netzteil wird die vorgesehene Spannung als U_0 eingestellt. (Die Strombegrenzung ist
so zu wählen, dass sie während des Versuches nicht einsetzt.) Der vorgegebene
Innenwiderstand ist außen anzuschließen.

Folgende Messungen und Aufgaben sind durchzuführen:

1. Messen von Klemmenspannung und -strom bei $U_0 = 10$ V und $R_i = 50\ \Omega$.
2. Grafische Darstellung der Kennlinie $U = f(I)$ aus den Messwerten.
3. Grafische Darstellung von U, I, U_i, P_a, P_i und η als Funktion des Außenwiderstandes durch
   Berechnung aus den Messwerten (inklusive der Berechnung von R_a).
4. Vergleich der beiden Darstellungen mit aus Bauelementeparametern berechneten Kurven.
5. Erläutern Sie, welche Messpunkte der Kennlinie in diesem Versuch direkt ermittelt werden
   können und welche Genauigkeit dabei erreicht wird. Welche Fehlereinflüsse sind relevant?

Zusatzuntersuchung: Vergleich mit Kennlinien bei kleinerem U_0 und bei größerem R_i.

Zusammenfassung der Versuchsergebnisse:

1. Es ist deutlich, dass die Kennlinie $U = f(I)$ eine Gerade ist.
2. Die Ergebnisse bestätigen die in Abschnitt 9.1.1 gezeigten Zusammenhänge.
3. Die Lehrlaufspannung kann mit modernen Messgeräten praktisch ohne Fehler bestimmt
   werden. Der Kurzschlussstrom ist durch den Spannungsabfall am Amperemeter nur kurz
   vor einem vollständigen Kurzschluss zu ermitteln. Die Kurve darf aber bis zum völligen
   Kurzschluss weiter interpoliert werden.

Messung 2

Es sollen im Messlabor die Kennlinien verschiedener realer aktiver und passiver Zweipole
ermittelt werden.

Versuchsaufbau:

Entwerfen Sie die jeweilige Messschaltung
Hinweis: Erkunden Sie vor Messbeginn notwendige und einschränkende Parameter.

Versuchsdurchführung:

Als Testquelle kann das Netzteil genutzt werden. (Die Strombegrenzung ist so zu wählen,
dass eine Schutzfunktion für Bauelemente und Messgeräte entsteht.) Als Testlast werden
veränderbare Ohm'sche Widerstände eingesetzt.

Folgende Messungen und Aufgaben sind durchzuführen:

1. Messung und grafische Darstellung der Kennlinie $U = f(I)$ und $P = f(I)$ eines
   Audioverstärkers (ca. 5 bis 7 Messpunkte gleichmäßig bis zum Nennstrom verteilen)
   Hinweis: Der Nennstrom errechnet sich aus dem minimalen Lautsprecherwiderstand bei
   Nennausgangsleistung laut „Technischer Daten". Für das Testeingangssignal
   wird ein Funktionsgenerator mit ca. 300 Hz genutzt. Die Größe des
   Testeingangssignals ist entsprechend dem Bereich der Eingangsspannung laut
   „Technischer Daten" zu wählen. Die Eingangsspannung sowie die Stellung des
   Lautstärkereglers müssen für die Kennlinie konstant gehalten werden.
   Zusatzuntersuchung: Vergleich der Kennlinie mit der einer geringeren
   Eingangssignalaussteuerung

2. Messung und grafische Darstellung der Kennlinien $U = f(I)$ und $P = f(I)$ eines Solarpanels
   (ca. 7 Messpunkte von Kurzschluss bis Leerlauf, davon drei nahe am Maximum-Power-
   Point MPP)
   Hinweis: Das Feststellen des MPP ist während der Messung durch sofortige
   Leistungsberechnung erreichbar. Die Beleuchtung ist während der Messung
   konstant zu halten.
   Zusatzuntersuchung: Vergleich der Kennlinie mit der einer geringeren Beleuchtung

3. Messung und grafische Darstellung der Kennlinie $U = f(I)$ einer 6-V-Glühlampe (ca. 5 bis
   7 Messpunkte bis zur Nennspannung gleichmäßig verteilen)
   Hinweis: Die Temperaturveränderung abwarten; sie tritt sehr schnell ein. Nicht unnötig
   hoch- und herunterregeln.

4. Messung und grafische Darstellung der Kennlinie $U = f(I)$ einer Halbleiterdiode mit der
   Nennbelastung $I_{nenn} = 3A$ (nur Durchlassbereich, ca. 5 bis 7 Messpunkte bis zum
   Nennstrom gleichmäßig verteilen)

Zusammenfassung der Versuchergebnisse:

1. Es ist offensichtlich, dass diese Kennlinien z.T. große Nichtlinearitäten aufweisen.
2. Die Ergebnisse verdeutlichen, dass Kennlinien das Betriebsverhalten günstig darstellen
   und somit ein wichtiges Hilfsmittel sind, um einen optimalen Einsatz zu erreichen.

9.1.4 Übungsaufgaben zu Anwendungen des Grundstromkreises

Aufgabe 9.1

Eine Starterbatterie (Bleiakku) hat eine Leerlaufspannung von 12 V. Während des Startvorgangs fließen 160 A und die Klemmenspannung fällt auf 11 V ab (Zahlen leicht gerundet).
  1) Bestimmen Sie den Innenwiderstand der Ersatzschaltung.
  2) Stellen Sie die Kennlinie der Starterbatterie grafisch dar.
  3) Bestimmen Sie den Bereich der Kennlinie der praktisch nutzbar ist, wenn ein Strom von 200 A nicht überschritten werden darf.
  4) Zeigen Sie diesen Bereich in der Darstellung für P und P_i als $f(R_a)$ in Bezug auf P_{max}.

Aufgabe 9.2

An den Klemmen einer Blockbatterie werden $U_1 = 7{,}5$ V und $I_1 = 0{,}3$ A bei Belastung mit R_1 gemessen. Bei Belastung mit R_2 werden $U_2 = 8{,}5$ V und $I_2 = 0{,}1$ A gemessen.
  1) Bestimmen Sie die Leerlaufspannung und den Innenwiderstand der Ersatzschaltung der Blockbatterie.
  2) Begründen Sie, warum die zwei Messpunkte ausreichen, um Aufgabenteil 1) zu beantworten.

Aufgabe 9.3

An einem Audioverstärker kann mit Lautsprechern von 4 Ω eine Nennleistung von 80 W pro Kanal erreicht werden. Bei Betrieb mit Lautsprechern von 8 Ω können nur 50 W entnommen werden.
  1) Berechnen Sie den Innenwiderstand eines Ausgangs des Audioverstärkers, wenn dieser im betrachteten Bereich konstant ist.
  2) Untersuchen Sie die Ausgangsleistung bei 8 Ω, wenn die Ausgangsspannung wie bei 4 Ω auch bei 8 Ω noch vorhanden wäre (ähnlich unmittelbarer Leerlaufnähe)?

Aufgabe 9.4

Ein Netzgerät ist auf die Spannung $U_0 = 10$ V und die Strombegrenzung $I_{max} = 0{,}5$ A eingestellt. Die Regelung bewirkt, dass für $I < I_{max}$ die Klemmenspannung konstant gehalten wird. Danach erfolgt eine Umschaltung der Regelung, es wird $I = I_{max}$ konstant gehalten und die Spannung nimmt bei einer weiteren Verkleinerung des Belastungswiderstandes ab. Stellen Sie die Kennlinie des Labornetzgeräts grafisch dar.

Aufgabe 9.5

An einem Solarpaneel wurden die folgenden Messpunkte ermittelt.

U/V	21,7	20,5	19	17,5	10	5	0
I/A	0	0,5	1,5	3,0	3,2	3,3	3,4

  1) Stellen Sie die Kennlinie $U = f(I)$ grafisch dar.
  2) Stellen Sie die Kennlinie $P = f(I)$ grafisch dar.
  3) Bestimmen Sie den Maximum-Power-Point (MPP)
  4) Erläutern Sie anhand der Kennlinie die Bedeutung des MPP.

9.2 Netzwerke – verzweigte und vermaschte Schaltungen

9.2.1 Analyse verzweigter und vermaschter Schaltungen

> Verzweigte und vermaschte Schaltungen besitzen *mehrere Knotenpunkte* (Verzweigungen) **und** somit *mehrere Maschen* (geschlossene Stromkreise).

Zur Berechnung dieser Schaltungen (oder auch Netzwerke) ist es für die Auswahl der günstigsten Methode sinnvoll, folgende Aspekte zu betrachten:

1. Besitzt das Netzwerk eine oder mehrere Quellen?
2. Erfordert die Lösung der Aufgabe die Berechnung von Strom und/oder Spannung an einem oder mehreren bzw. allen Elementen der Schaltung?

Aus den Kapiteln 4 bis 6 stehen folgende Gesetze und Gleichungen für diese Berechnungen zur Verfügung:

1. Gesetze, die *ohne Einschränkungen* gelten, sind
   - die Kirchhoff'schen Sätze – Maschensatz und Knotenpunktsatz sowie
   - die Strom-Spannungs-Beziehung an den Bauelementen R, C und L (gegebenenfalls einschließlich ihrer Nichtlinearitäten).
2. Gesetze, die *nur für lineare Bauelemente* gelten bzw. abgeleitet wurden, sind
   - die Stromteilerregel,
   - die Spannungsteilerregel und
   - die Gleichungen zur Reihen- und Parallelschaltung von Elementen.

Darüber hinaus können weitere Denkweisen zusätzliche Möglichkeiten erschließen, z.B.
   - das Überlagerungsprinzip (siehe Abschnitt 9.3),
   - die Zusammenfassung zu Ersatzschaltungen (siehe Abschnitt 9.4),
   - die Einführung von Maschenströmen bzw. Knotenspannungen (siehe Abschnitt 9.6) oder
   - die Rechnersimulation (siehe Abschnitt 9.5).

Im Netzwerk bedeuten
   - Zweige: Schaltungsteil von einem Knoten zu dem nächsten
   - Maschen: ein beliebiger einfacher geschlossener Umlauf über verschiedene Zweige

> Praxistipp: Sind mehrere Quellen vorhanden und sollen alle Ströme und Spannungen ermittelt werden, bietet sich eine **Berechnung mit den Kirchhoff'schen Sätzen** an.

Die Vorgehensweise soll an einem Beispiel dargestellt werden.

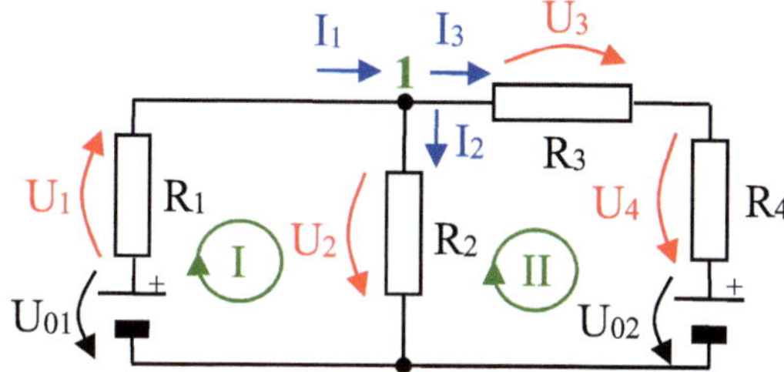

Abb. 9.9: Beispiel für ein Netzwerk

In Abb. 9.9 könnte vereinfacht der Vorgang bei der Starthilfe für einen PKW dargestellt sein. Dann wären R_2 der Widerstand des Anlassers, R_3 der Widerstand des Starthilfekabels sowie rechts und links die beiden PKW-Akkus.

Gegeben (bekannt) sind die Schaltung und ihre Bauelemente mit ihren Parameter (in Abb. 9.9 als U_{0x} und R_x dargestellt).

1. **Schritt der Berechnung**: Es müssen alle Ströme und Spannungen gewählt und bezeichnet werden [85]. (In Abb. 9.9 mit geraden und gebogenen Pfeilen geschehen.) **Achtung**: An einem Bauelement kann nur entweder der Strom oder die Spannung gewählt werden; die jeweils andere Größe ist danach durch die Zählpfeilregeln festgelegt!

   Praxistipp: In jedem Zweig den Strom wählen und danach alle Spannungen in diesem Zweig nach den Zählpfeilregeln hinzufügen.

2. **Schritt der Berechnung**: Es müssen die unabhängigen Knoten bestimmt werden. Diese ergeben sich aus der Anzahl der wirklichen Knoten minus Eins. Wirkliche Knoten sind solche, von denen nur Zweige mit wenigstens einem Element ausgehen.

   Praxistipp: Aus Gründen der Zeichnung angeordnete Knoten, die mit einem Kurzschluss direkt verbunden sind, zusammenfassen!

   In Abb. 9.9 sind zwei Knoten, folglich ist nur ein Knoten unabhängig.

3. **Schritt der Berechnung**: Es müssen die unabhängigen Maschen bestimmt werden.

   Praxistipp: Deren Anzahl folgt am einfachsten aus der Anzahl der Zweige (zwischen wirklichen Knoten) minus der Anzahl der unabhängigen Knoten.

   In Abb. 9.9 gibt es drei Zweige minus einen unabhängigen Knoten gleich zwei unabhängige Maschen [86].

4. **Schritt der Berechnung**: Es müssen die unabhängigen Knoten und Maschen gewählt, bezeichnet und die Gleichungen aufgestellt werden. In Abb. 9.9 wurden der gewählte Knoten durch eine „1" und die gewählten Maschen mit I und II sowie Umlaufrichtung gekennzeichnet. Es hätte genauso gut der andere Knoten gewählt werden können, dann fließen alle Ströme an dem Knoten in die entgegengesetzte Richtung (ergibt dieselbe Gleichung, deshalb nur ein unabhängiger Knoten). Genauso gut könnte die große Masche anstelle einer der anderen gewählt werden.

   Praxistipp: Richtlinie ist lediglich, dass die Gleichungen so wenige Terme wie möglich beinhalten sollten.

$$\begin{array}{lll} 1 & I_1 & = I_2 + I_3 \\ \text{I} & 0 & = U_1 + U_2 - U_{01} \\ \text{II} & 0 & = U_3 + U_4 + U_{02} - U_2 \end{array} \qquad (\,9.5\,)$$

Durch Einsetzen der Ströme entsprechend der jeweiligen Strom-Spannungs-Beziehung und Ordnen nach den unbekannten Strömen folgt ein lineares eindeutig lösbares Gleichungssystem mit konstanten Koeffizienten (bei linearen Bauelementen) [87].

$$\begin{array}{ll} \begin{array}{lll} 1 & 0 & = I_1 - I_2 - I_3 \\ \text{I} & U_{01} & = R_1 I_1 + R_2 I_2 \\ \text{II} & U_{02} & = R_2 I_2 - (R_3 + R_4)I_3 \end{array} & \begin{array}{l} \text{Mit dem Gaus'schen Algorithmus besser} \\ \begin{array}{lll} 1 & 0 = I_1 & -I_3 \;\; -I_2 \\ \text{II} & U_{01} = R_1 I_1 & +0 \;\; +R_2 I_2 \\ \text{I} & U_{02} = 0 - (R_3 + R_4)I_3 +R_2 I_2 \end{array} \end{array} \end{array} \qquad (\,9.6\,)$$

---

[85] Die Namensgebung kann beliebig erfolgen, muss aber eindeutig sein.

[86] Tiefergehende Darlegungen sind der Literatur, z.B. (Lun91 S. 50-94), zu entnehmen.

[87] Beachte, dass bei der erfolgten Namensgebung $U_4 = R_4 I_3$ ist.

5. **Schritt der Berechnung**: Lösen des Gleichungssystems mit aus der Mathematik bekannten Verfahren. In diesem Beispiel soll die Kramer'sche Regel angewendet werden, weil sie einen eindeutigen Algorithmus besitzt. Dazu wird (9.6) in Matrizendarstellung umgeformt (vergleiche Abschnitt 8.1).

$$\begin{pmatrix} 0 \\ U_{01} \\ U_{02} \end{pmatrix} = \begin{pmatrix} 1 & -1 & -1 \\ R_1 & R_2 & 0 \\ 0 & R_2 & -(R_3 + R_4) \end{pmatrix} \cdot \begin{pmatrix} I_1 \\ I_2 \\ I_3 \end{pmatrix}$$

Mit dem Gaus'schen Algorithmus wird

$$
\begin{aligned}
& 0 = I_1 - I_3 - I_2 \\
\mathrm{II} - 1 \cdot R_1 = \mathrm{II}' \quad & U_{01} = 0 + R_1 I_3 + (R_1 + R_2) I_2 \\
\mathrm{I} + \frac{(R_3 + R_4)}{R_1} \cdot \mathrm{II}' \quad & U_{02} + \frac{(R_3 + R_4)}{R_1} U_{01} = 0 + 0 + \left[R_2 + \frac{(R_1 + R_2)(R_3 + R_4)}{R_1} \right] \cdot I_2
\end{aligned}
$$

$$(9.7)$$

Dabei stehen links der Spaltenvektor der bekannten Werte und rechts die Koeffizientenmatrix multipliziert mit dem Spaltenvektor aus den unbekannten Werten. Aus der Koeffizientenmatrix kann die Koeffizientendeterminante geschrieben und ausgerechnet werden (siehe Abschnitt 8.1).

$$D = \begin{vmatrix} 1 & -1 & -1 \\ R_1 & R_2 & 0 \\ 0 & R_2 & -(R_3 + R_4) \end{vmatrix} = -R_2(R_3 + R_4) + 0 - R_1 R_2 - 0 - 0 - (R_3 + R_4)R_1$$

Wird in der Koeffizientendeterminante die zweite Spalte durch die bekannten Werte ersetzt, folgt die Determinante D_2.

$$D_2 = \begin{vmatrix} 1 & 0 & -1 \\ R_1 & U_{01} & 0 \\ 0 & U_{02} & -(R_3 + R_4) \end{vmatrix} = -U_{01}(R_3 + R_4) + 0 - R_1 U_{02} - 0 - 0 - 0$$

Die Unbekannte I_2 ergibt sich aus

$$I_2 = \frac{D_2}{D} ,$$

$$(9.8)$$

und I_2 wird im vorliegenden Beispiel

Mit dem Gaus'schen Algorithmus gleiches Ergebnis

$$I_2 = \frac{-U_{01}(R_3 + R_4) - U_{02} R_1}{-R_2(R_3 + R_4) - R_1 R_2 - R_1(R_3 + R_4)} = \frac{U_{01}(R_3 + R_4) + U_{02} R_1}{(R_1 + R_2)(R_3 + R_4) + R_1 R_2} \cdot$$

$$(9.9)$$

Die anderen Ströme werden auf analoge Weise berechnet.
War der Strom am Anfang in die falsche Richtung gewählt worden, ergibt sich ein negativer Zahlenwert, was exakt dem richtigen Ergebnis entspricht.

Praxistipp: Auf keinen Fall sollte während der Rechnung die Wahl geändert werden, das führt fast sicher zu Fehlern.

Die Spannungen können anschließend einfach durch die jeweilige Strom-Spannungs-Beziehung bestimmt werden.

Im Falle von nichtlinearen Koeffizienten ist im Allgemeinen nur eine Lösung mit Rechnersimulation (siehe Abschnitt 9.5) Erfolg versprechend.

Bei zeitabhängigen Größen ergibt sich ein Differentialgleichungssystem, was dementsprechend gelöst werden muss (siehe Abschnitt 11).

Praxistipp: Ist nur eine Quelle vorhanden und nur ein interessierender Strom bzw. eine Spannung zu ermitteln, bietet sich eine **Berechnung mit den Teilerregeln, den Regeln zur Reihen- und Parallelschaltung sowie den Strom-Spannungs-Beziehungen** an. Dazu müssen diese eventuell mehrfach angewendet werden.

Ein Beispiel soll das Vorgehen verdeutlichen.

In Abb. 9.10 könnte vereinfacht an einen Audioverstärker (U_0 und R_i) [88] ein Lautsprecher (R_{L1}) direkt und ein zweiter (R_{L2}) über ein längeres Kabel (R_K) angeschlossen sein. Gegeben (bekannt) sind die Schaltung und ihre Bauelemente mit ihren Parametern (in Abb. 9.10 als U_0 und R_x dargestellt). Gesucht wird die Spannung an R_{L2}. Dazu bietet sich die Spannungsteilerregel an.

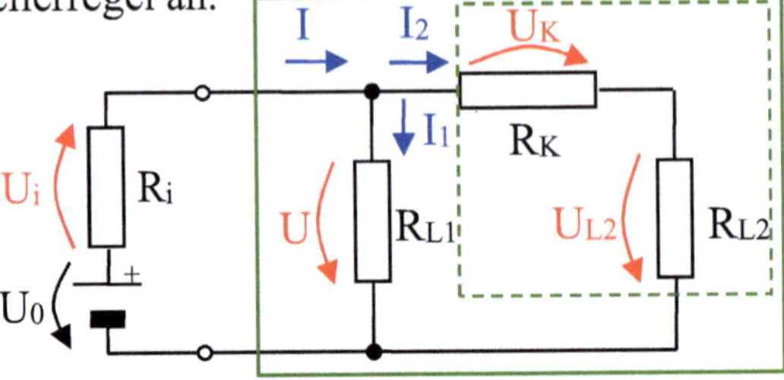

Abb. 9.10: Beispiel für ein Netzwerk mit einer Quelle

1. **Schritt der Berechnung**: Es müssen alle Ströme und Spannungen bezeichnet werden [89].

   Praxistipp: Bei nur einer Quelle wird am sinnvollsten physikalisch richtig bezeichnet.

   (In Abb. 9.10 mit geraden und gebogenen Pfeilen geschehen.)

2. **Schritt der Berechnung**: Es wird entweder ausgehend vom gesuchten Element oder von der Quelle eine reine Reihenschaltung ermittelt. (In Abb. 9.10 ist ausgehend vom gesuchten Element die reine Reihenschaltung mit einem gestrichelten Kasten versehen worden.) Dafür gilt:

$$\frac{U_{L2}}{U} = \frac{R_{L2}}{R_{L2} + R_K}.$$

   Praxistipp: Nur die Elemente der reinen Reihenschaltung teilen die an ihnen anliegende Spannung unter sich auf.

3. **Schritt der Berechnung**: Es kann, da die Aufteilung zwischen R_K und R_{L2} geklärt ist, der mit einem Kasten umrandete Schaltungsteil zu einem Widerstand zusammengefasst und noch einmal die Spannungsteilung angewandt werden.

$$\frac{1}{R_{L1KL2}} = \frac{1}{R_{L1}} + \frac{1}{R_K + R_{L2}} \qquad R_{L1KL2} = \frac{R_{L1}(R_K + R_{L2})}{R_{L1} + R_K + R_{L2}}$$

Nun liegt wieder eine reine Reihenschaltung von R_i und R_{L1KL2} vor und es werden

$$\frac{U}{U_0} = \frac{R_{L1KL2}}{R_i + R_{L1KL2}} \qquad \text{und}$$

$$\frac{U_{L2}}{U_0} = \frac{U_{L2}}{U}\frac{U}{U_0} = \frac{R_{L1}R_{L2}}{R_i R_{L1} + (R_i + R_{L1})(R_K + R_{L2})}.$$

$$(\,9.10\,)$$

   Praxistipp: Die Berechnung kann auch mit der Stromteilerregel erfolgen.

---

[88] Da die Frequenz im Beispiel unwichtig ist, reicht eine Gleichstromuntersuchung.
[89] Die Namensgebung kann wiederum beliebig erfolgen, muss aber eindeutig sein.

1. **Schritt der Berechnung**: Es müssen alle Ströme und Spannungen bezeichnet werden (wie oben).

2. **Schritt der Berechnung**: Es wird der gestrichelte Schaltungsteil zusammengefasst ($R_{KL2}=R_K+R_{L2}$), er stellt dann eine reine Parallelschaltung mit R_{L1} dar.

> Praxistipp: Nur die Elemente der reinen Parallelschaltung teilen den durch sie fließenden Strom unter sich auf.

$$\frac{I_2}{I} = \frac{R_{L1KL2}}{R_{KL2}} = \frac{R_{L1} \| R_{KL2}}{R_{KL2}}$$

3. **Schritt der Berechnung**: Aus der Sicht der Quelle wird R_{ges} und damit dann I berechnet.

$$R_{ges} = R_i + R_{L1} \| R_{KL2}$$

und

$$I = \frac{U_0}{R_{ges}} = \frac{U_0(R_{L1} + R_K + R_{L2})}{R_i R_{L1} + (R_i + R_{L1})(R_K + R_{L2})}$$

4. **Schritt der Berechnung**: Mit der Strom-Spannungs-Beziehung an R_{L2} wird U_{L2} bestimmt.

$$U_{L2} = I_2 R_{L2} = I \frac{I_2}{I} R_{L2} = \frac{U_0 R_{L1} R_{L2}}{R_i R_{L1} + (R_i + R_{L1})(R_K + R_{L2})}$$

Das Ergebnis stimmt mit (9.10) überein. Ist R_i vernachlässigbar klein, wird

$$U_{L2} = \frac{U_0 R_{L2}}{R_K + R_{L2}} \quad , \text{dagegen} \quad U_{L1} = U_0 .$$

Daraus ist zu erkennen, dass der Kabelwiderstand möglichst klein gegenüber dem Lautsprecherwiderstand sein muss, damit Lautsprecher zwei gleich „laut" sein kann.

> Praxistipp: Lautsprecherwiderstände bewegen sich heute zwischen 2 und 4 Ω, somit müssen für Lautsprecher sehr gute Kabel benutzt werden.

Diese Art der Berechnung erfordert mehr elektrotechnisches Verständnis, dagegen etwas weniger mathematische Kenntnisse und Übung beim Lösen der linearen Gleichungssysteme.

Die Rechnung müsste, wenn mehrere Ströme und Spannungen gesucht werden, dafür jedes Mal fast komplett wiederholt werden. (Nur lineare Elemente!)

Ersatzweise kann auch **vielfach hintereinander die Strom-Spannungs-Beziehung** auf Widerstände und zusammengefasste Widerstände verwendet werden, um abwechselnd einen Strom oder eine Spannung zu bestimmen, bis man am Ziel ist.

9.2.2 Übungsaufgaben mit Beispielen zur Schaltungsberechnung

Aufgabe 9.6

Zwei Blockbatterien wurden parallel geschaltet, um eine Last ausreichend zu versorgen. Durch unterschiedliche Ladezustände sind U_{01}, U_{02} sowie R_{i1}, R_{i2} nicht gleich.

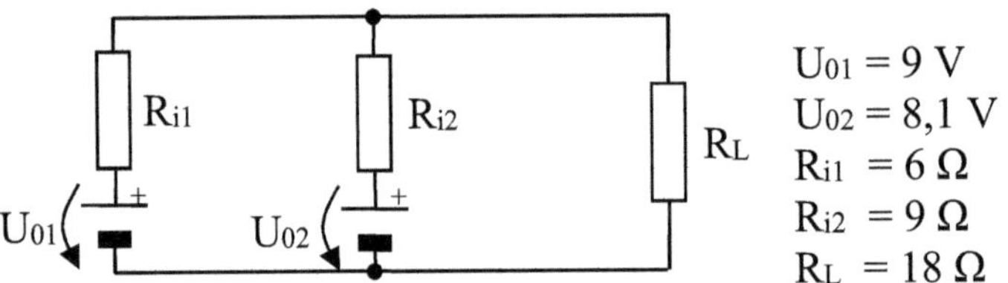

$U_{01} = 9$ V
$U_{02} = 8{,}1$ V
$R_{i1} = 6$ Ω
$R_{i2} = 9$ Ω
$R_L = 18$ Ω

Abb. 9.11: Schaltung für Aufgabe 9.6

1) Bestimmen Sie den Strom durch R_L und den jeweiligen Anteil der beiden Quellen.
2) Bestimmen Sie die Batterieströme unter der Voraussetzung, dass beide 9 V und $R_i = 6$ Ω hätten.

Hinweis: Berechnen Sie mit den Kirchhoff'schen Sätzen alle drei Ströme.

Aufgabe 9.7

Eine alte Außenlichterkette besteht aus drei parallel geschalteten Reihen von je sieben Lampen und ist an eine Quelle angeschlossen.

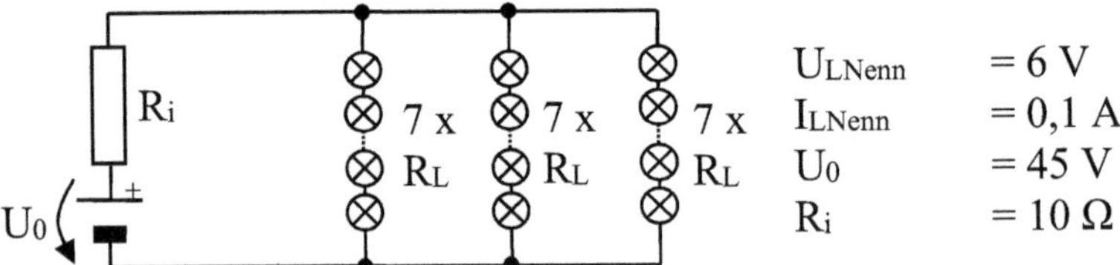

$U_{LNenn} = 6$ V
$I_{LNenn} = 0{,}1$ A
$U_0 = 45$ V
$R_i = 10$ Ω

Abb. 9.12: Schaltung der Lichterkette

1) Bestimmen Sie R_L und den durch eine Lampe fließenden Strom im Normalfall.
2) Bestimmen Sie die Veränderung des Stroms, wenn in einer Reihe zwei Lampen ausfallen (bei guten Ketten erhalten die Lampen dabei einen Kurzschluss, die restlichen Lampen leuchten weiter und zeigen so die ausgefallenen an.)

Hinweis: Benutzen Sie die Stromteilerregel.

Aufgabe 9.8

Bei Schaltungen, in denen Brückenzweige enthalten sind, gibt es keine reinen Reihen- oder Parallelschaltungen. Diese Schaltungen wären nur mit den Kirchhoff'schen Sätzen berechenbar. Abhilfe schafft die Stern-Dreieck-Umformung [90].

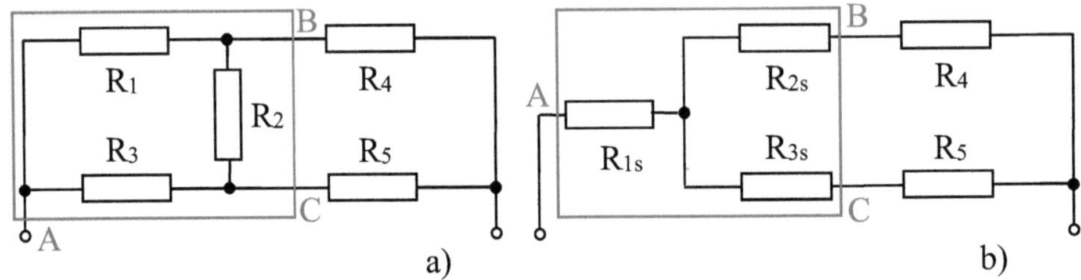

Abb. 9.13: a) Brückenschaltung als Dreieckschaltung; b) Sternschaltung

In Abb. 9.13 a) können keine reinen Reihen- und Parallelschaltungen angegeben werden, in b) sind diese nach Umformung in Sternschaltung deutlich sichtbar.

---

[90] Dreieck- und Sternschaltung sind zwei mögliche Anordnungen von Bauelementen zwischen drei Anschlüssen. Sie sind keineswegs an Drehstrom gebunden.

Bestimmen Sie R_{1s}, R_{2s} und R_{3s} bei gegebenen R_1, R_2 und R_3.

Hinweis: Alle Ströme in die Klemmen A, B und C sowie alle Spannungen zwischen je zwei Klemmen müssen bei beiden Schaltungsvarianten stets gleich sein (nur dann sind die Schaltungen austauschbar). Durch Gleichsetzen der Widerstandswerte beider Varianten gesehen von A und B mit offenem C, von B und C mit offenem A sowie von C und A mit offenem B sind drei Gleichungen mit den drei unbekannten R_{1s}, R_{2s} und R_{3s} zu gewinnen.

Aufgabe 9.9

Zur Veränderung des Messbereiches eines Amperemeters wird ein Widerstand (Shunt) parallel geschaltet, damit nur ein definierter Teil des Gesamtstromes durch das Amperemeter fließt. Das Amperemeter hat einen Endausschlag von 50 µA und dabei einen Spannungsabfall von 100 mV.

Bestimmen Sie die Größe des Shunts, damit der Endausschlag 1 A beträgt.

Aufgabe 9.10

Zwei Motoren (Widerstände R_{Mot1} und R_{Mot2} von je 200 Ω) steuern eine Kamerabewegung. Zum Schutz wird der Motorstrom mit einem Messwiderstand ($R_{Mess} = 20$ Ω) gemessen, an den ein Messverstärker (Eingangswiderstand $R_{Ein} = 10$ kΩ) angeschlossen ist. Die Versorgung übernimmt eine Quelle mit $U_0 = 24$ V und $R_i = 0{,}1$ Ω.

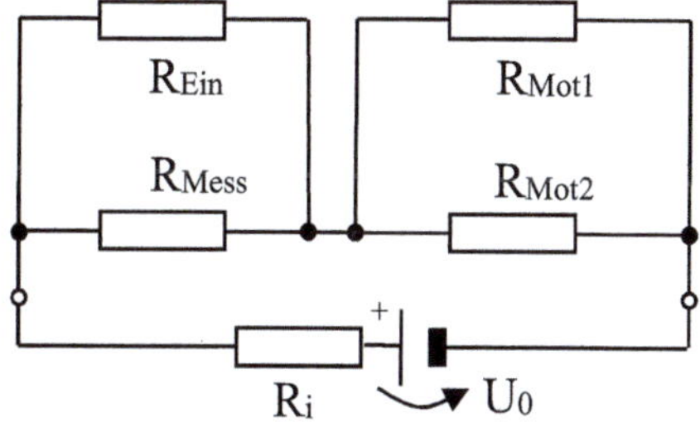

Abb. 9.14: Schaltung der Stromversorgung für die Kamerasteuerung (vereinfacht)

Bestimmen Sie den Gesamtwiderstand von U_0 aus gesehen und den Strom, den die Quelle liefern muss.

Hinweis: Widerstände mit geringerem Einfluss als 1% können vernachlässigt werden. Das ist zu begründen.

Praxistipp: Die Aufgaben verdeutlichen, dass eine Berechnung mit den Kirchhoff'schen Sätzen immer möglich ist, wenn mathematische Methoden zur Lösung des entstehenden Gleichungssystems zur Verfügung stehen.
Nur unter Einbeziehung der Stern-Dreieck-Umformung können alle Schaltungen mit Hilfe der Teilerregeln, der Regeln zur Reihen- und Parallelschaltung sowie der Strom-Spannungs-Beziehungen, solange diese linear sind, berechnet werden.

(Für Strom-Spannungs-Beziehungen mit Differentialen werden im Abschnitt 11 entsprechende Methoden behandelt.)

9.3　Überlagerungsprinzip

9.3.1　Schaltungsanalyse mit Hilfe des Überlagerungssatzes

Dem Überlagerungssatz liegt die **Denkweise** zugrunde, die *Wirkungen* jeder Quelle *einzeln zu berechnen und* anschließend zur Gesamtwirkung zu *addieren*.

Praxistipp: Das ist immer möglich, solange nur Bauelemente mit linearen Strom-Spannungs-Beziehungen vorliegen.

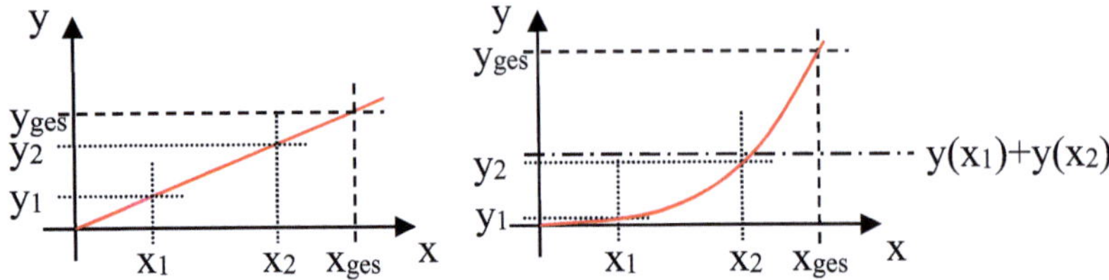

Abb. 9.15: Linearer und nichtlinearer Zusammenhang

Für einen linearen Zusammenhang gilt $y_{ges} = y(x_{ges}) = y(x_1+x_2) \equiv y(x_1) + y(x_2)$, für einen nichtlinearen Zusammenhang wird stets $y(x_1+x_2) \neq y(x_1) + y(x_2)$; vergleiche Abb. 9.15.

Die Vorgehensweise soll zum besseren Vergleich an dem entsprechenden Beispiel für I_2 dargestellt werden, das auch in Abschnitt 9.2.1 Abb. 9.9 berechnet wurde.

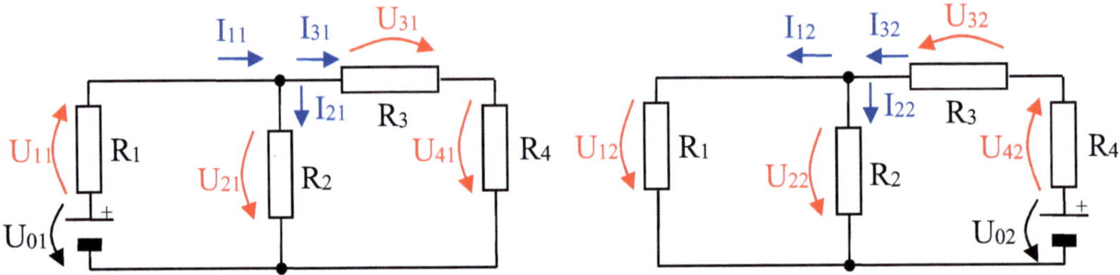

Abb. 9.16: Aufteilung in Schaltungen für jede Quelle

1. **Schritt der Berechnung**: Die Schaltung muss in Schaltungen für jede Quelle aufgeteilt werden (siehe Abb. 9.16).

   Praxistipp: Die jeweils anderen idealen ***Spannungsquellen*** werden ***durch einen Kurzschluss*** bzw. die jeweils anderen idealen ***Stromquellen durch einen Leerlauf*** ersetzt.

2. **Schritt der Berechnung**: Es müssen alle Ströme und Spannungen bezeichnet werden.

   Praxistipp: Bei nur einer Quelle wird am sinnvollsten physikalisch richtig bezeichnet.

   (In Abb. 9.16 mit geraden und gebogenen Pfeilen geschehen.)

3. **Schritt der Berechnung**: Mit den Teilerregeln, den Regeln zur Reihen- und Parallelschaltung sowie den Strom-Spannungs-Beziehungen wird für beide Schaltungen einzeln die jeweils gesuchte Größe berechnet (hier I_2). Dabei ist zu kennzeichnen, von welcher Quelle der Anteil stammt.

$$\frac{I_{21}}{I_{11}} = \frac{\frac{R_2(R_3+R_4)}{R_2+R_3+R_4}}{R_2} = \frac{R_3+R_4}{R_2+R_3+R_4} \qquad I_{11} = \frac{U_{01}}{R_1 + \frac{R_2(R_3+R_4)}{R_2+R_3+R_4}}$$

$$\frac{I_{22}}{I_{32}} = \frac{\frac{R_2 R_1}{R_1+R_2}}{R_2} = \frac{R_1}{R_1+R_2} \qquad I_{32} = \frac{U_{02}}{R_3 + R_4 + \frac{R_2 R_1}{R_1+R_2}}$$

4. **Schritt der Berechnung**: Die berechneten Anteile von jeder Quelle müssen entsprechend ihrer Richtungen addiert werden. In unserem Beispiel haben I_{21} und I_{22} die gleiche Richtung, sodass auch I_2 in diese Richtung zeigt.

$$I_2 = I_{21} + I_{22} = \frac{U_{01}(R_3 + R_4)}{R_1 R_2 + (R_1 + R_2)(R_3 + R_4)} + \frac{U_{02} R_1}{R_1 R_2 + (R_1 + R_2)(R_3 + R_4)} \qquad (\,9.11\,)$$

Das Ergebnis stimmt mit (9.9) überein. Auch hier ist zu sehen, dass diese Art der Berechnung mehr elektrotechnisches Verständnis, dagegen etwas weniger Übung beim Lösen der linearen Gleichungssysteme erfordert.

Praxistipp: Diese Denkweise ermöglicht darüber hinaus eine genaue Zuordnung der Wirkungen zu den Ursachen und insbesondere bei Quellen mit verschiedenen Frequenzen (z.B. Gleichstrom zur Versorgung und NF-Signale) eine getrennte Betrachtung und getrennte Optimierung der Schaltung.

9.3.2 Übungsaufgaben zu Anwendungen des Überlagerungssatzes

Aufgabe 9.11

Zwei Blockbatterien wurden parallel geschaltet, um eine Last ausreichend zu versorgen. Durch unterschiedliche Ladezustände sind U_{01}, U_{02} sowie R_{i1}, R_{i2} nicht gleich.

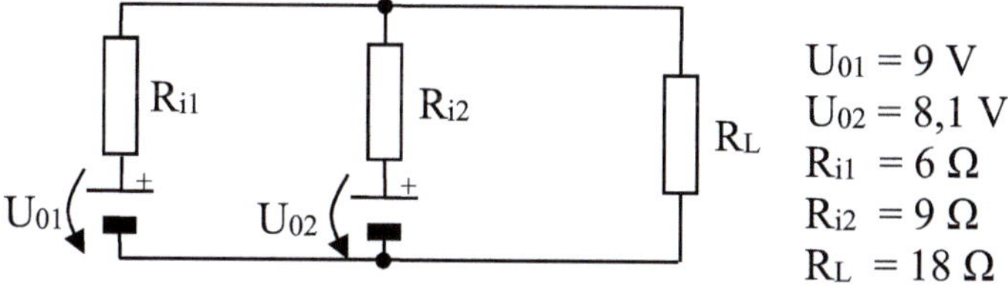

Abb. 9.17: Schaltung von Aufgabe 9.6

1) Bestimmen Sie den Strom durch R_L und den jeweiligen Anteil der beiden Quellen.
2) Bestimmen Sie die Batterieströme wenn beide Quellen 9 V und $R_i = 6\ \Omega$ hätten.

Hinweis: Berechnen Sie nach dem Überlagerungssatz beide Anteile.

Aufgabe 9.12

Gegeben ist die Schaltung einer Transistorverstärkerstufe. Die Kondensatoren haben für die vorliegende Signalfrequenz einen Widerstand von ≈ 0 und für Gleichstrom von ∞.

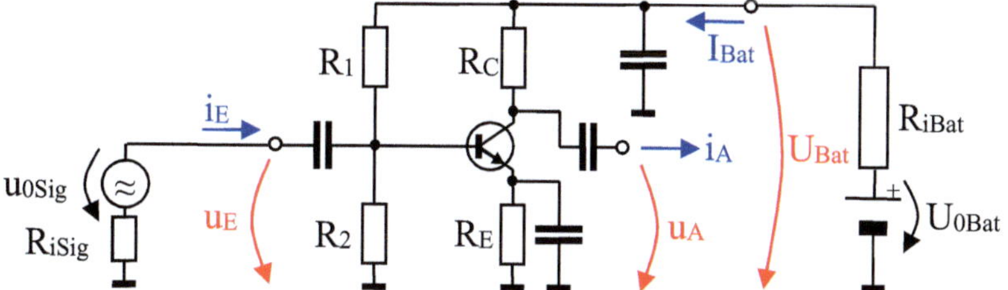

Abb. 9.18: Transistorverstärkerstufe mit Batteriespannung und Signalen

Erstellen Sie Schaltungszeichnungen für die Gleichstromversorgung (Quelle U_{0Bat}) und die Signalverstärkung (Quelle u_{0Sig}).

Hinweis: Kondensatoren mit einem Widerstand von ≈ 0 durch „Kurzschluss" ersetzen. Kondensatoren mit einem Widerstand von ∞ führen zum Wegfall des Zweiges, in dem kein Strom fließen kann.

9.4 Ersatzzweipole (Ersatzschaltungen)

9.4.1 Schaltungsanalyse mit Hilfe von Ersatzzweipolen

Der Nutzung von Ersatzschaltungen liegt die **Denkweise** zugrunde, *Schaltungsteile zusammenzufassen*, deren Details gerade nicht interessieren.

Praxistipp: Die Zusammenfassung zu einer Schaltung mit zwei Klemmen ergibt im Allgemeinen einen aktiven Zweipol, der bei linearen Bauelementen dem einfachsten aktiven Zweipol entspricht.

Die Vorgehensweise soll zum besseren Vergleich wiederum an dem Beispiel für I_2 dargestellt werden, wie in Abschnitt 9.2.1 Abb. 9.9 und in Abschnitt 9.3.1 Abb. 9.16 berechnet.

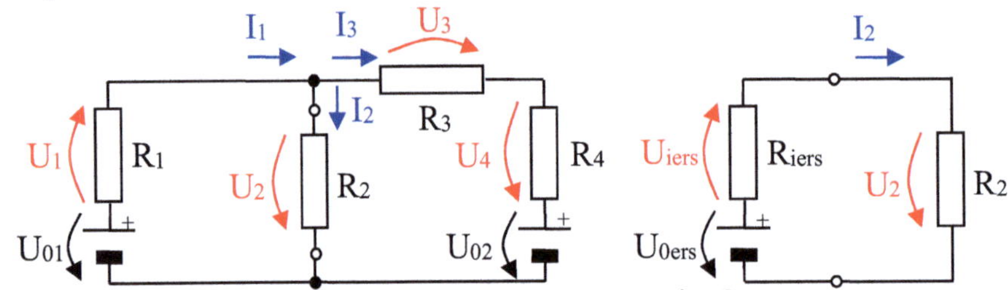

Abb. 9.19: Zusammenfassung zu einem Ersatzzweipol

1. **Schritt der Berechnung**: Die Schaltung, deren Teile zusammengefasst werden sollen, muss gekennzeichnet werden (z.B. durch Klemmen wie in Abb. 9.19). Für den Ersatzzweipol sind die beiden Parameter R_{iers} und U_{0ers} beziehungsweise alternativ für einen davon I_{kers} zu bestimmen.

2. **Schritt der Berechnung**: Bestimmung der Ersatzspannungsquelle U_{0ers} aus der Leerlaufspannung an den Klemmen (d.h., R_2 wird ∞ gesetzt).

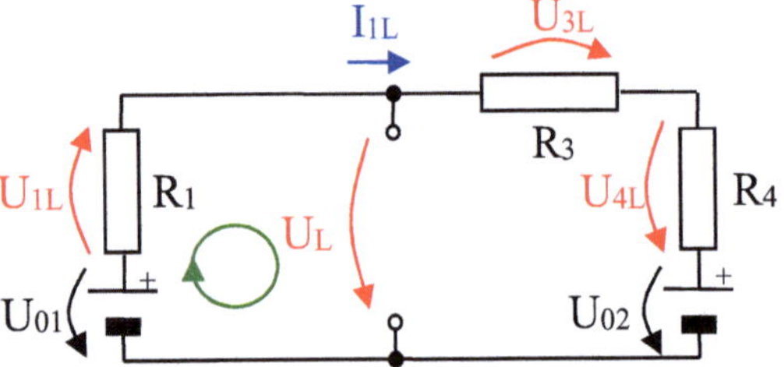

Abb. 9.20: Schaltung zur Bestimmung von U_L

Es fließt im Beispiel nur ein Strom in diesem Kreis. Dabei wird I_L durch U_{01} angetrieben und durch U_{02} gebremst.

$$I_L = \frac{U_{01} - U_{02}}{R_1 + R_3 + R_4}$$

Aus einem kleinen Maschensatz (dargestellter Umlauf) folgt U_L.

$$0 = U_{1L} + U_L - U_{01} \qquad U_L = U_{01} - I_L R_1$$

$$U_L = U_{0ers} = U_{01} - \frac{(U_{01} - U_{02})R_1}{R_1 + R_3 + R_4} = \frac{U_{01}(R_3 + R_4) + U_{02}R_1}{R_1 + R_3 + R_4}$$

3. **Schritt der Berechnung**: Bestimmung des Ersatzinnenwiderstandes R_{iers} durch Berechnung des Gesamtwiderstandes von den Klemmen aus gesehen. Dabei werden ideale Spannungsquellen durch einen Kurzschluss bzw. ideale Stromquellen durch einen Leerlauf ersetzt.

$$R_{iers} = R_1 \| (R_3 + R_4) = \frac{R_1(R_3 + R_4)}{R_1 + R_3 + R_4}$$

4. **Schritt der Berechnung**: Bestimmung von I_2 in dem entstandenen Grundstromkreis.

$$I_2 = \frac{U_{0ers}}{R_{iers} + R_2} = \frac{U_{01}(R_3 + R_4) + U_{02}R_1}{R_1R_2 + (R_1 + R_2)(R_3 + R_4)} \tag{9.12}$$

Das Ergebnis stimmt natürlich wieder mit (9.9) und (9.11) überein. Hier ist ebenfalls zu sehen, dass diese Art der Berechnung mehr elektrotechnisches Verständnis erfordert.

Praxistipp: Solches Vorgehen ist besonders nützlich, wenn der Ersatzzweipol mehrfach wieder verwendet werden kann.

9.4.2 Übungsaufgaben zur Anwendung von Ersatzzweipolen

Aufgabe 9.13

Zwei Blockbatterien wurden parallel geschaltet, um eine Last ausreichend zu versorgen. Durch unterschiedliche Ladezustände sind U_{01}, U_{02} sowie R_{i1}, R_{i2} nicht gleich.

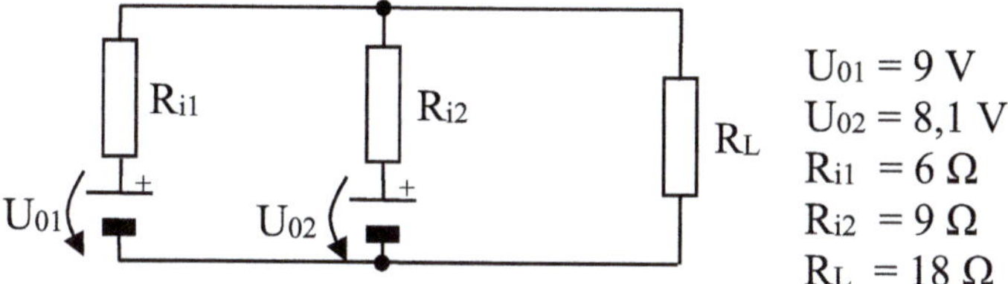

Abb. 9.21: Schaltung von Aufgabe 9.6

1) Bestimmen Sie den Strom durch R_L und den jeweiligen Anteil der beiden Quellen.
2) Bestimmen Sie die Batterieströme wenn beide Quellen 9 V und $R_i = 6\ \Omega$ hätten.

Hinweis: Berechnen Sie diesmal mit Hilfe eines Ersatzzweipols für beide Batterien.

Aufgabe 9.14

Die Bestimmung von Ersatzzweipolen für den Ein- und Ausgang der Transistorverstärkerstufe in Bezug auf die Signalquelle (entspr. Aufgabe 9.12) zeigt Abb. 9.22. Die Ersatzquelle für den Eingang kann vernachlässigt werden. Am Ausgang erscheint für den Transistor eine gesteuerte Stromquelle mit $I_C = \beta\, i_E$ (β Stromverstärkungsfaktor, i_E Eingangsstrom). (Im Beispiel sind $R_{iEin} = R_1 \| R_2 \| r_{BE} = 10\ \mathrm{k\Omega}$, $\beta = 200$ und $R_{iAus} = R_C \| r_{BE} = 5\ \mathrm{k\Omega}$.)

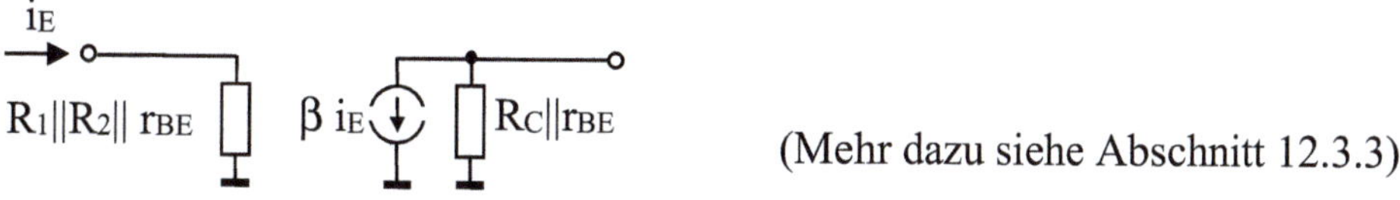

(Mehr dazu siehe Abschnitt 12.3.3)

Abb. 9.22: Ersatzschaltungen für Ein- und Ausgang der Transistorverstärkerstufe

1) Bestimmen Sie die Eingangsspannung u_E, die Leerlaufausgangsspannung u_A und die Verstärkung $v_0 = u_A/u_E$ bei $i_E = 10\ \mu A$.

2) Bestimmen Sie die Ausgangsspannung, wenn ein Widerstand von 10 kΩ den Ausgang zusätzlich belastet (z. B. eine zweite Verstärkerstufe).

9.5 Modellierung und Simulation

9.5.1 Grundlagen der Modellierung für Simulationsprogramme

Die Möglichkeiten der numerischen Lösung von Gleichungssystemen einschließlich von Differentialgleichungssystemen und nichtlinearen Bauelementen führte zur Entwicklung einer Vielzahl von Simulationsprogrammen. Diese Programme unterscheiden sich insbesondere durch die Art der Eingabe. Da auch das Aufstellen der formalen Gleichungssysteme von den Programmen mit übernommen wird, erfolgt die Eingabe in Form eines für das Programm verständlichen Modells.

Das **Modell** für ein Simulationsprogramm muss mit einer *formalen Sprache* erstellt werden. Dazu eignen sich elektrische *Schaltzeichnungen*, Block- oder *Funktionsdiagramme, Petrinetze* (jeweils mit genau festgelegten Zeichnungselementen) oder *Hardwarebeschreibungssprachen*.

Die Aufgabe besteht nun darin, ein widerspruchsfreies Modell mit den für das Programm verständlichen Sprachen zu formulieren, das der elektrischen Anlage so entspricht, als ob mit ihr experimentiert werden soll.

Praxistipp: Dafür gelten folgende Aspekte:

1. Das Modell muss stets physikalisch widerspruchsfrei sein.
2. Die Anlage sollte so stark wie möglich vereinfacht und auf die wesentlichen Funktionen beschränkt werden, indem alles, was irgendwie vertretbar ist, vernachlässigt oder zusammengefasst wird. (Solange Punkt 1. dabei nicht verletzt wird.) *Es müssen alle im Modell vorhandenen Parameter variiert werden, wodurch sehr schnell bei anderem Vorgehen eine unübersehbare Datenflut entsteht.*
3. An den Stellen der elektrischen Anlage, die genauer untersucht werden müssen, wird schrittweise das Modell verfeinert. Jede Veränderung (Ursache) muss der entstehenden Wirkung zugeordnet werden können.
4. Das Entscheidende ist die Simulationsstrategie. (Die Simulation entspricht einem „Experiment" und alles, was nicht erprobt wird, bleibt unbekannt.) Die Strategie muss so geplant werden, dass ein vollständiger Überblick über das Verhalten der Anlage entsteht. Das Verhalten kann z.B. in Form von grafischen Darstellungen (analog zu Messkurven) beschrieben werden. Dagegen entstehen mathematische Zusammenhänge (analog zu Formeln) lediglich als Annäherung zu Messkurven.

Physikalisch widerspruchsfrei bedeutet z.B., dass Folgendes beachtet werden muss:

- Eine ideale Spannungsquelle, eine Kapazität und ein Schalter können nicht miteinander in irgendeiner Kombination parallel angeschlossen werden.
- Eine ideale Stromquelle, eine Induktivität und ein Schalter können nicht in irgendeiner Kombination zueinander in Reihe liegen.
- Eine Zeitkonstante $\tau = 0$ in rückgekoppelten Kreisen führt zu Stabilitätsproblemen bei der Berechnung.
- Es sollte die Funktion einer Schaltung nicht nur durch „zufällig" nicht vernachlässigte parasitäre oder Verlustelemente (z.B. einen Innenwiderstand der Quelle) gegeben sein.

Schon diese wenigen Bemerkungen machen deutlich, dass auch die Simulation mit einem Rechner ein *sehr gutes elektrotechnisches Verständnis* und einige *Erfahrungen* voraussetzt. Nicht zuletzt müssen die Ergebnisse *auf Plausibilität hin geprüft* und zur Nutzung *interpretiert* werden können.
(Weitergehende Darlegungen sind den Anleitungen der Programme zu entnehmen.)

Die Vorgehensweise bei der Modellierung und Simulation sollte im Weiteren praktisch kennengelernt werden.

9.5.2 Beispielaufgabe für eine Rechnersimulation

Aufgabe 9.15

Ein Akku und ein Generator arbeiten parallel (z.B. im PKW), um eine Last ohne Unterbrechung zu versorgen. Durch die ungleiche Konstruktion sind U_{01}, U_{02} sowie $\omega_1 L_{i1}$, R_{i2} nicht gleich (etwas erweiterte Aufgabe 9.6).

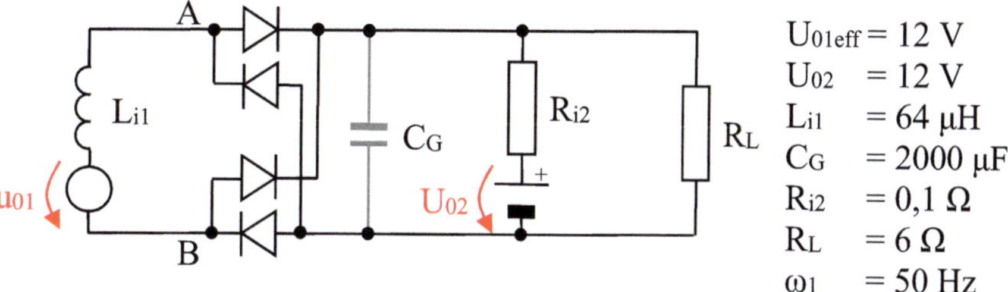

Abb. 9.23: Schaltung ähnlich Aufgabe 9.6

1) Bestimmen Sie Strom und Spannung von R_L und bei den Punkten A und B als Funktion der Zeit.
2) Bestimmen Sie die Veränderung, wenn ein Glättungskondensator C_G eingefügt wird?
Hinweis: Ideale Dioden einsetzen. Im Falle der Simulation geht der Rechner davon aus, dass im Startmoment die Quellen eingeschaltet werden.

9.6 Ausblick auf weitere Analysemethoden

Die dargestellten Methoden stellen die Basis für alle Netzwerkberechnungen dar. Sie werden durch weitere *mathematische Verfahren für die Lösung* der Gleichungssysteme sowie bei linearen Bauelementen zur *Reduzierung der Differentialbeziehungen* auf einfache algebraische Zusammenhänge ergänzt (siehe Abschnitt 10). Modifikationen der Vorgehensweise bei der Lösung mit Hilfe der Kirchhoff'schen Sätze spielen heute keine Rolle mehr. So könnte die Anzahl der entstehenden Gleichungen auf die Anzahl der unabhängigen Knoten mit der Knotenspannungsanalyse (auch Knotenpotentialanalyse) oder auf die Anzahl der unabhängigen Maschen mit der Maschenstromanalyse verringert werden (siehe Abb. 9.24).

Bei der *Knotenspannungsanalyse* wird jedem unabhängigen Knoten eine Spannung gegen den (übrig gebliebenen günstig gewählten) Bezugsknoten zugeordnet. Die Knotensätze werden nur mit den Strom-Spannungs-Beziehungen und diesen Spannungen aufgestellt. Das ergibt in Abb. 9.24 eine Gleichung.

Bei der *Maschenstromanalyse* wird jeder unabhängigen Masche ein Strom, der diese Masche umfließt, zugeordnet. Die Maschensätze werden nur mit den Strom-Spannungs-Beziehungen und der jeweiligen Summe der Ströme durch den Zweig aufgestellt. (Das ergibt in Abb. 9.24 zwei Gleichungen.)

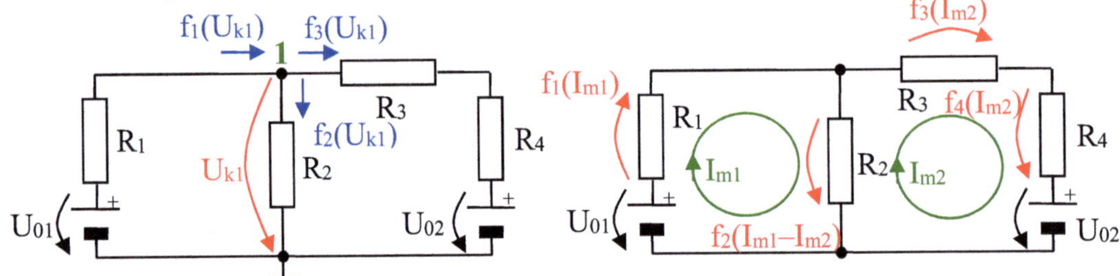

Abb. 9.24: Knotenspannungs- und Maschenstromanalyse

Die *Knotenspannungsanalyse* ist in formalisierter Form mit Matrizen in der Regel die *Grundlage der Simulationsprogramme*. (Ursprünglich waren sie wegen der geringeren Anzahl entstehender Gleichungen interessant.)

Weiterführende Darlegungen sind der Literatur (z.B. (Lun91 S. 50-94)) zu entnehmen.

10 Dritter Exkurs Mathematik

10.1 Komplexe Zahlen

Komplexe Zahlen stellen eine Erweiterung des Zahlenbereichs dar. Dazu wird die im reellen nicht lösbare $\sqrt{-1}$ als Grundlage der neuen Zahlen genutzt. In der Elektrotechnik wird dafür die **imaginäre Einheit** $j=\sqrt{-1}$ eingeführt [91]. Komplexe Größen sollen im Folgenden mit einem Unterstrich gekennzeichnet werden. Eine komplexe Zahl und die dazu konjugiert komplexe Zahl lauten:

$$\begin{aligned}
\underline{z} &= x + jy &&\text{komplexe Zahl}\\
\underline{z}^* &= x - jy &&\text{dazu konjugiert komplexe Zahl}
\end{aligned} \tag{10.1}$$

Mit dem Realteil $\mathrm{Re}(z) = x$ und Imaginärteil $\mathrm{Im}(z) = y$ wird

$$\underline{z} = \mathrm{Re}(x + jy) + j\,\mathrm{Im}(x + jy) = x + jy \,.$$

Eine weitere wichtige Darstellungsform erfolgt in **Polarkoordinaten**:

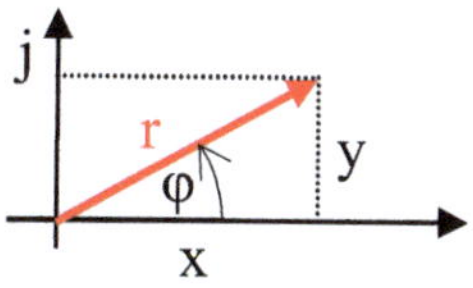

$$\underline{z} = x + j\,y = r\cos\varphi + j\,r\sin\varphi = r\,e^{j\varphi} \quad [92]$$
$$\text{mit} \quad r = \sqrt{x^2 + y^2} \quad \text{und} \quad \varphi = \arctan(y/x) \tag{10.2}$$

Abb. 10.1: Darstellung einer komplexen Zahl in kartesischen und Polarkoordinaten

10.2 Rechnen mit komplexen Zahlen

Bei einer **Addition/Subtraktion** komplexer Zahlen addieren/subtrahieren sich die Realteile zum Realteil der Summe/Differenz und gleichermaßen die Imaginärteile.

$$z = (x_1 + jy_1) + (x_2 + jy_2) - (x_3 + jy_3) = (x_1 + x_2 - x_3) + j(y_1 + y_2 - y_3)$$

Die Addition/Subtraktion kann wie bei Vektoren auch grafisch erfolgen.
Bei einer **Multiplikation** folgt [93]

$$z = (x_1 + jy_1) \cdot (x_2 + jy_2) = x_1x_2 + j(x_1y_2 + x_2y_1) - y_1y_2 \,.$$

Insbesondere wird das Produkt aus komplexer mit ihrer konjugiert komplexen Zahl:

$$z = (x + jy) \cdot (x - jy) = x^2 + y^2 \,.$$

Bei einer **Division** kann mit dem konjugiert komplexen Nenner erweitert werden, um den Realteil und den Imaginärteil explizit zu erhalten.

$$z = (x_1 + jy_1)/(x_2 + jy_2) = [(x_1 + jy_1)(x_2 - jy_2)]/[(x_2 + jy_2)(x_2 - jy_2)]$$
$$z = [(x_1x_2 + y_1y_2) + j(-x_1y_2 + x_2y_1)]/(x_2^2 + y_2^2)$$
$$z = (x_1x_2 + y_1y_2)/(x_2^2 + y_2^2) + j(-x_1y_2 + x_2y_1)/(x_2^2 + y_2^2)$$

---

[91] In der Mathematik wird als Zeichen der Buchstabe i genutzt. (In der Elektrotechnik ist i anders belegt.)
[92] Mit der Euler'schen Formel $e^{j\varphi} = \cos\varphi + j\sin\varphi$. Beim $\arctan(y/x)$ ist für den Winkel zu beachten, in welchem Quadranten y und x liegen.
[93] Beachte, dass $j \cdot j = j^2 = -1$ gilt.

© Der/die Autor(en), exklusiv lizenziert an
Springer Fachmedien Wiesbaden GmbH, ein Teil von Springer Nature 2026
E. Boeck und H. Kallies, *Lehrgang Elektrotechnik und Elektronik*,
https://doi.org/10.1007/978-3-658-50903-3_10

Praxistipp: Realteil und Imaginärteil ergeben sich genauso explizit, indem Zähler und Nenner in Polarkoordinatenform geschrieben und die Exponenten der gleichen Basis zusammengefasst werden. Das ist bei Zeitfunktionen wie $e^{j(\omega t + \varphi)}$ besonders vorteilhaft.

$$\underline{z} = \frac{(x_1 + jy_1)}{(x_2 + jy_2)} = \frac{r_1\, e^{j\varphi_1}}{r_2\, e^{j\varphi_2}} = \frac{r_1\, e^{j(\varphi_1 - \varphi_2)}}{r_2} = \frac{\sqrt{x_1^{\,2} + y_1^{\,2}}}{\sqrt{x_2^{\,2} + y_2^{\,2}}} \left(\cos(\varphi_1 - \varphi_2) + j\sin(\varphi_1 - \varphi_2)\right) \quad (\ 10.3 \ )$$

Differentiation und Integration einer komplexen Zahl in Polarkoordinatenform werden mit der Exponentialfunktion besonders einfach.

$$\frac{d}{dt}(e^{j\omega t}) = j\omega\, e^{j\omega t} \qquad \text{d.h.} \qquad \frac{d}{dt} \rightarrow j\omega \qquad \text{und}$$

$$\int e^{j\omega t}\, dt = (1/j\omega)\, e^{j\omega t} \quad \text{d.h.} \quad \int dt \rightarrow 1/j\omega \qquad\qquad (\ 10.4 \ )$$

Praxistipp: Das kann für alle sinusförmigen Ströme und Spannungen ausgenutzt werden.

Weitere detaillierte Angaben sind z.B. in (Bro79 S. 558 ff) zu finden.

10.3 Grafische Darstellung komplexer Zahlen

Komplexe Zahlen werden in einer **komplexen Ebene** als **Zeiger** [94] dargestellt. Die Ebene ist bezüglich der in ihr dargestellten Größe zu kennzeichnen. Beide Achsen dieser Ebene müssen den gleichen Maßstab haben, weil sonst Winkel verzerrt werden. (Natürlich können mehrere gleiche Größen zusammen dargestellt werden.)

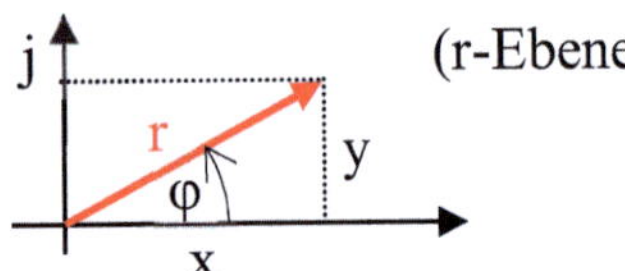

Abb. 10.2: Darstellung einer komplexen r-Ebene

Komplexe Größen können in diesen Ebenen wie bei Vektoren addiert und subtrahiert werden. Durch eine entsprechende Umwandlung werden Größen in die Ebenen anderer Größen transformiert. Z.B. wird bei der Umwandlung für eine inverse Ebene aus der Größe r expφ die inverse Größe $1/(\,r\,\exp\varphi) = (1/r)\,\exp(-\varphi)$.

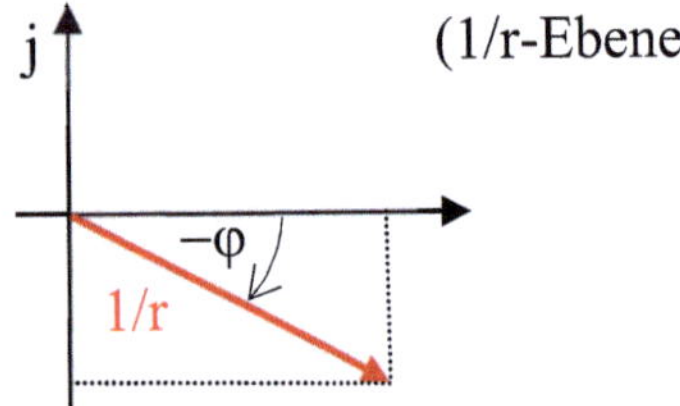

Abb. 10.3: Darstellung in der komplexen 1/r-Ebene, der inversen zur r-Ebene

Außerdem ist es günstig, mehrere Ebenen übereinander zu legen, um Winkel zu vergleichen bzw. zueinander auszurichten. Jede Ebene hat dabei ihren eigenen Maßstab je für ihre beiden Achsen.

---

[94] Der Begriff verweist auf den Unterschied zu den reellen Vektoren.

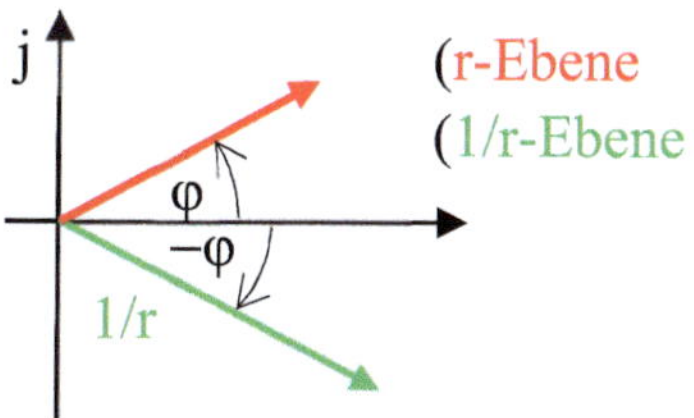

Abb. 10.4: Eine r-Ebene und eine 1/r-Ebene übereinander

Praxistipp: Das kann in der Wechselstromrechnung sehr anschaulich genutzt werden, auch ohne dabei direkt auf komplexe Größen verweisen zu müssen.

In einer komplexen Ebene werden nicht nur einzelne Größen, sondern auch Kurven wie z.B. r(t) dargestellt. Dabei verbindet die Kurve die Zeigerspitzen der Zeiger für jeden Parameter (z.B. bei r(t) den Parameter t). Der Wert des Parameters sollte an der Kurve vermerkt werden.

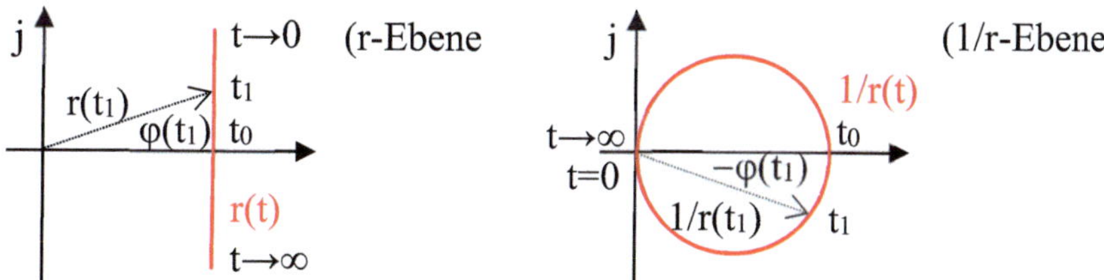

Abb. 10.5: Ortskurve r(t) (links) und deren inverse Kurve (rechts)

In Abb. 10.5 wurde jeweils der Zeiger $r(t_1)$ zur Veranschaulichung des Verfahrens skizziert. Bei der Invertierung von Kurven können folgende Regeln verwendet werden:

- Die Länge eines Zeigers wird zum Kehrwert der Länge. Damit wird der längste Zeiger in der invertierten Darstellung zum kürzesten (in Abb. 10.5 erhalten die unendlich langen Zeiger für t = 0 und t→∞ jeweils die Länge null) und der kürzeste Zeiger wird zum längsten (bei t_0).
- Winkel bekommen das entgegengesetzte Vorzeichen (in Abb. 10.5 für den Parameter t_1 zu sehen). D.h. auch, ein rein reeller Zeiger (z.B. bei t_0) bleibt rein reell.
- Kreise werden in der invertierten Darstellung wieder Kreise. Dabei ist eine Gerade ein Kreis mit dem Durchmesser unendlich.

Praxistipp: Mit einer solchen Darstellung sind Abhängigkeiten oft deutlicher erkennbar als bei einer einzelnen Darstellung der Kurven x(t) und y(t) bzw. r(t) und φ(t).

10.4 Fourierreihe

Periodische Funktionen können recht komplizierte Formen haben. Fourier hat gezeigt, dass alle beschränkten **periodischen Funktionen** als Summe reiner Sinus- und Cosinusfunktionen dargestellt werden können. Besteht die Funktion f(t) im ganzen Bereich $-\infty \leq t \leq \infty$ aus einer periodischen Wiederholung der Grundfunktion $f_p(t)$, die im Grundintervall $-T/2 \leq t \leq T/2$ mit der Periodendauer T gegeben ist, so lautet die Entwicklung in einer **Fourierreihe**:

$$f(t) = \frac{a_0}{2} + \sum_{n=1}^{\infty} \left(a_n \cos(n\,\omega\,t) + b_n \sin(n\,\omega\,t) \right) \quad \text{mit} \ \omega = \frac{2\pi}{T}. \qquad (\,10.5\,)$$

oder äquivalent

$$f(t) = \frac{a_0}{2} + \sum_{n=1}^{\infty} A_n \cos(n\,\omega\,t - \varphi_n) \quad \text{mit}\ A_n = \sqrt{a_n^2 + b_n^2}, \quad \varphi_n = \arctan\frac{b_n}{a_n} \quad {}^{95}. \qquad (\,10.6\,)$$

Die Koeffizienten a_n und b_n ergeben sich aus den Anteilen der Schwingungen von $\cos(n\omega t)$ und $\sin(n\omega t)$ an $f(t)$ im Grundintervall (dieses kann auf x auch wahlfrei angeordnet werden).

$$a_n = \frac{2}{T} \int_{-T/2}^{T/2} f(t)\cos(n\,\omega\,t)\,dt \quad \text{für } n = 0, 1, 2, \ldots$$

$$b_b = \frac{2}{T} \int_{-T/2}^{T/2} f(t)\ \sin(n\,\omega\,t)\,dt \quad \text{für } n = 1, 2, \ldots \qquad (\,10.7\,)$$

Die beiden Koeffizienten a_n für $\cos(n\omega t)$ und b_n für $\sin(n\omega t)$ realisieren zusammen die Phasenverschiebung für die n-te Schwingung entsprechend ihres Anteils in $f(x)$. Deshalb kann dafür auch die Form in (10.6) verwendet werden.

Eine neuere Schreibweise stellt eine Fourierreihe mit komplexen Größen zur Verfügung:

$$f(t) = \sum_{n=-\infty}^{\infty} \underline{c}_n\, e^{jn\omega t} \quad \text{mit}\ \ \underline{c}_n = \frac{1}{T} \int_{-T/2}^{T/2} f(t)\, e^{-jn\omega t}\,dt \quad \text{für} -\infty \le n \le \infty . \qquad (\,10.8\,)$$

Dabei werden die $\underline{c}_n$ für $n < 0$ zu $(a_{-n} + jb_{-n})/2$, für $n = 0$ zu $a_0/2$ und für $n > 0$ zu $(a_n - jb_n)/2$. Diese Form ist kompatibel zu der heute verwendeten Fouriertransformation sowie der diskreten Fouriertransformation. Weiter detaillierte Angaben sind z.B. in (Bro79 S. 659 ff).

> Praxistipp: Nach dem Übergang von $f(t)$ zu ihrer Fourierreihe kann jede vorhandene Schwingung einzeln behandelt werden.
> Für wichtige Funktionen sind die Reihenentwicklungen in Tabellen veröffentlicht.

Beispiele für wichtige Signale:

1. Cosinussignal

$f(t) = \hat{A}\cos\omega t \quad \text{mit } \omega T = 2\pi \qquad \leftrightarrow \qquad a_1 = \hat{A}$ alle anderen a_n und b_n sind 0

2. Rechtecksignal

$$f(t) = \begin{cases} \hat{A} & \text{für}\ 0 \le \omega t \le \pi \\ 0 & \text{für}\ \pi \le \omega t \le 2\pi \end{cases} \quad \text{mit Periode}\ \ \omega T = 2\pi$$

$$f(t) = \hat{A}/2 + \frac{2\hat{A}}{\pi}\left(\sin\omega t + \frac{1}{3}\sin 3\omega t + \frac{1}{5}\sin 5\omega t + \ldots \right)$$

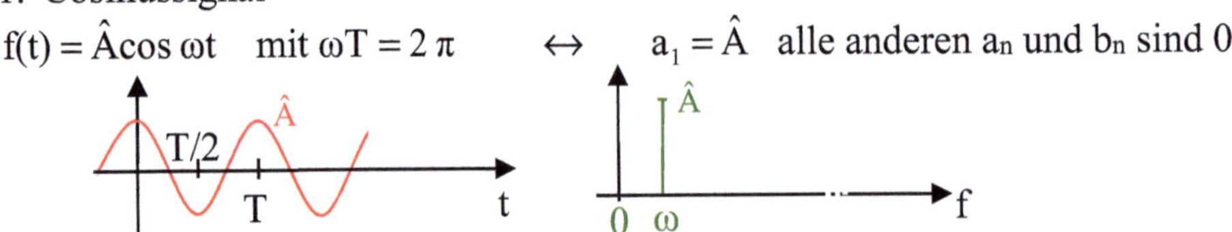

---

3. Sägezahnsignal

$f(t) = \hat{A}\, t/T$ für $0 \le t \le T$ mit Periode $\omega T = 2\pi$

$$f(t) = \hat{A}\,/2 - \frac{\hat{A}}{\pi}\left(\sin \omega t + \frac{1}{2}\sin 2\omega t + \frac{1}{3}\sin 3\omega t + ...\right)$$

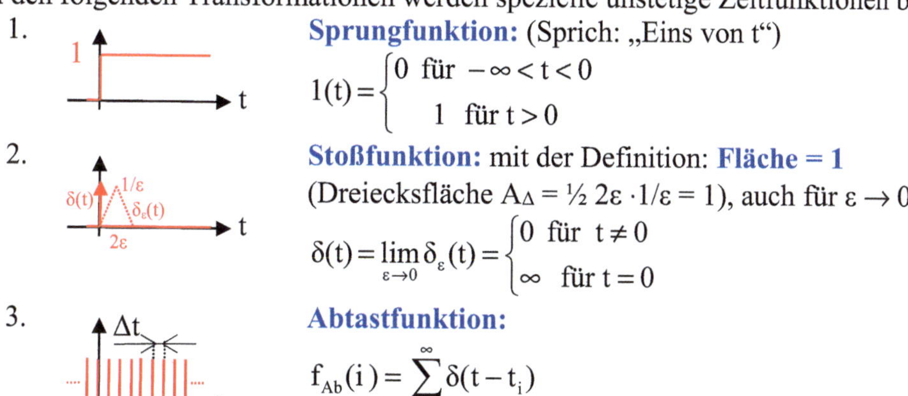

10.5 Unstetige Zeitfunktionen (Distributionen)*

Bei den folgenden Transformationen werden spezielle unstetige Zeitfunktionen benötigt.

1. **Sprungfunktion:** (Sprich: „Eins von t")

$$1(t) = \begin{cases} 0 \ \ \text{für} \ -\infty < t < 0 \\ \ 1 \ \ \text{für } t > 0 \end{cases}$$

2. **Stoßfunktion:** mit der Definition: **Fläche = 1**
(Dreiecksfläche $A_\Delta = \frac{1}{2}\, 2\varepsilon \cdot 1/\varepsilon = 1$), auch für $\varepsilon \to 0$.

$$\delta(t) = \lim_{\varepsilon \to 0} \delta_\varepsilon(t) = \begin{cases} 0 \ \ \text{für } t \ne 0 \\ \infty \ \ \text{für } t = 0 \end{cases}$$

3. **Abtastfunktion:**

$$f_{Ab}(i) = \sum_{i=-\infty}^{\infty} \delta(t - t_i)$$

Die Stoßfunktion entsteht definitionsgemäß durch Differentiation der Sprungfunktion [96]. Die Darstellung der Stoßfunktion durch ein Dreieck und den Grenzübergang mit $\varepsilon \to 0$ ist eine stark vereinfachte Form. Sprung oder Stoß erfolgt immer, wenn (t) bzw. $(t - t_i)$ zu null wird.

10.6 Fouriertransformation*

Die Weiterentwicklung hat gezeigt, dass alle beidseitig begrenzten Funktionen [97] durch unendlich viele reine Sinus- und Cosinusfunktionen dargestellt werden können. Dafür gilt, dass für $x \to \pm \infty$ jeweils $f(x) \to 0$ gehen und die Funktion selbst beschränkt sein muss (F_g steht für den geraden Anteil und F_u für den ungeraden).

$$f(t) = \int_0^\infty \left(F_g(\omega)\cos(\omega t) + F_u(\omega)\sin(\omega t)\right) d\omega \qquad \text{mit}$$

$$F_g(\omega) = \frac{1}{\pi}\int_{-\infty}^{\infty} f(t)\cos(\omega t)\, dt \qquad F_u(\omega) = \frac{1}{\pi}\int_{-\infty}^{\infty} f(t)\sin(\omega t)\, dt \tag{10.9}$$

---

[96] Dafür könnte 1(t) durch die Funktionsstücke $1(t) = x^2/2\varepsilon^2$ für $0 \le x \le \varepsilon$ und $1(t) = 2x/\varepsilon - x^2/(2\varepsilon^2) - 1$ für $\varepsilon \le x \le 2\varepsilon$ ersetzt werden und anschließend der Grenzübergang mit $\varepsilon \to 0$ erfolgen (entsprechend der vereinfachten Form für $\delta(t)$).
[97] Sie können als Grenzfall einer periodischen Funktion mit $T \to \infty$ aufgefasst werden.

Heute wird vor allem die komplexe Form der **Fouriertransformation** mit einem komplexen Spektrum genutzt.

$$f(t) = \frac{1}{2\pi} \int\limits_{-\infty}^{\infty} \underline{F}(\omega)\, e^{j\omega t}\, d\omega = FT^{-1}\{\underline{F}(\omega)\} \qquad \text{und}$$

$$\underline{F}(\omega) = \int\limits_{-\infty}^{\infty} f(t)\, e^{-j\omega t}\, dt = FT\{f(t)\}$$

$$(10.10)$$

Anstatt dieser unsymmetrischen Darstellung mit ungleichen Vorfaktoren, die insbesondere bei der Signalanalyse verwendet wird, werden auch gleiche Vorfaktoren genutzt [98]. In (10.10) bleibt die Signalleistung erhalten. In der Literatur gibt es weitere Formen der Definition der Fouriertransformation auch mit anderen oder mehreren Variablen.

Bei reellen Funktionen lasst sich aus (10.9) für gerade Funktionen ($f(-t) = f(t)$) die Cosinus- sowie für ungerade ($f(-t) = -f(t)$) die Sinustransformation ableiten.

Einige Rechenregeln:

Addition und Multiplikation	$c_1 f_1(t) + c_1 f_1(t)$	$\leftrightarrow$	$c_1 F_1(\omega) + c_2 F_2(\omega) \qquad c_i$ reell
Ähnlichkeitssatz	$f(ct)$	$\leftrightarrow$	$(1/c)\, F(\omega/c)$
Verschiebung im Originalbereich	$f(t-t_0)$	$\leftrightarrow$	$F(\omega)\, e^{-j\omega t_0}$
Verschiebung im Bildbereich	$f(t)e^{j\omega_0 t}$	$\leftrightarrow$	$F(\omega - \omega_0)$
Differentiation im Originalbereich	$\dfrac{d^n}{dt^n} f(t)$	$\leftrightarrow$	$(j\omega)^n\, F(\omega)$
Integration im Originalbereich	$\int\limits_{-\infty}^{t} f(\tau)\, d\tau$	$\leftrightarrow$	$\dfrac{1}{j\omega} F(\omega)$
Faltungssatz $\int\limits_{-\infty}^{\infty} f_1(\tau)\cdot f_2(t-\tau)\, d\tau =$	$f_1(t) * f_2(t)$	$\leftrightarrow$	$F_1(\omega) \cdot F_2(\omega)$
	$f_1(t) \cdot f_2(t)$	$\leftrightarrow$	$(1/2\pi)\, F_1(\omega) * F_2(\omega)$

Vergleiche (Fri85 S. 36 ff) und (Bro79 S. 670 ff).

> Praxistipp: Für wichtige Funktionen sind die Transformationen in Tabellen veröffentlicht, dabei ist aber immer exakt auf die dabei verwendete Definition zu achten.
> Da alle praktisch realen Vorgänge zu endlicher Zeit beginnen und enden, kann diese Transformation prinzipiell immer zu Analysen genutzt werden.

10.7 Diskrete Signale und diskrete Fouriertransformation*

Diskrete Signale entstehen z.B. durch Messwertabtastung oder A/D-Wandlung. Mathematisch wird dafür die Multiplikation mit einer Folge von Stoßfunktionen [99] genutzt.

$$u(t_i) = u(t)\cdot \sum_{i=-\infty}^{\infty} \delta(t - t_i)$$

Damit verändert sich die Fouriertransformation zur Diskreten Fouriertransformation (DFT) und aus dem Integral wird eine Summe [100].

---

[98] Nach Einsetzen von $\underline{F}(\omega)$ in $f(t)$ bleibt das Produkt beider Vorfaktoren immer gleich. Außerdem fällt bei Übergang von $\omega{\cdot}t$ zu $2\pi f{\cdot}t$ der Vorfaktor gegen die 2π von $d\omega = d(2\pi f)$ weg.

[99] Zur Stoßfunktion siehe Abschnitt 10.5, vergleiche auch mit der Abtastfunktion.

[100] Definitionsgemäß wird für jeden Zeitpunkt t_i das $\int\delta(t-t_i)dt=1$. Zu allen anderen Zeiten ist $\delta(t-t_i)=0$.

Praktisch können dabei nur n Abtastwerte berücksichtigt werden (das entspricht einem rechteckigen Fenster; oft werden aber geeignetere Fensterfunktionen verwendet).

$$x(t_i) = x_i = \frac{1}{n} \sum_{k=0}^{n-1} \underline{F}(f_k)\, e^{jk\frac{2\pi\,i}{n}} = DFT^{-1}\{\underline{F}(f_k)\} \quad \text{mit } t_i = i\,\Delta t \ \text{ und } T_0 = n\Delta t$$

$$\text{also} \quad \omega_0 t_i = 2\pi\, f_0\, t_i = \frac{2\pi\, t_i}{T_0} = 2\pi\, i/n \quad \text{und} \quad f_i = i\, f_0 = \frac{i}{n\Delta t} \tag{10.11}$$

$$\underline{F}(f_i) = \sum_{k=0}^{n-1} x(t_k)\, e^{-jk\frac{2\pi\,i}{n}} = DFT\{x(t_k)\} \qquad \text{für } i = 0,1,2,\dots n-1$$

> **Praxistipp:** Bei vielen Programmen zur Signalanalyse sind komfortable Algorithmen der DFT mit Fensterfunktionen implementiert. In der Regel wird der Algorithmus der Schnellen Fouriertransformation FFT verwendet. Dafür muss die Anzahl Abtastwerte n eine ganze Zweierpotenz sein (n = 2^N).

Bei der FFT werden Symmetrien zur Vereinfachung für den Algorithmus der numerischen Berechnung von (10.11) genutzt.

10.8 Laplacetransformation*

Durch Erweiterung von jω in (10.10) um einen Realteil, der eine Dämpfung bewirkt, entsteht ein Laplace-Integral und die danach genannte **Laplacetransformation**.
Anstatt einer rein imaginären wird die komplexe Variable p = δ +jωt verwendet [101]. Mit der Dämpfung ist das Integral immer konvergent, wenn f(t) beschränkt ist und erst zu einer endlichen Zeit beginnt. In der komplexen p-Ebene ergibt der Integrationsweg eine zur imaginären Achse parallele Gerade.

$$f(t) = \frac{1}{2\pi\, j} \int_{c-j\infty}^{c+j\infty} \underline{F}(p)\, e^{pt}\, dp = L^{-1}\{\underline{F}(p)\} \quad \text{und} \quad \underline{F}(p) = \int_0^\infty f(t)\, e^{-pt}\, dt = L\{f(t)\} \tag{10.12}$$

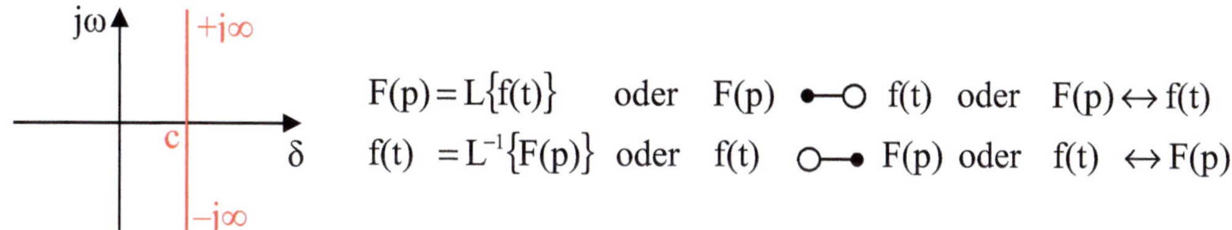

Abb. 10.6: Integrationsweg der Rücktransformation und Schreibweisen

Einige Rechenregeln (alle Zeitfunktionen beginnen bei t = 0):

Addition und Multiplikation	$c_1 f_1(t) + c_1 f_1(t) \ \leftrightarrow\ c_1 F_1(p) + c_2 F_2(p)$	c_i reell
Ähnlichkeitssatz	$f(ct) \ \leftrightarrow\ (1/c)\, F(p/c)$	
Verschiebung im Originalbereich	$f(t-t_0)\cdot 1(t-t_0) \ \leftrightarrow\ F(p)\, e^{-p\,t_0}$	
Verschiebung im Bildbereich	$f(t)e^{p_0 t} \ \leftrightarrow\ F(p - p_0)$	
Differentiation im Originalbereich	$\dfrac{d^n}{dt^n} f(t) \ \leftrightarrow\ p^n F(p) - \sum_{i=1}^{n} p^{n-i}\, f^{(i-1)}(0)$	

---

[101] In der Mathematik wird zur Bezeichnung s benutzt, dagegen in der Elektrotechnik meist p.

Integration im Originalbereich $\qquad \displaystyle\int_{-\infty}^{t} f(\tau)\,d\tau \qquad \leftrightarrow \qquad \dfrac{1}{p} F(p)$

Faltungssatz $\displaystyle\int_{-\infty}^{\infty} f_1(\tau)\cdot f_2(t-\tau)\,d\tau =$ $\quad f_1(t) * f_2(t) \qquad \leftrightarrow \quad F_1(p)\cdot F_2(p)$

$\qquad\qquad\qquad\qquad\qquad\qquad\qquad\quad f_1(t)\cdot f_2(t) \qquad \leftrightarrow \quad (1/2\pi j)\,F_1(p) * F_2(p)$

Die Aufstellung zeigt die Ähnlichkeit zur Fouriertransformation.

Praxistipp: Für die Transformation und die Rücktransformation können umfangreiche Korrespondenztabellen genutzt werden. In der Praxis liegen meist *rationale Funktionen* vor. Zur Aufbereitung vorliegender Funktionen in jeweils zur Tabelle passende Formen sind obige *Rechenregeln sowie die Partialbruchzerlegung* rationaler Funktionen sehr hilfreich. Darüber hinaus steht auch der *Residuensatz* zur Lösung komplexer Wegintegrale zur Verfügung.
Eine Anwendung erfolgt für Schalt- und Übergangsvorgänge und in der Regelungstechnik.

Weitere Transformationen für elektrotechnische Probleme sind die Z-Transformation für abgetastete Signale oder die Hilberttransformation für komplexe Zeitsignale, vergleiche (Fri85 S. 36 ff) und (Bro79 S. 670 ff).

Beispiele für wichtige Signale:

1. **Sprungfunktion:**

$$1(t) = \begin{cases} 0 & \text{für } -\infty < t < 0 \\ 1 & \text{für } t > 0 \end{cases} \quad \leftrightarrow \quad F(p) = \int_0^{\infty} e^{-pt}\,1(t)\,dt = \frac{1}{p}$$

2. **Verschobene Sprungfunktion:** [102]

$$1(t-t_0) = \begin{cases} 0 & \text{für } -\infty < t < t_0 \\ 1 & \text{für } t > t_0 \end{cases} \quad \leftrightarrow \quad F(p) = \int_0^{\infty} e^{-pt}\,1(t-t_0)\,dt = \frac{1}{p}\,e^{-pt_0}$$

3. **Stoßfunktion:**

$$\delta(t) = \begin{cases} 0 & \text{für } t \neq 0 \\ \infty & \text{für } t = 0 \end{cases} \quad \leftrightarrow \quad F(p) = \int_0^{\infty} e^{-pt}\,\delta(t)\,dt = 1$$

4. **Bei t = 0 beginnender Cosinus:**

$$\hat{U}\cos\omega t \cdot 1(t) \qquad\qquad \leftrightarrow \quad F(p) = \hat{U}\,\frac{p}{p^2 + \omega^2}$$

5. **Bei t = 0 beginnender Sinus:**

$$\hat{U}\sin\omega t \cdot 1(t) \qquad\qquad \leftrightarrow \quad F(p) = \hat{U}\,\frac{\omega}{p^2 + \omega^2}$$

6. **Bei t = T/4 beginnender Sinus:** $\hat{U}\,\sin\omega t \cdot 1(t - T/4) =$

$$\hat{U}\cos\omega(t - T/4)\cdot 1(t - T/4) \quad \leftrightarrow \quad F(p) = \hat{U}\,e^{-pT/4}\,\frac{p}{p^2 + \omega^2} \quad [103]$$

---

[102] Es wird der Verschiebungssatz verwendet.
[103] Kurve von 4. insgesamt um T/4 nach rechts verschoben. Es wird der Verschiebungssatz eingesetzt.

f(t) immer mit 1(t)	F(p)	f(t) immer mit 1(t)	F(p)
$\delta(t)$	1	$te^{-\alpha t}$	$\dfrac{1}{(p+\alpha)^2}$
1	$\dfrac{1}{p}$	$(1-\alpha t)e^{-\alpha t}$	$\dfrac{p}{(p+\alpha)^2}$
$e^{-\alpha t}$	$\dfrac{1}{p+\alpha}$	$\dfrac{1}{\alpha^2}\left(1-e^{-\alpha t}-\alpha te^{-\alpha t}\right)$	$\dfrac{1}{p(p+\alpha)^2}$
t	$\dfrac{1}{p^2}$	$\dfrac{1}{\alpha}\sin(\alpha t)$	$\dfrac{1}{p^2+\alpha^2}$
$\dfrac{1}{\alpha}(1-e^{-\alpha t})$	$\dfrac{1}{p(p+\alpha)}$	$\cos(\alpha t)$	$\dfrac{p}{p^2+\alpha^2}$
$\dfrac{1}{\beta-\alpha}(e^{-\alpha t}-e^{-\beta t})$	$\dfrac{1}{(p+\alpha)(p+\beta)}$	$\dfrac{1}{\alpha}e^{-\beta t}\sin(\alpha t)$	$\dfrac{1}{(p+\beta)^2+\alpha^2}$
$\dfrac{1}{\alpha-\beta}(\alpha e^{-\alpha t}-\beta\,e^{-\beta t})$	$\dfrac{p}{(p+\alpha)(p+\beta)}$	$e^{-\beta t}\left(\cos(\alpha t)-\dfrac{\beta}{\alpha}\sin(\alpha t)\right)$	$\dfrac{p}{(p+\beta)^2+\alpha^2}$
$\dfrac{1}{\alpha\beta(\alpha-\beta)}(\alpha-\beta+\beta e^{-\alpha t}-\alpha\,e^{-\beta t})$	$\dfrac{1}{p(p+\alpha)(p+\beta)}$	$\dfrac{1}{\alpha^2-\beta^2}\left[1-e^{-\beta t}\left(\cos(\alpha t)+\dfrac{\beta}{\alpha}\sin(\alpha t)\right)\right]$	$\dfrac{1}{p[(p+\beta)^2+\alpha^2]}$

Tabelle 10.1: Korrespondenztabelle der Laplacetransformation

Weitere Korrespondenzen sind z.B. in (Bro79 S. 689 ff).

10.9 Rechnen mit logarithmischen Pegeln

Nach den Rechenregeln mit Logarithmen werden *Multiplikationen und Divisionen* besonders einfach (u_0 als Bezugswert, v und k sind bereits dimensionslos).

$$u_A = v \cdot u_E \qquad \rightarrow \qquad \log(u_A/u_0) = \log(v \cdot u_E/u_0) = \log(v) + \log(u_E/u_0)$$

$$u_A = u_E/k \qquad \rightarrow \qquad \log(u_A/u_0) = \log(u_E/u_0 \cdot 1/k) = \log(u_E/u_0) - \log(k)$$

Dagegen müssen bei einer *Addition oder Subtraktion* die Originalgrößen verwendet werden. Liegen die Werte als Logarithmus vor, sind zuerst die Umkehrfunktionen [104] zu bilden, danach zu addieren und anschließend die Summe wieder zu logarithmieren.

$$u_A = u_1 + u_2 \qquad \rightarrow \qquad \log(u_A/u_0) = \log(u_1/u_0 + u_2/u_0) = \log(10^{\log(u_1/u_0)} + 10^{\log(u_2/u_0)})$$

Beim Rechnen mit logarithmischen Pegeln $U_{db} = 20\log(u/u_0)$ sind darüber hinaus die Vorfaktoren zu beachten (analog für Leistungspegel mit dem Vorfaktor 10).

$$U_{ges\,db} = 20\log(u_1/u_0 + u_2/u_0) = 20\log(10^{U_{1db}/20} + 10^{U_{2db}/20})$$

$$U_{2db} = 20\log(u_{ges}/u_0 - u_1/u_0) = 20\log(10^{U_{ges\,db}/20} - 10^{U_{1db}/20})$$

---

[104] Zu $a = \log b$ gehört die Umkehrfunktion $b = 10^a$ und es wird $b = 10^{\log b}$.

11 Analyse bei zeitveränderlichen Signalen

Die <u>Abschnitte 4, 5, 6 und 9 sollten verstanden worden sein.</u> Es werden

- Stromkreise bei Wechselstrom und weiteren zeitveränderlichen Signalen (periodische Signale, nichtperiodische Signale, Signale bei Schalt- und Übergangsvorgängen) analysiert und das Vorgehen erörtert,
- die Methoden zur jeweiligen Berechnung der verschiedenen zeitveränderlichen Signale an Beispielen vorgestellt,
- einige wichtige Anordnungen untersucht, dazu wichtige Begriffe und Parameter erarbeitet und bewertet,
- entsprechende Gesetzmäßigkeiten untersucht sowie
- die Ergebnisse mit Messungen verglichen.

<u>Hilfreich</u> kann die Wiederholung der mathematischen Formalismen in <u>Abschnitt 10</u> sein.

Vorbemerkungen

Der Ausgangspunkt zur Behandlung elektrischer Schaltungen mit zeitveränderlichen Signalen sind die Methoden zur Analyse elektrischer Netzwerke (Abschnitt 9).

Durch die Strom-Spannungs-Beziehungen an der Kapazität und der Induktivität führt die Behandlung elektrischer Schaltungen (Systeme) bei zeitveränderlichen Strömen und Spannungen (Signalen) zu Differentialgleichungen. Zur Lösung der Differentialgleichungen sind je nach Zeitfunktion verschiedene Methoden erarbeitet worden. Durchgesetzt haben sich insbesondere solche Methoden, die es gestatten, die Behandlung auf die Art und Weise von Gleichstrom und Spannung zurückzuführen.

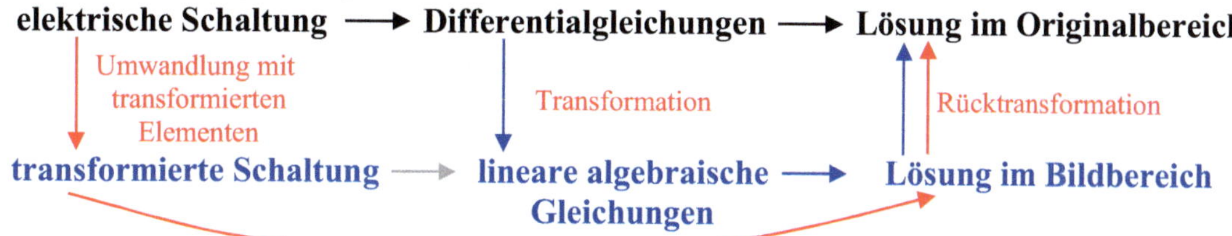

Abb. 11.1: Schema zur Lösung mittels Transformation

Das Schema zeigt, welche Wege möglich sind; dabei ist auf der unteren Ebene (Bildbereich oder transformierter Bereich) eine Behandlung nach der Art und Weise wie bei Gleichstrom und -spannung durchführbar.

Entsprechend der notwendigen Methoden (Transformationen) ist eine Einteilung der Signale nach ihrem Zeitverlauf erforderlich:

1. **Sonderfall:** periodische Signale (stationär in $-\infty \le t \le \infty$)
   a Spezialfall: sinusförmige Signale
   b andere Fälle: nichtsinusförmige periodische Signale

2. **Sonderfall:** nichtperiodische Signale
   a Spezialfall: endliche Zeitvorgänge (einmalige Signale, Anfang und Ende sind im Endlichen)

© Der/die Autor(en), exklusiv lizenziert an
Springer Fachmedien Wiesbaden GmbH, ein Teil von Springer Nature 2026
E. Boeck und H. Kallies, *Lehrgang Elektrotechnik und Elektronik*,
https://doi.org/10.1007/978-3-658-50903-3_11

     b Spezialfall: Zeitvorgänge, die bei t_0 (insbesondere $t_0 = 0$) beginnen
        (Schaltvorgänge, Übergangsvorgänge)

3. **Sonderfall:** Stochastische Signale
    Rauschen: weißes, rosa, rotes oder farbiges Rauschen

Praxistipp: Es gibt leider keine Methode für beliebige Zeitsignale. Praktisch haben aber alle Signale jeweils Anfang und Ende im Endlichen (jedenfalls alle Nutzsignale). Einige Fälle sind somit *Idealisierungen*, die praktisch erfolgreich angewandt werden können.

Sinusförmigen Signalen kommt einmal durch die Energieversorgung mit Wechselstrom und zum anderen als wichtigstes Testsignal eine besondere Bedeutung zu. Weiterhin wird bei deren Behandlung das generelle Vorgehen bei zeitveränderlichen Signalen deutlich.

11.1 Schaltungen und Geräte mit sinusförmigen Signalen

11.1.1 Behandlung mit Hilfe der komplexen Rechnung

Der Ausgangspunkt zur Behandlung sinusförmiger Signale sind die Eigenschaften der Cosinusfunktion, die Erweiterung nach (10.2) sowie deren Differentiation und Integration.

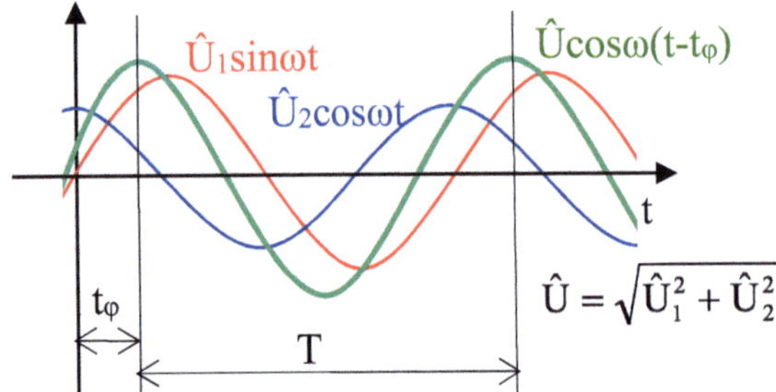

Abb. 11.2: Beispiel für Sinus, Cosinus und ihre Summe

Da jede Summe aus Sinus- und Cosinusfunktionen gleicher Frequenz allgemein durch eine gegenüber dem Nullpunkt verschobene Cosinusfunktion (genauso Sinusfunktion) dargestellt werden kann, wird in der Elektrotechnik die Cosinusfunktion [105] vereinbart.

$$u(t) = \hat{U}\cos(\omega t - \varphi) \quad \left\{ = \hat{U}\sin(\omega t - \varphi + \pi/2) \right\} \quad \text{mit } \varphi = \omega t_\varphi, \ \omega = 2\pi/T \qquad (\,11.1\,)$$

Wenn die *tatsächlich vorhandene* Cosinusfunktion durch eine *imaginäre* Sinusfunktion erweitert wird, folgt nach Abschnitt 10.1 und 10.2.

$$\cos\omega t + \boxed{j\sin\omega t} = e^{j\omega t} \qquad\qquad \text{mit} \quad j = \sqrt{-1}$$

$$\frac{d}{dt}(e^{j\omega t}) = j\omega\, e^{j\omega t} \quad \text{d.h.} \quad \boxed{\frac{d}{dt} \to j\omega} \qquad \text{genauso} \qquad\qquad (\,11.2\,)$$

$$\int e^{j\omega t}\, dt = \frac{1}{j\omega} e^{j\omega t} \quad \text{d.h.} \quad \boxed{\int dt \to \frac{1}{j\omega}}$$

Anstatt einer Differentiation bzw. Integration würde somit lediglich der **Faktor** $j\omega$ bzw. $1/j\omega$ erscheinen, d.h., es entstehen lineare algebraische Gleichungen wie bei Gleichstrom. Welche Voraussetzungen müssen gegeben sein, damit diese Methode entsprechend dem Schema in Abb. 11.1 angewandt werden kann?

---

[105] Der entscheidende Grund liegt in der notwendigen imaginären Sinusfunktion.

- Es müssen lineare Bauelemente vorhanden sein [106].
- Die Frequenz wird von linearen Bauelementen und bei linearen mathematischen Operationen nicht verändert, ist somit konstant.
- Der hinzugefügte Imaginärteil bleibt „separat" und kann nach der Lösung wieder abgetrennt werden.

Ferner ergibt die Transformation [107] der Strom-Spannungs-Beziehungen (vergleiche auch (Lun91a S. 60 und 127 bis 221) mit

$$u = R\,i \qquad \rightarrow \underline{u} = R\,\underline{i}$$

$$u = \frac{1}{C}\int i\,dt \;\rightarrow \underline{u} = \frac{1}{j\omega\,C}\,\underline{i} = j\frac{-1}{\omega\,C}\,\underline{i} \quad {}^{108}$$

$$u = L\frac{d\,i}{dt} \qquad \rightarrow \underline{u} = j\omega\,L\,\underline{i}$$

$$(11.3)$$

die Möglichkeit, Widerstandswerte analog dem Ohm'schen Gesetz zu definieren.

Definition: komplexer Widerstand $\underline{Z}$ und Leitwert $\underline{Y}$

$$R = R \qquad X_C = \frac{-1}{\omega\,C} \qquad X_L = \omega\,L$$

$$G = G \qquad B_C = \omega\,C \qquad B_L = \frac{-1}{\omega\,L} \quad {}^{109}$$

$$\underline{Z} = R + j\,X \qquad \text{bzw.} \qquad \underline{Y} = G + j\,B$$

$$(11.4)$$

Damit sind folgende konkrete Lösungsstrategien für sinusförmige Vorgänge möglich:

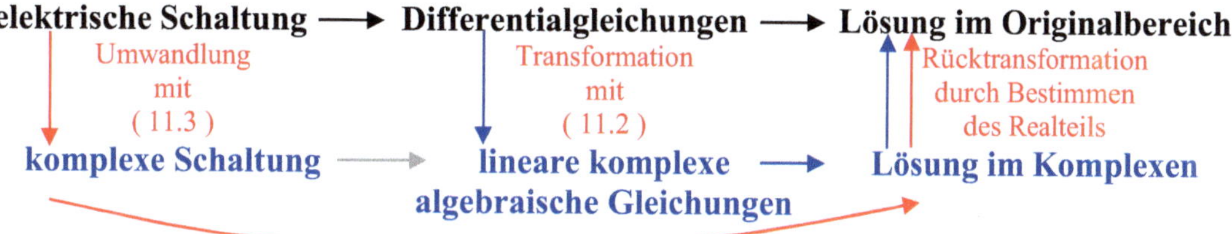

Abb. 11.3: Schema zur Lösung mittels komplexer Rechnung

Ein Beispiel zeigt die praktische Vorgehensweise und deren Vorteile bei der Rechnung.

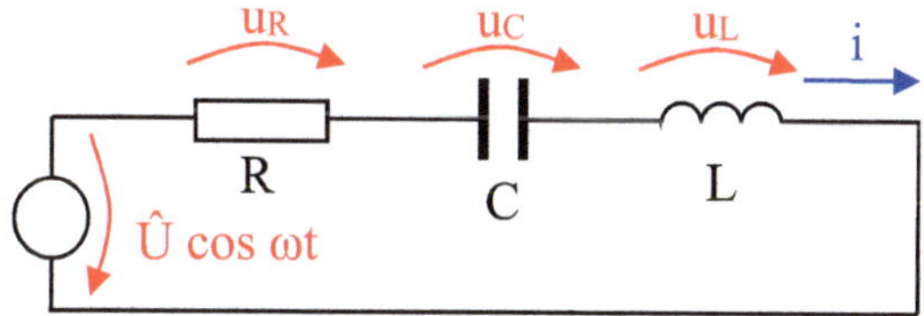

Abb. 11.4: Reihenschaltung von R, C und L mit einer Sinusspannung

---

[106] Nichtlineare Elemente ergeben ohnehin nichtlineare Differentialgleichungen, die im Allgemeinen nur numerisch lösbar sind.

[107] Komplexe Größen sollen durch einen Unterstrich gekennzeichnet werden (z.B.: $\underline{u}$ oder $\underline{i}$).

[108] Nach Erweitern mit j entsteht im Nenner $j^2 = -1$.

[109] Bei den Beträgen fallen die negativen Vorzeichen natürlich weg.

1. Schritt: Umwandlung der Schaltung mit (11.3) und für die Spannungsquelle durch Hinzufügen eines imaginären Sinusanteils gleicher Amplitude, Frequenz und Phase

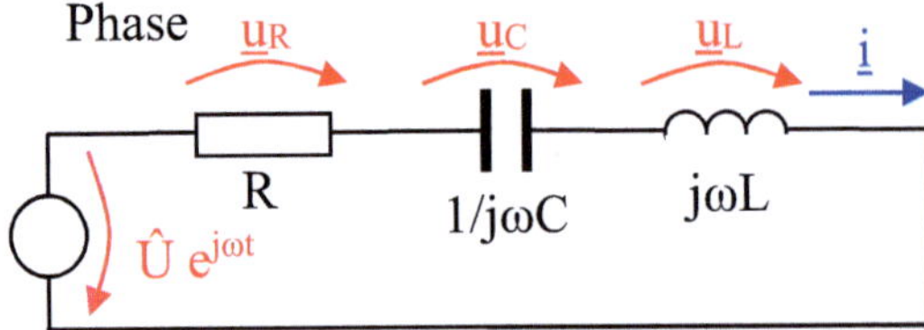

Abb. 11.5: Schaltung im Komplexen für die Reihenschaltung von R, C und L

Wie bei Gleichstromschaltungen wird der Strom nach dem Zusammenfassen der drei Widerstände entsprechend einer Reihenschaltung mit dem Ohm'schen Gesetz berechnet.

$$\underline{i} = \frac{\hat{U}\,e^{j\omega t}}{R + 1/j\omega C + j\omega L}$$

Damit liegt die Lösung im Komplexen bereits vor.

2. Schritt: Umformen in eine Schreibweise, die eine einfache Trennung in Real- und Imaginärteil ermöglicht.

Dazu werden jeweils Zähler und Nenner so umgeformt, dass Realteil und Imaginärteil vorliegen (kartesische Koordinaten). Reine Faktoren und e^{jx}-Funktionen werden belassen, weil sie den nächsten Schritt begünstigen.

$$\underline{i} = \frac{\hat{U}\,e^{j\omega t}}{R + j(\omega L - 1/\omega C)} \quad {}^{110}$$

3. Schritt: Umformen der kartesischen Koordinaten in Polarkoordinaten

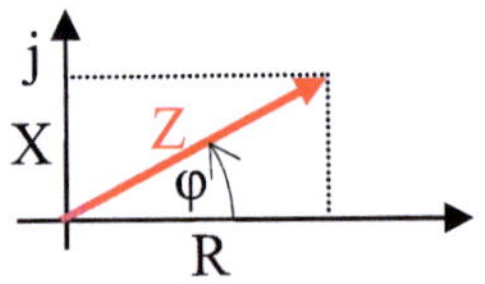

$$R + jX = Z\,e^{j\varphi} \quad \text{mit} \quad Z = \sqrt{R^2 + X^2}$$

Abb. 11.6: kartesische und Polarkoordinaten

$$\underline{i} = \frac{\hat{U}\,e^{j\omega t}}{\sqrt{R^2 + (\omega L - 1/\omega C)^2}\;e^{j\varphi}} \quad \text{mit} \quad \tan\varphi = \frac{\omega L - 1/\omega C}{R}$$

4. Schritt: Zusammenfassen aller als Produkte und Quotienten vorhandenen e^{jx}-Funktionen entsprechend der Regeln der Potenzrechnung.

Nach (11.2) kann dann von $e^{j\psi} = \cos\psi + j\sin\psi$ der Realteil durch Weglassen des $j\sin\psi$ bestimmt werden.

$$i(t) = \frac{\hat{U}\cos(\omega t - \varphi)}{\sqrt{R^2 + (\omega L - 1/\omega C)^2}} \quad \text{mit} \quad \varphi = \arctan\frac{\omega L - 1/\omega C}{R} \qquad (11.5)$$

Damit liegt die Lösung endgültig vor.

Praxistipp: Mit der Lösung kann z.B. untersucht werden, wie sich die Schaltung bei interessierenden stationären Frequenzen verhält (nicht einer sich zeitlich ändernden Frequenz).

---

[110] Der Zähler wird hier belassen, da er bereits dem nächsten Schritt entspricht.

Der Preis für diese einfache Art der Rechnung ist der Umgang mit komplexen Zahlen.

An der Lösung (11.5) ist zu sehen, dass sich weitere Vereinfachungen anbieten. So kann diese in zwei Teile zerlegt werden, von denen einer die *Amplitude* und der andere die *Phasenlage* bestimmt.

$$\hat{I} = \frac{\hat{U}}{\sqrt{R^2 + (\omega L - 1/\omega C)^2}} = \frac{\hat{U}}{|\underline{Z}|} \quad \text{bzw.} \quad I = \frac{U}{Z}$$

$$\varphi_i = \varphi_u - \varphi = \varphi_u - \arctan\frac{\text{Im}\{\underline{Z}\}}{\text{Re}\{\underline{Z}\}} = -\arctan\frac{\omega L - 1/\omega C}{R}$$

$$(11.6)$$

Dabei sind I sowie U Effektivwerte [111], $Z = |\underline{Z}|$ und im obigen Beispiel $\varphi_u = 0$. Das lässt sich zu einer *Amplituden- bzw. Betragsrechnung* und einer *Phasenrechnung* verallgemeinern. Um das auch bei komplizierteren Schaltungen zu realisieren, bieten sich die folgenden grafischen Hilfsmittel oder Methoden an.

11.1.2 Behandlung mit grafischen Methoden

Nach Abschnitt 10.3 können alle sinusförmigen Ströme, Spannungen, Widerstände und Leitwerte als entsprechende **Zeiger** in einer komplexen Ebene abgebildet werden.

Diese Zeiger sind als Vektoren in einer komplexen Ebene aufzufassen.

Praxistipp: Insbesondere bei Strömen und Spannungen werden die Achsen in der Regel nicht explizit gezeichnet, da eine Größe als Bezugsrichtung gewählt wird und die anderen sukzessiv danach und zueinander ausgerichtet werden.

Für das Beispiel aus Abb. 11.4 und Abb. 11.5 können die Widerstände der Reihenschaltung in einer *Widerstandsebene* (Z-Ebene) addiert werden (Zeiger mit ihren Richtungen jeweils aneinanderhängen).

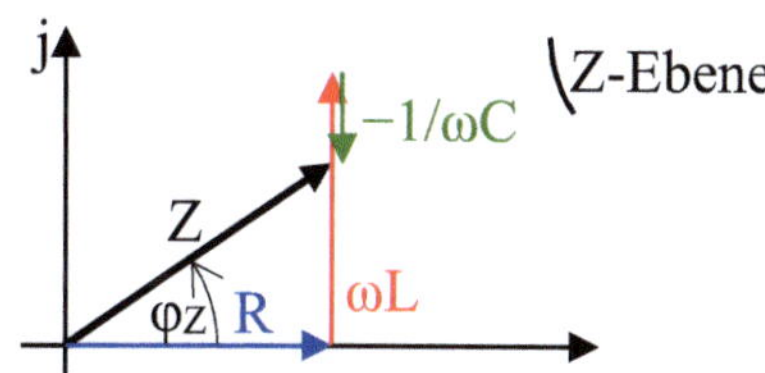

Abb. 11.7: Addition von Widerständen mit Zeigern

Praxistipp: Aus dieser Zeichnung können Z und φz entweder bei exakter *maßstäblicher Zeichnung durch Messen der Länge von Z und des Winkels* φz ermittelt oder gemäß der *Beziehungen im Dreieck nach Pythagoras und einer Winkelfunktion* berechnet werden.

$$Z^2 = R^2 + (\omega L - 1/\omega C)^2 \quad \text{und} \quad \tan\varphi_z = \frac{(\omega L - 1/\omega C)}{R}$$

---

[111] Für Sinusform $I = \hat{I}/\sqrt{2}$ und $U = \hat{U}/\sqrt{2}$ (siehe Abschnitt 4.4.2).

Nun können I und φ_I berechnet werden [112].

$$I = U/Z = \frac{U}{\sqrt{R^2 + (\omega L - 1/\omega C)^2}} \quad \text{und} \quad \varphi_i = \varphi_u - \varphi_z = -\arctan\frac{(\omega L - 1/\omega C)}{R} \quad [113]$$

> Praxistipp: Die *Darstellung aller Ströme und Spannungen* kann in diesem Beispiel am einfachsten mit dem Strom als Bezugsrichtung erfolgen (bei Reihenschaltung derselbe Strom an allen Elementen). Dabei werden die Ebenen des Stromes und die der Spannungen ohne Koordinatenachsen übereinander gelegt (vergleiche Abschnitt 10.3).

(Es kann natürlich für beide Ebenen ein jeweils günstiger Maßstab gewählt werden.)

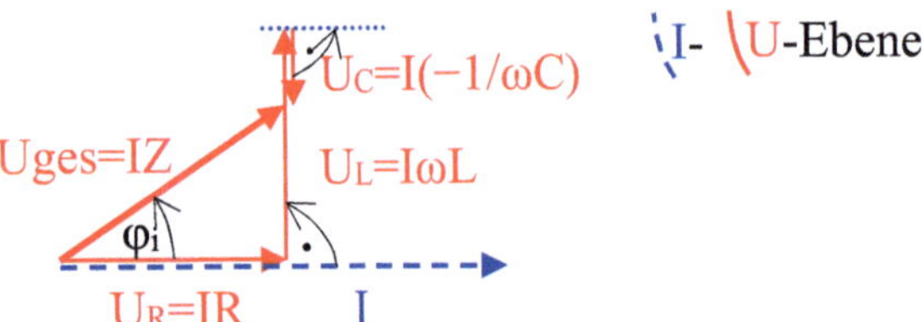

Abb. 11.8: Darstellung des Stromes und der Spannungen als Zeiger

Es ist zu erkennen, dass U_L um 90° gegenüber I *vorausläuft*, dagegen U_C um 90° dem Strom *hinterherläuft* (im mathematisch positiven Umlaufsinn – gegen den Uhrzeiger).

Bei einer Parallelschaltung von Widerständen addieren sich die Leitwerte, das kann in einer *Leitwertebene* realisiert werden. Treten gemischte Schaltungen auf, wird wie bei Gleichstrom schrittweise berechnet.

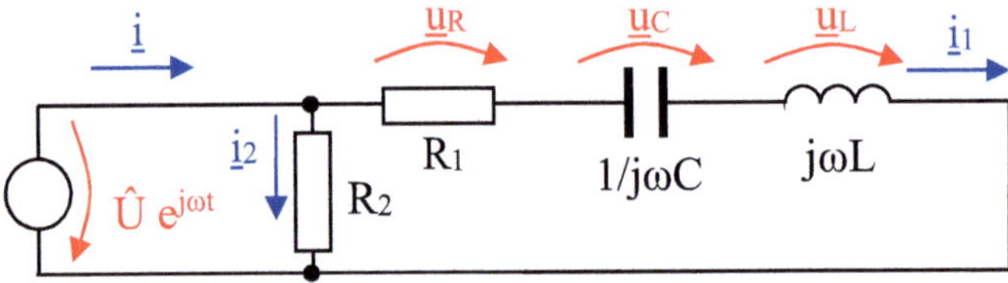

Abb. 11.9: Beispiel: Reihen und Parallelschaltung

Zur Berechnung des komplexen Gesamtwiderstandes von Abb. 11.9 kann in der Z-Ebene begonnen werden. Das ergibt Abb. 11.7. Das Ergebnis wird *in eine Y-Ebene invertiert* (entsprechend $\underline{Y} = 1/\underline{Z}$ werden $Y = 1/Z$ und $\varphi_Y = -\varphi_Z$).

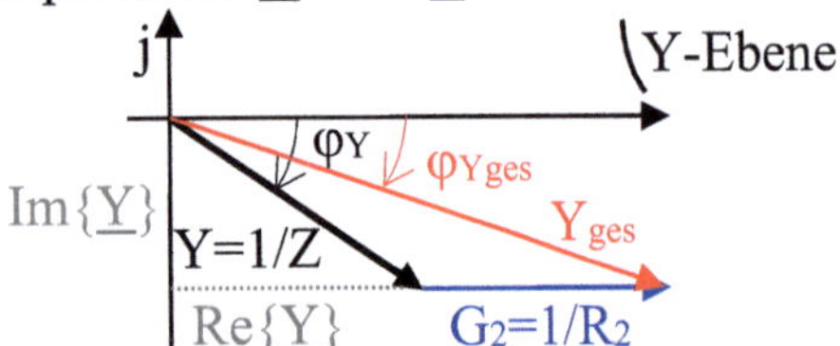

Abb. 11.10 Parallelschaltung in der Y-Ebene

Y_{ges} kann wieder nach den erkennbaren Dreiecksbeziehungen berechnet werden. Dazu bietet sich das Dreieck mit den Seiten $Im\{\underline{Y}\}$, $(Re\{\underline{Y}\}+G_2)$ und Y_{ges} an.

$$Y_{ges} = \sqrt{Im\{\underline{Y}\}^2 + (Re\{\underline{Y}\}+G_2)^2} \quad \text{und} \quad \tan\varphi_{Yges} = \frac{Im\{\underline{Y}\}}{Re\{\underline{Y}\}+G_2}$$

---

[112] Die Winkel des Zählers werden addiert und die des Nenners subtrahiert (wegen der Regeln der Potenzrechnung).
[113] Der Strom läuft also der Gesamtspannung hinterher – gegen den Uhrzeigersinn gesehen.

Dabei sind natürlich $\text{Re}\{\underline{Y}\} = \text{Re}\{1/\underline{Z}\} = (1/Z)\cos\varphi_Z$, $\text{Im}\{\underline{Y}\} = \text{Im}\{1/\underline{Z}\} = (1/Z)\sin(-\varphi_Z)$ und $G_2 = 1/R_2$. Somit wird

$$Y_{ges} = \sqrt{\left(\frac{1}{Z}\sin(-\varphi_Z)\right)^2 + \left(\frac{1}{Z}\cos\varphi_Z + \frac{1}{R_2}\right)^2} \quad \text{und} \quad \tan\varphi_{ges} = \frac{\dfrac{1}{Z}\sin(-\varphi_Z)}{\dfrac{1}{Z}\cos\varphi_Z + \dfrac{1}{R_2}}.$$

Man kann weiter umformen [114], bis nur noch R_1, R_2, ωL und $1/\omega C$ in Y_{ges} enthalten sind.

Soll der Strom bestimmt werden, bietet sich eine Darstellung der Ströme und Spannungen an. Ausgehend von i_1 können alle Spannungen bis zur Gesamtspannung durch Addition konstruiert werden, nach dieser kann dann i_2 (Richtung von U_{ges}) eingezeichnet und danach i_{ges} ermittelt werden.

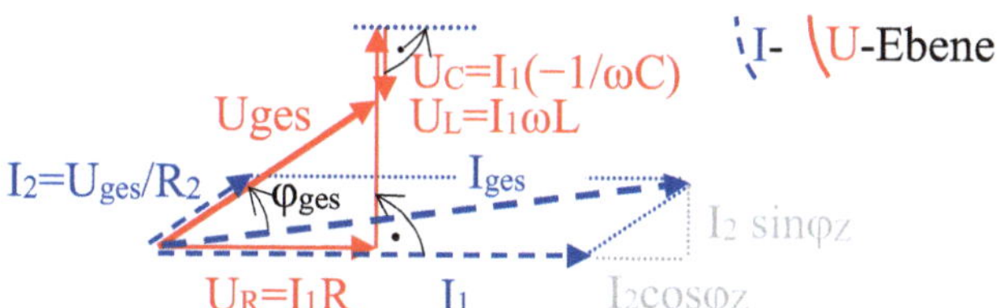

Abb. 11.11: Darstellung der Ströme und der Spannungen als Zeiger

Dafür ergibt sich mit dem Dreieck ($I_1+I_2\cos\varphi_Z$), $I_2\sin\varphi_Z$, I_{ges} ein Ausdruck entsprechend $I_{ges} = U_{ges}\,Y_{ges}$ und ein vergleichbarer für φ_{ges}.

Praxistipp: Es ist feststellbar, dass auch für kompliziertere Schaltungen Zeigerbilder leicht konstruierbar sind. Eine *Vorgehensweise*, bei der *Zeiger nur addiert* werden (wie in den Beispielen Abb. 11.8 und Abb. 11.11), ist dabei immer vorzuziehen. [115]

Die *Zerlegung eines Zeigers* in Zeiger gleicher Richtung ist gangbar und für Zeiger, die senkrecht aufeinander stehen, mit dem Thaleskreis durchführbar.

Praxistipp: Wenn das *Zeigerbild nur zur qualitativen Analyse* benötigt wird, können auch relativ komplexe Schaltungen schnell untersucht werden.

Für eine *quantitative Analyse* entstehen durch die vielfältigen Winkelfunktionen recht schnell Ausdrücke, die bezüglich ihrer Parameter nur noch numerisch ausgewertet werden können (numerische Kurvendarstellung oder sogar mit Simulationsverfahren siehe Abschnitt 9.5).

Bei einer durchgängigen komplexen Rechnung besteht das gleiche Problem. Immer bleibt aber bei *maßstäblicher Zeichnung* die einfache Variante des direkten Messens von Länge und Winkel.

Eine Erweiterung der Zeigerdarstellung zu **Ortskurven** führt zu einer grafischen Methode, die insbesondere bei der Auswertung von Parametervariationen hilft.

---

[114] Mit $\sin\varphi_Z = \tan\varphi_Z/(1+\tan\varphi_Z)^{1/2}$ und $\cos\varphi_Z = 1/(1+\tan\varphi_Z)^{1/2}$ sowie durch Einsetzen von $Z = \sqrt{R_1^2 + (\omega L - 1/\omega C)^2}$.

[115] Muss dazu mit einem unbekannten Zeiger begonnen werden und der bekannte ist die Summe, wird eine Länge angenommen und der Maßstab erst nach dem Ergebnis festgelegt.

Der zu verändernde Parameter kann z.B. ein Widerstand (Potentiometer) sein. Am häufigsten wird die Frequenz (Kreisfrequenz ω) variiert [116]. Das Beispiel aus Abb. 11.5 wird mit einem Potentiometer zu Abb. 11.12 verändert.

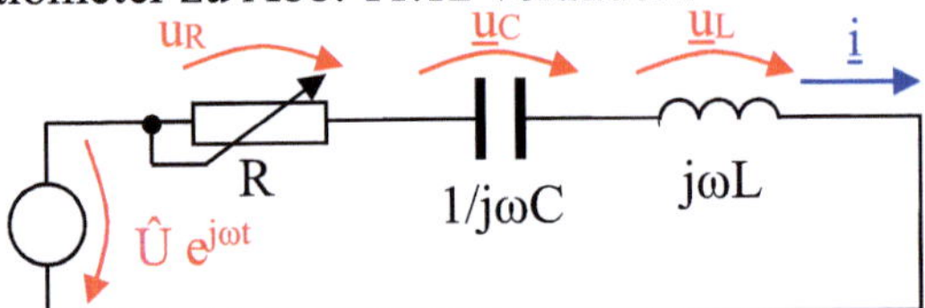

Abb. 11.12: Schaltung für die Reihenschaltung von variablem R sowie C und L

Die grafische Konstruktion erfolgt wie ein Zeigerbild für jeden gewünschten Parameter. Oft ist der Kurvenverlauf nach wenigen Parameterpunkten zu erkennen. Die *Ortskurve* ist nun die Kurve, die die *Spitzen der Ergebniszeiger* verbindet. An den entsprechenden Punkten der Kurve sollte der Parameter verzeichnet sein.

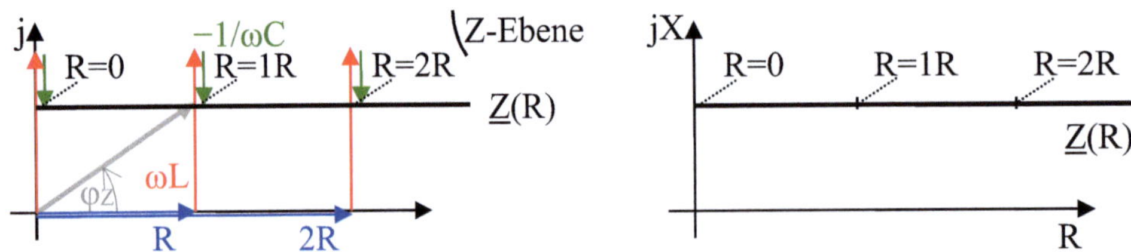

Abb. 11.13: Konstruktion einer Ortskurve und die Ortskurve

Eine Ortskurve kann immer aus der komplexen Ebene herausgeholt und über dem *Parameter* einmal als Kurve für den *Betrag* **sowie** zum anderen als Kurve für die *Phase* dargestellt werden. Bei einer maßstäblichen Zeichnung erfolgt das wiederum durch Messen von Länge und Winkel. Andernfalls sind die Formeln nach $|\underline{Z}(\text{Parameter})|$ und $\varphi_Z(\text{Parameter})$ umzuformen.

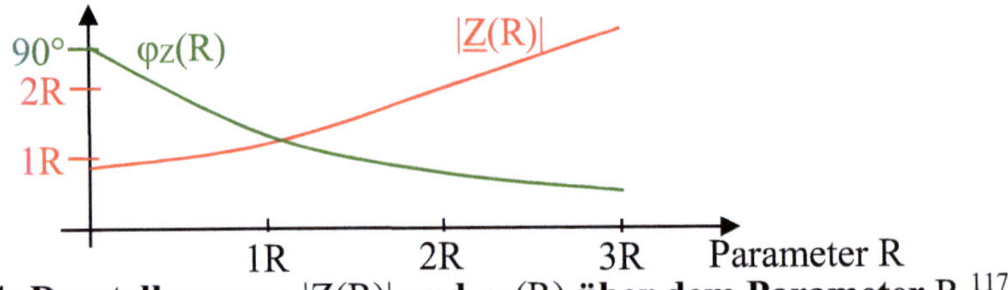

Abb. 11.14: Darstellung von $|\underline{Z}(R)|$ und $\varphi_Z(R)$ über dem Parameter R [117]

---

[116] Es geht immer um stationäre Prozesse, d.h., nach einer Parameteränderung wird gewartet, bis alle Übergangsvorgänge vorbei sind (siehe auch Abschnitt 11.4).

[117] In der Darstellung entspricht $\omega L - 1/\omega C \approx 0{,}8\ R$.

Als Beispiel werden $\underline{Z}$ und $\underline{Y}$ von Abb. 11.5 in Abhängigkeit vom Parameter ω dargestellt.

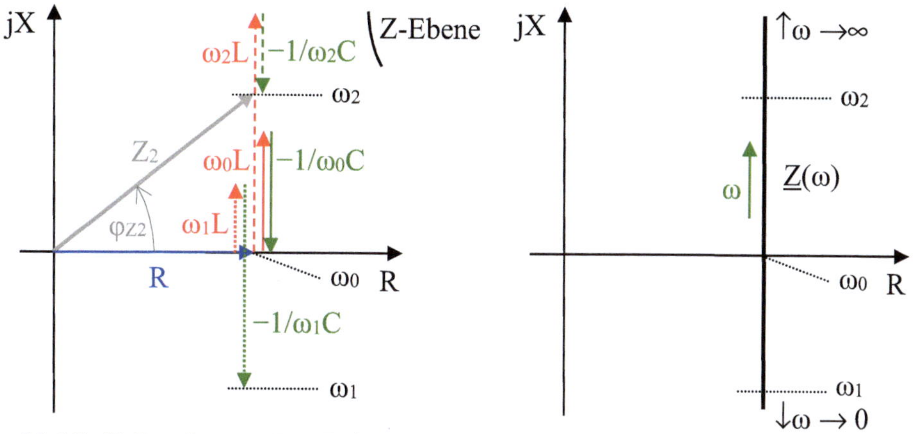

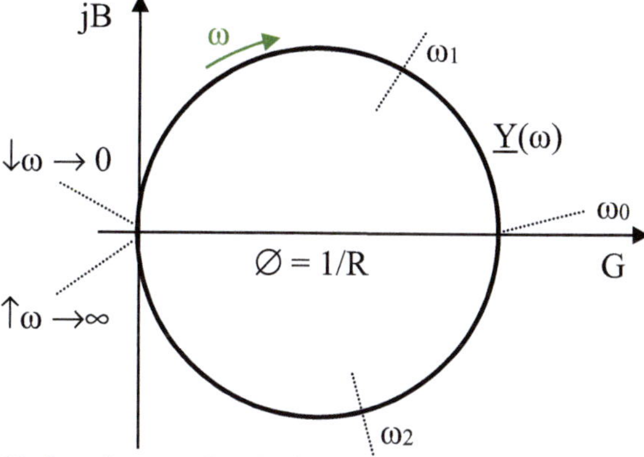

Abb. 11.15: $\underline{Z}$-Ortskurve der Reihenschaltung von R, L und C als f(ω)

In Abb. 11.15 ist für $\omega = \omega_1$ der Betrag $1/\omega_1 C > \omega_1 L$ und somit hat das Ergebnis von $\underline{Z}(\omega_1)$ einen negativen Imaginärteil. Bei $\omega = \omega_0$ wird der Betrag $1/\omega_0 C = \omega_0 L$ und $\underline{Z}(\omega_0) = R$ rein reell. Für $\omega = \omega_2$ wird der Betrag $1/\omega_2 C < \omega_2 L$ und $\underline{Z}(\omega_2)$ hat einen positiven Imaginärteil. Die Kurve von $\underline{Z}(\omega)$ ist eine Gerade von $R - j\infty$ (für $\omega = 0$) bis $R + j\infty$ (für $\omega = \infty$).

Eine *Invertierung der Ortskurve $\underline{Z}(\omega)$ zu einer Ortskurve $\underline{Y}(\omega)$* erfolgt mit den Regeln aus Abschnitt 10.3.

Abb. 11.16: $\underline{Y}$-Ortskurve der Reihenschaltung von R, L und C als f(ω)

$\underline{Y}(\omega)$ ist ein Kreis mit dem Durchmesser 1/R als größter Zeiger bei ω_0 (in Abb. 11.15 war R der kleinste Zeiger). Was in Abb. 11.15 bei dem negativem Imaginärteil lag, liegt hier bei dem positivem.

11.1.3 Analyse des Frequenzverhaltens wichtiger Schaltungen

An den vorigen Abschnitt schließt sich gut die Analyse des Reihenschwingkreises an – eine Reihenschaltung von R, L und C an einer stationären Spannungsquelle nach Abb. 11.5.

In den Kurven Abb. 11.15 und Abb. 11.16 sind *drei besondere Parameter (Kurvenpunkte) des Reihenschwingkreises* vorhanden (vergleiche auch (Lun91a S. 127 ff)).
Diese Parameter befinden sich bei (siehe Abb. 11.17) [118]

- dem *Imaginärteil Null* (d.h. $1/\omega_0 C = \omega_0 L$), daraus folgt die

Definition der Resonanzfrequenz

$$\omega_0 = \sqrt{1/LC} \; ,$$

(11.7)

- und dem *Betrag des Imaginärteils gleich dem Realteil* (d.h. $|\omega_{\pm 45} L - 1/\omega_{\pm 45} C| = R$), daraus folgen die zwei Punkte ω_{+45} und ω_{-45} (siehe Abb. 11.17).

$$\omega_{\pm 45} = \pm R/2L + \sqrt{(R/2L)^2 + 1/LC} \; .$$

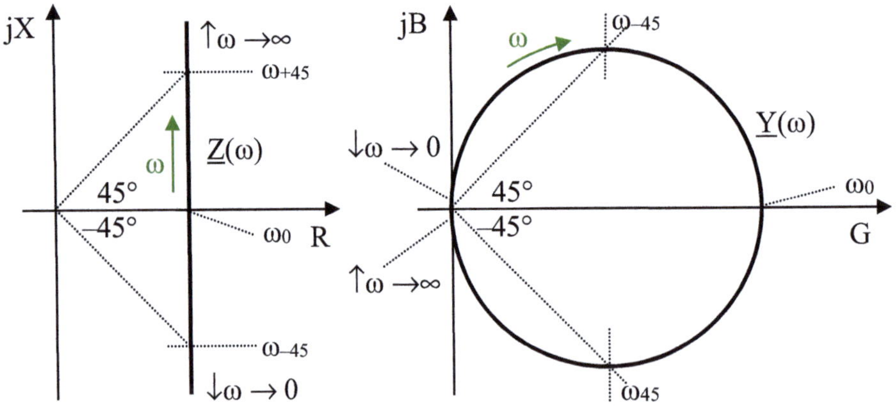

Abb. 11.17: Besondere Parameter der Ortskurven $\underline{Z}(\omega)$ und $\underline{Y}(\omega)$

Aus den beiden Kreisfrequenzen ω_{+45} und ω_{-45} ergibt sich die

Definition der Bandbreite des (idealen) Reihenschwingkreises

$$\Delta\omega_B = \omega_{+45} - \omega_{-45} = R/L = \omega_0^2 RC = \omega_0 R\sqrt{C/L} = \omega_0 / Q \; .$$

(11.8)

Die Definition der Bandbreite in (11.8) ist sinnvoll, weil sie *mehrere interessante Aspekte* erfüllt.

- Betrag des Imaginärteils gleich dem Realteil,
- $Z = \sqrt{2}\, R$ (bzw. $Y = 1/\sqrt{2} \cdot 1/R$) und
- diese $\sqrt{2}$ (bzw. die Verringerung auf $1/\sqrt{2}$) entspricht im logarithmischen Dämpfungsmaß gerade 3 dB. Eine Dämpfung von 3 dB nimmt aber ein normales menschliches Ohr gerade noch nicht wahr.

Der Faktor Q gibt die Güte, Resonanzschärfe oder auch Resonanzüberhöhung an (Verhältnis der induktiven $\omega_0 L$ oder kapazitiven $1/\omega_0 C$ Komponente zum Wirkwiderstand R). Danach wird bei Resonanzfrequenz $U_L = U_C = Q U_R$.

Praxistipp: Analog zu Abb. 11.14 können aus Abb. 11.17 ein *Frequenzgang* und der *Phasengang* dargestellt werden.
Frequenzgang und Phasengang können selbstverständlich auch *messtechnisch* ermittelt und aus diesen beiden danach umgekehrt die *Ortskurve* gezeichnet werden.

Hier sollen $I = U/Z$ (=UY) bezogen auf den Maximalwert bei ω_0 sowie $\varphi_I = \varphi_Y = -\varphi_Z$ abgebildet werden (zusätzlich $U_L = I\,\omega L$, $U_C = I/\omega C$, $U_R = IR$ und $U_{ges} = U$ bezogen auf U_{ges}).

---

[118] Für $\underline{Z}(\omega)$ und $\underline{Y}(\omega)$ folgen aus diesen Definitionen die gleichen Kreisfrequenzen.

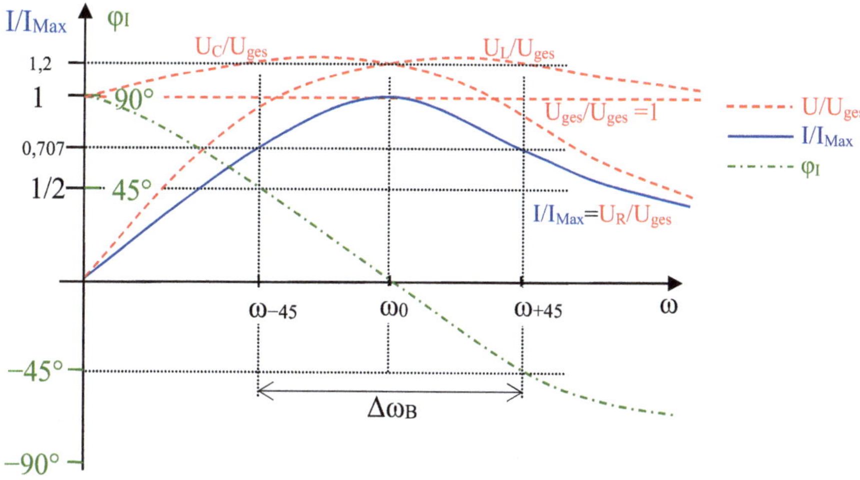

Abb. 11.18: Darstellung von I/I_{Max} und φ_I über Kreisfrequenz ω

In Abb. 11.18 hat $Q = \omega_0/\Delta\omega_B$ einen recht kleinen Wert (ca 1,2). Für einen hohen Wert von Q wäre die Kurve I/I_{Max} sehr viel schmaler und steiler ($\Delta\omega_B$ sehr klein), d.h. hohe Resonanzschärfe und somit starke Überhöhung von U_{CMax} und U_{LMax} gegenüber U_{ges}.

> Praxistipp: Die Spannungen U_{CMax} und U_{LMax} sind also bei ω_0 um *den Faktor Q größer als die Spannung der Quelle* und die direkten Maxima liegen noch vor oder hinter ω_0. Das ist bei der Auswahl der Bauelemente für C und L unbedingt zu beachten. In der Praxis ist etwa ein Q von 80 erreichbar.

$\underline{U}_C$ und $\underline{U}_L$ heben sich gegenseitig zum Teil oder ganz auf. Die gesamte Spannung fällt bei $\omega = 0$ an C, bei $\omega = \omega_0$ an R ($\underline{U}_C = -\underline{U}_L$) und bei $\omega \to \infty$ an L ab. Alle drei Spannungen ergeben in der Summe immer U_{ges}.

Weitere wichtige Standardschaltungen (Parallelschwingkreis, Tiefpass und Hochpass) sind in den Übungsaufgaben zu analysieren (siehe Abschnitt 11.1.5).

Hier soll noch ein *Reihenschwingkreis mit realen Verlusten* analysiert werden.

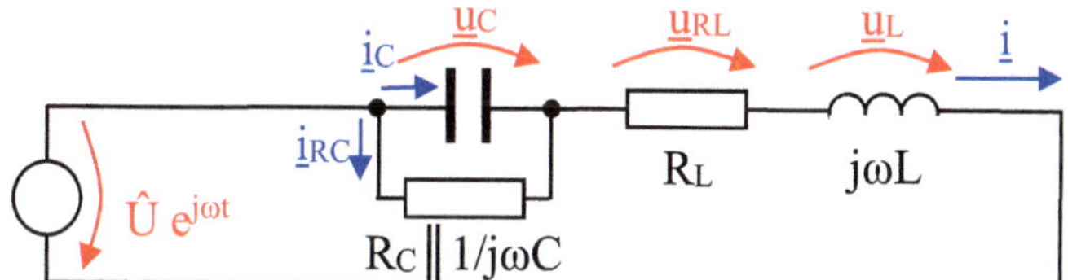

Abb. 11.19: Beispiel: Reihenschwingkreis mit verlustbehafteten Elementen

Zu Beginn wird in einer Y-Ebene die Ortskurve der Parallelschaltung bestimmt.

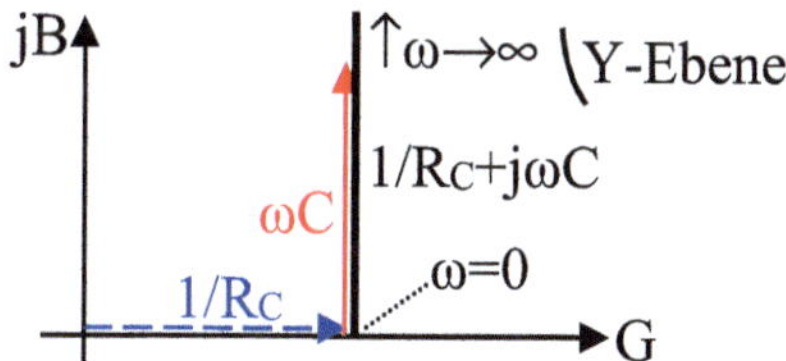

Abb. 11.20: Addition der Leitwerte $1/R_C$ **und** $j\omega C$

Die *halbe Gerade* von $0 \le B \le \infty$ ergibt bei der Invertierung in die Z-Ebene einen *Halbkreis*. Der kürzeste Zeiger $1/R_C$ wird zum längsten R_C (Durchmesser des Halbkreises). Wegen

$\varphi_Z = -\varphi_Y$ liegt der Halbkreis nach unten. Dazu wird R_L (durch Verschiebung der imaginären Achse nach links) und für jeden Kurvenpunkt ωL addiert (senkrechte Pfeile).

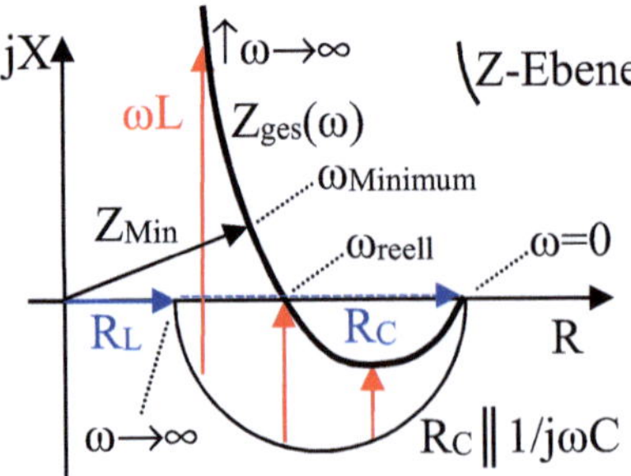

Abb. 11.21: Addition der Widerstände R_L, $R_C \parallel 1/j\omega C$ **und** $j\omega L$

Bei diesem Beispiel wird deutlich, dass ω_0 zu ω_{reell} und $\omega_{Minimum}$ *auseinanderfällt*. Normalerweise ist R_L recht klein und R_C sehr groß, sodass der Halbkreis einen sehr großen Durchmesser hat (der Punkt für $\omega = 0$ befindet sich dann weit rechts außerhalb der Darstellung).

Praxistipp: Mit $R_C \gg \omega C$ liegen ω_{Reell} und $\omega_{Minimum}$ sehr dicht nebeneinander und die Kurve ist in ihrer Nähe etwa eine Gerade. Infolgedessen sehen auch der Frequenzgang und der Phasengang (außer in der Nähe von $\omega = 0$) wie in Abb. 11.18 aus.

Dieser reale Schwingkreis würde beim Einsatz in einer Oszillatorschaltung (ohne weitere äußere Einflüsse) bei $\omega_{Minimum}$ schwingen (größter Betrag des Stromes mit $I = U/Z_{Min}$).

11.1.4 Parameter für elektrische Stromkreise

Außer dem Verhalten bei verschiedenen Frequenzen ist vor allem die **Leistung** bei sinusförmigen Strömen und Spannungen unterschiedlicher Phase zu untersuchen.

Die Leistung kann zu jedem *Zeitpunkt* $p(t) = u(t) \cdot i(t)$ berechnet werden (Abschnitt 4.4.1).

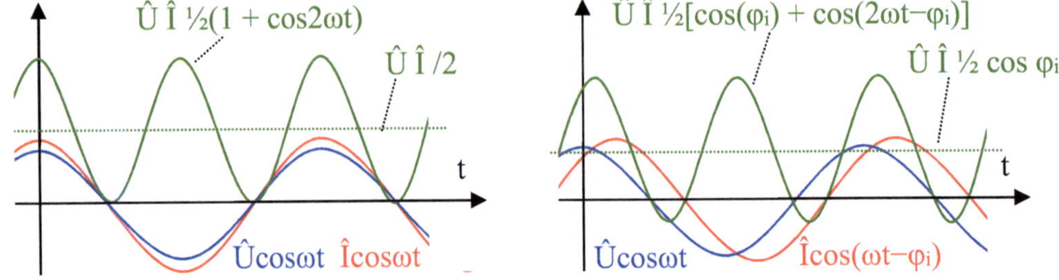

Abb. 11.22: Spannung und Leistung ohne und mit Phasenverschiebung

Mit $u(t) = \hat{U} \cos \omega t$ und $i(t) = \hat{I} \cos \omega t$ wird

$$p(t) = \hat{U}\,\hat{I}\,\tfrac{1}{2}\,(1 + \cos 2\omega t);$$

mit $i(t) = \hat{I}\cos(\omega t - \varphi_i)$ ergibt sich

$$p(t) = \hat{U}\,\hat{I}\,\tfrac{1}{2}\,[\cos\{\varphi_u - (-\varphi_i)\} + \cos\{2\omega t + \varphi_u + (-\varphi_i)\}]\,^{[119]}.$$

Bei $\varphi = \varphi_u - \varphi_i = \pm 90°$ hat die Leistung den Mittelwert null.

---

[119] $\cos x \cdot \cos y = \tfrac{1}{2}\,[\cos(x-y) + \cos(x+y)]$, in Abb. 11.22 ist $\varphi_u = 0$.

Praxistipp: Eine positive Leistung entspricht einer Leistungsaufnahme und eine negative Leistung einer Leistungsabgabe. Es wird also bei cosφ ≠ 1 ein Teil der Energie während jeder Periode nur hin- und hergespeichert.

Eine kompaktere und somit *aussagekräftigere Information über den Leistungsverbrauch* ergibt der Mittelwert.

$$\overline{P} = \int_0^T u(t) \cdot i(t) dt = \frac{\hat{U}\,\hat{I}}{2} \cos\varphi = U\,I \cos\varphi \quad ^{120} \qquad \text{mit} \quad \varphi = \varphi_u - \varphi_i$$

Das entspricht dem Produkt der Spannung mit der Projektion des Stromes auf deren Richtung.

mit $\varphi = \varphi_u - \varphi_i$

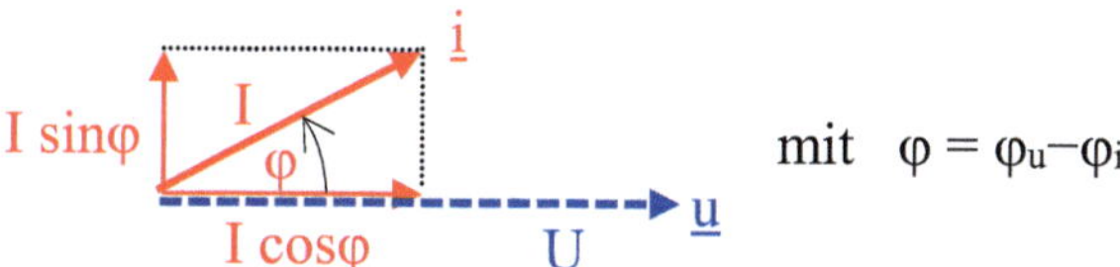

Abb. 11.23: Aufteilung des Stromes parallel und senkrecht zu U

Das Zeigerbild in Abb. 11.23 verdeutlicht, dass bei der Zerlegung des Stromes in zwei Komponenten der Anteil parallel zur Spannung die *Wirkleistung* P_W ergibt und der Anteil senkrecht zur Spannung genau den Teil der Leistung, der während jeder Periode hin- und hergespeichert wird. Dieser Anteil der Leistung wird als *Blindleistung* P_B bezeichnet [121]. Die Summe der Leistungszeiger wird *Scheinleistung* genannt Abb. 11.24. Der Faktor cosφ gibt den Anteil der Wirkleistung an und wird deshalb *Leistungsfaktor* cosφ genannt.

Definition: Wirkleistung, Blindleistung, Scheinleistung und Leistungsfaktor

$$P_W = \overline{P} = U\,I \cos\varphi \qquad P_B = U\,I \sin\varphi \qquad P_S = \sqrt{P_W^2 + P_B^2} = U\,I \qquad \cos\varphi \qquad (11.9)$$

Eine Zeigerdarstellung für die drei Leistungskenngrößen folgt in Abb. 11.24.

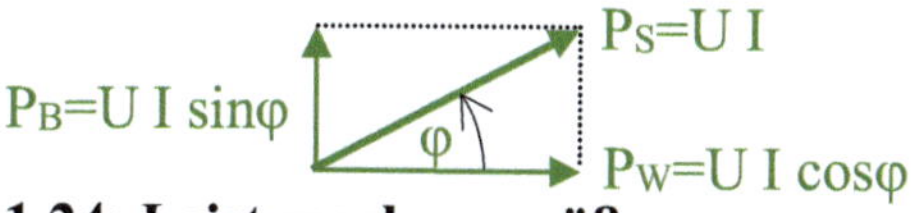

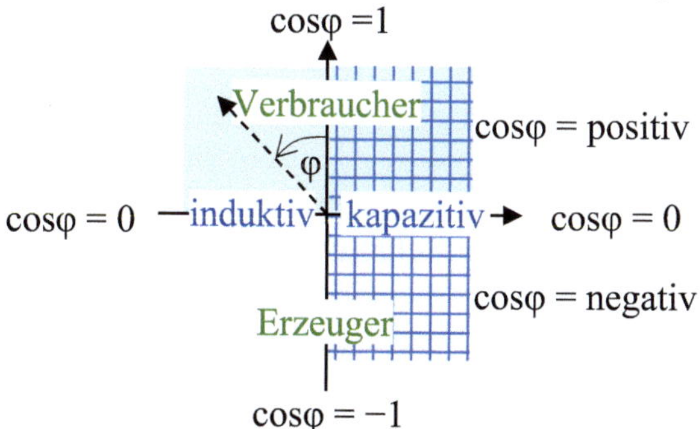

Abb. 11.24: Leistungskenngrößen

Außerdem sind mit $\varphi = \varphi_u - \varphi_i$:

$$P_W = \mathrm{Re}\{\underline{U} \cdot \underline{I}^*\}$$

$$P_B = \mathrm{Im}\{\underline{U} \cdot \underline{I}^*\}$$

Läuft der Strom der Spannung voraus, sind kapazitive Anteile vorhanden und es wird $1 > \cos\varphi \geq 0$. Läuft dagegen die Spannung voraus, sind induktive Anteile vorhanden und es wird $1 > \cos\varphi \geq 0$ [122]. An cosφ ist also die Richtung nicht allein erkennbar.

Abb. 11.25: Bedeutung von φ (vom Strom zur Spannung $\varphi_u - \varphi_i$) und von cosφ

[120] $U = \hat{U}/\sqrt{2}$ und $I = \hat{I}/\sqrt{2}$ sind Effektivwerte für die Sinusform (siehe Abschnitt 4.4.2).

[121] $\varphi = \varphi_u - \varphi_i$ definiert das Vorzeichen von P_B.

[122] Da cosφ = cos(−φ) ist.

Praxistipp: Alle drei Leistungskenngrößen und cosφ sind *integrale Kennwerte und nur für Sinusform* definiert (11.9), das muss bei entsprechenden Messgeräten beachtet werden. Eine **einfache** Erweiterung auf nichtsinusförmige Größen ist nur für P_W mit $\overline{P}$ gegeben.

(Siehe auch (Lun91a S. 127 ff).) [123] Eine Anwendung auf Dreiphasensysteme ist ohne Weiteres möglich und wird in Abschnitt 20.3.1 behandelt.

11.1.5 Kennwerte und Übungsaufgaben

Kennwerte sinusförmiger Ströme und Spannungen:

- Spitzenwert $\quad\quad\quad\quad\quad \hat{U}, \hat{I} \quad\quad$ in V, A
- Effektivwert $\quad\quad\quad\quad U, I \quad\quad$ in V, A
- Frequenz $\quad\quad\quad\quad\quad f \quad\quad$ in Hz
- Kreisfrequenz $\quad\quad\quad\quad \omega \quad\quad$ in 1/s
- Phasenwinkel (el.) $\quad\quad\quad \varphi = \omega t_\varphi$ in Bogenmaß oder Grad

Kennwerte einiger Grundschaltungen bei sinusförmigen Strömen und Spannungen:

- Tiefpass $\quad\quad\quad\quad\quad \omega_{go} = 2\pi\, f_{go} = 1/\tau = 1\,/RC$
- Hochpass $\quad\quad\quad\quad\quad \omega_{gu} = 2\pi\, f_{gu} = 1/\tau = R/L$
- Reihenschwingkreis $\quad\quad \omega_0 = 2\pi\, f_0 = (LC)^{-1/2} \quad \omega_{\pm45} = 2\pi\, f_{\pm45} \quad \Delta\omega_B = 2\pi\Delta f_B = \omega_0/Q_R$
  $\quad\quad\quad\quad\quad\quad\quad\quad\quad Q_R = 1/(R\sqrt{C/L})$ der Reihenschaltung
- Parallelschwingkreis $\quad\quad \omega_0 = 2\pi\, f_0 = (LC)^{-1/2} \quad \omega_{\pm45} = 2\pi\, f_{\pm45} \quad \Delta\omega_B = 2\pi\Delta f_B = \omega_0/Q_P$
  $\quad\quad\quad\quad\quad\quad\quad\quad\quad Q_P = R\sqrt{C/L} \quad$ der Parallelschaltung

Kennwerte für Leistung bei sinusförmigen Strömen und Spannungen:

- Wirkleistung $\quad\quad\quad\quad P_W \quad\quad$ in W
- Blindleistung $\quad\quad\quad\quad P_B \quad\quad$ in var $\quad$ (<u>v</u>olt-<u>a</u>mpere-<u>r</u>eaktiv)
- Scheinleistung $\quad\quad\quad\quad P_S \quad\quad$ in VA
- Leistungsfaktor $\quad\quad\quad\quad \cos\varphi$

Aufgabe 11.1

Ein Tiefpass soll für $R = 2\,\text{k}\Omega$, $C = 1\,\mu\text{F}$, $f = 100\,\text{Hz}$ und $U = 5\,\text{V}$ analysiert werden.

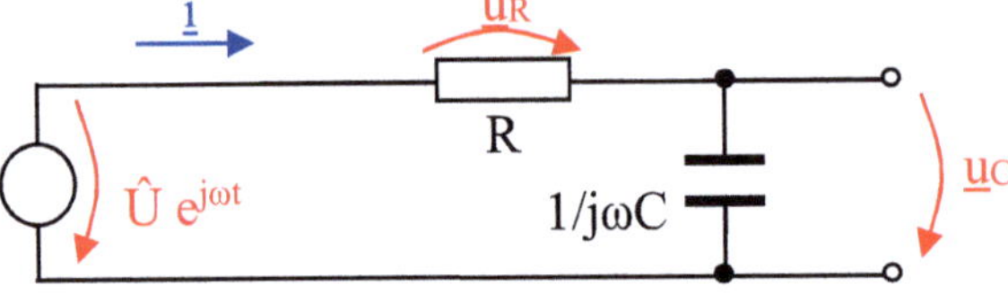

Abb. 11.26: Tiefpass ohne Last

1) Beschreiben Sie die physikalische Arbeitsweise der Schaltung.
2) Erstellen Sie ein maßstäbliches Zeigerbild aller Ströme und Spannungen.
3) Bestimmen Sie Betrag und Phase von u_C aus den Dreiecksbeziehungen.
4) Bestimmen Sie die obere Grenzfrequenz f_{go}.
5) Zeichnen Sie die Ortskurve $\underline{U}_C(\omega)$ für $0 \leq f \leq 10\,\text{kHz}$ sowie den Frequenz- und Phasengang von u_C.

Hinweis: Tabelle für f, ω, U_C und φ_C mit ca. 5 Punkten anlegen (davon 2 vor, 2 nach f_{go}).
Zusatzaufgabe: Geben Sie die Schaltung eines Tiefpasses mit R und L an.

---

[123] Zur Erweiterung auf nichtsinusförmige periodische Größen siehe (Heu91 S. 94).

Aufgabe 11.2

Ein Hochpass soll für R = 2 kΩ, C = 1 µF, f = 100 Hz und U = 5 V analysiert werden.

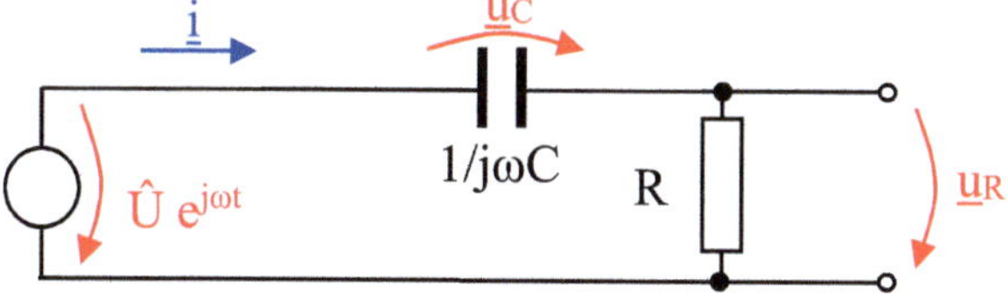

Abb. 11.27: Hochpass ohne Last

1) Beschreiben Sie die physikalische Arbeitsweise der Schaltung.
2) Erstellen Sie ein maßstäbliches Zeigerbild aller Ströme und Spannungen.
3) Bestimmen Sie Betrag und Phase von u_R aus den Dreiecksbeziehungen.
4) Bestimmen Sie die untere Grenzfrequenz f_{gu}?
5) Zeichnen Sie die Ortskurve $\underline{U}_R(\omega)$ für $0 \le f \le 10$ kHz sowie den Frequenz- und Phasengang von u_R.

Hinweis: Tabelle für f, ω, U_R und φ_R mit ca. 5 Punkten anlegen (davon 2 vor, 2 nach f_{gu}).

Zusatzaufgabe: Erstellen Sie eine Schaltungszeichnung eines Hochpasses mit R und L.

Aufgabe 11.3

Ein Parallelschwingkreis soll für f = 100 Hz und I = 2,5 mA = const analysiert werden.
(R = 2 kΩ, C = 1 µF und L = 40 mH)

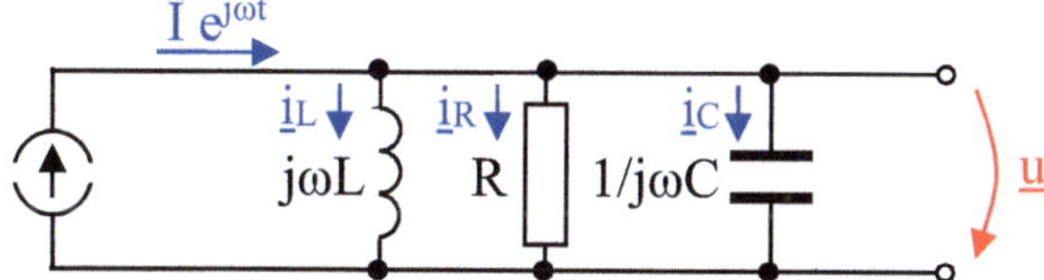

Abb. 11.28: Parallelschwingkreis ohne Last

1) Erstellen Sie ein qualitatives Zeigerbild aller Ströme und Spannungen.
2) Bestimmen Sie Betrag und Phase von u aus den Dreiecksbeziehungen.
3) Bestimmen Sie die die Resonanzfrequenz f_0 und die Bandbreite Δf_B.
4) Zeichnen Sie die Ortskurve $\underline{U}(\omega)$ für $0 \le f \le 10$ kHz sowie den Frequenz- und Phasengang von u.

Hinweis: Tabelle für f, ω, U und φ_U mit ca. 7 Punkten anlegen (2 vor, 2 nach f_0, f_0 und $f_{\pm 45}$).

Aufgabe 11.4

Ein Tiefpass wird mit einem Operationsverstärker aufgebaut.

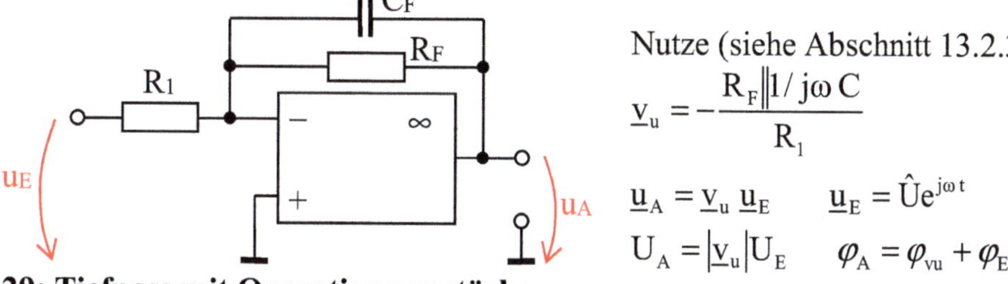

Abb. 11.29: Tiefpass mit Operationsverstärker

1) Bestimmen Sie C bei $R_1 = 10$ kΩ und $R_F = 100$ kΩ für $f_{go} = 1$ kHz.
2) Zeichnen Sie den Frequenzgang und den Phasengang für $0 \le f \le 10$ kHz.

Hinweis: Tabelle für f, ω, U_A und φ_A mit ca. 5 Punkten anlegen (davon 2 vor, 2 nach f_{go}).

Aufgabe 11.5

Auf dem Typenschild einer Asynchronmaschiene befinden sich u.a. folgende Angaben
(vergleiche Aufgabe 4.11):

Nennspannung : 230/400 V
Nennstrom   : 1,6/0,93 A
cosφ   : 0,78
Leistung   : 0,33 W (mechanisch)

  1) Bestimmen Sie die Wirkleistung (elektrisch), Blindleistung, Scheinleistung und den
     Wirkungsgrad (beachten Sie die drei gleichen Wicklungen).
  2) Als sehr einfaches Ersatzschaltbild ist eine Reihenschaltung von R und L möglich.
     Bestimmen Sie die Bauteilwerte bei Nennbetrieb (vergleiche Abschnitt 20.3.3).
  3) Untersuchen Sie die Größe C eines parallelen Kompensationskondensators, damit keine
     Blindleistung aus dem Netz entnommen wird.

Hinweis: Die Leistung ist die nutzbare mechanische Leistung, die Rechnung müsste sowohl
          bei 230 als auch bei 400 V im Rahmen der Messgenauigkeit gleiche Ergebnisse
          liefern. Die Frequenz beträgt f = 50 Hz.

11.1.6 Messung des Frequenzgangs eines Schwingkreises

Es werden die Spannungen an Widerstand, Induktivität und Kapazität bei verschiedenen
Frequenzen gemessen.

Versuchsaufbau:

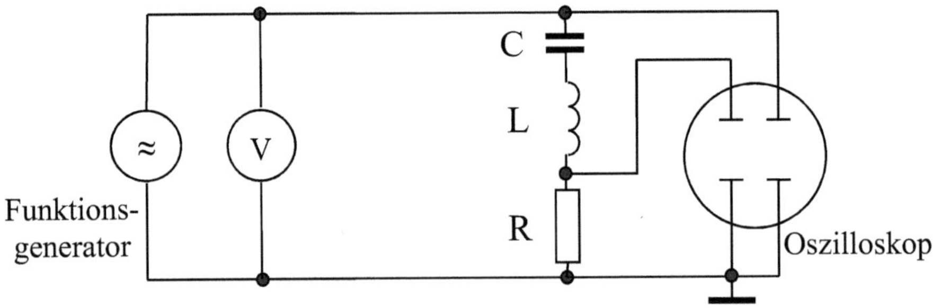

Abb. 11.30: Schaltung des Versuchsaufbaus

Hinweis: Zur Messung die Position von R, L und C tauschen. Resonanz- und 45°-Frequenzen
          suchen und zusätzlich zwei weitere Messpunkte auf jeder Seite anordnen.
          (Achtung: Phase liegt nur einzeln gegenüber der Gesamtspannung vor.)

Versuchsdurchführung:

Messung der Spannungen mit einem Oszillografen, Nutzung einer Sinusspannung, Übergabe
der Kurven an einen PC und Auswertung, Vergleich mit berechneten Verläufen und
Parametern.

Folgende Untersuchungen geben einen Überblick über das Verhalten:

  1. Messen bei U = 5 V, L = 300 mH, C = 0,22 µF und R = 300 Ω sowie 30 Ω, Darstellen des
     Frequenz- und Phasengangs (doppeltlogarithmisch bis 10 kHz),
  2. Darstellen der Ortskurve in einer Z-Ebene,
  3. Bestimmen von R, L und C aus den Messwerten.

Zusammenfassung der Versuchsergebnisse:

1. Die dargestellten Kurven stimmen mit dem theoretischen Verlauf sehr gut überein.
2. Die aus den Kurven ermittelten Parameter entsprechen recht gut den Werten der eingesetzten Bauelemente. Nur die Induktivität der Spule weicht deutlich vom Typenschild ab. Die eingesetzte Spule (Vorschaltgerät für eine Hochdrucklampe) war für 50 Hz vorgesehen (Material des Kerns), im Versuch ist $\omega_0/2\pi$ aber ca. 800 Hz.

11.2 Nichtsinusförmige periodische Signale [124]

11.2.1 Mehrere sinusförmige Quellen

Schon die Addition von zwei sinusförmigen Signalen unterschiedlicher Frequenz ergibt ein nichtsinusförmiges aber periodisches Signal (genauso von mehreren Signalen).

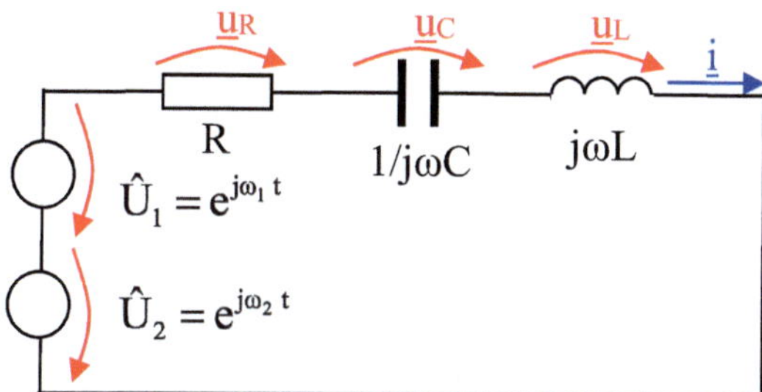

Abb. 11.31: Schaltung mit zwei Quellen unterschiedlicher Frequenz

Weil mit der komplexen Rechnung (und den von ihr abgeleiteten Methoden) nur Schaltungen mit linearen Bauelementen behandelt werden können, ist dann auch grundsätzlich der *Überlagerungssatz* anwendbar. Die Schaltung in Abb. 11.31 wird dazu in eine Ersatzschaltung für jede Quelle aufgeteilt.

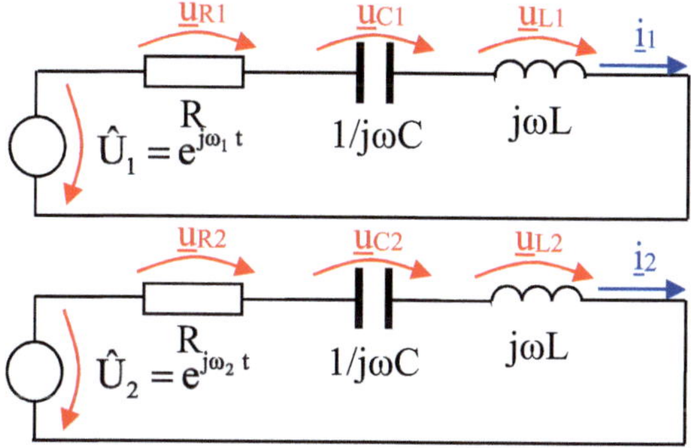

Abb. 11.32: Zwei Schaltungen für den Überlagerungssatz

Praxistipp: Beide Schaltungen werden mit Methoden aus Abschnitt 11.1 berechnet. Das Gesamtergebnis ist die *richtungsrichtige Addition* (z.B. $i(t) = i_1(t) + i_2(t)$ für Abb. 11.31). Das Vorgehen ist auch mit vielen Quellen möglich, aber besser wäre dann eine Simulation.

---

[124] Das ist immer eine Abstraktion, da reale Signale immer einen Anfang und ein Ende haben. Für viele Signale ist es aber sehr gut brauchbar, wenn Übergangsvorgänge beendet oder noch weit entfernt sind.

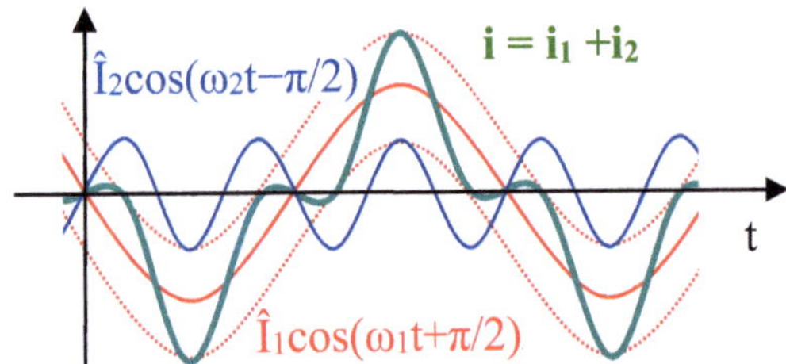

Abb. 11.33: Beispiel für ein mögliches Ergebnis im Zeitbereich [125]

Bei fast gleichen Frequenzen ergäbe sich für das Beispiel aus Abb. 11.31 ein typischer *Schwebungsvorgang*, der von einer Multiplikation zweier Frequenzen durch deren Phasensprünge unterschieden werden kann.

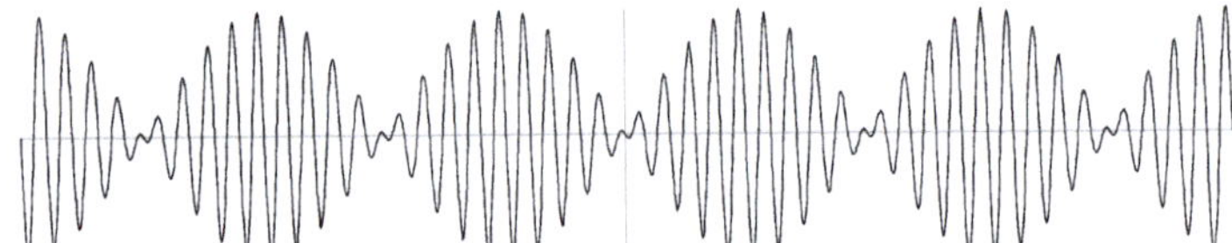

Abb. 11.34: Beispiel einer Schwebung

Mehrere Frequenzen ergeben immer nichtsinusförmige periodische Signale.

11.2.2 Behandlung mit Hilfe der Fourierreihe

Praxistipp: Alle periodischen Signale können durch Zerlegung in eine *Fourierreihe* zu einer *Summe von Sinussignalen* umgeformt werden. Jeder Summand wird dann einzeln (wie in Abschnitt 11.2.1) behandelt und danach die Summe gebildet.

Die Bestimmung der Fourierreihe erfolgt nach Abschnitt 10.4. Im allgemeinen Fall entstehen *unendlich viele Summanden*. Alle vorkommenden Frequenzen sind immer genau ganze Vielfache der Grundfrequenz (*Oberschwingungen*).

Praxistipp: *Praktisch* kann immer nach einer *endlichen Anzahl Summanden* abgebrochen werden, weil alle realen Systeme eine endliche Bandbreite haben. *Zwei Parameter* für jede vorkommende Frequenz (U_n und φ_n bzw. U_{an} und U_{bn}) beschreiben dann das Signal.

In *Umkehrung* werden gewünschte Signale aus mehreren Sinussignalen zusammengesetzt.

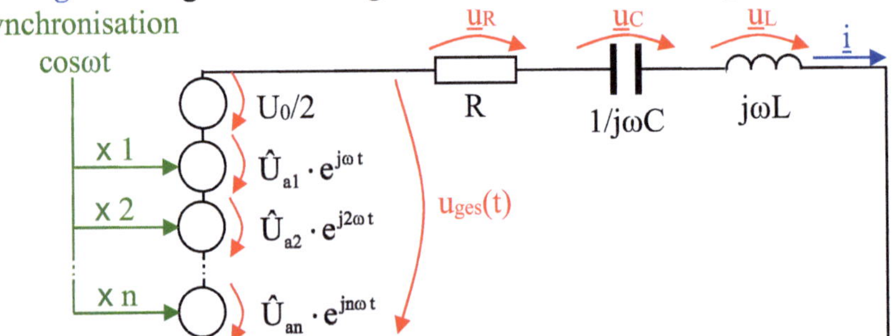

Abb. 11.35: Signal aus vielen Quellen für Oberschwingungen

Da das menschliche Ohr keine Phasenlage wahrnimmt und somit die Synchronisation entfallen kann, wird insbesondere im Audiobereich und bei Musikinstrumenten (z.B. Register der Orgel, elektronische Register …) diese Methode genutzt.

---

[125] $\omega_2 = 3\,\omega_1$; ω_2 hier kapazitiv ($i \rightarrow 90°$ vor), ω_1 induktiv ($i \rightarrow 90°$ nach) je gegenüber u(t) als cos mit $\varphi_u=0$.

Praxistipp: Die *Zeitfunktion* u(t) und die Darstellung des *Frequenzspektrums* (U_{an}, U_{bn} oder U_{cn}, φ_n z.B. als Balkendiagramme) haben *völlig äquivalente Informationen*.

Bei der Arbeit mit Spektren lassen sich mehrere Regeln erkennen und anwenden.

1. Symmetrie der Zeitfunktion gegenüber der y-Achse im Zeitnullpunkt

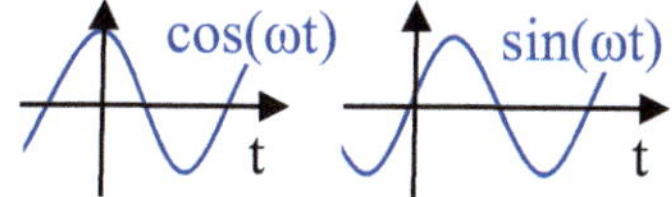

Abb. 11.36: Symmetrie gegenüber der y-Achse

Liegt Spiegelsymmetrie $f(-t) = f(t)$ gegenüber der y-Achse im Zeitnullpunkt vor, können *nur cos-Funktionen* (also a_n) vorhanden sein (alle $b_n=0$).
Bei Asymmetrie $f(-t) = -f(t)$ können dagegen nur *sin-Funktionen* (also b_n) vorhanden sein (alle $a_n=0$).

2. Symmetrie der Zeitfunktion bezüglich ihrer Kurvenform

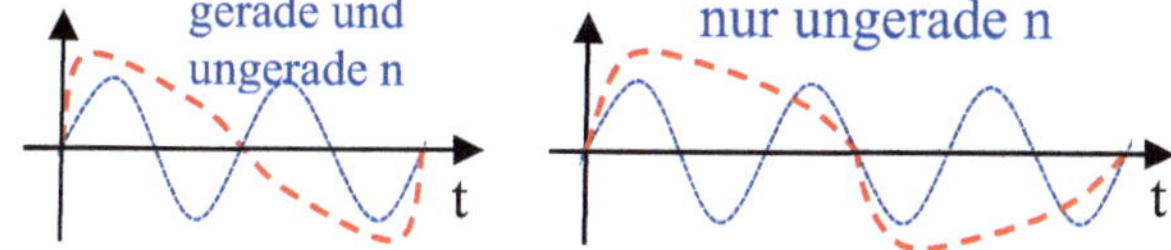

Abb. 11.37: Symmetrie gegenüber der Kurvenform

Gilt für die gestrichelte Kurven $f(-t) = f(t)$ oder $f(-t) = -f(t)$ **und** $f(t+T/2) = -f(t)$ (Periodendauer T), können zusätzlich zu Punkt 1. nur *ungeradzahlige* Oberschwingungen auftreten (n = 3, 5, 7, 9…; vergleiche mit punktiertem Sinus für n=3).

3. Es können natürlich beide Fälle kombiniert (addiert) **existieren** und/oder zusätzlich ein Gleichanteil vorhanden sein.

Praxistipp: Beide Regeln sind sowohl zur *Kontrolle der Plausibilität von Messungen* unerlässlich als auch zur *Aufwandsreduzierung* bei Berechnungen sehr hilfreich.

11.2.3 Wichtige Testsignale zur Analyse von Schaltungen

Natürlich ist ein *sinusförmiges Signal* das wichtigste Testsignal sowohl bei der messtechnischen Analyse wie bei einer Simulation als auch bei einer analytischen Untersuchung.

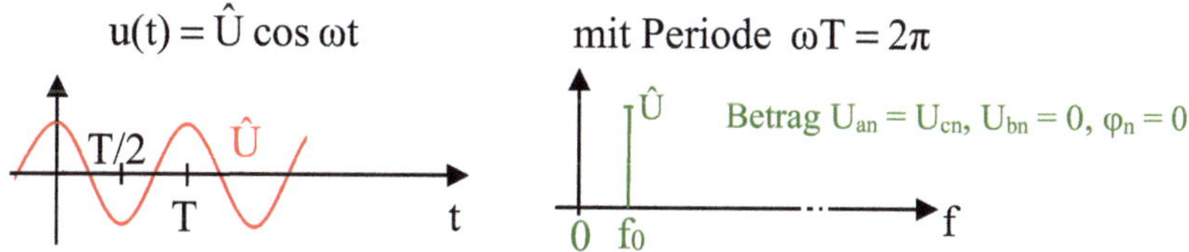

Abb. 11.38: Beispiel für ein sinusförmiges Signal und dessen Spektrum

Ein System wird mit sinusförmigen Signalen des gesamten interessierenden Frequenzbereiches getestet. Die Ergebnisse geben ein umfassendes Bild über die Eigenschaften dieses Systems.

Ein *Rechtecksignal* wird insbesondere eingesetzt, um die Dauer von Anstiegs- und Abfallflanken ($t_{an/ab}$ von 0,1 bis 0,9·$\hat{U}$) sowie das Überschwingen mit einem Oszilloskop zu analysieren.

$$u(t) = \begin{cases} \hat{U} & \text{für } 0 \leq \omega t \leq \pi \\ 0 & \text{für } \pi \leq \omega t \leq 2\pi \end{cases} \quad \text{mit Periode } \omega T = 2\pi$$

$$u(t) = \hat{U}/2 + \frac{2\hat{U}}{\pi}\left(\sin \omega t + \frac{1}{3}\sin 3\omega t + \frac{1}{5}\sin 5\omega t + ...\right)$$

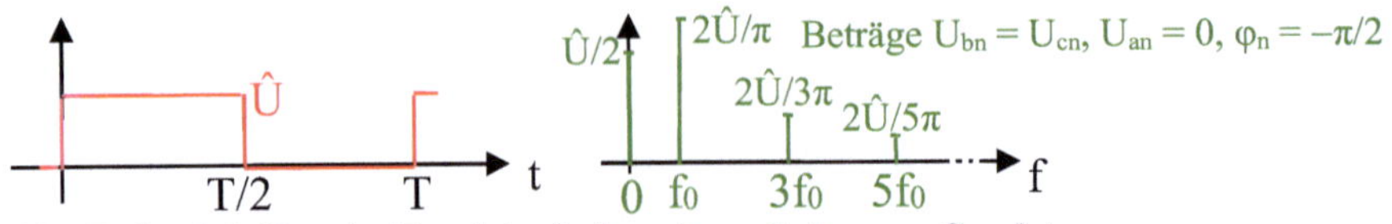

Abb. 11.39: Beispiel für ein Rechtecksignal und dessen Spektrum

Die Anstiegs- und Abfallflanken können auch aus dem Frequenzgang bestimmt werden.

Ein *Dreiecksignal* kann genutzt werden, um die Linearität von Systemen zu analysieren. Diese gibt es als symmetrisches Dreieck und als „Sägezahn".

$$u(t) = \hat{U}\, t/T \quad \text{für } 0 \leq t \leq T \quad \text{mit Periode } \omega T = 2\pi$$

$$u(t) = \hat{U}/2 - \frac{\hat{U}}{\pi}\left(\sin \omega t + \frac{1}{2}\sin 2\omega t + \frac{1}{3}\sin 3\omega t + ...\right)$$

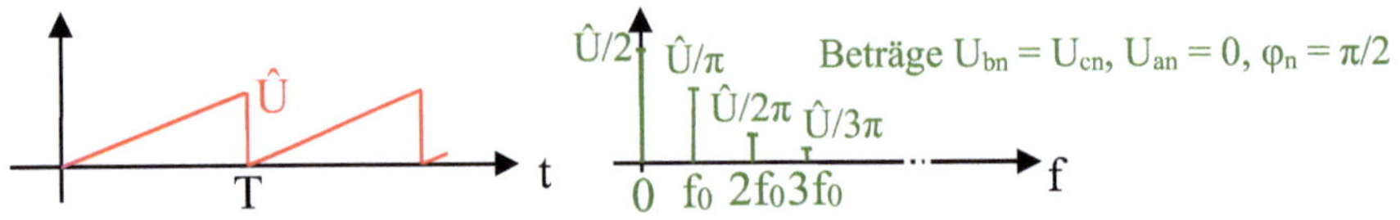

Abb. 11.40: Beispiel für ein Dreiecksignal und dessen Spektrum

Dazu wird eine genügend langsam steigende Flanke erzeugt (für vernachlässigbare Übergangseffekte). Bei nichtlinearen Verzerrungen treten außerdem zusätzliche Frequenzen auf, die das Spektrum verändern.

Ein *Weißes Rauschen* kann als Testsignal genutzt werden [126], um den Betrag des Frequenzganges schnell zu ermitteln oder die Übertragungsfunktion von Systemen zu analysieren. Eine Beschreibung (siehe Abschnitt 10.6) erfolgt mit der Fouriertransformation.

$$u(t) = U_{\text{Rausch}} \quad \text{für } -\infty \leq t \leq +\infty$$

$$F(\omega) = \text{const} \quad \text{für } -\infty \leq \omega \leq +\infty$$

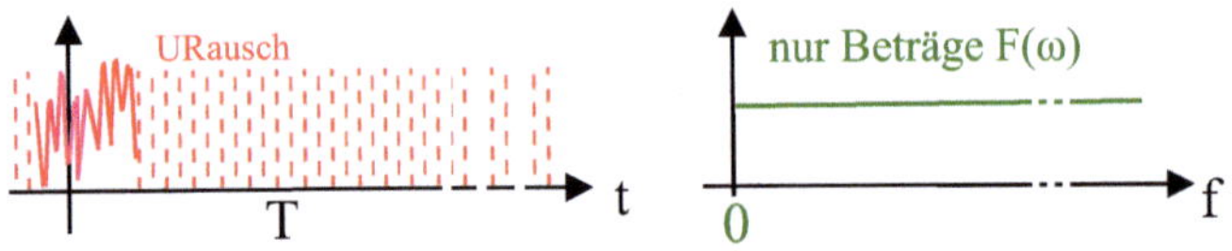

Abb. 11.41: Beispiel für ein Rauschsignal und dessen Spektrum

Ausschlaggebend ist, dass alle Frequenzen vorhanden sind und praktisch den gleichen Betrag haben. Die Eigenschaft, eine *zeitkonstante Leistung* zu besitzen ($p(t)$ = const), kennzeichnet Rauschsignale. Mit Spektralanalysatoren können Rauschsignale heute ausgewertet werden. (Rauschen mit ungleichem Spektrum wird farbiges Rauschen (rosa, rot ...) genannt.

---

[126] Es soll hier als ein Beispiel für stochastische Signale aufgeführt werden. Auch wenn dieses nichtperiodisch ist, existiert es aber von $-\infty$ bis $+\infty$.

11.2.4 Kennwerte und Übungsaufgaben

Kennwerte eines Signals sind stark abhängig von der Signalform, z.B.
- Sinussignal: $\hat{U}$, ω und evtl. φ
- Rechtecksignal: $\hat{U}_{ss}$, U_{Offset} (oder $\hat{U}_-$ und $\hat{U}_+$), Tastverhältnis, Periodendauer und evtl. Anstiegszeit der Flanke [127]
- Dreiecksignal: $\hat{U}_{ss}$, U_{Offset} (oder $\hat{U}_-$ und $\hat{U}_+$), Anstiegszeit und Abfallzeit (zusammen Periodendauer)

Kennwerte eines Frequenzspektrums (gemessen oder nach der Fourierreihe).
- Amplitudenwerte von $n \cdot \omega$ als U_{cn} (oder die Beträge von U_{an} und U_{bn})
- Phasenlage von $n \cdot \omega$ als φ_n (oder als Vorzeichen der U_{an} und U_{bn})

Aufgabe 11.6

Addition der Teilschwingungen des Rechtecksignals aus Abb. 11.39 z.B. mit einem Simulationsprogramm bei $\hat{U} = 5$ V, $T = 2$ ms.
1) Stellen Sie die Grund- und die ersten Oberschwingungen (n = 3, 5 ,7) einzeln dar.
2) Stellen Sie das Signal bei schrittweiser Addition der Oberschwingungen (von der 3. bis zur 7.) dar.
3) Stellen Sie das Amplituden- und das Phasenspektrum (U_{cn} und φ_n) dar.

Aufgabe 11.7

Für eine Simulation ist das Rechtecksignals (mit $\hat{U} = 5$ V, $T = 2$ ms) aus Abb. 11.39 um $-\pi/4$ und $-\pi/2$ zu verschieben.
1) Stellen Sie die veränderten Spektren (U_{an} und U_{bn} sowie U_{cn} und φ_n) dar.
2) Erläutern Sie, ob sich die Kurvenform ebenfalls ändert.

11.3 Nichtperiodische Signale

11.3.1 Behandlung mit der Fouriertransformation

Sind nichtperiodische Signale von endlicher Länge, kann mit der **Fouriertransformation** eine Zerlegung in ein kontinuierliches endliches Frequenzspektrum erfolgen.

Die Reihen- wird dabei zu einer Integralform (siehe Abschnitt 10.6). Gilt für das endliche Signal $u(t) = 0$ für $t < t_{Anfang}$ und $t > t_{Ende}$, liegt eine endliche Signaldauer vor und die Integrale sind konvergent. Im Unterschied zur Reihe treten *alle Frequenzen* auf (nicht nur ganze Vielfache der Signaldauer $T = t_{Ende} - t_{Anfang}$).

Praxistipp: **Beachte:** Alle Frequenzen sind stationär im Zeitraum von $-\infty < t < \infty$ vorhanden, heben sich bis t_{Anfang} und nach t_{Ende} gegenseitig völlig auf und ergeben nur während der Signaldauer gerade in ihrer Summe das Signal.

Das *Frequenzspektrum ist also zeitkonstant* in Beträgen und Phase. Dieses ist nicht wie in Abb. 11.35 messtechnisch nachvollziehbar [128], sondern als rein *mathematischer Bildbereich* aufzufassen. Das Frequenzspektrum selbst ist dennoch von großer praktischer Bedeutung.

---

[127] von 0,1 bis 0,9 $\hat{U}$

[128] Das ging nur durch die Abstraktion als „periodisches Signal" (alle realen Signale haben Anfang und Ende).

Auch hier gilt, dass zwei *mathematisch* äquivalente Betrachtungs/Darstellungsweisen für Signale und Systeme – die **Zeitdarstellung** und die **Frequenzdarstellung** – bestehen.

Alle wichtigen Signale sind in Tabellen aufgeführt. Es gibt *andere Schreibweisen* für die Fouriertransformation (weitere Formen, siehe Abschnitt 10.6). Besonders genutzt werden heute numerische Programme (insbesondere die FFT – Fast-Fourier-Transformation).

Praxistipp: Auch für derartige Signale kann eine Berechnung nach dem *Überlagerungssatz* erfolgen; das Ergebnis stellt aber in der Regel kein Standardsignal dar und muss grafisch ausgewertet werden. Ein Simulationsprogramm ist hier also vorzuziehen.

Die Hauptanwendung liegt in der informationstheoretischen *Signalanalyse*. Dazu ist eine Reihe weiterer Transformationen oder Verfahren entwickelt worden (z.B. die diskrete Fouriertransformation, zeitabhängige Kurzzeitspektren, die Hilberttransformation oder die Korrelationsanalyse), siehe auch Spezialliteratur z.B. (Fri85 S. 36 ff).
Zur Nutzung für eine Schaltungsberechnung siehe Praxistipp Seite 155.

11.3.2 Diskrete Signale und diskrete Fouriertransformation

Diskrete Signale haben nur zu diskreten Zeitpunkten t_i einen von Null verschiedenen Wert.

Sie entstehen z.B. durch Messwertabtastung oder A/D-Wandlung. Mathematisch wird dafür die Multiplikation mit einer Folge von Stoßfunktionen [129] genutzt. Eine Einordnung und ihre Eigenschaften werden im Abschnitt 17.3.1 untersucht.

Praxistipp: Die *diskreten periodischen Signale* sind der eigentliche *Gegenstand der diskreten Fouriertransformation (DFT)*. Aus den Abtastwerten der Grundperiode des Signals $-T/2 \leq t < T/2$ lassen sich aber auch andere Signale analysieren. [130]

Die Transformation erfolgt nach Abschnitt 10.7 Gleichung (10.11). Diese können mit Hochsprachen leicht in Algorithmen für Rechner umgesetzt werden.

Praxistipp: Für die praktische Anwendung müssen einige Bedingungen beachtet werden. Siehe dazu Abschnitt 17.3.1.

In vielen Analyseprogrammen sind komfortabel zu nutzende Algorithmen implementiert, die in der Regel keine Fehlbenutzung (insbesondere eine falsche Abtastung) mehr zulassen. Als Algorithmus wird überwiegend die FFT (Fast Fouriertransformation) verwendet.

Praxistipp: Bei allen Untersuchungen zeitabhängiger Signale zeigt sich, dass zwei äquivalente Betrachtungs- bzw. Darstellungsweisen für Signale und Systeme bestehen:
Zeitdarstellung und **Frequenzdarstellung**

---

[129] Zur Stoßfunktion siehe Abschnitt 10.5.
[130] Es müssen **exakt** eine/mehrere Periode/n oder eine Fensterfunktion sein, die zeitlich aber auch beliebig liegen können.

11.4 Schalt- und Übergangsvorgänge

11.4.1 Behandlung mit Hilfe der Laplacetransformation

In der Elektrotechnik müssen oft *Übergangsvorgänge* insbesondere beim *Ein- oder Ausschalten* untersucht werden. Das wird entsprechend Abb. 11.1 vereinfacht.

Mit der *Laplacetransformation* (siehe Abschnitt 10.8) können bei $t = 0$ oder $t = t_A$ beginnende Signale (Spannungen, Ströme …) transformiert sowie die Differentiation und Integration zu einfachen algebraischen Operationen umgeformt werden. Das zeigt Abb. 11.42.

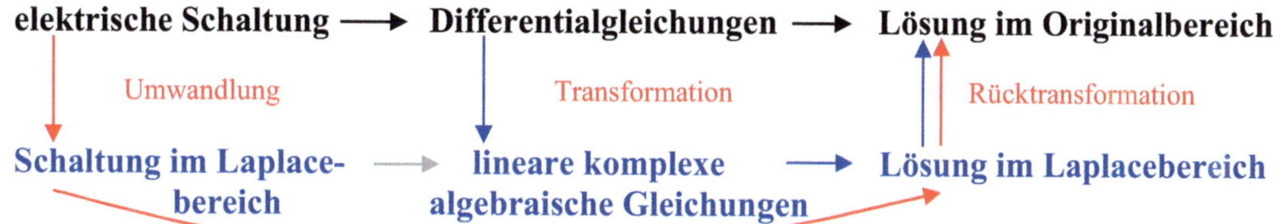

Abb. 11.42: Schema zur Lösung mittels Laplacetransformation

Die *Transformation einer Differentialgleichung* erfolgt mit dem Differentiationssatz. Dabei sind die Anfangsbedingungen bei einem „energielosen" Anfang (z.B. Einschaltvorgang) null.

Bei „energielosem" Anfang werden die *Strom-Spannungs-Beziehungen*:

$$u_L = L\frac{di}{dt} \leftrightarrow U_L(p) = L[p\,I(p) - i(0)] = pL\,I(p)$$

$$i_C = C\frac{du}{dt} \leftrightarrow I_C(p) = C[p\,U(p) - u(0)] = pC\,U(p).$$

Damit können auch *Schaltungen in den Laplacebereich transformiert* werden:

Festlegung: Widerstände im Laplacebereich

$$R \leftrightarrow R$$
$$L \leftrightarrow pL \qquad\qquad\qquad (11.10)$$
$$C \leftrightarrow 1/pC$$

Da alle Vorgänge anfangsseitig begrenzt sein müssen, können eigentlich nur Einschaltvorgänge behandelt werden. Für *Ausschalt- und Übergangsvorgänge* erfolgt die Berechnung so, dass zu Beginn des Vorganges durch Quellen (multipliziert mit $1(t - t_{Beginn})$) der entsprechende Anfangszustand „zwangsweise" hergestellt wird (damit ist der Differentiationssatz vollständig). Somit müssen dann für L und C die Schaltungen entsprechend Abb. 11.43 genutzt werden.

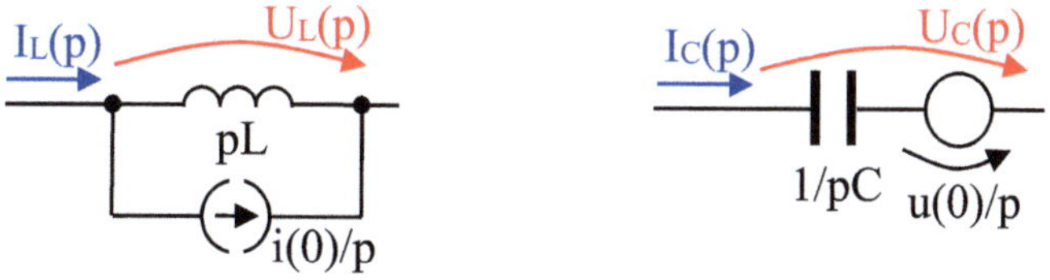

$$\text{KS:}\ I_L(p) = \frac{U_L(p)}{pL} + \frac{i(0)}{p} \qquad\qquad \text{MS:}\ U_C(p) = \frac{I_C(p)}{pC} + \frac{u(0)}{p}$$

Abb. 11.43: Berücksichtigung von Anfangsbedingungen

In Abb. 11.43 beginnen alle Ströme und Spannungen bei t = 0; das muss bei der Transformation von I(p) und U(p) berücksichtigt werden. Bei i(0) und u(0) ist dies (wegen 1(t) ↔ 1/p) schon berücksichtigt. (Beginnen die Vorgänge nicht bei t = 0, muss zusätzlich der Dämpfungssatz benutzt werden.) Der Knotenpunkt- und der Maschensatz ergeben dann in Abb. 11.43 gerade den jeweiligen Differentiationssatz.

Praxistipp: Die Berechnungen werden wiederum so einfach wie bei Gleichstrom. Die Rücktransformation kann meist mit der Korrespondenztabelle erfolgen.

11.4.2 Beispiel: Analyse des Ein- und Ausschaltens eines Schwingkreises

In Abschnitt 5.2.6 und 6.2.6 wurden das Ein- und Ausschalten einer RC- und einer RL-Schaltung untersucht. Jetzt können mit akzeptablem Aufwand die Schaltvorgänge an einem Reihenschwingkreis untersucht werden. Dazu wird der Schalter in Abb. 11.44 bei t = 0 einmal von unten nach oben und zum anderen von oben nach unten bewegt. Wir gehen von einem idealen Schalter $R_{Ein} = 0$, $R_{Aus} = \infty$ und $t_{Schalt} = 0$ aus [131].

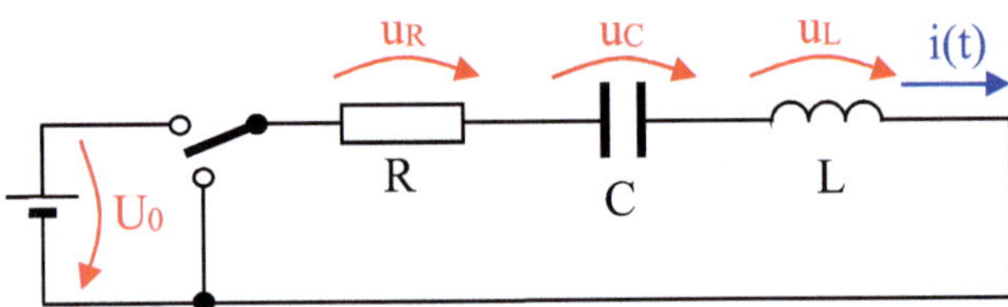

Abb. 11.44: Ein- und Ausschalten einer Reihenschaltung von R, C und L

Die in den Laplacebereich transformierte Schaltung für das **Einschalten** entsteht, wenn für die *Gleichspannungsquelle und den Schalter* eine Quelle $U_0 \cdot 1(t)$ eingesetzt wird.

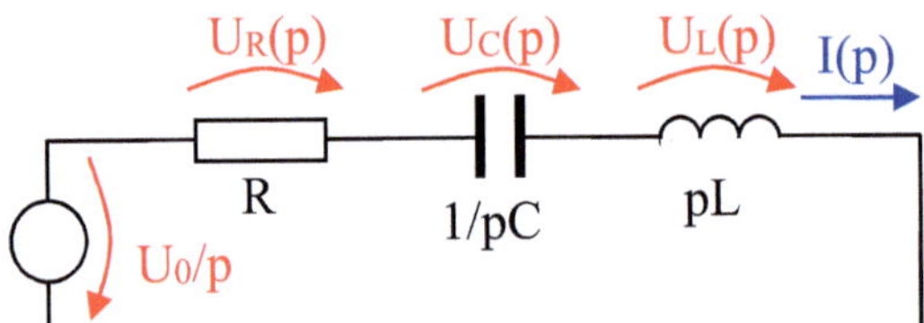

Abb. 11.45: Reihenschaltung von R, C und L im Laplacebereich für das Einschalten

Der Strom folgt sofort aus dem *Ohm'schen Gesetz*:

$$I(p) = \frac{U_0/p}{R + 1/pC + pL} = \frac{U_0/L}{p^2 + pR/L + 1/LC} = \frac{U_0/L}{(p + R/2L)^2 + 1/LC - (R/2L)^2}$$

$$I(p) = \frac{U_0/L}{(p + \delta)^2 + \omega_e^{\,2}}$$

Die letzte Form entspricht der Korrespondenz in Tabelle 10.1 (rechte Spalte, dritte Zeile von unten) mit der *Dämpfung* $\delta = R/2L$ ($=\beta$) und der *Eigenkreisfrequenz* $\omega_e^{\,2} = \omega_0^{\,2} - \delta^2$ ($=\alpha^2$) [132]. Dabei sind für ω_e drei Fälle zu unterscheiden:

1. **Periodischer Fall**: $\omega_0^{\,2} - \delta^2 > 0$
   Dieser führt zu einer gedämpften Schwingung mit der Eigenfrequenz ω_e.
2. **Aperiodischer Grenzfall**: $\omega_0^{\,2} - \delta^2 = 0$
   Dieser führt zu dem schnellsten Übergangsvorgang ohne Nachschwingen.

---

[131] Das kann durch einen Schalttransistor mit Freilaufdiode näherungsweise realisiert werden.
[132] ω_0 nach (11.7)

3. **Aperiodischer Fall**: $\omega_0^2 - \delta^2 < 0$

Dieser führt zu einem langen gedämpften Übergangsvorgang (ohne Schwingen).

Für den **periodischen Fall** wird nach Tabelle 10.1 (rechte Spalte, dritte Zeile von unten)

$$i(t) = \frac{U_0}{L}\frac{1}{\omega_e}e^{-\delta t}\sin(\omega_e t)\cdot 1(t) = \frac{U_0}{\omega_e L}e^{-\delta t}\sin(\omega_e t)\cdot 1(t)\,.$$

Das entspricht einer *Sinusschwingung*, die bei t = 0 beginnt und *deren Amplitude* $U_0 e^{-\delta t}/\omega_e L$ mit der Zeit *abnimmt*.

Die Spannungen an R, L und C folgen aus deren Strom-Spannungs-Beziehungen (11.10) [133].

$$u_R(t) = \frac{U_0 R}{\omega_e L}e^{-\delta t}\sin\omega_e t\cdot 1(t)$$

$$u_L(t) = U_0 e^{-\delta t}(\cos\omega_e t - \frac{\delta}{\omega_e}\sin\omega_e t)\cdot 1(t)\qquad\qquad u_L(0) = U_0$$

$$u_C(t) = U_0\left(1 - e^{-\delta t}(\cos\omega_e t + \frac{\delta}{\omega_e}\sin\omega_e t)\right)\cdot 1(t)\qquad\qquad u_C(\infty) = U_0$$

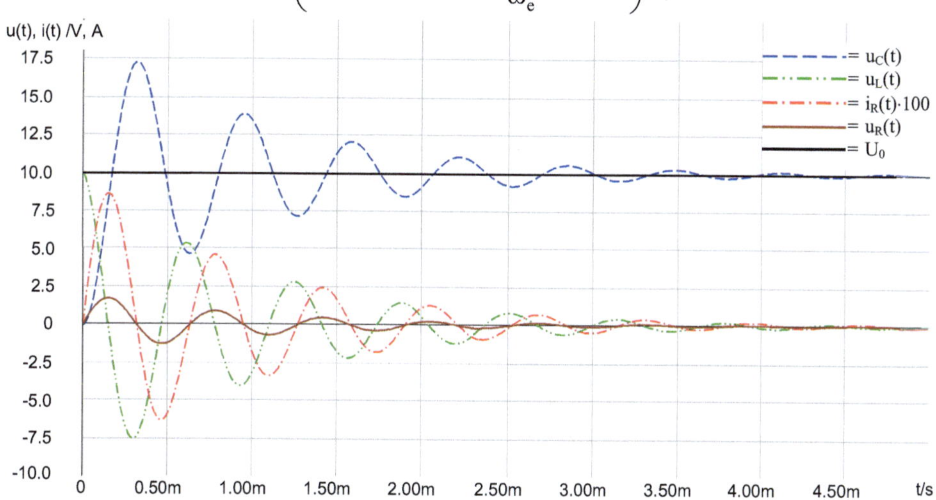

Abb. 11.46: Periodischer Fall R=20 Ω, C=1 µF, L=10 mH

Für den **aperiodischen Grenzfall** wird nach Tabelle 10.1 (rechte Spalte, oberste Zeile [134])

$$i(t) = \frac{U_0}{L}t e^{-\delta t}\cdot 1(t)\,.$$

Das ergibt einen linearen *Anstieg*, der *schnell zu null abgedämpft* wird.

$$u_R(t) = \frac{U_0 R}{L}t\,e^{-\delta t}\cdot 1(t)$$

$$u_L(t) = U_0(1-\delta t)e^{-\delta t}\cdot 1(t)\qquad\qquad u_L(0) = U_0$$

$$u_C(t) = U_0\left(1-(1+\delta t)e^{-\delta t}\right)\cdot 1(t)\qquad\qquad u_C(\infty) = U_0$$

---

[133] Die entsprechenden Korrespondenzen sind ebenfalls in Tabelle 10.1 enthalten.
[134] Ansonsten müsste der Grenzwert für $\omega_e \to 0$ von $\sin\omega_e t/\omega_e$ berechnet werden.

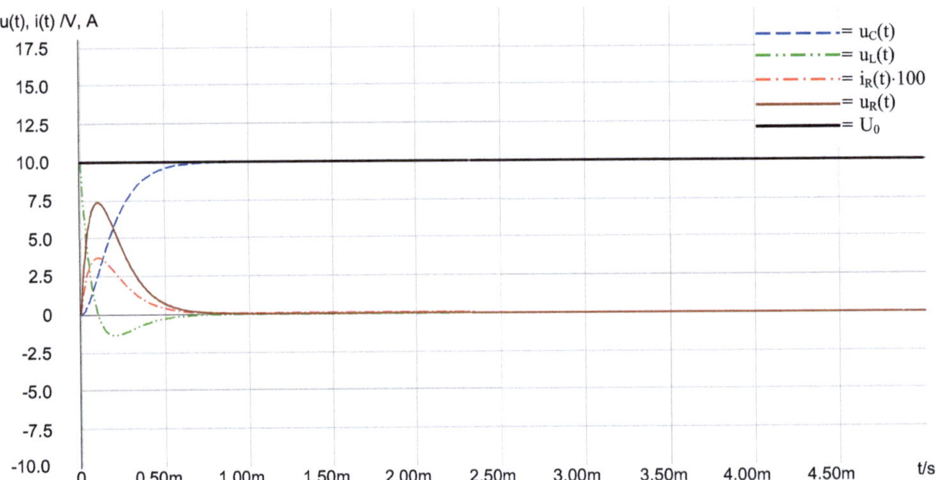

Abb. 11.47: Aperiodischer Grenzfall R=200 Ω, C=1 μF, L=10 mH

Und für den **aperiodischen Fall** wird nach Linearfaktorzerlegung [135] die Form entsprechend Tabelle 10.1 (linke Spalte, dritte Zeile von unten) erreicht.

$$I(p) = \frac{U_0/L}{p^2 + pR/L + 1/LC} = \frac{U_0/L}{(p+\delta_1)(p+\delta_2)}$$

$$\text{mit} \quad p^2 + 2\delta p + \omega_0^2 \quad \rightarrow \quad p_{1,2} = -\delta \pm \sqrt{\delta^2 - \omega_0^2} = -\delta_{1,2}$$

Danach ergibt sich der Strom zu

$$i(t) = \frac{U_0/L}{\delta_1 - \delta_2}(e^{-\delta_2 t} - e^{-\delta_1 t}) \cdot 1(t) = \frac{U_0}{R}\frac{\delta}{\sqrt{\delta^2 - \omega_0^2}}(e^{-\delta_1 t} - e^{-\delta_2 t}) \cdot 1(t) \quad [136].$$

Es ist zu sehen, dass δ_1 relativ klein (*langsamer Vorgang*), dagegen δ_2 relativ groß (*schneller Vorgang*) ist und sich *zu Beginn beide genau aufheben*.

$$u_R(t) = U_0\frac{\delta}{\sqrt{\delta^2 - \omega_0^2}}(e^{-\delta_1 t} - e^{-\delta_2 t}) \cdot 1(t)$$

$$u_L(t) = U_0\frac{1}{2\sqrt{\delta^2 - \omega_0^2}}(\delta_2 e^{-\delta_2 t} - \delta_1 e^{-\delta_1 t}) \cdot 1(t) \qquad\qquad u_L(0) = U_0$$

$$u_C(t) = U_0\frac{1}{2\sqrt{\delta^2 - \omega_0^2}}\left[\delta_1(e^{-\delta_2 t} - 1) - \delta_2(e^{-\delta_1 t} - 1)\right] \cdot 1(t) \quad u_C(\infty) = U_0$$

---

[135] Ansonsten müsste für ein imaginäres ω_e über sin $j\omega_e t$ und dessen Exponentialform gewandelt werden.

[136] $\delta_1 - \delta_2 = -2\sqrt{\delta^2 - \omega_0^2}$

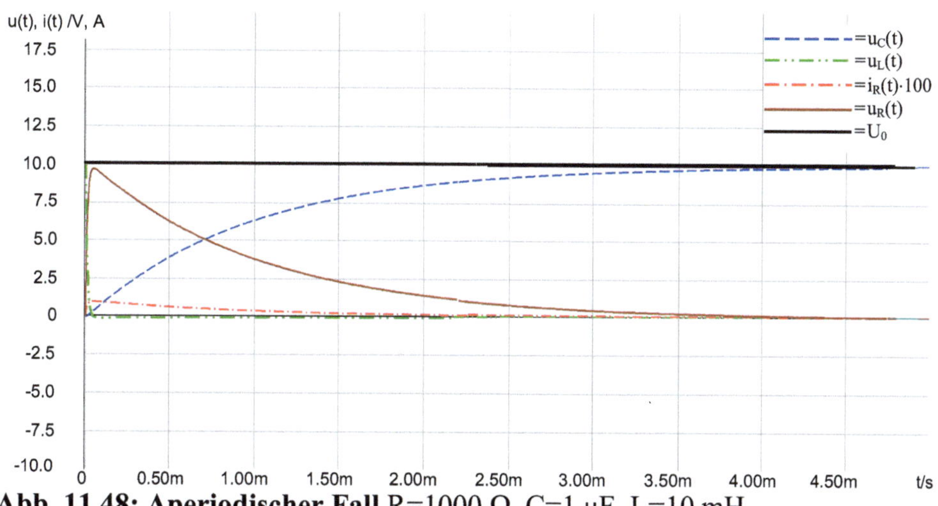

Abb. 11.48: Aperiodischer Fall R=1000 Ω, C=1 μF, L=10 mH

Praxistipp: In allen drei Fällen liegt die Spannung U_0 für t ≈ 0 an L und für t → ∞ an C. Der Strom ist sowohl bei t ≈ 0 (weil L keine schnellen Änderungen zulässt) als auch bei t → ∞ (weil C keinen Gleichstrom zulässt) null. Da bei t = 0 der Strom nur beginnt anzusteigen, kann die Spannung am Kondensator erst verzögert beginnen. (Bei Vergrößerung der Kurven ist zu sehen, dass bei t = 0 der Spannungsanstieg $du_C/dt = 0$ ist.)

Die in den Laplacebereich transformierte Schaltung für das **Ausschalten** entsteht, wenn für die *Gleichspannungsquelle und den Schalter ein Kurzschluss* eingesetzt wird. Zusätzlich muss der Anfangswert am Kondensator berücksichtigt werden (Abb. 11.43). Der Kondensator wurde durch den *Einschaltvorgang* auf U_0 *aufgeladen*.

Abb. 11.49 ergibt die gleiche Schaltung wie beim Einschalten (Abb. 11.45), nur die *Quelle ist umgepolt*. Außerdem muss $U_C(p) = U_0/p + I(p)/pC$ gerechnet werden (siehe Abb. 11.43).

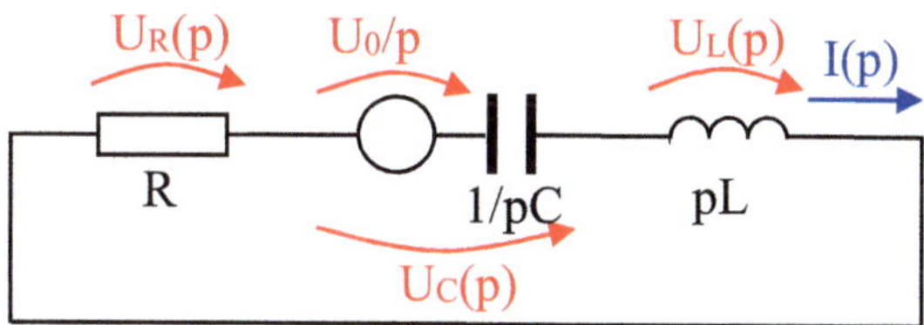

Abb. 11.49: Reihenschaltung von R, C und L im Laplacebereich für das Ausschalten

Da die Rechnung vollkommen gleich erfolgt, werden nur die Ergebnisse angegeben.

Für den **periodischen Fall** werden:

$$i(t) = -\frac{U_0}{\omega_e L} e^{-\delta t} \sin(\omega_e t) \cdot 1(t)$$

$$u_R(t) = -\frac{U_0 R}{\omega_e L} e^{-\delta t} \sin \omega_e t \cdot 1(t)$$

$$u_L(t) = -U_0 e^{-\delta t}(\cos \omega_e t - \frac{\delta}{\omega_e} \sin \omega_e t) \cdot 1(t) \qquad u_L(0) = -U_0$$

$$u_C(t) = U_0 e^{-\delta t}(\cos \omega_e t + \frac{\delta}{\omega_e} \sin \omega_e t) \cdot 1(t) \qquad u_C(\infty) = 0$$

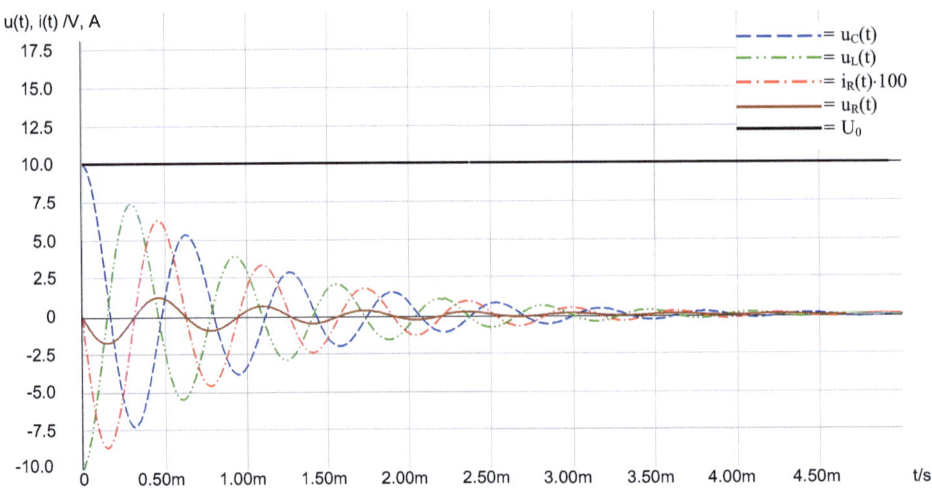

Abb. 11.50: Periodischer Fall R=20 Ω, C=1 µF, L=10 mH

Der Strom sowie die Spannungen an R und L beginnen im Negativen. Nach *Abschluss* des Ausschaltvorgangs ist wieder ein *energieloser Zustand* erreicht. Das wird auch bei den beiden anderen Fällen zu sehen sein.

Für den **aperiodischen Grenzfall** wird:

$$i(t) = -\frac{U_0}{L} t\, e^{-\delta t} \cdot 1(t)$$

$$u_R(t) = -\frac{U_0 R}{L} t\, e^{-\delta t} \cdot 1(t)$$

$$u_L(t) = -U_0(1-\delta t)e^{-\delta t} \cdot 1(t) \qquad\qquad u_L(0) = -U_0$$

$$u_C(t) = U_0\left(1+\delta t\right)e^{-\delta t} \cdot 1(t) \qquad\qquad u_C(\infty) = 0$$

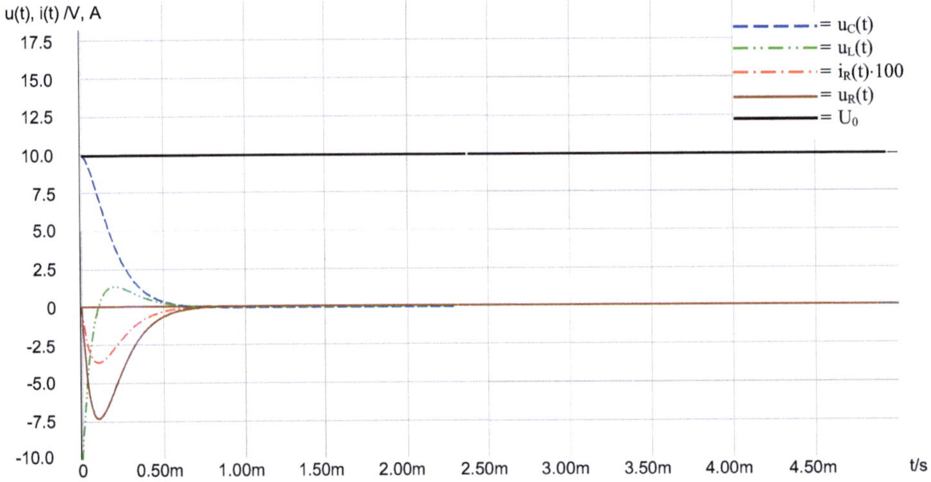

Abb. 11.51: Aperiodischer Grenzfall R=200 Ω, C=1 µF, L=10 mH

Und für den **aperiodischen Fall** wird:

$$i(t) = -\frac{U_0}{R}\frac{\delta}{\sqrt{\delta^2 - \omega_0^{\,2}}}\left(e^{-\delta_1 t} - e^{-\delta_2 t}\right) \cdot 1(t)$$

sowie

$$u_R(t) = -U_0 \frac{\delta}{\sqrt{\delta^2 - \omega_0^2}} (e^{-\delta_1 t} - e^{-\delta_2 t}) \cdot 1(t)$$

$$u_L(t) = -U_0 \frac{1}{2\sqrt{\delta^2 - \omega_0^2}} (\delta_2 e^{-\delta_2 t} - \delta_1 e^{-\delta_1 t}) \cdot 1(t) \qquad u_L(0) = -U_0$$

$$u_C(t) = U_0 \frac{1}{2\sqrt{\delta^2 - \omega_0^2}} \left[\delta_2 e^{-\delta_1 t} - \delta_1 e^{-\delta_2 t}\right] \cdot 1(t) \qquad u_C(\infty) = 0$$

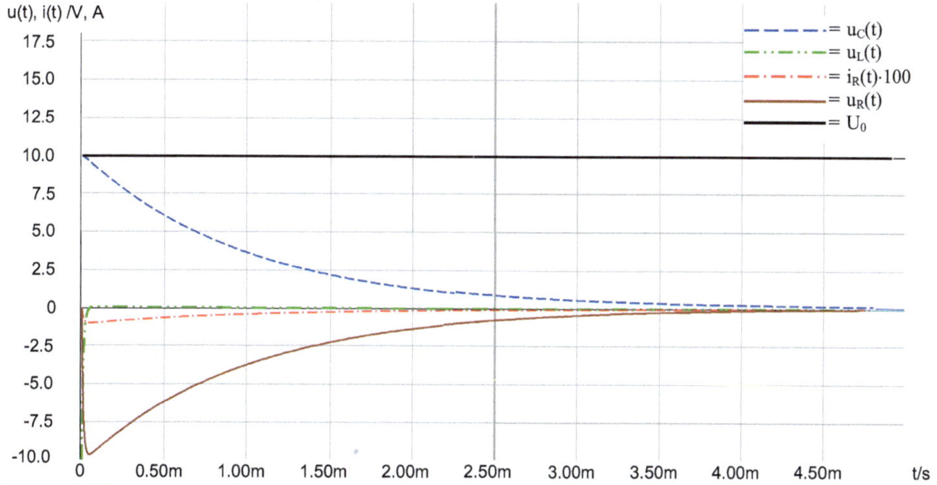

Abb. 11.52: Aperiodischer Fall R=1000 Ω, C=1 μF, L=10 mH

In Abb. 11.52 sind deutlich zu *Beginn der schnelle Anstieg* (δ_2) und danach das *langsame Ausklingen* (δ_1) zu erkennen. Dabei geht u_L etwas ins Positive.

Praxistipp: Aus den *gemessenen Kurven* können die *Parameter* U_0, δ und ω_e (bzw. δ_1 und δ_2) bestimmt werden (ω_0 ist damit ebenfalls festgelegt).

Heute [137] ist es sinnvoll, mit den *Kursorfunktionen* des Oszilloskops für *drei markante Punkte* der Kurven die Werte u bzw. i und t genau zu erfassen. Die *Punkte sind günstig zu wählen, um eine hohe Genauigkeit* zu erreichen. Z.B. könnte in Abb. 11.47 oder Abb. 11.50 $u_C(t \rightarrow \infty)$ oder $u_C(t=0)$ als Punkt zur Bestimmung von U_0 dienen. Vom Strom können die ersten [138] beiden Maxima in gleiche Richtung einmal zur Bestimmung von $\omega_e = 2\pi/(t_{Max\,2} - t_{Max\,1})$ genutzt werden. Nach Einsetzen von $\omega_e t_{Max\,1} = \pi/2$ des ersten sowie $\omega_e t_{Max\,2} = 2\pi + \pi/2$ [139] des zweiten Maximums in die Gleichung für den Strom erhalten wir zum anderen δ und können danach ω_0, L, C und R berechnen.

$$\frac{i(t_{Max\,1})}{i(t_{Max\,2})} = e^{-\delta t_{Max\,1}} / e^{-\delta t_{Max\,2}} = e^{-\delta(t_{Max\,1} - t_{Max\,2})}$$

$$\delta = \frac{1}{t_{Max\,2} - t_{Max\,1}} \ln\left(\frac{i(t_{Max\,1})}{i(t_{Max\,2})}\right)$$

---

[137] Früher wurden grafische Methoden mit logarithmischem Papier angewandt.
[138] Sie sind am größten und unterscheiden sich am deutlichsten.
[139] Der Sinus wird somit eins.

Beim aperiodischen Grenzfall und dem periodischen Fall können ebenfalls die Punkte $u_C(t\rightarrow\infty)$ oder $u_C(t=0)$ und darüber hinaus Maxima der Kurven genutzt werden. Z.B. folgt für den aperiodischen Grenzfall:

$$\frac{d}{dt}i(t)\bigg|_{t_{Max}} = \frac{d}{dt}\left(\frac{U_0}{L}te^{-\delta t}\right)\bigg|_{t_{Max}} = \frac{U_0}{L}\left(e^{-\delta t_{Max}} + t_{Max}(-\delta)e^{-\delta t_{Max}}\right) = 0$$

$$\rightarrow \delta\, t_{Max} = 1 \rightarrow \delta = \omega_0 = 1/t_{Max} \quad \text{und} \quad i(t_{Max}) = \frac{U_0}{L}\frac{1}{\delta\, e}$$

Damit können außer U_0 auch δ und ω_0 abgelesen sowie anschließend ω_e, L, C und R berechnet werden.

Beim aperiodischen Fall kann es sehr ungenau werden, wenn die Maxima recht flach verlaufen. So hat der Strom bei t_{Max} ein Maximum und die Spannung an der Spule wird gerade bei $2t_{Max}$ maximal.

$$i(t_{Max}) = \frac{U_0}{R}\frac{\delta}{\omega_0}e^{-\delta t_{Max}} \quad \text{und} \quad i(2\,t_{Max}) = 2\left(i(t_{Max})\right)^2\frac{R}{2U_0}$$

$$\text{sowie} \quad u_L(2\,t_{Max}) = -U_0\,e^{-\delta\,2t_{Max}}$$

Daraus lassen sich δ und R, danach L, ω_0 sowie anschließend ω_e und C bestimmen.

Somit können *alle Parameter ausschließlich aus der Messkurve* ermittelt werden.

Praxistipp: Eine *besondere technische Anwendung* hat der *aperiodische Grenzfall* als schnellster Übergangsvorgang ohne ein Überschwingen. Das ist im Alltag sehr gut bei Türschließern sichtbar. Bei Anwendungen, für die ein kleines Überschwingen möglich ist, kann mit der Einstellung $\delta = 0{,}8\,\omega_0$ noch etwas schneller der Endzustand erreicht werden (z.B. oft bei Rechtecksignalübertragungen angewandt).

Systeme zweiter Ordnung (z.B. mit L und C oder mit Feder und Masse) kommen in der Technik vielfältig vor. Sie werden immer durch die *Parameter* δ und ω_0 bzw. ω_e beschrieben.

Praxistipp: Die *Schwingneigung* muss dabei beherrscht werden. Das ist ausschließlich durch eine entsprechende *Dämpfung* (in elektrischen Schaltungen nur durch einen Widerstand) möglich. Lediglich bei gewollter Schwingungserzeugung muss die Dämpfung hingegen kompensiert werden (in elektrischen Schaltungen mit aktiven Bauelementen).

11.4.3 Übertragungsfunktionen von Systemen

Alle *realen Signale* beginnen immer zu einer endlichen Zeit und somit kann von einem *energielosen Anfangszustand* ausgegangen werden.

Mit der Laplacetransformation hat sich für **lineare rückwirkungsfreie Vierpole** die Methode der **Übertragungsfunktionen** zur Signal- und Systembeschreibung durchgesetzt.

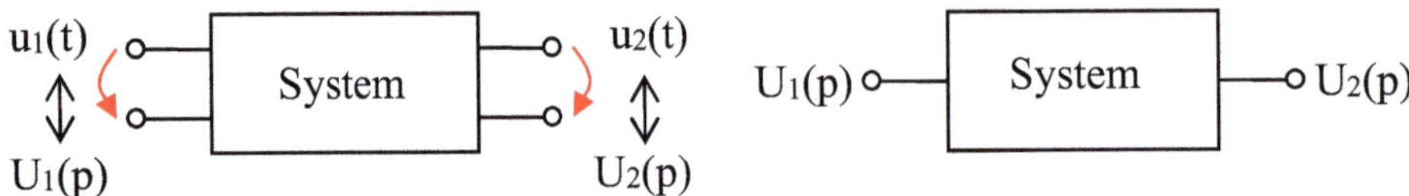

Abb. 11.53: Vierpol und dessen vereinfachte Darstellung

Definition der Übertragungsfunktion

$$H(p) = \frac{U_2(p)}{U_1(p)} \quad \leftrightarrow \quad g(t) \tag{11.11}$$

Die Übertragungsfunktion beschreibt lineare rückwirkungsfreie [140] Systeme vollständig und so ergeben sich die Ausgangssignale direkt aus dem Eingangssignal.

$$U_2(p) = H(p) \cdot U_1(p) \quad \leftrightarrow \quad u_2(t) = g(t) * u_1(t) = \int_0^\infty g(t-\tau)u_1(\tau)d\tau \tag{11.12}$$

In (11.12) steht „ * " als Symbol für die Faltung mit dem Faltungsintegral und g(t) für die Gewichtsfunktion des Systems. Es ist leicht zu sehen, dass die *einfache Multiplikation* (vergleiche Multiplikationssatz) im Laplacebereich neben den *einfachen Funktionen für die Signale* (vergleiche Beispiele Seite 136) erst den Sinn dieser Methode ausmacht.

Zur **Messung der Übertragungsfunktionen** werden insbesondere die *Sprungfunktion* und – wenn technisch genügend genau realisierbar – ebenso die *Stoßfunktion* verwendet (es kann auch ein im interessierenden Bereich weißes Rauschen verwendet werden). Dabei erfolgt die Bestimmung direkt nach der Definition (11.11). Im Falle der Stoßfunktion ($\delta(t) \leftrightarrow 1$) oder des Rauschens ($F_{Rausch}(p) = 1$) ist $u_2(t)$ unmittelbar die Gewichtsfunktion g(t) bzw. $U_2(p)$ die Übertragungsfunktion.

Praxistipp: Durch einen formalen *Übergang von* p zu jω wird aus der Übertragungsfunktion direkt der *Frequenzgang des Systems* mit Betrag und Phase. Somit ist die Übertragungsfunktion für die Signalverarbeitung eines Systems sehr aussagefähig.

Beispiel: Tiefpass als Vierpol (vergleiche Aufgabe 11.4 und Abb. 11.29)

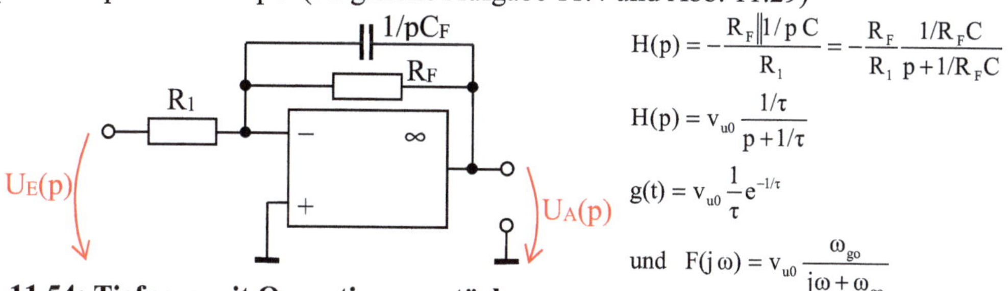

$$H(p) = -\frac{R_F \| 1/p\,C}{R_1} = -\frac{R_F}{R_1}\frac{1/R_F C}{p + 1/R_F C}$$

$$H(p) = v_{u0}\frac{1/\tau}{p + 1/\tau}$$

$$g(t) = v_{u0}\frac{1}{\tau}e^{-1/\tau}$$

und $\quad F(j\omega) = v_{u0}\dfrac{\omega_{go}}{j\omega + \omega_{go}}$

Abb. 11.54: Tiefpass mit Operationsverstärker

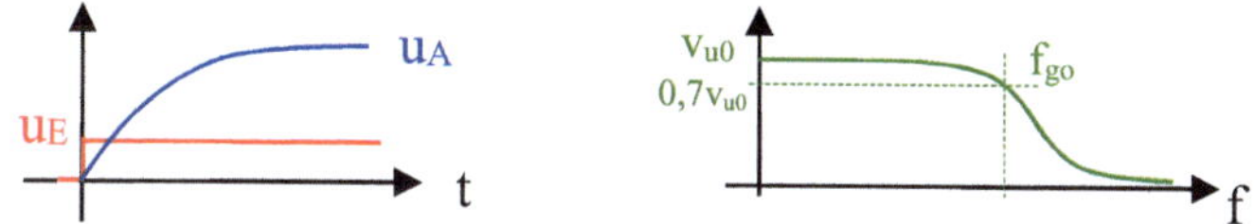

Abb. 11.55: Ein-, Ausgangssignal sowie Betrag des Frequenzgangs von Abb. 11.54

Sehr vorteilhaft ist die Nutzung von Übertragungsfunktionen bei den vorwiegend in der Signalverarbeitung und Regelungstechnik vorkommenden **Kettenschaltungen**.

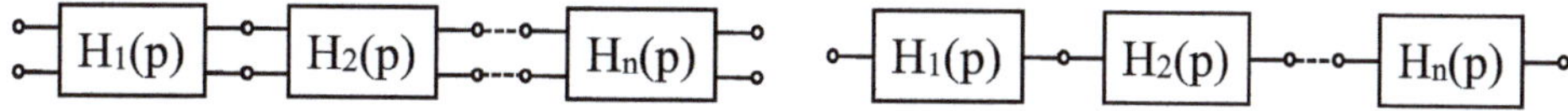

Abb. 11.56: Kettenschaltung von Übertragungsgliedern

Dafür wird: $\qquad H_{ges}(p) = H_1(p) \cdot H_2(p) \cdots H_n(p)$

---

[140] Rückwirkungsfrei bedeutet, dass eine Belastung des Ausgangs zu keiner Beeinflussung des Systemverhaltens führt. Das ist z.B. bei Operationsverstärkern die Regel. Notfalls sind Operationsverstärker als Trennverstärker einzusetzen.

Praxistipp: Viele *Untersuchungen* insbesondere in der Regelungstechnik sind auch *ohne* eine *Rücktransformation* möglich.

11.4.4 Kennwerte und Aufgaben

Parameter einiger wichtiger *Schwingkreisschaltungen*:

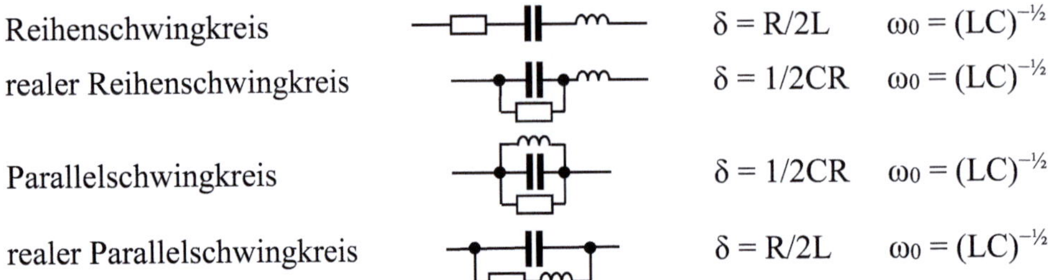

Reihenschwingkreis	$\delta = R/2L$	$\omega_0 = (LC)^{-\frac{1}{2}}$
realer Reihenschwingkreis	$\delta = 1/2CR$	$\omega_0 = (LC)^{-\frac{1}{2}}$
Parallelschwingkreis	$\delta = 1/2CR$	$\omega_0 = (LC)^{-\frac{1}{2}}$
realer Parallelschwingkreis	$\delta = R/2L$	$\omega_0 = (LC)^{-\frac{1}{2}}$

Einige wichtige *Übertragungsglieder*:

P – Proportionalglied	$u_2 = k\,u_1$	$\leftrightarrow H(p) = k$
I – Integrierglied	$u_2 = 1/T \int u_1 dt$	$\leftrightarrow H(p) = 1/pT$
D – Differenzierglied	$u_2 = T\,du_1/dt$	$\leftrightarrow H(p) = pT$
PI – Proportional- + Integrierglied	$u_2 = k\,(u_1 + 1/T \int u_1 dt)$	$\leftrightarrow H(p) = k(1 + pT)/pT$
pT_1 – Verzögerungsglied (1. Ordnung)	$T\,du_2/dt + u_2 = k\,u_1$	$\leftrightarrow H(p) = k/(1 + pT)$
T_t – Totzeitglied	$u_2 = k\,u_1(t - T_t)$	$\leftrightarrow H(p) = k\,\exp\{-pT_t\}$

Aufgabe 11.8

In Abb. 11.57 sind zwei Signalverläufe dargestellt.

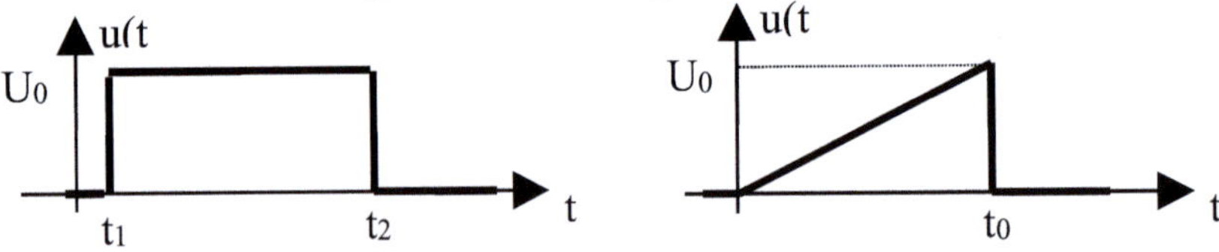

Abb. 11.57: Signalverläufe

Geben Sie die jeweilige Transformation in den Laplacebereich an.

Hinweis: Zusammensetzen der Signale durch Addition einfacher Signale, die zu verschiedenen Zeiten beginnen.

Aufgabe 11.9

Ein idealer Parallelschwingkreis wird von einer Stromquelle $I_c \cdot 1(t)$ gespeist.

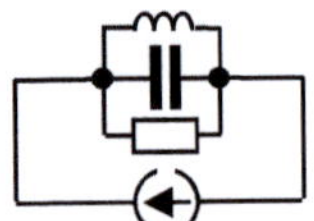

Abb. 11.58: Parallelkreis an einer Stromquelle

Bestimmen Sie die Spannung und die drei Ströme.

Hinweis: Bei Nutzung von Leitwerten sind alle Rechenschritte und Ausdrücke analog dem Reihenkreis mit „vertauschten" Strömen und Spannungen.

Aufgabe 11.10

Gegeben ist eine Kapazität C = 200 µF, die auf 500 V aufgeladen ist. Der Wickel der Kapazität stellt eine Reiheninduktivität von L = 60 µH dar.
Bestimmen Sie den Reihenwiderstand zur Entladung für den aperiodischen Grenzfall.

Aufgabe 11.11

Ein Tiefpass 2. Ordnung soll ein Signal glätten.

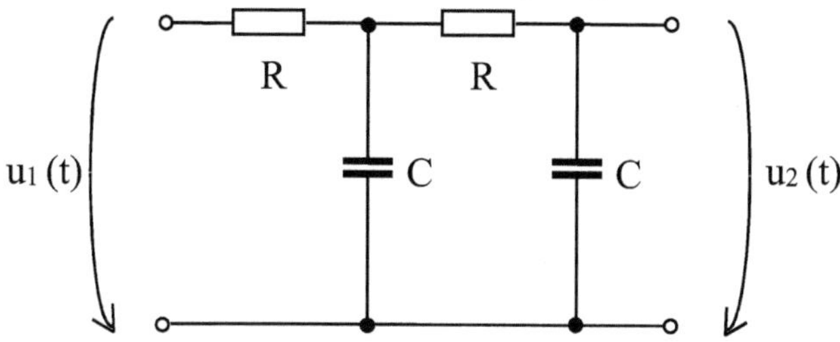

Abb. 11.59: Tiefpass 2. Ordnung

   1) Bestimmen Sie die Ausgangsspannung der dargestellten Schaltung, wenn die Eingangsspannung bei t = 0 von 0 auf U_0 springt.

   2) Bestimmen Sie die die Übertragungsfunktion $H(p) = \dfrac{U_2(p)}{U_1(p)}$?

Zusätzliche Aufgabe 11.12

Ein DC-DC-Wandler nach Abb. 11.60 mit L = 100 mH, R = 10 Ω, U_0 = 10 V, $t_E + t_A$ = 1 ms, $t_E/(t_E + t_A)$ = 0,1; 0,5 und 0,9

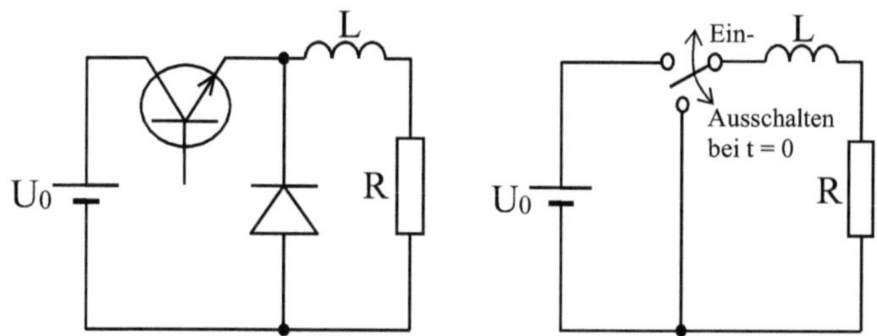

Abb. 11.60: DC-DC-Wandler Schaltung und Prinzipschaltung

   1) Bestimmen Sie das Verhältnis der Leistungen der Quelle und des Verbrauchers.
   2) Bestimmen Sie die Mittelwerte von u_R, i_R und $i_{Eingang}$?
Hinweis: Näherung: di/dt = const (entspricht dem Anfang der Exponentialfunktion).

11.4.5 Messung des Ein- und Ausschaltens eines Schwingkreises

Es sind die Zeitverläufe von Strom und Spannungen an der Induktivität bzw. der Kapazität darzustellen, die Abhängigkeit der Parameter der Zeitverläufe beim Ein- und Ausschalten von der Größe der Induktivität, der Kapazität, des Widerstandes und der Spannung zu untersuchen.

Versuchsaufbau:

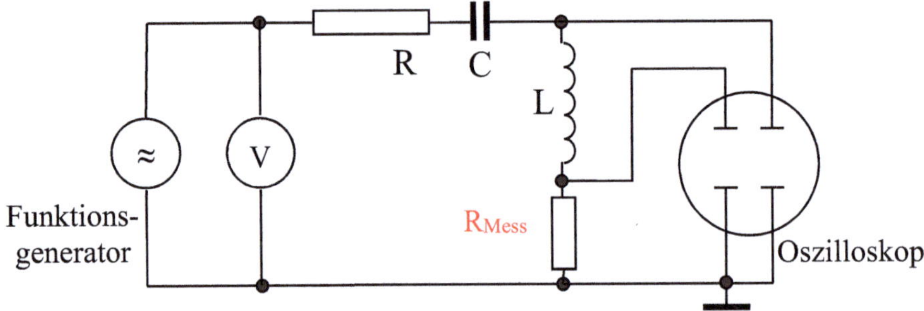

Abb. 11.61: Schaltung des Versuchsaufbaus

Hinweis: Als Messwiderstand (R_{Mess}) zur Strommessung werden 10 Ω eingesetzt.

Versuchsdurchführung:

Messung und Darstellung von Strom und Spannungen mit einem Oszillografen, Nutzung einer Rechteckspannung für den Ein- und Ausschaltvorgang, Übergabe der Kurven an einen PC und Auswertung, Vergleich mit berechneten Verläufen und Parametern.

Folgende Untersuchungen geben einen Überblick über das Verhalten:

1. Ein- und Ausschaltvorgänge bei U = 5 V, L = 300 mH, C = 0,22 μF sowie veränderlichem Widerstand. Darstellen des periodischen Falls, des aperiodischen Falls und des Grenzfalls, Ermitteln des Widerstands für den Grenzfall mit Hilfe des Kurvenverlaufes.
   1.1. Bestimmen der Dämpfung, der Eigenfrequenz und der Resonanzfrequenz für R = 300 Ω,
   1.2. Bestimmen des Widerstands und der Dämpfung für den Grenzfall,
   1.3. Bestimmen der beiden Zeitkonstanten bei R = 5000 Ω,
   1.4. Darstellen der logarithmischen Spirale und des aperiodischen Grenzfall dabei (dazu die Signale an den y- und an den x-Eingang legen).
2. Bestimmen von R, L und C aus den Messkurven.

Zusammenfassung der Versuchergebnisse:

1. Die dargestellten Kurven stimmen mit Abb. 11.46 bis Abb. 11.48 sowie Abb. 11.50 bis Abb. 11.52. sehr gut überein.
2. Die aus den Kurven ermittelten Parameter entsprechen recht gut den Werten der eingesetzten Bauelemente. Nur die Induktivität der Spule weicht deutlich vom Typenschild ab. Die eingesetzte Spule (Vorschaltgerät für eine Hochdrucklampe) ist für 50 Hz vorgesehen (Material des Kerns), $\omega_e/2\pi$ ist aber ca. 800 Hz.
3. Beim aperiodischen Fall ist die Messgenauigkeit auch bei exakter Messdurchführung nicht sehr hoch. Das zeigt eine Fehlerrechnung.

$$u_L(2\,t_{Max}) = -U_0\,e^{-\delta\,2t_{Max}} \quad \text{nach } \delta \text{ aufgelöst ergibt den Fehler}$$

$$\frac{\Delta\delta}{\delta} = \frac{\delta_{Mess} - \delta_{Soll}}{\delta_{Soll}} = -\frac{\Delta t_{Max}}{t_{Max}} + \left(\frac{\Delta U_0}{U_0} - \frac{\Delta u_L(2t_{Max})}{u_L(2t_{Max})}\right)\ln^{-1}\left(\frac{U_0}{-u_L(2t_{Max})}\right)^{[141]}$$

---

[141] Der Fehler wird z.B. mit dem totalen Differential berechnet.

Bei $U_0 = 5$ V und $u_L(2t_{Max}) \approx -100$ mV wird $\ln^{-1}(\ ) \approx 0{,}25$. Das Hauptproblem ist die Kurvenauflösung, wenn bei $u_L(2t_{Max})$ ein Pixel Unterschied für den Kursor ca. 50 mV ausmachen.

Nach Abklingen des schnellen Vorgangs könnte δ_2 genauer bestimmt werden. Für technische Zwecke kann bei genügend großem δ_1 der Vorgang in der Regel als Verzögerung 1. Ordnung allein mit δ_2 genähert werden.

12 Halbleiterbauelemente

<u>Hilfreich</u> für das Verständnis sind die <u>Abschnitte 2, 4, 5 und 6</u>. Es werden

- die physikalischen Grundlagen – Leitungsmechanismen, Bändermodell, Dotierung und PN-Übergang,
- der Aufbau und die Arbeitsweise von Halbleiterbauelementen – Bauelemente aus nur einem Halbleitermaterial, Diode, Transistor, Feldeffekttransistor und Vierschichtbauelemente,
- das Prinzip der Kleinsignalaussteuerung und die Vierpolersatzschaltungen,
- die Kennlinien, Schaltungsberechnung und Konfiguration für Grundschaltungen mit diesen Bauelementen sowie
- einige Anwendungen

vorgestellt.

Vorbemerkungen

Der Beginn der Halbleiterbauelemente kann im „Kristalldetektor" (vorwiegend aus Bleiglanz oder Pyrit) und seiner Nutzung (insbesondere in der Amateurtechnik) zu Beginn des 20. Jahrhunderts gesehen werden. Es folgten Selengleichrichter und Germanium-Spitzendioden. 1948 fanden John Bardeen, Walter Houser Brattain und William Schockley beim Experimentieren mit Mehrfach-Spitzendioden einen Verstärkungseffekt und im Weiteren den Transistor.

Tabelle 12.1 soll die Innovationsgeschwindigkeit dieser Entwicklung darstellen.

	Elektronenröhre	Transistor	integrierter Transistor	Entwicklung
Beginn der Nutzung	ca. 1920	ca. 1960	ca. 1970	
Volumen der Standardelemente	20 cm^3 (Ø 2, H 6 cm)	40 mm^3 (4·5·2 mm^3)	1970: 0,02 mm^3 (0,2·0,2·0,5 mm^3) heute: 2·10^{-9} mm^3 (0,1·0,1 µm^2 ·0,2 mm)	10^{-6} 10^{-13}
Lebensdauer entsprechend der Ausfallrate	ca. 1 a	1000 a	10^8 a	10^8
Preis der Standardelemente	5 €	0,5 €	1970: 0,05 Cent heute: 1/1000 Cent (z.B. 400€/40 Mio Tr.)	10^{-4} 5·10^{-5}

Tabelle 12.1: Innovationsgeschwindigkeit der Entwicklung

Die Entwicklung geht mit hoher Geschwindigkeit weiter.

(Eine derartige Entwicklung bei PKW ergäbe heute einen Preis von einigen Cents und einen praktisch ewig reparatur- und wartungsfreien Betrieb – allerdings bei einem Volumen von etwa 1 ml.)

Historisch liegt die Nutzung der Gasentladung (Glimmlampe, …, Quecksilberdampf-gleichrichter und Thyratron) und der Vakuumröhre (Diode, Triode, …, Spezialröhren) vor der Halbleitertechnik. Da diese Bauelemente heute in der Elektronik eine untergeordnete Rolle

© Der/die Autor(en), exklusiv lizenziert an
Springer Fachmedien Wiesbaden GmbH, ein Teil von Springer Nature 2026
E. Boeck und H. Kallies, *Lehrgang Elektrotechnik und Elektronik*,
https://doi.org/10.1007/978-3-658-50903-3_12

spielen oder ganz verschwunden sind, wird für Interessenten auf die diesbezügliche Literatur verwiesen (Grundlegende physikalische Effekte siehe z.B. in (Mie70 S. 42 ff, 66 ff und insgesamt).

Es wird versucht, in die wichtigsten Denkweisen und Modellvorstellungen vor allem mit grafischen Hilfsmitteln einen Einblick zu ermöglichen sowie viele Bezüge zu praktischen Fragen aufzuzeigen.

12.1 Physikalische Grundlagen für Festkörper

12.1.1 Leitungsmechanismus in Festkörpern

Als Ausgangspunkt zur Beschreibung der Vorgänge in Festkörpern soll ein einfaches **Atommodell** (etwa nach Niels Bohr) dienen, wie es vereinfacht aus dem Coulomb'schen Gesetz, verbunden mit den Bedingungen für stabile erlaubte Bahnen, folgt.

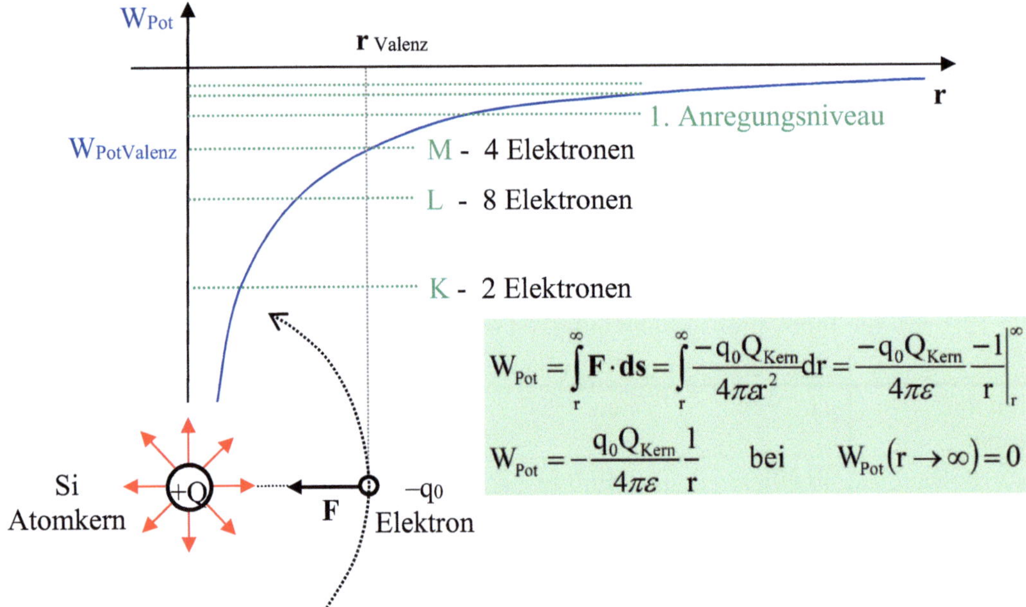

$$W_{Pot} = \int\limits_r^\infty \mathbf{F}\cdot\mathbf{ds} = \int\limits_r^\infty \frac{-q_0 Q_{Kern}}{4\pi\varepsilon r^2}dr = \frac{-q_0 Q_{Kern}}{4\pi\varepsilon}\left.\frac{-1}{r}\right|_r^\infty$$

$$W_{Pot} = -\frac{q_0 Q_{Kern}}{4\pi\varepsilon}\frac{1}{r} \qquad \text{bei} \qquad W_{Pot}(r\to\infty)=0$$

Abb. 12.1: Potentielle Energie W_{Pot} = f(r) **im Atommodell (Silicium)**

Auch wenn nach dem Coulomb'schen Gesetz für jeden Abstand „r" eine potentielle Energie bestimmt werden kann, nehmen die Elektronen nur *diskrete Zustände* ein (Abstände bzw. Bahnradien oder *Energieniveaus* bzw. potentielle Energien). Die Kreisbewegung einer Ladung entspricht einer beschleunigten Bewegung (somit einem „hochfrequenten Strom") und müsste zu einer Energieabstrahlung führen. Es können also nur solche Zustände stabil und damit *erlaubt* sein, bei denen die Energie in „sich selbst zurückreflektiert" wird. Das wird oft – in einer sehr vereinfachten Vorstellung – mit einer stehenden Welle entlang des Bahnumfanges entsprechend einem ganzen Vielfachen der Materiewellenlänge des Elektrons veranschaulicht [142].
In Abb. 12.1 ergeben die Schalen K, L und M für ihre jeweilige Elektronenbelegung (gemäß der Haupt- und Nebenquantenzahlen) stabile Zustände.

---

[142] Bohr'sches Atommodell siehe z.B. in (Mie70 S. 42 ff). Eine genauere Untersuchung erfolgt durch die Quantenmechanik, vergleiche auch (Reb05 S. 25 ff).

Nur durch die Aufnahme der notwendigen Energiedifferenz kann ein Elektron auf ein höheres Energieniveau steigen (z.B. auf das 1. Anregungsniveau, entspricht einem größeren erlaubten Radius). Da dieses Anregungsniveau nicht die günstigste Bahn des Elektrons ist, wird es bei der geringsten Störung unter Abgabe der Energiedifferenz wieder auf sein Grundniveau (Valenzniveau) zurückfallen.

Der Übergang zu einer periodischen Anordnung von Atomen im Kristall ergibt eine anschauliche Darstellung der Leitungsmechanismen in Festkörpern.

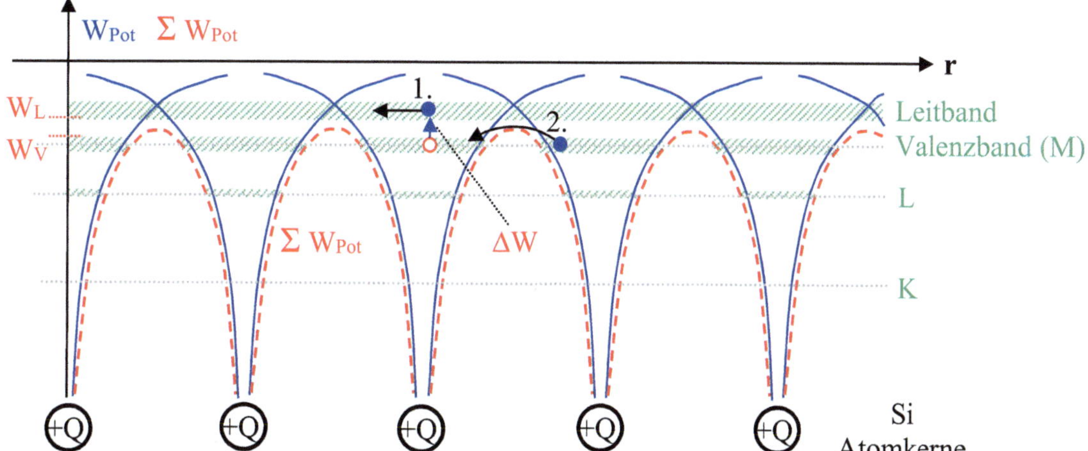

Abb. 12.2: Periodische Anordnung der Atome im Kristall (schematisch)

In Abb. 12.2 überlagern (addieren) sich die Kurven (Linien) der potentiellen Energien für die Elektronen von jedem einzelnen Ion zur Summenpotentialkurve aller Ionen (gestrichelte Linien). Die erlaubten Niveaus verbreitern sich überdies durch Quantenwechselwirkungen der dichten Ionen [143] zu *Bändern* (schraffiert). Die *verbotenen Zonen* zwischen den erlaubten Bändern können nur mit der entsprechenden Energiezufuhr ΔW übersprungen werden.

Praxistipp: Durch Anregungsenergie ΔW (Wärme, Licht, Stoß – senkrechter Pfeil) gelangen Elektronen (volle Kreise) ins Leitband und lassen so im Valenzband eine unbesetzte Stelle (Loch – hohler Kreis) zurück.

Es sind zwei mögliche Leitungsmechanismen in Abb. 12.2 zu erkennen:

1. **Elektronenleitung im Leitband** – Elektronen im Leitband (1. Anregungsniveau) können sich ohne Energieveränderung bewegen; sie sind somit nicht mehr an ein Siliciumion gebunden. D.h., negative Ladungsträger können durch ein elektrisches Feld gegen die Feldrichtung bewegt werden. Diese Leitung hängt von der *Anzahl der Elektronen* pro Volumen „n" im Leitband und deren *Beweglichkeit* [144] „b_n" ab.

2. **Löcherleitung im Valenzband** – Elektronen im Valenzband können über die geringe Energiebarriere auf eine unbesetzte Stelle springen. Das ist im Effekt damit identisch, dass die unbesetzte Stelle (das *Loch*) in entgegengesetzte Richtung springt. D.h., positive Ladungsträger können durch ein elektrisches Feld in Feldrichtung bewegt werden. Diese Leitung hängt von der *Anzahl der Löcher* pro Volumen „p" im Valenzband und deren *Beweglichkeit* „b_p" ab.

---

[143] Eine genauere Untersuchung erfolgt durch die Quantenmechanik (siehe z.B. (Spe65 S. 4-30 und 247-390) oder (Pau74 S. 78-125)) im „k-Raum" (**k** = Wellenvektor ~ Impulsvektor).
[144] Maßeinheit cm^2/Vs = cm/s pro V/cm = [Geschwindigkeit] pro [elektrisches Feld]

Beide Leitungsmechanismen tragen zur elektrischen Leitfähigkeit bei:

Leitfähigkeit: $\kappa = q_0 \, (b_n \, n + b_p \, p)$ (12.1)

In hochreinen Einkristallen ist die periodische Anordnung der Atome ideal realisiert, aber auch bei nicht idealen Kristallen (z.B. aneinandergefügten Kristalliten wie in Metallen) werden so die Eigenschaften im Wesentlichen bestimmt, solange nicht die Wirkungen von Kristallfehlern und Verunreinigungen überwiegen. Bei Halbleitern, die von sich aus eine geringe Leitfähigkeit haben, dominieren Kristallfehler und Verunreinigungen sehr schnell, sodass unbedingt *hochreine Einkristalle* erforderlich sind.

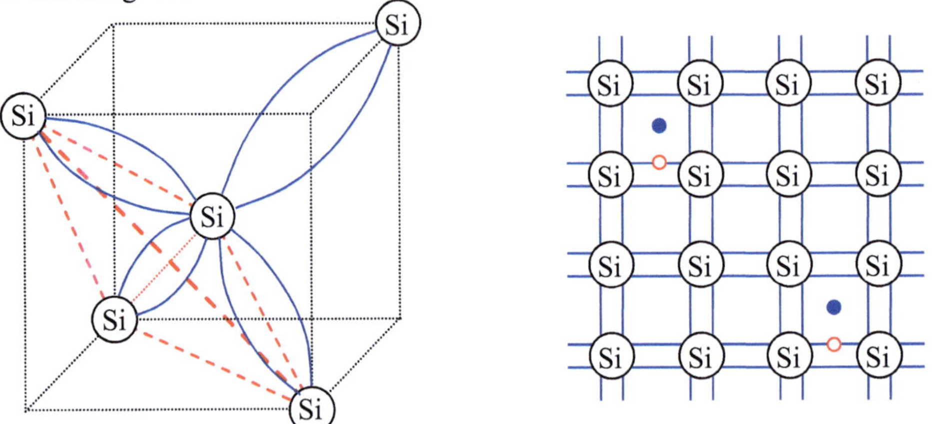

Abb. 12.3: Tetraedrische Bindung von Silicium und vereinfachte ebene Darstellung

Die Grundstruktur des Einkristalls von Silicium mit seinen tetraedrischen sp^3-Bindungen ergibt ein *kubisches Kristallsystem* (Diamantstruktur aus vier Tetraedern in Abb. 12.3, eins davon gestrichelt [145]).

Praxistipp: Die vereinfachte ebene Darstellung in Abb. 12.3 rechts eignet sich gut zur Erläuterung der Kristallbindung (Verbindungslinien).

Die jeweils vier Valenzelektronen werden paarweise gemeinsam genutzt und damit die ideale Achterbelegung erreicht.

Im Fall der *Eigenleitung* sind bei einer Temperatur größer null einige Kristallbindungen wegen der thermischen Anregungsenergie unbesetzt (hohle Kreise) und *genau die gleiche* Anzahl Elektronen (volle Kreise) bewegt sich frei zwischen den Atomen in der Art eines Gases (*Elektronengas*). (Vergleiche auch mit der Darstellung der potentiellen Energie nach Abb. 12.2.) Dieser Vorgang ist dynamisch zu sehen, unbesetzte Stellen werden wieder besetzt und mit der Energie kann ein anderes Elektron frei werden.

Bei Temperaturen größer Null dient den Elektronen im Valenzband die Wärmeenergie als Anregungsenergie und sie gelangen ins Leitband. Da sie dabei eine unbesetzte Stelle zurücklassen, entsteht immer ein Elektron und ein Loch als Paar – *Generation*. Fällt umgekehrt ein Elektron ins Valenzband zurück, wird immer auch ein Loch (unbesetzte Stelle) beseitigt – *Rekombination*. Durch ständige Generations- und Rekombinationsprozesse ist je nach Temperatur im Mittel eine entsprechende Anzahl Elektronen und Löcher vorhanden. Genauso führen Photonen (Lichtenergie) und elastische Stöße (kinetische mechanische Energie) zur Generation von Elektronen-Loch-Paaren. Bei einer Rekombination kann die überschüssige Energie als *Photon oder als Phonon* [146] (Gitterschwingungs- oder akustischer Quant) abgegeben werden, was erneut zur Generation führen kann.

---

[145] Siehe Weitergehendes in (Wei81 S. 88).

[146] Eine genauere Untersuchung erfolgt durch die Quantenmechanik (siehe z.B. (Spe65 S. 4-30 und 247-390)

Die Beschreibung dieses dynamischen Prozesses und damit der *Dichten* n und p (Anzahl freier Elektronen bzw. Löcher pro Volumen) des Elektronengases erfolgt durch eine *statistische Methode*, die von Fermi (siehe (Mie70 S. 69-70) oder (Spe65 S. 247-390)) dafür abgeleitet wurde.

Fermi-Verteilung: $f_F = \{1+\exp[(W-W_F)/kT]\}^{-1}$ (12.2)

Praxistipp: Generations- und Rekombinationsprozesse bestimmen die Eigenschaften und das Verhalten von Halbleitern. Das Bändermodell zeigt dafür qualitativ die Besetzungen.

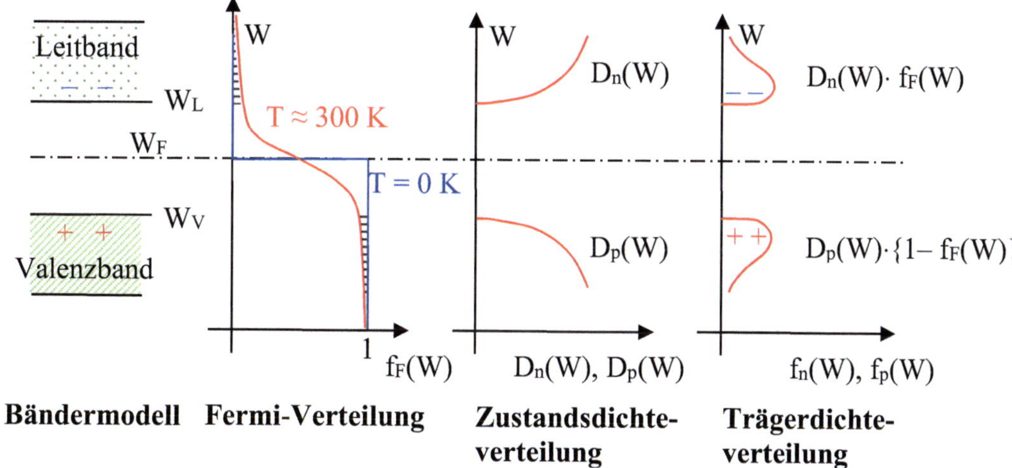

Abb. 12.4: Bändermodell mit Trägern nach der Fermi-Verteilung
In Abb. 12.4 bedeuten D_n und D_p die quantenmechanisch möglichen Zustände für die Energieniveaus von W bis W+dW. Bei Eigenleitung (n = p) folgt die Wahrscheinlichkeitsverteilung der Elektronen $f_n(W)$ aus der Fermi-Verteilung $f_F(W)$ und D_n, die der Löcher $f_p(W)$ aus den im Valenzband fehlenden Elektronen $1- f_F(W)$ und D_p. Bei T = 0 K ist die Wahrscheinlichkeit für Elektronen im Leitband null (demnach auch für Löcher im Valenzband).

Das **Ferminiveau** W_F wird im thermischen Gleichgewicht aus der Neutralitätsbedingung bestimmt. Die Gesamtanzahl Elektronen oberhalb von W_F (freie Elektronen) muss gleich der Gesamtanzahl Löcher (entspricht den festen Ionen) unterhalb W_F sein (in Abb. 12.4 annähernd durch die gestrichelten Flächen verdeutlicht). Sind weitere Ladungsträger (z.B. von Störstellen) zu beachten, gehen diese in die Neutralitätsbedingung ein. Liegt kein reines thermisches Gleichgewicht vor (z.B. bei Stromfluss infolge einer äußeren Spannung), wird das Ferminiveau entsprechend „verbogen".

Die *Beweglichkeit* b_n der Elektronen im Elektronengas zwischen den Atomen ergibt sich aus ihrer *freien Weglänge*, bis sie durch einen Zusammenstoß mit anderen Elektronen oder mit Atomen abgelenkt, gebremst oder auch mal beschleunigt werden. Aus dieser Vorstellung ist plausibel, dass die freie Weglänge im Mittel umso kürzer ist,

- je mehr Elektronen vorhanden sind,
- je dichter die Atome im Kristall angeordnet sind oder
- je stärker die Atome um ihre Gitterposition durch ihre Wärme schwingen.

Die *Beweglichkeit* der Löcher hängt ferner insbesondere auch von der zu überspringenden Energiebarriere ab und ist deutlich geringer als die der Elektronen.

Damit kann die Temperaturabhängigkeit der Leitfähigkeit von (12.1) aber sehr verschieden ausfallen. Überwiegt bei höherer Temperatur die Zunahme von freien Elektronen (n) und Löchern (p), so steigt die Leitfähigkeit. Überwiegt dagegen die Abnahme der Beweglichkeit (b_n, b_p), wird die Leitfähigkeit geringer. Bei Metallen, die sehr viele freie Elektronen besitzen, überwiegt die Abnahme der Beweglichkeit (also wird κ kleiner). Für Halbleiter, die wenige freie Elektronen und Löcher haben, dominiert deren Zunahme (also wird κ größer). Nach dieser Überlegung ergibt sich auch der Grund, weshalb Legierungen (die in der Regel durch die unterschiedlichen Atomgrößen eine dichtere Atomanordnung erreichen) meist schlechter leiten als die Ausgangsmaterialien.

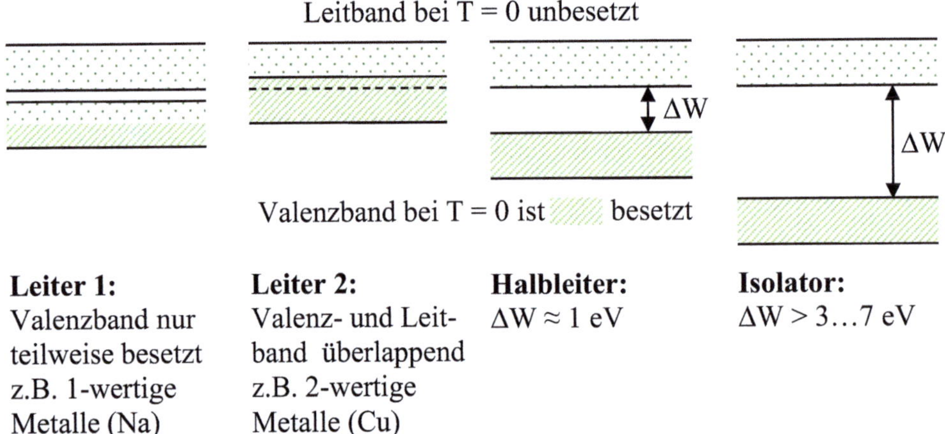

Abb. 12.5: Bändermodell für Leiter, Halbleiter und Isolator

12.1.2 Dotierung von Halbleitermaterial

Das Bändermodell ermöglicht, den Einfluss von Dotierungen (gewollten Störstellen) des Einkristalls zu untersuchen.

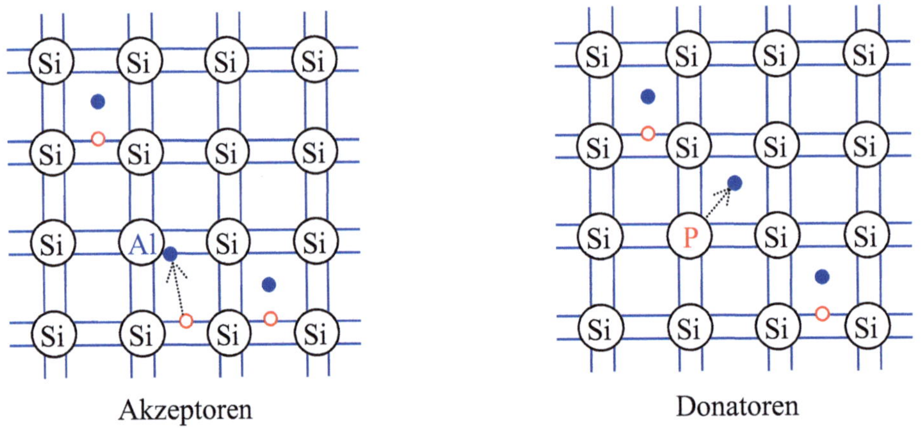

Abb. 12.6: Dotierung in der ebenen Darstellung eines Siliciumkristalls

Die dreiwertigen Aluminiumatome ziehen ein Elektron zu sich, um eine Achterbelegung zu erreichen. Der fünfwertige Phosphor gibt ein „überflüssiges" Elektron frei. Somit entstehen mehr Löcher bzw. Elektronen für die elektrische Leitfähigkeit und ihre Anzahl wird ungleich.

Das Bändermodell zeigt es differenzierter. Durch die sehr große „energetische Nähe" der *Donatoren* (P in Abb. 12.6) zum Leitband bzw. der *Akzeptoren* (Al in Abb. 12.6) zum

Valenzband geben die Donatoren ihre Elektronen praktisch vollständig ins Leitband ab bzw. alle Akzeptoren nehmen je ein Elektron aus dem Valenzband auf. Die Störstellen selbst sind nicht dicht genug, um miteinander Elektronen auszutauschen, und ergeben deshalb kein eigenes Band (d.h., ihre Ladungen sind nicht beweglich und tragen nicht direkt zur Leitfähigkeit bei, deshalb eine gestrichelte Linie).

In Abb. 12.7 und Abb. 12.8 geht die Gesamtzahl der Donatoren (N_D, positiv geladen) bzw. der Akzeptoren (N_A, negativ geladen) in die Neutralitätsbedingung zusätzlich zu den gestrichelten Flächen ein. Dadurch verschiebt sich das Ferminiveau W_F in Richtung des Störstellenniveaus (es kann bei starker Dotierung zwischen Störstellen und Bandkante liegen). Bei Dotierung mit Donatoren überwiegt die *Elektronenleitung im Leitband* (in der Praxis um viele Größenordnungen). Bei Dotierung mit Akzeptoren überwiegt *die Löcherleitung im Valenzband* (in der Praxis ebenfalls um viele Größenordnungen). Das Ergebnis sind zwei Materialien von unterschiedlichem Leitfähigkeitstyp.

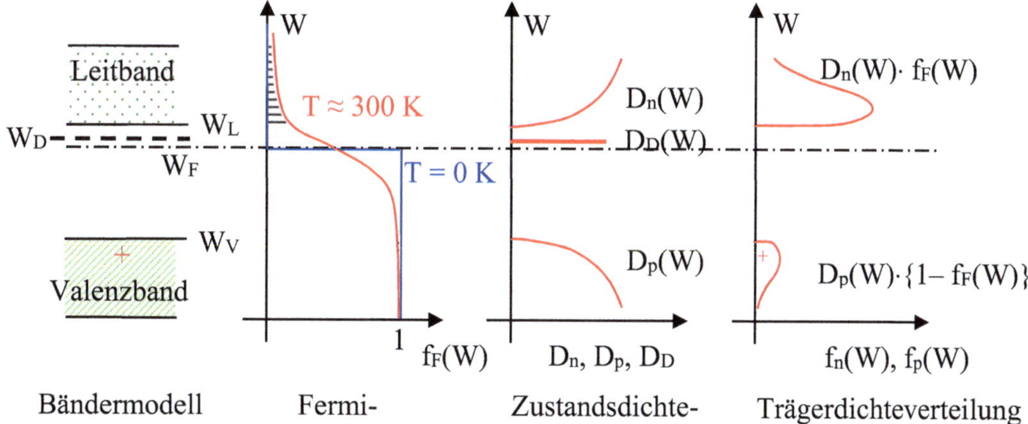

Abb. 12.7: Bändermodell mit Donatoren (mit Fermi-Verteilung)

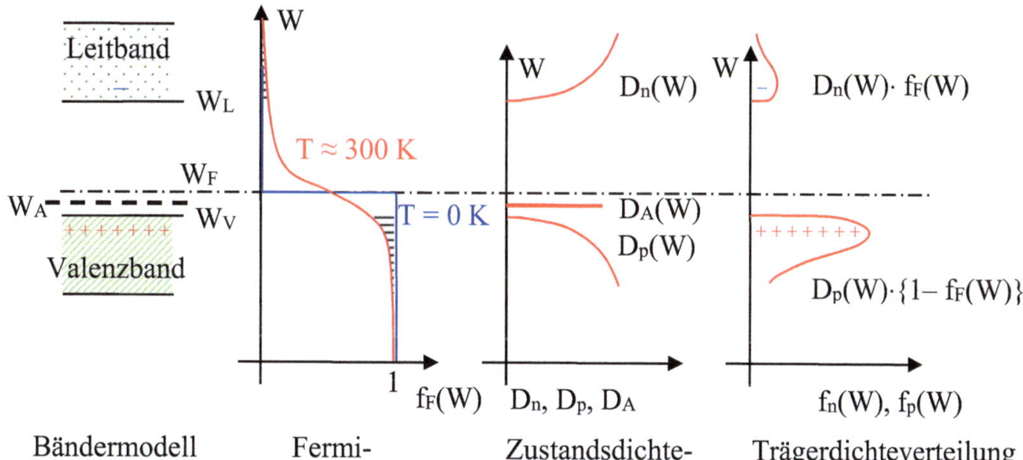

Abb. 12.8: Bändermodell mit Akzeptoren (mit Fermi-Verteilung)

Die Bilanz der Trägerkonzentrationen wird als *Massenwirkungsgesetz* des Halbleiters bezeichnet.

$$n\,p = n_i^2 \qquad \text{bei Eigenleitung ist} \quad n_0\,p_0 = n_i^2 \tag{12.3}$$

Zusätzlich gilt die Ladungsbilanz für jede Position:

$$n + N_A^- = p + N_D^+ \tag{12.4}$$

Dabei sind n_0 und p_0 die Trägerdichten für Eigenleitung sowie n_i die Eigenleitungsdichte (Intrinsicdichte). Werden Akzeptoren hinzugefügt, vergrößert sich p und n muss abnehmen. Werden dagegen Donatoren hinzugefügt, vergrößert sich n und p muss abnehmen. In der Halbleitertechnologie werden Dichten der Störstellen von ca. 10^{10} bis 10^{20} cm^{-3} eingesetzt. In gleicher Größe erhöht sich die entsprechende Trägerdichte (vergleiche auch $n_{Cu} \approx 10^{22}$ cm^{-3}). Der enorme Unterschied der Trägerkonzentrationen in jedem Leitfähigkeitstyp führt zu den Begriffen *Majoritätsträger* und *Minoritätsträger*. Die Majoritätsträger bestimmen den Leitfähigkeitstyp, dagegen sind die Minoritätsträger oft zu vernachlässigen (sie erhalten aber z.B. im PN-Übergang eine spezifische Rolle).

Praxistipp: Für qualitative Überlegungen ist das Bändermodell mit Ferminiveau (ohne Verteilungen) eine einfache wirksame Methode.

Für exakte quantitative Untersuchungen sind dagegen quantenphysikalisch der Atom- und der Kristallaufbau mit ihren Bindungen sowie die Zustandsdichteverteilungen der Elektronen zu berücksichtigen. Darüber hinaus müssen thermodynamisch die Verteilungsfunktionen des Elektronengases und seine Gleichgewichtsverhältnisse neben den elektrischen Fragen beherrscht werden.

12.1.3 Kennwerte von Halbleitermaterialien und Übungsaufgaben

In Tabelle 12.2 sind zur Verdeutlichung der Größen einige Materialien und ihre wichtigsten Kennwerte aufgeführt.

Kennwerte bei 300 K	ΔW	b_n	b_p	n, p (Eigenleitung)
Germanium Ge	0,67 eV	3900 cm^2/Vs	1900 cm^2/Vs	2,33 10^{13} cm^{-3}
Silicium Si	1,12 eV	1500 cm^2/Vs	600 cm^2/Vs	1,6 10^{10} cm^{-3}
Galliumarsenid GaAs	1,43 eV	8500 cm^2/Vs	400 cm^2/Vs	1,3 10^6 cm^{-3}
Siliciumkarbid SiC	2,86 eV	900 cm^2/Vs	100 cm^2/Vs	1,6 10^{-5} cm^{-3}
Galliumnitrid GaN	3,39 eV	1000 cm^2/Vs	30 cm^2/Vs	2,13 10^{10} cm^{-3}
Kupfer Cu	-	40,6 cm^2/Vs	-	8,4 10^{22} cm^{-3}

Tabelle 12.2: Einige Halbleitermaterialien

Bei den Angaben von n und p ist zu beachten, dass die Unterschiede viele Größenordnungen betreffen. (Die Angaben differieren insbesondere bei GaN und SiC in verschiedenen Quellen; hier soll nur ein Überblick gegeben sein.)

Die folgenden Aufgaben verdeutlichen die Möglichkeiten der Anwendung.

Aufgabe 12.1

Nach (12.1) kann die Leitfähigkeit κ für Eigenleitung und Zimmertemperatur (300 K) aus den Angaben der Tabelle 12.2 berechnet werden.
   1) Bestimmen Sie κ von Ge, Si, GaAs und zum Vergleich von Cu.
   2) Bestimmen Sie den Strom durch ein Bauelement von 0,1 mm Dicke und $0,1 \cdot 0,1$ mm^2
       Fläche bei einer Spannung von 5 V für diese Materialien.
Zusatzaufgabe: Diskutiere die Ergebnisse!
(Zum Vergleich: $\kappa_{Ge} = 2,1 \ 10^{-6}$ m/Ωmm^2, $\kappa_{Si} = 5,5 \ 10^{-10}$ m/Ωmm^2, $\kappa_{GaAs} = 1,8 \ 10^{-13}$ m/Ωmm^2 und $\kappa_{Cu} = 56$ m/Ωmm^2 mit m/Ωmm$^2 = 10^6$ 1/Ωm)

Aufgabe 12.2

Eine Probe Silicium aus Tabelle 12.2 wird mit einer Phosphorkonzentration von 10^{15} cm^{-3} dotiert.

  1) Bestimmen Sie n, p und κ.

Hinweis: Nutze (12.3) und (12.4), vernachlässige die Änderung der Beweglichkeiten!

  2) Bei der gleichen Probe (Länge 8 mm, Fläche 1 mm^2) wird ein Widerstand von 400 Ω gemessen. Bestimmen Sie die tatsächliche Beweglichkeit b_n.

Hinweis: Nach den Erfahrungen mit 1) kann die Löcherleitfähigkeit vernachlässigt werden.

Aufgabe 12.3

Aus der Siliciumprobe von Aufgabe 12.2 wird ein Hallsensor hergestellt. Durch den Sensor fließt ein Strom von 1 mA und senkrecht zum Strom wirkt ein Magnetfeld von 2000 T. (Abmessungen siehe Abb. 12.9.)

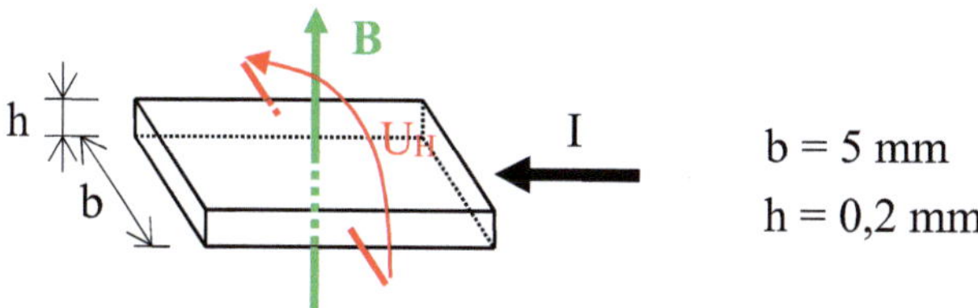

Abb. 12.9: Hallsensor

Bestimmen Sie die Hallspannung U_H.

Hinweis: In obiger Anordnung ist $S = I\,A_\perp = q_0\,v_D\,n$ und $F = q_0\,v_D\,B$ sowie
  $U_H = b\,E = b\,F/q_0$.

Aufgabe 12.4

Ein Fotowiderstand soll aus Silicium hergestellt werden und eine möglichst große Widerstandsänderung und Empfindlichkeit aufweisen.
Begründen Sie, ob hoch, niedrig oder nicht dotiert werden sollte.

Aufgabe 12.5

Ein Thermowiderstand soll aus Silicium hergestellt werden und mit steigender Temperatur besser leiten (bei ca. 1000 Ω für 20 °C).
Begründen Sie, ob hoch, niedrig oder nicht dotiert werden sollte.

12.2 PN-Übergang

12.2.1 Gleichgewicht von Diffusion und Feld

Die zwei Leitfähigkeitstypen bei Halbleitern führen zu der Möglichkeit, einen Übergang von einem Leitfähigkeitstyp zum anderen herzustellen und zu untersuchen.

Praxistipp: Ein oder mehrere Übergänge von einer P-Halbleiterschicht zu einer N-Halbleiterschicht ist die Grundlage aller bipolaren Bauelemente.

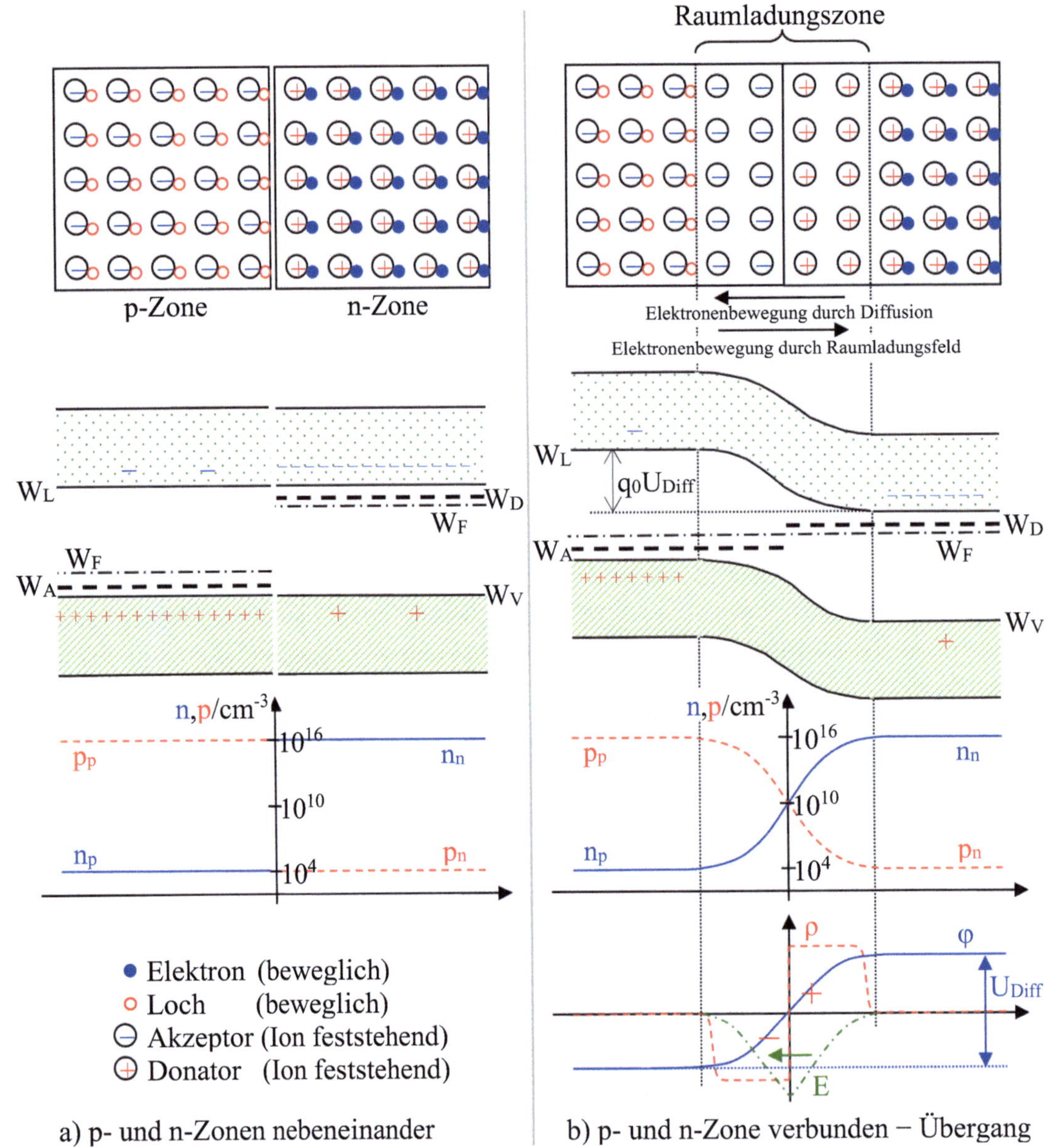

Abb. 12.10: Übergang zwischen zwei Leitfähigkeitstypen – PN-Übergang [147]

In Abb. 12.10 a oben sind schematisch beide Leitfähigkeitstypen nebeneinander mit ihren ionisierten Störstellen und den dadurch entstandenen Löchern bzw. freien Elektronen dargestellt. In dieser Anordnung besteht in der p leitenden Zone und in der n leitenden Zone überall Ladungsgleichgewicht. Bei einer Betrachtung als Kontinuum, das nur in x-Richtung Änderungen aufweist, interessiert vor allem die energetische Lage der beweglichen Ladungsträger, wie sie das Bändermodell darunter in Abhängigkeit von x darstellt. Nach Abschnitt 12.1.2 können auch die Verteilungen der Trägerdichten über x angegeben werden (das Beispiel entspricht etwa Silicium mit Dotierungen von 10^{16} cm^{-3}).

Wurden beide Zonen als Übergang (Abb. 12.10 b oben) hergestellt, entsteht ein (in der Darstellung abruptes) *Gefälle der Konzentrationen* der Löcher von links nach rechts und der freien Elektronen von rechts nach links. Dieses Gefälle der Konzentrationen führt zur

---

[147] Beachte: Das Potential wurde zur einfacheren Darstellung in der Mitte auf null gelegt. Löcher bewegen sich in und Elektronen gegen die Feldrichtung bzw. gegebenenfalls Stromrichtung.

Diffusion der jeweiligen beweglichen Ladungsträger in Richtung ihrer geringeren Konzentration (Konzentrationsausgleich wie in Gasen oder Flüssigkeiten, in Abb. 12.10 b für die Elektronenbewegung angedeutet). Dadurch verlagern sich einerseits Elektronen zur Seite der negativen Ionen, gleichen dort Löcher aus und es entsteht ein negativ geladener Bereich. Andererseits wandern Löcher zur Seite der positiven Ionen, gleichen Elektronen aus und es entsteht ein positiv geladener Bereich. So ergibt sich eine *Raumladungszone* im Bereich des Übergangs (Bereiche mit Überschuss negativer bzw. positiver Ladungen). Zwischen diesen Ladungen wirkt ein *elektrisches Feld* (von + nach −, in Abb. 12.10 b also nach links) mit Kraftwirkungen auf die Elektronen nach rechts und auf die Löcher nach links (also jeweils entgegen der Diffusion).

Praxistipp: Zwischen beiden Prozessen der Diffusionsbewegung und der Bewegung infolge der Kräfte des Feldes der entstehenden Raumladung stellt sich ein *Gleichgewicht* ein.

Im Bändermodell (darunter dargestellt) ergibt dieser Zusammenhang, dass das Ferminiveau W_F waagerecht als Bezugsniveau durch beide Zonen geht und sich die Bänder im Übergangsbereich verbiegen. Dabei bedeutet ein größerer Abstand vom Ferminiveau geringere Wahrscheinlichkeit für Ladungsträger (damit deren Anzahl, vergleiche Abb. 12.4 und Abb. 12.7), wodurch die Bänder in der Mitte zusammengeführt werden. Von dort, wo mehr Träger waren, verschieben sie sich dahin, wo weniger waren, bis zum Gleichgewicht. Aus den sich dabei nach (12.3) und (12.4) einstellenden Verteilungen von n und p (in Abb. 12.10 darunter dargestellt) folgt die Raumladungsdichte (ρ) sowie daraus das elektrische Feld (E) und das Potential (φ).

$$E(x) = D(x)/\varepsilon = 1/\varepsilon \int\limits_{\text{P-Elektrode}}^{x} \rho(x)\,dx \; ^{148} \quad \text{und} \quad \varphi = - \int\limits_{\text{P-Elektrode}}^{x} E\,dx \qquad (\,12.5\,)$$

Die Spannung (Potentialdifferenz) zwischen den Enden beider Halbleiterzonen infolge des genannten Gleichgewichts wird *Diffusionsspannung* genannt. Die Diffusionsspannung hängt vom Bandabstand und der Stärke der Dotierung ab. Bei höherer Dotierung rückt das Ferminiveau dichter an die Bänder.

Praxistipp: Bei einem realen Bauelement kann diese Spannung nach außen nicht abgenommen oder gemessen werden, da die notwendigen elektrischen Kontakte für die Elektroden beider Halbleiterzonen diese genau kompensieren (siehe Abschnitt 12.2.4).

12.2.2 Einfluss einer äußeren Spannung

Wird an den PN-Übergang eine *äußere Spannung* angelegt, werden durch den Stromfluss (kleine Pfeile in Abb. 12.11 c und d) von den Kontakten her entweder

- weitere Ladungen abgeführt, d.h. Ausdehnung der Raumladungszone, *Sperrrichtung* mit relativ kleinem Strom (Abb. 12.11 c) oder
- nachgeliefert, d.h. Abbau der Raumladungszone, *Durchlassrichtung* mit hohem Strom (Abb. 12.11 d).

---

[148] In Abb. 12.10 liegen nur Veränderungen nach x und nur ein **D** in x-Richtung vor. D an der P-Elektrode ist noch null. Über $A_\perp$ braucht somit nicht integriert zu werden und durch $A_\perp$ kann dividiert werden. Es wird

$$\oint\limits_{\text{Hüllfläche}} \mathbf{D} \cdot d\mathbf{A} = Q = \int\limits_{V} \rho\,dV \quad \text{zu} \quad \cancel{D(\text{P-Elektrode})A_\perp} + \cancel{\int\limits_{\text{Mantel}} \mathbf{D} \cdot d\mathbf{A}_{\text{Mantel}}} + D(x)\,A_\perp = D(x)\,A_\perp = A_\perp \int\limits_{\text{P-Elektrode}}^{x} \rho(x)\,dx .$$

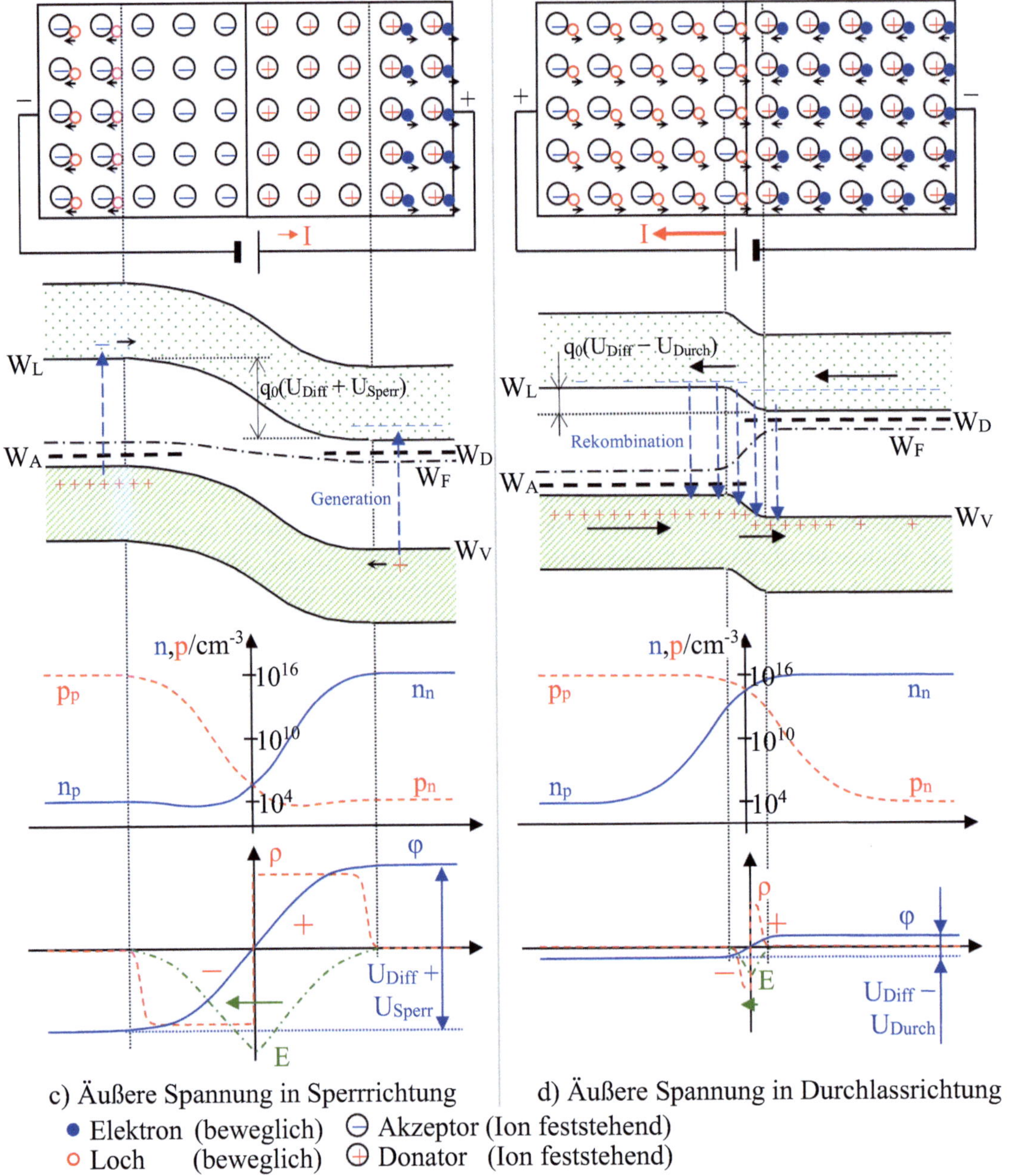

c) Äußere Spannung in Sperrrichtung   d) Äußere Spannung in Durchlassrichtung

Abb. 12.11: PN-Übergang mit außen anliegender Spannung [149]

Bei Stromfluss wird das reine thermische Gleichgewicht in der Sperrschicht durch den weiteren Abzug von Trägern bzw. durch die Ladungsträgerzufuhr (Trägerinjektion) gestört.

Das Ergebnis ist in der Darstellung von n und p deutlich. Die Trägerkonzentrationen werden entweder stark abgesenkt (z.T. noch unter die ursprüngliche Minoritätsträgerkonzentration) bzw. fast ausgeglichen.

Das Ferminiveau verbiegt sich infolge des Nichtgleichgewichts im Übergangsbereich so, dass in Sperrrichtung die Bänder um die Sperrspannung stärker verbogen werden, dagegen in Durchlassrichtung die Bandverbiegung um die Durchlassspannung verringert wird.

---

[149] Das Potential wurde zur einfacheren Darstellung wieder in der Mitte auf null gelegt.

Die Ausdehnung bzw. der Abbau der Raumladung erfolgt genau so, dass jeweils der Maschensatz erfüllt ist (im Uhrzeigersinn gesehen).

$$\text{im PN-Übergang} + \text{Elektroden} \quad + \text{außerhalb} \quad = 0$$

$$- (U_{\text{Diff}} + U_{\text{Sperr}}) \; + U_{\text{Elektroden}} \quad + U_{\text{Außen(Sperr)}} \; = 0$$

$$- (U_{\text{Diff}} - U_{\text{Durch}}) \; + U_{\text{Elektroden}} \quad - U_{\text{Außen(Durch)}} \; = 0$$

Der fließende *Strom* setzt sich aus den Anteilen der Diffusionsbewegung und der Bewegung durch das Raumladungsfeld beider Trägerarten zusammen, er muss natürlich über x gleich bleiben.

$$I(x) = I_{\text{Diff}\,n}(x) + I_{\text{Feld}\,n}(x) + I_{\text{Diff}\,p}(x) + I_{\text{Feld}\,p}(x) = \text{const} \qquad (\,12.6\,)$$

An den Elektroden besteht der Strom nur noch aus Majoritätsträgern.

$$I = I_{\text{Feld}\,p}(\text{P-Elektrode}) = I_{\text{Feld}\,n}(\text{N-Elektrode})$$

Die Minoritätsträger sind vernachlässigbar und die Diffusionsströme reichen nicht so weit.

Praxistipp: Der *Übergang vom Löcher- zum Elektronenstrom* erfolgt durch *Rekombination* beim Durchlassstrom (hohe Trägerkonzentrationen in der Sperrschicht, Abb. 12.11 d) bzw. *Generation* beim Sperrstrom (nur durch die wenigen neu generierten Träger, Abb. 12.11 c).

12.2.3 Kennlinie eines PN-Übergangs

Aus (12.5), (12.1) und den Verteilungen der Trägerkonzentrationen n und p wird die **Kennlinie des PN-Übergangs** ermittelt (Spe65 S. 143-171). Für $U \ll U_{\text{Diff}}$ und ideale Verhältnisse [150] folgt die Wagner'sche Kennlinienformel des PN-Übergangs.

$$I = I_0 \, (e^{\frac{qU}{kT}} - 1) \quad ^{151} \qquad\qquad (\,12.7\,)$$

I_0 ist der Reststrom in Sperrrichtung (bei $U \ll 0$) und U die äußere Spannung. Wenn der Strom so groß wird, dass die Ladungsträgerzufuhr (Trägerinjektion) die Raumladungen abgebaut hat ($U \approx U_{\text{Diff}}$, Bandverbiegungen sind abgebaut; vergleiche Abb. 12.11 d), muss eine weitere Spannungsvergrößerung gleichmäßig zwischen den Elektroden verteilt werden. Die Spannung am eigentlichen Übergang U_{PN} steigt nicht weiter, dafür erhöht sich die Spannung über den beiden Bahngebieten $2U_{\text{B}}$ (jeweils von der Elektrode bis zum Übergang).

Es folgt damit vollständig

$$I = I_0 \, (e^{\frac{qU_{\text{Diff}}}{kT}} - 1)\frac{1}{4}\left[\coth^2\left(\frac{U_{\text{Diff}} - U_{\text{PN}}}{2kT/q} \right) - \coth^2\left(\frac{U_{\text{Diff}}}{2kT/q} \right) \right] \text{ und}$$

$$U = U_{\text{PN}} + 2U_{\text{B}} = U_{\text{PN}} + 2\frac{kT}{q}\left[\coth\left(\frac{U_{\text{Diff}} - U_{\text{PN}}}{2kT/q} \right) - \coth\left(\frac{U_{\text{Diff}}}{2kT/q} \right) \right] . \; ^{150} \qquad (\,12.8\,)$$

Für $U_{\text{PN}} \ll U_{\text{Diff}}$ wird aus (12.8) wieder (12.7) sowie $U = U_{\text{PN}}$.

---

[150] Exakt abrupter Übergang, symmetrische Verteilung für n(x) und p(x), gleiche Diffusion von n und p usw. (kann beim Epitaxieverfahren relativ gut erreicht werden).
[151] Die Exponentialfunktion rührt von der Fermi-Statistik her, in I_0 sind alle Materialparameter zusammengefasst.

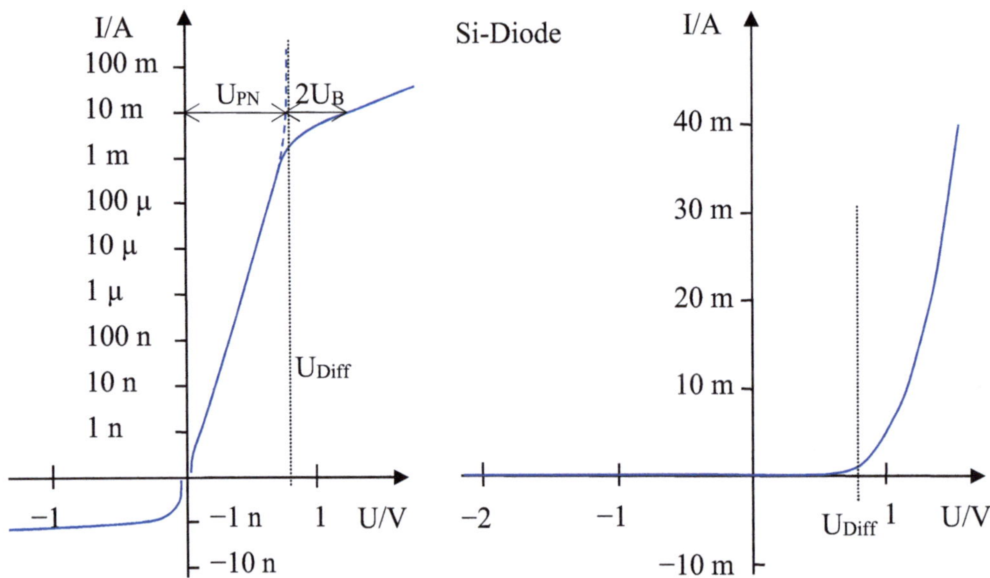

Abb. 12.12: Kennlinie des PN-Übergangs (logarithmisch und linear dargestellt)

Die in (12.8) enthaltenen Parameter I_0 und U_{Diff} lassen sich aus zwei Messpunkten der Kennlinie bestimmen. Durch technologische Erfordernisse und Einflüsse ergeben sich Abweichungen gegenüber den idealen Verhältnissen [152], die für praktische Belange durch einen Korrekturfaktor α vor kT in den Exponenten von (12.8) ausgeglichen werden können. Dieser kann durch einen dritten Messpunkt ermittelt werden (siehe auch (Boe78)), sodass sich eine gute Übereinstimmung von gemessener Kennlinie und Formel ergibt.

> Praxistipp: Insbesondere im Bereich kleiner Ströme können Verunreinigungen zu zusätzlichen Abweichungen von der idealen Kennlinie führen (stärkere Steigung des Sperrstromes mit der Sperrspannung).

In Sperrrichtung wird das elektrische Feld bei hohen Sperrspannungen im Übergangsbereich sehr groß und es treten zusätzliche Effekte auf:

- Hohe Feldkräfte können Ladungsträger direkt aus ihrer Bindung (dem Valenzband) reißen – Zehnereffekt.
- Nehmen Elektronen im Feld viel Bewegungsenergie auf, ruft Stoßionisation lawinenartig einen Anstieg der Trägerkonzentration hervor – Avalancheeffekt.
- Weiter können bei schmalen Übergängen und hoher Sperrspannung Elektronen aufgrund ihrer Welleneigenschaften von der Valenzbandkante direkt zur Leitbandkante „tunneln" (was keine Energieänderung benötigt, entspricht einer Generation) – Tunneleffekt.

---

[152] Abrupter Übergang, symmetrische Verteilung für n(x) und p(x), gleiche Diffusion von n und p, verbleibende Menge Verunreinigungen.

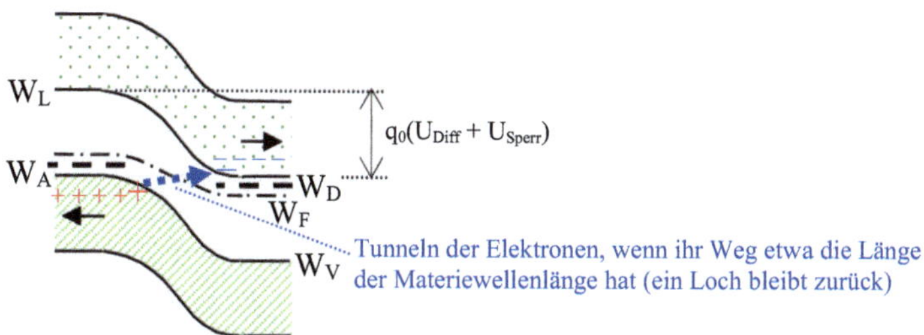

Abb. 12.13: Darstellung des Tunneleffekts im Bändermodell

Alle drei Effekte führen zu einem steilen Stromanstieg im Sperrbereich.

Praxistipp: Eine Nutzung für Bauelemente erfolgt bei Zehnerdioden zur Spannungsstabilisierung (ca. 3…50 V) bei Avalanchedioden zum Überspannungsschutz (ca. 150…1000 V).

12.2.4 Metall-Halbleiter-Übergang

Metall-Halbleiter-Übergänge standen mit dem Kristalldetektor und den Spitzendioden am Anfang der Entwicklung.

Technologisch ergibt sich für Sperrschichten die Schwierigkeit, dass alle Verunreinigungen und Fehler auf der Oberfläche des Einkristalls die Trägeranzahlen stark verändern. Deshalb konnten Schottkydioden erst mit ausgereifter Technologie hergestellt werden und auch heute noch nicht für sehr große Querschnitte (d.h. große Ströme). Das Problem ist dagegen bei leitenden Kontakten unbedeutend.

Nachdem die Technologie zur Herstellung flächenhafter Metall-Halbleiter-Übergänge beherrscht wird, können ihre Vorteile umfassend genutzt werden. Das ist insbesondere die mögliche geringe Schwellspannung im Durchlassbereich.

Praxistipp: Metall-Halbleiter-Übergänge werden heute bei Schottkydioden genutzt. Sie sind auch die Grundlage für alle leitenden Kontakte an Halbleiterbauelementen.

Bei mehreren Übergängen in Reihe, die an beiden Enden das gleiche Metall (z.B. die Zuleitung) haben, heben sich alle Diffusionsspannungen gegenseitig auf. Es sind sowohl für einen N- als auch einen P-Halbleiter leitende Kontakte bei der richtigen Auswahl möglich.

Das Bändermodell des Metalls (Valenzband und Leitband überschneiden sich, Abb. 12.5) reduziert sich auf das Schottky'sche Napfmodell (bis W_F gefüllter Napf).

Der Abstand vom Niveau der „Füllung" bis ∞ heißt *Austrittsarbeit* W_{AM} (Austritt aus der Oberfläche des Metalls). Dieses Oberflächenniveau stellt sich beim Übergang vom Metall zum Halbleiter auf das Ferminiveau ein (entspricht somit dem Ferminiveau des Metalls).

Auch hier entsteht ein *Gleichgewicht* zwischen Diffusion und elektrischem Feld.

Die Kennlinie entspricht in ihrer Form der des PN-Übergangs mit entsprechendem I_0 und U_{Diff}.

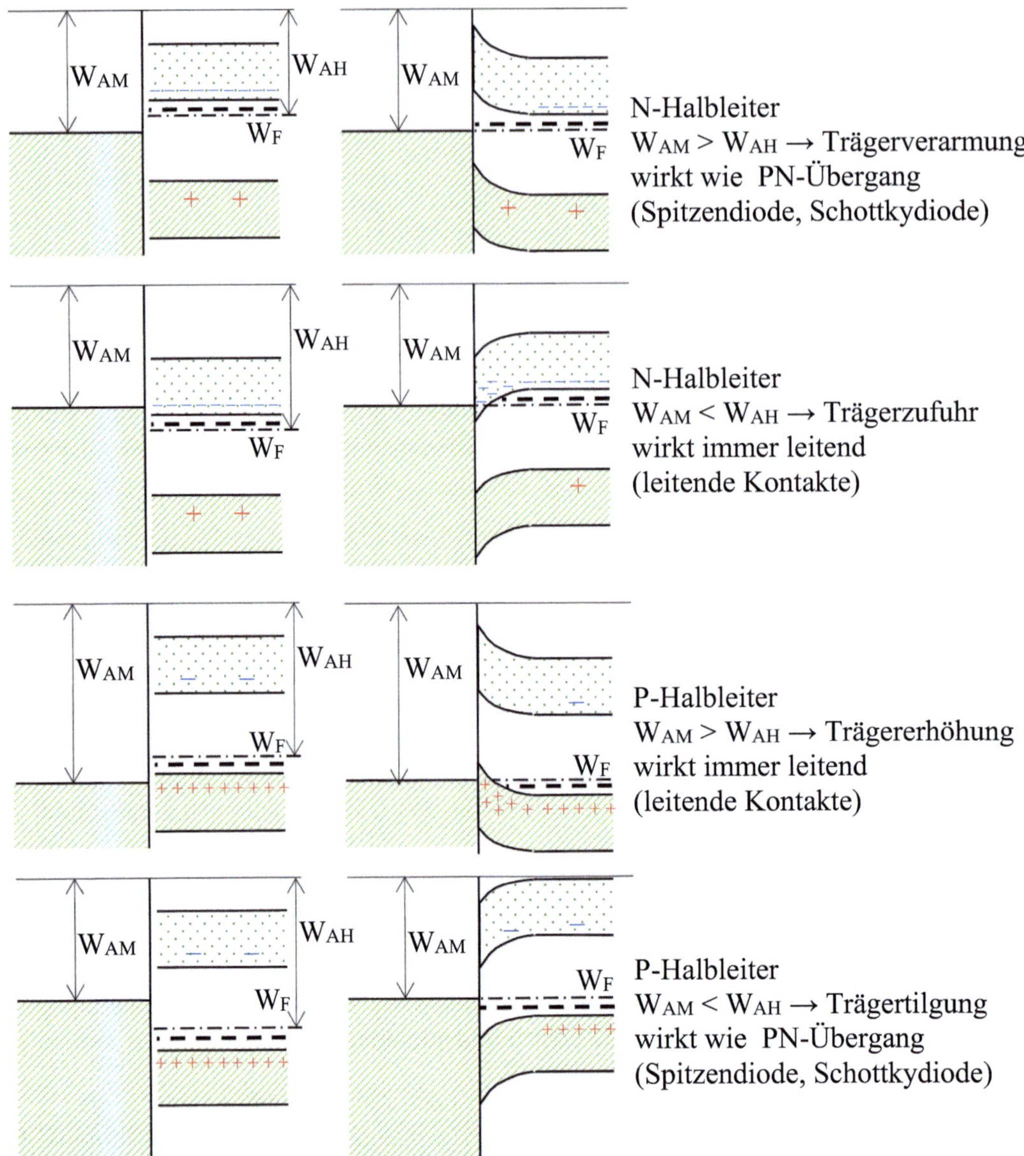

Abb. 12.14: Übergänge zwischen Metall und Halbleiter

Der Übergang zu einem Halbleiter, dessen Austrittsarbeit W$_{AH}$ (vom Ferminiveau bis ∞)
kleiner ist als W$_{AM}$ (entspricht W$_F$), ergibt, dass Elektronen vom Halbleiter zum Metall
„diffundieren". Abb. 12.14 zeigt für einen N-Halbleiter, dass dadurch eine Trägerverarmung
entsteht, das bedeutet eine Sperrschicht wie beim PN-Übergang. Für den P-Halbleiter erhöhen
die „wegdiffundierenden" Elektronen dagegen die Anzahl Löcher und so entsteht ein
leitfähiger Übergang. Ist W$_{AH}$ größer als W$_{AM}$, gehen umgekehrt Elektronen vom Metall zum
Halbleiter. Damit erfolgt eine Zufuhr von Elektronen bei einem N- und eine Tilgung von
Löchern beim P-Halbleiter.

Die Bandverbiegungen bewirken auch hierbei eine *Diffusionsspannung*.

Praxistipp: Für die Diffusionsspannung und somit die Schwellspannung kann durch günstige Auswahl bei Schottkydioden ein Wert von 0.3 bis 0,5 V erreicht werden. Diese geringe Durchlassspannung ergibt im Vergleich mit einer Si-Diode (0,7 bis 0,8 V) einen deutlich geringeren Leistungsverlust. Darüber hinaus sind diese Dioden schneller.

12.2.5 Ersatzschaltungen für eine Halbleiterdiode

In der Schaltungstechnik ist es oft zweckmäßig, Ersatzschaltungen zu verwenden.

Ersatzschaltungen stellen eine Näherung der statischen Kennlinie, eine Näherung für das Kleinsignalverhalten oder eine mathematische Annäherung an die statische Kennlinie sowie das dynamische Verhalten (Großsignalverhalten) dar.

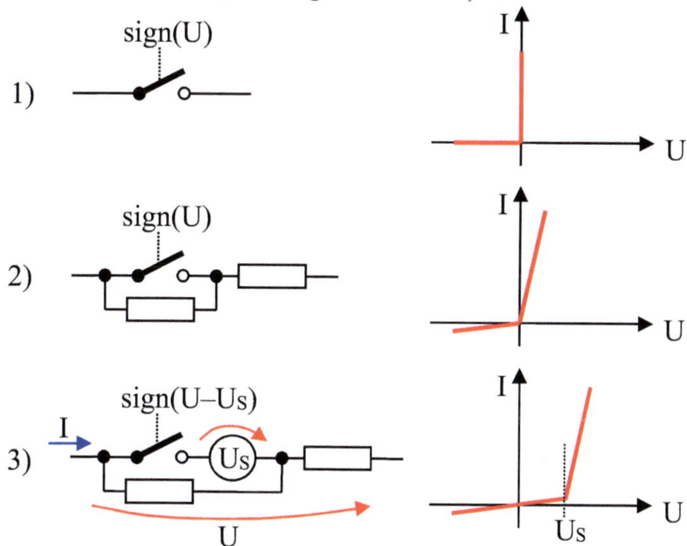

Abb. 12.15: Beispiele für Ersatzschaltungen – Näherung der statischen Kennlinie

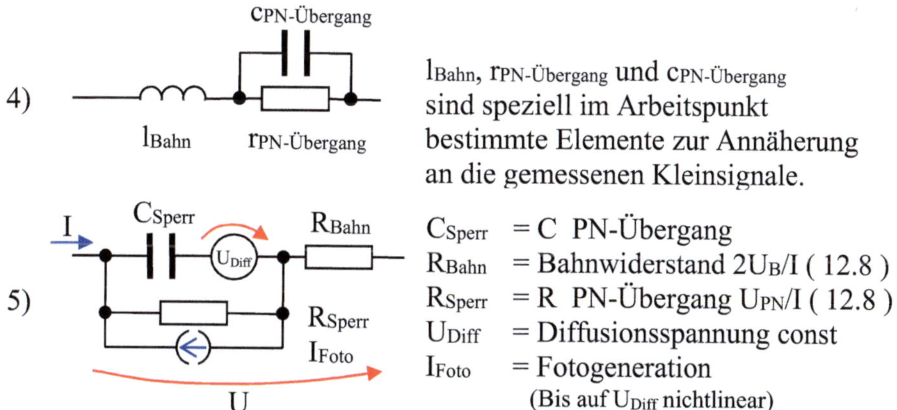

l_{Bahn}, $r_{PN\text{-}Übergang}$ und $c_{PN\text{-}Übergang}$ sind speziell im Arbeitspunkt bestimmte Elemente zur Annäherung an die gemessenen Kleinsignale.

C_{Sperr} = C PN-Übergang
R_{Bahn} = Bahnwiderstand $2U_B/I$ (12.8)
R_{Sperr} = R PN-Übergang U_{PN}/I (12.8)
U_{Diff} = Diffusionsspannung const
I_{Foto} = Fotogeneration
(Bis auf U_{Diff} nichtlinear)

Abb. 12.16: Beispiele für Ersatzschaltungen – Kleinsignal und Großsignal

Die Bestimmung der Parameter der Ersatzschaltungen erfolgt immer durch Messung bzw. aus Typparametern der Hersteller. Die Ersatzschaltbilder Abb. 12.15 1) bis 3) sind grobe Vereinfachungen der Kennlinie. In Abb. 12.16 4) wird nur das Kleinsignalverhalten (vergleiche Abschnitte 12.3.3 und 12.1.1) dicht um den Arbeitspunkt nachgebildet. Das Modell in

Abb. 12.16 5) bildet das exakte physikalische Verhalten des PN-Übergangs so einfach wie möglich ab (siehe (Boe78)). Dadurch können damit auch der Fotostrom und die Lichtstrahlung ($P_{Licht} = I\{R_{Sperr}\}\cdot$ Quantenausbeute) sowie deren Zeitverhalten dargestellt werden.

Praxistipp: Ersatzschaltungen werden zur Schaltungsberechnung und zur Analyse der Funktionsweise von Schaltungen herangezogen. Insbesondere Simulationssysteme benutzen vorrangig verschiedene Ersatzschaltungen.

12.2.6 Kennwerte und Übungsaufgaben zu Halbleiterdioden

Wichtige Kennwerte von Halbleiterbauelementen mit einem PN-Übergang (Dioden) sind:

1. Grenzdaten
   - Maximaler Spitzendurchlassstrom   – $I_{F\,M}$ (bei Stoß mit Angabe der Zeitdauer)
   - Maximaler mittlerer Durchlassstrom   – $I_{F\,AV}$
   - Maximaler effektiver Durchlassstrom   – $I_{F\,RMS}$
   - Maximale Sperrspannung   – $U_{R\,M}$ (bei Stoß mit Angabe der Zeitdauer)
   - Maximale Sperrschichttemperatur   – ϑ_J
   - Maximale Verlustleistung   – P_{max}
2. Kenndaten
   - Durchlassspannung bei Nennstrom   – U_F bei I_F
   - Sperrstrom bei Nennsperrspannung   – I_R bei U_R
   - Durchbruchspannung (Z-Diode)   – U_Z
1. Schaltzeichen

Diode   Z-Diode   Kapazitätsdiode Fotodiode   LED

Aufgabe 12.6

Ein Silicium-PN-Übergang wurde mit $n_A = n_D = 10^{17}$ cm^{-3} dotiert. Die Dotierungen sind bei Raumtemperatur vollständig ionisiert, sodass $p_p = n_n = 10^{17}$ cm^{-3} gilt (bei $n_i = 1{,}6\cdot10^{10}$ cm^{-3}).
  1) Bestimmen Sie n_p und p_n.
  2) Bestimmen Sie die Diffusionsspannung.
Hinweis: Die Überlegungen finden bei thermischem Gleichgewicht statt. Das Verhältnis von $n_p/n_n = f_F(W_{L\,P\text{-Elektrode}})/ f_F(W_{L\,N\text{-Elektrode}})$ mit f_F nach (12.2) kann durch Einsetzen von $W_{L\,P\text{-Elektrode}} = q_0\,\varphi_{P\text{-Elektrode}}$ und $W_{L\,N\text{-Elektrode}} = q_0\,\varphi_{N\text{-Elektrode}}$ (vergleiche auch Abb. 12.10) und Vernachlässigen der „1" gegenüber den Exponentialfunktionen zu $U_{Diff} = \varphi_{N\text{-Elektrode}} - \varphi_{P\text{-Elektrode}}$ umgeformt werden ($kT/q_0 = 26$ mV bei Raumtemperatur ca. 300 K).
Zusatzaufgabe 1: Geben Sie die bei der Kennlinie zu erwartende Schwellspannung an.
Zusatzaufgabe 2: Geben Sie an, was Galliumarsenid mit $n_i = 1{,}3\cdot10^6$ cm^{-3} bei gleicher Dotierung ergeben würde.

Aufgabe 12.7

Eine GaAs-LED ($\lambda = 940$ nm) hat bei 20 mA eine Durchlassspannung von 1,35 V. Bei jedem Rekombinationsvorgang kann ein Photon mit $W_{ph} = h\,\nu = h\,c/\lambda$ abgestrahlt werden (mit $h = 6{,}625\cdot10^{-34}$ Ws^2 und $c = 3\cdot10^8$ m/s).

1) Bestimmen Sie die Anzahl der Rekombinationsvorgänge pro Sekunde.

Hinweis: Bei einem Rekombinationsvorgang ersetzt ein Elektron der Elektronenleitung (in der N-Zone) ein Loch der Löcherleitung (in der P-Zone) (vergleiche Abb. 12.11 d).

2) Bestimmen Sie die elektrisch verbrauchte Leistung und die Leistung des Photonenstroms, wenn alle Rekombinationsvorgänge ein Photon abgeben und ihr Licht vollständig die Diode verlassen kann.

3) Bestimmen Sie die tatsächliche Quantenausbeute η_Q, wenn ein Wirkungsgrad von 35% gemessen wird (zum einen geben nur etwa 90 % der Rekombinationsvorgänge ein Photon ab und zum anderen wird ein großer Teil vom gleichen Material auch wieder absorbiert)?

Aufgabe 12.8

Bei einer Einweggleichrichtung wird für die Diode folgender Strom gemessen:

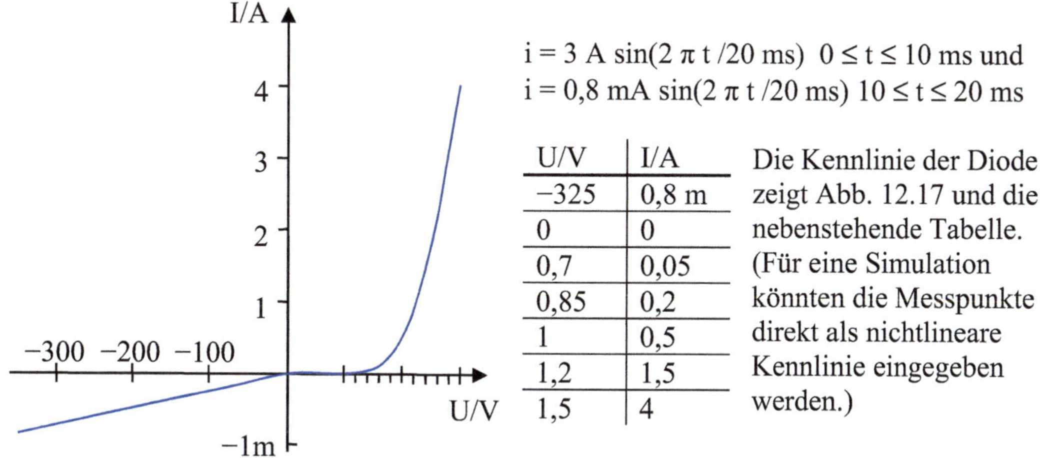

$i = 3 \text{ A} \sin(2 \pi t /20 \text{ ms})$ $0 \le t \le 10$ ms und
$i = 0,8 \text{ mA} \sin(2 \pi t /20 \text{ ms})$ $10 \le t \le 20$ ms

U/V	I/A
−325	0,8 m
0	0
0,7	0,05
0,85	0,2
1	0,5
1,2	1,5
1,5	4

Die Kennlinie der Diode zeigt Abb. 12.17 und die nebenstehende Tabelle. (Für eine Simulation könnten die Messpunkte direkt als nichtlineare Kennlinie eingegeben werden.)

Abb. 12.17: Kennlinie für eine Gleichrichterdiode

1) Bestimmen Sie grafisch die Spannung an der Gleichrichterdiode.

Hinweis: Es ist bei dieser nichtlinearen Kennlinie nur eine grafische Lösung sinnvoll (oder eine Simulation mit irgendeiner Kennliniennachbildung).

2) Untersuchen Sie die Verluste an der Diode und so die erforderliche Kühlung.

Aufgabe 12.9

Zwei Gleichrichterdioden sollen parallel geschaltet werden, um einen Strom von 5 A zu ermöglichen. Beide Dioden sind für einen Dauerstrom von $I_{FM} = 3$ A zugelassen. Die Kennlinien zeigt die nebenstehende Tabelle.

Hinweis: Bei Parallelschaltung liegt an beiden Dioden die gleiche Spannung und der Strom wird den Kennlinien entsprechend aufgeteilt. Interpoliere zwischen den Punkten linear.

U/V	I_1/A	I_2/A
−325	1,5 m	0,8 m
0	0	0
0,7	0,05	0,05
0,85	0,2	0,2
1	0,7	0,5
1,2	1,9	1,5
1,5	5,5	4

1. Bestimmen Sie die Teilströme bei 5 A Gesamtstrom.

2. Begründen Sie, ob der Einsatz dieser beiden Diodenexemplare möglich ist.

Aufgabe 12.10

Die beiden Dioden aus Aufgabe 12.9 sollen in Reihe geschaltet werden, um eine Sperrspannung von 500 V zu ermöglichen. Beide Dioden sind für eine Dauersperrspannung von $U_{RM} = 350$ V zugelassen.

Hinweis: Bei Reihenschaltung fließt durch beide Dioden der gleiche Strom und die Spannung
          wird den Kennlinien entsprechend aufgeteilt. Interpoliere zwischen den Punkten
          linear.
  1) Bestimmen Sie die Spannungsaufteilung bei 500 V Gesamtspannung.
  2) Begründen Sie, ob der Einsatz dieser beiden Diodenexemplare möglich ist.
Zusatzaufgabe: Geben Sie eine Messstrategie an, mit der Aufgabe 12.9 und
          Aufgabe 12.10 praktisch gelöst werden können, ohne die Dioden zu
          gefährden?

Aufgabe 12.11

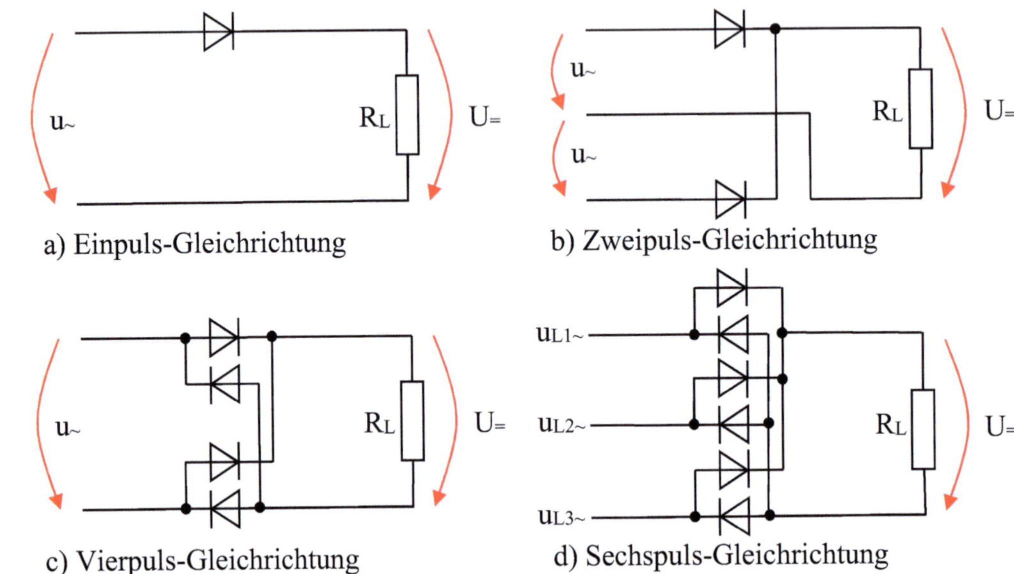

Die Pulszahl ergibt sich aus der Anzahl der Wege, von denen Pulse (z.B. eine Halbwelle) kommen.

Abb. 12.18: Beispielschaltungen zur Gleichrichtung

In den Beispielen von Abb. 12.18 bedeuten $u_\sim = u_{L1\sim} = \hat{U}\cdot\sin(\omega t)$, $u_{L2\sim} = \hat{U}\cdot\sin(\omega t-120°)$
sowie $u_{L3\sim} = \hat{U}\cdot\sin(\omega t-240°)$. Die Dioden können durch Abb. 12.15 1) genähert werden.
Geben Sie für die Beispiele den Verlauf von U= (ohne Siebung!) an.

12.2.7 Messung und Auswertung der Kennlinie von Dioden

Als Beispiel für Dioden soll eine Z-Diode untersucht werden. Der Durchlassbereich entspricht
einer normalen Diode, der Sperrbereich weist bei der Zehnerspannung einen steilen Stromabstieg
auf. Eine Z-Diode kann zur Spannungsstabilisierung eingesetzt werden. Im Versuch geht es um
die Analyse der Kennlinie. Aus dieser Analyse ergeben sich einige wichtige Richtlinien zur
Dimensionierung.

Versuchsaufbau:

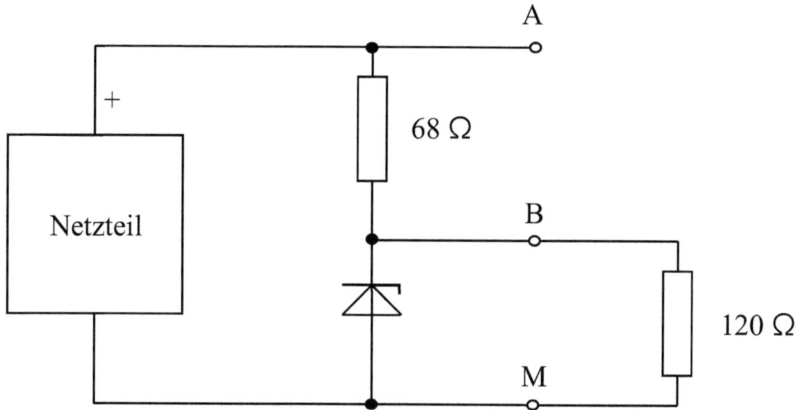

Abb. 12.19: Schaltung einer einfachen Spannungsstabilisierung

Versuchsdurchführung:

1. Messen der Kennlinie einer Z-Diode ZD 10 im Durchlass-, Sperr- und Zehnerbereich. Wählen der jeweiligen Messschaltung und aller benötigten Geräte.
2. Messung der Spannungsstabilisierung durch eine Z-Diode. Dazu sind die Gleichspannungen U_{BM} und U_{AM} bei
   - Leerlauf (an den Punkten B und M) für U_{AM} von 9….15 V und
   - einer Last von 120 Ω für U_{AM} von 9….20 V
   zu messen.

Zusammenfassung der Versuchergebnisse:

- Das Messen des Stromes der Z-Diode ist mit den üblichen Labormessgeräten im Durchlass- und Zehnerbereich, aber nicht im einfachen Sperrbereich möglich (dafür wären Messgeräte für Ströme unter 10 nA notwendig).
- Es ist deutlich, dass die Spannung U_{BM} nur eine geringe Änderung aufweist. Entsprechend der Kennlinie müssen der Strom durch die Z-Diode und so der Spannungsabfall am Vorwiderstand (68 Ω) steigen. Der maximal zulässige Strom ergibt die Grenze für die obere Spannung (wenn Leerlauf gefordert ist) oder die Dimensionierungsbedingung für den Vorwiderstand.
- Bei Last beginnt die Stabilisierung erst, wenn der Spannungsabfall am Lastwiderstand größer als U_Z wird. Daraus ergibt sich die Grenze für die größte Last (den kleinsten Lastwiderstand). Danach muss die Z-Diode zusätzlich Strom übernehmen, um den Spannungsabfall am Vorwiderstand zu vergrößern (Grenze für die kleinste Last, wenn kein Leerlauf gefordert ist).

12.3 Bipolartransistor

12.3.1 Steuerung durch Trägerinjektion

Die Folge von drei Halbleiterschichten ungleichen Leitfähigkeitstyps mit einer Mittelschicht, die dünner als die Diffusionslänge ist, ergibt den Bipolartransistor.

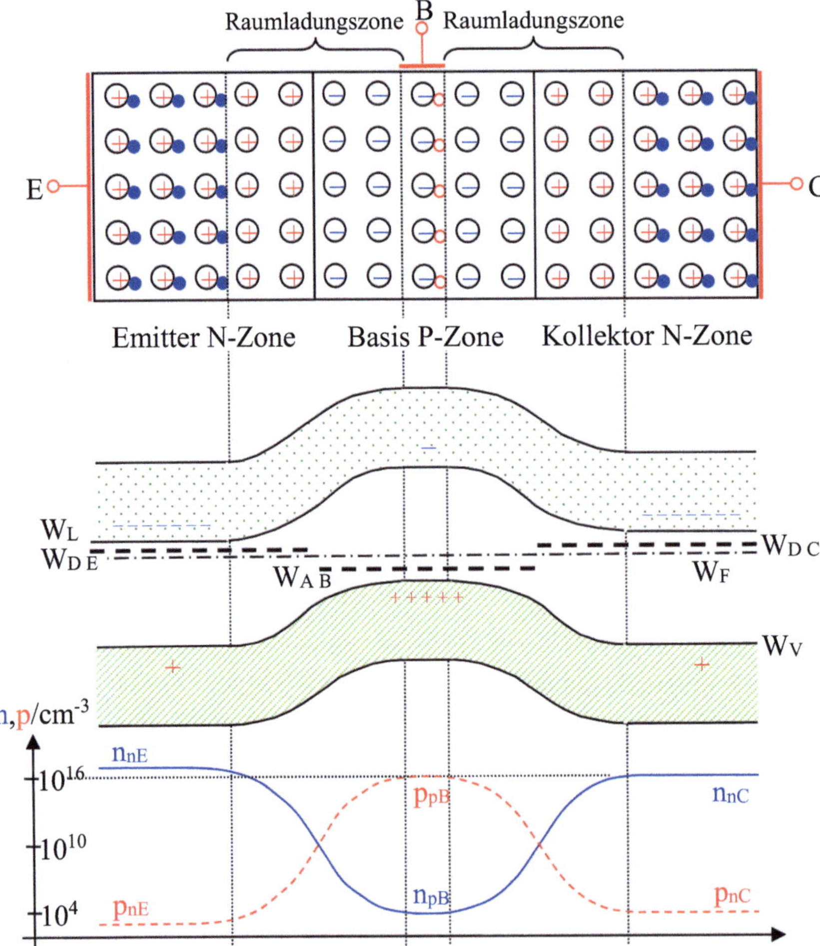

Abb. 12.20: Zonenanordnung, Bändermodell und Dichteverteilungen des Transistors

In Abb. 12.20 ist als Beispiel ein npn-Transistor dargestellt. Der Emitter (mit W_{DE}) ist höher dotiert und hat deshalb eine höhere Majoritätsträgerdichte (n_{nE}).
Es ist sofort zu erkennen, dass Elektronen aus der Basis (sie sind dort Minoritätsträger) ohne Energiezufuhr zum Kollektor gelangen können (genauso zum Emitter).

Ein Mechanismus, der Elektronen in die Basis bringt, ermöglicht einen steuerbaren Strom zum Kollektor. Genau das realisiert ein Basis-Emitter-Strom in Durchlassrichtung.

Dadurch gelangen viele Elektronen in die Basis (siehe Abb. 12.21 und können nicht vollständig rekombinieren, weil die Basis dünner als die Diffusionslänge ist (Eindringtiefe der Diffusion der Elektronen). Zur Vergrößerung dieser Trägerinjektion ist der Emitter höher dotiert. Der von der Basiselektrode kommende Löcherstrom geht durch Rekombination in Elektronenstrom über und gelangt nur zum geringen Teil bis zum Emitter.

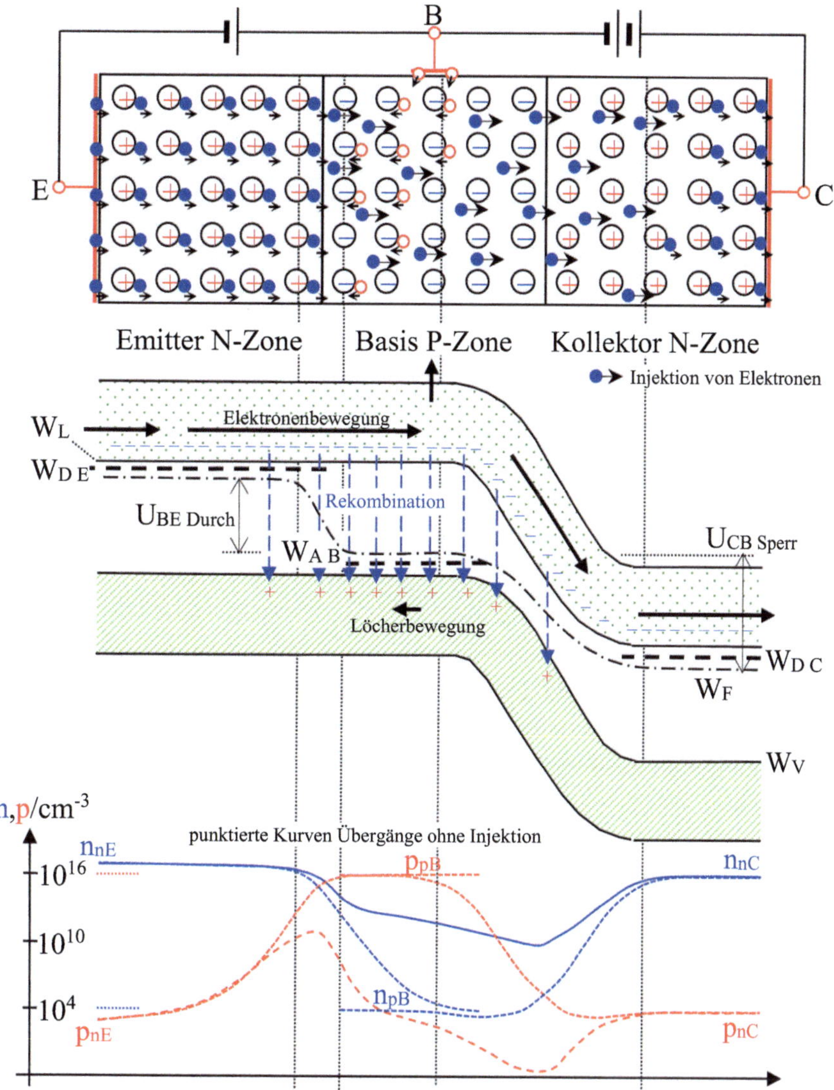

Abb. 12.21: Transistor mit äußeren Spannungen [153]

Eine Kollektor-Basis-Spannung in Sperrrichtung treibt die Elektronen weiter zum Kollektor (siehe Abb. 12.21). Die Elektronen können dabei sogar noch an potentieller Energie verlieren. Das Bändermodell verdeutlicht dieses sehr anschaulich.

Die Trägerkonzentration der Elektronen (vergleiche Abb. 12.21 mit Abb. 12.11 [154]) werden im N-Emitter entsprechend der Durchlassrichtung angehoben. Sie können dann aber in der folgenden P-Basis nach anfänglicher Verringerung nicht dem normalen Durchlassverlauf entsprechend weiter abnehmen, da die Rekombination nicht ausreicht [155]. Im N-Kollektor wird dann wieder die Konzentration ähnlich der normalen Sperrrichtung erreicht.

Die Trägerkonzentration der Löcher wird im Emitter-Basis-Übergangsbereich entsprechend der Durchlassrichtung ebenfalls anfangs angehoben, dann aber durch die Rekombination stark gedrückt und erreicht nicht einmal die normale P-Konzentration der Basis. Sie sinkt danach im Basis-Kollektor-Übergangsbereich entsprechend der Sperrrichtung noch deutlich unter die Konzentration des N-Kollektors.

---

[153] Im Bändermodell des Emitter-Basis-Übergangs ist der Potentialwall vollständig abgebaut ($U_{BE\,Durch} \approx U_{Diff}$).

[154] Dabei ist die Durchlassrichtung beider Abbildungen seitenvertauscht.

[155] Beachte, dass das thermische Gleichgewicht durch den Strom gestört wird.

Die Größe des Basisstroms fungiert hierbei zur Steuerung, wie viele Elektronen in die Basis injiziert werden und somit zum Kollektor gelangen können. Ist die Kollektorspannung groß genug (steiler, energiegünstiger Abfall von der Basis zum Kollektor im Bändermodell), werden sogar deutlich mehr Elektronen zum Kollektor „abgesogen", als zur Basiselektrode wegfließen. Aus diesem Verhalten resultiert der Verstärkungseffekt (Abb. 12.22).

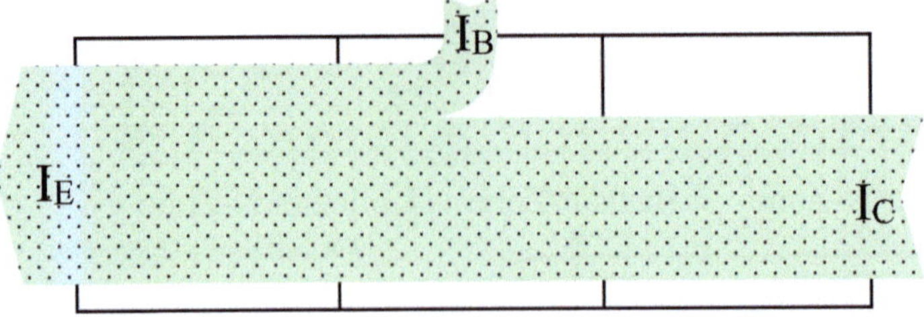

Abb. 12.22: Stromaufteilung im npn-Transistor (schematisch) [156]

Für einen pnp-Transistor müssen in der Beschreibung die Elektronen gegen Löcher getauscht und beide Spannungsquellen umgepolt werden. Hierbei findet dann eine Injektion von Löchern vom Emitter in die Basis statt (d.h., Elektronen des Valenzbandes der Basis gelangen ohne Energieänderung zum Emitter und lassen Löcher zurück; Abb. 12.11 d seitenrichtig).

Praxistipp: Natürlich könnte der Transistor auch in umgekehrter Richtung betrieben werden. Da der Kollektor aber nicht so hoch dotiert ist wie der Emitter, erreicht diese Betriebsweise nur eine geringe Injektion und somit sehr schlechte Kennwerte (inverser Transistor).

12.3.2 Kennlinie des Bipolartransistors

Die übliche Darstellung des **Kennlinienfeldes** zeigt in jedem Quadranten eine Zusammenstellung von jeweils zwei Variablen und einen Parameter für die Kurvenscharen.

Das Kennlinienfeld entspricht einem Standard-NF-Transistor mit 0,5 W maximaler Verlustleistung.
Im ersten Quadranten wird die *Ausgangskennlinie* I_C = f(U_{CE}) mit dem Basisstrom I_B als Parameter dargestellt (Kollektorstrom I_C, Kollektor-Emitter-Spannung U_{CE}). Liegt zwischen Kollektor und Spannungsquelle ein Kollektorwiderstand R_C, wird U_{CE} durch $I_C \cdot R_C$ gegenüber der Batteriespannung verringert, daraus resultiert die Arbeitsgerade (gezeigt für U_{Bat} = 24 V). In Abb. 12.23 wurde der Arbeitspunkt U_{CE} = 12 V, I_C = 40 mA und U_B = 0,25 mA gewählt. Die fein gestrichelten Linien zeigen den *Arbeitspunkt* in jeder Zusammenstellung (in allen Quadranten).
Im zweiten Quadranten folgt die *Steuerkennlinie* I_C = f(I_B) mit U_{CE} als Parameter. Da die Kurven sehr dicht liegen, wurden nur zwei gezeichnet. Die Steuerung des Ausgangsstromes I_C durch den Eingangsstrom I_B ist fast linear.
Im dritten Quadranten liegt die *Eingangskennlinie* U_{BE} = f(I_B) mit dem Parameter U_{CE}. Diese Kurve entspricht der Diodenkennlinie von der Basis zum Emitter. Auch hier besteht eine geringe Abhängigkeit von U_{CE}, sodass nur eine Kurve dargestellt wurde.
Die geringe Abhängigkeit der *Rückwirkungskennlinie* von U_{CE} ist im vierten Quadranten am deutlichsten U_{BE} = f(U_{CE}). Die Geraden sind fast waagerecht (d.h. konstant). Die Wirkung der Ausgangsspannung U_{CE} auf die Eingangsspannung U_{BE} ist somit praktisch vernachlässigbar.

---

[156] Die Richtung der Elektronenbewegung geht gegen die Stromrichtung.

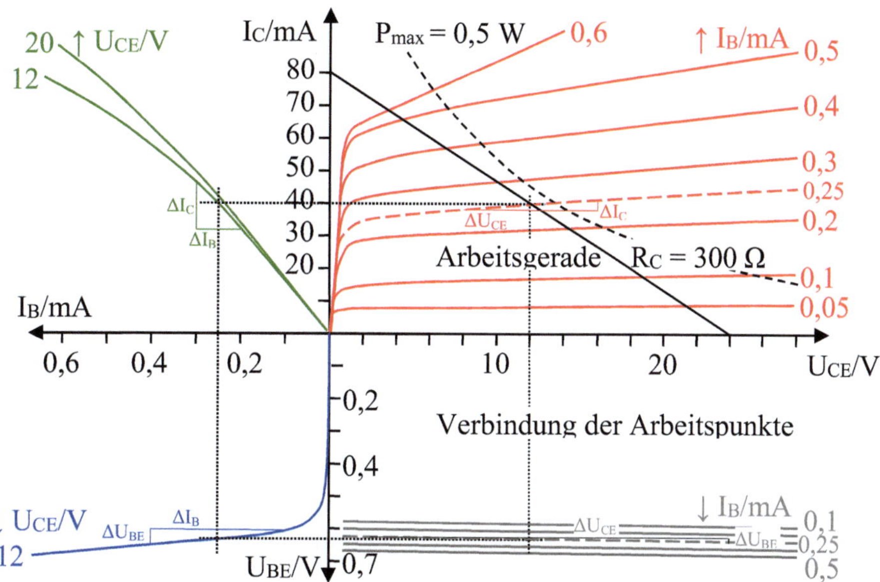

Abb. 12.23: Kennliniendarstellung eines Bipolartransistors

Mit Hilfe der Arbeitsgeraden in der Ausgangskennlinie, bei deren Wahl zum einen die maximale Verlustleistung [157] beachtet werden muss und zum anderen ein möglichst großer linearer Bereich für die Steuerung erreicht werden sollte, wird der Arbeitspunkt der *Transistorschaltung dimensioniert* (Wahl von U_{Bat}, R_C, Bestimmung von I_B und U_{BE} sowie des dafür notwendigen Spannungsteilers; siehe Abschnitt 12.3.3).
Ein Kennlinienstück um den Arbeitspunkt in jedem Quadranten, das möglichst groß, aber näherungsweise noch linear ist, kann genutzt werden, die Anstiege $\Delta I_C/\Delta U_{CE}$, $\Delta I_C/\Delta I_B$, $\Delta U_{BE}/\Delta I_B$ und $\Delta U_{BE}/\Delta U_{CE}$ für den gewählten Arbeitspunkt zu bestimmen.

Praxistipp: Diese **Parameter** dienen für Ersatzschaltungen bei der Schaltungsberechnung.

12.3.3 Grundschaltungen, Vierpoldarstellung und Kleinsignalverhalten

Die Festlegung des Arbeitspunktes ist der erste Schritt zur Dimensionierung einer Transistorverstärkerstufe.

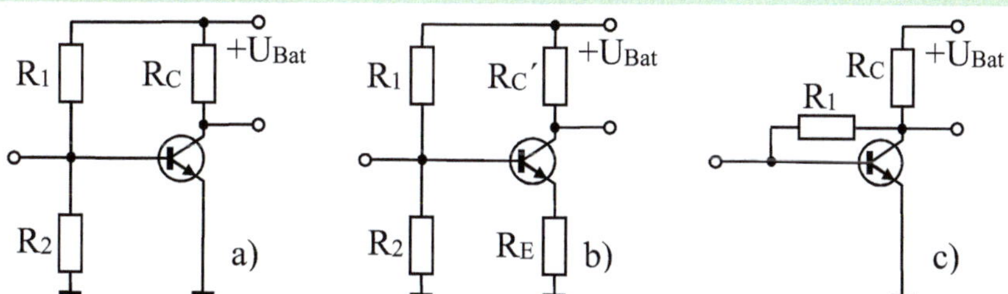

Abb. 12.24: Schaltungen zur Einstellung des Arbeitspunktes einer Transistorstufe

Durch den Kollektorwiderstand (R_C in Abb. 12.24 a) wird der Arbeitspunkt festgelegt.

$$R_C = \frac{U_{Bat} - U_{CE}}{I_C}$$

(12.9)

Dazu werden U_{CE} und I_C der Kennlinie (Abb. 12.23 1. Quadrant) oder den Herstellerangaben

---

[157] P_{max} folgt aus der konstruktiv bedingten maximal möglichen Wärmeabgabe des Transistors.

(Standardarbeitspunkt) entnommen. Für den gleichen Arbeitspunkt sind der Basisstrom und die Basisspannung abzulesen (2. und 3. Quadrant). Danach wird der Spannungsteiler (R_1 und R_2 gemäß Abb. 12.24 a) ausgelegt.

Praxistipp: Damit der Spannungsteiler nahezu belastungslos wird, sollte er etwa den zehnfachen Querstrom bekommen. Wegen Exemplarstreuungen der Transistoren wird oft im Testbetrieb der Spannungsteiler als Einstellregler ausgeführt und der Arbeitspunkt justiert.

$$R_1 + R_2 = \frac{U_{Bat}}{10\,I_B} \quad und \quad \frac{R_2}{R_1 + R_2} = \frac{U_{BE}}{U_{Bat}} \qquad (12.10)$$

Praxistipp: Zur Stabilisierung des Arbeitspunktes gegen Verschiebung bei Erwärmung wird der Kollektorwiderstand in $R_C{}'$ und R_E aufgeteilt (Abb. 12.24 b). Für die Signale wird R_E durch einen Kondensator „kurzgeschlossen" (R_E ist nur für den Arbeitspunkt). [158]

Die Betrachtungsweise zur Kleinsignalaussteuerung ermöglicht die weitere Behandlung der Transistorstufe. Ihre Entwicklung stellte den Durchbruch für die Schaltungstechnik dar.

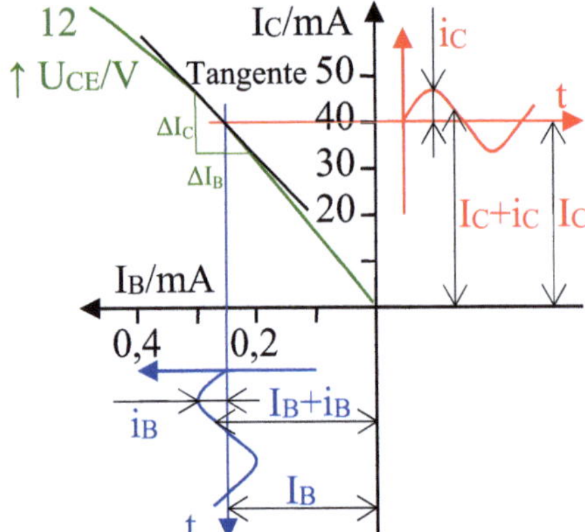

Abb. 12.25: Prinzip der Kleinsignalaussteuerung (Ein- und Ausgangsstrom-Kennlinie)

Nach dem Überlagerungsprinzip (siehe auch Abschnitt 9.3) können bei linearen Elementen Ströme und Spannungen addiert werden. Bewegen sich Änderungen $\Delta I_B = i_B$ nur in einem kleinen Bereich um den Arbeitspunkt (Abb. 12.25) und kann die Kennlinie in diesem Bereich hinreichend genau durch die Tangente im Arbeitspunkt genähert werden, ist die Anwendung des Überlagerungsprinzips gegeben. Damit ist es möglich, die Dimensionierung des Arbeitspunktes (Gleichstromquelle U_{Bat}) ohne Berücksichtigung der Signale durchzuführen und die Signale ohne die Berücksichtigung der Stromversorgung zu behandeln.

Vierpole sind eine wichtige Abstraktionsform und obendrein ein allgemeines Denkprinzip, das zu einfach handhabbaren Ersatzschaltungen führt; vergleiche auch Abschnitt 9.4.

Abb. 12.26: Blackbox als allgemeiner Vierpol mit vier Ein- und Ausgangsgrößen

---

[158] Ein Anstieg von I_C (somit auch von I_E) reduziert U_{BE} um den Spannungsanstieg an R_E und dann rückwirkend I_C (Prinzip der Gegenkopplung, siehe auch Abschnitt 13.2.2). Die Größe von R_E ist Schaltungsbeispielen der Hersteller zu entnehmen oder experimentell zu ermitteln.

Der Zusammenhang der *vier Ein- und Ausgangsgrößen* in Abb. 12.26 ergibt für *lineare Vierpole* zur Beschreibung *zwei einfache Gleichungen*. Die möglichen Kombinationen dieser Größen ergeben *sechs verschiedene Betrachtungsweisen* (siehe auch (Lin93 S. 402 ff)).

Praxistipp: Aus den Gleichungen dieser Betrachtungsweisen können *Messvorschriften* für die betreffenden *vier Parameter* der Gleichungen abgeleitet werden. Dazu werden ein- bzw. ausgangsseitige *Leerlauf-* ($i_{E/A} = 0$) und *Kurzschlussmessungen* ($u_{E/A} = 0$) benötigt.

Gleichungen und Ersatzschaltung:
(für beliebige innere Struktur)

Bestimmung der Parameter:
aus Leerlauf- (i = 0) und Kurzschlussmessungen (u = 0)

1. Widerstandsform (günstige Reihenschaltung der Ein- und Ausgänge)

$$u_E = z_{11}\, i_E + z_{12}\, i_A$$
$$u_A = z_{21}\, i_E + z_{22}\, i_A$$

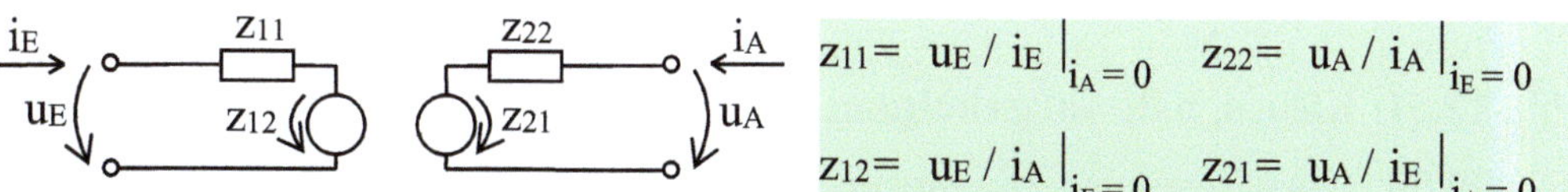

$$z_{11} = u_E / i_E \,\big|_{i_A = 0} \qquad z_{22} = u_A / i_A \,\big|_{i_E = 0}$$
$$z_{12} = u_E / i_A \,\big|_{i_E = 0} \qquad z_{21} = u_A / i_E \,\big|_{i_A = 0}$$

Abb. 12.27: Ersatzschaltung aus realen gesteuerten Ersatzspannungsquellen

2. Leitwertform (günstige Parallelschaltung der Ein- und Ausgänge)

$$i_E = y_{11}\, u_E + y_{12}\, u_A$$
$$i_A = y_{21}\, u_E + y_{22}\, u_A$$

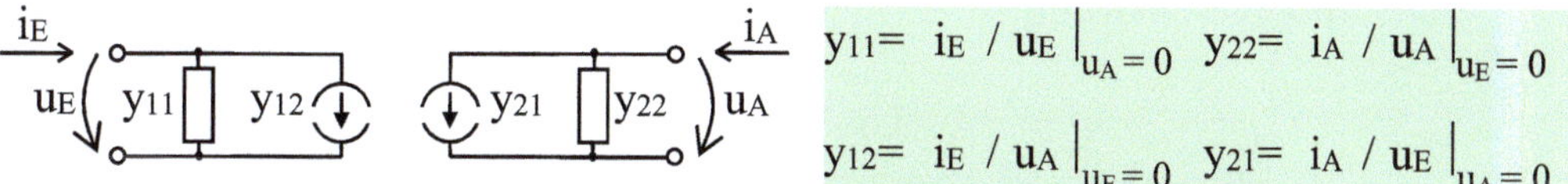

$$y_{11} = i_E / u_E \,\big|_{u_A = 0} \qquad y_{22} = i_A / u_A \,\big|_{u_E = 0}$$
$$y_{12} = i_E / u_A \,\big|_{u_E = 0} \qquad y_{21} = i_A / u_E \,\big|_{u_A = 0}$$

Abb. 12.28: Ersatzschaltung aus realen gesteuerten Ersatzstromquellen

3. Hybridform (günstig für Eingang mit Reihen-, Ausgang mit Parallelschaltung) (gibt es auch umgekehrt, d.h. zwei Varianten)

$$u_E = h_{11}\, i_E + h_{12}\, u_A$$
$$i_A = h_{21}\, i_E + h_{22}\, u_A$$

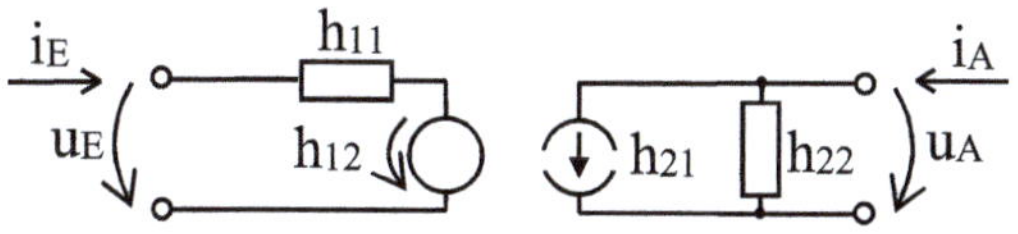

$$h_{11} = u_E / i_E \,\big|_{u_A = 0} \qquad h_{22} = i_A / u_A \,\big|_{i_E = 0}$$
$$h_{12} = u_E / u_A \,\big|_{i_E = 0} \qquad h_{21} = i_A / i_E \,\big|_{u_A = 0}$$

Abb. 12.29: Ersatzschaltung aus realer gesteuerter Ersatzspannungs- und -stromquelle

4. Kettenform (günstig für Kettenschaltungen) (gibt es auch als Ausgang = f{Eingang}, d.h. zwei Varianten; die innere Struktur bleibt bei dieser Form „abstrakt")

$$u_E = a_{11}\, u_A + a_{12}\, i_A$$
$$i_E = a_{21}\, u_A + a_{22}\, i_A$$

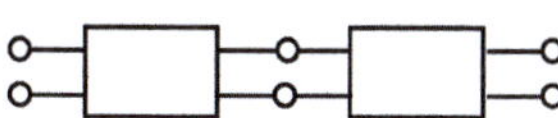

$$a_{11} = u_E / u_A \,\big|_{i_A = 0} \qquad a_{22} = i_E / i_A \,\big|_{u_A = 0}$$
$$a_{12} = u_E / i_A \,\big|_{u_A = 0} \qquad a_{21} = i_E / u_A \,\big|_{i_A = 0}$$

Abb. 12.30: Kettenschaltung zweier Vierpole

Alle Vierpolgleichungen lassen sich in Matrizenform schreiben. Durch Matrixkonvertierung können die Parameter der sechs Formen ineinander umgewandelt werden.

Es ist zu sehen, dass die *Messvorschrift mit den Anstiegen* $\Delta U_{BE}/\Delta I_B$, $\Delta I_C/\Delta U_{CE}$, $\Delta U_{BE}/\Delta U_{CE}$ und $\Delta I_C/\Delta I_B$ im Kennlinienfeld übereinstimmt [159] (Abb. 12.23). Dabei wird h_{12} in der Regel vernachlässigt (vergleiche Abb. 12.23, vierter Quadrant), weil die Rückwirkungen sehr gering sind. Für den Transistor werden gleichsam auch der Verstärkungsfaktor β sowie die Kleinsignalwiderstände r_{BE} und r_{CE} verwendet.

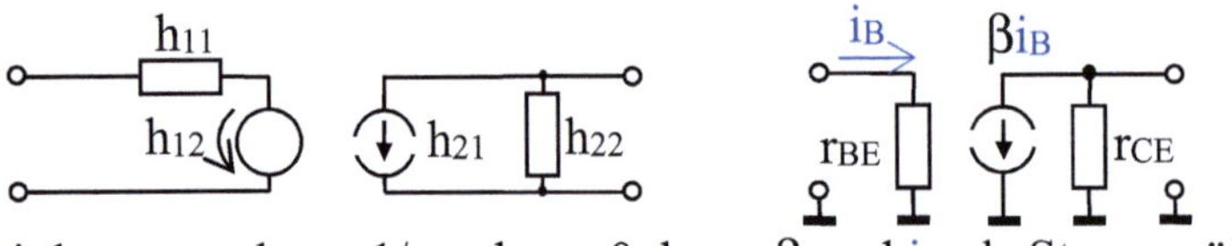

mit $h_{11} = r_{BE}$, $h_{22} = 1/r_{CE}$, $h_{12} = 0$, $h_{21} = \beta$ und i_B als Steuergröße

Abb. 12.31: Kleinsignalersatzschaltung des Transistors

Es gibt drei Transistorgrundschaltungen mit unterschiedlichen Betriebseigenschaften. Diese können an den Kleinsignalersatzschaltungen verdeutlicht werden.

Die Kondensatoren sowie die Batterie in Abb. 12.32, Abb. 12.33 und Abb. 12.34 sollen für die Signalfrequenz (das Kleinsignal) keinen Widerstand (0 Ω) haben. (Für Gleichstrom haben die Kondensatoren einen unendlichen Widerstand.)

vollständige Schaltung: **Kleinsignalersatzschaltung ohne und mit Transistorersatzschaltung:**

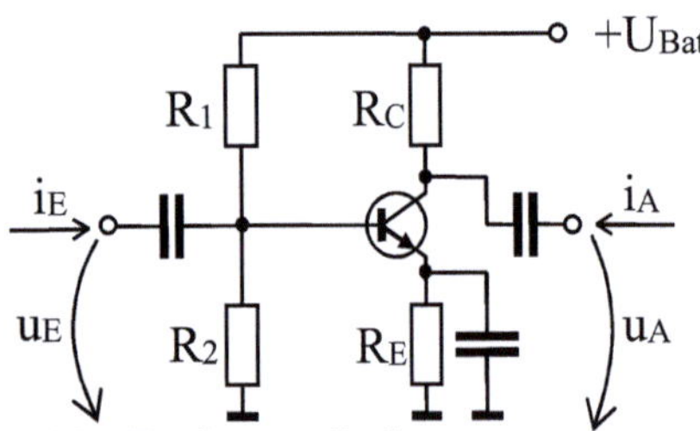

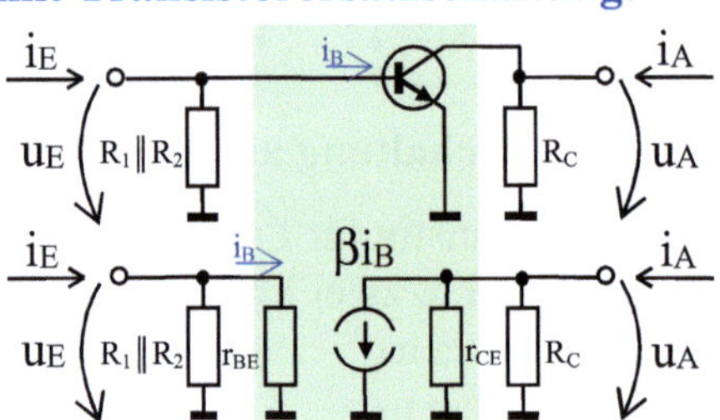

Abb. 12.32: Emitterschaltung

Mit der Emitterschaltung lassen sich folgende Betriebswerte erreichen:

$R_{EIN} = (R_1 \| R_2) \| r_{BE}$	$\approx 0,5 \;...\; 20\text{ k}\Omega$	mittel
$R_{AUS} = R_C \| r_{CE}$	$\approx 1 \;\;\;...\; 100\text{ k}\Omega$	mittel
$V_{u\,leer} = -\beta\,(R_C \| r_{CE})/r_{BE}$	$\approx -100...\,1\,000$	gegenphasig, hoch
$V_{i\,kurz} = \beta\,(R_1 \| R_2)/(R_1 \| R_2 + r_{BE})$	$\approx \beta \approx 100$	hoch

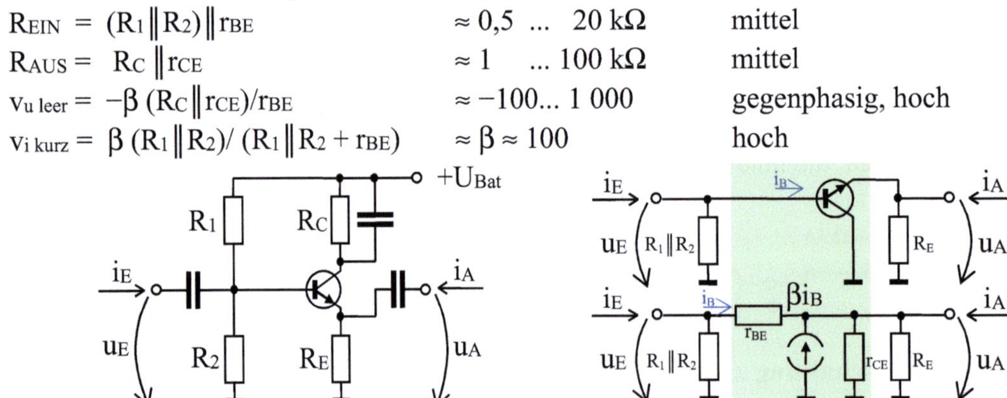

Abb. 12.33: Kollektorschaltung

---

[159] Diese werden immer mit dem feststehenden Parameter der Kurvenschar, also keiner Änderung (Kleinsignal ist null) bestimmt.

Mit der Kollektorschaltung lassen sich folgende Betriebswerte erreichen:

$R_{EIN} = (R_1 \| R_2) \| [r_{BE} + (\beta+1) r_{CE} \| R_E] \approx 0{,}2 \ldots \; 1\,M\Omega$ hoch

$R_{AUS} = (R_E \| r_{CE}) \| r_{BE} / (\beta+1)$ $\approx 50 \ldots 500\,\Omega$ niedrig

$V_{u\,leer} = [\, r_{BE} / (\beta+1) R_E \| r_{CE} + 1]^{-1}$ < 1 keine

$V_{i\,kurz} = -\beta\,(R_1 \| R_2) / (R_1 \| R_2 + r_{BE})$ $\approx -\beta \approx -100$ gegenphasig, hoch

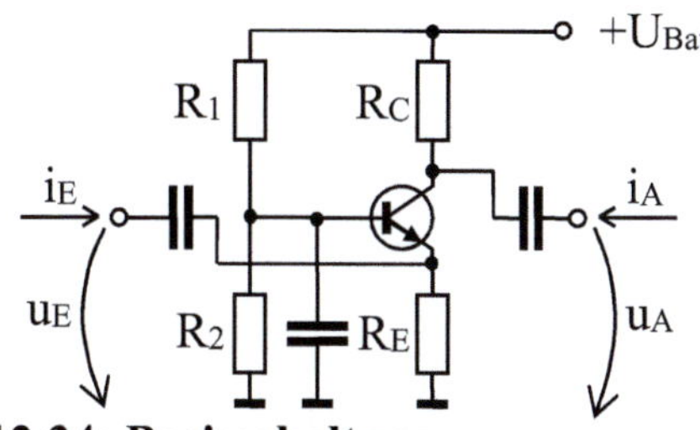
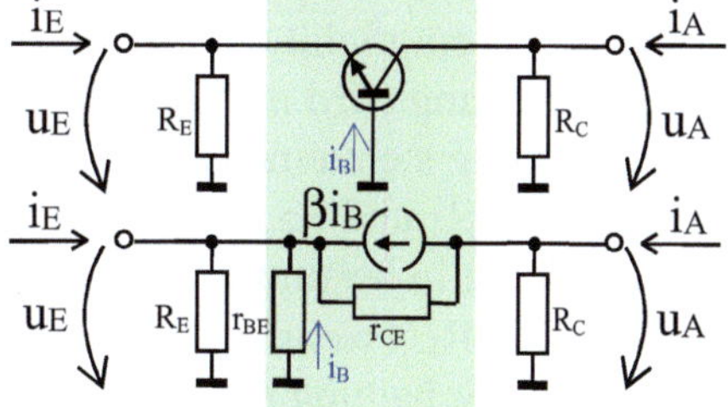

Abb. 12.34: Basisschaltung

Mit der Basisschaltung lassen sich folgende Betriebswerte erreichen:

$R_{EIN} = (R_E \| r_{BE}) / \beta$ $\approx 50 \ldots 200\,\Omega$ niedrig

$R_{AUS} = (R_C \| r_{CE})\,(1 + \beta R_E / r_{BE})$ $\approx 0{,}5 \ldots \; 2\,M\Omega$ hoch

$V_{u\,leer} = \beta\,(R_C \| r_{CE}) / r_{BE}$ $\approx 100 \ldots 1\,000$ hoch

$V_{i\,kurz} \approx -1$ ≈ -1 gegenphasig, keine

Praxistipp: Die Standardverstärkerstufe im NF-Bereich wird mit der Emitterschaltung realisiert (hohe Verstärkung). Kollektorstufen finden ihre Verwendung vor allem in Impedanzwandlerstufen (hoher Ein-, geringer Ausgangswiderstand, keine Verstärkung). Die Basisschaltung wird z.T. für Hochfrequenzanwendungen eingesetzt (günstigere Rauschanpassung mit geringem Eingangswiderstand).

Soll das dynamische Verhalten auch für höhere Frequenzen richtig wiedergegeben werden, sind Gehäuse und Sperrschichtkapazitäten in die Ersatzschaltungen einzufügen. Für das Großsignalverhalten wurden von Ebers und Moll Ersatzschaltungen entwickelt, sie werden abgewandelt in Simulationssystemen verwendet.

Weiterführendes zur Schaltungstechnik ist der Spezialliteratur zu entnehmen (siehe z.B. (Lin93 S. 402 ff) und insbesondere (Tie10)). Zur Behandlung der Eigenschaften wichtiger Signale siehe Abschnitt 11 und 17.

12.3.4 Kennwerte und Übungsaufgaben zum Transistor

Wichtige Kennwerte von Bipolartransistoren sind:

1. Grenzdaten
   - Maximaler Kollektorstrom $- I_{C\,M}$ (bei Stoß mit Angabe der Zeitdauer)
   - Maximaler mittlerer Kollektorstrom $- I_{C\,AV}$
   - Maximaler Basisstrom $- I_{B\,M}$ (bei Stoß mit Angabe der Zeitdauer)
   - Max. Kollektor-Emitter-Sperrspannung $- U_{CE\,0}$
   - Maximale Sperrschichttemperatur $- \vartheta_J$
   - Maximale Verlustleistung $- P_{tot}$
2. Kenndaten
   - Gleichstromverstärkung $- B = I_C / I_B$ (bei Nennarbeitspunkt)
   - Kurzschlussstromverstärkung $- \beta$ (bei Nennarbeitspunkt)
   - Transitfrequenz $- f_T$ (bei Nennarbeitspunkt)
   - Rauschzahl $- F$ (bei Nennarbeitspunkt)

3.   Schaltzeichen

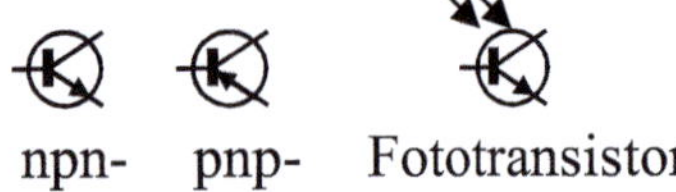

npn-   pnp-   Fototransistor

Aufgabe 12.12

Für einen Transistor empfiehlt der Hersteller den Arbeitspunkt $U_{CE} = 5$ V und $I_C = 2$ mA. Die Gleichstromverstärkung wird mit B = 180 für diesen Arbeitspunkt angegeben. Zur Spannungsversorgung steht eine Batterie mit 12 V zur Verfügung.
  1) Wählen Sie R_C, R_1 und R_2.
Hinweis: Aus B kann I_B bestimmt werden, nur Normwerte (E 6 mit 20 %) verwenden.
  2)   Bestimmen Sie $R_C{'}$, wenn ein R_E mit 220 Ω eingesetzt werden soll?
  3)   Stellen Sie die Schaltung mit einem Einstellregler für R_1 und R_2 dar.

Aufgabe 12.13

Für den gleichen Arbeitspunkt, wie er in Aufgabe 12.12 verwendet wird, gibt der Hersteller für 1 kHz die h-Parameter $h_{11} = 2{,}7$ kΩ, $h_{22} = 18$ µS, $h_{12} = 10^{-4}$ und $h_{21} = 220$ an. Für eine Verstärkerstufe in Emitterschaltung Abb. 12.32 kann damit und mit den in Aufgabe 12.12 ermittelten Werten für $R_C{'}$ (R_E soll durch einen Kondensator unwirksam sein), R_1, R_2 und die Leerlaufspannungsverstärkung $v_{u\,leer} = u_A/u_E$ bei $i_A = 0$ bestimmt werden.
Bestimmen Sie $v_{u\,leer}$ für diesen Fall?
Hinweis: Am Eingang die Stromteilung beachten; am Ausgang reicht die Gesamtspannung.

Aufgabe 12.14

Für einen Leistungstransistor empfiehlt der Hersteller den Arbeitspunkt $U_{CE} = 2$ V und $I_C = 150$ mA. Die Gleichstromverstärkung wird mit B = 100 für diesen Arbeitspunkt angegeben. Zur Spannungsversorgung steht eine Batterie mit 12 V zur Verfügung.
  1) Wählen Sie R_C, R_1 und R_2?
Hinweis: Aus B kann I_B bestimmt werden, nur Normwerte (E 6 mit 20 %) verwenden.
  2) Zeichnen Sie die Schaltung mit einem Einstellregler für R_1 und R_2?
Zusatzaufgabe: Vergleichen Sie die Ergebnisse mit Aufgabe 12.12!

Aufgabe 12.15

Ein Transistor soll ein Relais (6 V, 10 mA mit $I_{Schalt} > 8$ mA, $I_{Abfall} < 1$ mA) schalten.
Das Eingangssignal beträgt entweder Low-Signal: 0 V … max. 0,2 V und max. 2 mA oder

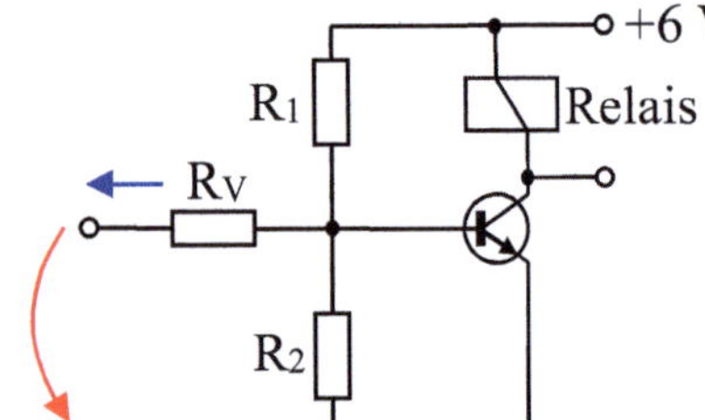

High-Signal: 5 V … min. 3,4 V und max. –0,2 mA.
Auf der Arbeitsgeraden in der Kennlinie wurden zwei Arbeitspunkte ausgewählt:
$I_C = 9{,}75$ mA, $U_{CE} = 0{,}15$ V, $I_B = 0{,}1$ mA und $U_{BE} \approx 0{,}7$ V
$I_C = 0{,}5$ mA, $U_{CE} = 5{,}7$ V, $I_B \approx 0$ mA, $U_{BE} < 0{,}4$ V.
Der Transistor wirkt als Schalter (kein Kleinsignal).

Abb. 12.35: Relaisansteuerung mit einem Transistor

Wählen Sie R_1, R_2 und R_V für diese Schaltung.
Hinweis: Ungünstige Fälle berücksichtigen. Es werden praktisch zwei Arbeitspunkte
             (Teilschaltung des Eingangs für Low- und High-Signal) einzeln dimensioniert. Da
             es mehr Unbekannte (R_1, R_2, R_V, I_E, U_{BLow}) als Gleichungen sowie Ungleichungen
             gibt, muss gewählt werden. Vorschlag: $R_1 = \infty$ versuchen.

12.3.5 Messungen am Transistorverstärker

Ein Transistorverstärker ist mit dem Transistor BC 547 B nach den Schaltungen in
Abb. 12.32, Abb. 12.33 und Abb. 12.34 aufzubauen und zu erproben. Das Datenblatt des
Transistors BC 547 B steht zur Verfügung.

Versuchsaufbau:
Eingangsspannung (vom Funktionsgenerator):   ca. 10 mV bei 1 kHz,
Versorgungsspannung (vom Netzgerät):   12 V,
Oszilloskop zum Messen von u_E und u_A,
Multimeter für das Einjustieren des Arbeitspunktes,
Schaltung siehe Transistorgrundschaltungen Abb. 12.32, Abb. 12.33 und Abb. 12.34
Versuchsdurchführung:
1. Dimensionierung der Schaltung des Verstärkers, ausgehend vom Arbeitspunkt U_{CE} = 5V
   und I_C = 2 mA bei B = 180 (Bestimmung und Wahl von R_1, R_2, $R_C{'}$ bei R_E =220 Ω
2. Messen der Leerlaufspannungsverstärkung
3. Messen des Eingangswiderstandes   für Emitter-, Kollektor-
4. Messen des Ausgangswiderstandes   und Basisschaltung
5. Messen der Kurzschlussstromverstärkung

Die Kondensatoren werden zu 10 µF gewählt. Die Kondensatoren parallel zum
Emitterwiderstand und insbesondere der Koppelkondensator am Eingang der Basisschaltung
müssen wegen der kleinen Widerstände größer gewählt werden, z.B. 50 µF.
Der Ein- und der Ausgangswiderstand für das Signal können nur durch Vergleich mit äußeren
Widerständen ermittelt werden (entspricht der Methodik beim Grundstromkreis).

Zusammenfassung der Versuchergebnisse:
- Die Dimensionierung des Arbeitspunktes erfolgt entsprechend Aufgabe 12.12. Zur
  Herstellung der Emitter-, Kollektor- und Basisschaltung sind nur die Anschlüsse der
  Kondensatoren zu verändern, der Arbeitspunkt wird beibehalten.
- Die gemessenen Verstärkungs- und Widerstandswerte entsprechen den Erwartungen. Mit
  dem Standardtransistor und dem allgemein gewählten Arbeitspunkt können natürlich
  nicht „Bestwerte" für alle Varianten erreicht werden.
- Für die Messung des Eingangswiderstands können mit einem definierten Vorwiderstand
  und für den Ausgangswiderstand durch eine definierte Last ein zweiter Messwert
  ermittelt werden und im Vergleich die Berechnung erfolgen. Dazu müssen beide
  Widerstände etwa die Größe des zu bestimmenden Widerstandes haben, um eine
  entsprechende Genauigkeit zu erreichen.

12.4 Feldeffekttransistor

12.4.1 Trägeranreicherung und -verarmung im Kanal

Der Feldeffekttransistor wurde Ende der 1920er-Jahre als unipolarer Transistor bekannt,
konnte aber erst mit entwickelter Siliciumtechnologie produziert werden. Den technologisch
am einfachsten zu realisierenden Aufbau hat der *Sperrschicht-Feldeffekttransistor*. Dabei
wird die Isolation durch einen in Sperrrichtung betriebenen PN-Übergang erreicht (diese ist
nicht an der Halbleiteroberfläche, Abb. 12.36 a). Dagegen wird der *Feldeffekttransistor mit
isoliertem Gate* an der Oberfläche eines Chips durch Fotolithografie realisiert (Abb. 12.36 b).

Abb. 12.36: a) Sperrschicht- und b) MOS-Feldeffekttransistor

Der *Kanal* (zur Leitung vorgesehener Bereich, in Abb. 12.36 jeweils ein P-Kanal) befindet sich zwischen der *Source-* und der *Drainelektrode*. Dieser Kanal nutzt nur eine Trägerart, ist unipolar. Es gibt deshalb alle Ausführungen entweder mit P- oder mit N-Kanal.

Die Leitfähigkeit des Kanals wird durch Anreicherung bzw. Verdrängung der jeweiligen Trägersorte mit Hilfe des elektrischen Feldes vom Gate zum Kanal gesteuert.

An die Gateelektrode wird eine Spannung gegenüber dem Source U_{GS} angelegt. Diese sperrt den PN-Übergang beim Sperrschicht-Feldeffekttransistor (d.h. Isolation) und *verdrängt die Träger im Sperrschichtbereich* mit zunehmender Spannung (vergleiche Abschnitt 12.2.2 und Abb. 12.11 c, sichtbar an der Sperrschichtverbreiterung, die den Kanal abschnürt). Da allein der Sperrbereich genutzt werden kann, gibt es nur Verarmungstypen.

Beim Feldeffekttransistor mit isoliertem Gate entspricht die Anordnung *Gateelektrode – Isolator – Kanal einem Kondensator*. Das Feld dieses Kondensators verdrängt ebenfalls die Träger, um die notwendige Ladung zu speichern (als Raumladung bleiben die feststehenden Ionen). Mit dieser Anordnung können aber auch Träger angereichert werden, wenn durch ein Feld in umgekehrter Richtung zusätzliche Träger für den „Kondensator" gespeichert werden.

Praxistipp: Aus dieser Überlegung folgen sechs verschiedene Feldeffekttransistoren (FET).

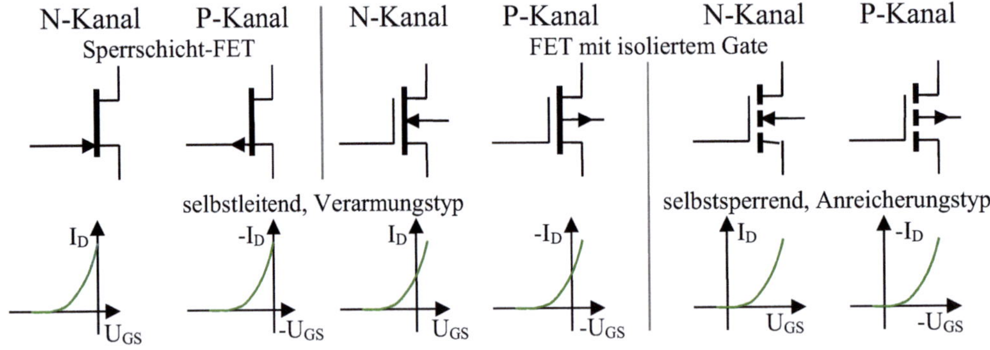

Abb. 12.37: Typen der Feldeffekttransistoren und ihre Steuerkennlinien

Dank der Isolation zwischen Gate und Kanal fließt nur ein *extrem geringer Gategleichstrom* (beim Sperrschicht-FET der Sperrreststrom < 1 nA). Nur das Laden und Entladen der Gate-Source-Kapazität bei Spannungsänderungen benötigt einen Strom. Deshalb spricht man von einer *leistungslosen Steuerung*.

Wegen der geringen Größe der Gate-Source-Kapazität reichen *kleinste Ladungsmengen, um die Durchbruchsspannung* zu erreichen ($U_{GS} = Q/C_{GC}$), wobei der Transistor insbesondere bei FETs mit isoliertem Gate zerstört würde.

Praxistipp: Viele Herstellertypen werden durch eine Z-Diode geschützt. Ungeschützte Exemplare werden mit kurzgeschlossenen Anschlüssen geliefert und müssen sehr vorsichtig gehandhabt werden.

Feldeffekttransistoren mit isoliertem Gate werden auf einem Chip mittels Fotolithografie in einem Durchlauf mit nur einem Diffusionsprozess realisiert und ermöglichen so umfangreiche Strukturen. Da heute wegen des geringen Leistungsbedarfs fast ausschließlich CMOS (komplementäre MOS) mit je einem selbstsperrenden N- und P-Kanal-Transistor in Reihenschaltung ausgeführt werden, sind zwei Durchläufe notwendig.

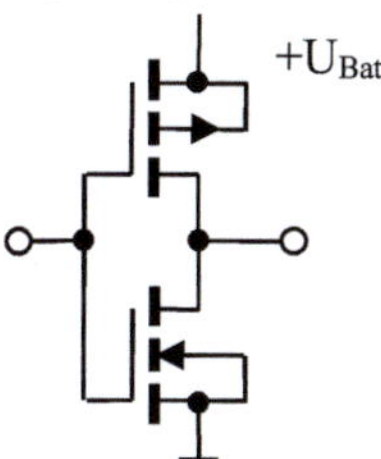

Abb. 12.38: Schaltung eines CMOS-Inverters (vergleiche (Tie10 S. 626 ff))

Liegt am Eingang von Abb. 12.38 $+U_{Bat}$, leitet der untere (N-Kanal) Transistor und am Ausgang wird U = 0. Liegt dagegen U = 0 am Eingang, leitet der obere (P-Kanal) Transistor und am Ausgang folgt U_{Bat}. Der andere Transistor ist jeweils gesperrt. Es kann also nie ein Strom quer von U_{Bat} nach 0 (Masse) fließen. Das Substrat ist auf Masse (bzw. $+U_{Bat}$) zu legen, damit der PN-Übergang zwischen P- (bzw. N-) Substrat und N- (bzw.P-) Kanal gesperrt ist.

Praxistipp: Im Umschaltmoment leiten allerdings beide (wenn auch unterschiedlich gut) und mit zunehmender Taktfrequenz wird dann mehr Leistung benötigt.

12.4.2 Kennlinien, Ersatz- und Grundschaltungen des FET

Das Ausgangskennlinienfeld der Feldeffekttransistoren sieht ähnlich aus wie das des Bipolartransistors. Die Steuerkennlinie ist mit der Elektronenröhre vergleichbar.

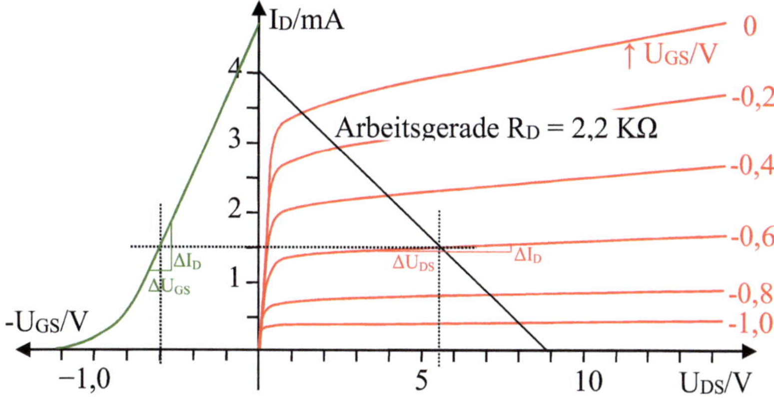

Abb. 12.39: Kennlinie eines N-Kanal-Sperrschicht-Feldeffekttransistors

Die Kennlinie wird auch beim Feldeffekttransistor zur Dimensionierung des Arbeitspunktes benötigt. Dazu sind U_{DS} und I_D sowie das zugehörige U_{GS} entsprechend der gewählten Arbeitsgeraden abzulesen (bzw. Standardarbeitspunkte des Herstellers zu nutzen).

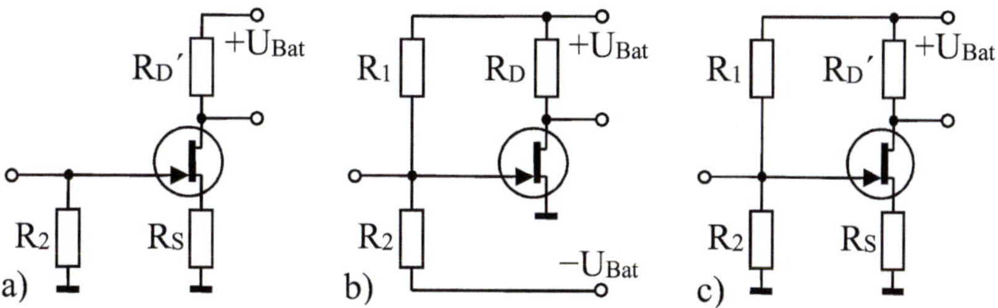

Abb. 12.40: Schaltungen zur Einstellung des Arbeitspunktes eines FET

Durch den Drainwiderstand (R_D in Abb. 12.40 b) wird der Arbeitspunkt festgelegt.

$$R_D = \frac{U_{Bat} - U_{DS}}{I_D} \qquad\qquad (\,12.11\,)$$

R1 und R2 können sehr hochohmig ausfallen. Es muss aber die notwendige negative Gatevorspannung entweder durch eine zusätzliche Spannungsquelle ($-U_{Bat}$ in Abb. 12.40 b) oder durch eine Verschiebung der Sourcespannung (in Abb. 12.40 a bzw. c durch R_S) beachtet werden. Dafür ist dann R_D wieder in $R_D{'}$ und R_S aufzuteilen. R_S ergibt sich in Abb. 12.40 a zu

$$R_S = \frac{U_{GS}}{I_D} \quad \text{und} \quad R_D' = R_D - R_S \;\;.\qquad (\,12.12\,)$$

Außer der Sourceschaltung gibt es auch beim FET eine Drain- und eine Gateschaltung (Weiterführendes dazu siehe (Lin93 S. 402 ff) und (Tie10 S. 238)).

Wie beim Bipolartransistor hat sich auch bei den Feldeffekttransistoren eine ähnliche Kleinsignalersatzschaltung für Kleinsignalanwendungen durchgesetzt.

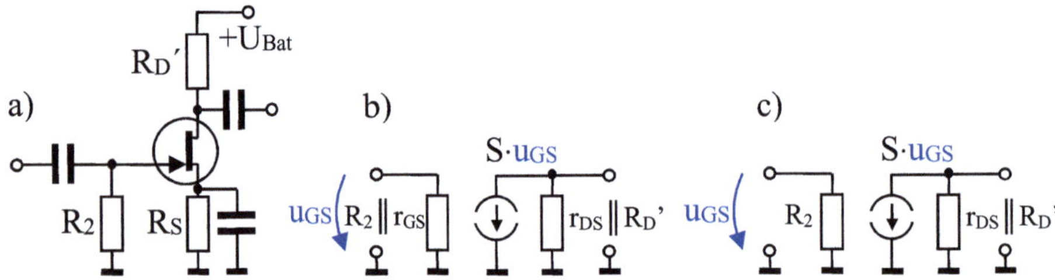

Abb. 12.41: Kleinsignalersatzschaltung des FET in Sourceschaltung

Die Steilheit $S = \Delta I_D/\Delta U_{GS} = y_{21}$ und $r_{DS} = \Delta U_{DS}/\Delta I_D = 1/y_{22}$ entsprechen den Kennlinien in Abb. 12.39. Es wird die Leitwertform verwendet (Abb. 12.28). Da $r_{GS} = 1/y_{11}$ sehr groß ist (Isolationswiderstand zwischen Gate und Kanal), wird er üblicherweise ganz vernachlässigt Abb. 12.41 c). Auch die Rückwirkungen y_{12} werden praktisch immer vernachlässigt. Deshalb findet man nur 2 Quadranten für das Kennlinienfeld. Vergleiche dazu auch Abschnitt 12.2.3.

Die Schaltungen der anderen Feldeffekttransistorentypen funktionieren entsprechend (Weiterführendes dazu siehe (Lin93 S. 402 ff) und (Tie10 S. 177-278)).

12.4.3 Kennwerte und Beispiele zum Feldeffekttransistor

Wichtige Kennwerte von Feldeffekttransistoren sind:

1. Grenzdaten
    - Maximaler Drainstrom   – $I_{D\,M}$ (bei Stoß mit Angabe der Zeitdauer)
    - Maximaler Drainkurzschlussstrom   – I_{DSS} (bei angegebenem U_{DS} und U_{GS})
    - Maximale Gate-Source-Spannung   – $U_{GS\,M}$ (bei Stoß mit Angabe der Zeitdauer)
    - Maximale Drain-Source-Spannung   – $U_{CE\,0}$
    - Maximale Sperrschichttemperatur   – ϑ_J
    - Maximale Gesamtverlustleistung   – P_{tot}

2. Kenndaten
    - Vorwärtssteilheit $\quad\quad\quad\quad - S = y_{21}$ (bei Nennarbeitspunkt)
3. Schaltzeichen
    Die Schaltzeichen stehen in Abb. 12.37 für integrierte Feldeffekttransistoren. Einzelne Feldeffekttransistoren werden dagegen mit einem Kreis umrandet.

Aufgabe 12.16

Ein selbstleitender N-Kanal MOS-FET wird in Sourceschaltung entsprechend Abb. 12.41 a mit $U_{Bat} = 9$ V aufgebaut. Aus den Angaben des Herstellers folgen $I_D = 1{,}5$ mA, $U_{DS} = 5.5$ V bei einer Gatevorspannung $U_{GS} = -0{,}6$ V. In diesem Arbeitspunkt wird $S = 6$ mS angegeben (vergleiche Abb. 12.39).
  1) Dimensionieren Sie $R_D{'}$ und R_S.
  2) Bestimmen Sie die Leerlaufspannungsverstärkung $v_{u\,Leer}$?
Hinweis: Nutze Abb. 12.41 c! Es gilt $R_D \ll r_{DS}$ [160], somit kann r_{DS} vernachlässigt werden.
(R$_2$ spielt keine Rolle und ist außerdem sehr groß gegenüber dem Ausgangswiderstand der Eingangsspannungsquelle, er kann z.B. zu 1 MΩ gewählt werden).

Zusataufgabe 1: Stellen Sie die Schaltung mit einem selbstleitenden P-Kanal MOS-FET dar (bei sonst vergleichbaren Parameter)?
Zusataufgabe 2: Stellen Sie die Schaltung mit einem selbstsperrenden N-Kanal MOS-FET dar (bei sonst vergleichbare Parameter)?

12.5 Weitere wichtige Halbleiterbauelemente

Die Palette der Bauelemente und -varianten ist sehr groß. Dazu kommt eine Vielzahl komplexer integrierter Schaltungen. An dieser Stelle sollen die Vierschichtbauelemente (Vierschichtdiode, Thyristor, Diac und Triac) sowie der IGBT [161] genannt werden.

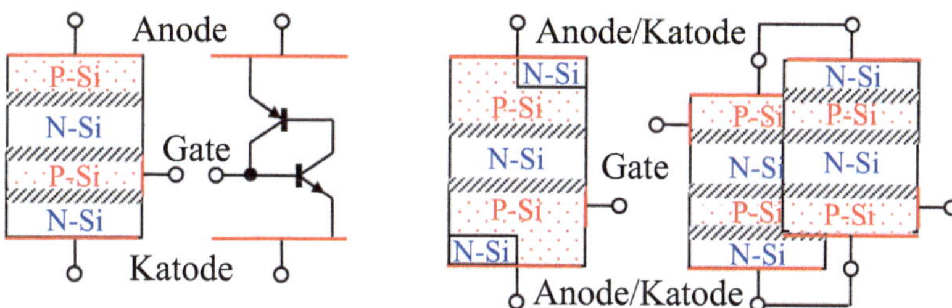

Thyristor und Prinzipschaltung $\quad$ Triac und Triac aus 2 ↑↓ Thyristoren

3 Sperrschichten

Abb. 12.42: Schichtenfolge von Thyristor und Triac

Wird an den Thyristor in Abb. 12.42 eine Spannung (mit „+" an die Anode und „–" an die Katode) gelegt, befinden sich die beiden äußeren Sperrschichten in Durchlassrichtung und die mittlere in Sperrrichtung. Durch eine positive Spannung am Gate (d.h. Durchlassrichtung für Katode→Gate) beginnt wie beim Transistor die Trägerinjektion und die mittlere Sperrschicht wird leitend. Wird die Spannung vom Gate wieder entfernt, tritt ein Selbsthalteeffekt ein, der an den beiden sich gegenseitig steuernden Transistoren der Prinzipschaltung sichtbar ist.

---

[160] Der Anstieg der Kennlinie ist sehr viel geringer als bei der Arbeitsgeraden.
[161] Insulated-gate bipolar transistor

Bei einer Spannung (mit „–" an der Anode und „+" an der Katode) sind die beiden äußeren Sperrschichten gesperrt und ein Leiten ist nicht möglich.
Weil die Zündung bei einer entsprechenden Durchbruchsspannung auch ohne Impuls erfolgt, kann ein „Thyristor ohne Gate" als Vierschichtdiode mit definierter Schaltspannung hergestellt werden.

Da diese Bauelemente für die hohen Ströme der Leistungselektronik mit großen Querschnittsflächen hergestellt werden, erfolgt das Zünden nicht über die ganze Fläche einheitlich, sondern beginnt an einer Stelle und breitet sich von dort schnell lawinenartig über die ganze Fläche aus.

In diesem Verhalten liegt die Problematik für die Herstellung „abschaltbarer" leistungselektronischer Bauelemente. Heute werden deshalb je nach erforderlicher Spannung und Leistung vielfach Bipolartransistoren, Leistungs-MOS-FET sowie deren Kombination im IGBT verwendet.
Der n-Kanal IGBT besteht im Wesentlichen aus der Struktur eines pnp-Bipolartransistors (im Ersatzschaltbild ist aber der Emitter am Kollektoranschluss des IGBT). Wenn durch eine positive Spannung am Gate ein leitender n-Kanal entsteht (zwischen beiden N-Si), ist der obere PN-Übergang in Durchlassrichtung (Basis-Emitter-Diode in der Ersatzschaltung). Von dort erfolgt dann eine Injektion von Löchern in die gesamte schwach dotierte n-Schicht.

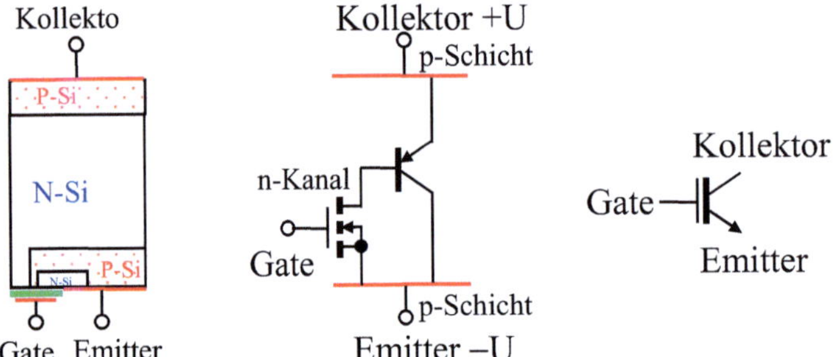

Abb. 12.43: IGBT – schematischer Aufbau, vereinfachte Ersatzschaltung und Symbol

In Abb. 12.43 ist ein n-Kanal-Typ (selbstsperrend) dargestellt (ohne technologische Einzelheiten). Die Anschlüsse Gate und Emitter dienen der Steuerung und vom Kollektor zum Emitter fließt der Laststrom.
Prinzipiell können auch die anderen vier MOS-FET eingesetzt werden (bei p-Kanal-Typen ist dann ein npn-Bipolartransistor erforderlich).

Die Anwendung dieser Bauelemente erfolgt in Abschnitt 21.

13 Analoge Schaltungstechnik

<u>Hilfreich</u> für das Verständnis sind die <u>Abschnitte 4 bis 6 sowie 9, 11 und 12</u>.
Es werden

- der Aufbau, die Arbeitsweise und die Eigenschaften von Operationsverstärkern,
- die Parameter von Operationsverstärkern,
- das Prinzip der Gegenkopplung,
- die Spannungs- und die Stromgegenkopplung bei Operationsverstärkern,
- die Schaltungsberechnung und Konfiguration,
- einige wichtige Anwendungen zum Kennenlernen des Betriebsverhaltens sowie
- Messungen an Operationsverstärkern

vorgestellt.

13.1 Einteilung von Verstärkerschaltungen

13.1.1 Arbeitspunkt, Eigenschaften und Betriebsverhalten

Ein Verstärker (mit Röhren, heute mit Halbleiterbauelementen) hat immer eine nichtlineare Kennlinie. Daher haben sich mit der Zeit mehrere Betriebsweisen herauskristallisiert.

Zuerst beherrscht wurde der *A-Betrieb* – ein **Kleinsignalverstärker**. Das Prinzip verdeutlicht Abb. 13.1.

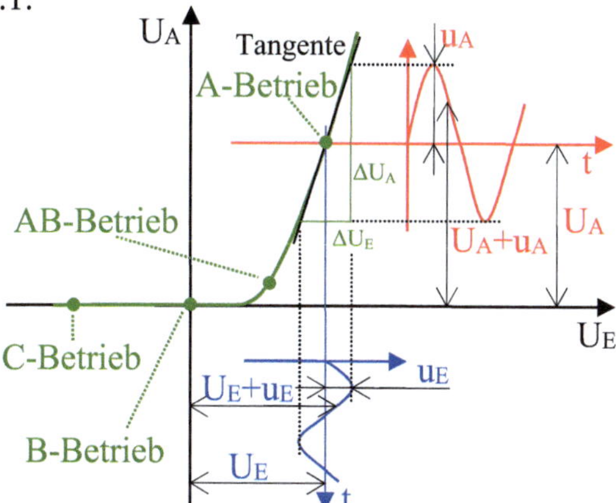

Abb. 13.1: Betriebsweisen und ihre Arbeitspunkte

Die Eingangsspannung u_E wird auf den Arbeitspunkt (A-Betrieb, U_E und U_A) aufaddiert und entsprechend der Steigung der Kennlinie in diesem Punkt verändert sich die Ausgangsspannung um u_A. Ist die Steigung hoch, wird eine hohe Verstärkung $v = u_A/u_E$ erreicht.

Die Signalspannungen u_E und u_A sind dabei grundsätzlich durch Schaltungsmaßnahmen am Ein- und Ausgang vom Arbeitspunkt zu trennen (z.B. durch geeignete Kondensatoren), aber am Verstärkerelement zu addieren.

Es können nur Aussteuerungen um den Arbeitspunkt zugelassen werden, die in einem hinreichend linearen Bereich um den Arbeitspunkt liegen.

Der große Nachteil beim A-Betrieb ist der Ruhestrom schon ohne Signal durch den
Arbeitspunkt (damit Leistungsverbrauch).
Das wäre im *B-Betrieb* nicht der Fall (Abb. 13.1). Es würden aber insbesondere bei
Transistoren [162] nur die Signalspitzen, bei denen die positive Halbwelle von u_E über den
Kennlinienknick reicht, am Ausgang erscheinen. Deshalb wurde für die Transistortechnik der
AB-Betrieb entwickelt, für den der Arbeitspunkt durch die Vorspannung des Arbeitspunktes
U_E in den Knick verlegt wurde. Der geringe Ruhestrom muss dabei hingenommen werden.

Dabei muss jede Halbwelle durch eine eigene Stufe verstärkt werden. Die Kennlinien beider
Stufen sind komplementär zu justieren (1. und 3. Quadrant). Dazu wird in der Regel ein Paar
komplementäre Transistoren (NPN- und PNP-Transistoren mit ausgesuchten spiegelgleichen
Kennlinien) genutzt und durch passende Dioden die Arbeitspunktverschiebung realisiert. Die
Ausgangssignale beider Transistoren werden addiert, sodass eine Summenkennlinie erscheint.
Diese kann relativ genau einer Geraden entsprechen, wodurch praktisch ein
Großsignalverstärker entsteht (Abb. 13.2) [163].

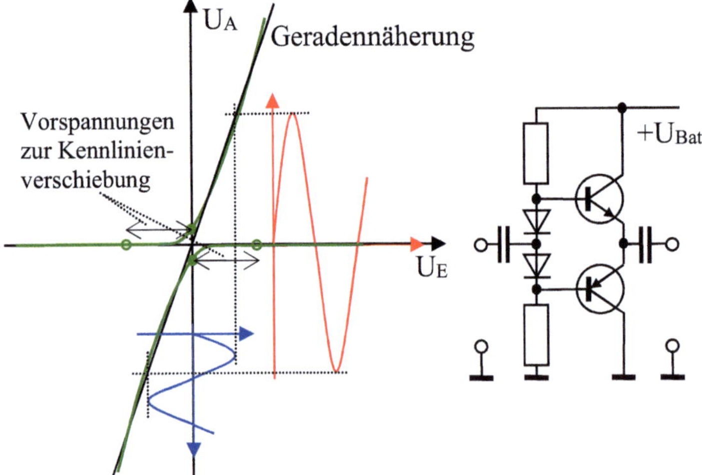

Abb. 13.2: AB-Gegentaktbetrieb

Für Impulsverstärker (Auffrischung von Impulsen ohne kleine Störungen) wird der *C-Betrieb*
genutzt (Abb. 13.1).
Eine weitere Betriebsart ist der Zerhackerverstärker (Chopperverstärker) *D-Betrieb*, bei dem
das Eingangssignal mit einem Gleichanteil zerhackt, dieses reine Wechselsignal danach
verstärkt (z.B. bei A-Betrieb) und anschließend wieder gleichgerichtet wird. Dieser Betrieb
war notwendig, da mit A-, AB- oder B-Verstärkern keine Gleichsignale verarbeitet werden
konnten. Das Grundprinzip beim D-Betrieb ähnelt stark einer Pulsamplituden- oder auch einer
Pulsbreitenmodulation (siehe Abschnitt 15.1.1.).

---

[162] Bei Röhren war es etwas günstiger.
[163] Die Schaltungen sind heute wesentlich ausgefeilter als das einfache Beispiel und außerdem als integrierte
Bausteine verfügbar.

13.1.2 Anforderungen der Anwendung

Verstärker werden für verschiedene Anwendungen benötigt und gebaut. Es hat sich gezeigt, dass es nicht sinnvoll ist, einen Verstärker zu entwickeln, der alles kann. Unterschiedliche Anforderungen ergeben sich z.B. aus:
- dem Signalpegel (z.B. Spannungsbereich, Klein-, Großsignal)
- dem notwendigen Eingangswiderstand,
- der Signalfrequenz und der Signalbandbreite,
- dem geforderten Ausgangswiderstand,
- der geforderten Verstärkung und Ausgangsleistung.

Danach haben sich z.B. folgende Grundtypen herausgestellt:
- Audioverstärker (NF-Verstärker angepasst an Audiosignale),
- Videoverstärker (Breitbandverstärker angepasst an Videosignale),
- HF-Verstärker (für unterschiedliche Einsatzfälle bei hohen Frequenzen),
- ZF-Verstärker (selektive HF-Verstärker für verschiedene Zwischenfrequenzen),
- Gleichspannungsverstärker (für Signale von 0 Hz bis …) usw.

Praxistipp: Als universell und am besten einsetzbar hat sich dabei der Operationsverstärker in der Form des integrierten Bausteins (IC) erwiesen.

13.2 Operationsverstärkertechnik

13.2.1 Differenzverstärker, Operationsverstärker und seine Parameter

Der Ausgangspunkt für die Entwicklung des Operationsverstärkers war die Forderung der Regelungstechnik, Gleichsignale zu verstärken. Das ermöglichte der Differenzverstärker.

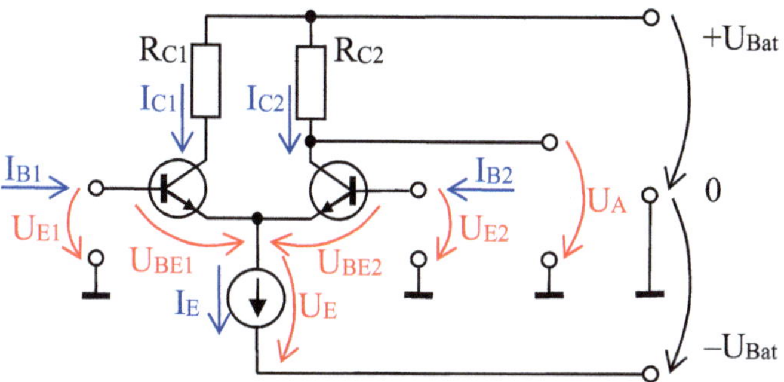

Abb. 13.3: Differenzverstärker (Prinzipschaltung)

Nach dem Knotenpunktsatz und den Maschensätzen werden:

$$I_E = I_{B1} + I_{C1} + I_{B2} + I_{C2}$$
$$U_{BE1} = U_{E1} + U_{Bat} - U_E$$
$$U_{BE2} = U_{E2} + U_{Bat} - U_E.$$

(13.1)

Früher benutzten beide Transistoren einen gemeinsamen Emitterwiderstand, heute normalerweise eine Stromquelle [164]. An einer Konstantstromquelle wird ihr Spannungsabfall

---

[164] Das kann durch eine Transistorschaltung realisiert werden.

so geregelt, dass der Strom immer konstant bleibt [165]. *Auf diese Weise stellt sich immer ein Gleichgewicht zwischen I_{B1} + I_{C1} und I_{B2} + I_{C2} so ein, dass I_E unverändert bleibt.* Für den Differenzverstärker (Abb. 13.3) sind *gleiche Transistoren mit den gleichen Arbeitspunkten* notwendig.

Für jedes U_{E1} = U_{E2} stellen sich die Ströme auf I_{B1} + I_{C1} = I_{B2} + I_{C2} = I_E/2 = const ein. Beide Steuerspannungen U_{BE1} = U_{BE2} erhalten dabei nach (13.1) den Wert für den dazu erforderlichen Basisstrom. Eine gleichzeitige Vergrößerung/-kleinerung von U_{E1} und U_{E2} könnte zwar zu einer Vergrößerung/-kleinerung der Ströme führen, die dadurch sofort auch steigende/fallende Spannung U_E [166] lässt aber beide U_{BE1} und U_{BE2} unverändert.

Wird nur U_{E1} vergrößert, ergibt sich in gleichem Maße eine Erhöhung von I_{B1} + I_{C1} wie eine Verkleinerung von I_{B2} + I_{C2} , sodass I_E konstant bleibt. I_{C1} steigt somit und I_{C2} wird verringert. Über $I_{C2} \cdot R_{C2}$ wird bei Vergrößerung von U_{E1} demnach U_A **größer**. Wird dagegen U_{E2} vergrößert, steigt I_{C2} und I_{C1} verkleinert sich. D.h., bei Vergrößerung von U_{E2} wird U_A **kleiner**.

Das stärkere Ansteuern eines Transistors sperrt also immer in gleichem Maße den anderen. Der Strom I_E teilt sich auf beide Transistoren entsprechend U_{E1} und U_{E2} auf. Dieses Prinzip ermöglicht auch *Gleichsignale* am Eingang und funktioniert mit geringem Abstand (ca. 0,7 bis 1,2 V) bis zu Ausgangsspannungen zwischen $-U_{Bat}$ bis $+U_{Bat}$.

Aus dem Differenzverstärker entwickelte sich der **Operationsverstärker**, der für die Regelungstechnik und insbesondere in Analogrechnern schon mit Röhren gebaut wurde. Erst billige integrierte Schaltkreise ermöglichten eine enorme und weite Verbreitung.

Für den *Operationsverstärker wurde der Differenzverstärker mit weiteren Verstärkerstufen und einem Gegentaktendverstärker komplettiert.* Einige Typen benötigen außen noch vom Hersteller festgelegte Elemente zur Frequenzkompensation oder für einen Nullabgleich.

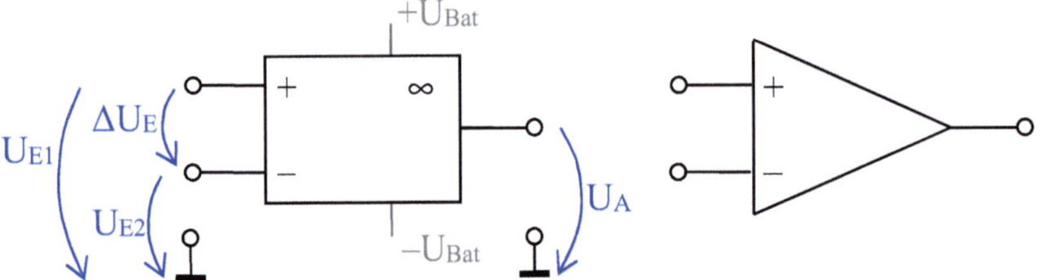

Abb. 13.4: Operationsverstärker (Schaltbilder)

Durch seine fast idealen Eigenschaften wird der Operationsverstärker (OV) als Bauelement betrachtet, ohne seine innere Struktur näher zu beachten. Die Schaltbilder zeigt Abb. 13.4. Der Operationsverstärker selbst benötigt in der Regel keinen Masseanschluss, die *Batterie muss aber üblicherweise in der Mitte auf Masse liegen, so entsteht ein definiertes Bezugspotential.*

Einen Vergleich der Parameter eines idealen Operationsverstärkers mit einigen Standardtypen zeigt Tabelle 13.1. Weiterführendes siehe (Tie10 S. 509-612).

---

[165] Praktisch bleibt eine sehr geringe Stromänderung als Regelabweichung.
[166] Da U_{Bat} feststeht, wird U_E einfach um die Änderung von U_{E1} = U_{E2} größer/kleiner.

	idealer OV	Standardtyp z.B. µA 741	MOS Eingänge z.B. CA 3140	Präzisionstyp z.B. µA 714
v_0	∞	200 000	100 000	500 000
Eingangswiderstand	∞	2 MΩ	1,5 TΩ	50 MΩ
Ausgangswiderstand	0	75 Ω	60 Ω	60 Ω
max. Ausgangsstrom	unbegrenzt	20 mA	22 mA	20 mA
Eingangsspannungsdifferenz (Offsetspannung)	0	1 mV	8 mV	30 µV
Eingangsruhestrom	0	80 nA	5 pA	1,2 nA
Eingangruhestromdifferenz (Offsetstrom)	0	20 nA	0,5 pA	0,5 nA
Offsetspannungsdrift	0	6 µV/K	10 µV/K	0,3 µV/K
Gleichtaktunterdrückung	∞	90 dB	90 dB	123 dB
Transitfrequenz	unbegrenzt	1 MHz	4,5 MHz	0,6 MHz

Tabelle 13.1:Vergleich der Parameter von Operationsverstärkern

Zu den Parametern:

1. Wenn die *Eigenverstärkung* $v_0 \approx \infty$ ist, muss die Differenzspannung $U_{E1} - U_{E2} \approx 0$ sein, sonst würde die hohe Verstärkung zu $U_A \rightarrow \infty$ führen. Mit $U_E = 75$ µV und $v_0 = 200000$ wäre bei $U_{Bat} = 15$ V die Aussteuergrenze längst erreicht; das ist noch weniger als 1/10 der Offsetspannung einer immer vorhandenen Störspannung.

> Praxistipp: D.h. auch, dass die *Eigenverstärkung v_0 nicht direkt genutzt werden kann.*

2. Der *Eingangsruhestrom* wird nach Abb. 13.5 ermittelt: $I_i = (I_+ + I_-)/2$.

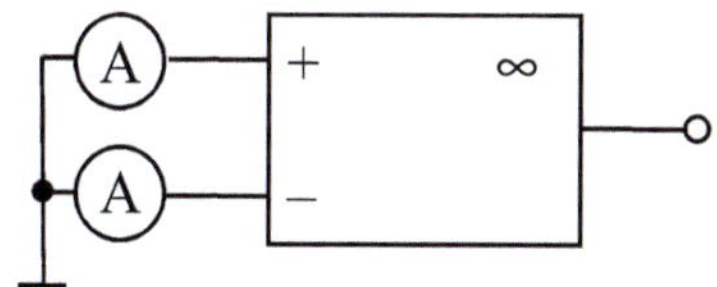

Abb. 13.5: Messung des Eingangsruhestromes

Diesen Ruhegleichstrom benötigt der Baustein zur Funktion (Basisströme für den Arbeitspunkt); er muss durch die äußere Beschaltung möglich sein.

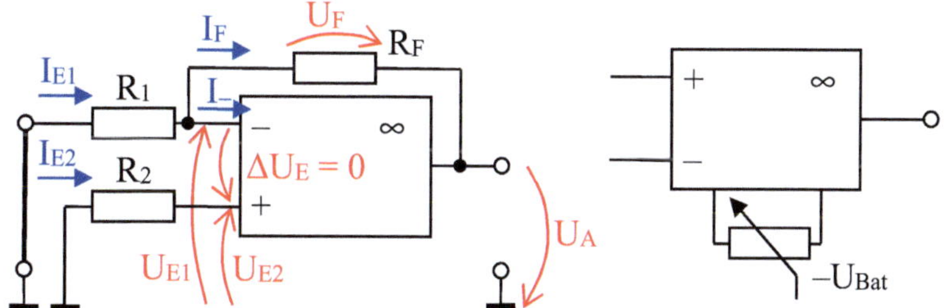

Abb. 13.6: Typische Operationsverstärkerschaltung und Nullabgleich

Betragen in Abb. 13.6 die Ruheströme I_- und auch I_+ (= I_{E2}) je 100 nA bei $R_1 = R_2 =$10 kΩ, werden $U_{E1} = U_{E2} = 1$ mV (wegen $\Delta U_E = 0$). Dann wird der Strom I_{E1} nach dem Ohm'schen Gesetz 100 nA und I_F nach dem Knotensatz genau null. Damit kann nach dem Maschensatz ($U_{E1} + U_F + U_A = 0$) für U_A nur -1 mV entstehen. Diese Abweichung erfolgt nicht, wenn $R_1 \parallel R_F = R_2$ dimensioniert wird. (Dann wird $I_{E1} \cdot R_1 = 1$ mV und $I_F \cdot R_F = 1$ mV somit $U_A = 0$.) Nicht zu große Unsymmetrien sowie Abweichungen von den gleichen Ruheströmen (*Offsetstrom* $I_{i0} = I_+ - I_-$) können auch durch einen Nullabgleich ausgeglichen werden. Auf keinen Fall darf (z.B. durch einen Kondensator) ein Ruhestrom verhindert werden.

Bei niederohmiger Beschaltung (R_1, R_2) ist der Offsetstrom I_{i0} unbedeutend (es bleibt $I_{i0} \cdot R$ $<<$ U_{i0} der *Offsetspannung*), bei hochohmiger Auslegung kann die Wirkung des Offsetstromes bedeutend werden.

Praxistipp: Als Richtwert kann $R_{1/2}$ kleiner bis etwa U_{i0}/I_{i0} dienen (1 mV/20 nA = 50 kΩ vergleiche mit Tabelle 13.1).

3. Die *Offsetspannungsdrift* erzeugt eine Ausgangsspannungsänderung ohne Eingangsspannungsänderung in Abhängigkeit von der Erwärmung der OV-Chips. Sie wird als äquivalente Eingangsspannung pro Temperaturänderung angegeben.

4. Bei der *Gleichtaktunterdrückung* geht es um die Verminderung der Verstärkung der Gleichtaktspannung.

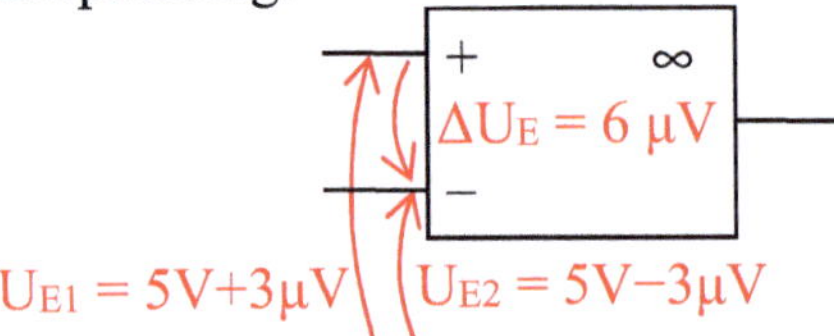

Abb. 13.7: Gleichtaktspannung und Differenzspannung

In Abb. 13.7 beträgt die Differenzspannung 6 µV und die Gleichtaktspannung ($U_{E1} + U_{E2}$)/2 = 5 V. Leider wird die Gleichtaktspannung ebenfalls geringfügig verstärkt ($v_= = U_{A=}/U_{E=}$). Da die Gleichtaktspannung in der Regel relativ groß ist, können Störungen die Folge sein. Die *Gleichtaktunterdrückung* $k_{CMR} = v_u - v_=$ (jeweils in dB gemessen, vergleiche Abschnitt 10.9) ist das Maß für diesen Aspekt. Je größer die Unterdrückung, desto besser ist der Baustein [167] (bzw. die Gesamtschaltung).

5. Der *Frequenzgang* zeigt, dass kein Verstärker unendlich hohe Frequenzen verarbeiten kann. Im Normalfall gilt für eine bestimmte Technik und ihren jeweiligen Entwicklungsstand die Regel, dass das *Produkt aus Verstärkung und Bandbreite konstant* ist. D.h., je höher die Verstärkung gewählt wird, desto geringer muss die Bandbreite sein (beim Operationsverstärker 0 Hz bis obere Grenzfrequenz). Für einen Operationsverstärker wäre nach Tabelle 13.1 die obere Grenzfrequenz bei $v = 10^5$ gerade 10 Hz ($\to 10^5 \cdot 10$).

Praxistipp: Wird v durch Schaltungsmaßnahmen verringert, steigt die Grenzfrequenz in gleichem Maße.

Bei $v = 10$ wird die Grenzfrequenz 100 kHz ($\to 10 \cdot 10^5$). Die Grenzfrequenz, bei der gerade die Verstärkung 1 erreicht wird, heißt *Transitfrequenz* ($\to 1 \cdot 10^6$).

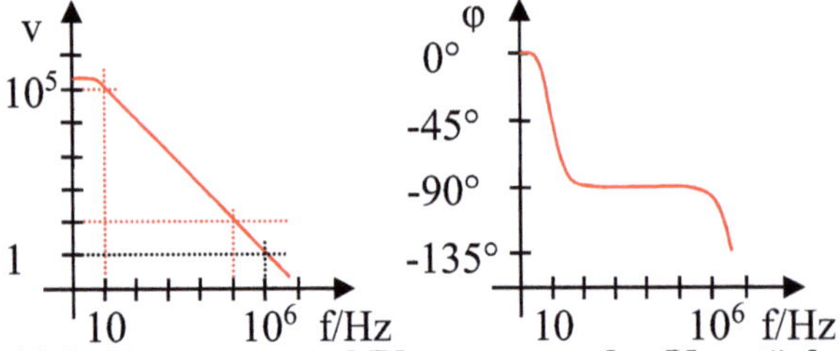

Abb. 13.8: Frequenz und Phasengang der Verstärkung eines typischen OV

---

[167] Z.B. ergibt $v_u = 10^5 = 100$ dB und die dagegen geringe $v_= = 3{,}16 = 10$ dB ein $k_{CMR} = 90$ dB. Dabei würden (ohne Offsetspannung) $u_A = v_u \cdot 100\ \mu V = 10$ V und $U_{A=} = v_= \cdot 5$ V = 15,8 V.

Ein Problem kann auch die mit dem Frequenzgang verbundene Phasenverschiebung der Ausgangs- gegenüber der Eingangsspannung werden (*Phasengang*), wenn eine Rückführung vom Aus- zum Eingang vorgesehen ist. Eine „Mitkopplung" würde zu Schwingungen der Schaltung führen.

Eine Kleinsignalbetrachtung ist für den Operationsverstärker nicht explizit erforderlich. Solange die Aussteuerung im linearen Bereich der Kennlinie (ca. von $-U_{Bat} + 0{,}7$ V bis zu $+U_{Bat} - 0{,}7$ V) bleibt, ist eine lineare Betrachtungsweise ohne Weiteres gegeben.

13.2.2 Prinzip der Gegenkopplung

Mit- und **Gegenkopplung** wurden nach physikalischen Wirkungsweisen schon früh genutzt, aber erst eine regelungstechnische Betrachtung brachte eine umfassende Erklärung.

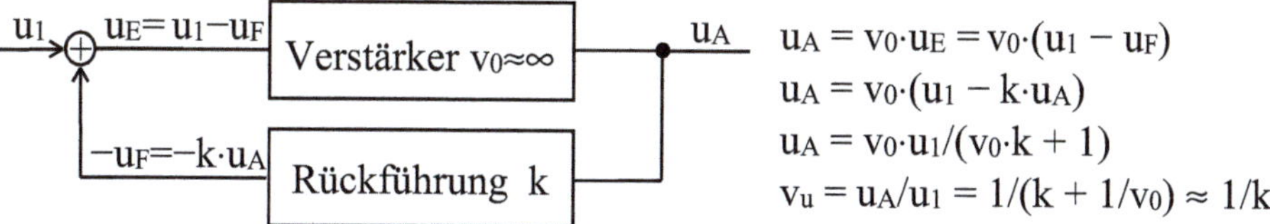

$$u_A = v_0 \cdot u_E = v_0 \cdot (u_1 - u_F)$$
$$u_A = v_0 \cdot (u_1 - k \cdot u_A)$$
$$u_A = v_0 \cdot u_1 / (v_0 \cdot k + 1)$$
$$v_u = u_A / u_1 = 1/(k + 1/v_0) \approx 1/k$$

Abb. 13.9: Darstellung der Gegenkopplung als Regelkreis

Bei einer Verstärkung von $v_0 \approx \infty$ hängt die Gesamtverstärkung v_u praktisch nur von der gegengekoppelten Rückführung mit $0 < k < 1$ ab (Minuszeichen bei der Summation). Eine Mitkopplung hätte ein Pluszeichen bei der Summenbildung, wodurch der Nenner mit steigendem k zu null werden kann (Instabilität oder Eigenschwingungen).

Praxistipp: Für unseren Operationsverstärker sind zwei Schaltungsvarianten für eine Rückführung möglich – **Spannungs-** und **Stromgegenkopplung**.

In der Schaltung nach Abb. 13.10 wird ein Teil der *Ausgangsspannung* an den *negierenden Eingang zurückgeführt* – **Spannungsgegenkopplung**.

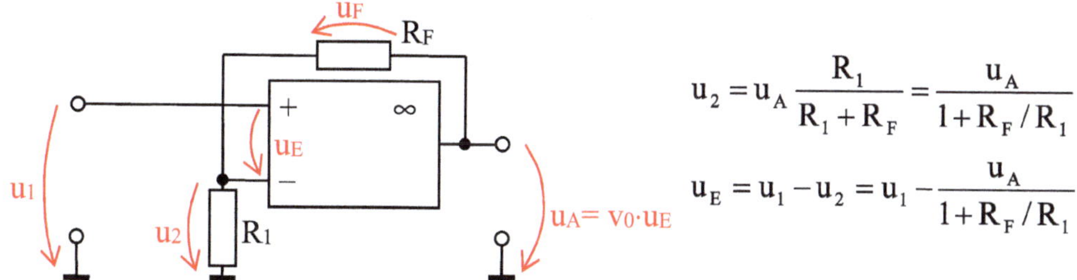

$$u_2 = u_A \frac{R_1}{R_1 + R_F} = \frac{u_A}{1 + R_F / R_1}$$
$$u_E = u_1 - u_2 = u_1 - \frac{u_A}{1 + R_F / R_1}$$

Abb. 13.10: Spannungsgegenkopplung – nichtinvertierender Verstärker

Dabei wird die Gesamtverstärkung

$$v_u = \frac{u_A}{u_1} = \frac{u_A}{u_E + u_A /(1 + R_F / R_1)} = \frac{u_A}{u_A / v_0 + u_A /(1 + R_F / R_1)}$$

$$v_u \approx 1 + \frac{R_F}{R_1} \qquad \text{für} \qquad v_0 \to \infty \, . \tag{13.2}$$

Die Leerlaufspannungsverstärkung v_u der gesamten Schaltung ist durch das *Verhältnis der Widerstände* R_F und R_1 sehr genau einzustellen. (Das gilt, solange $v_0 \gg 1 + R_F/R_1$ ist.)

Praxistipp: Dabei ergibt der Fall $R_F = 0$ als Sonderfall $v_u = 1$ (R_1 kann dabei auch ∞ sein).

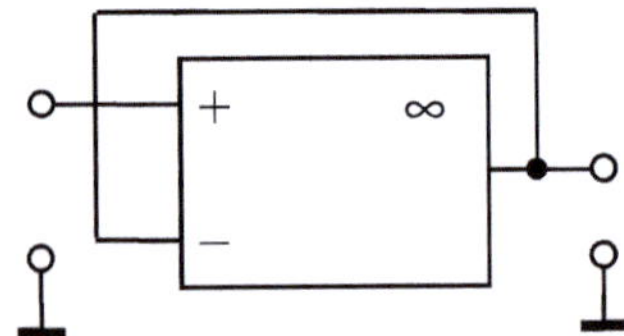

Abb. 13.11: Nichtinvertierender Verstärker mit $v_u = 1$

Der *Eingangswiderstand* ergibt sich für den nichtinvertierenden Verstärker zu

$$R_{Eges} = \frac{u_1}{i_1} = \frac{u_E + u_A/(1 + R_F/R_1)}{i_1} = \frac{u_E}{i_1}\left(1 + \frac{v_0}{1 + R_F/R_1}\right)$$

$$R_{Eges} \approx R_E \frac{v_0}{v_u} \quad .$$

(13.3)

D.h., der Eingangswiderstand wird in dem Maße vergrößert, wie die Verstärkung verkleinert wird (für $v_u = 100$ wird z.B. $R_{Eges} = R_E \cdot 200000/100 = R_E \cdot 2000$ und nach Tabelle 13.1 $R_E = 2\ \mathrm{M\Omega}$ bis $1{,}5\ \mathrm{T\Omega} \cdot 2000 = 4\ \mathrm{G\Omega}$ bis $3000\ \mathrm{T\Omega}$).

Praxistipp: Diese *hohen erreichbaren Eingangswiderstände* sind der Hauptanwendungsfall des nichtinvertierenden Verstärkers, der deshalb auch *Elektrometerverstärker* genannt wird.

Zur Dimensionierung des Spannungsteilers R_F, R_1 wird der Querstrom mindestens $10 \cdot (I_i + I_{i0})$ (unbelasteter Teiler), aber nicht größer als 95% I_{Amax} (Ausgangsstrom wird für den Ausgang benötigt) gewählt.

Bei Einbeziehung der *Gleichtaktverstärkung* in die Untersuchungen zeigt sich das Problem, dass deren Einfluss sehr störend sein kann und *keine Verbesserung durch die Gegenkopplung* erfolgt. *Deshalb sind dem Einsatz dieser Variante Grenzen gesetzt.*

In der Schaltung nach Abb. 13.12 wird der *Strom* i_F vom Ausgang *zum negierenden Eingang zurückgeführt* – **Stromgegenkopplung**.

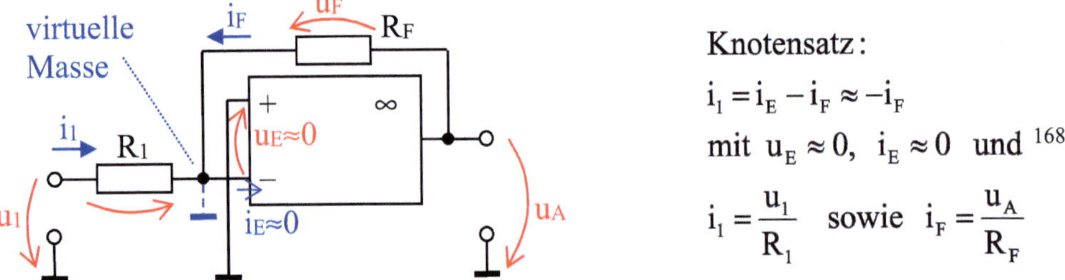

Abb. 13.12: Stromgegenkopplung – invertierender Verstärker

Damit wird die Gesamtverstärkung

$$v_u = \frac{u_A}{u_1} = \frac{u_A/(-i_F)}{u_1/i_1} = -\frac{R_F}{R_1} \quad .$$

(13.4)

Gleichung (13.4) sagt einmal aus, dass die *Gesamtverstärkung negativ* und somit die Ausgangsspannung invertiert (negiert oder 180° phasenverschoben) ist und dass zum anderen wiederum nur das *Verhältnis der Widerstände* R_F und R_1 die Verstärkung bestimmt. Durch das Minuszeichen (infolge der Schaltungsvariante) wird die *Gleichtaktverstärkung in gleichem Maße verringert* und kann hier gut beherrscht werden.

Der *Eingangswiderstand* der Gesamtschaltung findet dagegen *keine Verbesserung*.

---

[168] Da $i_E = u_E/R_E$ ist, muss auch $i_E \approx 0$ sein.

$$R_{Eges} = \frac{u_1}{i_1} = R_1 \qquad\qquad (13.5)$$

Außerdem kann R_1 nicht beliebig hoch gewählt werden (siehe Hinweise Abschnitt 13.2.1 nach 2.).

> Praxistipp: Da für sehr viele Anwendungen der Eingangswiderstand ausreichend ist und das Invertieren nicht behindert (bzw. durch eine zweite Stufe behoben werden kann), wird diese **Schaltung hauptsächlich angewandt**.

Weitere Parameter werden *durch die Gegenkopplung in gleichem Maße verbessert*, so z.B. die *Temperaturdrift, der Frequenzgang* (siehe Hinweise Abschnitt 13.2.1 nach 5.), der *Ausgangswiderstand* oder auch geringe *Nichtlinearitäten* in der Kennlinie.

> Praxistipp: Damit insbesondere die genutzten Näherungen gültig sind und nicht immer mehr Zusatzeffekte behandelt werden müssen, sollte die *Gesamtverstärkung einer Stufe nicht wesentlich über 100* liegen. Bei den heutigen Preisen ist eine zweite Verstärkerstufe erheblich billiger als der sonst folgende Entwicklungsaufwand.

13.2.3 Dimensionierung von Operationsverstärkerschaltungen

Die Dimensionierung soll an einem Beispiel erörtert werden. Dazu steht die Aufgabe, das Signal eines Sensors auf das Standardeingangssignal einer SPS oder einer PC-I/O-Karte zu verstärken, um den vollen Bereich der Auflösung des Analog-Digital-Wandlers zu erhalten. Der Sensor liefert eine Ausgangsleerlaufspannung von $u_{sen} = 0$ bis ± 100 mV bei einem Innenwiderstand des Sensors von $R_{sen} = 500\ \Omega$. Das Ausgangssignal soll $u_a = 0$ bis ± 10 V betragen.
Es wird als Operationsverstärker ein *Standardtyp* nach Tabelle 13.1 eingesetzt.
Dafür müssen die Schaltung dimensioniert (Schaltungsvariante, Verstärkung, Steuerkennlinie sowie R_1, R_2 und R_F), der *Eingangs-* und der *Ausgangswiderstand* kontrolliert sowie der *Frequenzgang* und die *Drift* überprüft werden.

Bestimmung der Verstärkung:
Die notwendige *Verstärkung* ergibt sich aus der vorhandenen maximalen Eingangsspannung und der maximal geforderten Ausgangsspannung nach der Verstärkung.

$$v_u = \frac{u_{A\,Soll\,Max}}{u_{1\,Ist\,Max}} = \frac{10\,V}{100\,mV} = 100$$

Wird der invertierende Verstärker gewählt, muss $v_u = -100$ realisiert werden.

Bestimmung der Schaltungselemente (R_1 sowie R_F):
Die Widerstände an den beiden Eingängen sollten $R_{1/2} <$ bis $\approx U_{i0}/I_{i0} = 50$ kΩ (vergleiche Abschnitt 13.2.1 nach 2.) sein. In der Praxis wählt man 10 bis 20 kΩ.

> Praxistipp: Dafür ist zu prüfen, ob der *Eingangswiderstand genügend groß* gegenüber dem Innenwiderstand des Sensors ($R_E \gg R_{sen}$) ist, damit das Sensorsignal u_{sen} möglichst vollständig am Verstärkereingang zur Verfügung steht.

Für den invertierenden Verstärker folgt $R_E \equiv R_1 = 10$ bis 20 k$\Omega \gg 500\ \Omega$. Das entspricht einem Spannungsverlust von 5% bis 2,5% und ist in der Praxis vertretbar (evtl. kann es durch geringfügig höher justierte Verstärkung ausgeglichen werden; es findet aber *keine unnötige Verringerung der Messgröße* und somit der Auflösung und daraus folgend der Genauigkeit statt).

Praxistipp: **Es wird gewählt:** Schaltungsvariante *invertierender Verstärker* und somit für $R_1 = R_2 = 20\ k\Omega$ (R_2 aus Symmetriegründen gleich, da $20\ k\Omega \,\|\, 2\ M\Omega \approx 20\ k\Omega$) sind.

Damit kann nach (13.4) R_F bestimmt werden.

$$v_u = -\frac{R_F}{R_1} \quad \text{d.h.} \quad R_F = -\,v_u R_1 = -(-100)\,20\ k\Omega = 2\ M\Omega$$

Die *Schaltung* dazu zeigt Abb. 13.13.

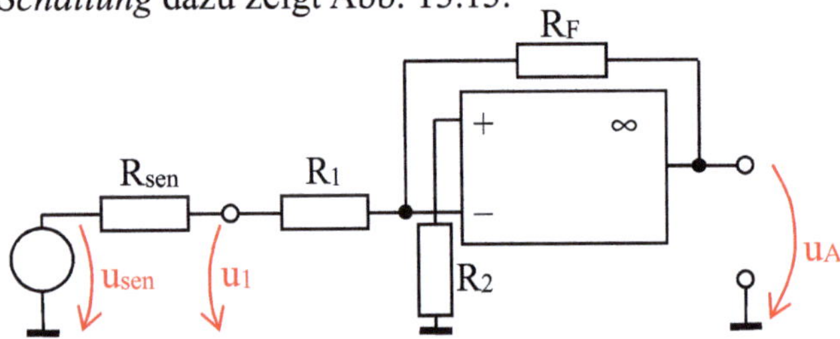

Abb. 13.13: Gewählte und dimensionierte Schaltung des Verstärkers

Praxistipp 1: Zur Korrektur der Verstärkung und der Bauelementeungenauigkeiten kann z.B. R_F als Einstellregler ausgelegt werden.
Praxistipp 2: Damit die *Verstärkungskennlinie* im Bereich ±10 V linear ist, sollte die Batteriespannung $+12$ V und -12 V **gewählt** werden (je nach Netzteil sind auch ±15 V möglich).

Kontrolle des Ausgangswiderstandes:

Der *Ausgangswiderstand* des Signals wird durch die Gegenkopplung noch verkleinert (Tie10 S. 559-560) und beträgt $R_{Ages} \approx R_A\ v_u/v_0 = 75\ \Omega\ 100/200000 = 38\ m\Omega$.

Kontrolle des Frequenzganges:

Aus der Darstellung von Abb. 13.8 kann der *Frequenzgang* für eine Verstärkung von 100 gezeichnet werden (Abb. 13.14). Alternativ kann mit dem Produkt aus Verstärkung und Bandbreite gerechnet werden.

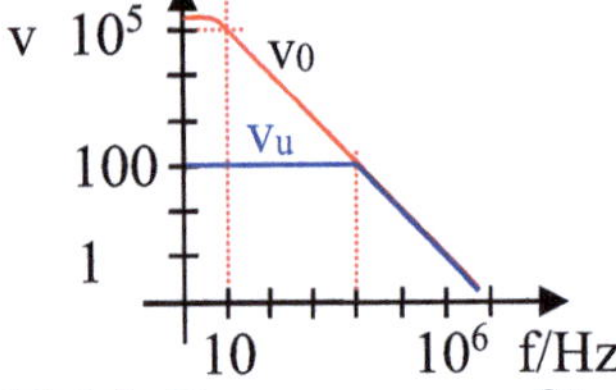

Abb. 13.14: Frequenzgang für Verstärkung $v_u = 100$

Es ist ablesbar, dass der Frequenzgang von 0 bis 10 kHz reicht. Das muss mit den Daten des Sensorsignals verglichen werden.

Praxistipp: Sind dessen Signalfrequenzen höher, können z.B. zwei Verstärkerstufen mit jeweils der Verstärkung 10 hintereinander genutzt werden.

Kontrolle der Drift:

Eine Betrachtung der *Drift* über den gesamten *Einsatztemperaturbereich* (z.B. 0 °C bis 50 °C) ergibt mit 6 µV/K und $v_u = 100$ eine Spannungsunsicherheit am Ausgang von $u_A = 30$ mV. Dagegen werden kurzzeitige *Temperaturschwankungen* des Chips von ca. 5 K eine Spannungsschwankung am Ausgang von $u_A = 3$ mV ergeben. Das Erstere bedeutet, dass entweder ein *Spannungsfehler* von 30 mV (entspricht 30 mV/10V = 3 ‰ des Endwertes) verkraftbar sein muss oder gemäß der Umgebungstemperatur eine Nullpunktkorrektur erforderlich ist. Das Zweite bedeutet, dass eine *Spannungsungenauigkeit* von 3 mV (entspricht 0,3 ‰ des Endwertes) in Kauf genommen werden muss.

13.2.4 Messen von Parametern bei Operationsverstärkern

Für einen praktischen Einsatz sind die *Parameter* (Verstärkung, Eingangswiderstand, Verstärkungskennlinie, Ausgangswiderstand, Frequenzgang und Drift) des Verstärkers *durch Messungen* zu bestätigen und evtl. zu justieren. Es kann notwendig sein, dieses im gesamten vorgesehenen Einsatztemperaturbereich zu realisieren.

Messung der Verstärkung, Verstärkungskennlinie und des Frequenzgangs:
Die Verstärkung der Spannung bei ausgangsseitigem Leerlauf v_{uleer} muss mit $R_L \rightarrow \infty$ gemessen werden.

Da das Messgerät am Eingang direkt parallel liegt, zeigt es unmittelbar die richtige Spannung. Am Ausgang muss der Messgeräteinnenwiderstand einen Leerlauf bedeuten.

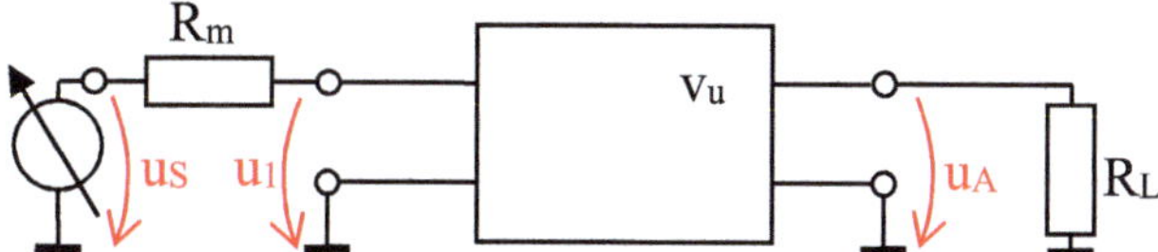

Abb. 13.15: Messschaltung für den Operationsverstärker

Die Verstärkung ist für den gesamten Aussteuerbereich (Verstärkungskennlinie) und den gesamten Frequenzbereich (Frequenzgang) zu ermitteln.

[169]

Messung des Eingangswiderstandes:
Werden in der Messschaltung nach Abb. 13.15 die Signalspannung u_S und die Eingangsspannung u_1 gemessen, kann bei bekanntem Messwiderstand R_m der *Eingangswiderstand für die Signale* berechnet werden.

$$R_{Eges} = \frac{u_1}{i_1} = \frac{u_1 R_m}{(u_S - u_1)}$$

Messung des Ausgangswiderstandes:

Wird in der Messschaltung nach Abb. 13.15 die Ausgangsspannung u_A einmal für Leerlauf u_{A1} und außerdem für einen Lastwiderstand u_{A2} gemessen, kann bei bekanntem Lastwiderstand R_L der *Ausgangswiderstand für die Signale* bestimmt werden (solange lineare Verhältnisse vorliegen).

---

[169] Bei Sinusform sind nur nichtlineare Verzerrungen (z.B. eine Begrenzung) zu erwarten. Bei z.B. Rechtecksignalen müssen auch lineare Verzerrungen durch den Frequenzgang beachtet werden.

$$R_{Ages} = \frac{u_{RA2}}{i_{A2}} = \frac{u_{A1} - u_{A2}}{i_{A2}} = \frac{u_{A1} - u_{A2}}{u_{A2}} R_L$$

Praxistipp: Hierbei sollte der Lastwiderstand aus Gründen der Genauigkeit etwa die Größe des Ausgangswiderstandes haben (für $R_L = R_A$ wäre $u_{A1} = 2u_{A2}$; es darf aber nicht der maximale Ausgangsstrom des OV-Bausteins überschritten werden). [170]

Messung der Drift:

Die *Drift* kann nur durch präzise Messungen im Temperaturschrank und Beobachtung über längere Zeit ermittelt werden. Einen Eindruck gibt die Messung nach Abb. 13.16.

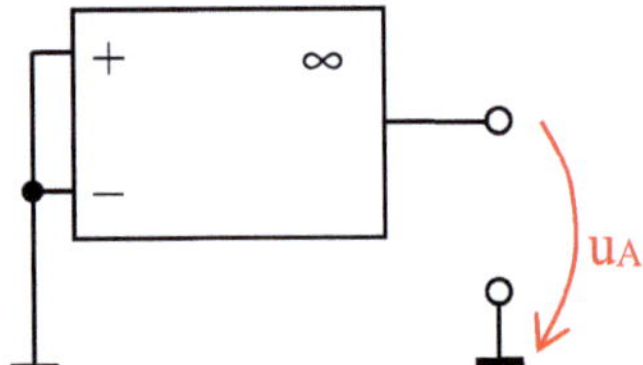

Abb. 13.16: Beobachtung der Drift

Die Eingänge werden beide direkt auf Masse gelegt, ohne Gegenkopplung mit voller Verstärkung wird der Nullpunkt justiert und die Ausgangsspannung beobachtet. Bei sehr schlechten Exemplaren kann der Nullabgleich nicht erreicht werden, aber auch bei den besseren läuft die Ausgangsspannung nach wenigen Sekunden bis Minuten weg und erreicht meist sogar die positive oder negative Sättigung. Nur bei relativ guten Exemplaren, die nicht in die Sättigung laufen, können aus den Schwankungen brauchbare Rückschlüsse gezogen werden.

13.2.5 Schaltungsbeispiele mit Operationsverstärkern

Bei den folgenden Schaltungsbeispielen werden nur die für die Funktion signifikanten Bauelemente dargestellt. Für eine praktische Nutzung sind die Spannungsversorgung und je nach Typ eine Nullpunktkorrektur oder Frequenzkompensationsschaltungen nach Hersteller-angaben hinzuzufügen. Anstelle über R_2 wird der nichtinvertierende Eingang wegen der Übersichtlichkeit auf Masse gelegt.

Komparator

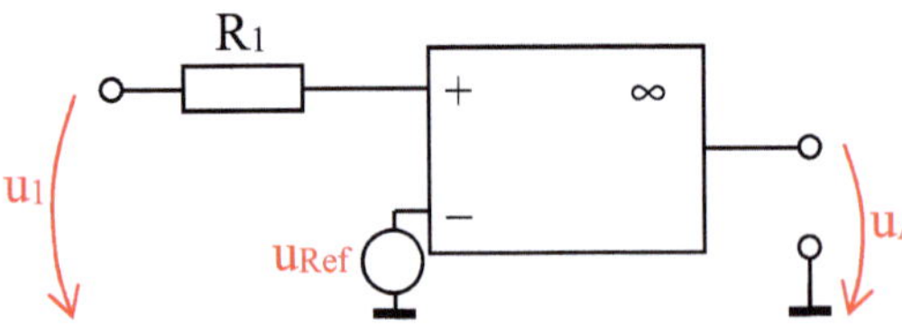

Ist die Spannung u_1 gerade größer als die Referenzspannung u_{Ref} wird durch die hohe Eigenverstärkung $u_A \approx +U_{Bat}$, für $u_1 < u_{Ref}$ folgt $u_A \approx -U_{Bat}$. Für diese Komparatorschaltung muss kein besonders guter Operationsverstärker eingesetzt werden. Es gibt dafür ausgelegte Typen, die durch ihre geringere Eigenverstärkung sogar etwas schneller „umklappen".

Abb. 13.17: Komparatorschaltung mit Operationsverstärker

---

[170] Vergleiche Abschnitt 9.3.1.

Verstärker mit Tief-, Hoch- und Bandpassverhalten

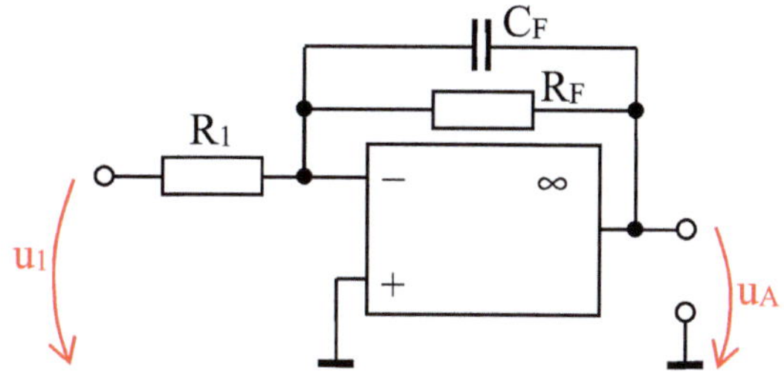

Abb. 13.18: Verstärker mit Tiefpassverhalten

Mit steigender Frequenz vergrößert C_F den Strom der Gegenkopplung und somit wird die Verstärkung geringer. Bei $f = \infty$ wird die Verstärkung somit null. Die obere Grenzfrequenz wird $f_{go} = 1/2\pi R_F C_F$

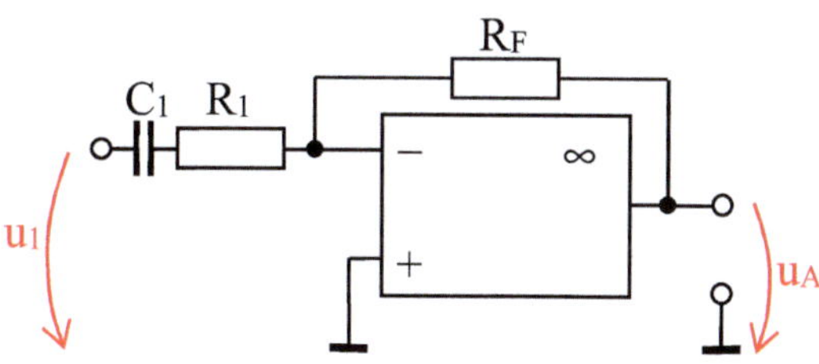

Abb. 13.19: Verstärker mit Hochpassverhalten

Bei $f = 0$ Hz ist $i_1 = 0$ und die Verstärkung wird null. Mit steigender Frequenz vergrößert C_1 den Strom am Eingang und somit die Verstärkung bis $-R_F/R_1$ (aber nur bis zur Frequenzgrenze des OV). Die untere Grenzfrequenz wird $f_{gu} = 1/2\pi R_1 C_1$.

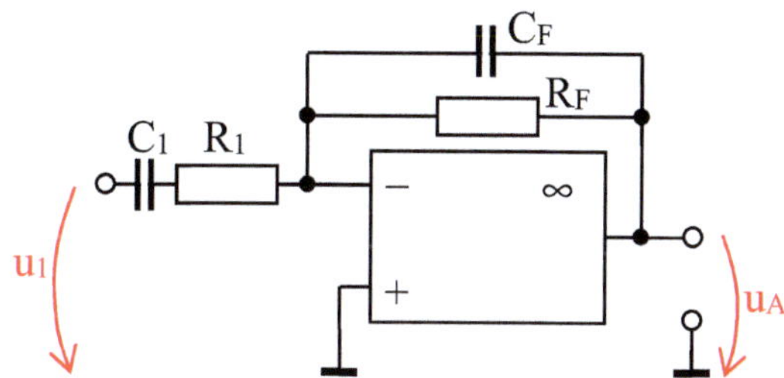

Abb. 13.20: Verstärker mit Bandpassverhalten

Die beiden Kondensatoren wirken sowohl wie bei Abb. 13.18 als auch wie bei Abb. 13.19. Das ist nur sinnvoll, wenn mit steigender Frequenz zuerst der Hochpass (mit f_{gu}) v_u vergrößert und danach der Tiefpass (mit f_{go}) v_u wieder verkleinert.

Summation

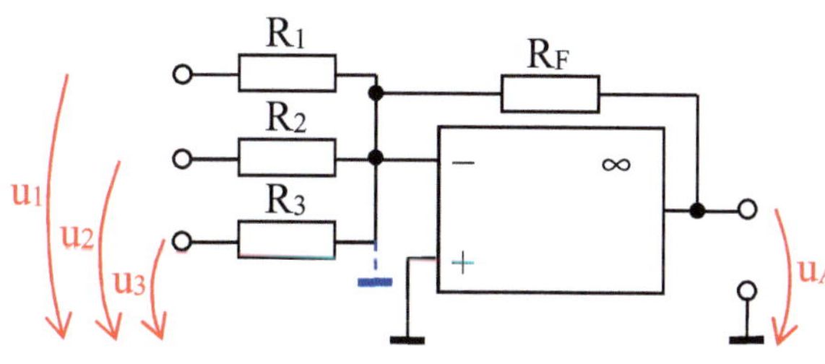

Abb. 13.21: Summierender Verstärker

Der Knotenpunktsatz in Abb. 13.21 ergibt $i_1 + i_2 + i_3 = -i_F$ und somit

$$u_A = -\left(\frac{R_F}{R_1}u_1 + \frac{R_F}{R_2}u_2 + \frac{R_F}{R_3}u_3\right).$$

Sind in Abb. 13.21 $R_1 = R_2 = R_3$, gilt auch für die Verstärkungsfaktoren $v_{u1} = v_{u2} = v_{u3}$, ansonsten entsprechen diese dem jeweiligen Verhältnis von R_F zu R_x.

Beispiel: Schaltung einer elektronischen Induktivität

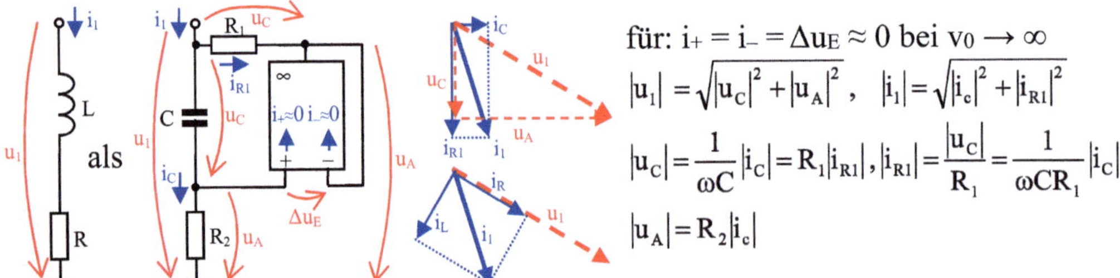

für: $i_+ = i_- = \Delta u_E \approx 0$ bei $v_0 \to \infty$

$$|u_1| = \sqrt{|u_C|^2 + |u_A|^2}\,, \quad |i_1| = \sqrt{|i_c|^2 + |i_{R1}|^2}$$

$$|u_C| = \frac{1}{\omega C}|i_c| = R_1|i_{R1}|\,, |i_{R1}| = \frac{|u_C|}{R_1} = \frac{1}{\omega CR_1}|i_c|$$

$$|u_A| = R_2|i_c|$$

Abb. 13.22 Gyratorschaltung

Mit $\omega CR_1 \ll 1$ folgt $|i_c| \ll |i_{R1}|$ und somit:

$$\left|Z_{ges}\right| = \left|\frac{u_1}{i_1}\right| = \frac{\sqrt{R_1^{\,2} + (\omega\,CR_1R_2)^2}}{\sqrt{1 + (\omega\,CR_1)^2}} \approx \sqrt{R_1^{\,2} + (\omega\,CR_1R_2)^2} = \sqrt{R^2 + (\omega\,L)^2}$$

Es ergibt sich also für einen bestimmten Frequenzbereich (solange $\omega CR_1 \ll 1$ gilt) in guter Näherung entsprechend der gewählten Bauelemente die Reihenschaltung einer Induktivität $L = \omega CR_1R_2$ mit dem Widerstand $R = R_1$.

Beispiel der Wirkung nichtlinearer Bauelemente

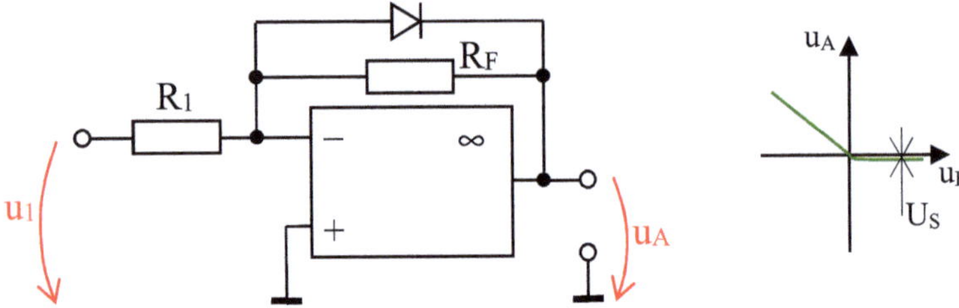

Abb. 13.23: Diode in der Gegenkopplung

Eine positive Eingangsspannung gibt eine negative Ausgangsspannung, bis die Schwellspannung der Diode erreicht und diese so niederohmig wird, dass sich die Verstärkung zu null ergibt. Bei einer negativen Eingangsspannung und somit positiven Ausgangsspannung wirkt die Diode nicht.
Durch entsprechende Justierung sowie eine zweite Schaltung für die positive Eingangsspannung können Präzisionsgleichrichter (ohne Schwellspannungen) gebaut werden.

Logarithmierender Verstärker

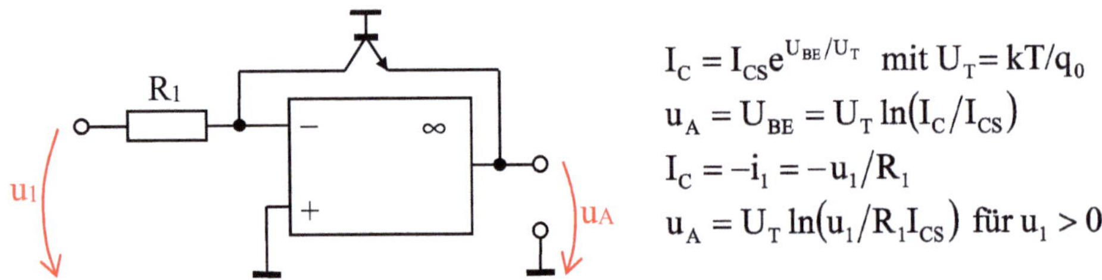

$$I_C = I_{CS}e^{U_{BE}/U_T} \quad \text{mit } U_T = kT/q_0$$

$$u_A = U_{BE} = U_T \ln(I_C/I_{CS})$$

$$I_C = -i_1 = -u_1/R_1$$

$$u_A = U_T \ln(u_1/R_1I_{CS}) \quad \text{für } u_1 > 0$$

Abb. 13.24: Nutzung der Transistorkennlinie in der Gegenkopplung

Bei entsprechend präziser Justierung ist u_A (in einem bestimmten Aussteuerungsbereich [171]) eine exakte Funktion des Logarithmus von u_1. Präzisionsschaltkreise nach diesem Funktionsprinzip werden zur Multiplikation und Division eingesetzt. Jedes elektronische Wirkleistungs- und Echteffektivwertmessgerät nutzt heute diese Schaltkreise.

---

[171] Vergleiche auch mit der Diodenkennlinie von Wagner Abschnitt 12.2.3.

Viele Schaltungen wie z.B. Summierer, Integrationsschaltungen usw. wurden insbesondere durch die Analogrechentechnik hervorgebracht (Tie10 S. 739 ff).

13.3 Übungsaufgaben zum Operationsverstärker

Aufgabe 13.1

Ein Vorverstärker mit einem Operationsverstärkerschaltkreis (kompatibel mit µA 741 Tabelle 13.1) ist zu dimensionieren (vergleiche Abb. 13.25). Gegeben:

Eingangsspannung (Spannung des Mikrofons) = max. 2,5 mV
Innenwiderstand des Mikrofons = 200 Ω
Ausgangsspannung für einen Line-Eingang = bis 200 mV.

  1) Bestimmen Sie die notwendige Verstärkung v_u und geben Sie an, ob der invertierende Verstärker verwendet werden kann.
  2) Bestimmen Sie R_1, R_2 und R_F.
  3) Wählen Sie eine geeignete Versorgungsspannungen unter Berücksichtigung der notwendigen Aussteuerbarkeit (es sind ± 4 bis ± 15 V spezifiziert).

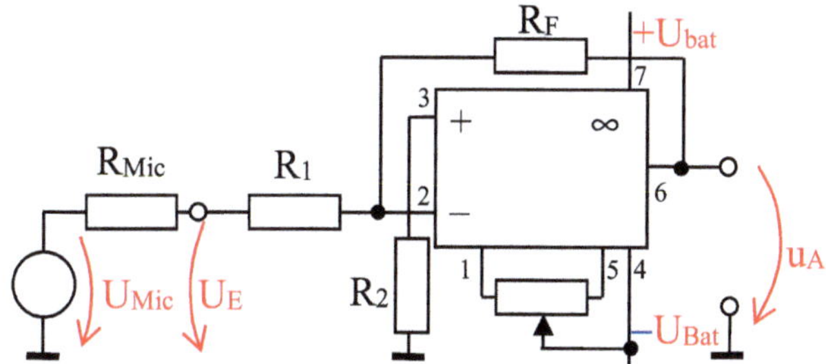

Abb. 13.25: Schaltungen mit Nullabgleich und Pinnbelegung des Bausteins

Aufgabe 13.2

Ein Impedanzwandler mit einem Operationsverstärkerschaltkreis (kompatibel mit µA 741 Tabelle 13.1) ist zu dimensionieren (vergleiche Abb. 13.26). Gegeben:

Kapazität der Kondensatormikrofonkapsel C_{Mic} = 10 pF
Geforderte untere Grenzfrequenz = 20 Hz
Spannungsänderung am Kondensator = max. 2,5 mV
Ausgangswiderstand des Wandlers < 200 Ω
Ausgangsspannung für einen Mikrofon-Eingang = bis 2,5 mV.

  1) Bestimmen Sie den Vorwiderstand R_V zur Spannungsversorgung für das Kondensatormikrofon.
Hinweis: Aus $\omega_{gu} = 1/R_V C_{Mic}$ folgt $R_V = 1/2\pi f_{gu}C$; vergleiche Abschnitt 11.1.3
  2) Bestimmen Sie R_1, R_2 und R_F.
  3) Wählen Sie eine geeignete Versorgungsspannungen unter Berücksichtigung der notwendigen Aussteuerbarkeit (es sind ± 4 bis ± 15 V spezifiziert).
  4) Bestimmen Sie den Eingangs- und Ausgangswiderstand, den Frequenzgang und die Drift.

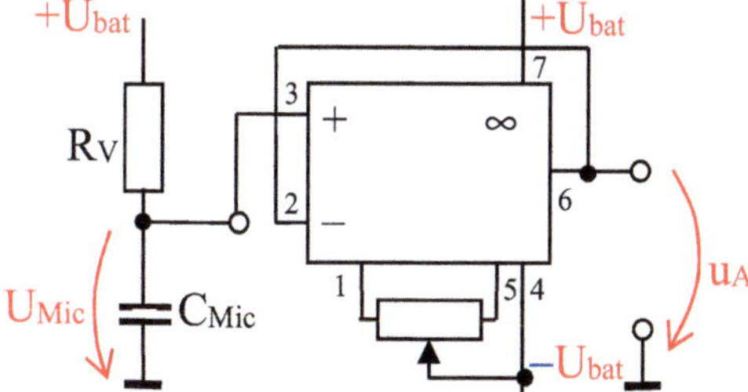

Abb. 13.26: Schaltungen mit Nullabgleich und Pinnbelegung des Bausteins

Aufgabe 13.3

Ein Messverstärker mit einem Operationsverstärkerschaltkreis (kompatibel mit µA 741
Tabelle 13.1) ist zu dimensionieren (vergleiche Abb. 13.27). Gegeben:
Eingangsspannung (Leerlaufspannung des Messwandlers) = 0 bis 250 mV
Innenwiderstand des Messwandlers   = 200 Ω
Ausgangsspannung entsprechend dem Standardsignal   = 0 bis 10 V.
  1) Bestimmen Sie die notwendige Verstärkung vu und geben Sie an, ob der invertierende
     Verstärker verwendet werden kann.
  2) Bestimmen Sie R_1, R_2 und R_F.
  3) Wählen Sie eine geeignete Versorgungsspannungen unter Berücksichtigung der
     notwendigen Aussteuerbarkeit (es sind ± 4 bis ± 15 V spezifiziert).
  4) Bestimmen Sie den Eingangs- und Ausgangswiderstand, den Frequenzgang und die Drift.
Zusatzaufgabe: Geben Sie die notwendigen Veränderungen der Schaltung an, damit ein
            Tiefpass mit f_{go} = 15 kHz hochfrequentes Rauschen unterdrückt?

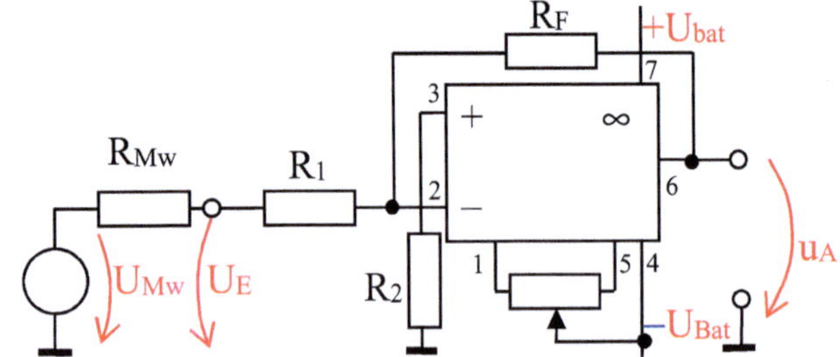

Abb. 13.27: Schaltungen mit Nullabgleich und Pinnbelegung des Bausteins

Aufgabe 13.4 (Zusatzaufgabe)

Realisieren Sie die Schaltung von Abb. 13.27 und führen Sie praktische Messungen durch.

Versuchsaufbau:

Überlegen Sie sich den Versuchsaufbau selbst.

Hinweis: Verwenden Sie einen Funktionsgenerator anstelle des Messwandlers und ein
          Oszilloskop zum messen.

Messungen:

1. Messen der Verstärkungskennlinie des invertierenden Verstärkers von U_E = 0 … 250 mV
   (ca. alle 50 mV) bei 1 kHz.
2. Messen des Frequenzgangs von 0 … 20 kHz (logarithmisch ca. 6 Messpunkte) bei
   U_E = 150 mV.
3. Messen des Eingangswiderstands und des Ausgangswiderstands (bei ca. 1 kHz und
   U_E =100 mV).
4. Messen des Frequenzgangs von 0 … 20 kHz (logarithmisch ca. 6 Messpunkte) bei
   U_E = 150 mV mit einem Filter entsprechend der Zusatzaufgabe.

Versuchsergebnisse:

Die Messungen stimmen sehr gut mit den Berechnungen überein. Abweichungen entstehen
nur durch die Toleranz der Bauelemente.

14 Vierter Exkurs Mathematik

14.1 Mathematische Grundlagen – Zahlensysteme

Das Dezimalzahlensystem ist als Stellen- oder *Positionssystem* (Ziffern mit Stellenwert im Zahlwort) aufgebaut, basiert auf der *Grundzahl* „10" und hat zehn *Ziffern* (0, 1, ... 9). Im Zahlwort werden die Ziffern mit ihrem Stellenwert multipliziert und danach addiert.

Nach dem gleichen Verfahren können Zahlensysteme z.B. mit den Grundzahlen

- 2, den Ziffern 0 und 1 und dem Stellenwert 2^n – *Dualzahlen* [172],
- 8 ($= 2^3$), den Ziffern 0, 1, ... 7 und dem Stellenwert 8^n – *Oktalzahlen* oder
- 16 ($= 2^4$), den Ziffern 0, 1, ... 9, A ... F und dem Stellenwert 16^n – *Hexadezimalzahlen*

gebildet werden [173].

Dualzahlen	Oktalzahlen	Dezimalzahlen	Hexadezimalzahlen	BCD-Code
0	0	0	0	0000 0000
1	1	1	1	0000 0001
1 0	2	2	2	0000 0010
1 1	3	3	3	0000 0011
1 0 0	4	4	4	0000 0100
1 0 1	5	5	5	0000 0101
1 1 0	6	6	6	0000 0110
1 1 1	7	7	7	0000 0111
1 0 0 0	1 0	8	8	0000 1000
1 0 0 1	1 1	9	9	0000 1001
1 0 1 0	1 2	1 0	A	0001 0000
1 0 1 1	1 3	1 1	B	0001 0001
1 1 0 0	1 4	1 2	C	0001 0010
1 1 0 1	1 5	1 3	D	0001 0011
1 1 1 0	1 6	1 4	E	0001 0100
1 1 1 1	1 7	1 5	F	0001 0101
1 0 0 0 0	2 0	1 6	1 0	0001 0110
1 0 0 0 1	2 1	1 7	1 1	0001 0111

Tabelle 14.1: Vergleich der Zahlensysteme

Der Vergleich in Tabelle 14.1 zeigt, dass die Dualzahlen sehr lange Zahlwörter ergeben und somit für den Normalgebrauch nicht geeignet sind. Als zu den Dualzahlen kompatibles System hat sich im Gebrauch für die Computertechnik deshalb das Hexadezimalsystem durchgesetzt. Die Sonderform der binärcodierten Dezimalzahlen (BCD-Code) wird heute nur noch bei speziellen Anwendungen genutzt (z.B. für Zähler, wenn keine Umwandlung für die Anzeige erforderlich sein soll).

Praxistipp: Die besondere *technische Bedeutung der Dualzahlen* – **dem einfachsten Zahlensystem** – folgt aus den technischen Möglichkeiten, mit außerordentlich hoher *Störfestigkeit* zwei Ziffern (d.h. zwei Zustände) realisieren zu können.

---

[172] Auch Binärzahlen (kleinstes Zahlensystem, da mit nur einer Ziffer kein Positionssystem möglich ist)

[173] Dabei ist n eine ganze Zahl. Sie nimmt mit jeder Stelle der Ziffer im Zahlwort nach links zu. Ein Komma wird zwischen der Position Grundzahl^0 und Grundzahl^{-1} angeordnet.

© Der/die Autor(en), exklusiv lizenziert an
Springer Fachmedien Wiesbaden GmbH, ein Teil von Springer Nature 2026
E. Boeck und H. Kallies, *Lehrgang Elektrotechnik und Elektronik*,
https://doi.org/10.1007/978-3-658-50903-3_14

Ziffer	logischer Wert	Schaltzustand	Beispiele für elektrische Signale
0	Nein oder Falsch		+3,6...+6V (V24) oder 0 ... 0,8 V (TTL-Eingang)
1	Ja oder Wahr		−3,6...−6V (V24) oder 2,0 ... 5 V (TTL-Eingang)

Die Dualzahlen mit ihren zwei Zuständen stimmen mit der Aussagenlogik überein, die schon in der Antike entwickelt wurde (mit 0 = Nein und 1 = Ja).

Alle Rechenoperationen mit Binärzahlen können auf die **drei logischen Grundfunktionen** der **booleschen Algebra** zurückgeführt werden. Das stimmt mit der Aussagenlogik überein.

Die drei Grundfunktionen können am besten mit einer Wahrheitstabelle verdeutlicht werden.

- UND-Funktion (oder AND bzw. Konjunktion)

$x_1 \wedge x_2 = y$

x_1	x_2	y
0	0	0
1	0	0
0	1	0
1	1	1

Wenn x_1 und x_2 erfüllt sind, dann ist y wahr.

- ODER-Funktion (oder OR bzw. Disjunktion)

$x_1 \vee x_2 = y$

x_1	x_2	y
0	0	0
1	0	1
0	1	1
1	1	1

Wenn x_1 oder x_2 erfüllt sind, dann ist y wahr.

- NICHT-Funktion   (oder NOT bzw. Negation)

$\overline{x} = y$

x	y
0	1
1	0

Wenn x nicht erfüllt ist, dann ist y wahr und umgekehrt.

Dabei gilt $\overline{(\overline{x})} = x$

Für das Arbeiten mit logischen Funktionen gibt es eine Reihe sehr praktischer **Rechenregeln**.

- Rechenregeln mit Konstanten

$\overline{0} = 1$ $0 \wedge 0 = 0$

$\overline{1} = 0$ $0 \wedge x = 0$ $1 \wedge x = x$ $x_1 \wedge x_2 = x_1 x_2$

                $x \wedge x = x$ $\overline{x} \wedge x = 0$

                $0 \vee 0 = 0$

                $0 \vee x = x$ $1 \vee x = 1$

                $x \vee x = x$ $\overline{x} \vee x = 1$

- Kommutatives Gesetz (Vertauschung)

$x_1 x_2 = x_2 x_1$

$x_1 \vee x_2 = x_2 \vee x_1$

- Assoziatives Gesetz (Verbindung)

$x_1 x_2 x_3 = x_1 (x_2 x_3) = (x_1 x_2) x_3 \dots$

$x_1 \vee x_2 \vee x_3 = x_1 \vee (x_2 \vee x_3) = (x_1 \vee x_2) \vee x_3 \dots$

- Distributives Gesetz (Verteilung)

$x_1 (x_2 \vee x_3) = x_1 x_2 \vee x_1 x_3$

$x_1 \vee (x_2 x_3) = (x_1 \vee x_2)(x_1 \vee x_3)$

- Absorptionsgesetze

$$x_1 \vee x_1 x_2 = x_1$$
$$x_1 (x_1 \vee x_2) = x_1$$
$$x_1 (\overline{x}_1 \vee x_2) = x_1 x_2$$
$$x_1 \vee \overline{x}_1 x_2 = x_1 \vee x_2$$
$$\overline{x_1 x_2} = \overline{x}_1 \vee \overline{x}_2$$
$$\overline{x_1 \vee x_1} = \overline{x}_1\, \overline{x}_2$$

Diese Rechenregeln sind mit Wahrheitstabellen [174] oder durch Umformen zu beweisen.

Des Weiteren gelten **Vorrangregeln** für die Schreibweise. Sind keine Klammern gesetzt, gilt:
1. Negation,
2. UND (AND; auch Multiplikationspunkt oder kein Zeichen),
3. ODER (OR)

Dabei entspricht 2. vor 3. der Regel Punkt- vor Strichrechnung.

Praxistipp: Redundante logische Ausdrücke können mit diesen Regeln vereinfacht werden.

Als *Maßbezeichnung* im SI-System für eine *binäre Einheit* (0 oder 1) wurde 1 Bit festgelegt. Da $2^{10} = 1024 \approx 1000$ ist, hat sich dafür die Maßbezeichnung 1 kBit, für 2^{20} die Bezeichnung 1 Mbit usw. durchgesetzt. Werden acht binäre Einheiten zu einem *binären Wort* zusammengefasst, lautet die Einheit 1 B (Byte) und des Weiteren 1 kB, 1 MB usw. [175]

14.2 Rechnen mit verschiedenen Zahlensystemen

Umwandlung *Dual- $\leftrightarrow$ Dezimalzahlen*

$$110101_B = \begin{Bmatrix} 1 \cdot 2^5 \\ +1 \cdot 2^4 \\ +0 \cdot 2^3 \\ +1 \cdot 2^2 \\ +0 \cdot 2^1 \\ +1 \cdot 2^0 \end{Bmatrix} = \begin{Bmatrix} 1 \cdot 32 \\ +1 \cdot 16 \\ +\cancel{0 \cdot 8} \\ +1 \cdot 4 \\ +\cancel{0 \cdot 2} \\ +1 \cdot 1 \end{Bmatrix} = 53_D$$

Umwandlung *Dezimal- $\leftrightarrow$ Dualzahlen*

$$53_D = \begin{Bmatrix} 5 \cdot 10^1 \\ +3 \cdot 10^0 \end{Bmatrix} = \begin{Bmatrix} 101 \cdot 1010 \\ +\ 11 \cdot 1 \end{Bmatrix} = \begin{Bmatrix} 101 \cdot 1000 \\ +101 \cdot\ \ 10 \\ +\ 11 \cdot\ \ \ 1 \end{Bmatrix} = \begin{Bmatrix} 101000 \\ +\ \ \ 1010 \\ +\ \underline{1\ \ 1\ 11} \end{Bmatrix} \text{Übertrag}$$
$$110101_B$$

Es ist an den Beispielen zu erkennen, dass eine Umwandlung stellenweise erfolgen kann. Dabei sind nur noch die einzelnen Ziffern und Stellenwerte umzuwandeln. Die Addition erfolgt wie gewohnt (bei Berücksichtigung des Übertrages).

Umwandlung *Dual- $\leftrightarrow$ Hexadezimalzahlen*

$$0011|0101_B$$
$$3\ \ |\ \ 5\ _H$$

Die Umwandlung ist nach Einteilung in Viergruppen möglich, da gerade vier Binärstellen eine Hexadezimalstelle ergeben.

Andere Umwandlungen erfolgen analog, wobei die Umwandlung in Zahlensysteme, die miteinander kompatibel sind (wie Dual- und Hexadezimalzahlen), besonders einfach wird.

---

[174] Dabei sind bei mehreren Variablen die Wahrheitstabellen so anzulegen, dass alle Kombinationen entstehen.
[175] Es wird oft auch Kbit und KB geschrieben, auch die Einheit Kibit, Mibit usw. für exakt 2^{10}, 2^{20}

Addition von Dualzahlen

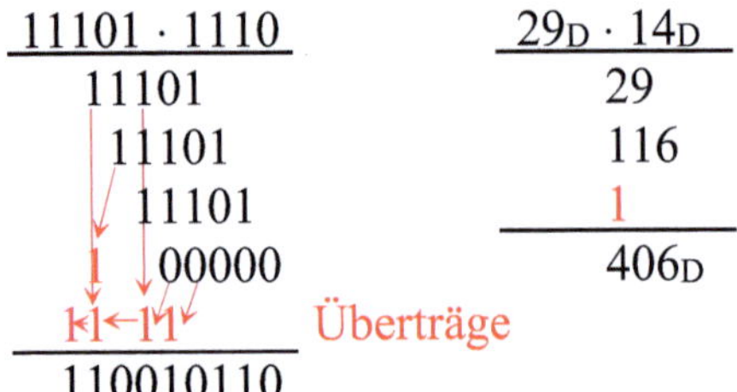

Die Vorgehensweise ist die gleiche wie bei Dezimalzahlen.

Multiplikation von Dualzahlen

$$\frac{11101 \cdot 1110}{11101}$$

$$
\begin{array}{r}
11101 \\
11101 \\
11101 \\
00000 \\
\hline
\end{array}
$$

Überträge

110010110

$$
\begin{array}{r}
\underline{29_D \cdot 14_D} \\
29 \\
116 \\
\underline{1} \\
406_D
\end{array}
$$

Es treten aber nur Multiplikationen mit 1 oder 0 auf. Somit reduziert sich die Operation auf eine Verschiebung um entsprechend viele Stellen und eine Addition.
Subtraktion und Division erfolgen in gleichartiger Weise.

15 Digitale Schaltungstechnik

<u>Hilfreich</u> für das Verständnis kann die Wiederholung der mathematischen Abhandlungen in <u>Abschnitt 14 sein</u>. Es werden

- die Grundlagen digitaler Signale,
- das Rechnen mit Binärzahlen,
- die Wandlung analoger in digitale Signale,
- der Entwurf kombinatorischer digitaler Schaltungen,
- der Entwurf sequentieller digitaler Schaltungen (Schaltungen mit Speichern),
- grundlegende Varianten von Speichern sowie
- Messungen an kombinatorischen und sequentiellen digitalen Schaltungen

insbesondere anhand einiger wichtiger Anwendungen vorgestellt.

15.1 Grundlagen digitaler Signale

15.1.1 Informationstechnische Grundlagen digitaler Signale

Der Ausgangspunkt zur Behandlung von Signalen sind die Begriffe **Information, Zeichen** und **Signal**, wie sie in der Norm DIN 44300 dargelegt werden.

Der Begriff Information wird in verschiedenen Wissensgebieten verwendet und ist schwer allgemein festzulegen. In der Umgangssprache wird er im Sinne von Kenntniserwerb über Sachverhalte und Vorgänge mit Neuigkeitsgehalt verstanden. Der exakte Begriff im philosophischen Sinne ist an das menschliche Denken gebunden. **Informationen** können erst *im Gehirn* vorhanden sein.
Nach Shannon (dem Begründer der *technischen* Informationstheorie) ist der Wert einer *Information* die durch sie *„beseitigte Unsicherheit"*. Ihr Wert wird also wahrscheinlichkeitstheoretisch festgelegt und ist somit einer technischen Beurteilung zugänglich, ohne dass die Bedeutung der Information für den Menschen direkt zu beachten ist.

Informationen müssen durch **Zeichen** repräsentiert werden. Die Bedeutung der Zeichen für den Menschen muss vereinbart sein (z.B. die Zeichen des Alphabets bedeuten Laute, die Zeichen des Morsealphabets stehen für Buchstaben und Ziffern, die Zeichen der ASCII-Tabelle stehen für Buchstaben, Ziffern und Sonderzeichen usw.).
Träger der Zeichen sind **Signal**e (z.B. elektrische Spannungen als zeitabhängige Signale, modulierte elektromagnetische Strahlung, akustische Schwingungen usw.).
Es gibt drei zu beachtende Aspekte bezüglich der Sprache:
- Semantik – inhaltliche Bedeutung
- Sigmatik – Zeichen
- Pragmatik – Zweckbestimmung des Inhalts.

Praxistipp: Die *technische Informationstheorie* betrachtet **nur** den *sigmatischen Aspekt*.

Die Einteilung von Signalen nach ihren Eigenschaften bezüglich Amplitude und Zeit zeigt Tabelle 15.1.

© Der/die Autor(en), exklusiv lizenziert an
Springer Fachmedien Wiesbaden GmbH, ein Teil von Springer Nature 2026
E. Boeck und H. Kallies, *Lehrgang Elektrotechnik und Elektronik*,
https://doi.org/10.1007/978-3-658-50903-3_15

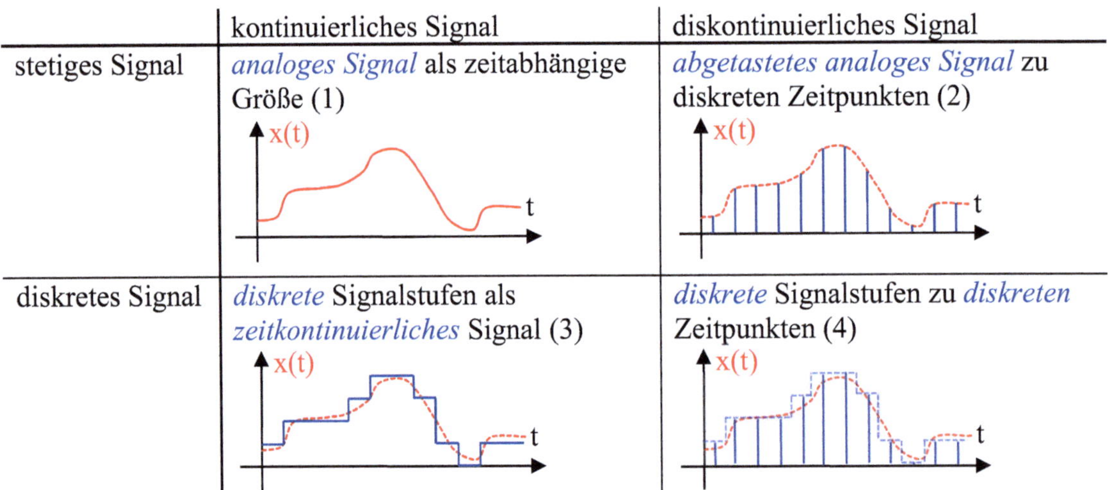

Tabelle 15.1: Einteilung von Signalen

Beispiele für die vier Felder in Tabelle 15.1 sind:

    (1) sehr viele Mess- und Sensorsignale,
    (2) Abtast- oder Stichprobenmessungen,
    (3) inkrementelle Geber, Codescheibe sowie
    (4) zeit- und amplitudendiskrete Signale.

Sonderformen von

    (1) frequenzanaloge Signale $\hat{U}\cos\{2\pi\,f(t)t\}$ mit $x(t) \sim f(t)$ und $\hat{U} = $ const
    (4) *binäre Signale* (nur Amplitudenstufe 0 oder 1, z.B. Pulscodemodulation PCM)

Es werden mehrere Arten pulsmodulierter Signale verwendet. Bei allen praktisch realisierten Signalen ist die Amplitude konstant und somit ohne Information. Die Pulsamplitudenmodulation entspricht dem abgetasteten analogen Signal und tritt normalerweise nur als Zwischenstufe bei der Signalumformung (Analog-Digital-Wandlung) auf.

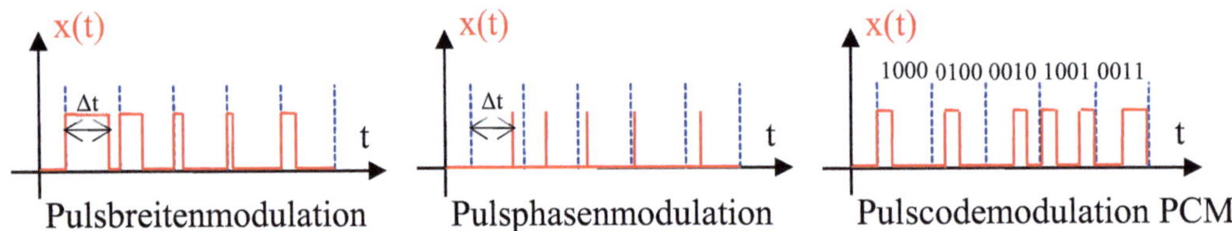

Abb. 15.1: Pulsmodulierte Signale

Die Pulsbreitenmodulation und die Pulsphasenmodulation sind zeitdiskrete, aber amplitudenkontinuierliche Signale. Sowohl die Pulsbreite (oder -länge) als auch die Pulsphase (jeweils Δt) können beliebige Werte ($0 < \Delta t <$ Taktabstand) annehmen.
Die Pulscodemodulation, die für die Übertragungstechnik schon vor der Entwicklung der Digitaltechnik bekannt war, gehört zu den *zeit- und amplitudendiskreten Signalen* und zu der Sonderform der binären oder digitalen Signale. Die *binären, binärcodierten oder digitalen Signale* führten zu einem eigenständigen Bereich der Schaltungstechnik und Signalverarbeitung.

Praxistipp: Ihre mathematischen Grundlagen sind die Dualzahlen und die boolesche Algebra oder **Schaltalgebra** (siehe Abschnitt 14.1).

15.1.2 Quantisierung von Signalen und Codierung

Zur Umwandlung *analoger Signale in digitale Signale* müssen sowohl eine Zeitquantisierung als auch eine Amplituden- oder Wertquantisierung erfolgen.

In der Praxis erfolgt diese Umwandlung meist in zwei Schritten zu einem digitalen oder diskreten Signal (bei inkrementellen Gebern quasi in einem Schritt).

In Abb. 15.2 sind beide Möglichkeiten für die zwei Schritte der Wandlung dargestellt. Als Zwischenergebnis resultiert einmal ein *abgetastetes analoges* Signal und zum anderen ein *diskretes zeitkontinuierliches* Signal. Erfolgt die Zeitquantisierung zuerst, findet sie normalerweise durch ein Abtast- und Halteglied oft in Verbindung mit einem Multiplexer für mehrere Signale nacheinander statt.

Praxistipp: Mit einem Multiplexer abgetastete Werte sind nicht zur gleichen Zeit erzeugt.

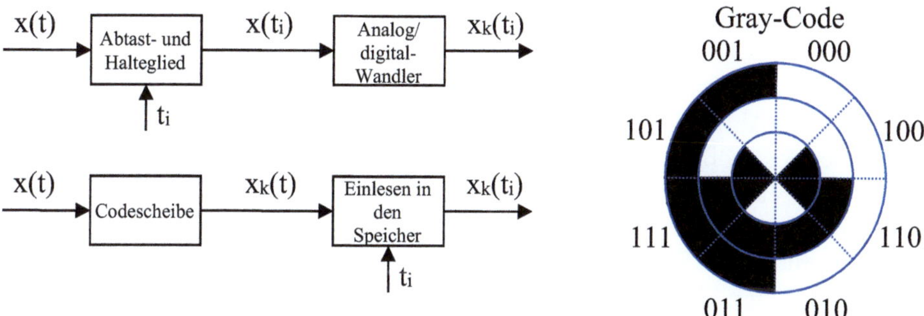

Abb. 15.2: Analog-Digital-Wandlung in zwei Schritten und Codescheibe

Werden zur Wandlung z.B. Codescheiben oder -lineale benutzt (gelesen z.B. mit einer Lichtschranke), wird als zweiter Schritt mit einem festgelegten Takt der Wert gelesen.
Bei inkrementellen Gebern werden für feststehende Wertänderungen Impulse erzeugt, gelesen und addiert (z.B. rotierende Lochscheibe mit Lichtschranke).
Für Codescheiben und ähnliche Anordnungen eignet sich besonders der Gray-Code, da sich immer nur ein Bit zur gleichen Zeit ändert und somit nur ein geringer Fehler entsteht (infolge der Ansprechempfindlichkeit der Lichtschranke). Bei einem Code mit Dualzahlen müssten sich mehrere Bit absolut exakt gleichzeitig ändern, sonst ergibt es dazwischen Werte, die völlig unkalkulierbare Fehler auslösen. Das kann dann nur durch Mehrfachablesen jeder Spur und mehrere Scheiben korrigiert werden. Natürlich muss für eine Weiterverarbeitung meist eine Umkodierung in Dualzahlen erfolgen.

Praxistipp: Zeitquantisierung und Wertquantisierung sind dem Einsatzfall anzupassen.

Analog-Digital-Umsetzer führen die Wertquantisierung und Codierung in Dualzahlen durch.

Die verschiedenen Verfahren für Analog-Digital-Umsetzer (ADU) unterscheiden sich z.B. im Zeitbedarf für die Wandlung, in der Genauigkeit oder im Aufwand. Die Umkehrung erfolgt mit einem Digital-Analog-Umsetzer (DAU).

- **Dreiecksverfahren**

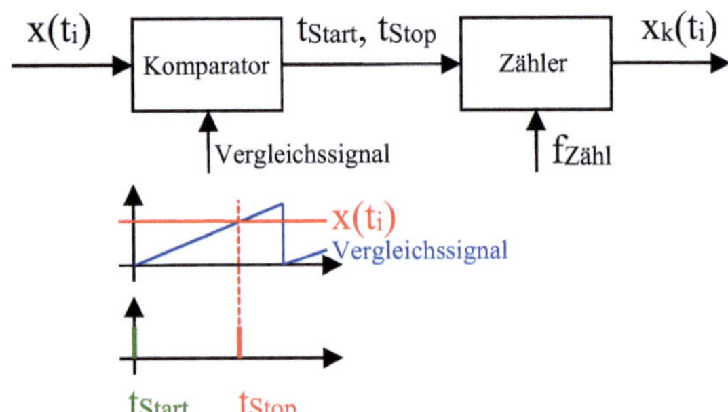

Abb. 15.3: Prinzip des ADU nach dem Dreiecksverfahren

Das abgetastete Signal wird mit einem zeitproportionalen Signal (Dreiecksignal) durch einen Komparator verglichen. Stimmen beide Signale überein, wird das Stoppsignal ausgelöst. Zwischen Startsignal (Beginn des Dreiecks) und Stoppsignal zählt der Zähler eine geeichte Impulsfrequenz. Das Ergebnis der Zählung ist $x_k(t_i)$ (entsprechend dem Zähler als Dualzahl).

> Praxistipp: Der Umsetzvorgang erfolgt sehr schnell, aber mit von der Amplitude abhängiger Dauer. Die Genauigkeit ist nicht sehr hoch.

- **Balanceverfahren**

  Der Wert wird in Abb. 15.4 nach folgendem Algorithmus ermittelt:
    - Schalter des größten Wertes schließen. Ist die Summe der Vergleichssignale kleiner als $x(t_i)$, bleibt der Schalter geschlossen, ist sie größer, wird er wieder geöffnet.
    - Schalter des zweitgrößten Wertes schließen. Ist die Summe der Vergleichssignale kleiner, bleibt der Schalter geschlossen, ist sie größer, wird er wiederum geöffnet.
    - Weiter bis zum kleinsten Wert.

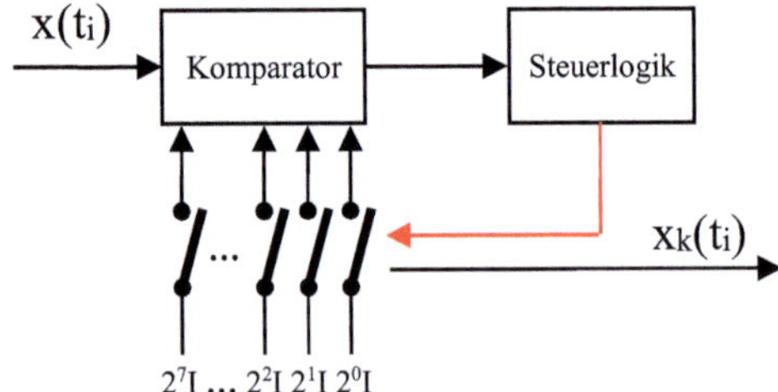

Abb. 15.4: Prinzip des Balanceverfahrens

Nach dem kleinsten Wert entspricht die Stellung der Schalter der Dualzahl. Die Genauigkeit hängt von der Justierung der Vergleichssignale, der Summation und dem Komparator ab und kann sehr hoch sein.

> Praxistipp: Das Verfahren ist relativ langsam, die Umsetzzeit aber immer gleich.

- **Treppenverfahren**

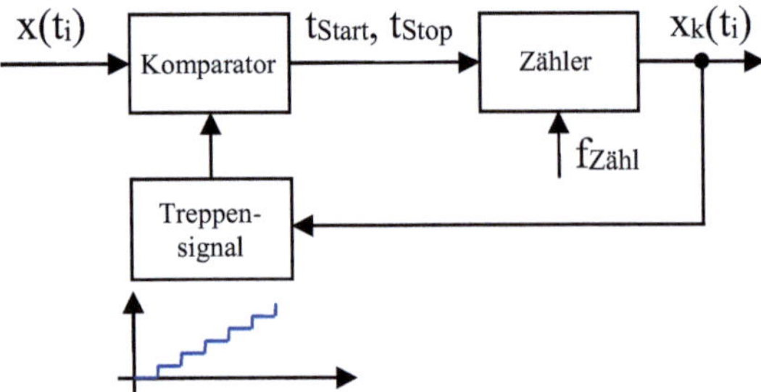

Abb. 15.5: Prinzip des Treppenverfahrens

Das Verfahren funktioniert ähnlich wie das Dreiecksverfahren.

Praxistipp: Durch die Treppenspannung kann die Genauigkeit besser gestaltet werden.

- **Umsetzung über ein frequenzanaloges Signal**

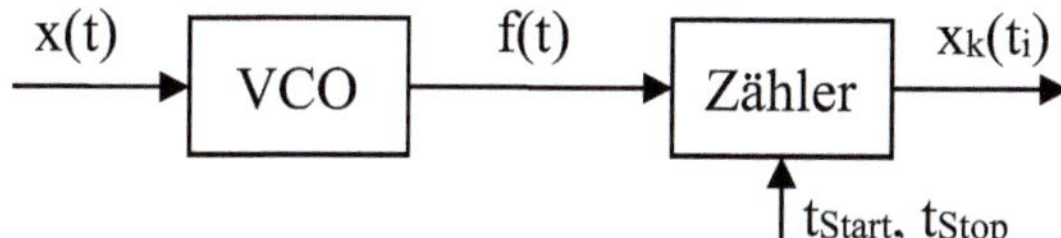

Abb. 15.6: Zählen eines frequenzanalogen Signals

Der Spannungs-Frequenz-Umsetzer (VCO – Voltage controlled Oscillator) erzeugt ein Signal mit einer Frequenz proportional zur Spannung ($f = k \cdot u$ mit $u = x\{t\}$). Diese Frequenz wird in einem geeichten Intervall gezählt. Das Verfahren ist relativ schnell, die Genauigkeit hängt vom VCO ab.

Praxistipp: Wenn sich im Zeitintervall die Spannung etwas ändert, wird durch den Zählvorgang (entspricht Integration) der Mittelwert über dem Zeitintervall gebildet.

- **Inkrementelle Geber**
  Es werden Einzelimpulse erzeugt, die jeweils einer festgelegten Signaländerung entsprechen (z.B. durch ein mitbewegtes abgetastetes Strichgitter). Durch Zählen der Impulse von einer Nullstellung an ist der genaue Wert als Dualzahl verfügbar. Die Genauigkeit hängt z.B. vom Strichgitter ab.

Praxistipp: Das Problem besteht im „Verschlucken" von Impulsen und dem Aufsummieren dieser Fehler. Es ist somit immer wieder die Nullstellung anzufahren.

Heute ist eine Vielzahl von Schaltkreise verfügbar, die eingesetzt werden können. Sie unterscheiden sich im Eingangsspannungsbereich, im Eingangswiderstand, in der Genauigkeit, im Ausgangswertebereich (8, 12, 16 …Bit) oder in der Versorgungsspannung und Leistung. Z.T. ist zusätzlich evtl. ein Multiplexer, ein Abtast- und Halteglied oder auch ein Datenpuffer notwendig.

Praxistipp: Es ist meistens eine Pegelanpassung, in manchen Fällen auch ein Präzisionsgleichrichter notwendig, um den Eingangsspannungsbereich des ADU voll auszunutzen und somit die Genauigkeit des Wertebereiches auch zu realisieren.

Die Zeitquantisierung erfolgt durch Abtastung des Signals in der Regel mit fester Abtastrate.

Damit ein Signal aus dem abgetasteten Signal wieder reproduziert werden kann (d.h., damit es repräsentativ ist), muss die *Abtastung genügend schnell* erfolgen. Dabei ist die höchste im Signal vorhandene Frequenz entscheidend. Um den Anteil mit der höchsten Frequenz gerade noch erfassen zu können, sind *mindestens zwei Abtastungen pro Periode* (dieser Frequenz) erforderlich. Aus dieser Tatsache hat Shannon das **Abtasttheorem** aufgestellt.

$$\Delta t_{Ab} = T_{Min}/2 = 1/2f_{Max} \tag{15.1}$$

Wird das Abtasttheorem eingehalten, kann der Signalanteil f_{Max} mit einer statistischen Genauigkeit von gerade 50 % reproduziert werden. Es treten aber noch keine völlig unkalkulierbaren Verfälschungen des Signals auf.

Praxistipp: Solche Signalverfälschungen können gut mit einem Digitalspeicheroszillografen beobachtet werden, wenn z.B. ein höherfrequentes Sinussignal mit immer geringerer Zeitauflösung dargestellt wird.

Dabei kommt es nicht auf die Signalanteile mit der höchsten „gewollten" Frequenz, sondern auf *die höchste tatsächlich vorhandene Frequenz* an.

Praxistipp: Im Fall, dass nur tiefere Frequenzen interessieren, **müssen vor der Abtastung** mit einem *analogen Filter* die höheren Frequenzanteile abgetrennt werden.

15.1.3 Grundlagen digitaler Signalverarbeitung – Schaltalgebra

Die Realisierung der drei Grundfunktionen (siehe Abschnitt 14.1) kann mit unterschiedlichen technischen Mitteln erfolgen.

- UND-Funktion (oder AND bzw. Konjunktion)
- ODER-Funktion (oder OR bzw. Disjunktion)
- NICHT-Funktion   (oder NOT bzw. Negation)

Einige einfache Beispiele zeigt Abb. 15.7.

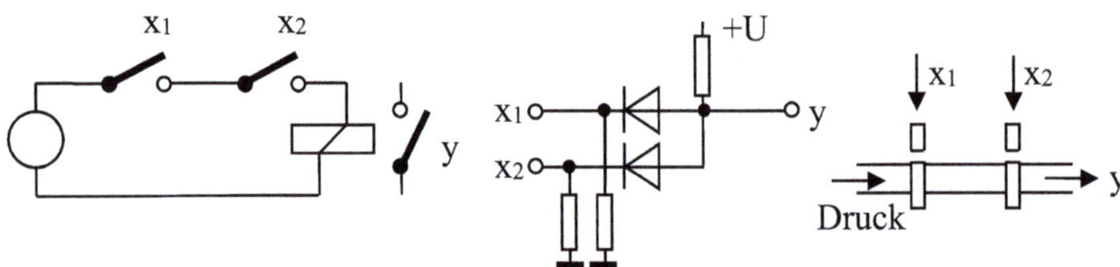

Abb. 15.7: Realisierung einer UND-Schaltung mit Relais, Dioden und Pneumatik

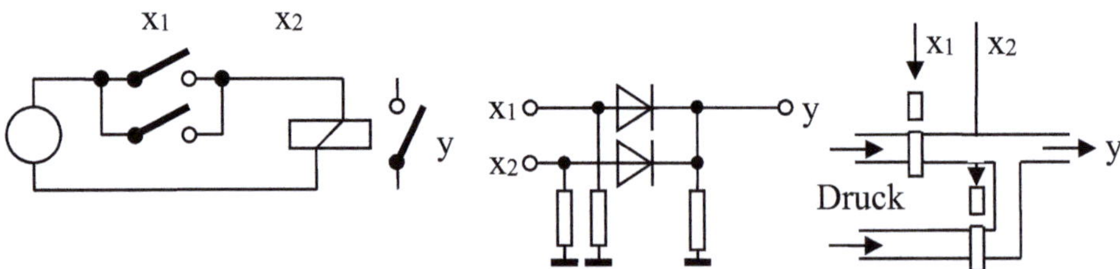

Abb. 15.8: Realisierung einer ODER-Schaltung mit Relais, Dioden und Pneumatik

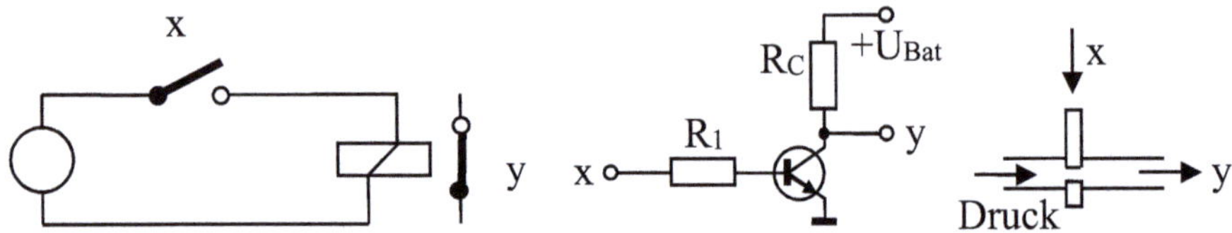

Abb. 15.9: Realisierung einer NICHT-Schaltung mit Relais, Transistor und Pneumatik

Eine Logik mit Relais ist zu groß und mechanisch zu anfällig, die Dioden-Transistor-Logik hat ungünstige Bedingungen bezüglich der Ein- und Ausgangsbelastung. Durchgesetzt hat sich die *TTL-Schaltungstechnik* (Transistor-Transistor-Logik) und in hochintegrierten Schaltungen die *C-MOS Schaltungstechnik* (vergleiche Abb. 12.38). In speziellen Bereichen werden pneumatische oder hydraulische Elemente eingesetzt.

Praxistipp: Bei TTL-Schaltkreisen dominiert die Realisierung verbundener Funktionen.

- NAND

$$\overline{x_1 \wedge x_2} = y$$

x_1	x_2	y
0	0	1
1	0	1
0	1	1
1	1	0

Wenn ($x_1 \wedge x_2$) nicht erfüllt ist, dann ist y wahr.

- NOR

$$\overline{x_1 \vee x_2} = y$$

x_1	x_2	y
0	0	1
1	0	0
0	1	0
1	1	0

Wenn ($x_1 \vee x_2$) nicht erfüllt ist, dann ist y wahr.

Praxistipp: Die *Nutzung dieser Bausteine stellt keine Einschränkung dar*, da mit mehreren Bausteinen beider oder eines beider Typen alle Funktionen realisierbar sind (siehe Absorptionsgesetze Abschnitt 12.4.1).

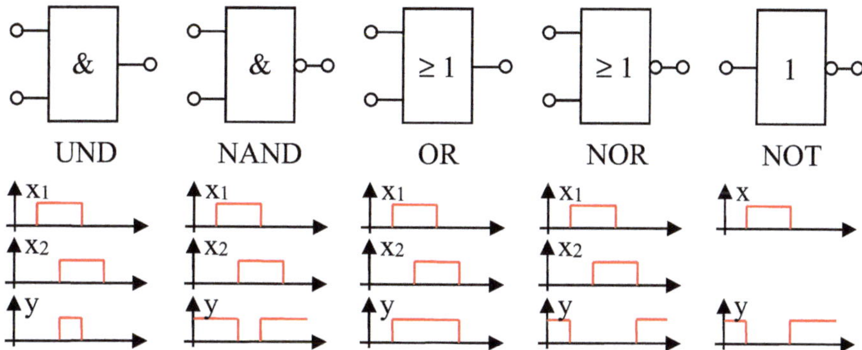

Abb. 15.10: Symbole für die logischen Operationen und ihre Signalverläufe

Für die logischen Grundfunktionen und ihre Operationen werden die *Symbole* in Abb. 15.10 verwendet. Darunter sind die Zeitverläufe der Ein- und Ausgangssignale dargestellt. Die Zeitverläufe der Ein- und Ausgangssignale zeigen die Wirkungsweise der Funktionen noch einmal sehr deutlich. Bei zusätzlicher Beachtung von *Reaktionszeiten* (wie Ansprechverzögerung oder Abfallverzögerung) kann mit solchen Darstellungen bei komplexeren *Schaltungen überprüft* werden, ob durch unterschiedliche Verzögerungen Schaltfehler (*Hazards*) entstehen können.

Beim Entwurf logischer Schaltungen wird von der gewünschten Gesamtfunktion ausgegangen und danach werden alle Bedingungen mit ODER verbunden (disjunktive kanonische Normalform) [176]. Anschließend kann der Ausdruck mit den Rechenregeln (Abschnitt 14.1) minimiert werden.

---

[176] Es ist auch eine konjunktive kanonische Normalform möglich.

Bei y = 1 soll z.B. die Tür offen sein, wenn entweder $x_1 = 1$ jemand hineingeht oder $x_2 = 1$ jemand hinausgeht. Die Tür muss also offen (y = 1) sein, wenn $x_1\bar{x}_2$ nur jemand hineingeht oder $\bar{x}_1x_2$ nur jemand hinausgeht oder beides x_1x_2 vorliegt. Dann

$$y = x_1x_2 \vee x_1\bar{x}_2 \vee \bar{x}_1x_2$$

$$y = x_1(x_2 \vee \bar{x}_2) \vee x_2(x_1 \vee \bar{x}_1) \qquad \text{mit Klammern zusammengefasst}\ [177]$$

$$y = x_1 \qquad\quad \vee\ x_2$$

Für das Minimieren bis zur Minimalform (ohne Redundanz) wurden auch grafische Methoden (z.B. das *Karnaugh-Veitch-Diagramm*) entwickelt.

Praxistipp: Heute gibt es dazu Rechnerprogramme, mit denen neben dem Minimieren auch eine Optimierung auf die vorhandenen logischen Elemente (z.B. in einem ASIC) durch gezieltes Erweitern stattfindet.

15.1.4 Übungsaufgaben zu Zahlen, Codierung und Schaltalgebra

Aufgabe 15.1

Wandeln Sie die Dezimalzahl 128, 192 und 240 (die in Subnetmasken vorkommen können) jeweils in eine Hexadezimalzahl, Oktalzahl und Binärzahl um.
Ermitteln Sie insgesamt dazu ein Verfahren.

Aufgabe 15.2

Führen Sie eine bitweise UND-Verknüpfung der Binärzahlen der IP-Adresse 134.28.125.31 mit der Subnetmaske 255.255.255.128 (Dezimalzahlangabe) durch.
Beschreiben Sie das Ergebnis.

Aufgabe 15.3

Addieren Sie 118_{Dez} und 10_{Dez} als Binärzahlen. Multiplizieren Sie beide Zahlen als Binärzahlen. Multiplizieren Sie 118_{Dez} und 8_{Dez} als Binärzahlen.

Aufgabe 15.4

Gegeben ist ein Codelineal mit 3 Bit Auflösung von 0 bis10 mm.
  1) Ermitteln Sie den Gray-Code für die Position 5,4 mm.
  2) Vergleichen Sie den Code an gleicher Position mit einer 4 Bit Auflösung.

Aufgabe 15.5

Stellen Sie für beide Schaltungen die Funktionen auf.

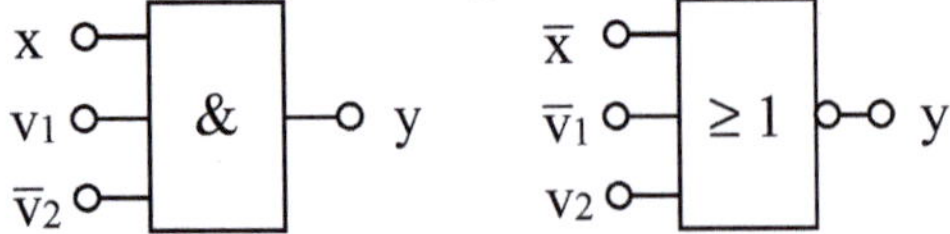

Abb. 15.11: Signal mit zwei Verriegelungen (v_1=Luftklappe, v_2=Sicherheitstür)

Vergleichen Sie die Ergebnisse.

---

[177] Dabei ist es zulässig, den ersten Term zweimal zu benutzen, da das logische Ergebnis unverändert bleibt.

15.2 Kombinatorische Schaltungen (Schaltnetze)

15.2.1 Entwurf kombinatorischer Schaltungen

Kombinatorische Schaltungen oder **Schaltnetze** bestehen aus OR, (NOR,) AND, (NAND) und NOT Funktionen (Bausteinen), sind aber *speicherfrei*.

Im Allgemeinen findet eine getrennte Betrachtung aller Eingangs- mit den jeweiligen Ausgangsgrößen statt.

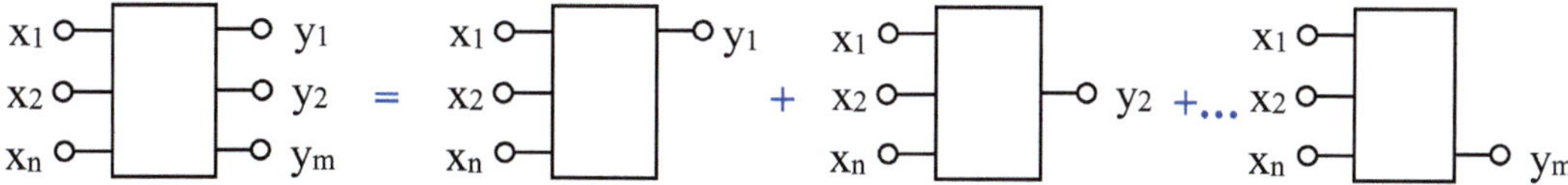

Abb. 15.12: Allgemeines Schaltnetz mit n Ein- und m Ausgängen

Die Aufgabenstellung für ein Schaltnetz muss für jede vorkommende Kombination der Eingänge festlegen, welche Werte die Ausgänge annehmen müssen. Dazu ist eine **Belegungstabelle** zu erarbeiten. Das Beispiel einer Treppenlichtsteuerung soll das demonstrieren.

- x_1 Taster Erdgeschoss   (ein oder aus)
- x_2 Taster Obergeschoss   (ein oder aus)
- x_3 Zeitschalter   (läuft oder abgelaufen)
- y_1 Licht   (ein oder aus)
- y_2 Kontrolllicht in den Tastern   (ein oder aus)
- y_3 Zeitschalter   (starten oder nicht starten)

In der Belegungstabelle müssen die Ausgänge für alle Kombinationen der möglichen Zustände aller Eingänge festgelegt werden. Bei drei Eingängen gibt es 8 Kombinationen.

Nr.	x_1	x_2	x_3	y_1	y_2	y_3	
1	0	0	0	0	1	0	nur Kontrollleuchten sollen auf ein sein
2	1	0	0	1	1	1	wenn Taster 1 betätigt, Licht und Zeitschalter ein
3	0	1	0	1	1	1	wenn Taster 2 betätigt, Licht und Zeitschalter ein
4	1	1	0	1	1	1	gleichfalls, wenn zufällig beide Taster betätigt
5	0	0	1	1	0	0	wenn Licht ein, alles ignorieren
6	1	0	1	1	0	0	wenn Licht ein, alles ignorieren
7	0	1	1	1	0	0	wenn Licht ein, alles ignorieren
8	1	1	1	1	0	0	wenn Licht ein, alles ignorieren

Tabelle 15.2: Belegungstabelle

In Kombination 2, 3 und 4 könnten alternativ für die geplante Funktion die Kontrollleuchten der Taster auch aus sein.

Aus der Belegungstabelle können die **disjunktiven kanonischen Normalformen** (eine ODER-Verknüpfung aller Eingangsbelegungen für jeweils $y = 1$) für jeden Ausgang erstellt werden. Für y_1 ergibt das die Belegungen 2 bis 8, für y_2 die Belegungen 1 bis 4 und für y_3 die Belegungen 2 bis 4.

$$y_1 = x_1\overline{x_2}\,\overline{x_3} \vee \overline{x_1}x_2\overline{x_3} \vee x_1x_2\overline{x_3} \vee \overline{x_1}\,\overline{x_2}x_3 \vee x_1\overline{x_2}x_3 \vee \overline{x_1}x_2x_3 \vee x_1x_2x_3$$

$$y_2 = \overline{x_1}\,\overline{x_2}\,\overline{x_3} \vee x_1\overline{x_2}\,\overline{x_3} \vee \overline{x_1}x_2\overline{x_3} \vee x_1x_2\overline{x_3}$$

$$y_3 = x_1\overline{x_2}\,\overline{x_3} \vee \overline{x_1}x_2\overline{x_3} \vee x_1x_2\overline{x_3}$$

$$(15.2)$$

Durch **Minimierung** kann daraus die Form erstellt werden, die den geringsten Bauelementebedarf erfordert.

$$y_3 = (x_1\overline{x}_2 \vee \overline{x}_1x_2 \vee x_1x_2)\overline{x}_3 = [(x_1 \vee \overline{x}_1)x_2 \vee (x_2 \vee \overline{x}_2)x_1]\overline{x}_3 = \underline{(x_1 \vee x_2)\overline{x}_3}$$

$\llcorner\!\blacktriangleright$ wird zweimal verwendet

$$y_2 = (\overline{x}_1\overline{x}_2 \vee x_1\overline{x}_2 \vee \overline{x}_1x_2 \vee x_1x_2)\overline{x}_3 = \underline{\overline{x}_3}$$

$\llcorner\!\blacktriangleright$ Klammer immer erfüllt

(15.3)

$$y_1 = (x_1 \vee x_2)\overline{x}_3 \vee (\overline{x}_1\overline{x}_2 \vee x_1\overline{x}_2 \vee \overline{x}_1x_2 \vee x_1x_2)x_3 = \underline{(x_1 \vee x_2)\overline{x}_3 \vee x_3}$$

$\llcorner\!\blacktriangleright$ 2...4 wie oben $\llcorner\!\blacktriangleright$ Klammer immer erfüllt

Technisch reicht alternativ auch $y_1 = x_3$ für die richtige Funktion; dann würde das Licht erst nach Loslassen des Tasters leuchten.

> Praxistipp: Die **logische Schaltung** (das Schaltnetz) kann direkt nach den minimierten Funktionen aus der Belegungstabelle aufgebaut werden.

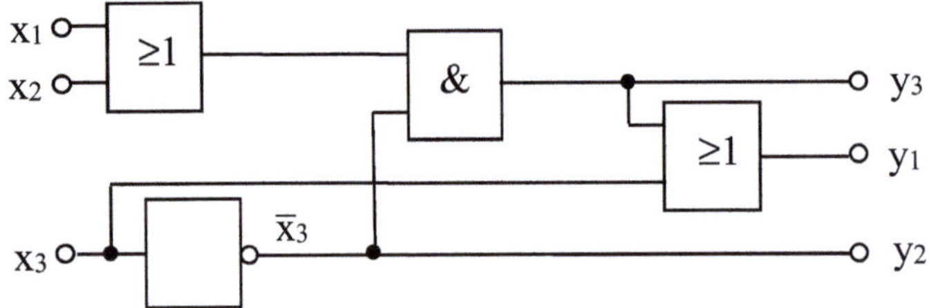

Abb. 15.13: Schaltung der Treppenlichtsteuerung

Für Abb. 15.13 sind in der Regel drei Schaltkreise (1x OR, 1x AND und 1x NOT) notwendig und es bleiben in den üblicherweise verwendeten Mehrfachgattern viele Gatter ungenutzt.

> Praxistipp: Oft ist es günstiger, die Schaltung nur aus einer Sorte Gatter zu realisieren.

In diesem Beispiel soll die Treppenlichtsteuerung nur aus NOR-Gattern aufgebaut werden.

Dazu sind die drei **Funktionen** (15.3) so zu **erweitern**, dass sie nur negierte ODER ($\overline{a \vee b}$) erfordern.

> Praxistipp: Es kann immer ohne Veränderung eine doppelte Negation verwendet werden.

$$y_1 = \overline{\overline{(x_1 \vee x_2)\overline{x}_3 \vee x_3}} = \overline{\overline{(x_1 \vee x_2)} \vee x_3 \vee x_3} = \overline{\overline{(x_1 \vee x_2)} \vee x_3 \vee x_3} = \overline{\overline{y}_1}$$

(15.4)

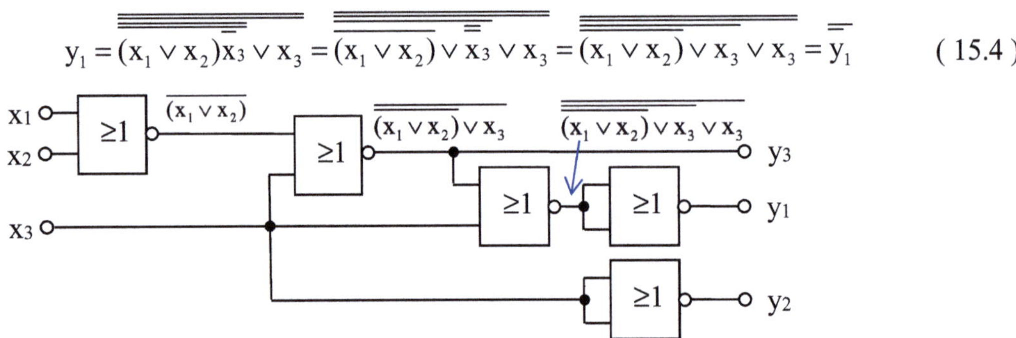

Abb. 15.14: Schaltung der Treppenlichtsteuerung mit 5 NOR-Gattern

Bei der Umformung wurden die Absorptionsgesetze verwendet. Für $\overline{ab} = \overline{a} \vee \overline{b}$ werden also beide Variablen und die logische Funktion ($\wedge \rightarrow \vee$) jeweils „negiert".
Diese Realisierung benötigt 5 NOR-Gatter; es können demnach z.B. **zwei** Schaltkreise mit je vier NOR-Gattern verwendet werden.

15.2.2 Wichtige Beispiele zu Schaltnetzen

Neben den Grundfunktionen werden oft abgeleitete Funktionen benötigt. Als Beispiele werden das Exklusiv-Oder, der Halb- und der Volladdierer dargestellt (mehr z.B. in (Tie10 S. 647 ff)).

Das *Exklusiv-Oder* (also die Funktion „entweder oder") EXOR-Baustein mit dem Symbol „=1":

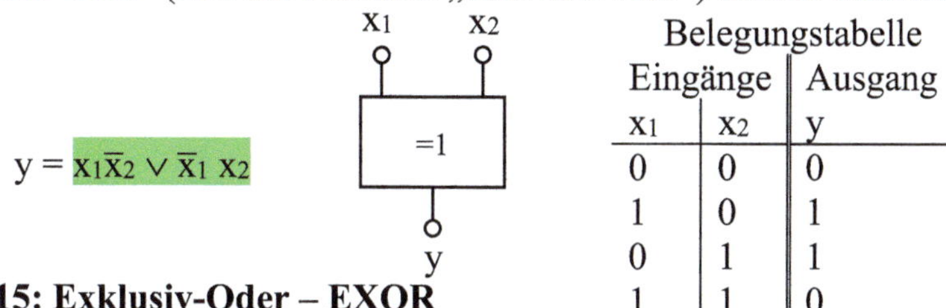

$$y = x_1 \overline{x_2} \lor \overline{x_1}\, x_2$$

Belegungstabelle

Eingänge		Ausgang
x_1	x_2	y
0	0	0
1	0	1
0	1	1
1	1	0

Abb. 15.15: Exklusiv-Oder – EXOR

Eine *Analyse des Algorithmus* der Addition ergibt die erforderliche *Belegungstabelle*.

$$\begin{array}{ll} \quad 111 & \quad 7_D \\ +\ \ 11 & \quad 3_D \\ \hline 111 \quad \text{Überträge} & \quad 1 \\ \hline 1010 & \quad 10_D \end{array}$$

Zuerst wird die *niedrigste Stelle* beider Zahlen betrachtet.

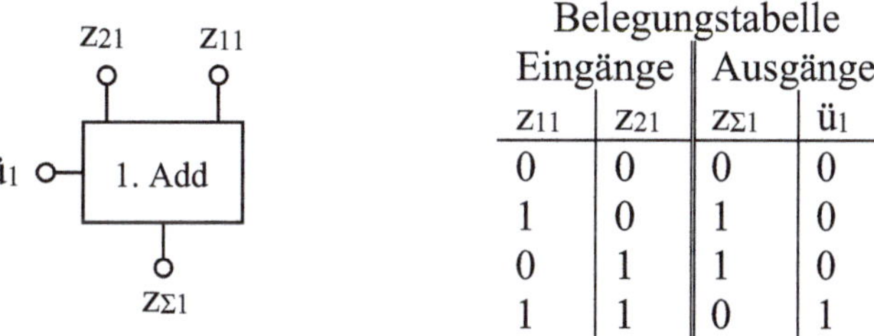

Belegungstabelle

Eingänge		Ausgänge	
z_{11}	z_{21}	$z_{\Sigma 1}$	$\ddot{u}_1$
0	0	0	0
1	0	1	0
0	1	1	0
1	1	0	1

Abb. 15.16: Addition der niedrigsten Ziffern z_{11} und z_{21} zweier Zahlen

Die *logischen Funktionen* aus der Belegungstabelle werden:
- für die Summe (disjunktive Normalform mit zwei Ausdrücken, für die $z_{\Sigma 1} = 1$ ist):

$$z_{\Sigma 1} = z_{11}\overline{z_{21}} \lor \overline{z_{11}}\, z_{21} \ ,$$

    (Das entspricht einem Exklusiv-Oder.)
- und für den Übertrag (mit nur einem Ausdruck, für den $\ddot{u}_1 = 1$ ist)

$$\ddot{u}_1 = z_{11}\, z_{21}$$

eine einfache UND-Verknüpfung.

Für die *n-te Stelle* muss der Übertrag der (n-1)-ten Stelle zusätzlich berücksichtigt werden.

Belegungstabelle

Eingänge			Ausgänge	
z_{1n}	z_{2n}	$\ddot{u}_{n-1}$	$z_{\Sigma n}$	$\ddot{u}_n$
0	0	0	0	0
1	0	0	1	0
0	1	0	1	0
1	1	0	0	1
0	0	1	1	0
1	0	1	0	1
0	1	1	0	1
1	1	1	1	1

Abb. 15.17: Addition der n-ten Ziffern z_{1n} und z_{2n} zweier Zahlen

Die *logischen Funktionen* für die n-te Stelle (mit je vier Ausdrücken, die 1 sind) werden:

$$z_{\Sigma n} = z_{1n}\,\overline{z}_{2n}\,\overline{ü}_{n-1} \vee \overline{z}_{1n}\,z_{2n}\,\overline{ü}_{n-1} \vee \overline{z}_{1n}\,\overline{z}_{2n}\,ü_{n-1} \vee z_{1n}\,z_{2n}\,ü_{n-1}$$

$$ü_{n} = z_{1n}\,z_{2n}\,\overline{ü}_{n-1} \vee z_{1n}\,\overline{z}_{2n}\,ü_{n-1} \vee \overline{z}_{1n}\,z_{2n}\,ü_{n-1} \vee z_{1n}\,z_{2n}\,ü_{n-1}\; .$$

Nach dem *Minimieren* wird daraus:

$$z_{\Sigma n} = (z_{1n}\,\overline{z}_{2n} \vee \overline{z}_{1n}\,z_{2n})\,\overline{ü}_{n-1} \vee (\overline{z}_{1n}\,\overline{z}_{2n} \vee z_{1n}\,z_{2n})\,ü_{n-1}$$

$$z_{\Sigma n} = A\,\overline{ü}_{n-1} \vee \overline{A}\,ü_{n-1} \qquad \text{mit } A = (z_{1n}\,\overline{z}_{2n} \vee \overline{z}_{1n}\,z_{2n}) \qquad {}^{178}$$

$$ü_{n} = z_{1n}\,z_{2n}\,\overline{ü}_{n-1} \vee z_{1n}\,\overline{z}_{2n}\,ü_{n-1} \vee \overline{z}_{1n}\,z_{2n}\,ü_{n-1} \vee z_{1n}\,z_{2n}\,ü_{n-1}$$

$$ü_{n} = z_{1n}\,z_{2n}(\overline{ü}_{n-1} \vee ü_{n-1}) \vee (z_{1n}\,z_{2n} \vee \overline{z}_{1n}\,z_{2n})ü_{n-1} = z_{1n}\,z_{2n} \vee (z_{1n}\,\overline{z}_{2n} \vee \overline{z}_{1n}\,z_{2n})\,ü_{n-1}$$

In der Praxis hat es sich bewährt, einen Baustein für einen *Halbaddierer* und mit zwei Halbaddierern einen *Volladdierer* für die Addition einer Stelle zu realisieren. Diese Volladdierer können dann *je nach Anzahl der Stellen aneinandergehängt* werden. So erreicht man eine sehr flexible Anordnung.

Der Halbaddierer entspricht der Addition der niedrigsten Stelle einer Ziffer.

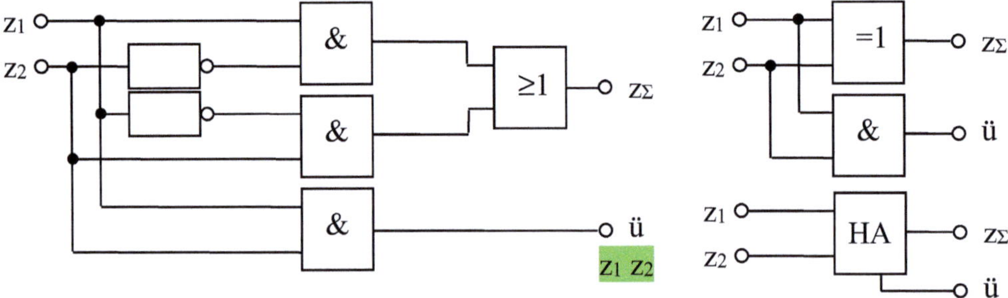

Abb. 15.18: Halbaddierer mit NOT, AND und OR, mit EXOR und AND und als Symbol

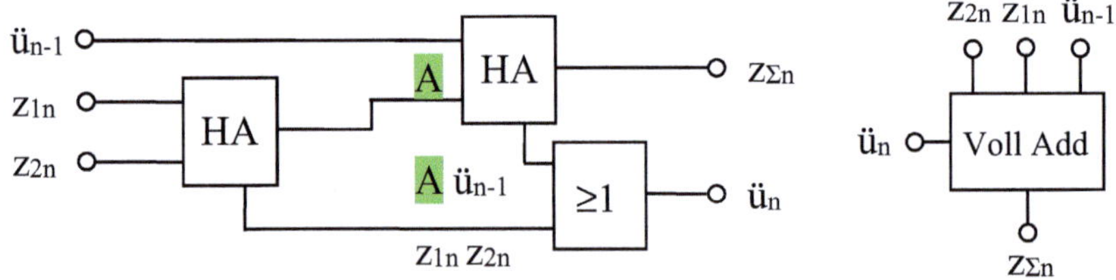

Abb. 15.19: Volladdierer mit zwei Halbaddierern und OR sowie als Symbol

Für eine *Addition von m Ziffern* werden m Volladdierer verbunden.

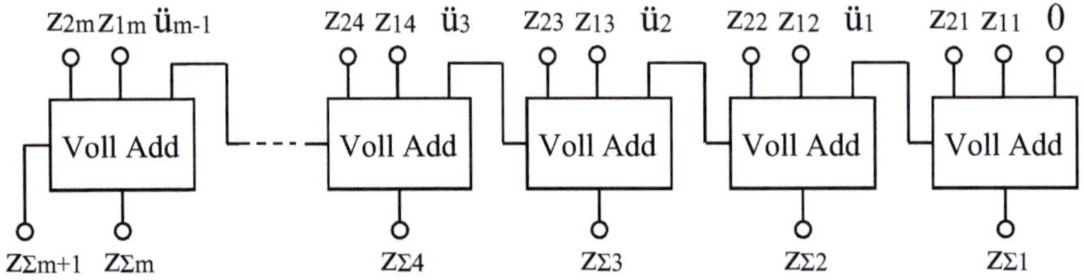

Abb. 15.20: Addition von zwei Zahlen mit m Ziffern

Praxistipp: In der Rechentechnik werden viele weitere kombinatorische Schaltungen (also Schaltungen ohne Speicher) verwendet, z. B. Vergleicher (>, =, <), zur Multiplikation die Linksverschiebung, zur Division die Rechtsverschiebung oder die Komplementbildung.

---

[178] Vergleiche Belegungstabelle; $z_{\Sigma n}$ entspricht $A\,\overline{ü}_{n-1} \vee \overline{A}\,ü_{n-1}$

15.2.3 Übungsaufgaben und Versuch zu Schaltnetzen

Aufgabe 15.6

Es ist die Belegungstabelle, die Funktion und die Schaltung für einen Vergleich zweier logischer Werte entsprechend $y = x_1 > x_2$ (Werte jeweils True oder False) zu entwickeln.

Aufgabe 15.7

Es ist für die Treppenlichtsteuerung nach (15.3) eine Schaltung ausschließlich mit NAND-Gattern zu entwickeln.

Aufgabe 15.8 Versuch zu Schaltnetzen

Messtechnische Untersuchung der Schaltungen der Treppenlichtsteuerung.

Versuchsaufbau:
Auf einem Testbrett ist die Schaltungen mit jeweils zwei vierfach NOR bzw. NAND Bausteinen zu stecken. Die Eingänge sind mit Steckern entsprechend dem gewünschten Zustand auf Masse bzw. +5 V zu legen. Die Ausgänge der Schaltung sind mit je einer Anzeigediode zu verbinden.

Versuchsdurchführung:
Die gesamte Belegungstabelle ist zu überprüfen.

Zusammenfassung der Versuchsergebnisse:
Nur die vollständige Überprüfung der Belegungstabelle stellt die richtige Funktion sicher.

15.3 Sequentielle Schaltungen (Schaltwerke)

15.3.1 Wichtige Speicheranordnungen

> Sequentielle Schaltungen oder **Schaltwerke** bestehen aus Schaltnetzen mit *Speichern* (mindestens einem) *zur Rückführung* von den Ausgangs- zu den Eingangswerten.

In Abb. 15.21 wird das Grundprinzip eines Schaltwerkes dargestellt. Je nach Arbeitsweise sind dabei verschiedene Speichertypen einzusetzen.

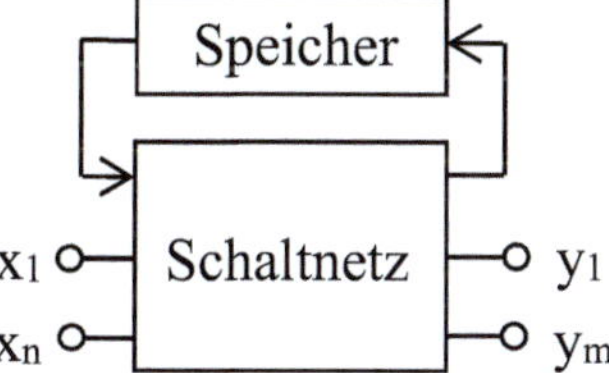

Abb. 15.21: Prinzip eines Schaltwerks

Speicher werden in der Elektronik durch bistabile Kippstufen realisiert. Diese können asynchron oder synchron arbeiten.
Die **asynchrone Kippstufe** wird als *RS-Flipflop* z.B. durch zwei NOR realisiert. Dabei existieren ein Eingang zum *Setzen* des Speichers und ein zweiter zum Löschen (*Reset*). Normalerweise steht sowohl der Ausgang (Q) als auch der negierte Ausgang zur Verfügung.

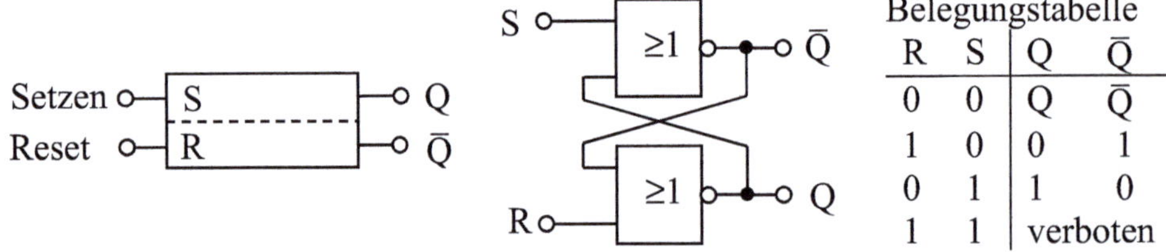

Abb. 15.22: RS-Flipflop als Symbol, mit zwei NOR-Gattern und Belegungstabelle

Liegt an S und R „0" (entspricht Lowpegel), bleibt der gespeicherte Wert (0 oder 1) erhalten. Würden beide Eingänge gleichzeitig „1" (entspricht Highpegel), wäre der Ausgang von vielen Zufällen abhängig und ist somit undefiniert. Dieser Fall ist deshalb verboten.

Praxistipp: RS-Flipflops werden in der Praxis aus zwei NOR-Gattern realisiert und stehen in der Regel nicht als Spezialbausteine zur Verfügung.

Eine **synchrone Kippstufe** enthält zusätzlich zum RS-Flipflop eine Taktsteuerung und wird auch als Auffangflipflop bezeichnet.

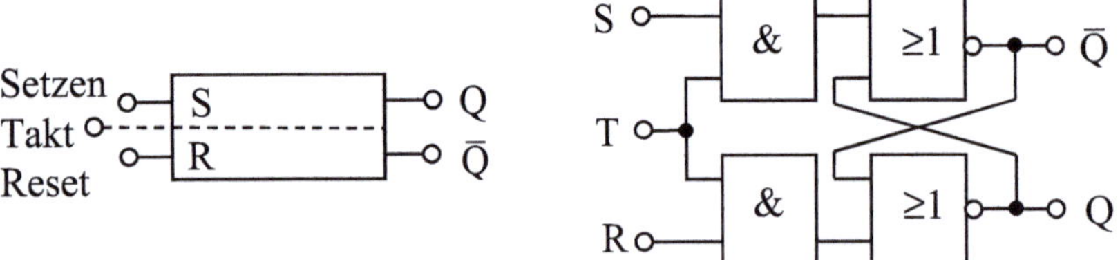

Abb. 15.23: Taktgesteuertes RS-Flipflop und Schaltung mit Gattern

Durch die zusätzlichen UND-Gatter wirken die Signale an R bzw. S nur dann am RS-Flipflop, wenn gleichzeitig das Taktsignal auf „1" liegt. Sind mehrere dieser Flipflops hintereinander angeordnet, könnte während der Taktzeit der Wert durch mehrere Speicher laufen. Die Taktung soll aber für eine eindeutige Übernahme sorgen und keine weiteren Veränderungen zulassen.

Dazu ist in einem **RS-Master-Slave-Flipflop** neben dem Hauptspeicher ein Zwischenspeicher notwendig. Während des Taktes erfolgt so eine Übernahme in den Zwischenspeicher und nach Taktende die Übergabe in den Hauptspeicher.

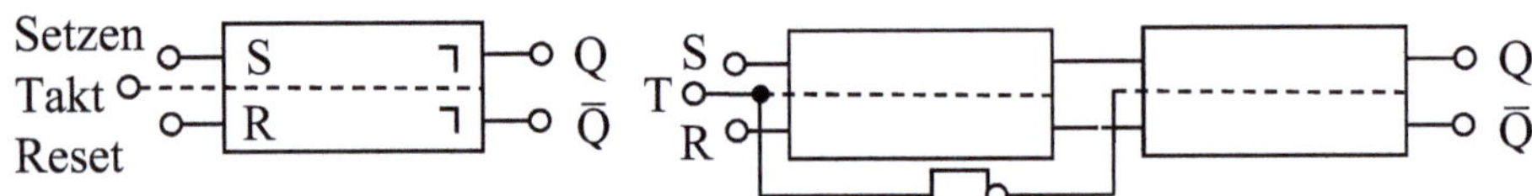

Abb. 15.24: RS-Master-Slave-Flipflop und Aufbau aus zwei getakteten RS-Flipflops

Ist das Taktsignal auf „1", lassen beide UND-Gatter des ersten getakteten RS-Flipflops (siehe Abb. 15.23) die Signale „R" bzw. „S" durch, während die des zweiten getakteten RS-Flipflops durch das NOT-Gatter sperren. Damit ist der *erste Speicher offen* und kann übernehmen und der *zweite gesperrt*. Nach Taktende (Taktsignal = 0) wird der *erste Speicher gesperrt,* durch das NOT-Gatter ist der *zweite offen* und so erfolgt die Übergabe an den Hauptspeicher.

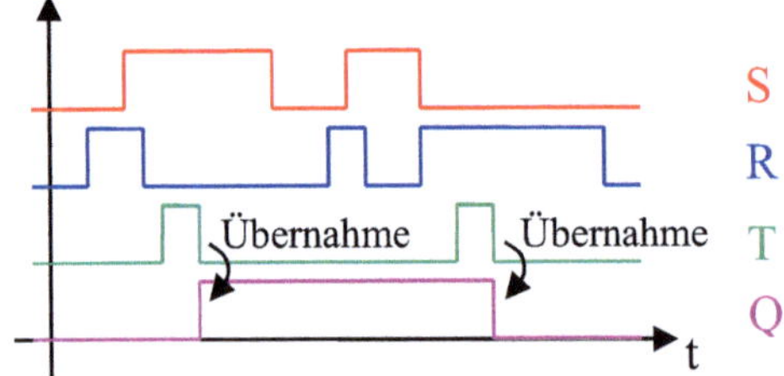

Abb. 15.25: Taktschema mit Störimpulsen

Es bleibt aber nach wie vor das gleichzeitige Auftreten von R = S = 1 (während des Taktes) verboten und würde zu ungewollten Zuständen führen.

Das wird durch eine weitere Verriegelung in einem **JK-Master-Slave-Flipflop** gelöst.

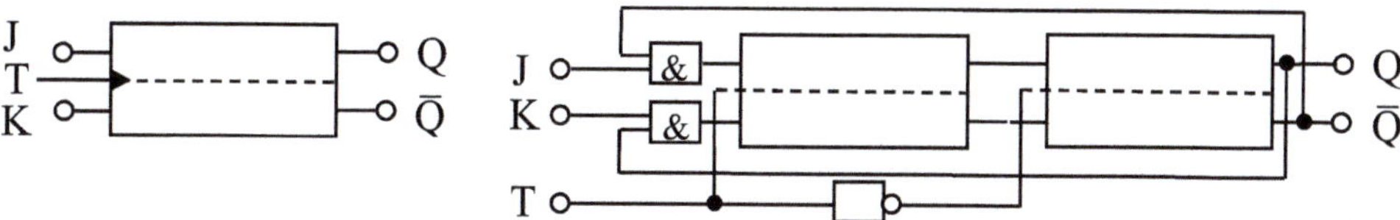

Abb. 15.26: JK-Master-Slave-Flipflop und Aufbau aus zwei getakteten RS-Flipflops

Liegt an J und K gleichzeitig „1", ist je nach dem Wert von Q das obere oder untere UND-Gatter geöffnet. Durch die gekreuzte Rückführung erfolgt nach Taktende eine Umkehrung von Q (Q wird $\overline{Q}$). Damit wird die Belegungstabelle nach Taktende:

K	J	Q	
0	0	Q	Speichern – Wert wird gehalten
1	0	0	Löschen (Reset)
0	1	1	Setzen
1	1	$\overline{Q}$	Umkehr von Q gegenüber vor dem Takt

Praxistipp: Die R- und S-Eingänge können zur Voreinstellung als allgemeines Preset und Reset an einen Pin zusätzlich herausgeführt sein. Damit ist das JK-Master-Slave-Flipflop ein *universell einsetzbares* Speicherelement. [179]

Anwendung für **Teilerschaltungen**

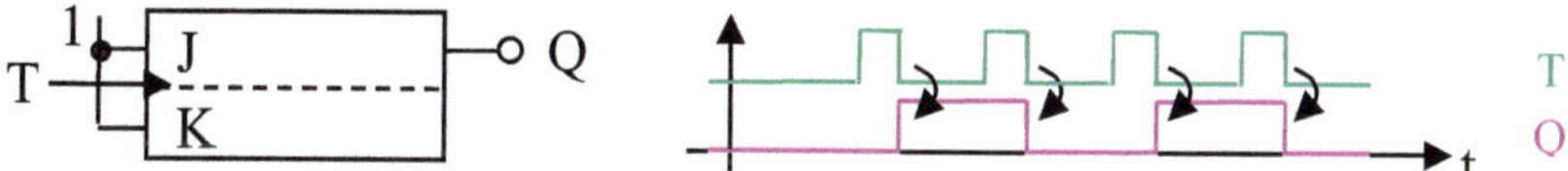

Abb. 15.27: Teilung der Taktfrequenz auf f/2

Werden an einem JK-Master-Slave-Flipflop J und K ständig auf „1" gelegt, erfolgt *zum Ende jedes Taktsignals eine Umkehr des Ausgangs* Q (siehe Abb. 15.27). Das so entstehende Ausgangssignal hat demzufolge genau die halbe Frequenz. Werden jeweils an den Ausgang die Takteingänge gleicher Schaltungen (entsprechend Abb. 15.27) angeschlossen, wird die Frequenz immer wieder auf die Hälfte geteilt.

Praxistipp: So sind die oft benötigten 2^n-**Teiler** ($f/2^n$) einfach realisierbar.

Durch eine spezielle Beschaltung sind aber auch ungerade Teiler möglich.

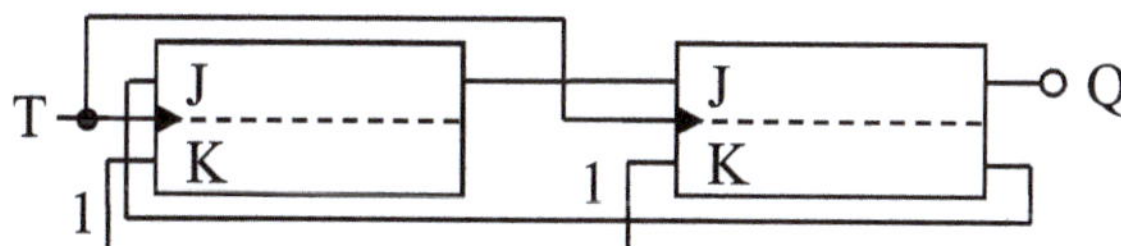

Abb. 15.28: Teiler auf f/3

Für $Q_1 = Q_2 = 0$ gilt $J_1 = \overline{Q}_2 = K_1 = 1$, aber $J_2 = Q_1 = 0$ und $K_2 = 1$. Nach dem Ende des ersten Taktes wird nach der Belegungstabelle Q_1 also umgekehrt ($\rightarrow 1$), während Q_2 gelöscht wird ($\rightarrow$ bleibt 0). Nun sind $J_1 = J_2 = K_1 = K_2 = 1$ und nach dem Ende des zweiten Taktes kehren sich beide Ausgänge um. Es werden $Q_1 = 0$ und $Q_2 = 1$. Jetzt sind $J_1 = \overline{Q}_2 = 0$ und $J_2 = Q_1 = 0$ und es werden nach dem Ende des dritten Taktes beide Ausgänge gelöscht (bleiben oder werden 0). Das ist wieder der Anfangszustand. Aus *drei Takten* wird also immer *einer*. (Da die Taktfrequenz von vornherein kein Tastverhältnis von 1:1 haben muss, ist es kein Problem, dass f/3 ebenfalls kein Tastverhältnis von 1:1 hat.)

---

[179] Es gibt weitere Speicherelemente z.B. JK-, D-, und T-Flipflops (siehe z.B. (Sei98))

Anwendung für **Zählerschaltungen**

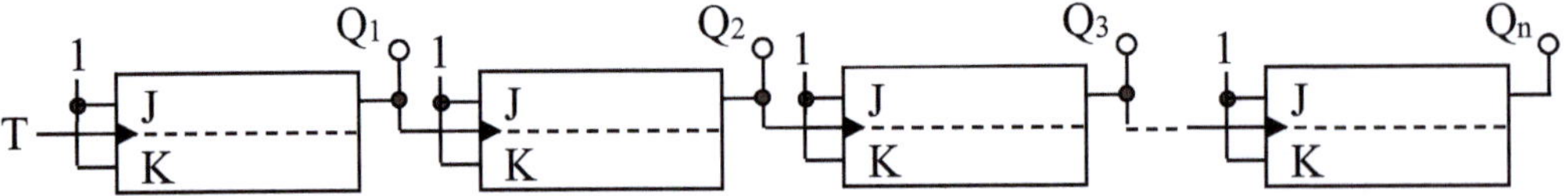

Abb. 15.29: Binärzähler für die Taktfrequenz mit Anzeige von n Binärziffern

Praxistipp: Da jeder Baustein die Taktfrequenz auf die Hälfte teilt, erscheinen zum Schluss Q_n bis Q_1 als Anzahl der Impulse. Dieser *Binärzähler* ergibt somit sofort eine Binärzahl.

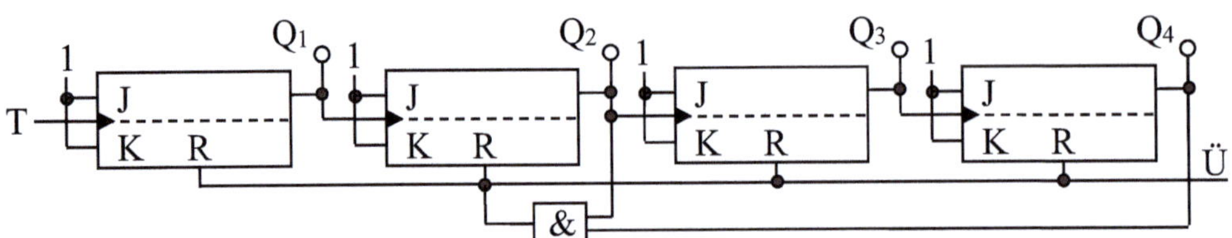

Abb. 15.30: Dezimalzähler mit BCD-Code und Übertrag für die nächste Dekade

Ein *Dezimalzähler* wird realisiert, indem bei Erreichen der Ziffer 10_D (1010_B ergibt am UND-Gatterausgang 1) alle Bausteine zurückgesetzt werden und die Zählung mit dem 11. Impuls neu beginnt. Gleichzeitig wird der Rücksetzimpuls als Übertrag für den Takteingang der nächsten Dekade ausgeführt.
Für die dargestellten Zählerschaltungen wirken sich die Ein- und Ausschaltzeiten der Bausteine als Laufzeitverzögerungen zwischen den Bausteinen aus. Das ergibt eine *asynchrone Zählung*, wodurch kurzzeitig Zwischenzustände möglich sind, die nicht dem aktuellen Zählerstand entsprechen.

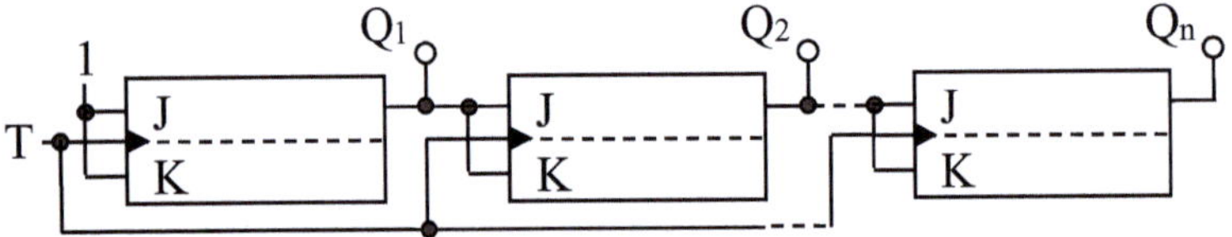

Abb. 15.31: Synchrone Kopplung für Zähler

Die Kopplung der Stufen des Zählers nach Abb. 15.31 ermöglicht eine *synchrone Zählung*, da nach Taktende alle Stufen den aktuellen Wert haben. Alle Laufzeiten liegen vor dem Taktende und das Taktende wirkt an allen Stufen gleichzeitig.

Praxistipp: Diese *universellen Zähler* mit *Voreinstellung können* zusätzlich durch eine Umschaltung als *Vorwärts- und Rückwärtszähler* ausgelegt werden.
Zähler sind als Schaltkreise in vielen Konfigurationen und Varianten verfügbar. [180]

Anwendung für **Schieberegister-** und **Ringzählerschaltungen**

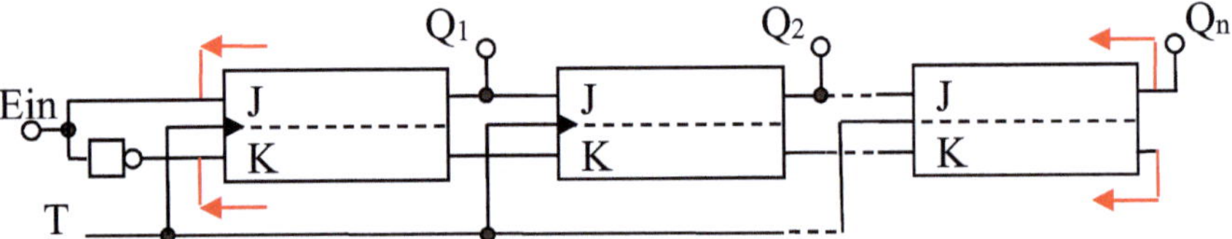

Abb. 15.32: Schieberegister und Ringzähler (mit roter Rückführung)

Wird am Eingang ein Bit-Muster eingespeist, *läuft dieses Bit-Muster mit jedem Taktsignal Stufe für Stufe durch das Schieberegister* (da eine „1" am Ausgang ein Setzen der nächsten

---

[180] Eine voreingestellte Zahl wird zurückgezählt und kann normalerweise bei Erreichen von null einen Impuls (z.B. als Interruptsignal) auslösen.

Stufe am Ende des folgenden Taktes bewirkt; eine „0" bewirkt ein Löschen). Dazu muss die Taktfrequenz größer oder bestenfalls gleich der Bit-Änderungsfrequenz sein. Wenn die Taktfrequenz groß genug ist, finden sich in der Belegung der Stufen auch die richtigen Zeitabstände wieder.

Wird die Rückführung in Abb. 15.32 genutzt, ergibt sich ein Ringzähler. Ein voreingestelltes *Bit-Muster läuft mit jedem Takt im Kreis* eine Stelle weiter herum.

Praxistipp: Außer bistabilen Kippstufen können **monostabile** und **astabile** Kippstufen realisiert und verwendet werden.

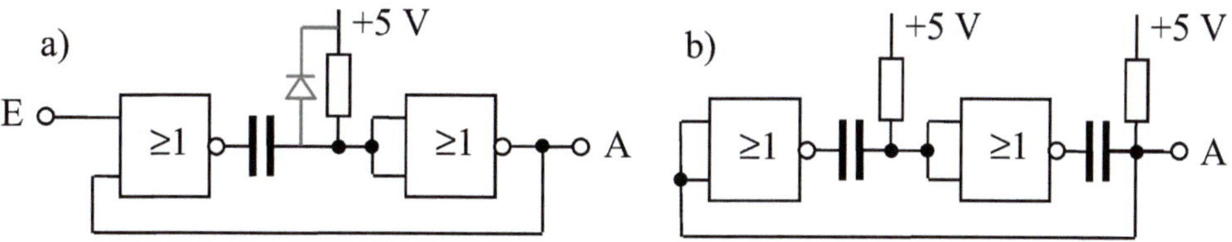

Abb. 15.33: a) monostabile und b) astabile Kippstufen

Bei der monostabilen Kippstufe wird im *Ruhezustand* kein Ladestrom für C fließen. Das ergibt folgenden *stabilen Zustand*: Eingänge des ersten NOR „0" und Ausgang „1", Eingänge des zweiten NOR beide „1" und Ausgang „0". So ist auch wirklich der untere Eingang des ersten NOR „0" und C ungeladen. Wird an den Eingang ein kurzer Impuls gelegt, wird der Ausgang des ersten NOR „0". Da sich der Kondensator nur langsam aufladen kann, muss das Nullsignal erst einmal auch an beiden Eingängen des zweiten NOR liegen und der Ausgang wird „1". Damit ist ein Eingang des ersten NOR weiterhin „1", auch wenn der Impuls zu Ende ist. Dieser *Zustand ist instabil*, weil sich der Kondensator auflädt und nach einer (durch R, C und den Schwellspannungen) festgelegten Zeit die Spannung an den Eingängen des zweiten NOR dieses durchschaltet. Damit wird der Ausgang „0", demzufolge sind beide Eingänge des ersten NOR „0" und der Ausgang wieder „1". Da der Kondensator noch aufgeladen ist, würden die Eingänge des zweiten NOR auf fast 10 V angehoben werden. Die Diode ist dann aber in Durchlassrichtung und entlädt den Kondensator sehr schnell. Dadurch ist die monostabile Stufe sofort wieder im *stabilen Ruhezustand* (und erneut einsatzfähig) und die Eingänge des zweiten NOR werden vor *Überspannung geschützt*. Die Anwendung findet für die *Herstellung einer gewollten Impulslänge* statt.

Die astabile Kippstufe hat keinen *stabilen Ruhezustand*, sondern es läuft umgekehrt der gleiche instabile Vorgang ab. Damit schalten entsprechend R, C und den Schwellspannungen beide NOR immer hin und her. Die Anwendung erfolgt zur *Schwingungserzeugung*. Weitere Anordnungen sind in (Tie10 S. 673 ff) zu finden.

15.3.2 Beispiel für den Entwurf einer Ablaufsteuerung

Ablaufsteuerungen bzw. *Schrittketten* sind die Hauptanwendungen von **Schaltwerken**. Für diese ist heute eine Programmiersprache in der IEC 61131-3 festgelegt.

Als Beispiel soll die Regelung einer Heizungsanlage für ein Wohnhaus entworfen werden. Der **Ausgangspunkt** ist die *Analyse deren Funktionen*. Die erforderlichen sind:
- das Verarbeiten des manuellen Ein- und Ausschaltens der Anlage,
- die Steuerung der Umwälzpumpe (Einschalten, wenn die Heizung läuft),
- die temperaturabhängige Steuerung des Brenners und
- die Steuerung von Kontrolllampen für Pumpe und Brenner.

In diesem vereinfachten Beispiel soll die Temperaturregelung durch Ein- und Ausschalten des Brenners zwischen oberem und unterem Temperatursollwert des Raumes realisiert werden.

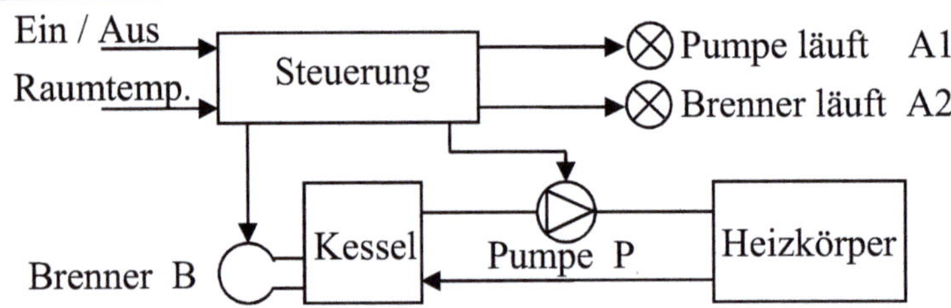

Abb. 15.34: Prinzipdarstellung der Heizungsanlage

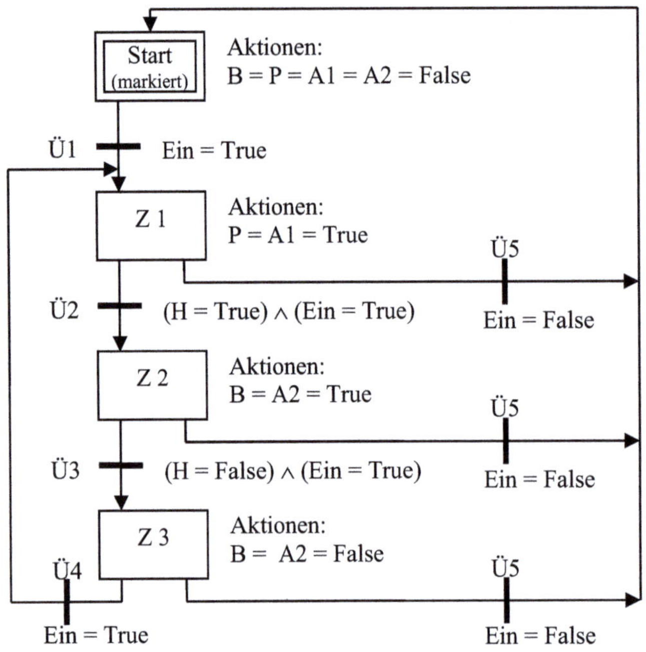

Abb. 15.35: Funktionsplan der Steuerung (Ablaufsteuerung)

Im **Funktionsplan der Steuerung** (Abb. 15.35) bedeuten (analog zu IEC 61131-3):

- Start = **Startzustand**, dieser ist zu Beginn aktiviert (markiert) und seine Aktionen werden sofort zu Beginn ausgeführt (*Ausgangszustand* wird hergestellt).
- Z1 bis Z3 = **Zustände** mit ihren **Aktionen**.
- Ü1 bis Ü5 = Übergangsbedingungen (**Transitionen**); wenn sie erfüllt sind, wird der *nächste Zustand aktiviert* und der *alte Zustand deaktiviert*. Somit werden danach die Aktionen des neuen Zustandes ausgeführt.
- Ein = True, wenn die Heizung manuell eingeschaltet wurde, sonst False.
- H = Wärmeanforderung, sie ist True, wenn die Isttemperatur kleiner ist als die untere Solltemperatur ($t_{ist} < t_{soll\ untere}$), und False, wenn $t_{ist} > t_{soll\ obere}$ ist.

Die Transitionen in Abb. 15.35 wurden so dargestellt, dass bei mehreren möglichen immer nur eine logisch richtig sein kann (mit Hilfe der UND Verknüpfungen). Praktisch sind auch **Prioritäten** einstellbar.

Die Aktionen des Zustands Z3 werden *genau einmal durchgeführt*, weil eine der anschließenden Transitionen immer sofort erfüllt ist (jeder Zustand wird mindestens einmal ausgeführt).

Jeder Hardwareschritt besteht aus einem Speicher, der zur *Aktivierung* gesetzt und zur *Deaktivierung* gelöscht werden kann. Der *Speicherausgang steuert die Aktionen*. Beim Start

(Power-On-Reset) erhält der Speicher des ersten Schritts ein *Preset-* und alle anderen einen *Reset*-Impuls. D.h., nur der erste Schritt ist nach dem Start aktiviert.

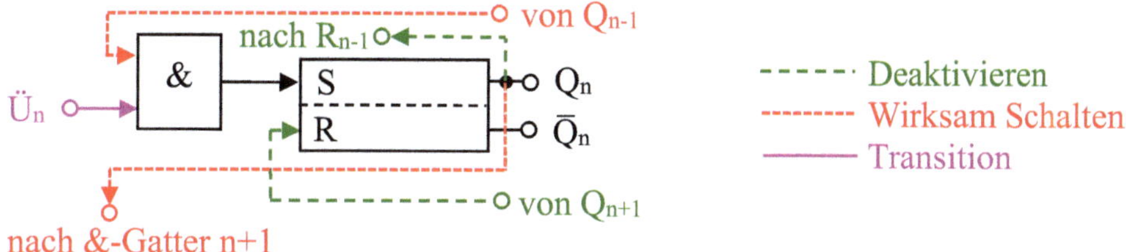

Abb. 15.36: Hardware für den n-ten Schritt

Nur wenn der *vorherige Schritt aktiv* ist ($Q_{n-1} = 1$), *wirkt die Transition* ($\ddot{U}_n$) über das UND-Gatter. Wird dieser Schritt durch $\ddot{U}_n = 1$ ($\rightarrow S = 1 \rightarrow Q_n = 1$) aktiv, wirkt $Q_n = 1$ auf R_{n-1} zurück und *löscht* den Speicher des *vorherigen Schritts*. Durch $Q_n = 1$ wird außerdem die *Transition des nächsten Schritts auf Durchgang* gesetzt.

Wenn der nächste Schritt aktiv wird ($Q_{n+1} = 1$), wird der *aktuelle Schritt vom nächsten* über R *gelöscht* (deaktiviert).

Q_n und $\bar{Q}_n$ werden zum Schalten der *Aktionen* eingesetzt.

Praxistipp: Die Übergangsbedingungen werden z.B. durch kombinatorische Schaltungen realisiert. Für die Aktionen werden weitere Speicher benötigt, wenn sie über den aktuellen Schritt hinaus bestehen sollen. Dabei können durch kombinatorische Schaltungen zusätzlich Verriegelungen realisiert werden.

Der Funktionsplan (Abb. 15.35) zeigt, dass einige Zustände von *mehreren Transitionen* aktiviert werden können. Darüber hinaus sind dann auch *mehrere Vorgänger* vorhanden. Auch das muss durch entsprechende kombinatorische Schaltungen berücksichtigt werden.

Abb. 15.37 stellt die vollständige Schaltung der Hardware des Beispiels der vereinfachten Heizungssteuerung vor.

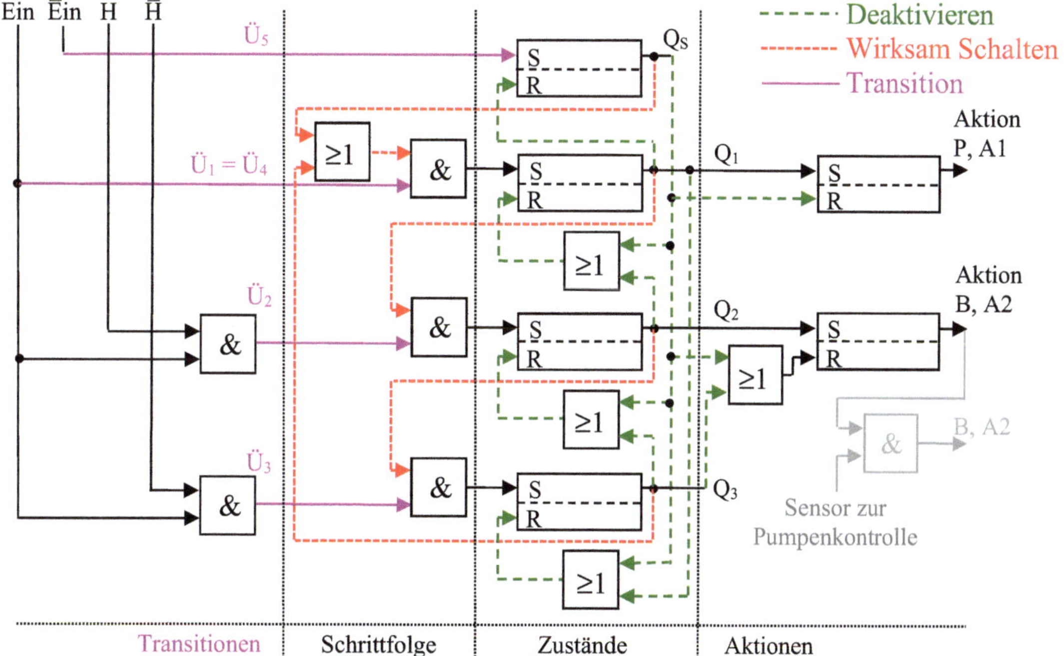

Abb. 15.37: Hardware der Heizungssteuerung

Es ist deutlich zu sehen, dass bei mehreren Nachfolgern durch das ODER-Gatter jeder
Zustand löschen kann (der 1. und 2. Zustand je durch den Zustand Start und auch durch den
unmittelbaren Nachfolger; der 3. Zustand durch den Zustand Start und durch den 1. Zustand).
Genauso wird die Transition des 1. Zustands sowohl vom Zustand Start als auch vom 3. auf
wirksam geschaltet.
Eine *Verriegelung* für den Fall, dass die Pumpe ausfällt und somit nicht wirksam ist, zeigt die
zusätzliche grau angedeutete Schaltung.
Nicht dargestellt worden sind die *Verbindungen des Preset-Pins* vom Zustand Start und der
Reset-Pins aller anderen an den Reset-Taster. Weiterhin muss die Spannungsversorgung der
Bausteine berücksichtigt werden.

15.4 Richtungen der weiteren Entwicklung

Praxistipp: Die in den Abschnitten 15.2 und 15.3 dargestellten Bausteine und deren
Möglichkeiten sind nach wie vor für kleinere Aufgaben sehr vorteilhaft einsetzbar.

Die weitere Entwicklung geht über
- SPLD (Simple Programmable Logic Device),
- PLA (Programmable Logic Array),
- PAL (Programmable Array Logic),
- GAL (Gate Array Logic),
- CPLD (Complex Programmable Logic Device),
- FPGA (Field Programmable Gate Array),
- ASIC (Application Specific Integrated Circuit)

zu **hochintegrierten Logikanordnungen**, die in der Regel von einem Konfigurations-
programm einmalig *frei konfiguriert* werden können (Erstellen des gewünschten Schaltnetzes
bzw. -werkes). In diesen Bausteinen ist je nach Typ eine relativ große Anzahl von Gattern,
Speichern usw. Ein- und Ausgängen, evtl. A/D- und D/A-Wandlern usw. enthalten.

Eine andere Entwicklungsrichtung geht zu **programmierbaren und prozessorgesteuerten
Lösungen**. SPS (Speicherprogrammierbare Steuerungen) und Microkontroller standen am
Anfang und werden umfangreich und derzeit teilweise mit Feldbussystemen eingesetzt. Heute
werden insbesondere für größere Aufgaben auch vorteilhaft Industrie-PC eingesetzt.

Beispiele mit dem Raspberry Pi (z.B. Steuerung eines Bootsmodells) sind in (Boe21).

Aus in den Abschnitten 15.2 und 15.3 aufgezeigten Entwicklungen sind auch die für SPS
genormten Programmiersprachen (IEC 61131-3) mit hervorgegangen und viele *Lösungen
wurden direkt übernommen* (z.B. die Schrittkette).

16 Mikrocontroller

Die <u>mathematischen Abhandlungen in Abschnitt 14 sowie Abschnitt 15 zur digitalen Schaltungstechnik</u> sollten verstanden worden sein. Es werden

- Einsatzgebiete,
- der grundlegende Aufbau,
- wesentliche Peripheriemodule sowie
- Entwicklungsumgebungen und die Programmierung

von Mikrocontrollern vorgestellt.

16.1 Begriffsbestimmung

Mikrocontroller kommen in vielfältigen Anwendungen in nahezu allen Bereichen zum Einsatz. Sie enthalten bei günstigen Anschaffungspreisen neben einem Mikroprozessor mit einer für Steuerungs- und Regelungsanwendungen vergleichsweise hohen Rechenleistung auch Peripheriemodule wie beispielsweise multifunktionale Timer/Counter, serielle Schnittstellen und Analog-Digital-Wandler in einem integrierten Schaltkreis.

Eingesetzt werden Mikrocontroller in nahezu allen elektronisch gesteuerten oder geregelten Geräten. Hierunter sind beispielsweise die folgenden Anwendungen:

- **Industrie und Automatisierung** wie Roboter, Messwerterfassung.
- **Haushaltsgeräte** wie Elektrowerkzeuge, Geschirrspüler, Kühl- und Gefriergeräte.
- **Unterhaltungselektronik** wie Fernsehgeräte, Radios, Fernbedienungen, Smartphones.
- **Sicherheitstechnik** wie Alarmanlagen, Chipkarten, Zutrittssteuerungen.
- **Steuergeräte in Kraftfahrzeugen** wie für Motorsteuerung, ABS, Servolenkung.
- **Smart Home und Internet der Dinge (IoT)** wie Licht- oder Temperatursteuerungen.
- **Bürogeräte** wie Monitore, Drucker, Eingabegeräte.
- **Medizinische Geräte** wie Sphygmomanometer, Thermometer, Herzschrittmacher.
- **Hobby und Bildung** wie Einplatinencomputer, Robotersteuerungen.

16.2 Aufbau von Mikrocontrollern

Mikrocontroller vereinen alle für den Betrieb notwendigen Komponenten wie
- einen Mikroprozessor (CPU),
- nichtflüchtigen Programmspeicher (Flash-ROM),
- flüchtigen Arbeitsspeicher (SRAM),
- nichtflüchtigen Datenspeicher (EEPROM),
- eine Takterzeugungseinheit für die CPU und Peripheriegeräte,

© Der/die Autor(en), exklusiv lizenziert an
Springer Fachmedien Wiesbaden GmbH, ein Teil von Springer Nature 2026
E. Boeck und H. Kallies, *Lehrgang Elektrotechnik und Elektronik*,
https://doi.org/10.1007/978-3-658-50903-3_16

- Multifunktionszähler mit verschiedenen Anwendungen sowie
- verschiedene Einheiten zur Dateneingabe und -ausgabe

in einer integrierten Schaltung (siehe Abb. 16.1).

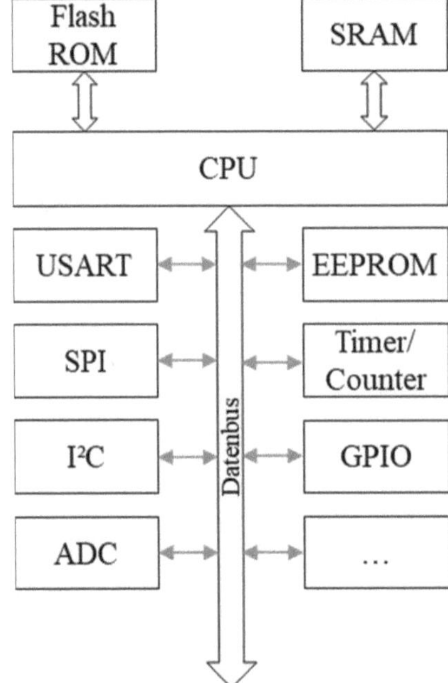

Abb. 16.1: Prinzipieller Aufbau eines Mikrocontrollers

16.2.1 Mikroprozessoren von Mikrocontrollern

Mikrocontroller beinhalten je nach Hersteller und Baureihe unterschiedliche Mikroprozessoren. Wesentliches Unterscheidungsmerkmal ist hierbei die Verarbeitungsbreite, also die maximale Breite der Daten, die in einem Rechenschritt verarbeitet werden können. Derzeit sind Mikrocontroller mit Verarbeitungsbreiten von 8, 16 oder 32 Bit üblich.

In Mikrocontrollern werden zumeist Prozessoren mit reduziertem Befehlssatz (Reduced Instruction Set Computer (RISC)) eingesetzt, bei denen die meisten Befehle in einem Systemtakt ausgeführt werden können. Um dieses zu ermöglichen, wird beim Ausführen eines Befehls bereits der Folgebefehl geladen.

Die Mikroprozessoren in Mikrocontrollern basieren zumeist auf der Harvard-Architektur, bei der im Gegensatz zur Von-Neumann-Architektur Programmspeicher und Arbeitsspeicher getrennt angeordnet sind und über eigenständige Datenbusse an die CPU angebunden sind. Auch hierdurch wird die Ausführbarkeit der Prozessorbefehle in einem Systemtakt gewährleitet, da ein Befehl aus dem Programmspeicher zeitgleich mit dem notwendigen Datum aus dem Arbeitsspeicher gelesen werden kann. Eine Darstellung beider Architekturen ist in Abb. 16.2 dargestellt (siehe zusätzlich für DSP Abb. 17.27).

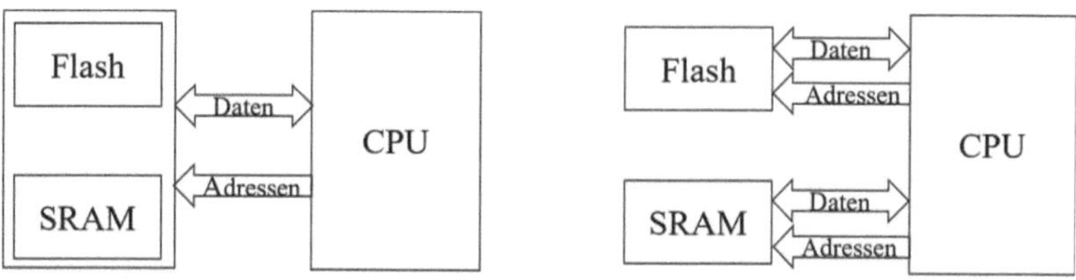

Abb. 16.2: Vergleich der Von - Neumann- (links) und Harvard-Architektur (rechts)

Ein Mikroprozessor besteht im Wesentlichen aus

- der eigentlichen Recheneinheit (arithmetic logic unit, ALU), die die verfügbaren Operationen (z.B. Negation, Konjunktion, Addition etc.) ausführt,
- der Kontrolleinheit (control unit, CU), die die Befehle aus dem Programmspeicher liest und die gewünschte Operation der CPU adressiert,
- mehreren Datenregistern mit der Verarbeitungsbreite der CPU, aus denen Operatoren für die ALU geladen werden können und in denen das Ergebnis einer Operation abgelegt wird.

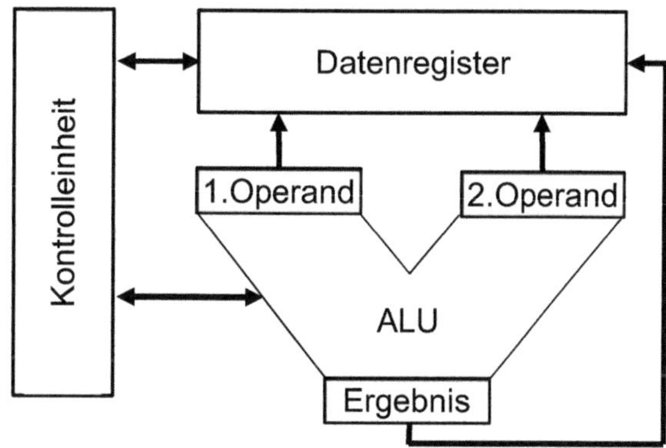

Abb. 16.3: Grundlegender Aufbau eines Mikroprozessors

16.3 Integrierter Speicher

Mikrocontroller enthalten in der Regel alle für den grundlegenden Betrieb notwendigen Speicher. Hierzu zählen ein Speicher für den Programmcode (üblicherweise ein Flash-ROM), ein flüchtiger Arbeitsspeicher (üblicherweise ein SRAM) sowie ein nichtflüchtiger Speicher für wesentliche Betriebsdaten (üblicherweise ein EEPROM), der von dem Programmcode manipuliert werden kann.

16.3.1 Programmspeicher (Flash-ROM)

Als Programmspeicher dient in Mikrocontrollern üblicherweise ein Flash-ROM-Speicher (ROM: Read-Only Memory). Hierbei handelt es sich um einen elektrisch schreib- und löschbaren Speicher, der die gespeicherten Daten auch ohne Versorgungsspannung speichert. Beim Betrieb des Mikrocontrollers wird der Speicher sequenziell, beginnend bei einer definierbaren Speicherstelle, gelesen. Speicherstellen können bei diesem Speichertyp nicht byte-, sondern nur blockweise gelöscht werden. Zudem ist die maximale Anzahl an Schreibzyklen zumeist auf 10 000 bis 100 000 begrenzt. Daher eignet sich ein Flash-ROM insbesondere für den Programmcode, da dieser in der Regel komplett in den entsprechenden Speicher geschrieben wird.

Der physikalische Aufbau einer Speicherstelle in einem Flash-ROM ähnelt dem eines Feldeffekttransistors (siehe auch Abschnitt 12.4), bei dem im Gatebereich eine zu allen Anschlüssen (Gate, Drain, Source) elektrisch isolierte Ladungsfalle (Floating Gate) eingefügt wurde, die Ladung ähnlich wie ein Kondensator (siehe auch Abschnitt 5.2) speichern kann. Die Ladungsspeicherung im Floating-Gate entspricht der Speicherung eines Bits. Der Aufbau einer Flash-ROM-Speicherstelle ist in Abb. 16.4 dargestellt.

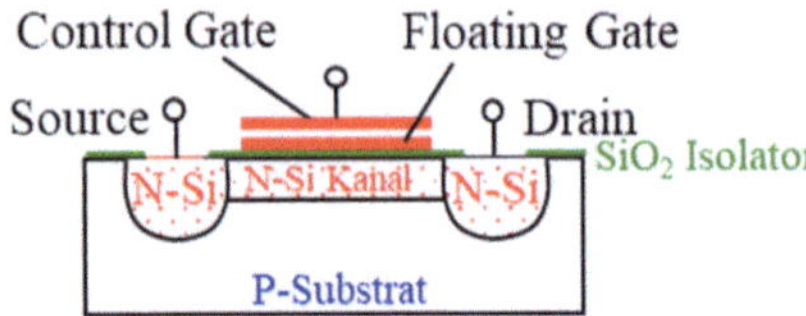

Abb. 16.4: Aufbau einer Speicherstelle eines Flash-ROM

16.3.2 Arbeitsspeicher (SRAM)

Als Arbeitsspeicher wird in Mikrokontrollern in der Regel SRAM (Static Random-Access Memory) verwendet. Hierbei handelt es sich um einen flüchtigen Speicher, bei dem die gespeicherten Daten bei Wegfall der Versorgungsspannung verloren gehen. Als Speicherstellen werden bei einem SRAM digitale Flipflops (siehe auch Abschnitt 15.3.1) verwendet.

16.3.3 Datenspeicher (EEPROM)

Zur nichtflüchtigen Speicherung von Betriebsdaten (z.B. Messwerten) beinhalten Mikrocontroller neben dem Programmspeicher ein EEPROM (Electrically Erasable Programmable Read-Only Memory). Der Aufbau einer Speicherzelle ist identisch mit dem des Flash-ROM. Die Adressierung der Speicherstellen ist jedoch so ausgelegt, dass einzelne Bytes gelöscht werden können. Dadurch können im Betrieb einzelne Daten manipuliert werden.

16.4 Peripheriemodule von Mikrocontrollern

Wesentliches Unterscheidungskriterium zwischen Mikroprozessoren und Mikrocontrollern ist, dass Mikrocontroller bereits vielfältige Peripherieeinrichtungen in einer integrierten Schaltung beinhalten. Hierbei handelt es sich in der Regel um Module zur Datenein- und -ausgabe oder Timer bzw. Zähler. Typische Peripheriemodule werden in diesem Unterabschnitt dargestellt.

16.4.1 Ein- und Ausgabeschnittstellen

Für die Übernahme von Steuer- und Regelungsaufgaben sowie für die Nutzerinteraktion sind Schnittstellen zur Datenein- und -ausgabe unerlässlich. Daher verfügen Mikrocontroller in der Regel über verschiedene entsprechende Module. Typische Ein- und Ausgabemodule werden im Folgenden dargestellt.

General Purpose Input Output Schnittstellen (GPIO)

Eine wesentliche Einrichtung zur Datenein- und -ausgabe sind digitale Input-Output-Pins (I/O-Pins), die häufig zu sogenannten Ports mit jeweils 8 oder 16 Pins zusammengefasst werden. Die Bezeichnung der Ports erfolgt in der Regel mit Großbuchstaben (z.B. PORT**A** oder GPIO**A**). Die Benennung eines bestimmten Pins eines Ports durch eine mit einem Punkt abgetrennte Ziffer (z.B. PORTA.**0** oder GPIOA.**0**). Ein exemplarischer elektronischer Aufbau eines einzelnen GPIO-Pins ist in Abb. 16.5 dargestellt.

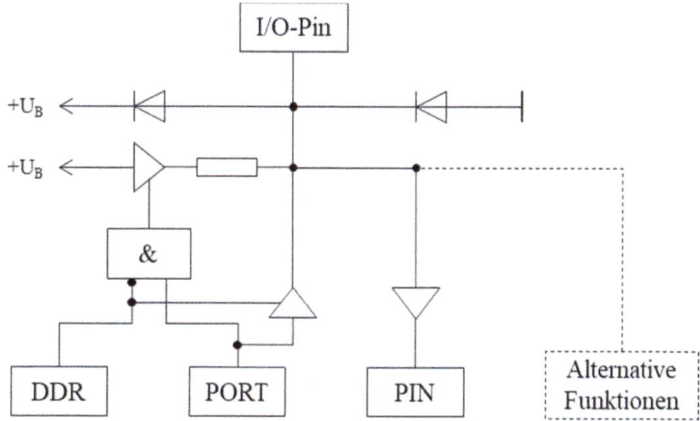

Abb. 16.5: Modellschaltung eines Port-Anschlusses

Die Steuerung der Pins eines Ports erfolgt durch Statusregister, die mithilfe des Programmcodes manipuliert werden können. Mithilfe eines Richtungsregisters (z.B. Data Direction Register (DDR) oder GPIO port mode register (GPIO_MODER)) wird die Richtung eines Pins festgelegt (typischerweise 0 = Eingang, 1 = Ausgang). Ist ein Pin als Ausgang definiert, wird der logische Zustand des Ausgangs durch den Inhalt eines Datenregisters (z.B. PORT oder GPIO_ODR[181]) definiert. Das Datenregister ist in der Regel rücklesbar, kann also durch den Programmcode ausgelesen werden. Ist ein Pin als Eingang konfiguriert, kann der am Pin anliegende Pegel über ein Anschlussregister (z.B. PIN oder GPIO_IDR[182]) ausgelesen werden. Im Falle eines Eingangspins kann zumeist ein interner Pull-up-Widerstand zugeschaltet werden. Häufig können Pull-up-Widerstände auch über ein zentrales Register deaktiviert werden.

Praxistipp: Die Pins eines Mikrocontrollers tolerieren in der Regel anliegende Spannungen zwischen Massepotenzial und der Betriebsspannung des Mikrocontrollers. Zum Betrieb von externen Peripheriegeräten mit 5-V-Schnittstellen an Mikrocontrollern mit niedrigerer Versorgungsspannung stellen einige Mikrocontroller 5-V-tolerante Pins zur Verfügung.

Die Input-Output-Pins verfügen am physischen Eingang üblicherweise über zwei Dioden, die eine Über- bzw. Unterspannung ableiten sollen. Wahlweise können die physischen Anschlüsse der Input-Output-Ports als alternative Funktion mit anderen Peripherieeinrichtungen gekoppelt werden und stehen dann nicht mehr als Input-Output-Pin zur Verfügung.

Universal Synchronous and Asynchronous (USART)

Die U(S)ART-Schnittstelle ist eine bei Mikrocontrollern sehr verbreitete Schnittstelle zur seriellen Datenübertragung. Die Datenübertragung erfolgt bidirektional, wobei ein

---

[181] Output Data Register
[182] Input Data Register

gleichzeitiges Senden und Empfangen (Vollduplex) möglich ist. Überwiegend wird die Schnittstelle zur asynchronen Datenübertragung verwendet, bei der der Übertragungstakt auf der Empfängerseite aus dem Datenwort extrahiert werden muss. Der Vorteil der asynchronen Übertragung ist, dass pro Senderichtung neben einer Masseleitung nur eine Datenleitung notwendig ist. Das in Mikrocontrollern verbaute USART-Modul stellt jedoch bei Bedarf auch eine Taktleitung zur Verfügung, die parallel zur Datenleitung angeschlossen werden kann und Sender und Empfänger synchronisiert. Vorteil der synchronen Übertragung ist, dass eine Kommunikation auch bei nicht gleich konfigurierten Übertragungsraten bei Sender und Empfänger möglich ist.

Die Daten werden in einem festen, aber konfigurierbaren Datenwort (vergleiche auch Abschnitt 17.3.3) übertragen. Beginn und Ende eines Datenworts bilden obligatorische Start- und Stoppbits. Auf das Startbit folgen 5 bis 8 Datenbits und ein optionales Paritätsbit. Ein bis zwei Stoppbits beenden die Übertragung eines Rahmens. Das Paritätsbit kann als „odd" (ungerade Anzahl logischer Einsen im Rahmen) oder „even" (gerade Anzahl logischer Einsen im Rahmen) konfiguriert werden. Die Konfiguration des Datenworts muss beim Sender und Empfänger identisch konfiguriert sein, um Fehlinterpretationen zu verhindern. Der Aufbau des Datenwort ist in Abb. 16.6 dargestellt.

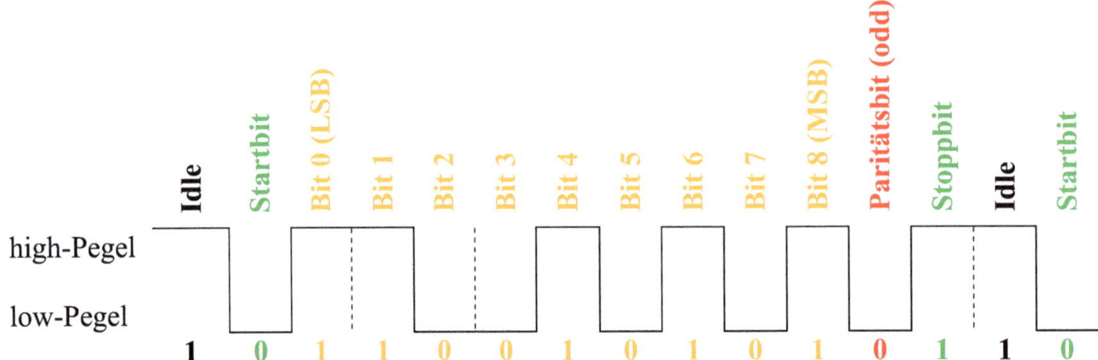

Abb. 16.6: U(S)ART-Datenwort mit 8 Datenbits und Paritätsbit

Die Datenübertragung mit der USART-Schnittstelle kann mit unterschiedlichen Übertragungsgeschwindigkeiten durchgeführt werden. Die Übertragungsgeschwindigkeit wird durch die Leitungslänge und deren elektrische Eigenschaften (im Wesentlichen der Kapazitätsbelag) begrenzt. Theoretisch sind frei wählbare Übertragungsraten möglich und an den Modulen von Mikrocontrollern konfigurierbar. Übliche Übertragungsraten liegen zwischen 4 800 und 115 200 Baud (Symbole pro Sekunde[183], kurz: Bd).

Praxistipp: Bei der Verwendung von kommerziellen Produkten ist es notwendig, die von den jeweiligen Geräten unterstützten Standardbaudraten zu nutzen. Diese liegen häufig bei 4 800, 9 600, 19 200, 38 400, 57 600 und 115 200 Baud.

Die USART-Schnittstelle eignet sich für Datenübertragungen zwischen zwei Geräten oder als Datenbus für mehrere Geräte. Je nach Anwendung werden Pegelumsetzer zur Ankopplung der Datenleitungen an den Mikrocontroller genutzt. Wesentliche Standards sind hier RS-232 und RS-485 (bzw. im industriellen Umfeld EIA-485). Die RS-232-Schnittstelle wird vorrangig für die Datenübertragung zwischen zwei Geräten verwendet und nutzt bei einer negativen Logik Spannungspegel von 3…15 V (logische 0) und -15…-3 V (logische 1). RS-485 wird für die Buskommunikation mit mehreren Geräten verwendet, wobei ein Gerät die

---

[183] Da bei der Übertragung mit der USART-Schnittstelle ein Symbol genau einem Bit entspricht, ist die Baudrate identisch mit der Bitrate, also der Anzahl gesendeter Bits pro Sekunde.

Steuerung der Kommunikation übernimmt (Master-Slave-Anordnung). Die Übertragung erfolgt trotz zweier Datenleitungen zeitgleich nur in eine Datenrichtung (Halfduplex), da die Signale zur Erhöhung der Störsicherheit symmetrisch, also auf den beiden Leitungen jeweils negiert, übertragen werden.

USART-Module in Mikrocontrollern bestehen in der Regel aus getrennten Empfangs- und Sendeeinheiten, die von einer gemeinsamen Einheit für die Takterzeugung angesteuert werden. Der Übertragungstakt und damit die Baudrate werden mithilfe eines konfigurierbaren Taktteilers, der als Rückwärtszähler mit konfigurierbarem Startwert ausgeführt ist, aus dem Systemtakt des Mikrocontrollers bestimmt. Zentrales Element der Sendeeinheit ist ein Schieberegister (siehe auch Abschnitt 15.3.1), das parallel aus einem durch den Programmcode beschreibbaren Register geladen wird. Mithilfe des Signals aus der Takterzeugungseinheit werden die Daten, ergänzt durch Start- und Stoppbits und ggf. ein Paritätsbit aus einem separaten Paritätsgenerator, über einen dedizierten Pin des Mikrocontrollers seriell ausgegeben. Auch in der Empfangseinheit stellt ein Schieberegister das zentrale Element dar. Dessen Inhalt nach dem Empfang eines Datenworts über einen parallelen Ausgang in einem mithilfe des Programmcodes auslesbaren Empfangsregister gespeichert wird. Ergänzt werden die Register zur Datenaufnahme durch Einheiten zur Takterkennung, Datenaufbereitung und zur Paritätsprüfung.

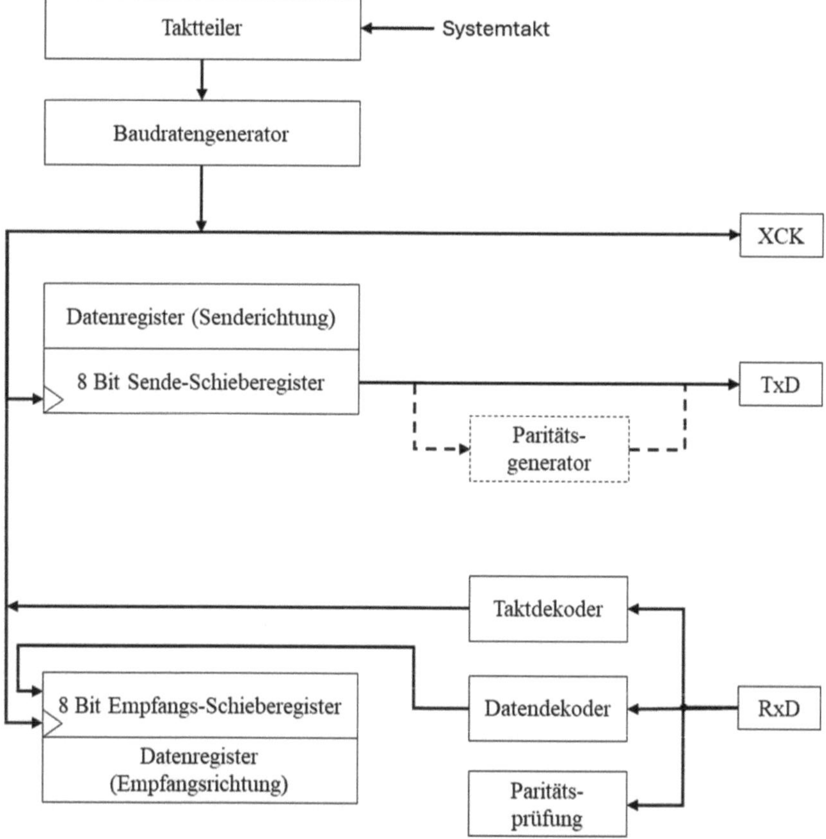

Abb. 16.7: Prinzipieller Aufbau eines USART-Moduls

Serial Peripheral Interface (SPI)

Insbesondere für die Kommunikation mit externen Komponenten innerhalb eines Gerätes, wie z.B. Analog-Digital-Wandlern, Porterweiterungen etc., eignet sich das Serial Peripheral Interface (SPI). SPI ist für die Kommunikation eines Masters mit mehreren Slaves vorgesehen. Die Anbindung der Slaves erfolgt in der Regel parallel, wobei die Adressierung über eine separate Leitung pro Slave erfolgt, die üblicherweise als Chip Enable (CE) bezeichnet wird. Darüber hinaus ist es möglich, die Slaves sequenziell in die Datenleitungen einzubinden (siehe Abb. 16.8).

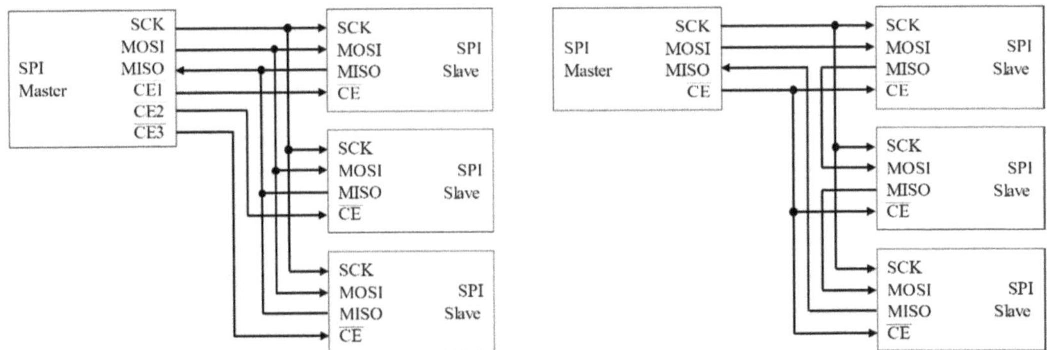

Abb. 16.8: SPI Bus (mehrere Slaves, parallele (links) u. sequenzielle Anordnung (rechts)

Hierdurch entsteht jedoch der Nachteil, dass bei jeder Übertragung eine hohe Anzahl an Übertragungsschritten notwendig ist. Die Datenübertragung erfolgt bidirektional über zwei Datenleitungen, die die Bezeichnung MOSI (Master Out Slave In) und MISO (Master In Slave Out) tragen. Die Datenübertragung erfolgt immer synchron. Das notwendige Taktsignal wird über eine separate Leitung (CLK) übertragen. Durch die Selektion des Slaves über die SS-Leitung kann auf Start- und Stoppbits verzichtet werden. Konfigurationsmöglichkeiten ergeben sich bei der Senderichtung (LSB oder MSB zuerst) sowie bei dem Pegel (Idle = High oder Idle = Low-Pegel) und der Taktflanke, bei der neue Daten eingelesen bzw. ausgegeben werden.

Durch die ausschließlich synchrone Datenübertragung ist der Aufbau der SPI-Module in Mikrocontrollern im Vergleich zu den USART-Modulen einfacher, da eine Detektion des Übertragungstaktes aus dem Datenwort nicht notwendig ist. Zentrales Element sowohl des Masters als auch der Slaves ist erneut ein Schieberegister, welches parallel aus einem Register beschrieben und ausgelesen werden kann und üblicherweise eine Datenbreite von 8 Bit aufweist. Dieses wird zugleich für das Senden und Empfangen von Daten genutzt. Ist das SPI-Modul als Slave konfiguriert, wird das vom Master kommende SCK-Signal als Taktquelle genutzt. Während das im Schieberegister befindliche Byte über den MISO-Anschluss schrittweise rausgeschoben wird, wird das vom Master gesendete Byte schrittweise eingelesen. Nach 8 Taktzyklen ist die Übertragung abgeschlossen und die empfangenen Daten können aus dem Schieberegister abgerufen werden. Zur Detektion eines ankommenden Bytes kann durch das SPI-Modul ein Interrupt ausgelöst werden. Im Anschluss können weitere Byte übertragen werden. Ist das SPI-Modul als Master konfiguriert, ist zusätzlich die Erzeugung und Freigabe des Taktsignals erforderlich. Dieses wird durch einen Frequenzteiler aus dem Systemtakt erzeugt.

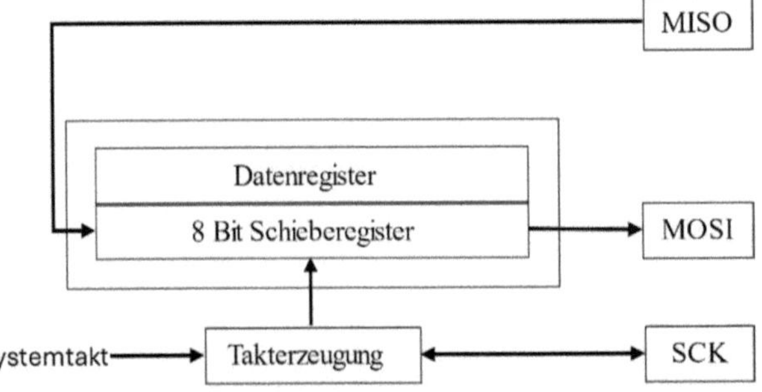

Abb. 16.9: Prinzipieller Aufbau eines SPI-Moduls

Inter-Integrated Circuit (I²C)

Ebenfalls für die Kommunikation zwischen Bauelementen innerhalb eines Gerätes wurde die Inter-Integrated-Circuit-Schnittstelle (I²C) entwickelt.[184] Es handelt sich um einen Datenbus, der überwiegend als Master-Slave-System betrieben wird. Der Standard bietet jedoch auch die Möglichkeit, ein Multi-Master-System mit separater Kollisionserkennung zu realisieren. Die Datenübertragung erfolgt synchron und halbduplex, d.h. ein Gerät kann entweder senden oder empfangen. Für die Datenübertragung werden zwei Leitungen verwendet, die mithilfe von Pull-up-Widerständen im Idle auf High-Pegel gehalten werden. Hierbei handelt es sich um eine Datenleitung (Serial Data, SDA) und eine Taktleitung (Serial Clock, SCL). Die Busgeräte ziehen die Busleitungen bei Bedarf über einen Open-Collector-Ausgang auf Low-Pegel. Die Adressierung der Busteilnehmer erfolgt beim I²C-Bus mithilfe von Adressen, sodass auf separate Leitungen zur Selektion einzelner Busteilnehmer verzichtet werden kann. Es steht ein 7-Bit-Adressbereich mit 128 Adressen zur Verfügung. Wegen für Sonderfunktionen reservierter Adressen sind hiervon 112 Adressen nutzbar. Mittlerweile gibt es auch Geräte, die eine 10-Bit-Adressierung nutzen. Bei kommerziell erhältlichen Busteilnehmern, wie beispielsweise Analog-Digital-Wandlern (siehe auch Abschnitt 15.1.2) ist herstellerseitig ein bestimmter Teil der Adresse festgelegt, bei dem die unteren Adressbits in der Regel über Anschlusspins konfigurierbar sind. Dies ermöglicht die Nutzung mehrerer gleicher Bauteile an einem I²C-Bus.

Für die maximalen Datenraten, die jeweils individuell festgelegt werden können, gelten je nach eingesetzten Busgeräten verschiedene Obergrenzen. Im Standardmodus ist die Datenrate auf 100 kBaud begrenzt. Im Fast-Mode, der noch von vielen Busgeräten unterstützt wird, sind 400 kBaud möglich. Im High-Speed-Modus und im Ultra-Fast-Modus liegt die Obergrenze bei 3, 4 bzw. 5 MBaud. Die maximale Leitungslänge ist im Besonderen durch eine Obergrenze der Leitungskapazität (siehe auch Abschnitt 7.2.1) von 400 pF nach oben begrenzt.

Die Kommunikation über den I²C-Bus erfolgt, auch wegen der notwendigen Adressierung, gemäß einem vorgegebenen Protokoll. Die Kommunikation beginnt mit der Erzeugung einer Startbedingung auf den Busleitungen, die alle Busteilnehmer für den Datenempfang vorbereitet. Für die Startbedingung wird die SDA-Leitung auf Low-Pegel gezogen, während auf der SCL-Leitung High-Pegel anliegt. Auf die Startbedingung folgt die 7 bzw. 10 Bit lange Adresse, wobei das höchstwertige Bit zuerst übertragen wird (MSB first). An die Adressübertragung schließt sich ein Write/Read-Bit an, mit dem Empfänger mitgeteilt wird, ob Daten gelesen (High-Pegel) oder geschrieben (Low-Pegel) werden sollen. Ein Acknowledge-Bit, mit dem der Empfänger durch Anlegen eines Low-Pegels auf der Datenleitung signalisiert, die Adressierung zur Kenntnis genommen zu haben, schließt die Adressübertragung ab. Im Anschluss erfolgt die eigentliche Übertragung der Daten, wobei nach jedem übertragenen Datenbyte ein Acknowledge-Bit des Empfängers erforderlich ist. Abhängig davon, ob es sich um einen Lese- oder Schreibzugriff handelt, legt der Master oder der Slave die Pegel für die Datenübertragung fest. Ist es erforderlich, beim Lesen von Daten ein bestimmtes Datenregister zu adressieren, kann es vorkommen, dass zunächst der Master und danach der Slave sendet. Durch das Anlegen einer Stoppbedingung wird die Kommunikation beendet.

---

[184] In Atmel-Mikrocontrollern befinden sich Two-Wire-Interface-Module, die in den meisten Attributen mit der I²C-Schnittstelle identisch sind.

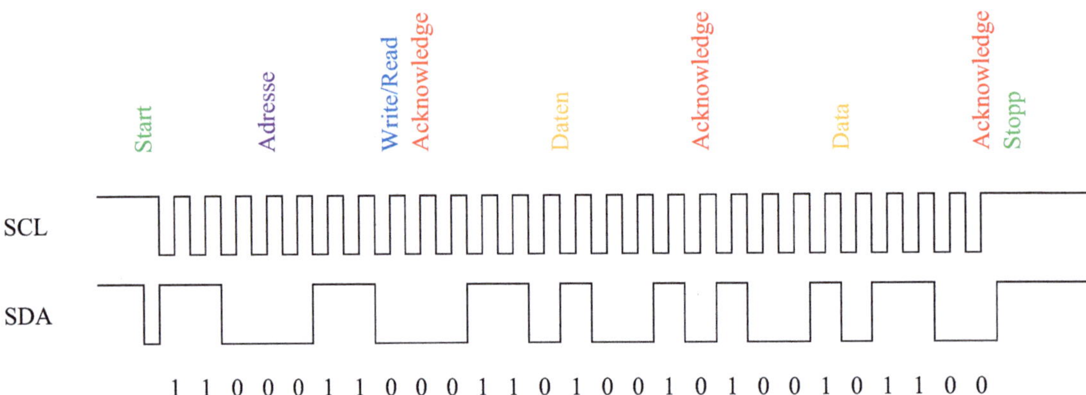

Abb. 16.10: Beispieldatagramm einer I²C Übertragung mit zwei 8 Bit Datenwörtern

Analog-Digital-Converter (ADC)

Für viele Anwendungen von Mikrocontrollern ist das Einlesen von analogen Signalen (Quantisierung, siehe Abschnitt 15.1.2) von wesentlicher Bedeutung. Beispielsweise können analoge Temperatursensoren oder Betriebsspannungen messtechnisch erfasst werden. Aus diesem Grund beinhalten sehr viele Mikrocontroller Analog-Digital-Converter (ADC). Hierbei ist es üblich, dass mehrere Eingänge des Mikrocontrollers über einen Multiplexer auf eine einzelne ADC-Einheit geführt werden. Die Analog-Digital-Wandlungen der Eingänge können damit nur sequenziell erfolgen, was Auswirkungen auf die Abtastgeschwindigkeit hat. Für die Analog-Digital-Wandlung wird zumeist das Balanceverfahren (siehe Abschnitt 15.1.2) verwendet.

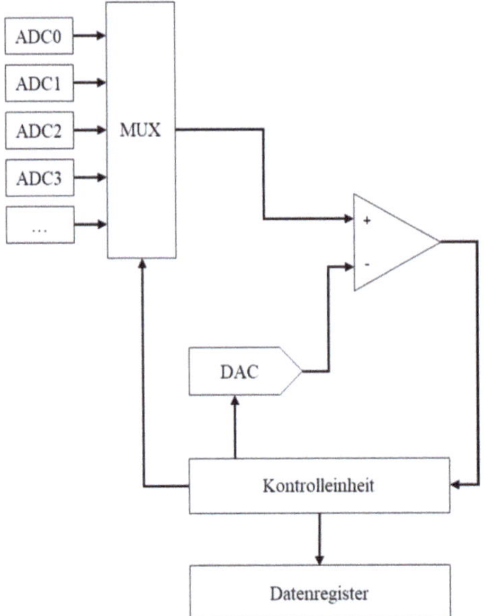

Abb. 16.11: Prinzipieller Aufbau eines ADC-Moduls mit Multiplexer

16.4.2 Timer/Counter

Mikrocontroller verfügen üblicherweise über mehrere Timer/Counter, die verschiedene Funktionen erfüllen können. Hierzu zählt neben einer reinen Zeitmessung oder Zählung von

Ereignissen auch das regelmäßige Aufrufen von bestimmtem Programmcode mithilfe von Interrupts oder die Ausgabe von pulsweitenmodulierten Rechtecksignalen.

Zentrales Element eines Timer/Counter ist ein 8- oder 16-Bit-Binärzähler, der vorwärts und rückwärts zählen kann und für den eigentlichen Zählvorgang genutzt wird. Bei 16-Bit-Zählern in 8-Bit-Mikrocontrollern ist der Zähler zumeist in zwei gekoppelte 8-Bit-Zähler aufgeteilt. Die Ansteuerung des Binärzählers erfolgt über eine Kontrolleinheit, die den Zähltakt, das Zurücksetzen des Zählers sowie die Zählrichtungskonfiguration vornimmt. Der Zähltakt kann, konfiguriert durch Kontrollregister, über einen externen Pin des Mikrocontrollers oder über einen Taktteiler aus dem Takt des Mikroprozessors generiert werden.

Weitere Funktionen werden mithilfe von Hilfsregistern (Output Compare Register, OCR und Input Capture Register, ICR) sowie Wertvergleichern realisiert. Bei Erreichen eines in den Output-Compare-Registern gespeicherten Werts kann der Zähler beispielsweise zurückgesetzt werden oder der Zustand eines Input-Output-Pins des Mikrocontrollers verändert werden und so ein pulsweitenmoduliertes Signal erzeugt werden. Beim Erreichen eines definierten Werts kann zudem ein Interrupt ausgelöst werden, der den regulären Programmablauf in regelmäßigen Zeitabständen zugunsten der Abarbeitung eines definierten Programmteils unterbricht. So kann beispielsweise die Abfrage von Tastern für Benutzereingaben in einem bestimmten zeitlichen Abstand, unabhängig vom sonstigen Programmablauf, durchgeführt werden. Zur genaueren Abstimmung der einzustellenden Parameter kann der Endwert (oder beim Rückwärtszählen der Startwert) mithilfe des Input Capture Register (ICR) festgelegt werden.

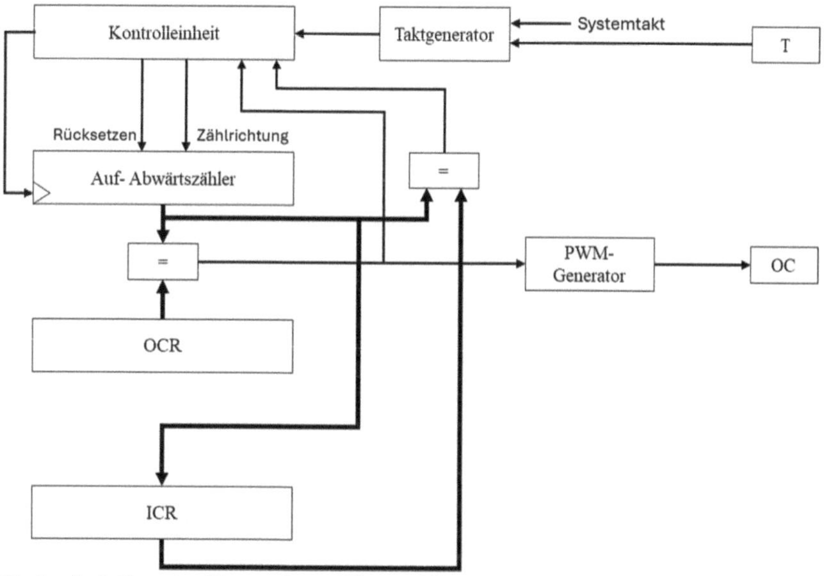

Abb. 16.12: Prinzipieller Aufbau eines Timer/Counter Moduls

16.5 Programmierung von Mikrocontrollern

Für die Programmierung von Mikrocontrollern werden sehr häufig die Programmiersprachen Assembler, C oder C++ verwendet. Assembler wird in der Regel für zeit- oder speicherkritische Anwendungen verwendet. Durchgesetzt hat sich die Programmierung in C, da hierdurch trotz Nutzung einer Hochsprache eine hardwarenahe Programmierung erfolgen kann. Möglich ist dies durch den Einsatz entsprechender Compiler und Entwicklungsumgebungen, bei denen die notwendigen Konfigurationsregister als Makros integriert sind. Die genutzten integrierten Entwicklungsumgebungen (Integrated Development Environment – IDE) stammen häufig von den Herstellern der Mikrocontroller und beinhalten alle relevanten Funktionen für die Konfiguration der Peripheriemodule, über die Erstellung des Quelltextes bis zur Programmierung in das Flash-ROM. Für die Programmierung des Programmcodes in den Flash-ROM des Mikrocontrollers werden üblicherweise spezielle Programmieradapter benötigt.

16.5.1 Entwicklungsumgebungen

Für die Programmierung von Mikrocontrollern können grundsätzlich alle gängigen Entwicklungsumgebungen genutzt werden. Für die Kompilierung des Programmcodes sind jedoch stets für die genutzte Mikrocontrollerfamilie angepasste Crosscompiler zu verwenden. Für Mikrocontroller der AVR-Familie des Herstellers Mikrochip (vormals vom Hersteller Atmel) ist dies beispielsweise der Atmel-AVR-GNU-C/C++-Cross-Compiler.

Es ist häufig ratsam, die von den jeweiligen Herstellern bereitgestellten Entwicklungsumgebungen zu nutzen. Diese bieten in der Regel alle für die Entwicklung benötigten Funktionen in einer Anwendung. Hierzu gehören:

- Softwaremodule zur anwendungsbezogenen Konfiguration der verwendeten Peripheriemodule, wie Timer/Counter, serielle Schnittstellen etc.,
- Eine Programmierumgebung mit Makros und Syntax-Highlighting für verwendete Register des Mikrocontrollers,
- Passende Compiler zur Erstellung des Maschinencodes,
- Software zur Programmierung des Maschinencodes in das Flash-ROM des Mikrocontrollers sowie
- Möglichkeiten zum In-System-Debugging.

In Tabelle 16.1 ist eine Übersicht der Entwicklungsumgebungen der Hersteller mit den höchsten Marktanteilen dargestellt.

Hersteller	Entwicklungsumgebung
NXP Semiconductors	MCUXpresso-IDE
Mikrochip Technology	Mikrochip Studio
Renesas Electronics	e^2 studio IDE
STMicroelectronics	STM32CubeIDE
Infineon Technologies	ModusToolbox

Tabelle 16.1: Integrierte Entwicklungsumgebungen für Mikrocontroller der verbreitesten Mikrocontollerhersteller

16.5.2 Beispielprogrammierung Treppenlichtsteuerung

Mithilfe von Mikrocontrollern können kombinatorische Schaltungen, wie sie in Abschnitt 15.2 dargestellt werden, ersetzt werden. Wesentlicher Vorteil ist die nachträgliche Änderung oder Erweiterung der Funktion(en) durch Anpassung und Umprogrammierung der Software. Der Kostenaufwand ist dabei bei der Verwendung preiswerter Mikrocontroller in der Regel nicht höher als die Nutzung diskreter Bauteile der digitalen Schaltungstechnik. Zudem sinkt der Platzbedarf auf einer Leiterplatte.

Im Folgenden wird ein beispielhafter Programmcode für die Realisierung der
Treppenlichtsteuerung aus Abschnitt 15.2 mit einem Mikrocontroller der ATTiny-Serie von
Mikrochip (Atmel) dargestellt.

```c
#include <avr/io.h>

// Makros für die genutzten GPIO-Pins

// PINB.0 entspricht Eingang x_1
#define    x_1      PINB & (1 << PB0)
// PINB.1 entspricht Eingang x_2
#define    x_2      PINB & (1 << PB1)
// PINB.2 entspricht Eingang x_3
#define    x_3      PINB & (1 << PB2)

// PIND.0 entspricht Ausgang y_1
#define    y_1      (1 << PD0)
// PIND.1 entspricht Ausgang y_2
#define    y_2      (1 << PD1)
// PIND.2 entspricht Ausgang y_3
#define    y_3      (1 << PD2)


int main(void) {

  // Initialisierung

  // PINs D0 bis D2 als Ausgang definieren.
  DDRD |= (1 << PD0) | (1 << PD1) | (1 << PD2);

  while (1) {

    // Ausgänge gemäß bestimmter Funktionen setzen
    if ( ((x_1 || x_2) && !x_3) || x_3 ) {
      PORTD |= y_1;
    } else {
      PORTD &= ~y_1;
    }

    if ( !x_3 ) {
      PORTD |= y_2;
    } else {
      PORTD &= ~y_2;
    }

    if ( (x_1 || x_2) && !x_3 ) {
      PORTD |= y_3;
    } else {
      PORTD &= ~y_3;
    }
  }

}
```

16.5.3 Beispielprogrammierung Heizungssteuerung

Wesentliches Einsatzgebiet von Mikrocontrollern ist die Übernahme von Ablaufsteuerungen (siehe auch Abschnitt 15.3.2) in verschiedenen Geräten und Systemen. Hierbei ergibt sich üblicherweise eine deutliche Kosten- und Platzeinsparung gegenüber der Realisierung mit diskreten Bauelementen.

Im Folgenden wird ein beispielhafter Programmcode für die Realisierung der Heizungssteuerung aus Abschnitt 15.3.2 mit einem Mikrocontroller der ATMega-Serie von Mikrochip (Atmel) dargestellt.

```c
#include <avr/io.h>
#include <util/delay.h>


// Makros für die genutzten GPIO-Pins

// PINB.0 entspricht Eingang E
#define             E           PINB & (1 << PB0)
// PINB.1 entspricht Eingang x_2
#define             H           PINB & (1 << PB1)

// PIND.0 entspricht Ausgang B
#define             B           (1 << PD0)
// PIND.1 entspricht Ausgang P
#define             P           (1 << PD1)
// PIND.2 entspricht Ausgang A1
#define             A1          (1 << PD2)
// PIND.2 entspricht Ausgang A2
#define             A2          (1 << PD3)


// Zustände definieren
typedef enum {
   START,
   Z1,
   Z2,
   Z3
} State;

// Aktuellen Zustand definieren
State currentState = START;

// Initialisierung
void init() {

   // Ausgänge definieren
   DDRD |= (B | P | A1 | A2);

}

// Funktion zum Wechsel des Zustands
void Zustandswechsel () {

   switch (currentState) {
      case START:
         if (E) {
            currentState = Z1;
         }
      break;
```

```c
      case Z1:
         if(!E) {
            currentState = START;
         }
         else if (E && H) {
            currentState = Z2;
         }
      break;

      case Z2:
         if(!E) {
            currentState = START;
         }
         else if (E && !H) {
            currentState = Z3;
         }
      break;

      case Z3:
         if (!E) {
            currentState = START;
         }
         else {
            currentState = Z1;
         }
      break;
   }
}

// Funktion zur Verarbeitung der Ausgänge basierend auf dem aktuellen Zustand
void Aktionen_ausfuehren() {

   switch (currentState) {
      case START:
         // Keine Ausgänge aktiv
         PORTD &= ~(B | P | A1 | A2);
      break;

      case Z1:
         // A1 und P aktivieren
         PORTD |= (P | A1);
      break;

      case Z2:
         // B und A2 aktivieren
         PORTD |= (B | A2);
      break;

      case Z3:
         // B aktiv
         PORTD &= ~(B | A2);
      break;
   }
}

int main(void) {

   init();

   while (1) {
      // Zustandsübergang prüfen
```

```c
    Zustandswechsel();
    // Aktuelle Ausgänge aktualisieren
    Aktionen_ausfuehren();
    // Kurze Verzögerung für Stabilität
    _delay_ms(100);
  }
}
```

Praxistipp: Wenn ein Zugang zu Mikrokontrollern und einem Entwicklungsplatz besteht, können die Steuerungen auch als Versuch durchgeführt werden.

Weiteres sollte den jeweiligen Bedienungsanleitungen und der Spezialliteratur entnommen werden.

17 Analyse von Signalen und Systemen

<u>Hilfreich</u> für das Verständnis kann die Wiederholung der mathematischen Abhandlungen in <u>Abschnitt 10 sowie zusätzlich Abschnitt 11 sein</u>. Es werden

- wichtige analoge Signale und Systeme in der Elektronik mit ihren Beschreibungen und Parametern – Audio- und Videosignale,
- analoge Modulationsverfahren – Amplituden-, Frequenz- und Phasenmodulation,
- diskrete Signale und deren Beschreibung,
- Protokolle für Übertragung und Speicherung,
- digitale Modulationsverfahren sowie
- Codierung, Kompression und Fehlerkorrektur digitaler Signale

anhand von Beispielen vorgestellt.

Vorbemerkungen

Insgesamt zeigte sich, dass zwei äquivalente Betrachtungs- bzw. Darstellungsweisen für Signale und Systeme bestehen – die **Zeitdarstellung** und die **Frequenzdarstellung**. Für die Frequenzdarstellung existieren darüber hinaus mehrere Transformationen.

Jede dieser Darstellungsweisen kann gleichberechtigt zur Analyse von Signalen und Systemen angewandt werden. Dabei treten jeweils andere Aspekte besonders deutlich hervor. Es ist sinnvoll, immer die Darstellung zu nutzen, die am einfachsten und deutlichsten die gewünschten Ergebnisse hervorbringt. Folgende Methoden stehen zur Verfügung:

- Zeitdarstellung als Funktion, analoge Messkurve bzw. abgetastete Messkurve,
- Frequenzspektrum nach der Fourierreihe (siehe Abschnitte 10.4 und 11.2.2),
- Frequenzspektrum nach der Fouriertransformation (siehe Abschnitte 10.6 und 11.3.1) bzw. (aber heute selten) analog gemessen,
- Frequenzspektrum nach der diskreten Fouriertransformation (siehe Abschnitte 10.7 und 11.3.2) oder als diskrete gemessene Spektralwerte sowie
- Kurzzeitfrequenzspektrum als diskrete gemessene Spektralwerte (siehe Abschnitt 17.3.1).

Damit sind sowohl *determinierte* als auch *stochastische* und genauso *analoge* wie *digitale Signale* zu behandeln.

Zur Beschreibung von *linearen zeitinvarianten Systemen* stehen Übertragungsfunktionen im Zeit- ($g(t)$) sowie im Frequenzbereich ($H(j\omega)$ oder $H(p)$) (siehe Abschnitt 11.4.3) zur Verfügung.

Abtastsysteme, die insbesondere in der modernen Regelungstechnik auftreten, werden mit der Z-Transformation und entsprechenden Z-Übertragungsfunktionen behandelt (siehe Spezialliteratur z.B. (Fri85 S. 83 ff)).

Im Folgenden sollen ein Überblick sowie wichtige Einblicke in grundlegende theoretische Zusammenhänge zu dieser Thematik hauptsächlich mit Hilfe einiger einfacher Beispiele dargestellt werde. Eine der ersten Darstellungen, die weitgehend vollständig und verständlich ist, geben die drei Bände (Lan73).

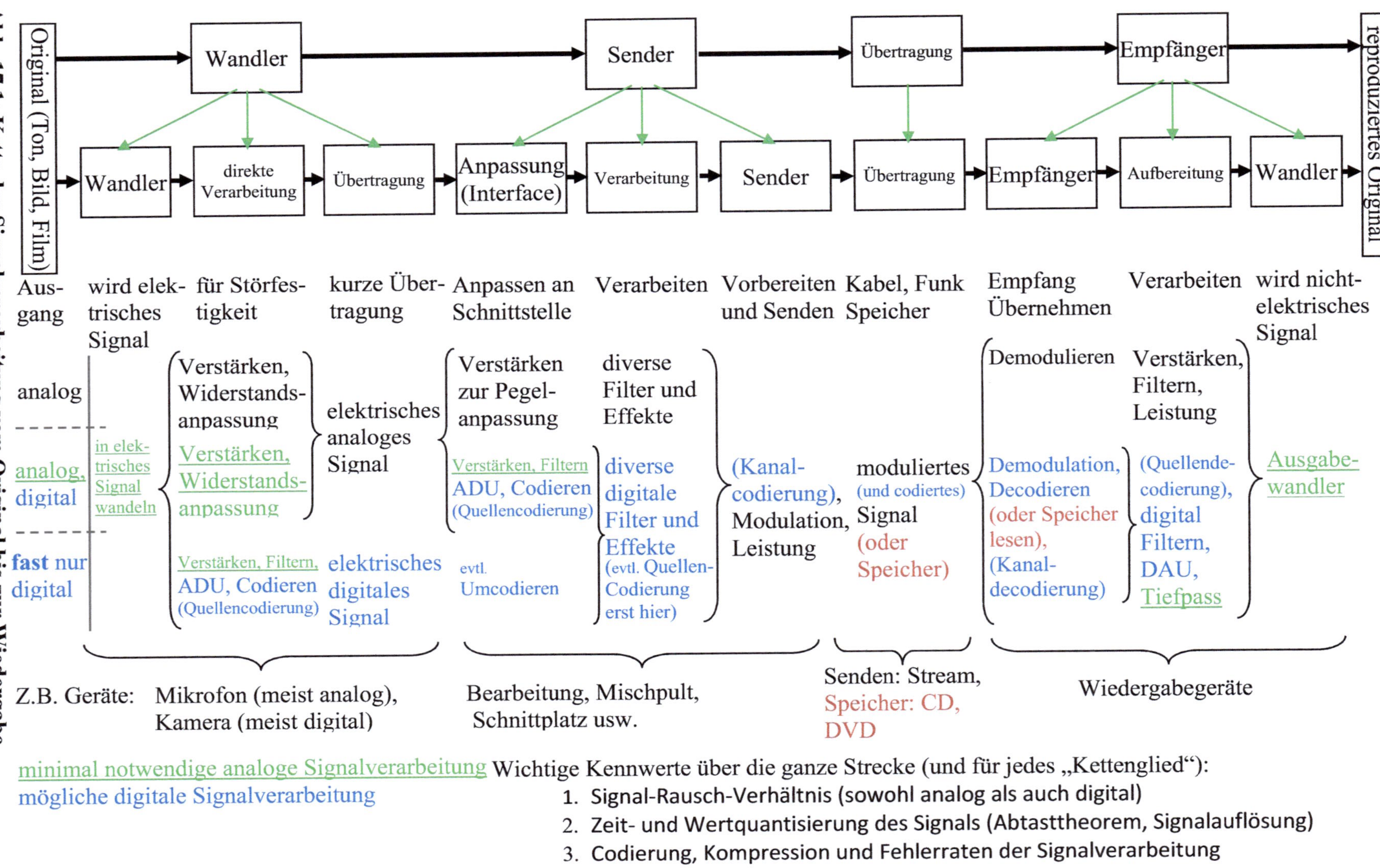

Abb. 17.1: Kette der Signalverarbeitung vom Original bis zur Wiedergabe

An den Anfang wird bewusst die gesamte *„Kette" der Signalverarbeitung* vom Original bis zur Wiedergabe als Übertragungskette gestellt (inclusive eines physikalischen Übertragungskanals). In Abb. 17.1 sind beispielhaft die Funktionen und Aufgaben zu sehen, die nacheinander zu realisieren sind. Dabei wurde versucht, die unterschiedlichen Varianten einer analogen bzw. digitalen Verarbeitung zu verdeutlichen. Alle weiteren Darlegungen bauen dann darauf auf.

Auch wenn eine nachrichtentechnische Sichtweise im Vordergrund steht, erfolgt die Verarbeitung von *Sensorsignalen* in analoger Weise. Für deren Verarbeitung müssen grundsätzlich deren Eigenschaften und die mit ihrer Anwendung verbundene Zielstellung berücksichtigt werden.

Ein Überblick zu den Systemen der *Regelungstechnik* wird im Abschnitt 18 dargestellt.

17.1 Wichtige Signale und Systeme in der Elektronik

17.1.1 Kennwerte für Audiosignale und -geräte

Audiosignale sind als Schallschwingungen in der Luft analoge Signale. Ihre Wahrnehmung mit dem menschlichen Ohr ist mit den Eigenschaften dieses Sinnesorgans verbunden. Jede elektronische Verarbeitung muss sich grundsätzlich an den Eigenschaften, Gewohnheiten und Bedürfnissen von Menschen orientieren. Besonders wichtige sind dabei:

- die Hörschwelle (Empfindlichkeit) und der Dynamikumfang des Hörens (Bereich vom leisesten bis zum lautesten Schall ca. 120 dB),
- das logarithmische Lautstärkeempfinden,
- der Frequenzbereich (ca. 16 bis 18000 Hz) mit frequenzabhängiger Empfindlichkeit,
- die räumliche Wahrnehmung und
- eine Reihe von Wahrnehmungseffekten der Psychoakustik.

Differenziertere Ausführungen sind z.B. in (Wei08 S. 42 ff, 89 ff) nachzulesen.

Praxistipp: Nach Wandlung in ein analoges elektrisches Signal und evtl. in ein digitales elektrisches Signal wird eine elektronische oder rechentechnische Verarbeitung möglich.

Kennwerte bei der Bewertung von Audiosignalen und -geräten:

Als *Einheit für Signalpegel* dient das *Dezibel* [185] in der Elektrotechnik, insbesondere in der Akustik und Audiotechnik (Leistung, Spannung, Schalldruck u.ä.). Für Leistungen gilt [186]:

$$P_{dB} = 10 \log(P_1/P_2) \quad \text{gemessen in dB} \tag{17.1}$$

Bei linearen Systemen ist die Leistung proportional zum Quadrat der Effektivwerte ($P \sim U^2$), so folgt für Spannung (ähnlich auch für Schalldruck und weitere Größen):

$$U_{dB} = 20 \log(U_1/U_2) \quad \text{gemessen in dB} \tag{17.2}$$

Anstelle von P_2 (bzw. U_2) wird oft ein *standardisierter Bezugswert* verwendet und das dB entsprechend gekennzeichnet. Z.B. hat das dBm den Bezugswert 1 mW, das dBA (auch dBSPL) den A-bewerteten Schalldruckpegel (20 µPa am Ohr, festgelegt als Hörschwelle bei 2 kHz). Weiterführendes siehe z.B. (Wei08 S. 28 ff), Rechenregeln siehe Abschnitt 10.9.

Der *Dynamikumfang* beschreibt in dB den Quotienten des höchsten durch das kleinste Signal. Das Ohr erreicht von der Hörschwelle bis zur Schmerzgrenze ca. 120 dB. Ein gutes Konzert

---

[185] Dezibel ist entstanden als 1/10 des Bel, das nach Bell benannt wurde.
[186] Eigentlich wäre P_{dB} dimensionslos, bekommt aber dB als Einheit zur eindeutigen Bezeichnung.

kann ca. 90 dB ergeben. Bei UKW-Stereo oder einer CD werden etwa 70 dB verarbeitet. In einer normalen Wohnung herrschen vom Grundgeräusch bis zur Zimmerlautstärke ca. 40 dB.

Der *Frequenzgang* gehört zur Übertragungsqualität. Das Ohr kann Töne von ca. 16 Hz bis ca. 18 kHz für Jüngere, 12 kHz (und sogar unter 10 kHz) für Ältere wahrnehmen. UKW-Stereo überträgt 30 Hz bis 15 kHz, eine CD bis weit über 20 kHz.

Für Audiogeräte hat sich weiter der *Klirrfaktor* für die Klangqualität etabliert:

$$k = (U_{eff}^2 - U^2_{Grundschwingung\ eff})^{1/2} / U_{eff} \qquad\qquad (17.3)$$

Alle durch nichtlineare Verzerrungen zusätzlich entstandenen Signalanteile werden gegenüber dem Gesamtsignal bewertet. (Verzerrungen erzeugen immer Oberschwingungen.) Heute sind Klirrfaktoren deutlich unter 1 % erreichbar.

Als repräsentatives Beispiel für die Verarbeitung von Audiosignalen soll ein analoges Mischpult in seinen Grundfunktionen untersucht werden. Seine drei Hauptaufgaben sind:
- **Signalaufbereitung:** Die entsprechenden Signaleingänge (Mikrofon, Line) benötigen unterschiedliche **Eingangsschnittstellen** (Eingangswiderstände, Eingangsbuchsen usw.), Pegelanpassungen, Frequenzgangkorrekturen und evtl. Versorgungsspannungen.
- **Signalverteilung:** Die Signale sind auf verschiedene Ausgänge zu verteilen (Verstärkerstufen, Aufnahmegeräte, Effektgeräte oder auch Kontrollkopfhörer).
- **Signalmischung:** Die Eingangssignale werden entsprechend dem gewünschten Klang mit jeweils passendem Pegel und gewollter Frequenzgangkorrektur sowie evtl. Effekten addiert und ausgegeben.

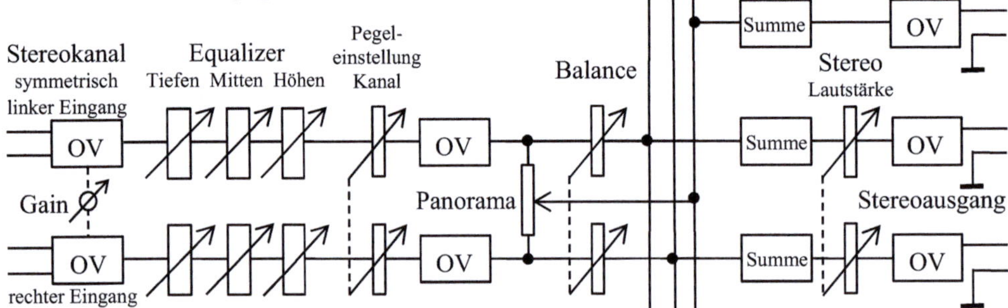

Abb. 17.2: Schematischer Aufbau eines analogen Mischpultes (vereinfacht)

Das Blockdiagramm in Abb. 17.2 zeigt zur besseren Übersichtlichkeit nur einen Eingangskanal des Mischpultes (es gibt immer mehrere), den (in der Regel einen) Hauptausgang, aber nur einen der zusätzlichen Ausgänge.

Die Operationsverstärker (OV) nach den **Eingängen** (zur Pegel- und Impedanzanpassung mit Gain zum Übersteuerungsschutz) entsprechen weitgehend den Standardschaltungen (evtl. mit Tiefpass für Störungen außerhalb des Hörbaren vergleiche Abb. 13.18). Hauptelemente sind der *Equalizer*, eine *Pegeleinstellung* (für den Kanal) sowie die *Balance* (Aufteilung auf rechten und linken Kanal) sowie der Panoramaregler für Monoausgänge.
In der Mitte erfolgt die *Mischung auf die Busse* für den linken und rechten Stereoausgang sowie (hier im Beispiel) für einen Monokanal zur externen Verarbeitung (Aux).
Rechts wird die *Summierung* und die Einstellung des *Ausgangspegels* der Signale (Fader) für die verschiedenen Ausgänge schematisch dargestellt.

Zur **Klangbeeinflussung** verwenden gute Mischpulte parametrische Filter [187] (seit ca. den 60er- Jahren Standard, oft sogenannter „British EQ"). Damit ist eine einfache Anhebung sowie Absenkung der Pegel im betreffenden Frequenzbereich möglich. In den Mittelstellungen entsteht ein linearer Frequenzgang (jeweils keine Beeinflussung). Außerdem ergibt sich eine geringere Phasenverschiebung an den Rändern des Frequenzganges (wodurch ein „warmer und musikalischer Klangcharakter" möglich sein soll).

Einen einfachen *parametrischen Equalizer* mit drei Filterbereichen zeigt Abb. 17.3. Ein nichtinvertierender Operationsverstärker am Eingang mit hohem Eingangswiderstand und geringem Ausgangswiderstand ist zur Pegelanpassung unerlässlich. Für den folgenden Equalizer gilt [188],wenn die grau dargestellten Elemente erst mal nicht berücksichtigt werden:

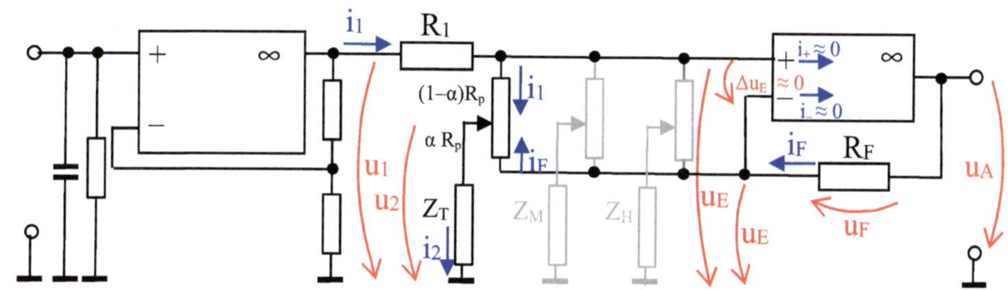

Abb. 17.3: Beispiel eines Equalizers mit parametrischen Filtern

$u_1 = R_1\, i_1 + u_E; \quad u_2 = Z_T\,(i_1 + i_F); \quad u_E = (1-\alpha)\,R_p\,i_1 + u_2 \equiv \alpha\,R_p\,i_F + u_2; \quad u_A = R_F\,i_F + u_E \equiv v\,u_1$
$i_2 = i_1 + i_F$

Eine einfache Erklärung der Funktion folgt daraus, dass bei oberem Anschlag des Potentiometers ($\alpha = 1$) ein Teil des Signals über Z_T nach Masse abgeleitet wird. So gelangt nur ein kleinerer Teil zum „+" Eingang. Das ergibt eine Verkleinerung des Signals. Bei unterem Anschlag ($\alpha = 0$) wird dagegen ein Teil der Gegenkopplung nach Masse abgeleitet. Das gibt eine Vergrößerung der Verstärkung. In der Mitte ($\alpha = \frac{1}{2}$) sind beide Veränderungen ausbalanciert und es erfolgt weder eine Verkleinerung noch eine Verstärkung.

Aufgelöst nach der *Gesamtverstärkung* v ergibt sich für den Fall $R_1 \equiv R_F$:

$$v = 1 + \frac{R_F}{Z_T} \cdot \frac{1 - 2\alpha}{1 + \alpha\,R_F/Z_T + (1-\alpha)\,\alpha\,R_p/Z_T} \;.$$

Wenn Z_T gegen ∞ geht, wird in jedem Fall v = 1, weiter folgt:
für $\alpha = 0$ wird $\;v = 1 + R_F/Z_T$ Verstärkung um v_{Max} ,
für $\alpha = \frac{1}{2}$ wird $v = 1$ keine Verstärkung oder Verkleinerung,
für $\alpha = 1$ wird $\;v = \left(1 + R_F/Z_T\right)^{-1}$ Verkleinerung um $1/v_{Max}$.

Somit kann mit dem Potentiometer ($0 \leq \alpha \leq 1$) die Signalamplitude von $1/v_{Max} \leq v \leq v_{Max}$ (oder im dB-Maß: $-v_{Max\ dB} \leq v \leq +v_{Max\ dB}$) eingestellt werden.

Ist $Z_{T/M/H}$ *frequenzabhängig*, ist es auch die Verstärkung bzw. Verkleinerung. Es folgt ein entsprechender *Frequenzgang der Verstärkung*. Ein Kondensator ($Z_H = 1/\omega C$) hat für kleine Frequenzen einen sehr hohen Widerstand. D.h., R_F/Z_{2H} wird 0 und v zu 1. Steigt die Frequenz, nehmen R_F/Z_H und die Verstärkung bzw. Verkleinerung zu. Ein Widerstand (R_C) in Reihe mit C führt bei hohen Frequenzen zu $(1 + R_F/R_C) = $ const. Wegen $v = 1 + R_F/R_C$ kann dann R_C zu $R_C = R_F/(v_{soll} - 1)$ festgelegt werden. Zusätzlich kann die Dimensionierung der Grenzfrequenz ($f_{gu} = 1/(2\pi R_C C)$) des Hochpasses über das noch frei verfügbare C erfolgen. Die Mitten werden als Bandpass aus R, L und C sowie der Tiefpass aus R und L aufgebaut. Induktivitäten können dazu mit einer Gyratorschaltung realisiert werden (siehe Abb. 13.22).

---

[187] Bei diesen können ein bis mehrere Parameter (v, f, Δf, Phase) verändert werden.
[188] Folgt aus Maschen- und Knotenpunktsätzen bei üblichen Näherungen für einen OV ($i_+ = i_- = \Delta u_E \approx 0$ für $v_0 \to \infty$).

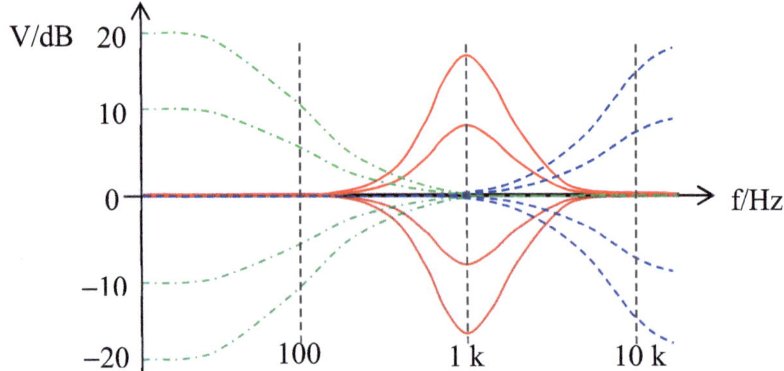

Abb. 17.4: Frequenzgangkurven der drei Filter für je 5 Potentiometereinstellungen

In Abb. 16.4 sind Tiefpass (Shelving Filter für die Bässe), Bandpass (Peaking Filter für die Mitten) und Hochpass (Shelving Filter für die Höhen) dargestellt. Die Überlappung zeigt, dass analoge Filter nicht sinnvoll wesentlich mehr Frequenzbereiche ermöglichen.

Die **Regulierung der Signalpegel** (Lautstärke, Gain, Fader) erfolgt mit. einem Schieberegler.

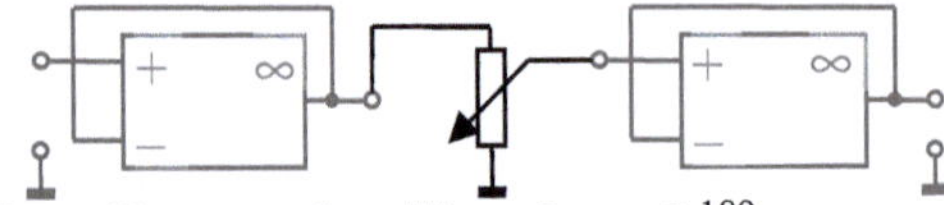

Abb. 17.5: Regulierung der Signalpegel [189]

Mit dem **Panoramaregler** wird einem Monosignal eine Position im Stereopanorama zugewiesen (hier einfach "Intensitäts"-Stereofonie, keine Laufzeitunterschiede).

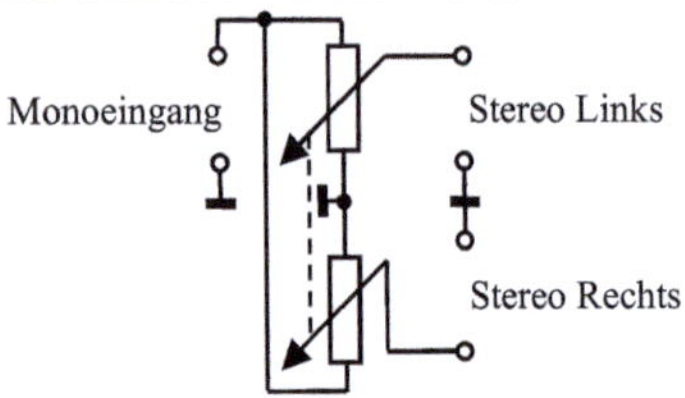

Abb. 17.6: Panoramaregler [189]

Es gibt spezielle Doppelpotentiometer, deren Widerstandskurven $R(\alpha)$ so angepasst sind, dass in jeder Stellung die Stereosumme der Signalleistungen gleich bleibt.

Das eigentliche **Mischen der Signale** (Summation) muss so erfolgen, dass die Eingangssignale auf ihren Leitungen dabei nicht verändert werden (siehe Abb. 13.21). Auf diese Weise können mehrere Summationsschaltungen mit zum Teil denselben Eingangssignalen für verschiedene Ausgänge ohne ungewollte gegenseitige Vermischungen der Signale durch das Zusammenschalten an den Eingängen realisiert werden.

Der Dynamikumfang kann durch einen **Kompressor** verringert werden. Dazu wird beim Überschreiten eines einzustellenden Pegels nach einer zu wählenden Verzögerungszeit die Verstärkung verringert. So erfolgt in Zeitabschnitten mit zu hohem Signal eine geringere Verstärkung. Da er zeitvariant arbeitet, ist der Kompressor kein lineares System.

17.1.2 Messungen an einem analogen Mischpult

Ziel ist das Kennenlernen von Geräten und Verfahren zur Messung und Darstellung der Signal- und Systemeigenschaften am Beispiel der Signalverarbeitung mit einem analogen Mischpult. Dazu sind folgende Fragen zu untersuchen:

---

[189] OV vor und nach Potentiometern gewährleisten die Rückwirkungsfreiheit und müssen, wenn nicht vorhanden, eingefügt werden.

- Welche Methoden zur Messung von Frequenz- und Phasengängen gibt es, welche Eigenschaften und Aussagefähigkeit haben eine statische Messung, eine dynamische Messung (durch Wobbeln) und die Ermittlung mit einem Rauschsignal?
- Welche Filter werden eingesetzt (insbesondere parametrische Filter)?
- Wie kann ein Monosignal in ein Stereopanorama eingeordnet werden?
- Wie erfolgt eine Signalmischung, ohne die Signale durch die Addition zu verändern?

Versuchsaufbau:

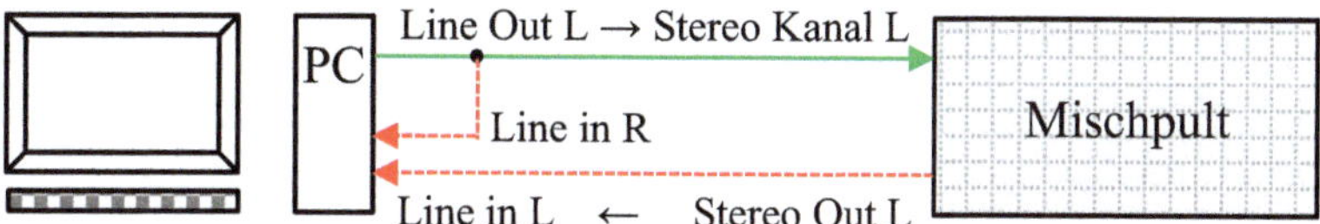

Abb. 17.7: Vergleich der Ein- und Ausgangssignale des Mischpults

Versuchsdurchführung:

Aufgabe 1:

Vorbereiten einer digitalen Erzeugung und Auswertung für analoge Signale am PC:

1 Starten eines Programms zur Audiobearbeitung (z.B. Audacity) und Erzeugen einer Datei (z.B. „test150_44_lin.wav"), die genau in 150 s mit 44 Samples/s die Frequenz linear von 0 Hz bis 15 kHz hochfährt sowie einer Datei (z.B. „test150_44rausch.wav") mit 150 s weißem Rauschen.

2 Betrachten der Dateien „test150_44_lin.wav" von t = 0 bis 150 s bei dem notwendigen Zoom. Aufrufen der Frequenzanalyse für die Datei „test150_44_lin.wav" und Testen der verschiedenen Einstellungen für Fensterfunktion und Fensterbreite (Anzahl Abtastwerte) bei linearer und logarithmischer Darstellung.

3 Wiederholen mit der Datei „test150_44rausch.wav".

Was fällt Ihnen auf, versuchen Sie es jeweils zu erklären?

Hinweis: Für die folgende Frequenzanalyse sind die Einstellungen „Hanning-Fenster", „Größe: 512 bis 1024" bei linearer Darstellung" etwa optimal.

Aufgabe 2:

Untersuchung der Eigenschaften der Klangregler (Filter) des Mischpultes:

1 Aufbau nach Abb. 17.7 (alle Klangregler in Mittelstellung und Balance ganz auf links).

2 Pegeleinstellung für das Signal vom PC (z.B. VLC-Player mit der Datei „test150_44_lin.wav" am Player 100% und PC-Mixer 50%) mit Hilfe der optischen Anzeige am Mischpult so, dass keine Übersteuerung erfolgt (Einstellungen für nachfolgende Untersuchungen unverändert lassen).

3 Untersuchen des Einflusses des Equalizers (Regler für Höhen, Mitten und Tiefen). Dazu das Eingangssignal bei Aufnahme (rechter Kanal) mit dem Aufnahmeregler der Audiobearbeitung auf ca. 0,8 einpegeln. Den Fader des Stereokanals auf 0 dB stellen und den Fader des Stereo Out so einpegeln, dass bei Aufnahme der linke Kanal auch ca. 0,8 erreicht (Einstellungen für nachfolgende Untersuchungen unverändert lassen).

4 Darstellen und Auswerten der Signale (rechts Eingangssignal, links Ausgangssignal) auf dem PC durch Aufnehmen und Auswerten mit der Audiobearbeitung (Stereokanäle evtl. trennen). Einmal alle Regler in Mittelstellung und dann die Höhen auf −15 dB.

5 Auswertung der Amplituden und Phasen in Abhängigkeit von der Frequenz. (Da die Frequenz von 0 bis 15000 Hz in 150 s linear erhöht wurde, entspricht die Frequenz der Zeit in 1/100 s.)

6 Der Frequenzgang kann auch mit der Frequenzanalyse betrachtet werden (auch mit der Datei „test150_44rausch.wav"). (Die Phasen werden leider in der Regel nicht dargestellt.)

Aufgabe 3 und 4:

Wiederholen Sie Aufgabe 2 für die Mitten und die Tiefen (andere Regler in Mittelstellung).

Aufgabe 5:

Testen Sie selbstständig die Wirkung des Panoramareglers und der Mischung zweier Signale.

Zusammenfassung der Versuchsergebnisse:

Der Einfluss der Filter ist deutlich zu erkennen und entspricht den 15 dB. Die Phasenverschiebungen sind bis auf den Bereich der Anstiegsflanken der Frequenzgangkurven null und in den Wendepunkten nur ca. 45°.

17.1.3 Kennwerte und Beispiele für Videosignale und -geräte

Videosignale sind als Lichtstrahlen analoge Signale. Ihre Wahrnehmung mit dem menschlichen Auge ist mit den Eigenschaften dieses Sinnesorgans verbunden. Jede elektronische Verarbeitung muss sich grundsätzlich an den Eigenschaften, Gewohnheiten und Bedürfnissen von Menschen orientieren. Besonders wichtige sind dabei:

- die Augenempfindlichkeit und das Farbsehen (führte zur Farbmetrik),
- das Auflösungsvermögen des Auges (eine Bogenminute = 0,016°),
- eine flimmerfreie Darstellung (ab ca. 50 Wechseln von Hell zu Dunkel pro Sekunde),
- die räumliche Wahrnehmung und
- eine Reihe von Wahrnehmungseffekten.

Differenziertere Ausführungen sind z.B. in (Wei08 S. 66 ff) nachzulesen.

> Praxistipp: Nach Wandlung in zeilenweise analoge elektrische Signale und evtl. weiter in digitale elektrisches Signal wird eine elektronische oder rechentechnische Verarbeitung möglich.

Kennwerte bei der Darstellung von Videosignalen und -geräten

RGB-Farbbalken: 100% entsprechen 255; 75 % entsprechen 190 (bei 8 Bit pro Farbe)

R:	255	190	0	0	190	190	0	0
G:	255	190	190	190	0	0	0	0
B:	255	0	190	0	190	0	190	0

FBAS-Signal: 100% entsprechen 700 mV; 75 % entsprechen 525 mV

U_R:	700 mV	525 mV	0	0	525 mV	525 mV	0	0
U_G:	700 mV	525 mV	525 mV	525 mV	0	0	0	0
U_B:	700 mV	0	525 mV	0	525 mV	0	525 mV	0

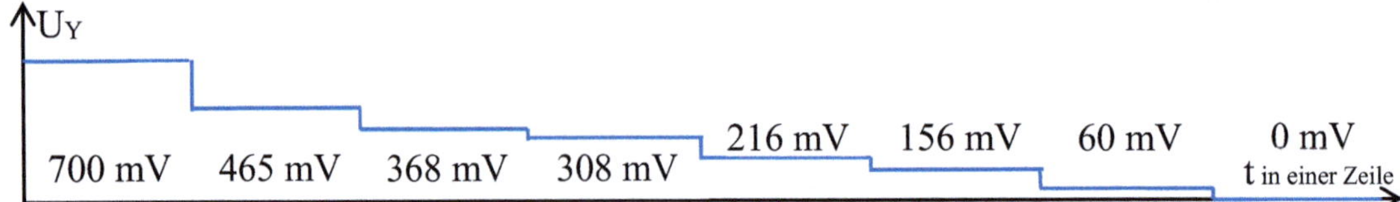

Abb. 17.8: Farbbalken mit Signalparametern

Das Helligkeitsignal Y ergibt sich aus den Signalen Rot R, Grün G und Blau B zu:

$$U_Y = 0{,}299 \, U_R + 0{,}587 \, U_G + 0{,}114 \, U_B \qquad \text{(Beachte: } 0{,}299 + 0{,}587 + 0{,}114 = 1) \qquad (17.4)$$

Das Farbdifferenzsignal U_U ergibt sich aus den Signalen Y und B zu:

$$U_U = 0{,}493 \, (U_B - U_Y) \qquad\qquad (17.5)$$

(Eine neuere Definition ergibt etwas andere Werte mit $U_{Pb} = 0{,}565 \, (U_B - U_Y)$.)

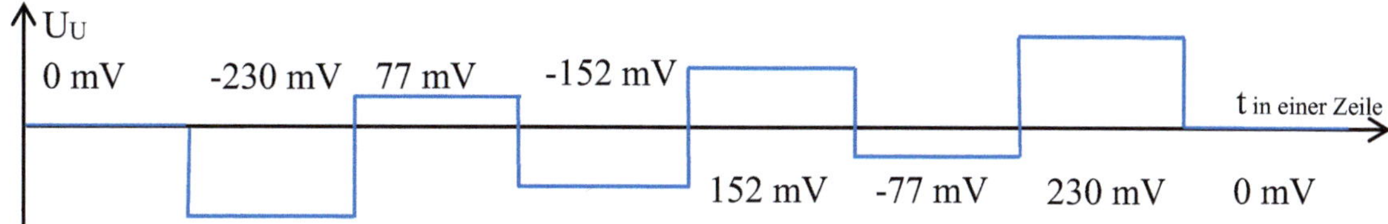

Abb. 17.9: Farbdifferenzsignal U_U

Das Farbdifferenzsignal U_V ergibt sich aus den Signalen Y und R zu:

$$U_V = 0{,}877 \, (U_R - U_Y) \qquad\qquad (17.6)$$

(Eine neuere Definition ergibt etwas andere Werte mit $U_{Pr} = 0{,}713 \, (U_R - U_Y)$.

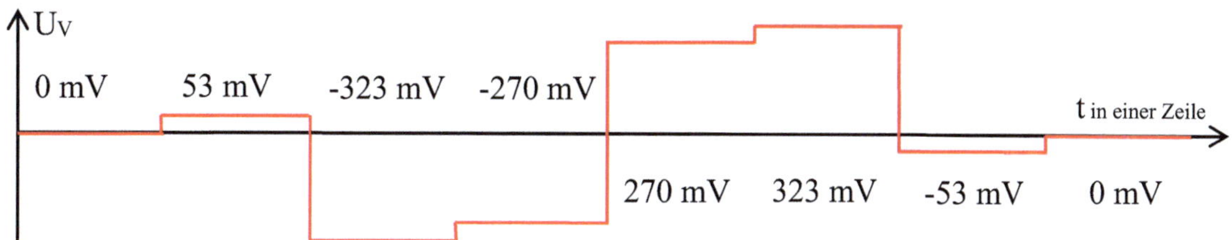

Abb. 17.10: Farbdifferenzsignal U_V

Die Signale können im **YUV-Farbraum** mit U_U in x- und U_V in y-Richtung als Vektordiagramm dargestellt werden, d.h. in *kartesischen Koordinaten*.

Eine Interpretation ist auch als *Polarkoordinaten* mit Betrag und Winkel der Farbvektoren möglich.
Dabei erscheint der Betrag als **Farbsättigung** (Farbintensität) und der Winkel als **Farbwert**.
Die Helligkeit (Y-Achse) steht hier senkrecht auf dem U-V-Diagramm.
Damit sind in U und V keine Informationen über die Helligkeit und in Y keine über die Farbe.

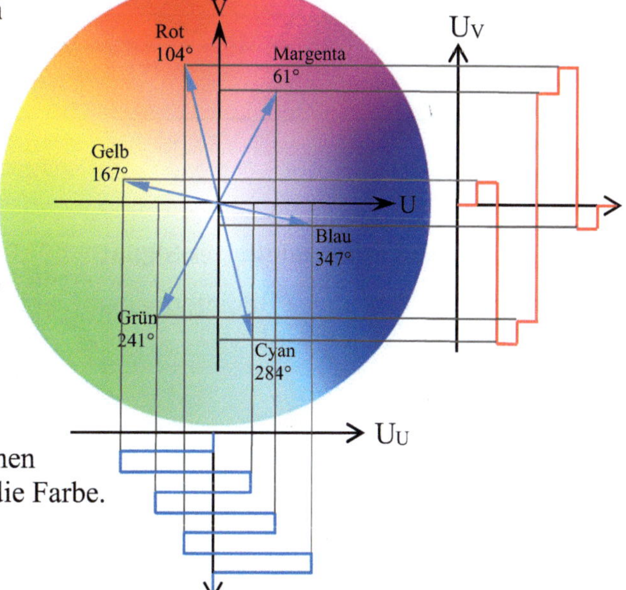

Abb. 17.11: YUV-Farbraum mit Vektordiagramm aus U_U **und** U_V

Das **Farbsignal** entsteht durch **Quadraturamplitudenmodulation** (QAM) des U-V-Signals:

Es wird U_U mit dem *Farbträger* (U_{FT} = 4,43 MHz) entsprechend der <u>Sinusphase</u> zu U_{FU} und U_V mit demselben Träger entsprechend der <u>Cosinusphase</u> zu U_{FV} multipliziert.
Auf diese Weise folgt die Möglichkeit, das Farbsignal zusätzlich zum Helligkeitssignal zu übertragen, und ältere Schwarz-Weiß-Geräte nutzen weiter nur das Helligkeitssignal.

(Die Farbträgerschwingungen sind in Abb. 17.12 als Band eingefärbt dargestellt; die Trägeramplitude war vor der Multiplikation Eins.)

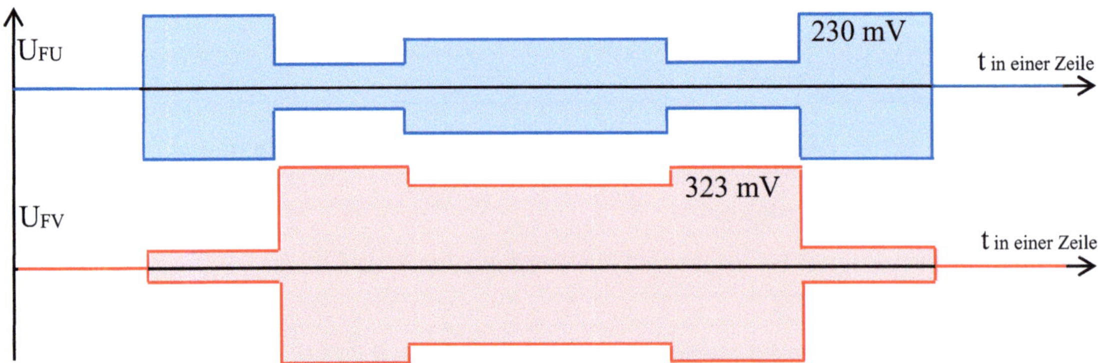

Abb. 17.12: Farbdifferenzsignale mit Sinus und Cosinus des Farbträgers multipliziert

Beide werden addiert. Dabei ergeben Sinus und Cosinus gleicher Frequenz wieder eine sinusförmige Schwingung dieser Frequenz mit einer Amplitude

$$U_F = \sqrt{U_{FV}^2 + U_{FU}^2} = \sqrt{U_V^2 + U_U^2}$$

und der Phase

$$\varphi = \arctan\frac{U_U}{U_V} \ .$$

Für eine Zeile resultiert so das Farbsignal U_F, das ausschließlich Farbinformationen enthält.

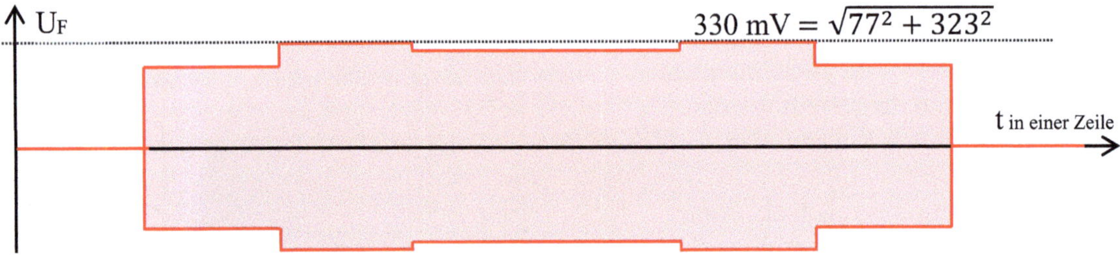

Abb. 17.13: Quadraturmoduliertes Signal

Das Signal der vollständigen Bildinformation U_B einer Zeile folgt, wenn dazu weiterhin das U_Y-Signal (17.4) addiert wird.

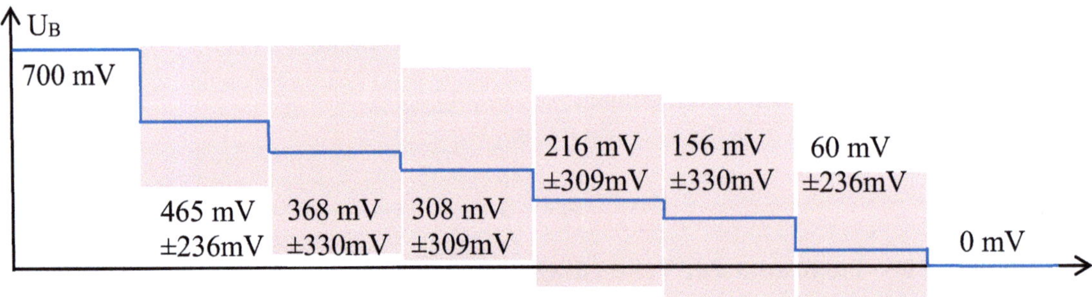

Abb. 17.14: Gesamte Bildinformation einer Zeile

Die Funktionsdarstellung der Quadraturmodulation und des endgültigen PAL Signals siehe Abschnitt 17.2.5, Weiterführendes z.B. in (Sch09 S. 66 ff).

Praxistipp: Videosignale erfuhren immer eine Informationsreduktion durch die Anzahl der Zeilen, die Anzahl Bilder pro Sekunde, das Halbbildverfahren sowie durch die Bandbreiten. Dabei werden weiterhin die Farbinformationen nur halb so oft gesendet.

17.1.4 Messung der Eigenschaften an RGB-Signalen

Kennenlernen von Geräten und Verfahren zur Messung und Darstellung der Signaleigenschaften für die Signalverarbeitung analoger Videosignale. Messung und Bewertung analoger Videosignale bezüglich der Einhaltung geforderter Normen für sendbares Videomaterial.

Versuchsaufbau:

Der Versuch wird am PC mit einem geeigneten Videoschnittprogramm mit Vektordiagramm (vergleiche Abb. 17.11) durchgeführt.
Versuchsdurchführung:

Aufgabe 1:

Vertraut machen mit den Farbnormen und dem Videoschnittprogramm des Arbeitsplatzes:
1. Starten einer Bildbearbeitung und Erstellen eines Farbbalkenbildes (als *.jpg-Datei) nach Vorgabe (Pal 720x576 Pixel mit 72 Pixel/Zoll; 8 Farbbalken nach Abb. 17.8),
2. Importieren dieses Bildes in ein neues Projekt eines Videoschnittprogramms. Es soll eine kurze Filmsequenz erzeugt werden. Diese kann in das Schnittfenster eingefügt werden.

Aufgabe 2:

3. Untersuchen der Wellenform und des Vektorbereiches mit den entsprechenden Tools des Programms. Welche Spannungswerte und Punkte in der Vektordarstellung werden erreicht?
4. Zum Vergleich Farbbalken mit 100 % Farbsättigung sowie einen weiteren mit 90 % weiß erstellen, importieren und ebenfalls untersuchen.

Zusatzaufgabe:

Betrachten und Analysieren auf externen Geräten:
Videosequenz wiedergeben und entsprechende externe Geräte verwenden. Einen Wave- und Vektormonitor sowie einen Monitor anschließen und die Sequenzen untersuchen (passende Kabel verwenden; aber nur für Video erforderlich).

Zusammenfassung der Versuchsergebnisse:

Der Aufbau der Videosignale entspricht Abschnitt 17.1.3. Das Signal mit 100 % Farbbalken erscheint als übersteuert und das Signal mit 90 % Weißbalken nutzt die mögliche Qualität der Übertragung nicht. Die externen Geräte zeigen gleiche Ergebnisse. Mit diesen können Videogeräte zur Aufnahme und Wiedergabe überprüft werden.

17.2 Analyse analog modulierter Signale

17.2.1 Amplitudenmodulation

Ein hochfrequentes Trägersignal kann in seiner *Amplitude* ($\hat{U}_{HF}$), in seiner *Frequenz* (ω_{HF}) oder in seiner *Phase* (φ_{HF}) moduliert werden. D.h., $u_{HF}(t) = \hat{U}_{HF} \sin(\omega_{HF}t + \varphi_{HF})$.

Die **Amplitudenmodulation** wurde als Erste erschlossen. Sie entsteht durch Multiplikation der Amplitudenhüllkurve mit einer konstanten hochfrequenten Schwingung. Die Amplitudenhüllkurve enthält das niederfrequente Nutzsignal (hier sinusförmiges Testsignal).

$$u(t) = \hat{U}\underbrace{(1 - m \cdot \sin\omega_1 t)}_{\substack{\text{NF Hüllkurve} \\ \text{Amplitude der HF}}} \cdot \underbrace{\sin\omega_2 t}_{\text{HF}} \quad (= \hat{U}(t)\sin\omega_2 t) \tag{17.7}$$

Die Berechnung des **Spektrums** (oder der Fourierreihe) ergibt für (17.7) eine endliche Anzahl Reihenglieder und erfolgt am einfachsten mit den Regeln für trigonometrische Funktionen [190].

$$u(t) = \hat{U} \cdot \sin\omega_2 t - \hat{U}\frac{m}{2}\left[\cos(\omega_1 - \omega_2)t - \cos(\omega_1 + \omega_2)t\right] \tag{17.8}$$

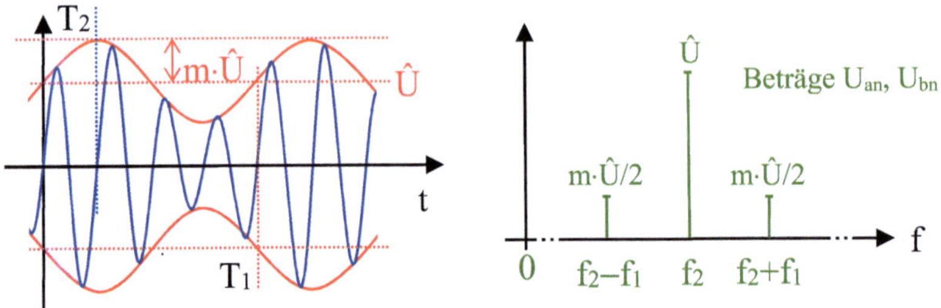

Abb. 17.15: Beispiel für ein amplitudenmoduliertes Signal und dessen Spektrum

Da der *Modulationsgrad* (m) maximal 1,0 werden kann (in der Praxis wird bei guten Modulatoren ca. 0,8 erreicht), wird die Leistung ($P \sim u^2$) der beiden alle Informationen enthaltenden Seitenbänder P_{Nutz} gegenüber der Trägerleistung $P_{Träger}$ zu

$$P_{Nutz} = 2(m\hat{U}/2)^2 = m^2\hat{U}^2/2 \; < \; \tfrac{1}{2}\,\hat{U}^2 = \tfrac{1}{2}\,P_{Träger}\,.$$

Zum anderen kann aus Abb. 17.15 die erforderliche *Bandbreite* z.B. für eine Musikübertragung abgeleitet werden.

> Praxistipp: Soll die Übertragung bis f_{NF} = 15 kHz (HiFi-Norm) stattfinden, muss zwischen der untersten ($f_{HF} - f_{NF}$) und der obersten Frequenz ($f_{HF} + f_{NF}$) die Bandbreite für die Übertragung $\Delta f_B = 2f_{NF}$ > 30 kHz betragen (ohne Stereoübertragung).

Eine Einseitenbandmodulation mit unterdrücktem Träger kann sowohl das Leistungsverhältnis verbessern als auch die Bandbreite verringern; es muss aber vor der Demodulation beides wiederhergestellt werden.

> Praxistipp: Bei **Modulation** und **Multiplikation** entstehen zusätzlich neue Frequenzen im Gegensatz zu einer Addition.

Die *Demodulation* kann bei der Amplitudenmodulation

- entweder durch eine *Gleichrichtung und anschließende Glättung*
- oder durch *nochmalige Multiplikation* [191] (Überlagerung) mit $\cos\omega_2 t$ bei (17.8) sowie anschließender Tiefpassfilterung

erfolgen (siehe Abb. 17.16).

---

[190] $\sin x \cdot \sin y = \tfrac{1}{2}\left[\cos(x{-}y) - \cos(x{+}y)\right]$

[191] Bei einer reinen Multiplikation (auch Mischen) haben die Hüllkurven den Gleichanteil null und es entsteht im Unterschied zur Modulation kein Träger. Dadurch würde bei anschließender einfacher Gleichrichtung die Frequenz verdoppelt. Darüber hinaus entstehen in den Einschnürungspunkten Phasensprünge von 180°.

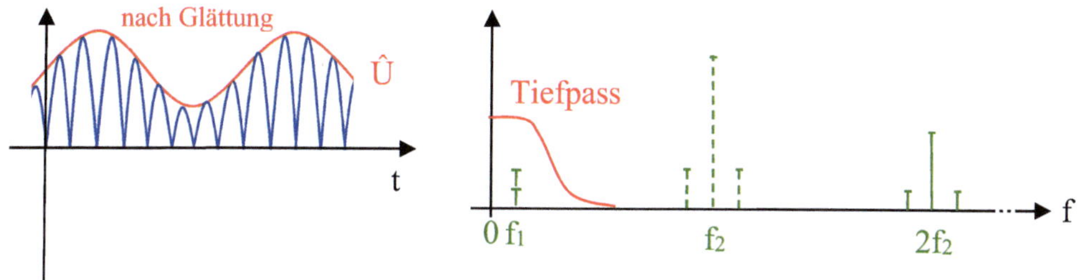

Abb. 17.16: Demodulation durch Gleichrichtung und Überlagerung [192]

Bei einer Überlagerung entstehen alle Frequenzen mit $+ f_2$ und mit $- f_2$. Dabei werden aus $f_2 - f_2$ ein nicht störender Gleichanteil [193] und $\cos[2\pi(f_2-f_1) - 2\pi f_2] = \cos(2\pi f_1)$; d.h., dieses spiegelt sich zu f_1 dazu.
(Dieses Verfahren wird normalerweise nicht zu einer einfachen Amplitudendemodulation eingesetzt.)

Praxistipp: Die Amplitudenmodulation kann sehr gut mit vielen Funktionsgeneratoren oder mit einer Simulation demonstriert werden.

17.2.2 Frequenzumsetzung mit dem Überlagerungsverfahren

Das *Überlagerungsverfahren* (Multiplikation) wird zur *Frequenzumsetzung* angewandt.

Das Prinzip soll am *Überlagerungsempfänger* (Superhet-Empfänger) mit Zwischenfrequenzverstärker dargestellt werden (Abb. 17.17).

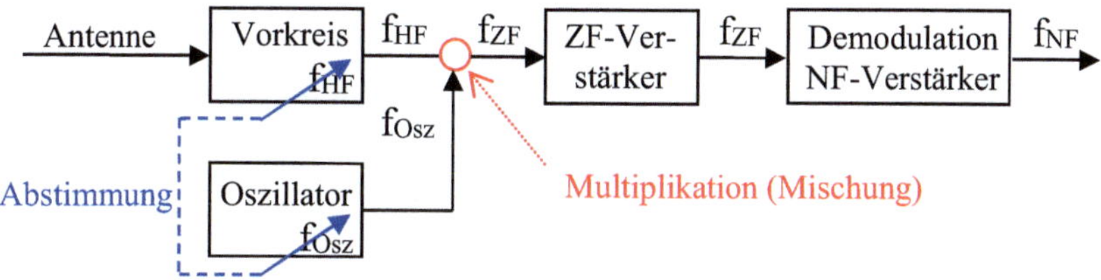

Abb. 17.17: Prinzip des Überlagerungsempfängers

Die Oszillatorfrequenz wird gemeinsam mit der Frequenz des Vorkreises (oder des Empfangsfilters) so abgestimmt, dass entweder $f_{HF} - f_{Osz}$ oder $f_{Osz} - f_{HF}$ immer genau f_{ZF} ergibt. Nach Wahl der Variante muss die andere (die Spiegelfrequenz, z.B. $f_{Osz} + f_{ZF} = f_{HF}$ und $f_{Osz} - f_{ZF} = f_{Spiegel}$) durch den Vorkreis gesperrt werden (Spiegelselektion sperrt $f_{Spiegel}$).
Das Ergebnis ist

- eine konstante ZF-Frequenz f_{ZF} (unabhängig von der Eingangsfrequenz f_{HF}),
- ein hochwirksamer ZF-Verstärker als Resonanzverstärker mit günstiger fester Frequenz, Bandbreite und Verstärkung sowie
- viele Filterkreise hintereinander (normalerweise 5 bis 7), um insgesamt eine steile Flanke der Filterung und somit eine hohe Trennschärfe zu erreichen.

---

[192] Phasen nicht dargestellt
[193] Hierbei spielt die Phase der Überlagerungsfrequenz und des Trägers eine Rolle; eine Nutzung erfolgt bei phasenempfindlicher Gleichrichtung.

Nach gleichem Prinzip findet auch die Frequenzumsetzung zur Trennung von Bild und Ton beim Fernsehempfang oder die Umsetzung der Signale von Fernsehsatelliten im LNS statt, um danach eine Weiterleitung mit einem Koaxialkabel zu ermöglichen.

Durch *Multiplikation* (Überlagerung, Mischung) kann somit ein *Frequenzband* in einen fast beliebigen, gewünschten anderen Frequenzbereich umgesetzt werden.

17.2.3 Frequenzmodulation

Die **Frequenzmodulation** wurde ursprünglich entwickelt, um einen geringeren Bedarf an Bandbreite zu erreichen. Das erwies sich aber als Trugschluss. Liegt die Information in der Frequenz, erhalten wir mit einem sinusförmigen Testsignal ω_S und dem Träger ω_T

$$\omega(t) = \omega_T\left(1 + m \cdot \cos \omega_S t\right) = \omega_T + \Delta\omega \cdot \cos \omega_S t \;^{195}. \qquad (17.9)$$

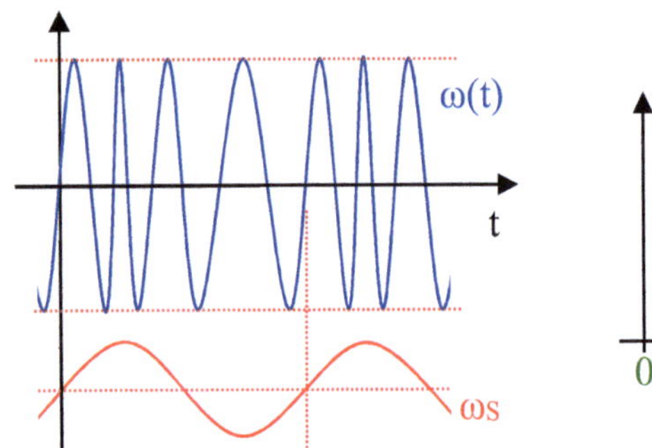
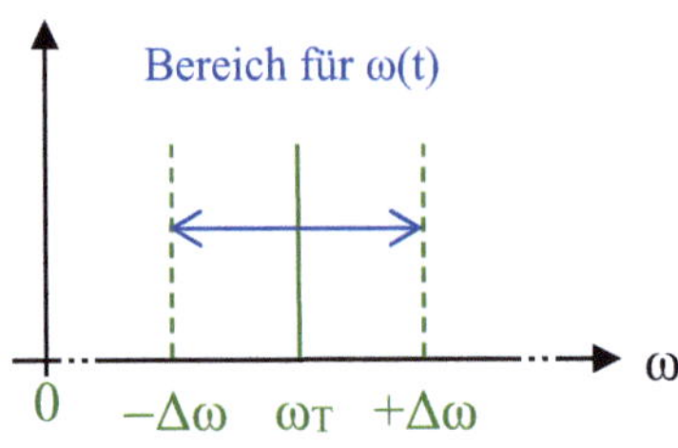

Abb. 17.18: Beispiel für ein frequenzmoduliertes Signal im Zeitbereich

Da in Abb. 17.18 rechts der Frequenzbereich von $\omega(t)$ (der für die verschiedenen Zeiten zutrifft) abgebildet wurde, entspricht dies nicht dem Spektrum (ein Spektrum muss grundsätzlich aus zeitunabhängigen Sinusanteilen bestehen).

Um im Signal $u_{HF}(t) = \hat{U}_{HF} \sin(\omega_{HF} t + \varphi_{HF})$ die Information in ω_{HF} zu modulieren, muss davon ausgegangen werden, dass die Funktion *ursprünglich* „sin Φ" lautete. Diese wird **nur** für den Fall, dass $d\Phi/dt = const = \omega$ ist, zu „sin ωt". In unserem Fall ergibt sich

$$\Phi(t) = \int_0^t \omega(t)\,dt = \int_0^t \left(\omega_T + \Delta\omega \cdot \cos \omega_S t\right) dt$$

$$\Phi(t) = \omega_T t + \frac{\Delta\omega}{\omega_S} \cdot \sin \omega_S t \qquad \text{mit } \Delta\varphi = \frac{\Delta\omega}{\omega_S} = \frac{\Delta f}{f_S}$$

und damit kann das *frequenzmodulierte Signal* geschrieben werden.

$$u(t) = \hat{U}_T \cos\left(\omega_T t + \frac{\Delta\omega}{\omega_S} \cdot \sin \omega_S t\right) \qquad (17.10)$$

In (17.10) ist eine *konstante Amplitude* zu erkennen. Der *Phasenhub* $\Delta\varphi$ wird aber gegenüber dem *Frequenzhub* Δf mit f_S dividiert und somit für höhere Signalfrequenzen verkleinert. Das Signal in (17.10) ist für unser Testsignal ein stationäres periodisches

---

[194] Ein Phasenregelkreis mit entsprechenden Parametern kann gut als IC realisiert werden.
[195] Nur diese Form von $\omega(t)$ wird unter Frequenzmodulation verstanden $u(t) = \hat{U}_S \sin\omega_S t \rightarrow \omega + \Delta\omega\cos\omega_S t = \omega(t)$.

Zeitsignal und es kann das **Spektrum** nach der *Fourierreihe* berechnet werden. Die Lösung der Integrale von (10.7) ergibt relativ komplizierte Funktionen.

$$u(t) = \hat{U}_T \left(\begin{array}{l} J_0(\Delta\varphi)\cos(\omega_T t) + J_1(\Delta\varphi)[\cos(\omega_T + \omega_S)t - \cos(\omega_T - \omega_S)t] \\ \qquad + J_2(\Delta\varphi)[\cos(\omega_T + 2\omega_S)t + \cos(\omega_T - 2\omega_S)t] \\ \qquad + J_3(\Delta\varphi)[\cos(\omega_T + 3\omega_S)t - \cos(\omega_T - 3\omega_S)t] + ... \end{array} \right) \qquad (17.11)$$

Die Koeffizienten $J_n(\Delta\varphi)$ in (17.11) sind Besselfunktionen n-ter Ordnung 1. Art der Variablen $\Delta\varphi$ (diese können Tabellen entnommen werden).

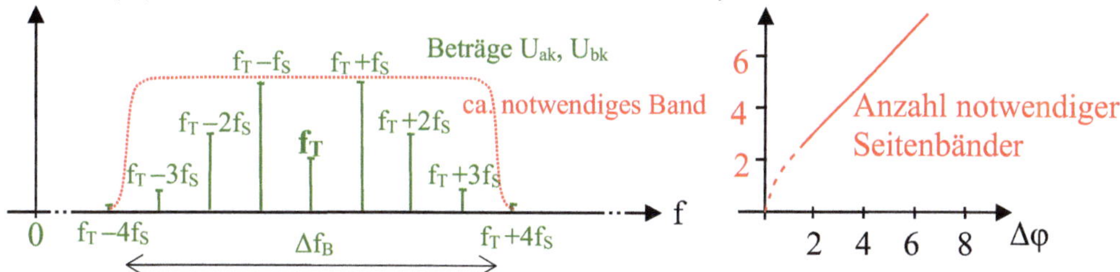

Abb. 17.19: Spektrum der Frequenzmodulation mit einem Testsignal

Wenn alle Seitenbandfrequenzen vernachlässigt werden, die kleiner sind als 10% der Amplitude des unmodulierten Trägers, wird die *notwendige Bandbreite nach Carson näherungsweise*

$$\Delta f_{B\,min} = 2(\Delta\varphi + 1)f_{S\,max} \quad \text{für } \Delta\varphi > 1.$$

Danach sind auf jeder Seite des Trägers $\Delta f_{B\,min}/2f_{S\,max} = \Delta\varphi + 1$ Seitenbandfrequenzen erforderlich (in Abb. 17.19 ist $\Delta\varphi$ ca. 2, somit ist schon die vierte Seitenbandfrequenz < 10%).

Praxistipp: Für den *UKW Rundfunk* bedeutet dies mit der Festlegung des Frequenzhubs auf $\Delta f = 75$ kHz, dass für HiFi-Qualität mit $f_{S\,max} = 15$ kHz der Phasenhub $\Delta\varphi = 5$ und die notwendige Bandbreite 180 kHz (bzw. die Anzahl Seitenbandfrequenzen 6) werden. Bei Beibehaltung von $\Delta\varphi = 5$ und $f_{S\,max} = 60$ kHz (Stereo mit RDS) werden nicht ganz 400 kHz benötigt (bei ebenfalls 6 Seitenbandfrequenzen).

Weil $\Delta\varphi = \Delta f/f_S$ ist, würde für hohe Signalfrequenzen bei konstantem Frequenzhub Δf, der die Signalamplitude repräsentiert, die Übertragungsqualität sinken [196]. Um das zu verhindern, werden die hohen Frequenzen in der Amplitude vor der Modulation verstärkt – *Präemphase*. Das wird durch eine Anhebung hoher Frequenzen mittels zusätzlichem RC-Hochpass mit einer Zeitkonstante von 50 µs (UKW in Europa) erreicht. Umgekehrt müssen die hohen Frequenzen im Empfänger nach der Demodulation wieder abgesenkt werden – *Deemphase*. Das erfolgt durch einen RC-Tiefpass mit gleicher Zeitkonstanten.

Zur *Frequenzmodulation* muss *direkt bei der Schwingungserzeugung* die Frequenz beeinflusst werden. Das geschieht im einfachsten Fall durch ein Kondensatormikrofon oder durch einen spannungsgesteuerten elektronisch realisierten Blindwiderstand. Eine moderne Variante insbesondere für Kleinanwendungen behandelt Aufgabe 17.4.

Die *Demodulation* kann bei der Frequenzmodulation nicht so einfach erfolgen. Zuerst sind alle Amplitudenstörungen durch einen *Begrenzer* zu beseitigen (Amplitude hat keine gewollte Information). Danach wird

- **entweder** durch einen a) Flanken-, b) Phasen- (auch Verhältnis-) bzw. c) Zähldiskriminator in eine a) *Amplituden-*, b) *Phasen-* oder c) *Pulsmodulation* gewandelt und mit einem a) AM-Demodulator (Gleichrichter), b) phasenempfind-

---

[196] Das Signal-Rausch-Verhältnis ist etwa proportional zu $\Delta\varphi$ und würde deutlich schlechter werden.

lichen Gleichrichter (Verhältnisgleichrichter, Ringmodulator) bzw. c) nur einem
Tiefpass demoduliert
- **oder aber** in heutiger Zeit durch einen *PLL Demodulator* demoduliert.

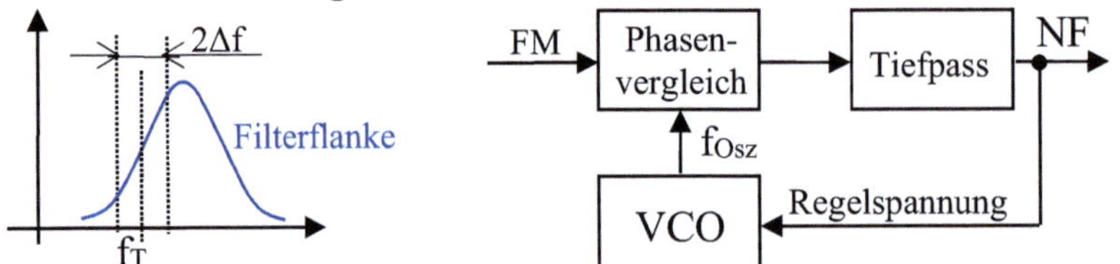

Abb. 17.20: Prinzip des Flankendiskriminators und der PLL-Demodulation

Die Filterkurve in Abb. 17.20 wird so justiert, dass die Flanke die FM in eine AM wandelt.
Beim PLL-Kreis (Phasenregelkreis) wird der VCO (spannungsgesteuerter Oszillator) der
Frequenz der FM nachgeführt, sodass die Regelspannung exakt dem NF-Signal entspricht [197].
Diese Anordnung kann sehr gut als integrierte Schaltung realisiert werden.

Praxistipp: Die Frequenzmodulation kann nur mit einer Simulation eindrucksvoll gezeigt
werden. Praktisch ist der Frequenzhub zu klein, um sichtbar zu werden.

17.2.4 Phasenmodulation

Die **Phasenmodulation** ist der Frequenzmodulation sehr ähnlich, aber es wird
$$\Phi(t) = \omega_T t + \Delta\varphi \cdot \sin \omega_S t \qquad \text{mit} \qquad \Delta\varphi = \omega_S \cdot \Delta\omega .$$
Die Amplitudeninformation ($u(t) = \hat{U}_S \sin\omega t \rightarrow \Delta\varphi \sin\omega t = \Delta\varphi(t)$) steckt hierbei direkt in $\Delta\varphi$.
Diese Modulation wird nur in Spezialfällen genutzt.

Praxistipp: Bei der Analyse von Signalen oder Systemen kann jeweils die Darstellungsweise
genutzt werden, die für die gewünschte Untersuchung besser geeignet ist.

17.2.5 Stereo- und Videosignalmodulation

Die Übertragung von *Stereosignalen* musste unter der Voraussetzung erfolgen, dass alle
Monoempfänger weiterhin ihr gewohntes Programm empfangen können. Deshalb wurde ein
Summensignal (Links + Rechts) und zusätzlich ein Differenzsignal (Links − Rechts)
vorgesehen. Das Summensignal befand sich an der Stelle des bisherigen Monosignals. Dazu
erfolgte die Addition des mit einem Träger von 38 kHz amplitudenmodulierten Differenz-
signals (mit beiden Seitenbändern aber unterdrücktem Träger). Ein mit dem 38 kHz Träger
phasengleich dazuaddierter 19 kHz Pilotton dient zur Wiederherstellung des Trägers (bzw.
direkt zur Wiederherstellung des linken und rechten Signals).

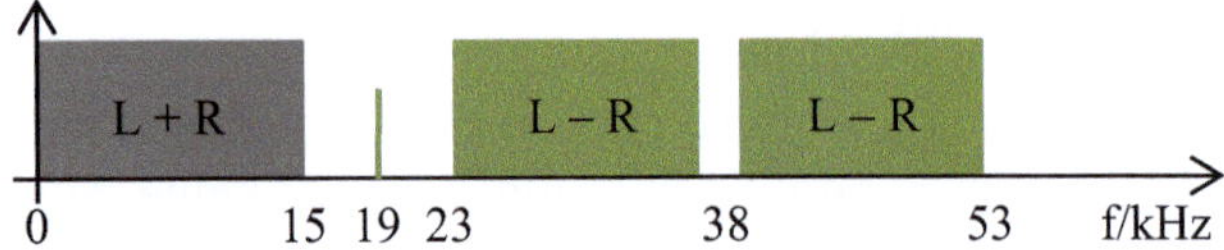

Abb. 17.21: Stereosignal

Praxistipp: Das Stereosignal wird dann insgesamt im UKW-Bereich frequenzmoduliert und
jede Seitenfrequenz besteht aus einem Band wie in Abb. 17.21, vergleiche Abschnitt 17.2.3.

---

[197] Bei der Regelung gibt es als Regelabweichung eine Phasenabweichung, aber keine Frequenzabweichung.

Zur *Demodulation* werden der 38 kHz Träger (durch Verdoppeln des 19 kHz Pilottones)
wiederhergestellt, die 23 bis 53 kHz abgetrennt, eine Amplitudendemodulation durchgeführt
und anschließend durch (L + R) + (L − R) und (L + R) − (L − R) das linke und rechte
Signal zurückgewonnen. Moderne IC nutzen Zeitmultiplexverfahren. Nach Abtrennen
und Verdoppeln wird der Pilotton phasenrichtig als 38 kHz Rechtecksignal zum
„Austasten" des linken bzw. (um 180 ° verschoben) des rechten Kanals genutzt [198].

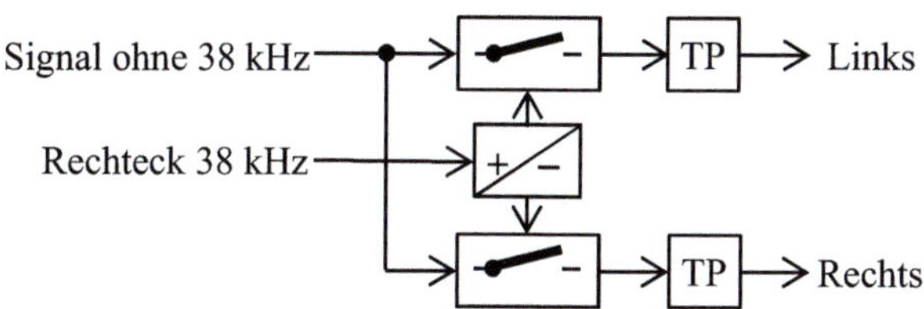

Abb. 17.22: Stereodemodulator nach dem Zeitmultiplexverfahren

Praxistipp: Für das Zeitmultiplexverfahren sind keine LC-Filter und Mischer erforderlich,
sodass es gut als IC realisiert werden kann.

Das in Abschnitt 17.1.3 beschriebene Signal mit den Bildinformationen (Abb. 17.14) wird
zum *FBAS-Signal* [199], indem der sogenannte *Burst* (10 Perioden des bei der QAM
unterdrückten Farbträgers zur synchronen Neuerzeugung für die Demodulation) und der
Synchronimpuls (von 4,7 µs Länge) eingefügt werden.
Das endgültige modulierte HF-Signal wird nach dem Blockdiagramm in Abb. 17.24 erzeugt.
Dazu muss der Synchrontakt auch die *Bildumschaltung* mit berücksichtigen.

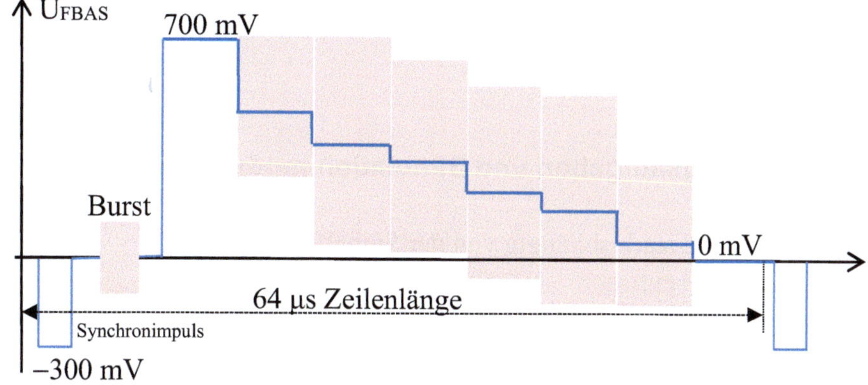

Abb. 17.23: FBAS-Signal

Durch den *PAL-Schalter* wird U_{FV} jeder zweiten Zeile invertiert (d.h. 180° gedreht), um beim
Empfänger durch eine Auswertung von zwei Zeilen Farbfehler zu korrigieren. Das
Laufzeitglied gleicht die Zeitverzögerung des Quadraturmodulators und der Addition aus. Der
Burstschalter fügt zu den entsprechenden Zeiten den Burst dazu.
Der Ton wird im Sender mit einem Träger von 5,5 MHz *frequenzmoduliert* und zum FBAS-
Signal addiert. Für dieses Signal erfolgt dann eine *Amplitudenmodulation* mit bis auf einen
Rest unterdrücktem Seitenband auf den HF-Träger im VHF- oder UHF-Bereich.

---

[198] Das Austasten entspricht einer erneuten Modulation → L+R, ½[38±(L+R)], ½{38−[38±(L−R)]}→L−R,
½{38+[38±(L−R)]}, 38 kHz. Die grauen Anteile filtert der Glättungstiefpass mit weg. Es bleibt „L". Mit −38
bleibt „R". Für (L−R) ist deren Frequenzband einzusetzen. Die ½ verdeutlichen die Amplitude der Seitenbänder.
Zeitmultiplexverfahren entspricht einem Synchrondemodulator (auch phasenempfindlicher Gleichrichter).
[199] FBAS bedeutet Farb-Bild-Austast-Synchron

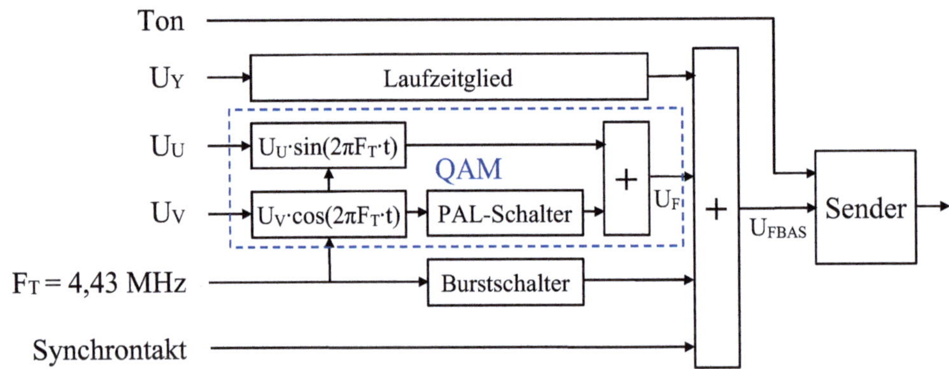

Abb. 17.24: Blockschaltbild bis zum Sendesignal

Die Demodulation erfolgt mit den umgekehrten Funktionen: AM-Demodulator, Auskopplung
der 5,5 MHz und Frequenzdemodulation des Tons, Auskopplung der Synchronimpulse und
von U_Y, Demodulation der QAM [200], Berechnen von U_R, U_G und U_B.

Praxistipp: Wenn am Gerät entsprechende Anschlüsse ausgeführt wurden, können die
folgenden Standardsignale genutzt werden:

- U_R, U_G und U_B entsprechen dem RGB-Signal. Das Synchronsignal wird dann zu U_R
  hinzugefügt.
- U_Y, U_U und U_V entsprechen dem YUV-Signal (bzw. mit veränderten Faktoren dem
  YPbPr-Signal oder Komponentensignal). Das Synchronsignal wird zu U_Y hinzugefügt.
- U_Y und U_F entsprechen dem Y/C-Signal (S-Video). Das Synchronsignal wird zu U_Y
  hinzugefügt.
- U_{FBAS} ist das Composite-Signal.

17.2.6 Kennwerte, Übungsaufgaben und Simulation modulierter Signale

Kennwerte eines Signals sind stark abhängig von der Signalform, z.B.
- Sinussignal: $\hat{U}$, ω und evtl. φ
- Rechtecksignal: $\hat{U}_{ss}$, U_{Offset} (oder $\hat{U}_-$ und $\hat{U}_+$), Tastverhältnis, Periodendauer und evtl.
  Anstiegszeit der Flanke [201]
- Dreiecksignal: $\hat{U}_{ss}$, U_{Offset} (oder $\hat{U}_-$ und $\hat{U}_+$), Anstiegszeit und Abfallzeit (zusammen
  Periodendauer)

Kennwerte eines Frequenzspektrums (gemessen oder nach der Fourierreihe).
- Amplitudenwerte von $n·\omega$ als U_{cn} (oder die Beträge von U_{an} und U_{bn})
- Phasenlage von $n·\omega$ als φ_n (oder als Vorzeichen der U_{an} und U_{bn})

Kennwerte eines amplitudenmodulierten Signals
- Amplitude des unmodulierten Trägers $\hat{U}$
- Frequenz des Trägers f_T
- Modulationsgrad $m = \hat{U}_S/\hat{U}_T$
- Bandbreite des modulierten Signals (oder maximale Signalfrequenz)

---

[200] Mit einem Synchrondemodulator (auch phasenempfindlicher Gleichrichter).
[201] Von 0,1 bis 0,9 $\hat{U}$.

Kennwerte eines frequenzmodulierten Signals
- Amplitude des Trägers $\hat{U}$
- Frequenz des unmodulierten Trägers f_T
- Frequenzhub Δf, daraus folgender Phasenhub $\Delta\varphi$
- maximale Signalfrequenz
- Bandbreite des modulierten Signals

Aufgabe 17.1

Addition der Teilschwingungen des Rechtecksignals aus Abb. 11.39, z.B. mit einem
Simulationsprogramm bei $\hat{U} = 5$ V, $T = 2$ ms.
  1) Zeigen Sie die Grund- und die ersten Oberschwingungen (n = 3, 5 ,7).
  2) Addieren Sie das Signal schrittweise (Grund- mit 3. bis zur 7. Oberschwingung).
  3) Zeigen Sie das Amplituden- und das Phasenspektrum.

Aufgabe 17.2

Spektrum eines amplitudenmodulierten Signals mit $\hat{U}_T = 100$ V, $f_T = 500$ kHz und zwei
Sinussignalen $\hat{U}_1 = 30$ V, $f_{S1} = 80$ Hz und $\hat{U}_2 = 20$ V, $f_{S2} = 12000$ Hz (entspricht einem
Mittelwellensignal)
  1) Stellen Sie des Spektrums der Beträge der Amplituden dar.
  2) Ermitteln Sie die mindestens notwendige Übertragungsbandbreite.

Aufgabe 17.3

Drei Sprachsignale ($f_M = 200$ bis 3600 Hz) sollen frequenzmultiplex übertragen werden.
Zwischen den Übertragungskanälen ist ein Frequenzabstand von 400 Hz vorzusehen und der
erste Kanal soll bei 4 kHz beginnen.
  1) Klären Sie die möglichen Oszillatorfrequenzen, die für eine Frequenzumsetzung gewählt
     werden können.
  2) Es wird eine Multiplikationsschaltung genutzt. Nennen Sie die Frequenzen, die danach
     wieder entfernt werden müssen.
Hinweis: Im Vergleich mit einer Amplitudenmodulation soll immer nur ein Seitenband
             übertragen werden.

Aufgabe 17.4

Ein VCO wird zur Frequenzmodulation genutzt. Seine Ausgangsspannung ist konstant 10 V.
$U(f_T)$ dient der Feinabstimmung der Trägerfrequenz zu $f_T = 100$ MHz. Das NF-Signal ist
$\hat{U}_S\cos\omega_S t$. Dabei wurde $\hat{U}_S$ so gewählt, dass $\Delta f = 75$ kHz wird. Die Testsignalfrequenz beträgt
einmal $f_S = 1$ kHz und zum anderen 10 kHz (siehe Abb. 17.25).

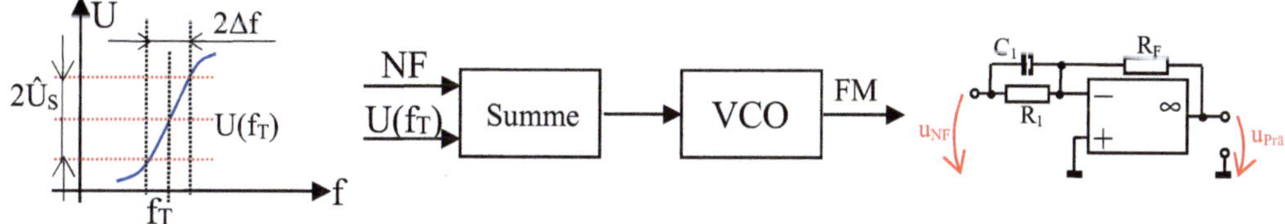

Abb. 17.25: Kennlinie, Blockschaltbild eines VCO und Schaltung der Präemphase

  1) Geben Sie $\omega(t)$, $\Delta\varphi$ und $u(t)$ an.
  2) Zeigen Sie wie viel das Signal von 10 kHz durch eine Präemphase ($\tau = C_1 R_1 = 50$ µs)
     angehoben wird und wie qualitativ der Frequenzgang aussieht (bis ca. 20 kHz).
Hinweis: Z_1 sinkt mit steigender Frequenz und $|v| = R_F/Z_1$ steigt gegenüber $v(f = 0) = R_F/R_1$
             (für Operationsverstärker vergleiche 13.2.3).
Zusatzaufgabe: Simulieren Sie die Anordnung von Abb. 17.25!

17.3 Diskrete Signale

17.3.1 Diskrete Signale und diskrete Fouriertransformation

Diskrete Signale haben nur zu diskreten Zeitpunkten t_i einen von null verschiedenen Wert.

Sie entstehen z.B. durch Messwertabtastung oder A/D-Wandlung (siehe Abschnitt 15.1.1). Mathematisch entspricht das einer Multiplikation mit einer Folge von Stoßfunktionen [202]. Die Einordnung und die Eigenschaften werden in der Gegenüberstellung Abb. 16.26 deutlich.

Die Transformation erfolgt nach den Gleichungen (10.11) in Abschnitt 10.7. Diese können mit Hochsprachen leicht in Algorithmen für Rechner umgesetzt werden. In vielen Analyseprogrammen sind komfortabel zu nutzende Algorithmen implementiert, die in der Regel keine Fehlbenutzung (insbesondere keine falsche Abtastung) mehr zulassen. Als Algorithmus wird überwiegend die FFT (Fast Fouriertransformation) verwendet.

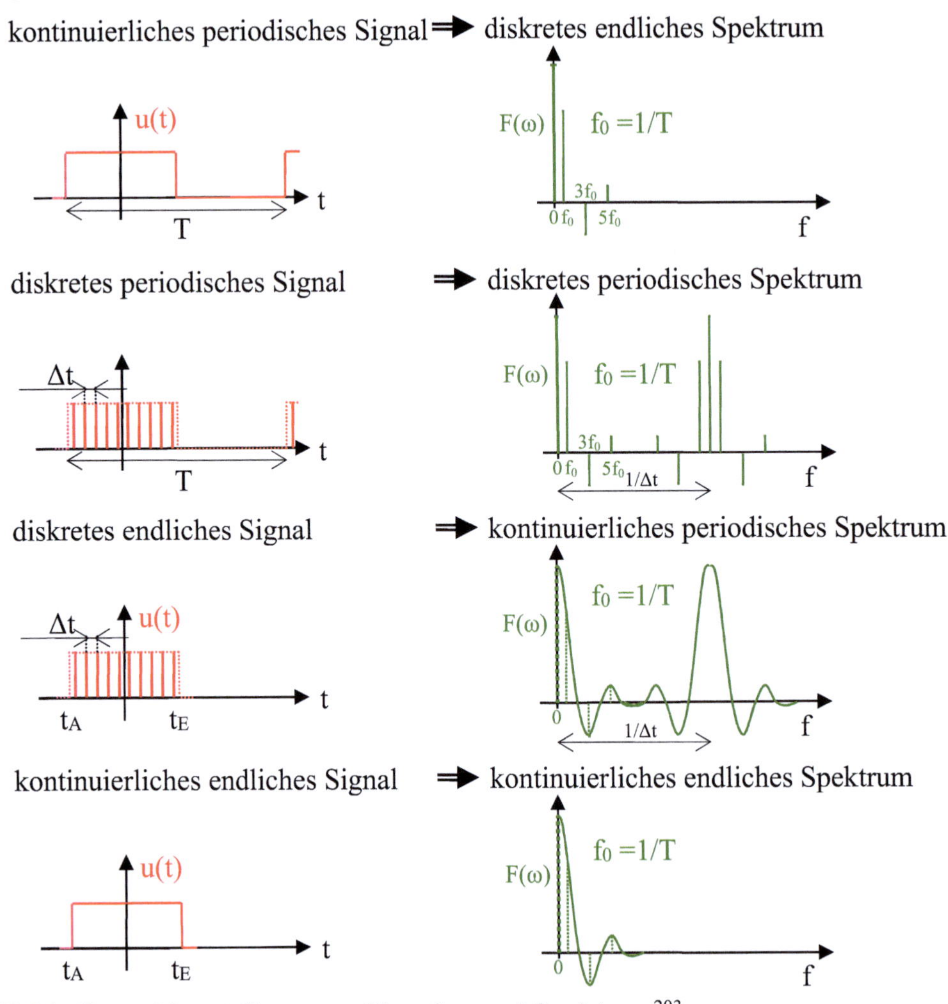

Abb. 17.26: Gegenüberstellung von Signalen und Spektren [203]

---

[202] Zur Stoßfunktion und Abtastfunktion siehe Abschnitt 10.5.

[203] Es ist $F(\omega) = F_g(\omega)$ bzw. $\mathrm{Re}\{\underline{F}(\omega)\}$ nach (10.9) bzw. (10.10) (hier ein symmetrisches Rechteck). Ein Unterschied besteht, wie für (10.8) erläutert. Die negative Seite der Spektren wurde nicht gezeichnet. Das kontinuierliche Spektrum des Rechtecks entspricht der Si(ω)-Funktion.

Praxistipp: Die *diskreten periodischen Signale* sind der eigentliche *Gegenstand der diskreten Fouriertransformation (DFT)*. Aus den Abtastwerten der Grundperiode des Signals $-T/2 \leq t < T/2$ lassen sich numerisch direkt die Spektralwerte des Bereiches $0 \leq f \leq 1/\Delta t$ ermitteln. Diese sind dann periodisch fortzusetzen. [204]

Die in Abb. 17.26 sichtbaren *Eigenschaften* ermöglichen es, die *diskrete Fouriertransformation für weitere Fälle* in guter Näherung zu nutzen.

- So kann das diskrete endliche (einmalige) Signal mit der Einschränkung bestimmt werden, dass nur das „abgetastete" Spektrum für $0 \leq f \leq 1/\Delta t$ bei der Berechnung entsteht [205].
- Das kontinuierliche periodische Signal kann abgetastet werden [201] und die ermittelten Spektralwerte des Bereiches $0 \leq f \leq 1/2\Delta t$ sind das diskrete endliche (einmalige) Spektrum.
- Das kontinuierliche endliche (einmalige) Signal kann ebenfalls abgetastet werden [201] und die ermittelten Spektralwerte des Bereiches $0 \leq f \leq 1/2\Delta t$ sind dann das abgetastete Spektrum, das periodisch fortzusetzen ist.

In der Regel ist es möglich, das Signal bzw. deren *Grundperiode genau 2^n-mal äquidistant abzutasten*. In diesem Fall kann der schnelle Algorithmus der **FFT** und nicht die vollständige Umsetzung der DFT (10.11) benutzt werden.

Praxistipp: Für die praktische Anwendung müssen folgende Bedingungen beachtet werden:
1. Genau eine (oder mehrere) Grundperioden *äquidistant und synchron zur Periode* abtasten. Wenn der Abtastwert direkt zu Beginn des Signals liegt, gehört der gleiche Wert der nächsten Periode nicht mehr dazu (er ist nicht der letzte der ersten Periode). Hilfestellung: Die numerische Berechnung ist so, als ob der abgetastete Bereich immer wieder (periodisch) komplett angehängt wird.
2. Die Abtastung muss so schnell erfolgen, dass $1/\Delta t$ so groß ist, dass die *Perioden des Spektrums nicht ineinander* laufen und so die Grundperiode des Spektrums verfälscht wird (Aliasingfehler). (Bei Abb. 17.26 ist $1/\Delta t$ etwas zu klein gewählt.)
3. Ist die Abtastung nicht nach 1. und 2. erfolgt, müssen durch *Interpolation neue Abtastwerte* bestimmt werden (z.B. bei nicht äquidistanter Abtastung, bei nicht synchroner Abtastung oder wenn bei der FFT nicht 2^n Abtastwerte vorliegen.)
4. Ist es nicht möglich, die Abtastung so vorzunehmen (z.B. weil die Grundperiode im Rauschen nicht erkennbar ist), kann eine **geeignete Fensterfunktion** benutzt und die Abtastung dieser zugeordnet werden.

Aliasingfehler entstehen, wenn sich Perioden im Spektrum bei zu kleiner Abtastfrequenz $1/\Delta t$ überlagern [206]. Die vier Punkte zeigen, dass bei der praktischen Anwendung der DFT eine gute Vorbereitung der Messung und Sorgfalt erforderlich sind, sonst entstehen unkalkulierbare Fehler.

Kurzzeitfrequenzspektren entstehen, wenn ein geeignetes Fenster mit dem Signal mitläuft und nach jedem (oder einigen) Δt das Spektrum jeweils neu berechnet wird. Das ergibt ein zeitabhängiges Spektrum. Entweder ändert sich ständig die Anzeige oder es werden Kurven (z.B. ähnlich wie eine dreidimensionale perspektivische Darstellung als $\underline{F}(f_k)$ über t und f) erzeugt.

Praxistipp: Viele Programme zur Audiobearbeitung weisen solche Kurzzeitspektren auf.

Digitale Signalprozessoren (DSP) führten zum Durchbruch der digitalen Signalverarbeitung.

---

[204] Es muss **exakt** die Grundperiode sein, diese kann aber zeitlich beliebig liegen.
[205] Bei genügend Abtastpunkten ist es entsprechend genau.
[206] Das Abtasttheorem (15.1) ergibt eine gleichlautende Aussage, wenn der höchste Frequenzanteil bekannt ist.

Ein DSP muss die durch Abtastfrequenz (oder Abtastrate) festgelegte Datenmenge pro Zeittakt sicher verarbeiten. In jedem Takt müssen Eingangsdaten (-signale) in den DSP eingelesen, verarbeitet und die verarbeiteten Daten (als Ausgangssignal) ausgegeben werden – *Prinzip einer Pipeline*. Eine Zeitverzögerung der Datenverarbeitung würde zu Signalausfällen führen. DSPs müssen also echtzeitfähig sein. Dazu dienen:

- A/D-Wandler mit synchroner Abtastung analoger Signale bzw. mit seriellen Schnittstellen zur Ein- und Ausgabe digitaler Signale,
- mehrere Rechenwerke (ALUs), darunter das Multiply-Accumulate-Rechenwerk (MAC für Operationen vom Typ $A_{n+1} = A_n + B \cdot C$), die in einem Prozessorzyklus mit hoher Geschwindigkeit insbesondere FFT oder Faltung ermöglichen,
- Daten und Befehle in eigenen Speichern mit eigenen Bussen, die gleichzeitig in die erforderlichen Rechenwerke geladen werden können,
- Adressgeneratoren (Address Generation Units – AGU), programmierbare Zähler und andere logische Elemente, welche Speicheradressen parallel zu den arithmetischen Operationen bearbeiten können,
- der Aufbau des Prozessors in Harvard-Architektur [207] mit Schleifenspeichern, Ringpuffern und Hardwarestacks,
- die Rechenwerke (Execution Units – EXU), bei denen jeder Cluster das Register des Nachbarclusters auslesen darf,
- kein Multitasking sowie
- mehrmalige Speicherzugriffe und somit eine schnelle Ausführung von Schleifen in einem Zyklus.

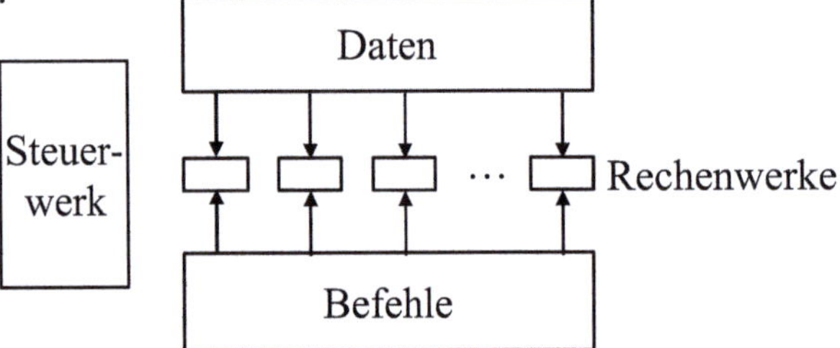

Abb. 17.27: Darstellung der Harvard-Architektur (schematisch)

Zur *Entwicklung von DSP-Anwendungen* werden umfangreiche PC-basierte Entwicklungsplätze mit Konfigurationssoftware, Kommunikationssoftware zum Laden der Programme in den DSP sowie zum Debugging, Mess- und Analysegeräte für die analogen Signale, Logikanalysatoren für die digitalen Signale und erprobte Softwarealgorithmen für die Funktionen benötigt.

In der Regel werden Mikrokontroller zusätzlich zur Steuerung der Funktionen und Parameter eingesetzt und sind in den Entwicklungsplatz zu integrieren.

Praxistipp: Heute nutzen alle Soundkarten DSPs, alle Grafikkarten GPUs (entsprechend ausgelegte leistungsfähige DSP mit mehreren Pipelines). In vielen Geräten (DSL-Modem, allen OFDM-Modulatoren und -Demodulatoren, Spektralanalysatoren bis zu Oszilloskopen) werden DSPs eingesetzt. (Es gibt auch Softwarelösungen als Signalprozessor, die für einfache Anforderungen auf normalen CPU laufen können.)

---

[207] „Harvard-Architektur" ist in der Informatik eine Prozessorarchitektur zur Realisierung sehr schneller CPUs und Signalprozessoren. Speicher für Befehle und für Daten sind physikalisch getrennt und haben eigene Busse, so können Befehle und Daten gleichzeitig geschrieben werden. Bei der „Von-Neumann-Architektur" sind dazu mindestens zwei Buszyklen notwendig. Die „Harvard-Architektur" hat neben der „Von-Neumann-Architektur" durch den DSP die größte Verbreitung gefunden. Siehe auch Abschnitt 16.2.1.

Zum Vergleich mit Abschnitt 17.1.1 wird als Beispiel ein digitales Mischpult kurz vorgestellt. Der grundlegende Aufbau entspricht dem analogen Mischpult.

- Die Signaleingänge (Pegel- und Impedanzanpassung) sind immer analog und entsprechen weitgehend den analogen Mischpulten.
- Danach erfolgt unmittelbar die *Analog-Digital-Wandlung*.
- Die digitale Signalverarbeitung erinnert grundlegend in Aufbau und Abfolge an das analoge Mischpult.
- In der Mitte ist wiederum die *Mischung auf die Busse*, wenn auch softwaregesteuert sehr viel komfortabler.
- Auf der Ausgangsseite erfolgt die *Verteilung der Signale* softwaregesteuert ebenfalls sehr viel komfortabler.
- Unmittelbar vor den Ausgängen erfolgt dann die *Digital-Analog-Wandlung*.

Außer den Funktionen, die schon ein analoges Mischpult besitzt und die nun softwaregesteuert erfolgen, können komfortabel weitere Effekte realisiert werden. Einige der wichtigsten Effekte, die heute in der Regel genutzt werden, sind **Delay** (definierte Zeitverzögerung des Signals), **Echo** (zeitverzögerte mehrfache Wiederholung des Signals mit Abschwächung seiner Amplitude) und **Hall** (wie Echo, aber mit sehr kurzer Zeitverzögerung).
Mit dem Delay sollen die Möglichkeiten der digitalen Signalverarbeitung gezeigt werden.

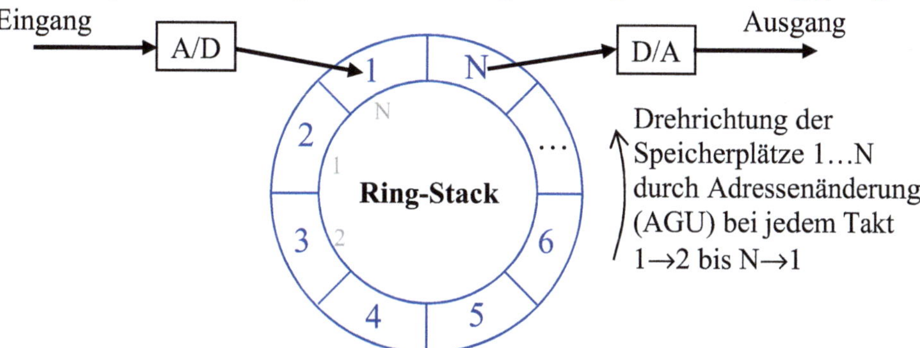

Abb. 17.28: Schematische Darstellung der Abarbeitung eines Delay

Der prinzipielle Ablauf eines Delay zeigt Abb. 17.28. Dabei ist ein Takt je Abtastintervall notwendig (bei 96 kHz wird $\Delta t = 10\ \mu s$) und die Verzögerung ergibt sich zu $N \cdot \Delta t$.

Praxistipp: Viele weitere Effekte, so z.B. zur Änderung der Wiedergabegeschwindigkeit oder zur Verfremdung von Stimmen, können darüber hinaus digital besser realisiert werden. Dazu kann auch im Frequenzbereich nach DFT und danach inverser DFT gearbeitet werden.

17.3.2 Digitale Modulationsverfahren

Für die Übertragung digitaler Signale wurden adäquate Modulationsverfahren entwickelt, z.B.:

- QPSK – Quadraturphasenumtastung (*Quadrature Phase-Shift Keying*) entspricht der 4-QAM,
- QAM – Quadraturamplitudenmodulation (*Quadrature Amplitude Modulation*),
- OFDM – Orthogonales Frequenzmultiplexverfahren (*Orthogonal Frequency-Division Multiplexing*),
- DVB-T – Digitales, terrestrisches Fernsehen (*Digital Video Broadcasting – Terrestrial*) oder auch
- DSL – Digitaler Teilnehmeranschluss (*Digital Subscriber Line*).

Die vielfältigen modernen Anwendungen der DFT/FFT für diese Modulationen sollen am
Beispiel der Realisierung der Modulation bei einer ADSL-Übertragung untersucht werden. In
Abb. 17.29 ist der Ausgangspunkt das zu übertragende *Binärsignal*. Dieses wird z.B. in ein
Schieberegister als Datenpuffer eingelesen und so das serielle in ein *parallel* vorliegendes
Signal umgeformt.

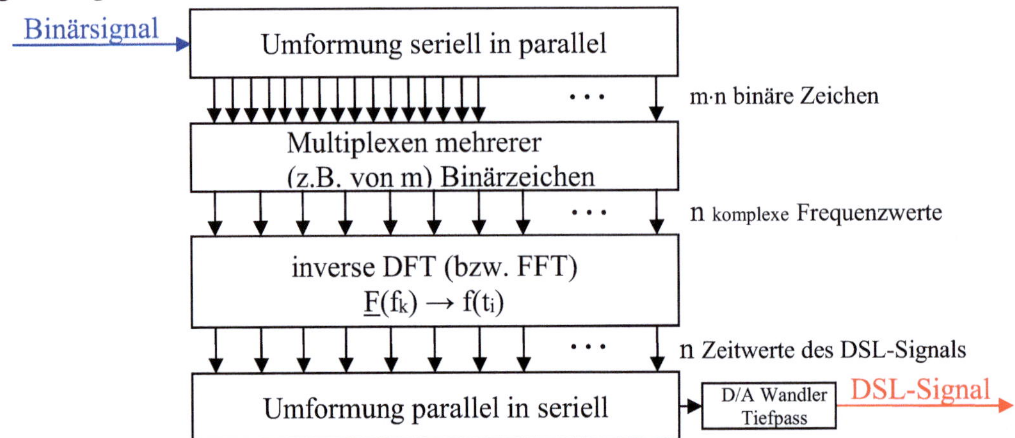

Abb. 17.29: Vereinfachtes Prinzip der Sendemodulation bei ADSL

Mehrere Binärzeichen werden durch eine Quadraturamplitudenmodulation (QAM)
zusammengefasst [208] (Multiplexprinzip).

m Bit haben zusammen
m^2 Zustände, die den
Punkten zugeordnet
werden.

Abb. 17.30: 4- und 16-fache QAM

Bei Abb. 17.30 entstehen für m Bit ein cos- und ein sin-Amplitudenanteil (bzw. Amplituden-
betrag mit Phase). Die Unterscheidbarkeit wird mit höherem m deutlich schlechter.

Die nun vorliegenden n komplexen Werte werden je einer der parallelen *orthogonalen
Übertragungsfrequenzen* der ADSL-Übertragung zugeordnet (ähnlich der OFDM). Das
realisiert die **inverse** *diskrete Fouriertransformation* (in (10.11) obere Formel). Die digital
vorliegenden n komplexen Werte werden als *Amplituden* $\underline{F}(f_k)$ (k = 0 … n–1) der Frequenzen
f_k dem DFT^{-1} Algorithmus zugeführt und die *digitalen Zeitwerte* u(t_i) in einen Datenpuffer
ausgegeben, *seriell* ausgelesen, *digital-analog gewandelt* und abschließend durch einen
Tiefpass geglättet.

Das so in jedem Umformintervall entstehende Zeitsignal ist das vollständige Signal der
Diskreten-Multiton-Modulation (DMT) der ADSL-Übertragung mit *256 Frequenzbändern* zu
je ca. *4 kHz Bandbreite* (davon 1. bis 32. für analoges Telefon bzw. ISDN freigehalten, 33. bis
64. für die Übertragung des Upstreams, 65. bis 255. für den Downstream und eins für einen
Pilotton zur Synchronisation; zusammen ca. 1,1 MHz; siehe Abb. 17.31).

---

[208] Z.B. könnten je zwei oder vier Bit jeweils dem Real- und Imaginärteil des komplexen Wertes $\underline{F}(f_k)$ (Betrag
und Phase) zugeordnet werden. Beim DSL kann das für jeden Kanal nach dessen Qualität angepasst werden.

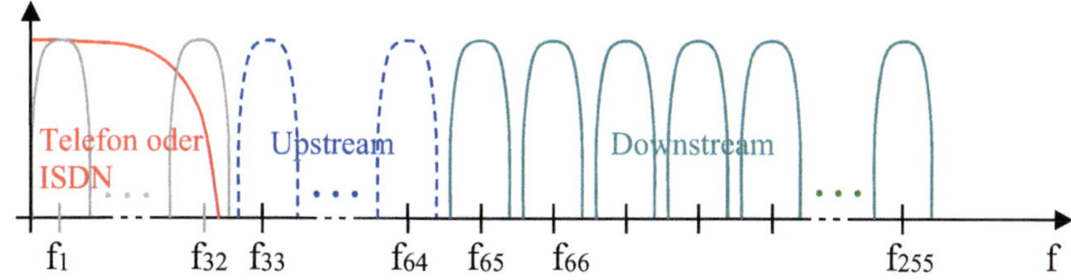

Abb. 17.31: Prinzipielle Anordnung der Frequenzbänder der DMT bei DSL

Die praktische Realisierung erfolgt mit einem *digitalen Signalprozessor* (DSP) und zur Steuerung des Ablaufs einem *Mikrokontroller*. So ist diese Art der Signalverarbeitung mit wenigen integrierten Schaltkreisen im DSL-Modem zu realisieren. Es werden eben nicht über 256 hochwertige analoge Filter, Oszillatoren und Multiplikatoren zur Frequenzumsetzung benötigt.

Auf der *Empfangsseite* erfolgt die Demodulation genau andersherum mit der *diskreten Fouriertransformation* (in (10.11) untere Formel). Die abgetasteten u(ti) (von analogen zu *digitalen Zeitwerten* gewandelten f(t$_i$)) werden zu den *Amplituden* $\underline{F}$(f$_k$) der Frequenzen f$_k$ transformiert, demultiplext (Umkehrung der QAM) und seriell ausgegeben.

Praxistipp: Da alle Modems senden und empfangen müssen, findet beides statt, aber mit verschiedenen Up- und Downstreambreiten. Es gibt demnach zwei verschiedene Modems für Provider und Nutzer.

(Weiterführendes zur Modulation beim DVB siehe z.B. (Sch09 S. 263 ff).)

17.3.3 Codierung, Kompression und Fehlerkorrektur digitaler Signale

Für die Übertragung digitaler Signale (zeit- und wertquantisierter Signale) muss eine festgelegte **Codierung** und ein festgelegtes **Protokoll** verwendet werden. Das bedeutet:

- Die Codierung jedes Abtastwertes einschließlich einer eventuellen Kompression erfolgt nach vereinbarten Algorithmen.
- Die Zahlenfolge muss *exakt erkennbar* sein, deshalb ist es notwendig, die Daten in ein Protokoll einzubetten (bei Audiosignalen z.B. das S/PDIF-Protokoll).
- Zusätzlich kann das Protokoll Daten zu seinen Details, zur Kontrolle und zur Fehlerkorrektur enthalten.
- Gleiches gilt bei Speicherung für eine Datei (bei Audiodateien z.B. wav-Dateien).

Praxistipp: Zeitquantisierung, Wertquantisierung einschließlich Codierung und ein Protokoll sind für eine Signalübertragung bzw. -speicherung die Voraussetzung.

Für Audiosignale in der Unterhaltungselektronik steht an vielen Geräten die relativ einfache digitale S/PDIF-Schnittstelle für elektrische und optische Übertragungen zur Verfügung.

RIFF
Format
DATA (Samples nacheinander)
t
DATA (Samples nacheinander)
Links
Rechts
Links
Rechts
Links
Rechts
....
t
z.B. für ein Stereosignal
Links
Rechts
0000100110011000
0000110110001011
....
t
z.B. mit 12 Bit-Quantisierung

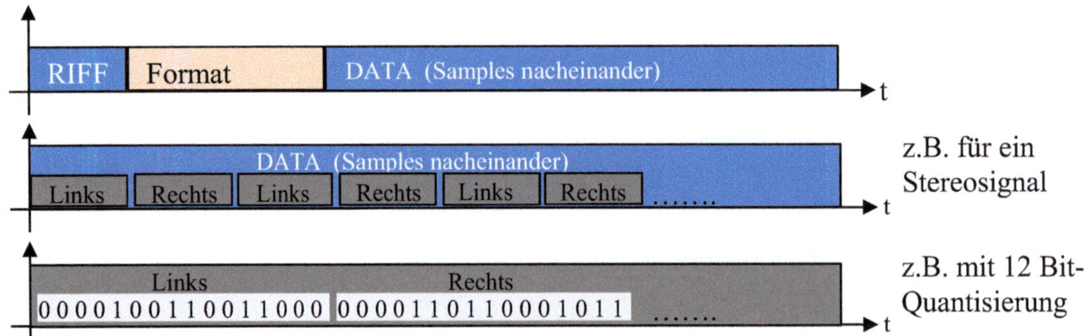

Abb. 17.32: Datenformat des S/PDIF-Protokolls im DATA Abschnitt

Im Beispiel von Abb. 17.32 werden 12 Bit-Daten verwendet, sodass von den 16 möglichen Stellen die ersten vier Bit null bleiben.

Als Beispiel für Dateien soll das wav-Dateiprotokoll vorgestellt werden.

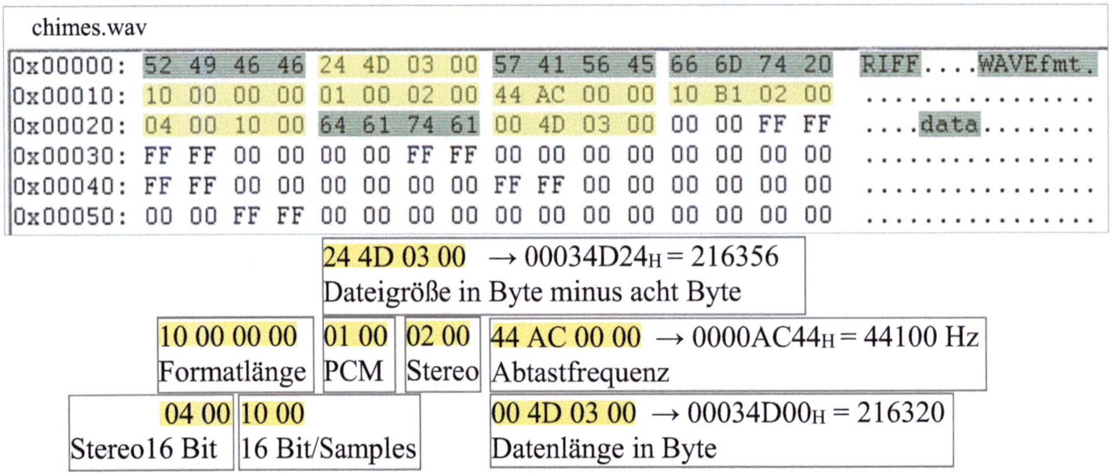

chimes.wav
0x00000: 52 49 46 46 24 4D 03 00 57 41 56 45 66 6D 74 20 RIFF....WAVEfmt.
0x00010: 10 00 00 00 01 00 02 00 44 AC 00 00 10 B1 02 00 ....
0x00020: 04 00 10 00 64 61 74 61 00 4D 03 00 00 00 FF FF ....data........
0x00030: FF FF 00 00 00 00 FF FF 00 00 00 00 00 00 00 00 ....
0x00040: FF FF 00 00 00 00 00 00 FF FF 00 00 00 00 00 00 ....
0x00050: 00 00 FF FF 00 00 00 00 00 00 00 00 00 00 00 00 ....
24 4D 03 00 → 00034D24H = 216356
Dateigröße in Byte minus acht Byte
10 00 00 00
Formatlänge
01 00
PCM
02 00
Stereo
44 AC 00 00 → 0000AC44H = 44100 Hz
Abtastfrequenz
04 00
Stereo16 Bit
10 00
16 Bit/Samples
00 4D 03 00 → 00034D00H = 216320
Datenlänge in Byte

Abb. 17.33: Die Datei chimes.wav im Hex-Editor [209]

Mit „RIFF“ beginnt der **RIFF**-Abschnitt. Er identifiziert die Datei als „WAVE“-Datei und das 5. bis 8. Byte nennt die Dateigröße. Nach „fmt “ beginnen im **Format**-Abschnitt die Parameter wie Formatlänge, Codierung (hier PCM), mono/stereo (hier stereo), Abtastfrequenz usw. (in den Kästen darunter sind Erläuterungen dazu). Nach „data“ steht der **DATA**-Abschnitt mit der Datenlänge und dem Signalverlauf. Die Samples der Amplitudenwerte folgen in Blöcken zu je 8 Hexadezimalziffern (entspricht 4 Byte 2 je 16 Bit linker und 2 je 16 Bit rechter Kanal) im Zweierkomplement [210]. Ist die Bit-Anzahl nicht durch 8 teilbar, werden an das niederwertigste Byte Nullen hinzugefügt. Alle Zahlen erscheinen in Byte (2 Hexadezimalziffern = 8 Bit) mit der Bytereihenfolge vom niederwertigsten bis zum höchstwertigen Byte (also umgekehrt wie normale Zahlen).

Zusätzlich werden heute in der Regel eine **Datenkompression** (Verringerung der großen zu übertragenden Datenmenge und so der notwendigen Bandbreite), Maßnahmen zur **Fehlerkorrektur** sowie eventuell zur **Verschlüsselung** durchgeführt.

---

[209] In Abb. 17.33 sind hexadezimale ASCII-Zeichen gestreift hinterlegt (je zwei Hexadezimalzeichen, sie stehen in der rechten Spalte zusätzlich als Buchstaben). Byteangaben sind einfach hinterlegt und Daten sind nicht hinterlegt.

[210] Negative Binärzahlen werden bitweise negiert und anschließend wird 1 addiert. Positive Zahlen dürfen das höchste Bit nicht belegen. Z.B. 16 Bit erlauben somit den Wertebereich $8000_H = -32768 < x < +32767 = 7FFF_H$.

Praxistipp: Es existiert eine Vielzahl von Codierungsverfahren und Protokollen. Sie unterscheiden sich vor allem durch die verwendeten Kompressions-, Fehlerkorrektur- und Verschlüsselungsverfahren.

Zur *Datenkompression* werden abhängig vom Verwendungszweck Verfahren angewandt, die

- *verlustfrei* (ohne Reduktion von Informationsanteilen – **Redundanzreduktion**)

sowie

- *verlustbehaftet* (mit Reduktion zumindest von Anteilen, die nicht bzw. kaum wahrnehmbar sind – **Irrelevanzreduktion**),

sind.

Die Ersteren nutzen im Wesentlichen eine bessere Darstellung der Daten. Immer lassen sich die Originaldaten wiederherstellen. Beispiele sind die Zip-Codierung, die Huffman-Codierung oder die Arithmetische Codierung (alle ergeben eine Erhöhung der Entropie [211]).

Die Letzteren erlauben keine Wiederherstellung der Originaldaten. Es müssen grundsätzlich Verfahren zur Entscheidung darüber, welche Daten entbehrt werden können, angewandt werden. So werden z.B. beim mp3-Format Töne entfernt, die beim Hören neben den anderen „lauten" Tönen untergehen.

In der digitalen Übertragung und Speicherung von Bild- oder Videosignalen werden mehrere Verfahren kombiniert angewandt (z.B. bei den DVB-Übertragungsverfahren, den JPEG- und den MPEG-Verfahren). Weiterführendes z.B. in (Sch09 S. 158 ff).

Dabei werden in entsprechender Reihenfolge z.B. kombiniert:

- Eine Unterabtastung (Helligkeitsunterschiede sind wichtiger als Farbdifferenzen, die damit seltener abgetastet werden können; verlustbehaftet),

- Diskrete-Cosinus-Transformation (wandelt in ein Spektrum; höhere Frequenzanteile entsprechen feinen Strukturen und können entfallen; verlustbehaftet),

- Quantisierung (Anpassen der Wertquantisierung vermindert feine Strukturen; verlustbehaftet),

- Zick-Zack-Scan (von niedrigen zu hohen Frequenzen auslesen)

- Lauflängencodierung (mehrfach nacheinander folgende Symbole werden zusammengefasst)

- Huffman-Codierung (häufig auftretende Symbole erhalten kürzere Codewörter).

Praxistipp: Die Arbeit erledigen entsprechende Programme. Bei einigen (z.B. der Bildverarbeitung) können Parameter angepasst werden. Das muss auf den jeweiligen Verwendungszweck mit entsprechenden Erfahrungen ausgerichtet werden.

Viele Verfahren wurden erst mit der Implementation von effektiven Methoden zur *Fehlerkorrektur* praxistauglich, so z.B. das Ethernet, die CD und DVD Speicherung oder alle digitalen Videoübertragungsverfahren.

Das Ethernet nutzt eine *Rückwärtsfehlerkorrektur* (bei Fehlererkennung werden Datenpakete erneut angefordert). Dagegen besitzen Broadcastübertragungen eine *Vorwärtsfehlerkorrektur*. Die einfachsten und bekanntesten Methoden zur Fehlererkennung sind die *Prüfsumme* und die *Paritätsbits*. Dazu muss den Daten Redundanz hinzugefügt werden.

---

[211] Die Entropie der Information ist ein Maß für den durchschnittlichen Informationsgehalt.

Entsprechend der Protokollvorschriften kann für jeden Datenblock eine Prüfsumme gebildet und zusätzlich übertragen werden. So sind Fehler weitestgehend zu erkennen (nur Rückwärtsfehlerkorrektur).

Paritätsbits können für einen Datenblock auch zeilen- und spaltenweise vergeben werden. Daraus sind dann bereits Korrekturen exakt ableitbar, soweit sie nicht ungünstig gehäuft auftreten (Rückwärts- und teilweise Vorwärtsfehlerkorrektur).

$$
\begin{array}{cccc c}
x & x & x & x & p_{z1} \\
x & x & x & x & p_{z2} \\
x & x & x & x & p_{z3} \\
x & x & x & x & p_{z4} \\
p_{s1} & p_{s2} & p_{s3} & p_{s4} &
\end{array}
$$

Das Beispiel zeigt eine Variante für 16 Datenbits und Hinzufügen von 8 Paritätsbits.

Um Fehler zu erkennen und zu korrigieren, sind redundante Daten so einzufügen, dass der Empfänger ohne Rückfrage (beim Sender) Übertragungsfehler erkennen und korrigieren kann. Vor dem Senden erfolgt dazu eine **Kanalcodierung** (z.B. wird dabei der schon komplexere Reed-Solomon-Code eingesetzt).

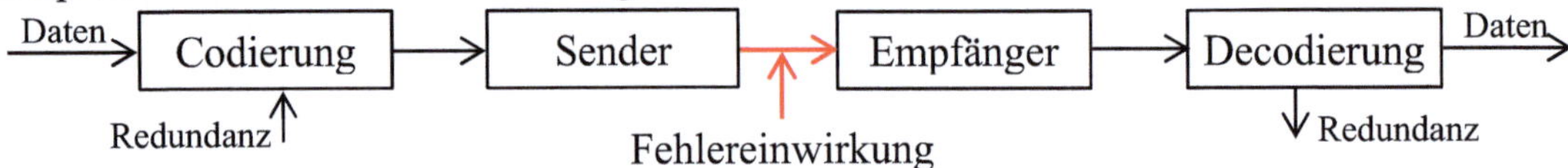

Abb. 17.34: Schema für eine Fehlerkorrektur zur Kanalcodierung

Des Weiteren erfolgt vor der Kanalcodierung der Sendedaten eine **Quellencodierung** und abschließend die entsprechende Decodierung der Daten von der Quelle (Kompression bzw. Dekompression mit eigenen entsprechenden Mechanismen zur Fehlerkorrektur).

Solange die Korrekturen erfolgreich ablaufen, gibt es keine Qualitätseinbußen. Danach bricht die Übertragung schnell zusammen.

Praxistipp: Vorwärtsfehlerkorrektur wird beispielsweise für CD und DVD, für das digitale Fernsehen oder beim Mobilfunk eingesetzt.

17.3.4 Kennwerte und Übungsaufgaben für diskrete (digitale) Signale

Kennwerte digitaler Signale:

Abtastfrequenz	$1/\Delta t$
Quantisierungsstufen	2^n mit n = Anzahl Binärstellen

Kennwerte bei Nutzung der diskreten Fouriertransformation:

Abtastfrequenz	$1/\Delta t$
Abtastintervall	$n \cdot \Delta t$
Anzahl Abtastwerte	n
Maximal im Signal enthaltene Frequenz	f_{Max}

Praxistipp: Es muss das Abtasttheorem eingehalten werden, damit $1/(2\Delta t) \geq f_{max}$ wird und die Perioden im Spektrum sich nicht überlappen (vergleiche Abb. 17.26). D.h., jede Periode der höchsten Frequenz muss **mindestens zweimal** abgetastet werden ($2\Delta t \leq T_{min} = 1/f_{max}$). Gegebenenfalls muss dazu vor der Abtastung die Frequenz durch ein Tiefpassfilter beschränkt werden (statistischer Fehler für f_{max} wird dann bei Wiederherstellung $\geq 50\ \%$).

Aufgabe 17.5

Erzeugen Sie eine Sinusschwingung und tasten Sie diese mit n = 2, 4, 8 und 16 Abtastwerten
pro Periodendauer T.
Schätzen Sie die Qualität der Abtastung ein.
Hinweis: Ein geeignetes Audiobearbeitungsprogramm verwenden.

Aufgabe 17.6

Durchführung einer diskreten Fouriertransformation (DFT) für das Rechtecksignal aus
Abb. 11.39 (bei $\hat{U}$ = 5 V, T = 2 ms) für n = 8, 16, 32 und 512 Abtastwerte.
  1) Nennen Sie wie viele Oberschwingungen jeweils bestimmt werden.
  2) Vergleichen Sie die Amplituden der jeweils höchsten ermittelten Oberschwingungen.
Hinweis: Ein geeignetes Audiobearbeitungsprogramm verwenden.
Zusatzaufgabe: Wie ändert sich das Spektrum, wenn an die Periode mit n Intervallen ein
                Intervall der nächsten Periode angehängt wird?
Hinweis: Ein geeignetes Audiobearbeitungsprogramm verwenden. Gegebenenfalls eine
              Audiodatei manipulieren, indem am Ende jeder Periode ein Wert verdoppelt wird
              (siehe Abschnitt 17.3.1).

Aufgabe 17.7

Zu Delay, Hall und Echo
  1) Nennen Sie die wesentlichen Unterschiede bei der Erzeugung der Effekte Delay, Hall
      sowie Echo.
  2) Zeigen Sie die wichtigsten Parameter, die dafür in der Praxis verwendet werden.

Aufgabe 17.8

Zum Dynamikumfang
  1) Bestimmen Sie den Dynamikumfang in dB, der mit 24 Bit theoretisch erreichbar ist.
  2) Erkunden Sie die praktischen Parameter für z.B. Rundfunk, Konzertsaal und Weiteres.

Aufgabe 17.9

Zum Frequenzgang
  1) Nennen Sie die höchste Signalfrequenz, die mit einer Abtastfrequenz von 96 kHz
      erreichbar ist.
  2) Untersuchen Sie, welche Frequenzgänge für genutzte Geräte angegeben (garantiert)
      werden.

18 Zusammenfassung zur Regelungstechnik

<u>Hilfreich</u> für das Verständnis können die Wiederholung der mathematischen Abhandlungen in <u>Abschnitt 10 sowie zusätzlich Abschnitt 17 sein.</u>

Zur Wiederholung und Zusammenfassung einer Reihe von Bemerkungen in den Abschnitten dieses Buches soll ein kurzer Überblick zur Regelungstechnik gegeben werden.
Es werden

- wichtige Regelstrecken,
- wichtige Regeleinrichtungen,
- wichtige Reglerstrukturen,
- eine Reihe von Regelstrategien

anhand von Beispielen vorgestellt.

Vorbemerkungen

Im Folgenden werden einige grundlegende Betrachtungen zusammengestellt, um Aspekte vorangegangener Abschnitte zusammenzufassen, zu vervollständigen und zu festigen. Zur Beschreibung und Darstellung von Signalen siehe auch Abschnitt 10 und 17.
Weiterführende Darstellungen werden z.B. in (Bei13), (Föl08) und (Lun08) gegeben.

Regelungstechnische Vorgänge sind in der lebenden Natur, in sozialen/gesellschaftlichen Organisationsformen sowie in der Technik vielfältig anzutreffen (auch Kybernetik).

Es sind zwei Formen zu unterscheiden:

- Steuerung – Einstellen der Eingänge nach den gewünschten Sollwerten für die Ausgänge (ohne Auswertung der tatsächlichen Ausgangsergebnisse – offene Wirkungskette),
- Regelung – Stellen der Eingänge nach Vergleich der Sollwerte für die Ausgänge mit den tatsächlichen Ausgangsergebnissen und somit ständige Angleichung an die gewünschten Sollwerte (geschlossene Wirkungskette).

Praxistipp: Die Steuerung erfordert einen geringeren Aufwand, aber immer, wenn das dynamische Verhalten nicht vollständig bekannt ist oder Störungen ausgeglichen werden müssen, ist eine Regelung erforderlich.

Die Begriffsdefinitionen und Kennzeichen sind im Normblatt DIN IEC 60050-351 zu finden. In der wissenschaftlichen Literatur und in Lehrbüchern werden diese aber nur zum Teil so verwendet (oft sind die physikalischen Größen selbst, aber auch international übliche oder eigenständige Kennzeichen anzutreffen).

Die wichtigsten Kenngrößen verdeutlichen Abb. 18.1 und Abb. Abb. 18.2 (vergleiche
(Lun08 S. 4 ff) und (Föl08 S. 2-19)).

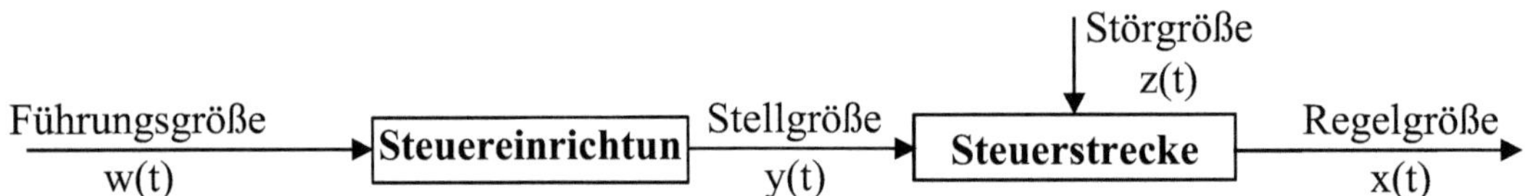

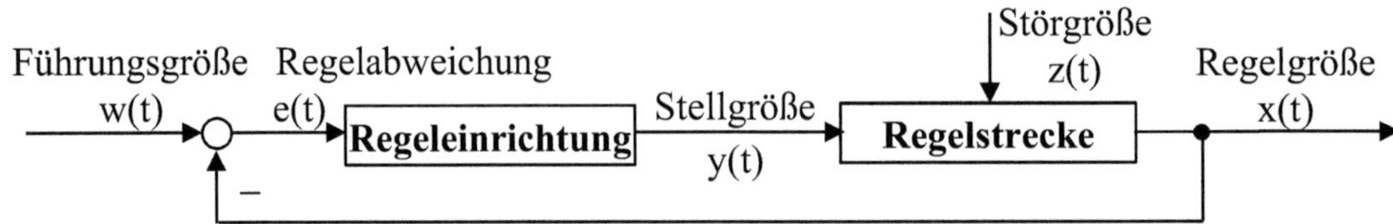

Abb. 18.1: Grundstruktur einer Steuerung (oben) bzw. Regelung (unten)

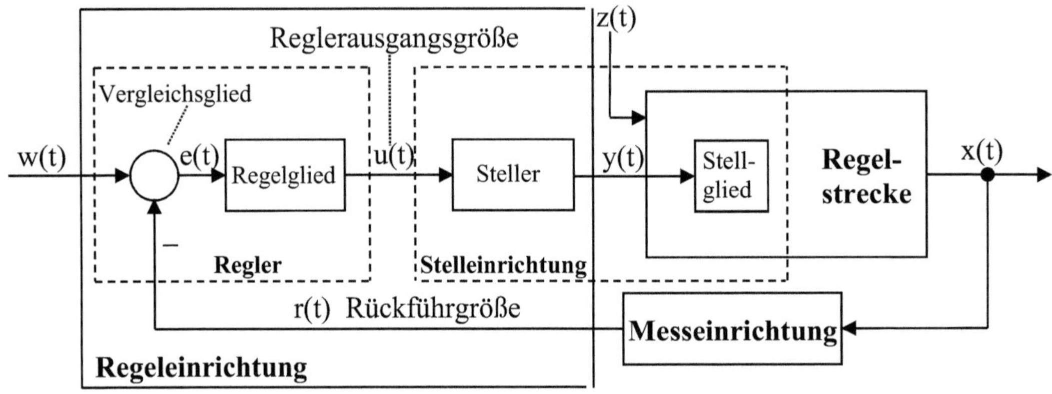

Abb. 18.2: Wirkungsplan der Regelung (nach DIN IEC 60050-351)

Die Stelleinrichtung wird z.T. nicht aufgeteilt und ganz zur Regelstrecke (oder einfach
Strecke) gezählt. Insbesondere elektronische Schaltungen (vergleiche Abschnitt 13.2) können
auch mehrere Glieder kombinieren (z.B. Messung und Regler mit Vergleich).
(Nach DIN IEC 60050-351 wird m anstatt u verwendet sowie eine Anpassung der Größen am
Ein- und Ausgang hinzugefügt.) Bei verschiedenartigen physikalischen Größen in Abb. 18.2
könnten z.B. für eine Temperaturregelung folgende Parameter auftreten:

w   = eine der Solltemperatur entsprechende Spannung u_{soll} eines Sollwertgebers,

r   = eine der Isttemperatur entsprechende Spannung u_{ist} von der Messeinrichtung,

$e = w − r$ = Differenzspannung $u_{soll} − u_{ist}$,

u   = Reglerausgangsspannung u_{stell} zum Stellen der Energiezufuhr,

y   = Energiezufuhr (z.B. Gasmenge für den Brenner),

x   = Temperatur ϑ,

z   = Schwankungen der Energiezufuhr, Veränderungen der Außentemperatur …

Das Stellglied ist dabei der Brenner (mit zusätzlicher Energiezufuhr). Die Regelstrecke ist die gesamte zu erwärmende Einrichtung (Kessel, Wasserkreislauf, Räume), vergleiche auch Abschnitt 15.3.2.

Eine generelle Regelstruktur (mit im Allgemeinen mehreren Stell- und Regelgrößen) zeigt Abb. 18.3) .

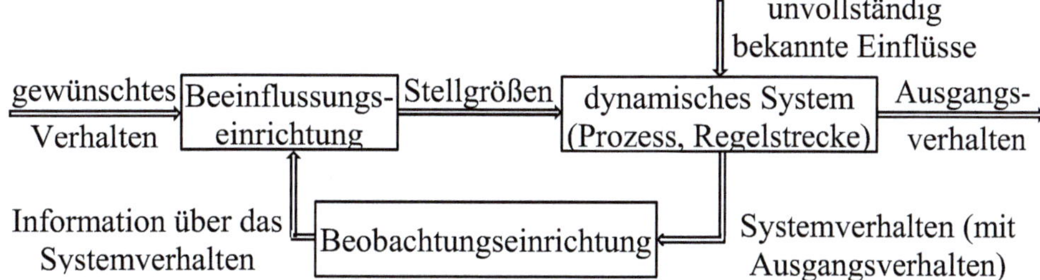

Abb. 18.3: Prinzip einer allgemeingültigen Regelstruktur

Praxistipp: Dafür muss sowohl die **Beobachtbarkeit** (Anzahl unabhängiger Beobachtungsparameter = Anzahl Prozessparameter) als auch die **Steuerbarkeit** (Anzahl unabhängiger beeinflussbarer Parameter = Anzahl der zu steuernden Parameter) gegeben sein. Die Beschreibung solcher Systeme erfolgt vornehmlich im **Zustandsraum** (mehrdimensionaler abstrakter Raum mit vektoriellen Komponenten für jeden Parameter).

18.1 Wichtige Regelkreisglieder und -strategien

Die **Regelkreisglieder** werden in der Regelungstechnik als Übertragungssysteme (d.h. als rückwirkungsfreie **Funktionsblöcke**) dargestellt.

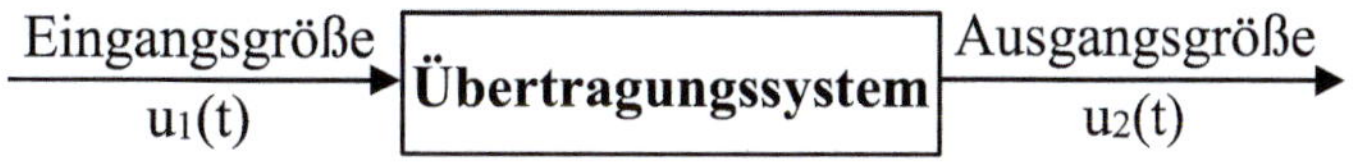

Abb. 18.4: Übertragungssystem

Ein Übertragungssystem wird entweder im Zeitbereich oder bei linearen zeitinvarianten Funktionsblöcken im Frequenzbereich beschrieben (vergleiche dazu Abschnitte 10, 11 und insbesondere 10.6, 10.8, 11.1.3 und 11.4.3). Oft kann eine Linearisierung durch Betrachtung des Kleinsignalverhaltens erreicht werden (vergleiche auch Abschnitt 12.3.3).

$$u_2(t) = g(t) * u_1(t) \quad = \int_0^\infty g(t-\tau)u_1(\tau)d\tau \quad \leftrightarrow \quad U_2(p) = H(p) \cdot U_1(p) \qquad (\ 18.1\ )$$

Praxistipp: Dabei ist eine Rechnung mit der Laplacetransformation in der Regel besonders einfach, wie an (18.1) deutlich zu sehen ist.

Oft kann H(p) aus einem gemessenen Frequenzgang bestimmt bzw. aus einer Messung der Sprung- oder Stoßantwort ermittelt werden (Abschnitt 11.4.3).

18.1.1 Regelstrecken

Die Übertragungsfunktion einer Regelstrecke kann experimentell (evtl. auch mit Simulation) und/oder theoretisch (Schaltungsanalyse …) bestimmt werden. Dabei sind auch geeignete Näherungen zu benutzen. Besonders wichtig sind die folgenden Übertragungsfunktionen [212]:

- Verzögerungsglied 1. Ordnung (PT$_1$-Glied)

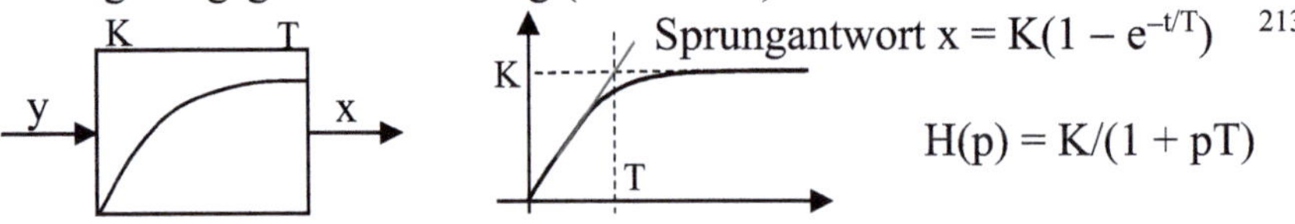

- Verzögerungsglied 2. Ordnung (PT$_2$-Glied)

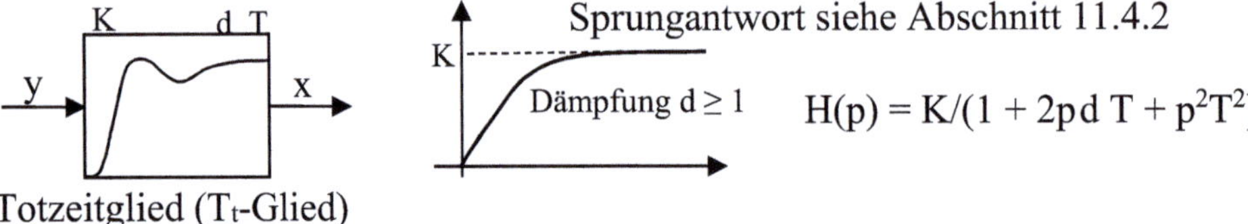

- Totzeitglied (T$_t$-Glied)

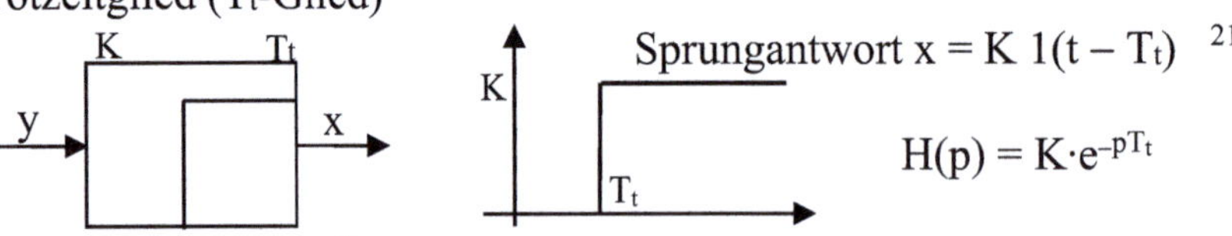

- Zusammengesetzte Übertragungsfunktionen
  z.B. Reihenschaltung eines PT$_1$-Gliedes und eines T$_t$-Gliedes

Bei diesen Strecken ist der Ausgang eine eindeutige Funktion des Eingangs (d.h., sie haben einen Ausgleich). Strecken können aber auch ohne Ausgleich auftreten, was bei der Wahl der Regelstrategie beachtet werden muss.

Praxistipp: Eine Strecke mit Ausgleich liegt vor, wenn die Ausgangsgröße nach jeder Änderung am Eingang (auch sprunghaften) wieder zu einer definierten Ausgangsgröße gelangt. Ohne Ausgleich wird nicht wieder eine definierte Ausgangsgröße erreicht. [215]

18.1.2 Regeleinrichtungen

Regeleinrichtungen müssen entsprechend der Zielstellung entworfen werden. Die folgenden Regler sind dabei besonders prädestiniert [216].

---

[212] In der Regelungstechnik lautet die Laplacevariable meist s, in der Elektrotechnik wird p verwendet.
[213] Vergleiche auch Abschnitt 5.2.2.
[214] Vergleiche Abschnitt 10.5 und Verschiebungssatz in Abschnitt 10.8.
[215] Z.B. erlangt der Drehwinkel eines Motors als x(t) nach einfachem Einschalten des Motors durch y(t) = 1(t) keinen definierten Endwert.
[216] Die Realisierung kann z.B. elektronisch mit Operationsverstärkern erfolgen (siehe Abschnitt 13.2).

Lineare Regler:

- P-Glied (Regler mit proportionalem Übertragungsverhalten)

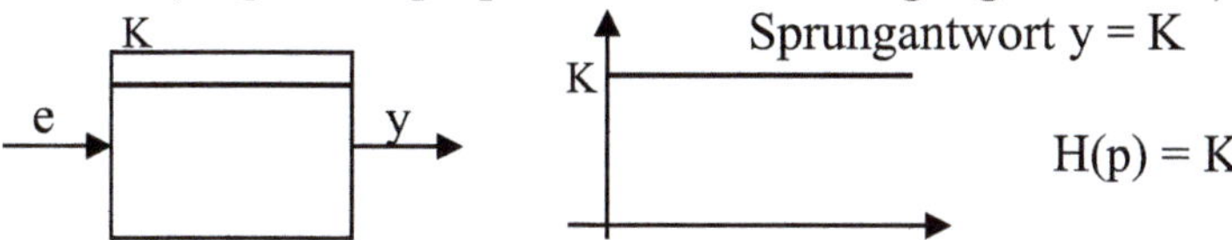

- I-Glied (Regler mit integrierendem Übertragungsverhalten)

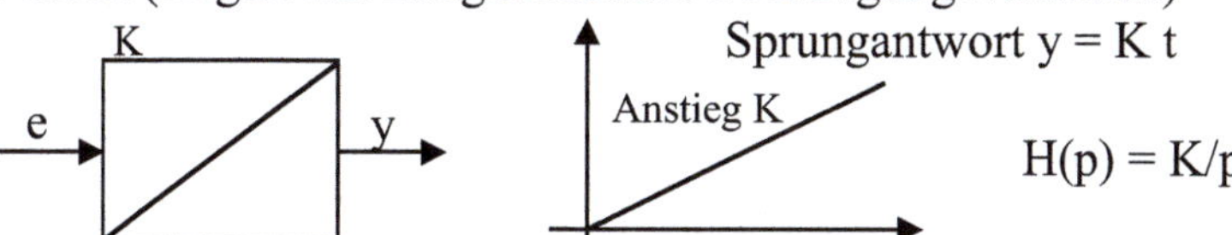

- D-Glied (Regler mit differenzierendem Übertragungsverhalten)

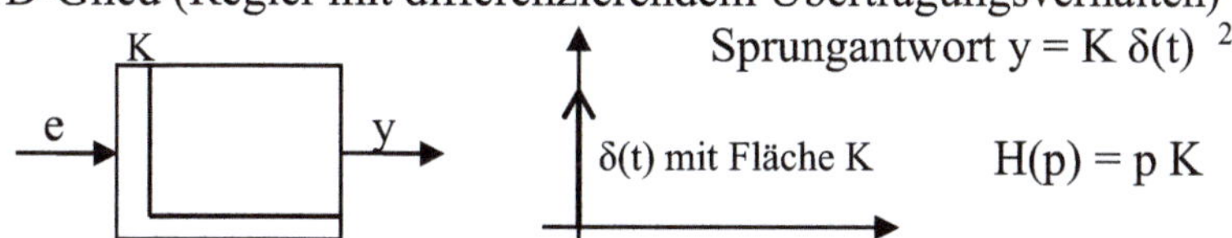

- PID-Regler (Regler mit dem Übertragungsverhalten der P-, I- und D-Glieder)
  Parallelschaltung eines P-Gliedes, eines I-Gliedes und eines D-Gliedes (oder Baustein,
  der alle drei Funktionen gleichzeitig realisiert)

Praxistipp: Bei Reglern mit integrierendem Übertragungsverhalten kann für die Regelung
die Regelabweichung e(t) im stationären Betrieb zu null werden.

Nichtlineare Regler (werden nicht mit der Laplacetransformation behandelt)**:**

- Kennlinienregler (mit verschiedenen nichtlinearen und umschaltenden Kennlinien)

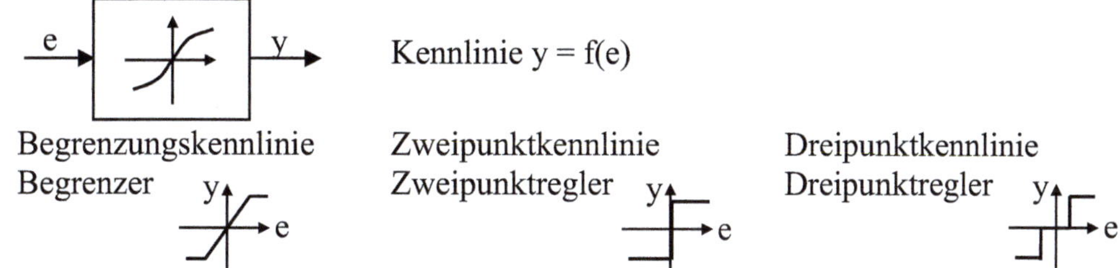

Begrenzungskennlinie   Zweipunktkennlinie   Dreipunktkennlinie
Begrenzer   Zweipunktregler   Dreipunktregler

- Strukturumschaltende Regler
  Die Reglerstruktur wird entsprechend der Regelstrategie (durch Schalten) verändert.
  Als Beispiel können die meisten Stromrichter angesehen werden (vergleiche dazu die
  Abschnitte 21.1.1, 21.1.2).

Praxistipp 1: Technisch reale Systeme haben normalerweise eine Begrenzung (kein
Ausgang kann unendlich werden). Oft muss aber ein Begrenzer zusätzlich eingesetzt
werden, um die Größen gezielt zu reduzieren.
Praxistipp 2: Zweipunktregler ermöglichen oft eine einfache Regelstrategie. Dabei ergibt
sich durch vorhandene Verzögerungen teilweise von selbst eine Hysterese. Andernfalls ist
ein Zweipunktregler mit Hysterese einzusetzen, um zu schnelles Schalten zu vermeiden.
Praxistipp 3: Schaltende Regler können die Ausgangsgröße nicht genau an den Sollwert
anpassen. Die Ausgangsgröße schwankt um den Sollwert, entspricht ihm aber im Mittel.

---

[217] Vergleiche Abschnitt 10.5.

18.1.3 Reglerstrukturen

Entsprechend der Zielstellung der regelungstechnischen Aufgabe ist die Reglerstruktur zu ermitteln. Als Beispiele werden folgende grundlegende Strukturen kurz dargestellt.

- **Regelkreis mit linearen zeitinvarianten Übertragungsgliedern**
  Ein Beispiel ist die Temperaturregelung für eine elektrische Wärmeplatte (P_{el}). Das Heizelement ist direkt auf der Platte befestigt, daher kann der thermische Widerstand von Heizelement und Platte vernachlässigt werden. So hat die Platte überall die gleiche Temperatur (ϑ_P). Es wirken die Wärmespeicherung (C_{th}) und der Übergangswiderstand ($R_{th\,K}$) für Konvektion zur Umgebung (T_U). Zusätzlich erfolgt eine Wärmeableitung (P_{ab}) zu Gegenständen auf der Platte. (Vergleiche Abschnitt 4.4.5 und Abb. 4.38 mit Rechnung.)

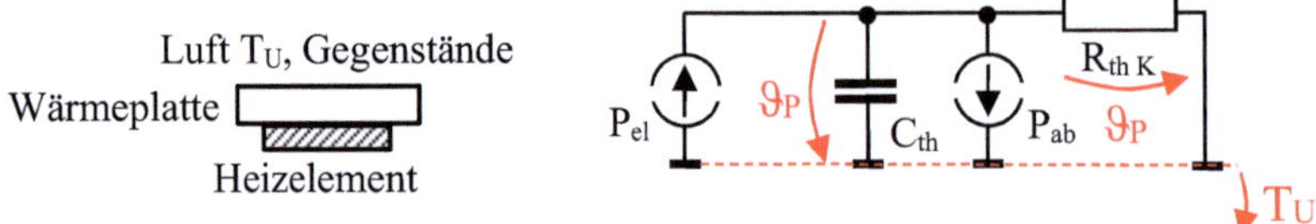

Abb. 18.5: Wärmeplatte schematisch und thermische Ersatzschaltung

Die Sprungantwort war für Abb. 4.38 $\vartheta_P = P_{el}\,R_{th\,K}\,(1 - e^{t/\tau_{th}})$. Das entspricht einer Verzögerung 1. Ordnung. Mit $y = P_{el}$, $z = P_{ab}$, $x = \vartheta_P$, $r = K_{mess}\cdot\vartheta_P$, $K_S = R_{th\,K}$, $T = \tau_{th}$ wird $X(p)/(Y(p) + Z(p)) = H_S(p) = K_S/(1 + pT)$. Wird als linearer Regler ein P-Glied (K_R) eingesetzt, ergibt sich die folgende Regelung. Indem die Messeinrichtung in die Strecke einbezogen wurde, erscheint r als Ausgang anstelle $x = r/K_{mess}$ und es wird $K_{SM} = K_S\cdot K_{mess}$; vergleiche (Bei13 S. 29).

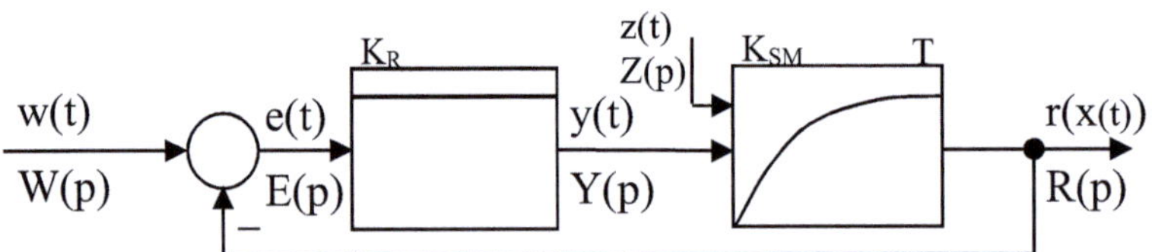

Abb. 18.6: Regelstruktur für lineare Regelung

Dabei sind r und w der Ist- bzw. Solltemperatur entsprechende Größen, y und z Leistungen P_{el} bzw. P_{ab}.

$$R(p) = K_R \cdot [K_{SM}/(1 + pT)]\cdot[W(p) - R(p)] + Z(p)\,K_{SM}/(1 + pT)$$

Das *Führungsverhalten* (Reaktion auf Sollwertänderungen) wird für diese Regelung:

$$R(p)/W(p) = K_R \cdot K_{SM} / (1 + pT + K_R \cdot K_{SM}) \quad \text{bei } Z(p) = 0.$$

Die *Regelabweichung* e wird für die Führung

$$E(p) = W(p) - R(p) = W(p) - W(p) \cdot K_R K_{SM} / (1 + pT + K_R K_{SM})$$

und es ist zu sehen, dass die Regelabweichung im Verhältnis zu w für den stationären Fall ($t \to \infty$ entspricht $p \to 0$) zu $1 - K_R K_{SM}/(1 + K_R K_{SM})$ und für $K_R K_{SM} \gg 1$ sogar sehr klein wird.

Das *Störverhalten* wird für diese Regelung (nur Störgrößenänderungen)

$$R(p)/Z(p) = K_{SM} / (1 + pT + K_R \cdot K_{SM}) \quad \text{bei } W(p) = 0$$

und für $K_R K_{SM} \gg 1$ und den stationären Fall $R(p)/Z(p) \approx 1/K_R$.

Das gleiche Beispiel mit einem PI-Regler (P- und I-Glied parallel; vergleiche (Bei13 S. 131-133) zeigt Abb. 18.7 (mit der Nachstellzeit $T_n = K_P/K_I$).

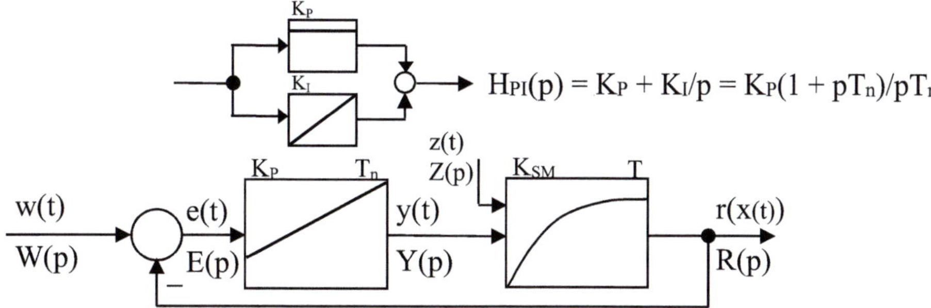

Abb. 18.7: Regelstruktur für lineare Regelung

Dabei sind r und w der Ist- bzw. Solltemperatur entsprechende Größen, y und z Leistungen P_{el} bzw. P_{ab}.

$$R(p) = [K_P(1 + pT_n)/pT_n] \cdot [K_{SM}/(1 + pT)]\cdot(W(p) - R(p)) + Z(p) K_{SM}/(1 + pT)$$

Das *Führungsverhalten* wird für diese Regelung ($Z(p) = 0$):

$$R(p)/W(p) = K_P K_{SM}(1 + pT_n) / [p^2 TT_n + pT_n(1 + K_P K_{SM}) + K_P K_{SM}].$$

Die *Regelabweichung* e wird ($Z(p) = 0$)

$$E(p) = W(p) - W(p) \cdot K_P K_{SM}(1 + pT_n) / [p^2 TT_n + pT_n(1 + K_P K_{SM}) + K_P K_{SM}]$$

und es ist zu sehen, dass die Regelabweichung für den stationären Fall ($p \to 0$) zu null wird ($1 - K_P K_{SM}/K_P K_{SM} \equiv 0$).

Das *Störverhalten* wird für diese Regelung (nur Störgrößenänderungen)

$$R(p)/Z(p) = pT_n K_{SM} / [p^2 TT_n + pT_n(1 + K_P K_{SM}) + K_P K_{SM}]$$

und für den stationären Fall ($p \to 0$) ebenfalls zu $R(p)/Z(p) \equiv 0$.

Praxistipp: Der Vorteil durch das I-Glied ist, dass sowohl die Führungsänderungen als auch die Störungen bis zu einer Abweichung von null ausgeregelt werden.

Führungs- und Störungsverhalten entsprechen einem System 2. Ordnung [218] und die *Stabilität* muss untersucht werden.

Mit der Dämpfung $\delta = (1 + K_P K_{SM})/2T$ und der Resonanzfrequenz $\omega_0 = (K_P K_{SM}/TT_n)^{1/2}$ entsteht für $\delta = \omega_0$ der aperiodische Grenzfall. Mit $\delta \approx 0{,}7\,\omega_0$ wird mit einem leichten Überschwingen der neue Wert noch etwas schneller erreicht. Eine **Definition der Stabilität** für lineare zeitinvariante Regelungen kann aus deren Sprungantwort abgeleitet werden. Die Sprungantwort muss für $t \to \infty$ einen endlichen Wert annehmen (der bei realen Systemen dann schon nach endlicher Zeit erreicht wird).

Praxistipp: Neben der Gewährleistung des gewünschten Regelverhaltens ist die Stabilität der Regelung zu sichern. Siehe z.B. (Bei13 S. 150 ff), (Föl08 S. 145 ff) und (Lun08 S. 381 ff).

---

[218] $H_{PI}(p) \cdot H_S(p)$ ist die Multiplikation zweier Systeme 1. Ordnung. Vergleiche das Verhalten von Systemen 2. Ordnung auch mit Abschnitt 11.4.2.

- **Quasistationäre Regelung bei schaltenden Reglern**

Wird zur Steuerung des Heizelements von Abb. 18.6 oder Abb. 18.7 eine Pulsbreiten-modulation mit Stromrichter eingesetzt, kann quasistationär geregelt und analog zur linearen zeitinvarianten Regelung vorgegangen werden. Dazu wird der Istwert der Temperatur über mehrere Taktperioden gemittelt und dann das Tastverhältnis über $u(t)$ als analoger Wert geregelt. Dabei wird $y(t)$ ebenfalls zum Mittelwert $\bar{y}(t)$.

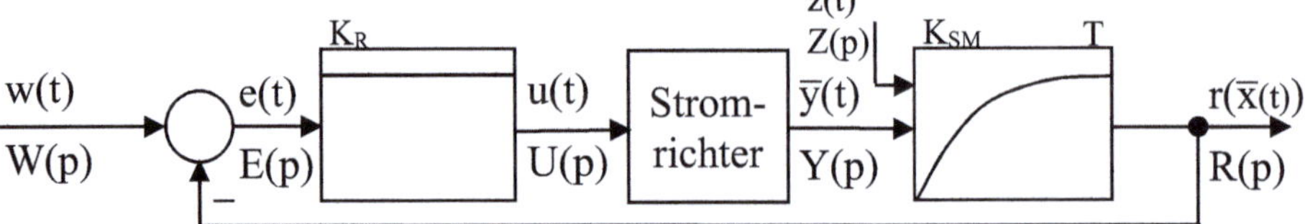

Abb. 18.8: Quasistationäre Regelung

Praxistipp: Bei genügend hoher Taktfrequenz bleibt die Mittelung im Regelkreis sogar ohne Bedeutung.

- **Zweipunktregler als Beispiel einer einfachen nichtlinearen Regelung**

Bei einem Bügeleisen (das eine gleichartige Struktur wie Abb. 18.5 hat) wird ein Zweipunktregler verwendet. Ein Bimetallregler realisiert dabei sowohl die Temperaturmessung, den Vergleich mit dem Sollwert als auch den Zweipunktregler.

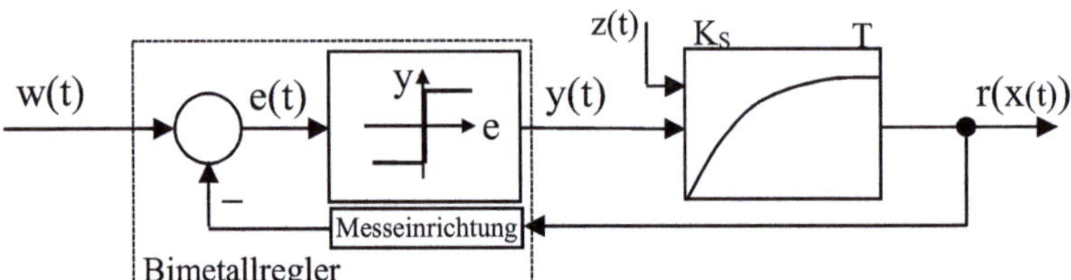

Abb. 18.9: Zweipunktregler mit Bimetall

Der Reglerausgang $y(t)$ schaltet dabei das Heizelement aus und ein. Eine Hysterese hat schon das Bimetall (Ausschalten bei etwas höherer Temperatur als beim Einschalten).

Praxistipp: Solche einfachen preiswerten Regelungen werden vielfach verwendet.

- **Kaskadenregelung**

Benötigt der Stromrichter bei quasistationärem Betrieb eine eigene Steuerung für einen definierten Mittelwert des Ausgangs, kann diese durch eine eigene Regelung realisiert werde. Zusätzlich wird eine übergeordnete Temperaturregelung angeordnet. In diesem Fall wird $u(t)$ der Sollwert für den Mittelwert $\bar{y}(t)$. Der Regler des Strom-richters erzeugt dann das entsprechende Pulsmuster, bis $\bar{y}(t)$ mit $u(t)$ übereinstimmt.

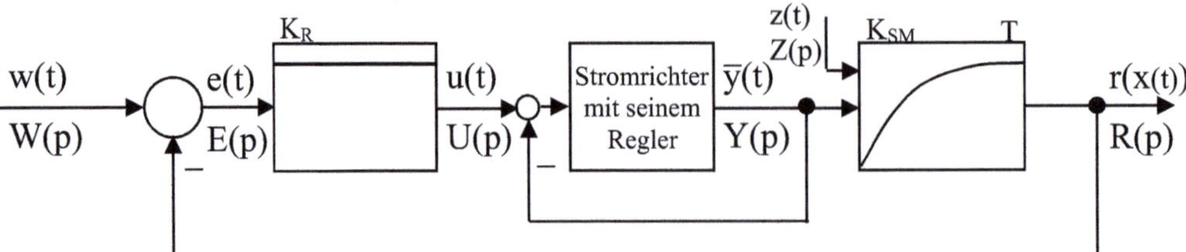

Abb. 18.10: Beispiel Kaskadenregelung bei Stromrichtern

Vergleiche auch Abschnitt 21.1.2. Weiterführendes siehe z.B. (Föl08 S. 270).

Praxistipp: Hierdurch ist lineare Regelung für quasistationären Betrieb erreichbar.

- **Störgrößenaufschaltung**

Insbesondere wenn das Störverhalten nicht gut genug ist und die Störgrößen messbar sind (wie z.B. Netzspannungsschwankungen), kann eine Störgrößenaufschaltung verwendet werden. Dazu wird die gemessene Störgröße z(t) z.B. von der Stellgröße y(t) abgezogen. Sie kann natürlich vorher durch ein entsprechendes Übertragungsglied angepasst und auch an einer anderen geeigneten Position z.B. innerhalb des Reglers aufgeschaltet werden.

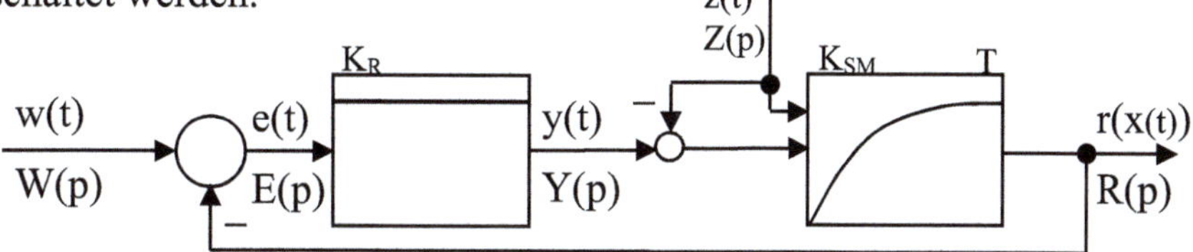

Abb. 18.11: Beispiel für eine Störgrößenaufschaltung

Praxistipp: Das Störverhalten kann durch diese Art Kompensation verbessert werden.

Weiterführendes siehe z.B. (Föl08, 2008).

- **Digitale Regelung**

Die digitale Regelung beginnt, wenn mit asynchroner digitaler Schaltungstechnik boolesche Variablen (z.B. Ein, Aus, $\vartheta < \vartheta_u$, $\vartheta > \vartheta_o$...) verarbeitet werden. Vergleiche dazu im Abschnitt 15.3.2 das Beispiel zur Ablaufsteuerung.
Eine moderne digitale Regelung nutzt Analog-Digital- und Digital-Analog-Wandler (vergleiche dazu Abschnitt 15.1) und verarbeitet den Regelungsprozess mit einem Rechner (SPS bis Industrie-PC).

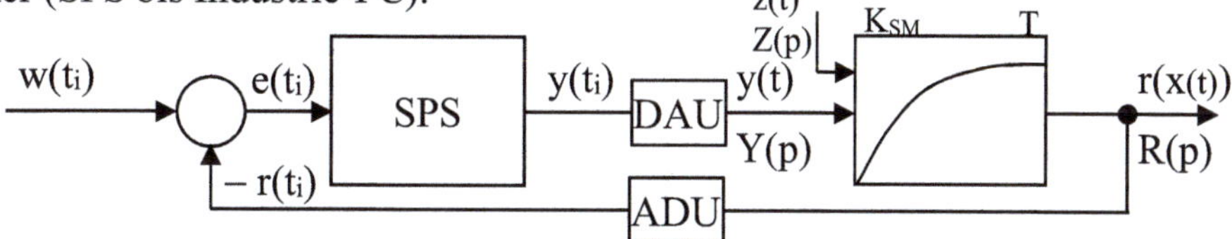

Abb. 18.12: Regelung mit digitalem Regler

Praxistipp: Oft sind die Abtastraten sehr groß gegenüber typischen zeitlichen Änderungen. Dann wird wie bei analoger Technik vorgegangen. Ist das nicht der Fall, muss eine Abtastregelung realisiert werden (siehe hierzu z.B. (Föl08 S. 311 ff)).

18.2 Regelungstechnische Analyse, Entwurf und Implementierung

Das Vorgehen, um den geeigneten Regler zu finden, seine Parameter richtig einzustellen und eine Implementierung vorzunehmen, verdeutlicht folgender prinzipielle Arbeitsablauf.

<table>
<tr>
<td>

LEISTUNGSBESCHREIBUNG

(typische Eigenschaften, Genauigkeit und das Übergangsverhalten)

Aufstellen der Forderungen an die Genauigkeit und Schnelligkeit, mit denen die Regelgröße eingestellt und gehalten werden muss. Dazu gehören z.B.:

- typische Testsignale für die Führungs- und für die Störgröße,
- die noch erträglich bleibende Regelabweichung,
- die Anstiegszeit und
- das maximale Überschwingen.

</td>
<td>

ANALYSE DER REGELSTRECKE

(theoretische und experimentelle Analyse und entsprechende Modellbildung)

Experimentell:

- stationäres Verhalten (mit oder ohne Ausgleich, linear oder nichtlinear)
- das transiente Verhalten (Antwort auf Testsignale, z.B. Sprungantwort)

Theoretisch:

- Maschen- und Knotenpunktgleichungen
- Bilanzgleichungen
- Differentialgleichungen zur Beschreibung der Veränderung der Regelgröße, die das mathematische <u>Modell der Regelstrecke</u> bildet.

</td>
</tr>
</table>

ENTWURFSDURCHFÜHRUNG

- Festlegung der Mess- und Stellgrößen
  (Kenngrößen der Schnittstellen ermitteln, wie Genauigkeit, Pegel, Eingangs- und Ausgangswiderstände usw.)
- Ermittlung der Reglerstruktur
  (z.B. ist ein I-Anteil erforderlich, muss wegen der Schnelligkeit ein D-Anteil berücksichtigt werden?)
- Ermittlung einer günstigen Voreinstellung der Reglerparameter

ENTWURFSVERIFIZIERUNG

- Simulation der Regelstrecke und Verifizierung des Modells der Regelstrecke
- Simulation des Regelkreises und Optimierung der Reglerparameter

IMPLEMENTIERUNG

- Entwicklung der Software und Hardware
- Implementierung der Regler in das Zielsystem (z.B. SPS)
- Erprobung mit Versuchsanlagen oder mit der Zielanlage
- Optimierung der Reglerstruktur und der Reglerparameter

Abb. 18.13: Prinzipieller Ablauf bei Analyse, Entwurf und Implementierung

Praxistipp: Entscheidende Hilfsmittel sind **vorbereitete Bausteine** (z.B. für SPS) und **Simulationssysteme** (Tools der Konfigurationssoftware bis zu professionellen Systemen). Zu Modellierung und Simulation vergleiche auch Abschnitt 9.5.

18.3 Übungsaufgaben zur Steuerung und Regelung

Aufgabe 18.1

Experimentelle Ermittlung des Übertragungsverhaltens (Zeitbereich) aus der gemessenen Sprungantwort eines Wasserkochers.

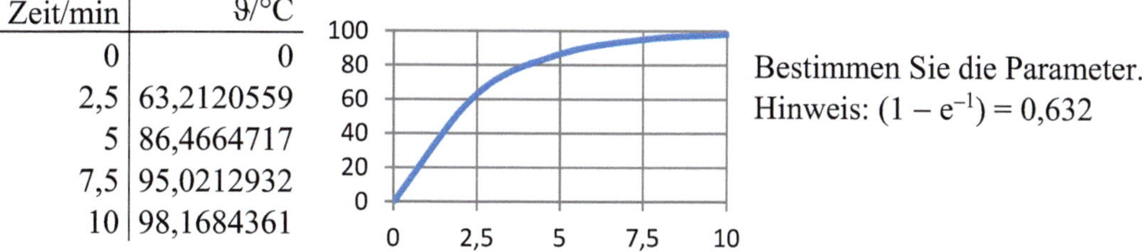

Zeit/min	$\vartheta/°C$
0	0
2,5	63,2120559
5	86,4664717
7,5	95,0212932
10	98,1684361

Bestimmen Sie die Parameter.
Hinweis: $(1 - e^{-1}) = 0,632$

Aufgabe 18.2

Theoretische Ermittlung des Übertragungsverhaltens (Zeitbereich) einer Integratorschaltung.

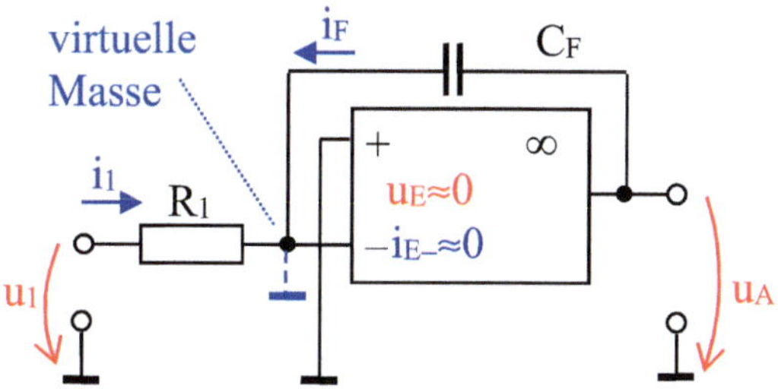

Bestimmen Sie die Funktion der Regelung, die Parameter und nennen Sie H(p).
Hinweis: Es können
$u_A = (1/C_F) \int i_F \, dt$ und
$i_F = -i_1 = -u_1/R_1$
verwendet werden.

Abb. 18.14: Schaltung eines Integrators mit OV

Aufgabe 18.3

Darstellen der Reglerstruktur mit Übertragungsverhalten (Zeitbereich) der Blöcke von einer Spannungsgegenkopplung (siehe Abschnitt 13.2.2) und einem einfachen Spannungsregler.

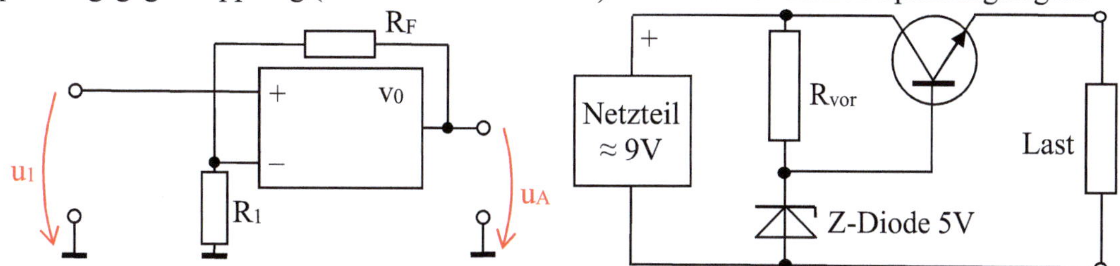

Abb. 18.15: Schaltung spannungsgegengekoppelter OV und Spannungsregelung

Ermitteln Sie die Parameter für jede Schaltung.
Hinweis: Ersetzen der Referenzspannung durch eine konstante Spannungsquelle anstelle Z-Diode und R_{vor}. Linearisieren des Längstransistor mittels Kleinsignalaussteuerung; siehe dazu Abschnitt 12.3.3 Abb. 12.33. Ableiten der Abhängigkeit der Spannung an der Last von R_L und I_L durch das totale Differential von $U_L = R_L \cdot I_L$.

Aufgabe 18.4

Ermitteln Sie die Reglerstruktur der Heizungssteuerung von Abschnitt 15.3.2 ohne das konkrete Übertragungsverhalten der Heizungsanlage selbst.

19 Fünfter Exkurs Mathematik*

19.1 Raumzeigertransformation*

Dreiphasensysteme (wie in der Drehstromtechnik) können anstatt durch drei verbundene Ausdrücke (z.B. für die Stränge) als **ein Raumzeiger** in der komplexen Ebene (also mit zwei Komponenten) dargestellt werden. Dabei wird nicht wie in der komplexen Wechselstromrechnung (Abschnitt 11.1.1) eine imaginäre Zeitfunktion hinzugefügt, sondern die drei Phasen werden in der komplexen Ebene räumlich angeordnet. Auch wenn Raumzeiger ähnlich aussehen und gehandhabt werden, dürfen sie nicht mit diesen Zeigern verwechselt werden. Die *Definition* des Raumzeigers aus den drei Phasen $u_{Lx}(t)$ lautet:

$$\underline{U} = \tfrac{2}{3} \left[u_{L1}(t) + a\, u_{L2}(t) + a^2\, u_{L3}(t) \right] \qquad\qquad (\,19.1\,)$$

$$\text{mit } a = e^{j2\pi/3} = -\tfrac{1}{2} + j\sqrt{3}/2 \text{ und } a^2 = e^{j4\pi/3} = e^{-j2\pi/3} = -\tfrac{1}{2} - j\sqrt{3}/2 \,.$$

Für ein symmetrisches Dreiphasensystem mit den $u_{L1} = \hat{U}\cos(\omega t)$, $u_{L2} = \hat{U}\cos(\omega t - 2\pi/3)$ und $u_{L3} = \hat{U}\cos(\omega t - 4\pi/3)$ folgt daraus nach Einsetzen in (\,19.1\,) und Umformen [219]:

$$\underline{U} = \hat{U}\, e^{j\omega t} \,. \qquad\qquad (\,19.2\,)$$

Die Raumzeigerdarstellung enthält nur zwei Komponenten, in unsymmetrischen Systemen evtl. vorhandene Nullsysteme [220] gehen verloren. Ein Nullsystem muss also separat behandelt und nach Rücktransformation addiert werden. Die *Rücktransformation* erfolgt mit [215]:

$$u_{L1}(t) = \mathrm{Re}\{\underline{U}\}, \quad u_{L2}(t) = \mathrm{Re}\{a^2\, \underline{U}\} \text{ und } u_{L3}(t) = \mathrm{Re}\{a\, \underline{U}\} \,. \qquad (\,19.3\,)$$

Bei einem symmetrischen System entstehen so z.B. zeitkonstante Raumzeiger. Im allgemein mit $\omega_2 t$ rotierendem System wird dann $\underline{U}$ zu $\underline{U}_R = \underline{U}\, e^{-j\omega_2 t} = \hat{U}\, e^{j\omega t}\, e^{-j\omega_2 t} = \hat{U}\, e^{-j(\omega - \omega_2)t}$ und im Spezialfall $\omega_2 = \omega$ zu $\underline{U} = \hat{U}$. Weiterführendes siehe in (Büh77a S. 33).

19.2 Drehstrom und -felder in der Raumzeigerdarstellung*

Bei Bauelementen (Kondensatoren, Spulen) mit einer Spannung $\underline{U}_R = \underline{U}\, e^{j\omega_2 t}$ muss $\underline{U}_R$ nach der Produktenregel abgeleitet werden.

$$d\underline{U}_R/dt = d\underline{U}/dt \cdot e^{-j\omega_2 t} - \underline{U} \cdot j e^{-j\omega_2 t}\, d(\omega_2 t)/dt = d\underline{U}/dt\, e^{-j\omega_2 t} - j\, \underline{U}_R\, d(\omega_2 t)/dt$$

bzw. $\qquad\qquad\qquad\qquad\qquad\qquad\qquad\qquad\qquad\qquad\qquad\qquad (\,19.4\,)$

$$d\underline{U}/dt\, e^{-j\omega_2 t} = d\underline{U}_R/dt + j\, \underline{U}_R\, d(\omega_2 t)/dt = d\underline{U}_R/dt + j\omega_2\, \underline{U}_R$$

Für ein rotierendes Bauelement ist demnach $d\underline{U}_R/dt + j\omega_2\, \underline{U}_R$ anzusetzen.

---

[219] Mit $\cos\alpha = \tfrac{1}{2}(e^{j\alpha} - e^{-j\alpha})$ und der Bedingung $u_{L1}(t) + u_{L2}(t) + u_{L3}(t) = 0$.

[220] In allen drei Phasen identischer Anteil (z.B. in der Praxis ein Strom im Nullleiter); siehe auch (\,20.7\,).

© Der/die Autor(en), exklusiv lizenziert an
Springer Fachmedien Wiesbaden GmbH, ein Teil von Springer Nature 2026
E. Boeck und H. Kallies, *Lehrgang Elektrotechnik und Elektronik*,
https://doi.org/10.1007/978-3-658-50903-3_19

20 Energiewandlung und Antriebe

Die <u>Abschnitte 4 bis 6, 9 und 11 sollten verstanden worden sein.</u>
<u>Hilfreich</u> kann die Wiederholung der mathematischen Formalismen in den <u>Abschnitten 10.1 bis 10.3 und für Interessierte * 19</u> sein.

Es werden

- Maschinen bei Gleichstrom,
- deren Schaltungen und Betriebseigenschaften,
- Maschinen für Wechselstrom – Transformator und Universalmotor,
- Dreiphasensysteme und Drehfeld,
- Drehfeldmaschinen – Asynchron- und Synchronmaschine,
- deren Anwendungen sowie
- kurz die Auswahl einer Maschine für einen Antrieb

vorgestellt.

Für den Einsatz und deren Planung ist immer die Aufgabe zur Energiewandlung bzw. für den Antrieb ausschlaggebend (weiteres siehe z.B. Abschnitt 20.4).

Vorbemerkungen

Eine mögliche Einteilung elektrischer Maschinen zur Energiewandlung und für Antriebe erfolgt oft nach formalen Aspekten in

- ruhende (Transformator, leistungselektronische Wandler) und
- rotierende elektrische Maschinen.

Für das Verständnis und insbesondere für die Sicht auf die Wirkprinzipien ist eine Einteilung in

- Gleichstrommaschinen,
- Wechselstrommaschinen bzw.
- Drehfeldmaschinen

eher ausschlaggebend. Im Folgenden soll die Analyse von elektrischen Maschinen und deren Betriebsverhalten im Vordergrund stehen.

Praxistipp: Die Gleichstrommaschine steht am Anfang, weil ihr Betriebsverhalten in etwa als „idealtypisch" bezeichnet werden kann. Ob bürstenlose Kleinmotore (mit elektronischer Kommutierung), feldorientierte Regelung der Asynchronmaschine oder Stromrichtermotor (Synchronmaschine), immer wird das Betriebsverhalten der Gleichstrommaschine angestrebt.

20.1 Maschinen bei Gleichstrom

20.1.1 Aufbau und Funktion der Gleichstrommaschine

Die Gleichstrommaschine wird als Motor und Generator genutzt. Ein stromdurchflossener Leiter erfährt im Magnetfeld eine Kraft und ein bewegter Leiter eine induzierte Spannung.

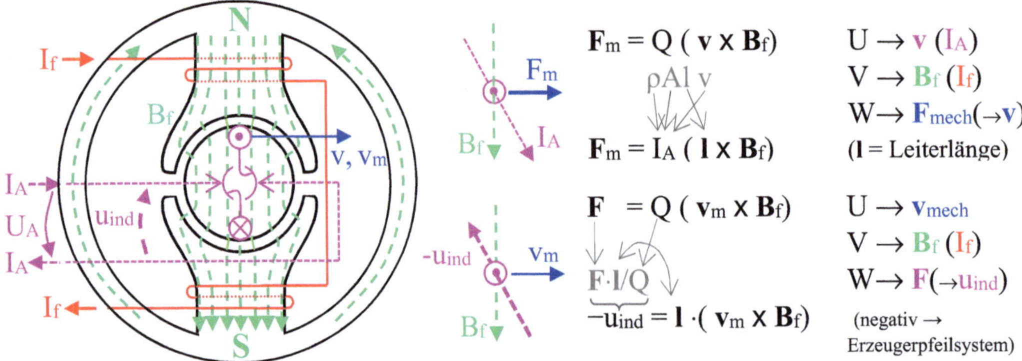

Abb. 20.1: Schematischer Aufbau der Gleichstrommaschine

Bei **Motorbetrieb** fließt der Ankerstrom I_A über die Schleifkontakte des Kommutators (Kollektors) durch die Leiter der Ankerwicklung wie in Abb. 20.1 dargestellt. Der Strom durch die Feldwicklung I_f erzeugt das Magnetfeld $\mathbf{B}_f$ (Rechte-Hand-Regel [221]). Nach der Lorentzkraft erfahren die infolge I_A bewegten Ladungen des Leiters im Anker durch das Magnetfeld eine mechanische Kraft $\mathbf{F}_m$ (Richtung UVW-Regel, rechte Hand) für jeden Leiter des Ankers. Die **Kraft bewegt den Leiter** in Abb. 20.1 in tangentiale Richtung mit v. Durch den Kollektor muss immer **der** Leiter den Ankerstrom erhalten, für den $\mathbf{F}_m$ gerade senkrecht zu $\mathbf{B}_f$ zeigt. Das ist für möglichst viele Ankerteilwicklungen und entsprechend viele Kollektorlamellen günstig zu erreichen. Diese Konstruktion ermöglicht, dass die Bewegungsrichtung der Ladungen, das Magnetfeld und die Kraft immer aufeinander **senkrecht** stehen und dadurch die größtmögliche Kraft entsteht.

Bei **Generatorbetrieb** wird der Leiter des Ankers durch eine Antriebskraft mit der Geschwindigkeit $\mathbf{v}_m$ im Magnetfeld $\mathbf{B}_f$ bewegt. Dadurch erfahren die Ladungen des Leiters eine Kraft $\mathbf{F}$ in Richtung des Leiters nach hinten (entsprechend der UVW-Regel, d.h. entgegen der in Abb. 20.1 gezeichneten Stromrichtung I_A). Da die Kraft eine Energiezufuhr bewirkt, ergibt sie den *Spannungsabfall* $-u_{ind}$ [222]. Die Spannung u_{ind} sowie deren Strom I_A (bei geschlossenem Stromkreis) sind umgekehrt gegenüber dem Motorbetrieb (bzw. gegenüber Abb. 20.1).

In der Praxis finden *beide Vorgänge gleichzeitig* statt. Beim Motor entsteht als Rückwirkung eine induzierte *Gegenspannung*, beim Generator eine *Gegenkraft* [223].

Praxistipp: Als **Anker** bezeichnet man das Bauteil, dessen Wicklungen durch Bewegung im Feld die induzierten Spannungen erhalten. Nicht zu verwechseln mit Läufer (bzw. Rotor) und Ständer (bzw. Stator). In Abb. 20.1 sind Anker und Läufer identisch. Bei einem Außenläufer wird oft ein äußerer Permanentmagnet zum Rotor, aber nicht zum Anker.

---

[221] Rechte-Hand-Regel: Strom ergibt magnetischen Fluss (vergleiche Abschnitt 6.1.2).

[222] Die Darstellung in Abb. 20.1 entspricht der Rechten-Hand-Regel: Fluss ergibt induzierte Spannung (vergleiche Abschnitt 6.1.6, 6.1.7).

[223] Damit ist auch die Lenz'sche Regel erfüllt. Ein Strom in Richtung der Lorentzkraft wirkt gerade gegen den Ankerstrom (und $-u_{ind}$ als Gegenspannung). Ein Strom durch $-u_{ind}$ bewirkt eine Kraft gegen die Antriebskraft.

In Abb. 20.1 besteht der **Ständer** aus Polschuhen mit der Ständer- bzw. *Feldwicklung* und dem magnetischen Rückschluss (Eisenjoch als magnetischer Leiter zum Schließen des magnetischen Kreises). Bei permanenterregten Maschinen sind anstelle der Feldwicklungen Permanentmagnete angeordnet. Im **Läufer** sind die *Ankerwicklungen* in Nuten auf der Oberfläche angeordnet (nur sehr kleine Motore haben auch beim Läufer Polschuhe). Bei großen Maschinen werden zwischen den Polschuhen der Hauptpole Wendepole mit *Wendepolwicklungen* sowie in Nuten der Hauptpole *Kompensationswicklungen* angeordnet (Weiteres in (Tae70 S. 115, 155 ff, 245 ff)).

Praxistipp: Der magnetische Fluss muss im Wesentlichen den Widerstand des **dünnen Luftspalts** zwischen Polschuhen und Läufer überwinden.

20.1.2 Schaltungen und Betrieb der Gleichstrommaschine

Als elektrische Schaltung zum Betrieb der Gleichstrommaschine gibt es drei grundsätzliche Varianten:
- **Nebenschlussmaschine** – Parallelschaltung von Anker- und Feldwicklung,
- **Reihenschlussmaschine** – Reihenschaltung von Anker- und Feldwicklung und
- **Verbundmaschine** – beide Schaltungsarten auf einmal (gleich- oder gegensinnig).

Zum Prinzip der **Nebenschlussmaschine** gehören die fremderregte, die selbsterregte und die permanenterregte Gleichstrommaschine.

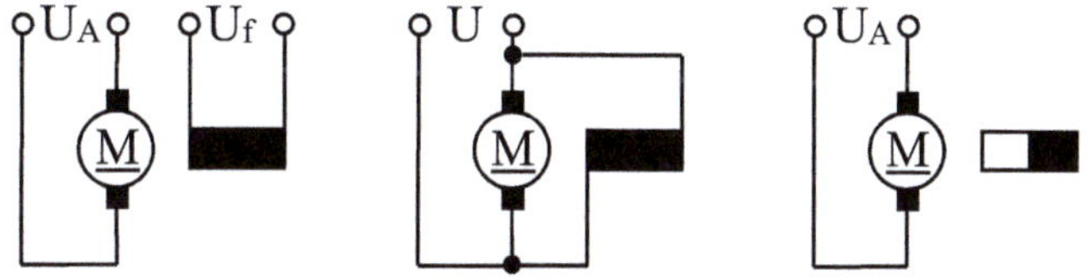

Abb. 20.2: Schaltungen der Nebenschlussmaschine

Bei a) erfolgt die *Erzeugung des Feldes völlig separat*, ist somit unabhängig vom Ankerstrom und unabhängig von diesem zu verändern. Bei b) werden *Feld und Anker aus einer Quelle gespeist*. Dadurch kann die Belastung der Quelle durch den Ankerstrom auf das Feld zurückwirken. Bei c) besteht *keine Möglichkeit, das Feld zu verändern*.

Praxistipp: Die drei Varianten in Abb. 20.2 verhalten sich sehr ähnlich, nur der Zugriff auf die Erregung (die Größe des Feldes) ist unterschiedlich.

Bei einer Ersatzschaltung müssen für die Ankerwicklung der *Widerstand* und die *Induktivität* der Wicklung sowie die *Gegenspannung* mit ihrer Abhängigkeit vom Erregerfeld [224] und der Drehzahl (Bewegungsgeschwindigkeit) berücksichtigt werden.

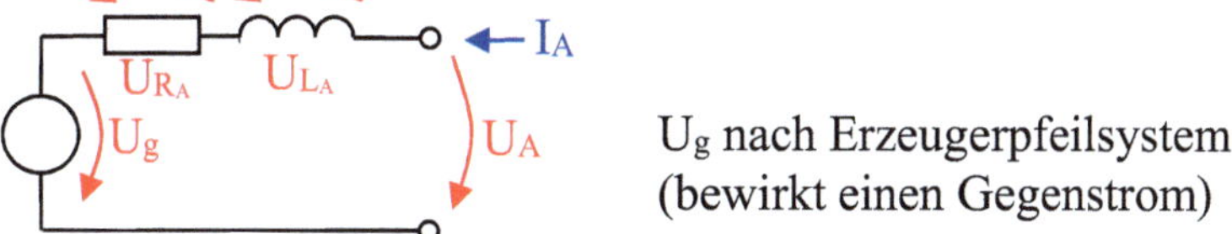

U_g nach Erzeugerpfeilsystem
(bewirkt einen Gegenstrom)

Abb. 20.3: Ersatzschaltung für den Ankerkreis

---

[224] Die Feldwicklung wird für einen kleinen Strom ausgelegt und hat eine hohe Windungszahl mit dünnem Draht.

Damit können für den Nebenschlussmotor folgende Gleichungen angegeben werden:

$$U_A = U_g + R_A I_A + L_A\, dI_A/dt \quad \text{Maschensatz nach Abb. 20.3}$$
$$U_g = c_1 n \Phi_f \qquad\qquad \text{aus } -u_{ind} = \mathbf{l}\cdot(\mathbf{v}_m \times \mathbf{B}_f) = U_g \text{ mit } c_1 = l_\Sigma\, 2\pi\, r_A B_f/\Phi_f{}^{[225]}$$
$$M_M = c_2 I_A \Phi_f \qquad\quad \text{aus } \mathbf{F}_m = I_A(\mathbf{l} \times \mathbf{B}_f) \quad \text{mit } c_2 = l_\Sigma\, r_A\, B_f/\Phi_f \qquad (\,20.1\,)$$
$$J\, d\omega/dt = M_M - M_{Last} \qquad \text{Drehmomentengleichung (aus Mechanik)}^{[226]}.$$

Die Gleichungen (20.1) beinhalten das gesamte Betriebsverhalten. Die *Maschinenkonstanten* c_1 und c_2 können durch Messungen ermittelt werden bzw. werden vom Hersteller angegeben.

Für das stationäre Betriebsverhalten (d.h. keine zeitlichen Änderungen, alle d/dt = 0) folgt die *Drehzahl-Drehmoment-Kennlinie* und ebenfalls die *Strom-Drehmoment-Kennlinie* der Nebenschlussmaschine [227]:

$$n = \frac{U_A}{c_1 \Phi_f} - \frac{R_A}{c_1 c_2 \Phi_f^2} M_M \quad \text{damit wird} \quad n_0 = \frac{U_A}{c_1 \Phi_f}$$

$$I_A = \frac{M_M}{c_2 \Phi_f} \qquad\qquad \text{bei} \quad M_M = M_{Last} = P/\omega \qquad\qquad (\,20.2\,)$$

Die Kennlinien ergeben einen guten Überblick über das Betriebsverhalten.

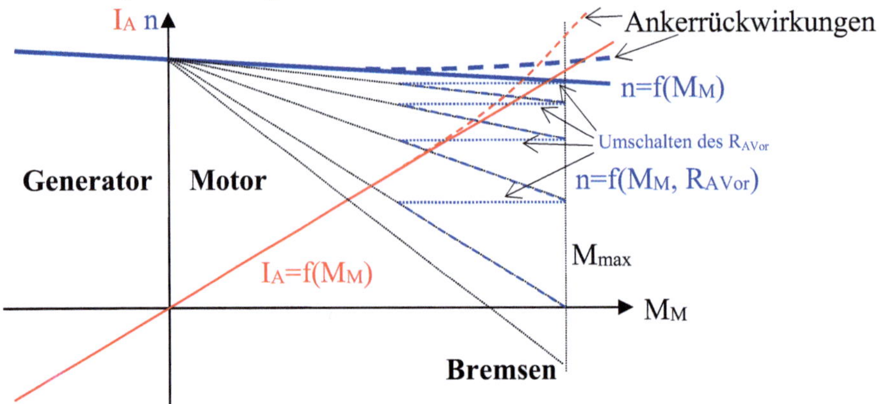

Abb. 20.4: Kennlinien der Gleichstromnebenschlussmaschine

Die Kennlinien sind bei Kompensation der Ankerrückwirkungen Geraden und die Drehzahl ist relativ gering vom Drehmoment abhängig (d.h. fast konstant bei $R_{AVor} = 0$).

Praxistipp: Da einerseits durch die Konstruktion ein *maximales Drehmoment* (M_{max}) nicht überschritten werden darf und andererseits ein *Maximalstrom* zu beachten ist, kann dieser Motor nicht ohne *Anlasswiderstände* angefahren werden.

Beim **Anlassvorgang** verstärken zusätzliche Vorwiderstände (R_{AVor}) in Reihe zu R_A den Abfall der Kennlinie; siehe (20.2). So wird durch schrittweises Verkleinern des Vorwiderstands der Motor hochgefahren, ohne M_{max} und I_{Amax} zu überschreiten (in Abb. 20.4 gestrichelt angedeutet). Lediglich für Kleinstmotore wird auf Anlasswiderstände verzichtet.

Praxistipp: (20.2) zeigt, die *Leerlaufdrehzahl* n_0 wird ohne Feld (für $\Phi_f \to 0$) *unendlich*.

---

[225] l_Σ = durch Konstruktion gegebene Summe aller Leiter der Ankerwicklung im Magnetfeldbereich, B_f/Φ_f = von der Konstruktion gegebener Faktor bei Zusammenfassung zum Fluss, r_A Ankerradius, an dem die Kraft angreift.
[226] Aus der Mechanik gilt: Drehmoment M = F r und Drehzahl $\omega = 2\pi$ n = v / r sowie Leistung P = M ω (= F v).
[227] Bei geregelten Antrieben besteht im Allgemeinen kein stationärer Betrieb (d /dt $\neq$ 0). Wenn die zeitlichen Änderungen groß gegenüber den mechanischen und elektrischen Zeitkonstanten sind, kann stationärer Betrieb als Näherung angenommen werden.

In der Praxis würde der Motor „durchdrehen", d.h., die Drehzahl wird so groß, dass das Gehäuse zerbricht und alle Teile radial davonfliegen. Bei Verringern des Feldes sinkt die Gegenspannung und der dadurch steigende Strom wirkt stärker als das verringerte Feld. Der Vorgang erfolgt so schnell, dass normale Sicherungen nicht rechtzeitig anspringen. Um dieses Problem zu vermeiden, wird in den **Anlasser** außer den *Anlasswiderständen* eine *Kontrolle des Feldstromes* integriert und bei Ausfall sofort der Ankerstrom unterbrochen. Außerdem fällt der Vorwiderstand beim Abschalten des Ankerstroms sofort *auf den höchsten Widerstandswert zurück.*

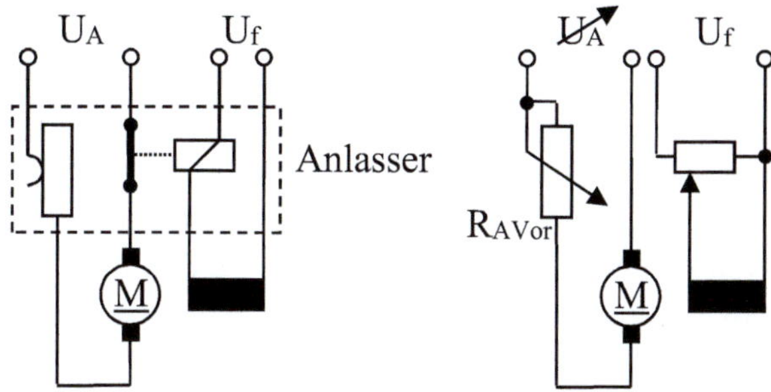

Abb. 20.5: Gleichstromnebenschlussmaschine mit Anlasser und Drehzahlstellung

Nach Abb. 20.5 wird der Anlasser vollständig zwischen Motor und Spannungsversorgung angeschlossen.

Zur **Veränderung der Drehzahl** können sowohl die Ankerspannung U_A, der Widerstand $R_{Ges} = R_A + R_{AVor}$ als auch das Feld Φ_f gestellt werden.

$$n = \frac{U_A}{c_1 \Phi_f} - \frac{R_{Ges}}{c_1 c_2 \Phi_f^2} M_M = \frac{U_A - R_{Ges} I_A}{c_1 \Phi_f}$$

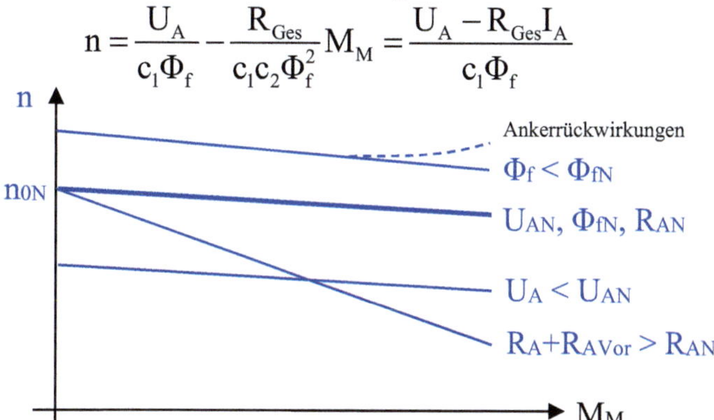

Abb. 20.6: Veränderung der Drehzahl (Ausgang: Nennwerte U_{AN}, Φ_{fN}, R_{AN}, n_{0N})

Dabei wird die Leerlaufdrehzahl mit geringerer Spannung $U_A < U_{AN}$ kleiner, der Kennlinienabfall mit Vergrößerung des Vorwiderstandes stärker $R_A + R_{AVor} > R_{AN}$ und bei Feldschwächung $\Phi_f < \Phi_{fN}$ die Drehzahl **vergrößert**. Zusätzlich wird bei Feldschwächung der Kennlinienabfall etwas stärker und die Ankerrückwirkungen treten stärker hervor.

Die Drehzahl der Gleichstromnebenschlussmaschine ist somit relativ einfach in einem sehr weiten Bereich veränderbar, wobei die maximal erreichbare Drehzahl nur konstruktiv bedingt ist (c_1 und Anzahl Polpaare) und über 10 000 U/min liegen kann. Deshalb sind heute Antriebe mit Drehzahlstellung und sehr hohen Drehzahlen das Haupteinsatzgebiet dieser Maschine. Sie werden meist anstatt durch (elektrische Leistung „unnütz" verbrauchende) Widerstände mit Stromrichtern gestellt. Eine *Drehrichtungsumkehr* wird durch Umpolen entweder der Ankerspannung oder des Erregerfeldes erreicht. In letzter Zeit wird die Gleichstrommaschine immer mehr durch mit Frequenzumrichtern gesteuerte Asynchronmaschinen ersetzt.

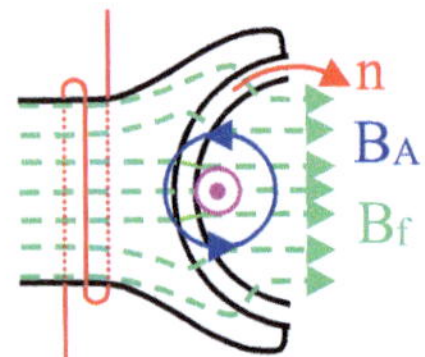

Abb. 20.7: Entstehung der Ankerrückwirkungen (Darstellung: Motorbetrieb)

Die **Ankerrückwirkungen** entstehen dadurch, dass das Ankerfeld B_A (von den Leitern der Ankerwicklungen) das Erregerfeld B_f überlagert (siehe Abb. 20.7). Dabei wird das Erregerfeld auf der einen Seite geschwächt und auf der anderen verstärkt (was infolge der Sättigung begrenzt ist). Insgesamt ergibt sich eine geringe *Feldschwächung* und somit eine geringe Drehzahlerhöhung (zunehmend mit wachsendem Ankerstrom). Außerdem verschiebt sich das Feld etwas in Drehrichtung bei Generator- und umgekehrt gegen die Drehrichtung bei Motorbetrieb (siehe Abb. 20.7). Das kann durch Felder zusätzlicher Wicklungen kompensiert werden, *durch die folglich der Ankerstrom fließen muss*. Deshalb werden in Nuten der Polschuhe Kompensationswicklungen zum Ausgleich der Ankerrückwirkungen und zwischen den Polschuhen Wendepolwicklungen zur Unterdrückung von Feldern zwischen den Polen angeordnet. Die Wicklungen werden zwischen den Polen kommutiert, sollen dort kein Erregerfeld vorfinden und so während der Kommutierung keine Gegenspannung erzeugen.

Bei **Generatorbetrieb** entsprechend Kennlinie (20.2) und Abb. 20.4 wird die gleiche Maschine durch eine Antriebsmaschine gedreht und es fließt bei Belastung ein Strom in umgekehrte Richtung. Dabei muss die Antriebsmaschine außer der abgegebenen *elektrischen Leistung* auch die *Verluste* mit decken (mechanische und z.B. die an R_A). Zur Erregung wird meist auf der gleichen Antriebswelle ein kleiner Hilfsgenerator betrieben, um eine unabhängige Erregung zu ermöglichen. Bei Selbsterregung kann der Vorgang durch den Restmagnetismus (Permanenterregung) beginnen.

Beim Prinzip der **Reihenschlussmaschine** (auch Hauptschlussmaschine) besteht der Unterschied zum Nebenschluss darin, dass das *Erreger- und Ankerfeld durch denselben Strom* erzeugt werden.

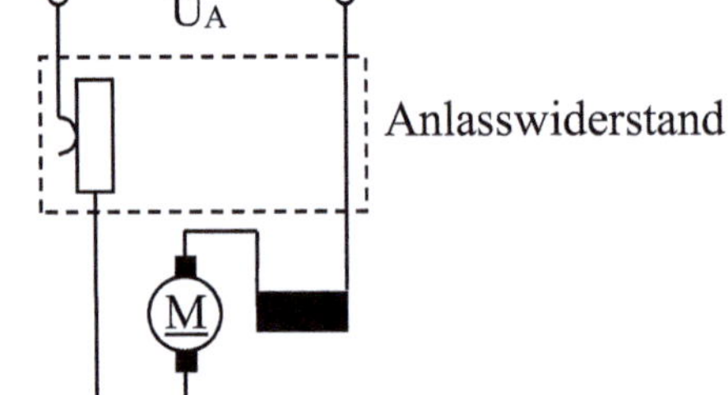

Abb. 20.8: Anschluss einer Gleichstromreihenschlussmaschine

Werden konstruktiv bestimmte Größen (Windungszahl [228], Permeabilität und alle erforderlichen Abmessungen) wiederum als Maschinenkonstante zusammengefasst, lautet das Feld $\Phi_f = c_3\,I_A$. Aus (20.3) (nach I_A aufgelöst und dann Φ_f sowie I_A eingesetzt) folgen die *Strom-Drehmoment-* und die *Drehzahl-Drehmoment-Kennlinie*.

$$I_A = \sqrt{\frac{M_M}{c_2 c_3}} \quad \text{und} \quad n = \frac{U_A}{\sqrt{c_1^2 c_3 / c_2}}\frac{1}{\sqrt{M_M}} - \frac{R_A}{c_1 c_3} \tag{20.3}$$

$$\text{damit wird} \quad n_0(M_M \to 0) \to \infty$$

---

[228] Die Feldwicklung wird für den Ankerstrom ausgelegt und hat so eine geringe Windungszahl mit dickem Draht.

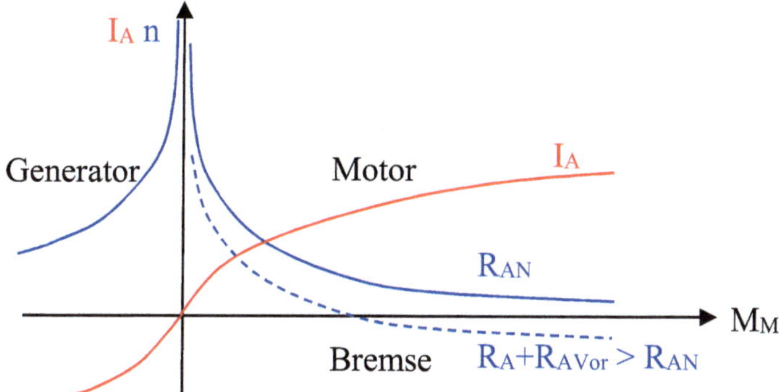

Abb. 20.9: Kennlinien der Gleichstromreihenschlussmaschine

Praxistipp: Gleichungen (20.3) und Abb. 20.9 zeigen, dass die Reihenschlussmaschine ohne Belastung (mechanischer Leerlauf mit $M_M = 0$) durchdrehen kann.

Praktisch reichen tatsächlich bei etwas größeren Maschinen die Eigenverluste nicht mehr aus und sie können somit ohne Last nicht betrieben werden. Wie der Strom bei Leerlauf zeigt, schützt auch keine Sicherung.

Zum anderen fällt auf, dass die Reihenschlussmaschine ein sehr gutes Anlaufmoment ($n = 0$) besitzt und auch der Anlaufstrom günstig ist.

Auch der Bremsbetrieb [229] ($n < 0$) ist hier mit hohen Bremsmomenten und akzeptablem Strom zu erreichen.

Praxistipp: Dieses typische „*Reihenschlussverhalten*" begründet die Anwendung der Reihenschlussmaschine insbesondere für Fahrzeuge.

Eine **Drehzahlregelung** ist durch Verringerung von U_A oder Erhöhung von $R_A + R_{AVor}$ möglich. Die *Drehrichtungsumkehr* wird nur durch Umpolen innerhalb der Reihenschaltung zwischen Anker und Feldwicklung erreicht.

Der **Generatorbetrieb** kann ebenfalls wegen des Restmagnetismus beginnen (entspricht permanenterregter Nebenschlussmaschine) und durch den Stromfluss wird dann das volle Erregerfeld erreicht, es steigt aber durch die Sättigung mit höherem Strom nicht weiter an. Die Verluste sind wiederum vom Antrieb aufzubringen. Im Leerlauf (keine elektrische Last, $R_L \rightarrow \infty$) wirkt nur der Restmagnetismus. Durch die sehr starke Abhängigkeit der Ausgangsspannung vom Strom hat der Reihenschlussgenerator keine Bedeutung. Eine Regelung kann außerdem nur über den Antrieb erfolgen, dagegen bei der Nebenschlussmaschine auch über die Erregung.

Bei der **Verbundmaschine** (Doppelschluss- oder Compoundmaschine) sind auf den Polschuhen zwei Wicklungen angeordnet, von denen eine als Nebenschlusswicklung und die andere als Reihenschlusswicklung vorgesehen wurden. Beide Felder können in *gleicher* oder *umgekehrter* Richtung wirken (entsprechend der Verdrahtung).

Praxistipp: Dies wird insbesondere verwendet, um die Drehzahl-Drehmoment-Kennlinie im Arbeitsbereich zu linearisieren oder der Strom-Spannungs-Kennlinie des Generators eine gewünschte Steigung zu geben.

---

[229] Aktives Bremsen, Motor arbeitet weiter als Verbraucher, nicht als Generator (also ohne Stromumkehr aber Drehrichtungsumkehr – erst nach Abbremsen erkennbar).

20.1.3 Kennwerte und Übungsaufgaben

Bezeichnung der Anschlussklemmen einer Gleichstrommaschine:

- Ankerwicklung   A1 – A2   (alt A – B)
- Wendepolwicklung   B1 – B2   (alt G – H)
- Kompensationswicklung   C1 – C2   (wenn vorhanden mit den Wendepolen)
- Reihenschlusswicklung   D1 – D2   (alt E – F)
- Nebenschlusswicklung   E1 – E2   (alt C – D)
- Wicklung für Fremderregung F1 – F2   (alt I – K)

Kennwerte einer Gleichstrommaschine bei Nennbetrieb:

- Ankerspannung U_{AN}
- Ankerstrom I_{AN}
- Erregerspannung U_{fN}
- Erregerstrom I_{fN}
- Drehzahl n_N
- Leistung P_N

Aufgabe 20.1

Die Angaben auf dem Typenschild einer fremderregten Gleichstrommaschine sind:

Anker   (A1 – A2) 220 V, 750 A,
Erregung   (F1 – F2) 220 V,   12 A,
              650 U/min,   150 kW.

  1) Bestimmen Sie den Wirkungsgrad η.
  2) Berechnen Sie das mechanische Drehmoment bei Nennbetrieb.

Aufgabe 20.2

Ein fremderregter Gleichstromgenerator hat folgende Angaben auf dem Typenschild:

Anker   (A1 – A2) 220 V, 610 A,
Erregung   (F1 – F2) 220 V,   12 A,
              650 U/min,   150 kW.

  1) Ermitteln Sie die elektrische Leistung bei Nennbetrieb.
  2) Bestimmen Sie den Wirkungsgrad η bei Generatorbetrieb.
  3) Nennen Sie, wo die Verluste bleiben (vergleiche mit Aufgabe 20.1).

20.1.4 Messen der Drehmoment-Drehzahl-Kennlinie

Messung der Kennlinien einer fremderregten Gleichstrommaschine an einem geeigneten
Versuchsstand

Versuchsaufbau:

Die Gleichstrommaschine, eine Bremse (z.B. Wirbelstrombremse) bzw. eine Antriebsmaschine (z.B. eine weitere Gleichstrommaschine, für Generatorbetrieb nötigt) und die
Drehzahlmessung werden mechanisch und elektrisch nach Vorlage des Versuchsstandes
angeschlossen.

Versuchsdurchführung:

Nach Einstellen von Erregung und Ankerspannung bei Leerlauf (keine Bremse) werden in Stufen das Moment der Wirbelstrombremse erhöht und Drehzahl sowie Ankerstrom gemessen (evtl. Erregung und Ankerspannung konstant halten).
Bei Generatorbetrieb werden einmal die Antriebsleistung erhöht sowie Ankerstrom, Drehzahl und Ankerspannung gemessen zum anderen bei konstanter Nenndrehzahl (Antrieb nachstellen und evtl. Erregung konstant halten) der Ankerstrom (die elektrische Leistungsabgabe) erhöht.

Versuchsaufgaben:

Darstellen der Kennlinien $n = f(M_M)$ und $I_A = f(M_M)$ bzw. $U_A = f(I_A)$.
1. Kennlinie für Nennerregung und Nennankerspannung
2. Kennlinie für Nennerregung und 70 % Ankerspannung
3. Kennlinie für 80 % Erregerstrom und Nennankerspannung
4. Generatorkennlinie bei Nennerregung
5. $U_A = f(I_A)$ bei Generatorbetrieb mit konstanter Drehzahl

Beachten Sie, dass Nennankerstrom und Nenndrehmoment (bzw. die mechanische Leistung) nicht überschritten werden!

Zusammenfassung der Versuchergebnisse:
1. Die Kennlinien entsprechen den theoretischen Erwartungen.
2. Bei geringerer Ankerspannung liegt die Kennlinie parallel mit geringerer Drehzahl.
3. Bei verringertem Erregerstrom folgt eine höhere Drehzahl mit erhöhtem Strom.
4. Die Generatorspannung fällt mit steigendem Ankerstrom bei konstanter Drehzahl.

20.2 Maschinen für Wechselstrom

20.2.1 Transformator als ruhende Maschine

Im Transformator wird vom *Strom* i_1 in der Primärwicklung eine *magnetische Urspannung* Θ_1 erzeugt, durch *Induktion* eine *elektrische Spannung* u_{11} und in der Sekundärwicklung u_{21}. Fließt ein *Sekundärstrom* i_2, folgen als *Rückwirkung* Θ_2 sowie u_{22} und u_{12} in Gegenrichtung.

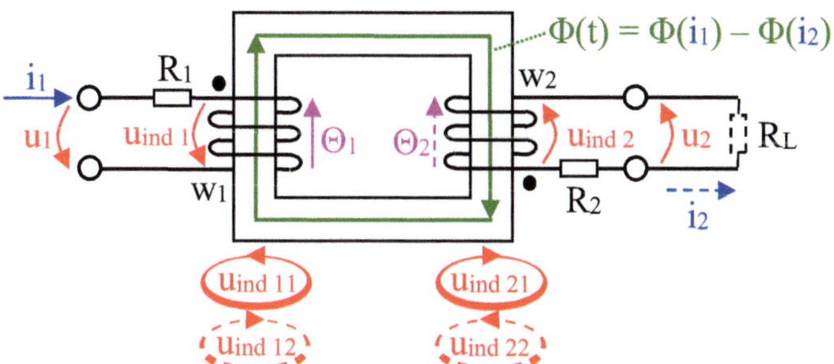

Abb. 20.10: Schematische Darstellung des Transformators

Die Richtungen werden jeweils nach der **Rechten-Hand-Regel** festgelegt (siehe Abschnitt 6.1.2) [230]. So werden mit $\Phi_{11} = \Phi(i_1)$, $\Phi_{21} = k\Phi(i_1)$, $\Phi_{12} = k\Phi(i_2)$, $\Phi_{22} = \Phi(i_2)$ und dem Koppelfaktor k:

$$u_{ind\,11} = w_1 \frac{d\Phi_{11}}{dt} \quad \text{und} \quad u_{ind\,21} = w_2 \frac{d\Phi_{21}}{dt}$$

$$u_{ind\,12} = w_1 \frac{d\Phi_{12}}{dt} \quad \text{und} \quad u_{ind\,22} = w_2 \frac{d\Phi_{22}}{dt}.$$

Dabei zeigen $u_{ind\,11}$ sowie $u_{ind\,21}$ in Richtung der dargestellten $u_{ind\,1}$ bzw. $u_{ind\,2}$ und $u_{ind\,22}$ sowie $u_{ind\,12}$ jeweils entgegengesetzt.

$$u_{ind\,1} = u_{ind\,11} - u_{ind\,12} \quad \text{und} \quad u_{ind\,2} = u_{ind\,21} - u_{ind\,22}$$

Werden die *Widerstände des Wicklungsdrahtes* R_1, R_2 zusätzlich berücksichtigt, folgen daraus die Maschensätze (Masche 1 Umlauf in Stromrichtung und Masche 2 gegen die Stromrichtung):

$$u_1 = i_1 R_1 + u_{ind\,11} - u_{ind\,12} \quad \text{und} \quad u_2 = u_{ind\,21} - u_{ind\,22} - i_2 R_2.$$

Mit dem jeweiligen Induktionsgesetz wird daraus:

$$u_1 = i_1 R_1 + w_1 \frac{d\Phi(i_1)}{dt} - w_1 k \frac{d\Phi(i_2)}{dt}$$

$$u_2 = w_2 k \frac{d\Phi(i_1)}{dt} - w_2 \frac{d\Phi(i_2)}{dt} - i_2 R_2$$

Mit $\Phi(i_x) = \Theta_x/R_m = w_x i_x/R_m$ sowie $L_x = w_x^2/R_m$ und $M = kw_1 w_2/R_m = k(L_1 L_2)^{1/2}$ folgen die

Transformatorgleichungen:

$$u_1 = i_1 R_1 + L_1 \frac{di_1}{dt} - M \frac{di_2}{dt}$$

$$u_2 = M \frac{di_1}{dt} - L_2 \frac{di_2}{dt} - i_2 R_2$$

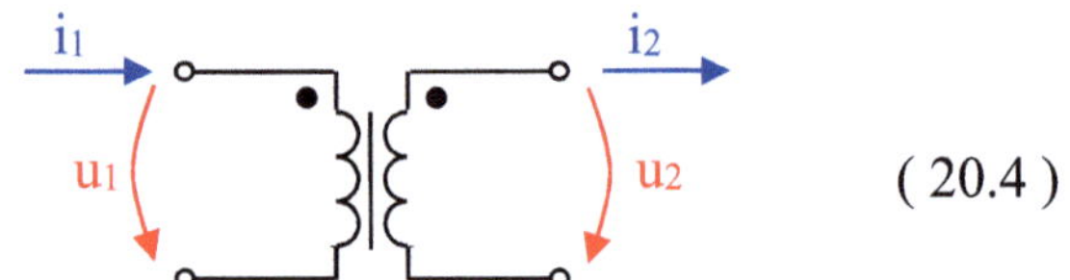

(20.4)

Abb. 20.11: Schaltbild mit Klemmenbelegung

Die gleichen Vierpolgleichungen ergibt die folgende **Ersatzschaltung des Transformators**.

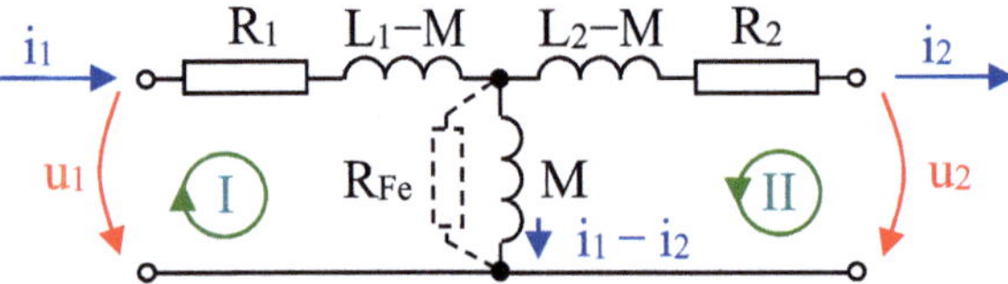

Abb. 20.12: Ersatzschaltung des Transformators

Der Widerstand R_{Fe} kann dabei zusätzlich eingefügt werden, um die *Wirkleistungsverluste des Eisenkerns* (Ummagnetisierungs- und Wirbelstromverluste) darzustellen. Er kann aus dem Gesamtverhalten des Transformators ermittelt werden [231].

Die beiden Maschensätze in komplexer Schreibweise (di/dt $\rightarrow$ jω i) lauten:

$$\underline{u}_1 = R_1 \underline{i}_1 + j\omega(L_1 - M)\underline{i}_1 + j\omega M(\underline{i}_1 - \underline{i}_2)$$

$$\underline{u}_2 = -R_2 \underline{i}_2 - j\omega(L_2 - M)\underline{i}_2 + j\omega M(\underline{i}_1 - \underline{i}_2)$$

(20.5)

Mit den Verlusten des Eisenkerns müsste jωM‖R_{Fe} eingesetzt werden.

Es ist zu sehen, dass (20.5) mit (20.4) identisch ist. Ein Nachteil dieses Ersatzschaltbildes sind aber der negative Wert von L_1−M oder L_2−M, wenn L_1 und L_2 unterschiedlich groß sind. Deshalb hat sich die Nutzung eines **reduzierten Ersatzschaltbildes** durchgesetzt. Dazu

---

[230] Induzierte Spannungen entlang des Wickeldrahtes von der Anfangsklemme zur Endklemme (für $\Phi_1(i_1)$ dargestellt). Wicklungssinn beachten ($\bullet$ = Wicklungsanfang)!

[231] Er hat nichts mit einem elektrischen Widerstand des Eisenkerns zu tun und ist nicht als solcher zu messen.

werden alle Größen der Sekundärseite [232] einschließlich der Elemente an den Klemmen mit dem Verhältnis der Windungszahlen umgeformt. Es entsteht ein reduzierter Transformator mit dem reduzierten *Windungszahlverhältnis* 1:1.

$$u_2' = u_2\, w_1/w_2 \qquad\qquad \rightarrow u_2' = u_1 \text{ (wenn k=1 und } R_1{=}R_2{=}0 \text{ wären)}$$
$$i_2' = i_2\, w_2/w_1 \qquad\qquad \rightarrow i_2' = i_1 \text{ (bei k=1, } R_1{=}R_2{=}0 \text{ und } \omega M \rightarrow \infty)$$
$$R_2', L_2' = R_2, L_2 \cdot (w_1/w_2)^2 \qquad \rightarrow R_2' \approx R_1 \,^{233}, L_2' = L_1$$
$$M' = M\, w_1/w_2 \qquad\qquad \rightarrow M' = k(L_1 L_2')^{1/2} = kL_1$$

Dadurch werden $L_1 - M' = (1-k)L_1 = (1-k)L_2' = L_2' - M' = L_\sigma = L_{1\sigma} = L_{2\sigma}'$.

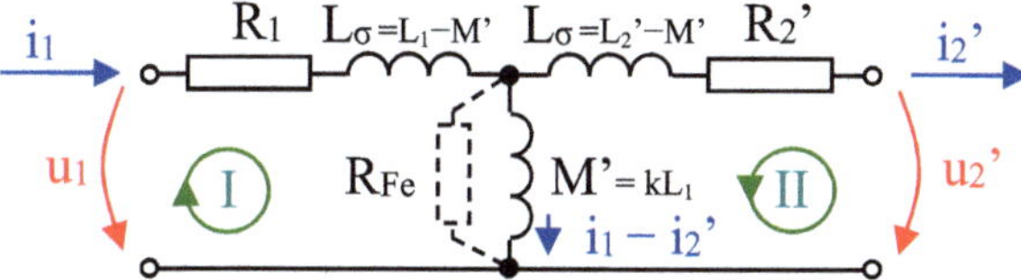

Abb. 20.13: Reduziertes Ersatzschaltbild des Transformators

Eine Untersuchung der reduzierten Ersatzschaltung bei Leerlauf, Kurzschluss und Nennlast ist sehr anschaulich mit Zeigerbildern durchführbar.

Bei **Leerlauf** ist $i_2' = 0$ und die Spannungsabfälle an R_1 und $L_{1\sigma}$ sind weiterhin praktisch vernachlässigbar; damit wird $M \cong L_1$.

Abb. 20.14: Ersatzschaltung und Zeigerbild für Leerlauf

Praxistipp: Durch *Messen* von U_1, I_1, und φ_1 können sowohl $R_{Fe} = U_1/(I_1 \cos\varphi_1)$ als auch $L_1 = U_1/(I_1\, \omega \sin\varphi_1)$ bei Leerlauf ermittelt werden. [234]

Bei **Kurzschluss** sind die Widerstände R_2 und $L_{2\sigma}$ praktisch so klein, dass R_{Fe} und M vernachlässigbar sind.

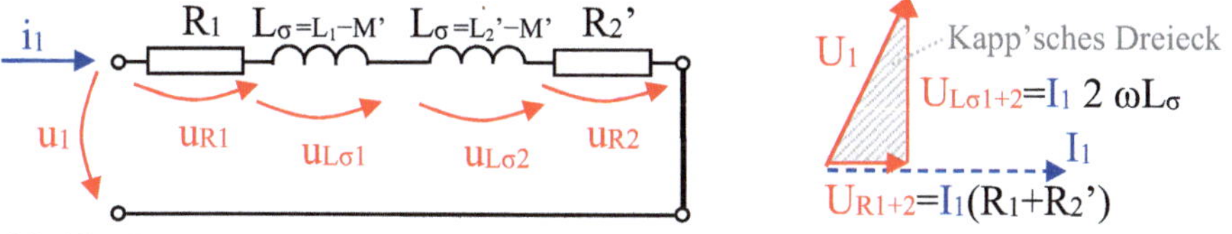

Abb. 20.15: Ersatzschaltung und Zeigerbild für Kurzschluss

Praxistipp 1: Durch *Messen* von U_1, I_1 und φ_1 können $R_1 + R_2' = U_1 \cos\varphi_1/I_1$ und ebenso $2L_\sigma = U_1 \sin\varphi_1/(I_1\, \omega)$ bei Kurzschluss ermittelt werden. [235]
Praxistipp 2: Aus L_σ und L_1 sind dann $k = 1 - L_\sigma/L_1$, $M' = kL_1$ und $L_2' = L_1$ zu bestimmen. Die Originalgrößen berechnen sich anschließend über das *Windungszahlverhältnis*. [236]
Praxistipp 3: Die genauen R_1 und R_2 ergeben sich aus deren Messung mit Gleichstrom.

Damit sind alle Parameter des Transformators mit Hilfe von Leerlauf- und Kurzschluss messbar. Das *Kapp'sche Dreieck* ist ein Maß für die Kurzschlussfestigkeit. Je größer das Dreieck, desto kleiner ist bei gegebener Spannung der Kurzschlussstrom.

---

[232] In einigen Fällen kann auch die Primärseite reduziert werden.
[233] Ist nur etwa gleich, da z.B. die Drahtstärke nicht exakt entsprechend dem Verhältnis gewählt wird.
[234] Spannung gleich Nennspannung einstellen.
[235] Die Kurzschlussspannung darf nur so hoch sein, dass der Nennstrom erreicht wird.
[236] Näherungsweise kann das Leerlaufspannungsverhältnis verwendet werden.

Das Dreieck kann sowohl durch R_1, R_2 als auch durch L_σ vergrößert werden. Da R_1 wie R_2 eine Verlustleistung bedeuten, wird L_σ genutzt und L_σ durch die Größe des Luftspalts im Kern entsprechend eingestellt.

Praxistipp: Mit dem *Luftspalt* wird also die *Kurzschlussfestigkeit* beherrscht. Das ist praktisch deutlich erlebbar z.B. bei Schweißtransformatoren.

Bei **Nennlast** (Abb. 20.13 mit Last am Ausgang) ergibt sich das Zeigerbild nach Abb. 20.16.

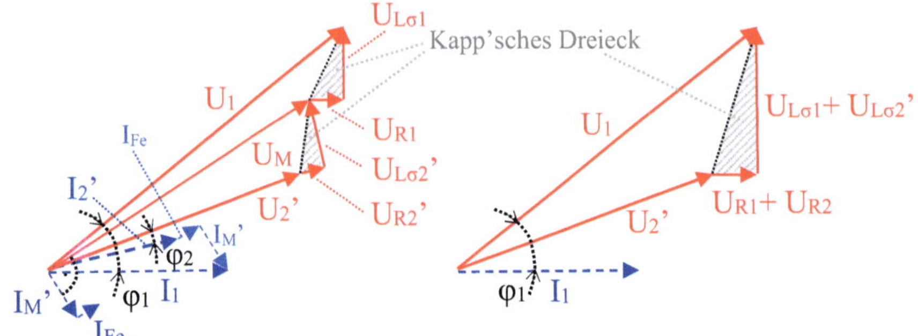

Abb. 20.16: Zeigerbild bei Last und mit der Näherung $I_{Fe} + I_M' \approx 0$

In Abb. 20.16 bilden I_1, U_1 und φ_1 den Ausgangspunkt. U_{R1} ist parallel und $U_{L\sigma 1}$ senkrecht zu I_1. Weiter sind I_{Fe} parallel und I_M' senkrecht zu U_M sowie U_{R2}' parallel und $U_{L\sigma 2}'$ senkrecht zu I_2'. Es ist erkennbar, dass die Näherung ($I_{Fe} + I_M' \approx 0$) relativ geringe Fehler ergibt (in der Praxis sind I_{Fe} und I_M' sogar noch kleiner als in der Darstellung). Das Kapp'sche Dreieck zerfällt in der genauen Darstellung in zwei Dreiecke mit den in Näherung gleichen Gesamtverlusten. Dabei ergeben $R_1 + R_2$ Leistungsverluste, dagegen beide L_σ nur Spannungsverluste, sodass U_1/U_2 nicht vollständig w_1/w_2 erreicht (jedoch fast genau bei Leerlauf).

Praxistipp: Da das **Ersatzschaltbild** die gleichen Vierpolgleichungen hat, ist es immer statt des Transformators (und so ohne magnetische Urspannung und Induktion) zu verwenden.

Selbst bei Gleichstrom ($\omega M = 0$) folgt das richtige Ergebnis. Nur die galvanische Trennung wird nicht richtig wiedergegeben.

Ein idealer Transformator liefert $U_1/U_2 = w_1/w_2$ und $I_1/I_2 = w_2/w_1$ und somit $P_{w1} = P_{w2}$. Beim **realen Transformator** wird $P_{w2} = P_{w1} - P_{V\,RFe} - P_{V\,R1+R2}$. Die **Leistungsverluste** können

durch entsprechende Wahl der Drahtstärken (Wickelfenster voll ausnutzen), durch Transformatorbleche mit geringen Ummagnetisierungsverlusten (Weicheisen mit sehr schmaler Hysteresekurve) und durch dünne Bleche mit gegenseitiger Isolation (zur Unterdrückung der Wirbelströme) minimiert werden. Wichtig ist, dass der magnetische Fluss nicht die *Sättigungsgrenze* des Eisens erreicht; sonst sind Probleme von einer Verzerrung der Spannungsform über erhöhte Verluste bis zu einer thermischen Überlastung zu erwarten.

Der **Wirkungsgrad** η erreicht bei Kleintransformatoren (P < 300 W) ca. 60 bis 70 %, bei Großtransformatoren (P > 100 kW) Werte von 95 bis 99,7 %. Transformatoren werden bis ca. 1 GW hergestellt.

Die **Kühlung** erfolgt bei kleinen Transformatoren durch die Oberfläche, bei großen durch einen Kühlkreislauf mit Spezialöl.

Als **Spezialformen** gibt es:
- *Spartransformatoren* – Die Sekundärwicklung wird durch eine Anzapfung der Primärwicklung ersetzt. Sie besitzen keine galvanische Trennung. (Kann auch als induktiver Spannungsteiler aufgefasst werden.)

- *Trenntransformatoren* – Windungszahlverhältnis ist 1:1, gute galvanische Trennung.
- *Stelltransformatoren* – Durch viele Anzapfungen der Primär- (Sparvariante) oder der Sekundärwicklung wird eine feine Einstellung der Sekundärspannung erreicht.

Praxistipp: Die **Möglichkeit, mit hohem Wirkungsgrad Spannungen zu wandeln,** war ein starkes Argument für den Übergang zu Wechselstrom.

20.2.2 Universalmotor

Da beim *Reihenschlussmotor* durch Anker und Feldwicklung *derselbe Strom* fließt, werden bei Wechselstrom beide genau gleichzeitig umgepolt und die Drehrichtung bleibt erhalten.

Der **Aufbau** entspricht der Gleichstromreihenschlussmaschine. Alle den magnetischen Fluss führenden Eisenteile werden aber grundsätzlich aus *Blechen wie beim Transformator* ausgeführt, um Ummagnetisierungs- und Wirbelstromverluste zu minimieren.

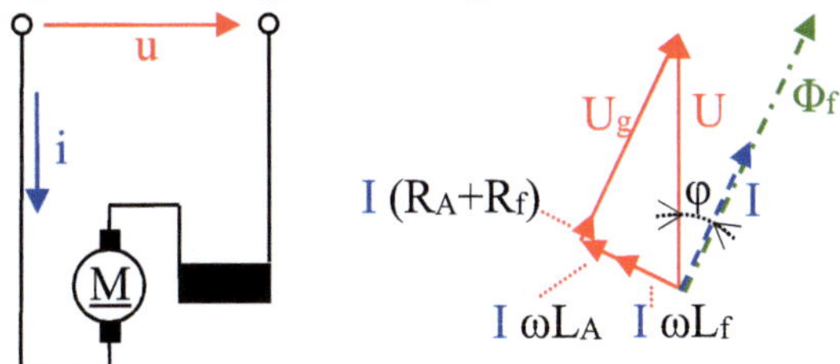

Abb. 20.17: Universalmotor und sein Zeigerdiagramm

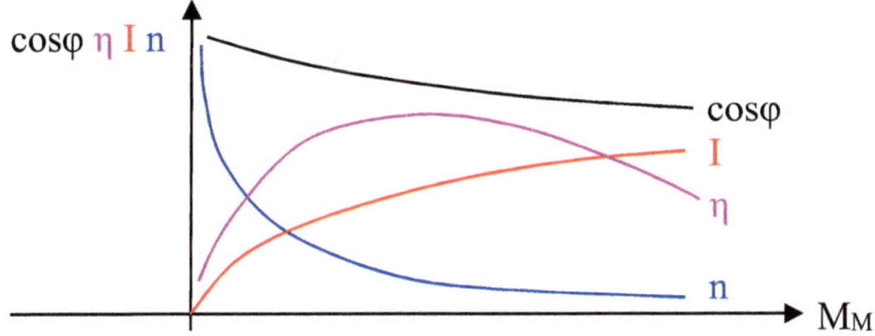

Abb. 20.18: Kennlinien $\cos\varphi$, η, I, n = f (M$_M$) **des Universalmotors**

Das Betriebsverhalten entspricht dem des Gleichstromreihenschlussmotors. Zusätzlich tritt induktive *Blindleistung* und somit ein $\cos\varphi$ auf. Die Verluste sind ebenfalls von der Betriebsspannung aufzubringen, wobei nur die Wicklungswiderstände Leistungsverluste ergeben.

Praxistipp: Eine Hauptanwendung sind *Kleinmaschinen* (Haushalt, Heimwerker usw.).

Dabei wird auf Wendepol- und Kompensationswicklungen verzichtet. Sie werden für Leistungen in der Regel < 500 W (bei hohen Drehzahlen ca. 2 kW) und für Drehzahlen von 3000 bis 15000 U/min [237] hergestellt. Eine Drehzahlregelung erfolgt heute fast ausschließlich durch Phasenanschnittsteuerung. Nur sehr langsam geht ein Austausch dieser vergleichsweise billigen, kleinen und leichten Motore gegen frequenzgeregelte Asynchronmotore vor sich.

Praxistipp: Zweite Hauptanwendung sind *Bahnmotore* mit 16 ⅔ Hz (in Deutschland), bis ca. 300 kW und ca. 500 V.

---

[237] Hohe Drehzahlen werden vor allem für Gebläse (auch Staubsauger) benötigt.

Diese werden seit einiger Zeit sehr erfolgreich durch Stromrichteranordnungen und die insbesondere wartungsärmeren und robusteren Asynchronkurzschlussläufer ersetzt.

20.2.3 Kennwerte und Übungsaufgaben

Transformator (Kleinleistungsbereich):
- Nennspannung primär $\quad$ U_{PN}
- Nennstrom primär $\quad$ I_{PN}
- Frequenz $\quad$ f
- Nennspannung sekundär $\quad$ U_{SN}
- Nennstrom sekundär $\quad$ I_{SN}
- Scheinleistung maximal $\quad$ P_{SMax} wird alternativ zu I_N angegeben
- (Wirkungsgrad $\quad$ η $\quad$ wird in der Regel nicht angegeben)

Universalmotor (Kleinleistungsbereich):
- Nennspannung $\quad$ U_N
- Nennstrom $\quad$ I_N
- Nennleistung (mechanisch) $\quad$ P
- $\cos\varphi$ $\quad$ $\cos\varphi$
- Frequenz $\quad$ f
- (Wirkungsgrad $\quad$ η $\quad$ wird in der Regel nicht angegeben)

Aufgabe 20.3

Auf einem Trenntransformator befinden sich die folgenden Angaben:
Eingang 220 V, Ausgang 220 V, Scheinleistung 550 VA und Frequenz 50 Hz.
Nennen Sie, welcher Strom maximal genutzt werden kann.

Aufgabe 20.4

Ein vorhandener Transformator für ein Netzteil hat lediglich die Angaben: Eingang 230 V, Ausgang 24 V bei einer Scheinleistung 75 VA und Frequenz 50 Hz. Im Leerlauf werden am Ausgang 27 V gemessen. Da nur 18 V Ausgangsspannung bei ca. 70 VA benötigt werden, muss der Ausgang verändert werden. Es besteht die Möglichkeit, Windungen auf den Wickel dazuzuwickeln. An fünf Testwindungen wird eine Leerlaufspannung von 4,3 V gemessen.
  1) Bestimmen Sie die Anzahl der benötigten Windungen.
Hinweis: Die Näherung, dass das Spannungsverhältnis der Primär- zur Sekundärseite bei
           Belastung und bei Leerlauf gleich ist, kann genutzt werden.
  2) Zeigen Sie, wie die zusätzlichen Windungen anzuschließen sind und was aus nicht
     ganzzahligen Windungen wird.

Aufgabe 20.5

Bei Leerlauf werden an einem Transformator $U = U_N = 230V$, $I = 102$ mA und $\cos\varphi = 0,2$ gemessen und bei Kurzschluss $I = I_N = 2,5$ A, $U = 105$ V und $\cos\varphi = 0,66$.
  1) Berechnen Sie R_1+R_2', L_σ, L_1, k und R_{Fe}?
  2) Nennen Sie U_2' und η bei rein Ohm'scher Last im Nennbetrieb sowie U_2 bei $w_1/w_2 =12$.
Hinweis: Die Näherung mit Vernachlässigung von I_{Fe} und I_M' bei Belastung nutzen.

Aufgabe 20.6

Ein Universalmotor hat folgende Angaben: $U_N = 220$ V, $I_N = 0,8$ A, $\cos\varphi = 0,75$, $P = 70$ W, $n = 2730$ U/min und $f = 50$ Hz.

Bestimmen Sie den Wirkungsgrad?

Zusatzaufgabe: Zeichnen Sie das Zeigerbild. Geben Sie an, wie groß die induzierte Gegenspannung ist, wenn $R_A + R_f = 75\ \Omega$ gemessen wurde.

20.2.4 Messen der Kennwerte eines Transformators

Messung der Kennwerte (Parameter) eines Trenntransformators am Versuchsstand

Versuchsaufbau:

Es ist eine Anschlussmöglichkeit mit stellbaren 220 V und bis 2 A zu nutzen (mit Trennung vom Netz zu Ihrer Sicherheit). Es wird ein Transformator mit 220 V und ca. 500 VA (Primärseite) benötigt. An der Primärseite des Transformators werden Spannung, Strom und Wirkleistung (z.B. mit elektrodynamischem Messwerk) gemessen. Die Sekundärseite bleibt völlig frei (Leerlauf) bzw. wird direkt kurzgeschlossen.

Versuchsdurchführung:

Zu Beginn müssen aus den Daten des Typenschildes Nennspannung und Nennstrom erkundet werden, diese dürfen nicht überschritten werden.

1. Für Leerlauf und Kurzschluss sind jeweils U_{eff}, I_{eff} und P_W zu bestimmen. Daraus können R_1+R_2', $L_\sigma = L_\sigma'$, L_1, k, M' und R_{Fe} berechnet werden.

2. U_2 und η bei Nennspannung und 110 Ω Sekundärlastwiderstand sind zu berechnen, zu messen und zu vergleichen. Die notwendige Schaltung dazu ist zu entwickeln.

   Hinweis: Die Erfahrungen mit Aufgabe 20.5 können genutzt werden.

Zusammenfassung der Versuchsergebnisse:

- Die messtechnische Bestimmung der Parameter erscheint relativ problemlos.
- Für eine ausreichende Genauigkeit von $\cos\varphi$ sind bei obiger Methode entsprechend empfindliche Wattmeter nötig (oder wie vorgeschlagen ein Transformator mit höherer Leistung von ca. 500W).

20.3 Drehfeldmaschinen

20.3.1 Dreiphasensysteme für Strom und Spannung

Mit *Dreiphasensystemen* erreichte die Nutzung von Wechselstrom weitere gewichtige Argumente und hat sich allgemein zur Elektroenergieversorgung durchgesetzt.

Schon ein *Zweiphasensystem* hat gegenüber einfachem Wechselstrom zwei zusätzliche Möglichkeiten.

1. Bei einer *Phasenverschiebung* von 180° wird die Stromsumme beider Rückleiter null und deren *Leitermaterial* kann *eingespart* werden. (So entsteht aber nur ein einphasiges System mit höherer Spannung.) [238]

2. Bei einer *Phasenverschiebung* von 90° entsteht für Magnetspulen mit 90° räumlich versetzter Anordnung ein magnetisches Drehfeld. Es wird $|B|$ = const, aber mit sich zeitproportional ändernder Richtung $\alpha = \omega t$ (vergleiche Abschnitt 20.3.2).

> Praxistipp: Wird in Analogie am x- und y-Eingang eines Oszilloskops eine Sinus- und eine Cosinusspannung angelegt, ist dies leicht nachvollziehbar.

Ein *Dreiphasensystem kombiniert beide Möglichkeiten* bei der gleichen Phasenverschiebung. Dazu sind jeweils eine Zeitverschiebung von 120° und für das Drehfeld Magnetspulen mit 120° räumlich versetzter Anordnung erforderlich.

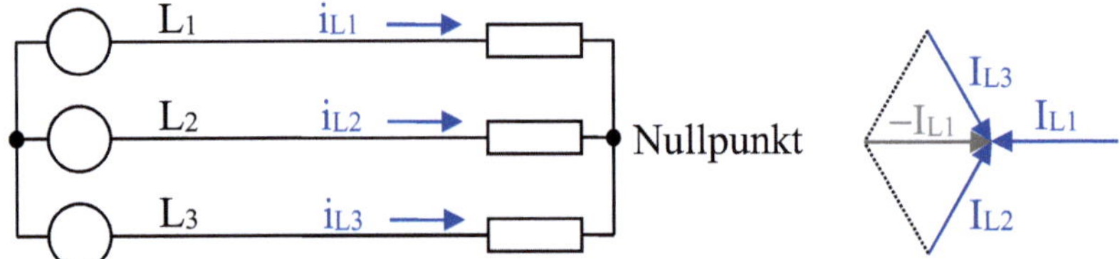

Abb. 20.19: Dreiphasensystem mit drei Leitern L_1, L_2 und L_3 und $\Sigma\,I = 0$ [239]

3. Außerdem steht bei drei Phasen *zwischen* jeweils einem *Leiter* und dem *Nullpunkt* ein *einfacher Wechselstrom* zur Verfügung.

Durch weitere Phasen gibt es keine zusätzlichen Vorteile.
Insbesondere die Möglichkeiten der Drehfeldmaschinen waren entscheidend für den Übergang zu Dreiphasensystemen.

Ein **symmetrisches Dreiphasensystem** besteht demzufolge aus drei Spannungen mit jeweils einer Zeitverschiebung von 120° (oder $2\pi/3$).

$$u_{L1} = \hat{U}\,\cos(\omega t)$$
$$u_{L2} = \hat{U}\,\cos(\omega t - 2\pi/3)$$
$$u_{L3} = \hat{U}\,\cos(\omega t - 4\pi/3)$$

(20.6)

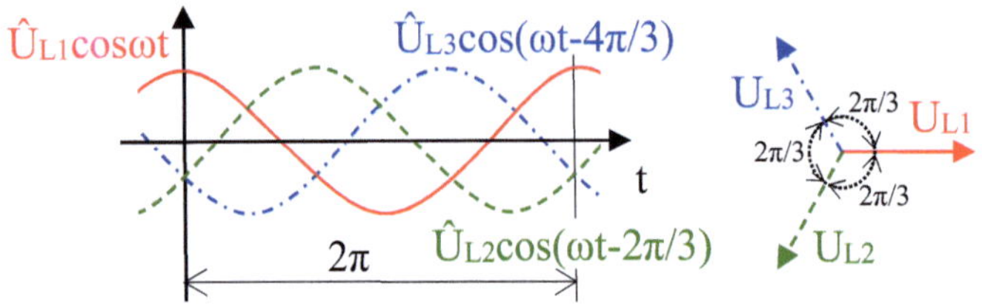

Abb. 20.20: Darstellung einer symmetrischen Dreiphasenspannung

In der *Praxis* wird außer den *drei Leitern* (L_1, L_2 und L_3) ein *Nullleiter* (N) für Ausgleichsströme zwischen den Nullpunkten mitgeführt. Zusätzlich wird ein *Schutzleiter* (PE) verlegt, der im Normalfall ungenutzt ist, aber bei Schäden an Leitern, Geräten oder Anlagen wichtige Schutzfunktionen erfüllt. Für Fernleitungen werden in der Regel nur drei Leiter (L_1, L_2 und L_3) benutzt (z.T. mit darüber angeordneten Blitzschutzleitern).

Für den Anschluss einer Last an die drei Leiter gibt es die **Stern- und die Dreieckschaltung**.

---

[238] Ähnlich funktioniert das Einphasen-Dreileiternetz mit 2 mal 120 V und geerdetem Mittelpunkt in den USA.
[239] Für die Zeiger wird hier der Betrag in Form von Effektivwerten für deren Länge verwendet.

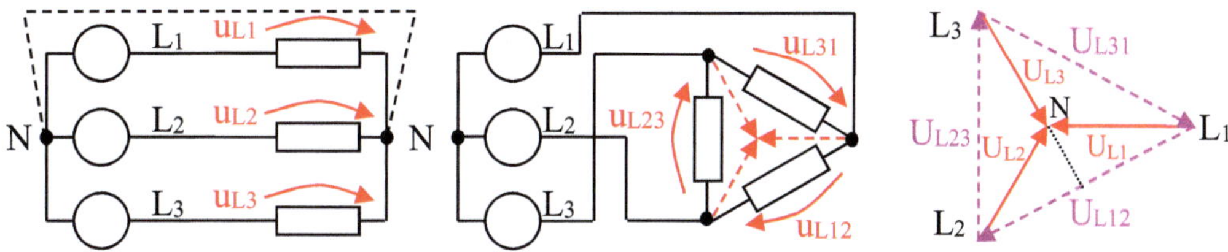

Abb. 20.21: Stern-, Dreieckschaltung und Zeigerbild aller Spannungen

Bei der Sternschaltung (die Quellen in Abb. 20.21 und links die Last) liegt jeweils eine *Leiterspannung an einer Last*. Quellen und Last werden je in einem Nullpunkt verbunden.
Bei der Dreieckschaltung (in Abb. 20.21 rechts die Last) liegt eine Last *zwischen zwei Leitern* und deren Spannungen. Der zwar virtuell vorhandene Nullpunkt kann in der Schaltung nicht angeschlossen und somit auch nicht genutzt werden.
Natürlich können auch die Quellen in Dreieckschaltung angeordnet werden.

Das Zeigerbild in Abb. 20.21 zeigt den Zusammenhang zwischen **Leiter- und verketteten Spannungen**. So folgt z.B. aus dem Dreieck $L_1 - L_2 - N$ mit den Winkeln 30°, 120° und 30°, dass $U_{L12} = U_{L1}\sqrt{3}$ [240] wird.

> Praxistipp: Folglich stehen in einem Dreiphasensystem immer zwei Spannungen zur Verfügung: U und $U\sqrt{3}$ (z.B. 230 V und 400 V).

Lastwiderstände oder Wicklungen für 230 V können also in Sternschaltung an ein System mit 400 V oder in Dreieckschaltung an ein System mit 230 V angeschlossen werden [241].

Bei einer *Last mit Blindanteil* besteht zwischen Strom und Spannung jeder Phase die gleiche Phasenverschiebung bei einer symmetrischen Last.

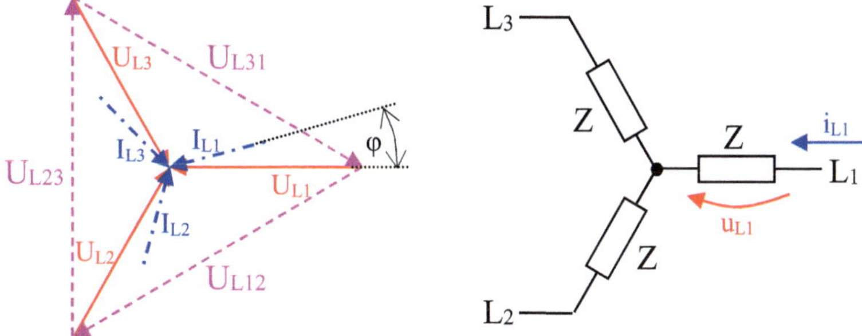

Abb. 20.22: Strom und Spannung bei symmetrischer kapazitiver Last in Sternschaltung

Während die Spannungen zwischen zwei Leitern U_{L12}, U_{L23} und U_{L31} (vergleiche Abb. 20.22) immer gemessen werden können, muss für die Leiterspannungen U_{L1}, U_{L2} und U_{L3} der Nullpunkt greifbar sein, was für Sternschaltung normalerweise der Fall ist. Bei Sternschaltung treten nur die Leiterströme I_{L1}, I_{L2} und I_{L3} auf.
Dagegen fließen bei Dreieckschaltung (Abb. 20.23) die Ströme I_{L12}, I_{L23} und I_{L31} durch die Last. Der Nullpunkt steht normalerweise nicht zur Verfügung [242].

---

[240] Das halbe Dreieck ist rechtwinklig $\rightarrow U_{L12} = 2\,(U_{L1}\cos 30°) = \sqrt{3}\,U_{L1}$.

[241] Mit zwar gleicher Last, aber einmal $U_{L12} = 400$ V für Sternschaltung (d.h., $U_{L1} = U_{L12}/\sqrt{3} = 230$ V und somit $I_{L1} = 230$ V$/Z$) und zum anderen $U_{L12\Delta} = 230$ V für die Dreieckschaltung (d.h., $I_{L12\Delta} = 230$ V$/Z$), folgt jeweils die gleiche Leistung.

[242] N könnte von einer anderen Stelle oder durch eine Zusatzschaltung für die Messung genutzt werden.

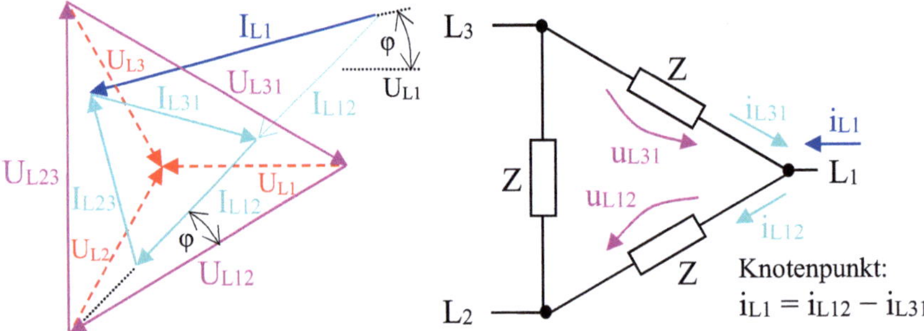

Abb. 20.23: Strom und Spannung, symmetrische kapazitive Last in Dreieckschaltung

Abb. 20.22 und Abb. 20.23 wurden für gleiche Spannung und Last dargestellt, sodass die Ströme $I_{L12} = I_{L23} = I_{L31}$ bei Dreieckschaltung für die gleiche Last größer sind.

Praxistipp: Das wird z.B. bei einer Stern-Dreieck-Umschaltung zum Anlassen ausgenutzt.

Für die Leistung bei symmetrischen Dreiphasensystemen $U_{L1} = U_{L2} = U_{L3} = U_L$ sowie $U_{L12} = U_{L23} = U_{L31} = U_{LL}$ und genauso $I_{L1} = I_{L2} = I_{L3} = I_L$ sowie $I_{L12} = I_{L23} = I_{L31} = I_{LL}$ ergibt sich mit dem Winkel φ zwischen Spannung und Strom an einer Last für eine *Sternschaltung* (d.h. $I_{Zuleitung} = I_L$, vergleiche Zeigerbild Abb. 20.22):

$$P_{Stern} = 3\,U_L\,I_L\,\cos\varphi \qquad = 3\,(U_{LL}/\sqrt{3})\,I_L\,\cos\varphi$$
$$= \sqrt{3}\,U_{LL}\,I_L\,\cos\varphi \ ^{243}$$

und für eine *Dreieckschaltung* (d.h. $I_{Zuleitung} = \sqrt{3}\,I_{LL}$, vergleiche Zeigerbild Abb. 20.23):

$$P_{Drei} = 3\,U_{LL}\,I_{LL}\,\cos\varphi$$
$$= \sqrt{3}\,U_{LL}\,I_L\,\cos\varphi \ ^{243} \qquad (= 3\,U_L\,I_L\,\cos\varphi)$$

Damit ergibt sich die Leistung unabhängig von der Schaltung nach den *gleichen Formeln*.

Für die **Messung der Leistung** müssen die dargestellten Verhältnisse beachtet werden.

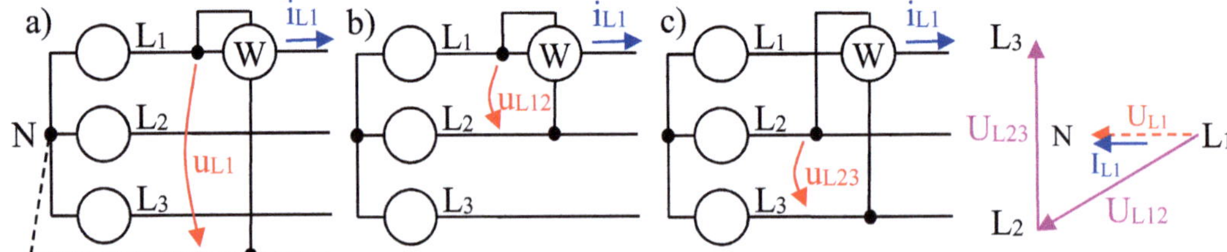

Abb. 20.24: Mögliche Anordnungen eines Leistungsmessers

Für Abb. 20.24 a) folgt direkt $P_{Anzeige} = U_L\,I_L\,\cos\varphi$ und somit $P = 3\,P_{Anzeige}$,

für Abb. 20.24 b) folgt $P_{Anzeige} = U_{LL}\,I_L\,\cos(30° - \varphi)$ und

für Abb. 20.24 c) folgt $P_{Anzeige} = U_{LL}\,I_L\,\cos(90° + \varphi) = U_{LL}\,I_L\,\sin(\varphi)$, d.h. $P_B = \sqrt{3}\,P_{Anzeige}$.

Wäre für Abb. 19.24 b) u_{L31} verwendet worden, ergäbe sich $P_{Anzeige} = U_{LL}\,I_L\,\cos(30° + \varphi)$. Nach den Additionstheoremen wird $\cos(30° - \varphi) + \cos(30° + \varphi) = \sqrt{3}\,\cos\varphi$. Damit ergibt die Addition beider Anzeigen $P = P_{Anzeige}(u_{L23}) + P_{Anzeige}(u_{L31}) = \sqrt{3}\,U_{LL}\,I_L\,\cos\varphi$ (Aronschaltung).

Praxistipp: Durch die vorhandenen Phasenlagen in einem Dreiphasensystem können also
- die Wirkleistung mit Nullpunkt für einen (oder jeden) Leiter,
- die Wirkleistung ohne Nullpunkt mit zwei Leistungsmessern und
- die Blindleistung sogar direkt gemessen werden.

---

^{243} Der Winkel zwischen einem U_{LL} und I_L ist nicht φ (vergleiche Zeigerbilder Abb. 20.22 und Abb. 20.23).

Für **unsymmetrische Last** (verschiedene Z_1, Z_2 und Z_3) werden die Ströme in den drei Leitern ungleich und es fließt bei vorhandenem Nullleiter ein *Ausgleichsstrom* zur Quelle. Ohne Nullleiter entsteht dagegen eine *Spannungsdifferenz* zwischen dem Nullpunkt der Quelle und dem Nullpunkt der Last.

Ist die Quelle starr genug ($R_i \ll Z$), bleiben *mit Nullleiter* die *Spannungen symmetrisch,* aber ohne Nullleiter nicht.

Bei unsymmetrischer Last zeigt die Schaltung nach Abb. 20.24 a) für jede Phase einzeln die richtige Leistung; es muss dann die Leistung jeder Phase gemessen werden. Die Aronschaltung liefert ohne Nullleiter weiter das richtige Ergebnis, aber mit Nullleiter ein falsches. Eine Blindleistungsmessung funktioniert dann nicht auf diese einfache Weise.

Jedes unsymmetrische System kann in je ein

- symmetrisches **Mitsystem**:

  $u_{m1} = U_m\cos(\omega t - \varphi_m)$, $u_{m2} = U_m\cos(\omega t - \varphi_m - 2\pi/3)$ und $u_{m3} = U_m\cos(\omega t - \varphi_m - 4\pi/3)$,

- symmetrisches **Gegensystem**:

  $u_{g1} = U_g\cos(\omega t - \varphi_g)$, $u_{g2} = U_g\cos(\omega t - \varphi_g + 2\pi/3)$ und $u_{g3} = U_g\cos(\omega t - \varphi_g + 4\pi/3)$ und

- **Nullsystem** [244]:

  $u_{01} = u_{02} = u_{03} = U_0\cos(\omega t - \varphi_0)$ $\qquad\qquad\qquad\qquad\qquad$ (20.7)

zerlegt werden (Lun91a S. 203, 204).

> Praxistipp: Diese *symmetrischen Komponenten* sind für viele Untersuchungen hilfreich.

20.3.2 Das Drehfeld

> Für ein **Drehfeld** wird ein symmetrischer Dreiphasenstrom an drei (bzw. p-mal drei) gleiche, aber auf einem Zylinder je um 120° versetzt angeordnete Wicklungspaare angeschlossen.

Der Aufbau der Wicklungen in Nuten [245] des Statorblechpaketes, das Verdrahtungsschema, die Richtungen der Ströme (Punkt − Strom fließt heraus, Kreuz − Strom fließt hinein) und das entstehende Magnetfeld $\mathbf{B}_1$ von $i_{L1}(t)$ sind in Abb. 20.25 schematisch dargestellt.

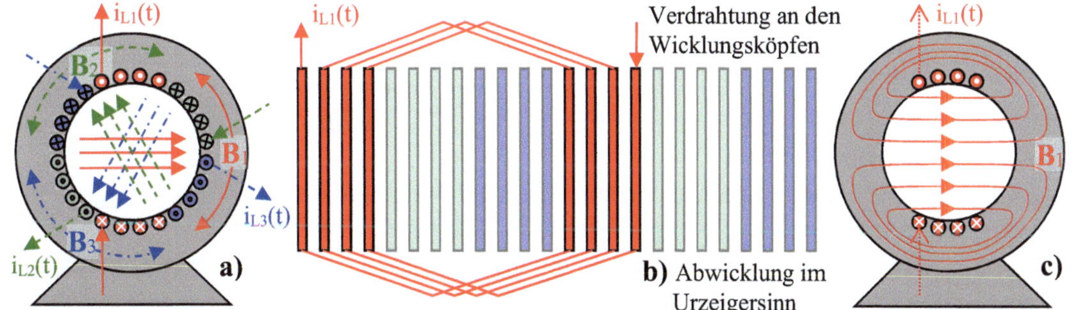

Abb. 20.25: a) Statorwicklungen in Nuten, b) Verdrahtungsschema, c) Magnetfeld $\mathbf{B}_1$

Durch die Darstellung der drei völlig *symmetrisch aufgebauten Feldwicklungen* in Abb. 20.26 innerhalb von Nuten des Stators (ein Polpaar je Phase [246]) ist die räumliche *Überlagerung der drei Flussdichtefelder* ($\mathbf{B}_1$, $\mathbf{B}_2$ und $\mathbf{B}_3$) im Innenraum der Maschine deutlich erkennbar.

---

[244] Das Nullsystem ist z.B. für eine Spannung mit Nullleiter oder für einen Strom ohne Nullleiter null.

[245] Heutige Maschinen haben normalerweise die Drehfeldwicklungen in Nuten des Ständers.

[246] Es wird deshalb von einer einpolpaarigen Maschine gesprochen mit p = Polpaaranzahl.

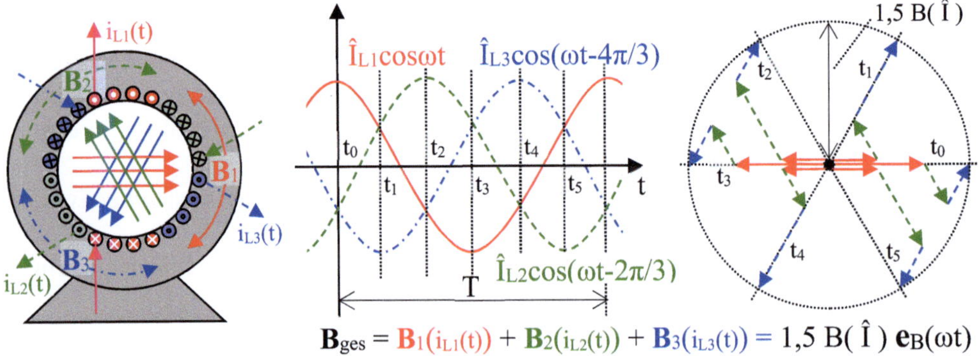

$$\mathbf{B}_{ges} = \mathbf{B}_1(i_{L1}(t)) + \mathbf{B}_2(i_{L2}(t)) + \mathbf{B}_3(i_{L3}(t)) = 1{,}5\ B(\hat{I})\ \mathbf{e}_B(\omega t)$$

Abb. 20.26: Drehfeld: Anordnung der Pole, Ströme i(t), Flussdichtevektoren B(i(t)) [247]

Als Beispiel wurden für t_0 bis t_5 mit einem Zeitabstand von je T/6 ($\rightarrow \omega T/6 = \pi/3 = 60°$) die Flussdichtevektoren addiert ($\mathbf{B}_{ges} = \mathbf{B}_1 + \mathbf{B}_2 + \mathbf{B}_3$) [248]. Auch zu jedem anderen Zeitpunkt würde die Summe der Flussdichte wie für die dargestellten Beispiele $|\mathbf{B}_{ges}| = 1{,}5\ B(\hat{I}) = \text{const}$ ergeben.

> Praxistipp: $\mathbf{B}_{ges}$ dreht sich *zeitproportional* in die Richtung $\alpha = \omega t$, also in Richtung der Phasenfolge $\mathbf{B}_1$, $\mathbf{B}_2$ und $\mathbf{B}_3$ (in Abb. 20.26 gegen die Uhrzeigerrichtung, d.h. positiv).

Bei einer Phasenfolge in umgekehrter Richtung dreht sich auch das Feld umgekehrt.
Der *magnetische Rückschluss* des Feldes geschieht auch hier über den äußeren Zylinderring (Zylinderring mit Nuten für die Wicklungen).
Dieses **Drehfeld** findet seine Hauptanwendung in der *Asynchronmaschine* und in der *Synchronmaschine*.

> Praxistipp: Werden an einen bloßen Stator symmetrische Dreiphasenspannungen bei niedriger Frequenz angeschlossen, ist das Rotieren einer Magnetnadel zu beobachten. [249]

20.3.3 Asynchronmaschine

> Bei den **Asynchronmaschinen** (ASM) werden zwei Bauformen einmal mit *Schleifring-* und zum anderen mit *Kurzschlussläufer* unterschieden. Ferner stellen der *Einphasenbetrieb* und darüber hinaus der *Spaltmotor* für Kleinantriebe wichtige praktische Anwendungen dar.

Wird in den Innenraum der Anordnung von Abb. 20.26 eine einfache Blechbüchse gelegt, dreht sich diese sofort mit dem Drehfeld mit. Eine Kompassnadel würde sich natürlich in Feldrichtung ausrichten und mitdrehen, kann aber bei 50 Hz nicht schnell genug beginnen und kommt deshalb nicht „in Tritt" (bei geringer Frequenz würde es funktionieren).
Wird ein Läufer mit einer *Wicklung im Drehfeld* unbeweglich angebracht, befindet sich die Wicklung *ähnlich* wie die *Sekundärwicklung* bei einem *Transformator* in einem sich zeitlich ändernden magnetischen Feld und es wird eine Spannung induziert. Je nach Winkelstellung des Läufers hat die induzierte Spannung im Unterschied zum Transformator jedoch einen anderen Phasenwinkel.

---

[247] In Abb. 20.26 bedeutet $\mathbf{e}_B(\omega)$ einen radialen Einheitsvektor vom Mittelpunkt in Richtung $\alpha = \omega t$.
[248] Alle 60° ist immer ein Strom $|i(n\ T/6)| = \hat{I}$, die beiden anderen je ½ $\hat{I}$ mit entgegengesetzter Polarität. Die Flussdichtevektoren zeigen stets in die gleiche Richtung, nur ihr Betrag und ihr Vorzeichen ändern sich entsprechend ihres Stromes.
[249] Die Spannung kann so klein sein, dass die Ströme deutlich unter dem Nennstrom bleiben (Frequenzumrichter).

Praxistipp: Daraus ergibt sich ein *Phasenschiebertransformator*, der bei der Kopplung von Netzen für eine Einspeisung entsprechend eingestellt werden kann.

In Abb. 20.27 a) steht die Wicklung z.B. parallel zu $\mathbf{B_3}$, es wird die gezeigte Stromrichtung [250] gleichphasig zu $i_{L3}(t)$ durch Induktion entstehen. Für t_4 (vergleiche Abb. 20.26) zeigt das Drehfeld in Richtung von $\mathbf{B_3}$, die Relativbewegung der Leiter zum Feld in die

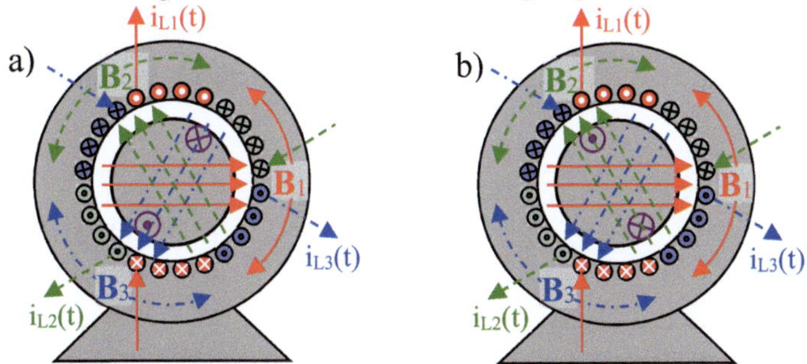

Abb. 20.27: Wicklung im Drehfeld mit verschiedenem Winkel

Uhrzeigerrichtung und die Kraft entsprechend der UVW-Regel nach vorn. Der Fluss **durch** die Rotorwicklung hat zu diesem Zeitpunkt die größte zeitliche Änderung [251] und somit die induzierte Spannung ihr Maximum. Im Unterschied dazu steht bei b) die Wicklung parallel zu $\mathbf{B_2}$ und die gezeichnete Stromrichtung wird gleichphasig zu $i_{L2}(t)$.

Fließt in der Wicklung von Abb. 20.27 infolge der Induktion ein Strom, muss dieser der *Ursache* – **Relativbewegung** zwischen Wicklung und Drehfeld – *entgegenwirken*. Das ist nur möglich, wenn sich der *Läufer mit dem Drehfeld mitdreht*. Dreht er sich mit gleicher Geschwindigkeit (synchrone Drehzahl n_0) kann keine Induktion mehr stattfinden, da der magnetische Fluss durch die Wicklung konstant bleibt. Durch die mechanische Belastung des Läufers dreht sich dieser entsprechend langsamer – also **asynchron**.
Da es für die Leistung der „Sekundärwicklung" gleich bleibt, ob sie viele Windungen und demnach eine hohe induzierte Spannung bei geringem Strom oder ob sie wenige Windungen, also geringe Spannung und hohen Strom hat, werden für einen **Kurzschlussläufer** rings um den Läufer dicke Leiterstäbe in Nuten gegossen und an beiden Stirnseiten mit einem entsprechend starken Ring kurzgeschlossen.

Praxistipp: Damit entsteht der robusteste, wartungsärmste und billigste Elektromotor.

Bei einem **Schleifringläufer** werden drei Wicklungen in Nuten angeordnet und über drei Schleifringe zugänglich gemacht. Dadurch steht eine dreiphasige Wicklung für zusätzliche Funktionen zur Verfügung.

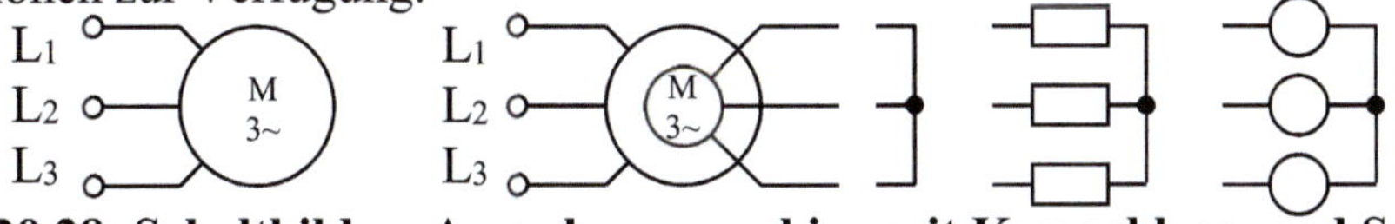

Abb. 20.28: Schaltbilder: Asynchronmaschine mit Kurzschluss- und Schleifringläufer

Die Schleifringe können sowohl kurzgeschlossen werden als auch mit Widerständen belastet oder durch Spannungsquellen zusätzlich gespeist werden (doppelt gespeiste ASM).
Die **synchrone Drehzahl** entspricht dem Umlauf des Drehfeldes und ist somit durch die Netzfrequenz und die Polpaarzahl [252] festgelegt.

---

[250] Wenn ein Stromfluss möglich ist. Die Klemmenspannung ergibt sich nach dem Erzeugerpfeilsystem.
[251] Vorher bestand gerade noch eine Komponente nach links, danach nur noch nach rechts durch die Wicklung.
[252] Das Drehfeld läuft pro Netzperiode genau einmal an B_1, B_2, und B_3 (an nur **einem** Polpaar je Phase) vorbei.

$$n_0 = \frac{f_{Netz}}{p} \quad \text{für } 50\,\text{Hz} \quad n_0 = \frac{50\,\text{Hz}}{p} = \frac{3000}{p}\,\text{min}^{-1}$$

Die Abweichung von der synchronen Drehzahl wird als **Schlupf** s bezeichnet.

$$s = \frac{n_0 - n}{n_0} = \frac{\omega_0 - \omega}{\omega_0}$$

Als Ersatzschaltung hat sich die **reduzierte Transformatorersatzschaltung** bewährt. Sie wird für jede der drei Phasen eingesetzt, normalerweise aber wegen der Symmetrie nur für eine Phase dargestellt. Gelöst werden muss dabei das Problem der geringeren Ausgangsfrequenz $\omega_2 = \omega_0 - \omega$. Dazu wird die untere Gleichung von (20.4) durch s dividiert, sodass $(1/s)\cdot di/dt$ zu $j\omega_2\,\underline{i}\,/s = j\omega_0\,\underline{i}$ wird [253].

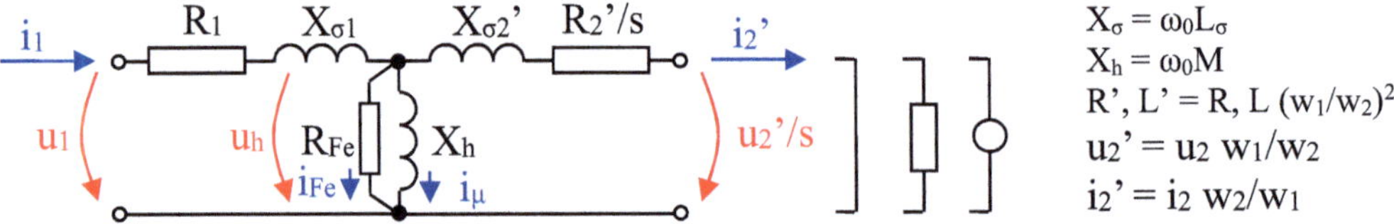

Abb. 20.29: Einphasige Ersatzschaltung der Asynchronmaschine [254]

R_2'/s enthält sowohl die *Verlustleistung* des Drahtes der Läuferwicklung als auch die gesamte *mechanische Leistung* (Reibungsverluste des Motors und abgegebene Leistung). Für $n = n_0$ (d.h. $s = 0$) wird $R_2'/s = \infty$, damit $i_2' = 0$ und die mechanische Leistung 0, d.h. Leerlauf [255]. Bei Stillstand (durch Festbremsen) wird $s = 1$ und R_2' beinhaltet nur die Wicklungsverluste bei Netzfrequenz (u_2' und i_2' entsprechen bis auf die Verluste den Eingangswerten).
Beim **Kurzschlussläufer** (bzw. bei kurzgeschlossenen Schleifringen) wird $u_2'/s = 0$ (folglich wird keine elektrische Leistung den Schleifringen entnommen).
Die Verhältnisse entsprechend der Ersatzschaltung Abb. 20.29 können mit *Zeigerdiagrammen* verdeutlicht werden.

Gegeben U_1, I_1 und φ_1

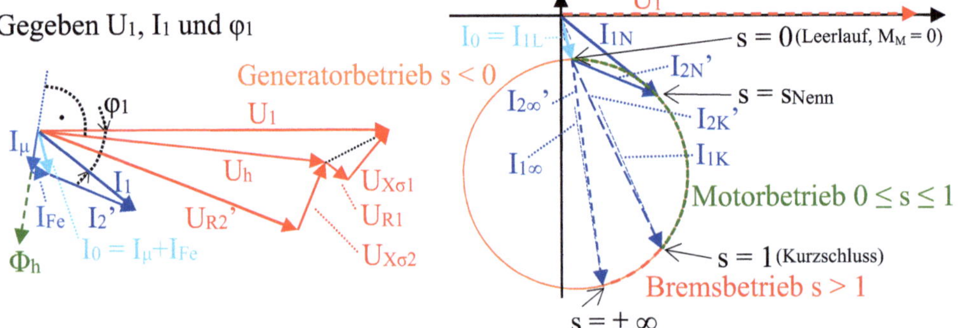

Abb. 20.30: Zeigerbild und Ortskurve für I_1 (vereinfacht) einer Asynchronmaschine [256]

Bei fest vorgegebenem U_1, hängen (für konstante R_1, $X_{\sigma1}$, $X_{\sigma2}'$, X_h sowie R_2') alle Größen nur noch vom Schlupf s ab. Deshalb werden *Ortskurven* (Kreisdiagramm Abb. 20.30) für den Parameter s angegeben und aus diesen sowohl die Kennlinie des Motorstroms $I_1(s)$ als auch seines Drehmoments $M_M(s)$ abgeleitet (z.B. in (Fis79 S. 180 ff , 265, 282 ff)). Andererseits sind speziell R_2' und $X_{\sigma2}'$ wegen des Effekts der *Stromverdrängung in den Läuferstäben* nicht konstant und die Kennlinien werden dann in der Form $I_1 = f(n)$ und $M_M = f(n)$ gemessen, Abb. 20.31. Dabei hat die geometrische Form der Leiterstäbe insbesondere einen deutlichen Einfluss auf den Anlaufbereich (siehe z.B. (Fis79 S. 180 ff , 265, 282 ff)).

---

[253] Vergleiche auch mit den Gleichungen (20.5).
[254] Eine exakte Behandlung erfordert eine Raumzeigerdarstellung; siehe Abschnitt 19.1.
[255] Dazu müssen aber durch einen Antrieb gerade die Reibungsverluste ausgeglichen werden.
[256] Aus U_1, I_1, φ_1 folgen U_{R1}, $U_{X\sigma1}$; U_h ergibt I_μ, I_{Fe}; I_2' ergibt $U_{X\sigma2}'$, U_{R2}'; Φ_h folgt aus I_μ; siehe Abb. 20.29.

Mit den Formeln für M_M, $\cos\varphi$ und η können aus $\underline{I}_1$ (Betrag und Richtung) sowie dem dazugehörenden s die Kennlinien ermittelt werden.

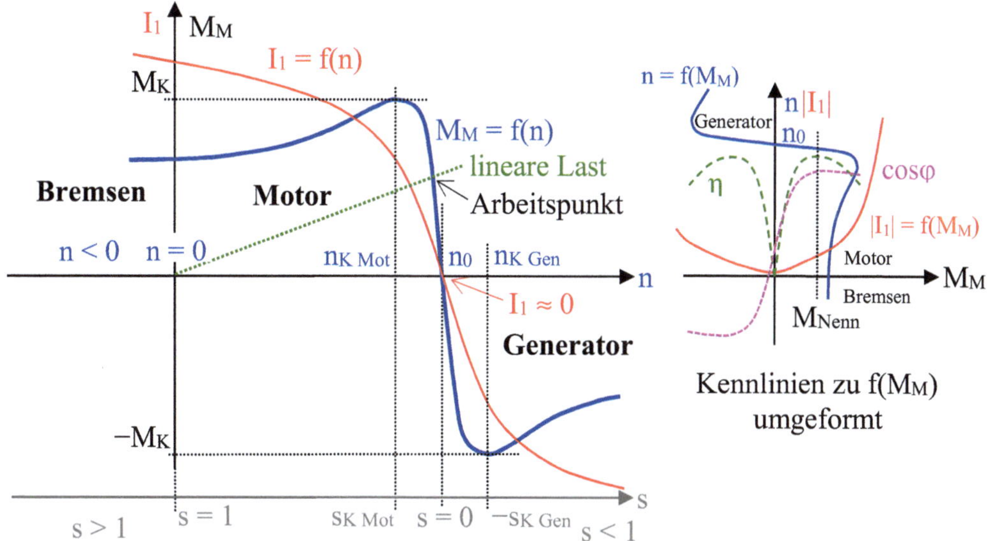

Abb. 20.31: Kennlinien der Asynchronmaschine (Kurzschlussläufer mit Hochstäben)

Die übliche Darstellung zeigt das linke Diagramm in Abb. 20.31. Die Darstellung von $|I_1|$ und $\cos\varphi$ (rechtes Diagramm in Abb. 20.31) ist exakter als die von I_1 in der Form eines Betrags mit Vorzeichen (linkes Diagramm), da sich die Phase beim Generatorbetrieb nicht um 180° dreht und der Betrag dazwischen nicht völlig null wird. Das zeigt sehr deutlich die Ortskurve Abb. 20.30.

Im Bereich der Geraden bei n_0 (dem normalen Arbeitsbereich) sind die Kennlinien ähnlich denen der Gleichstromnebenschlussmaschine [257].

Nur der Bereich zwischen den *Kippmomenten* ermöglicht einen *stabilen Betrieb*. Im Arbeitspunkt mit einer Last (in Abb. 20.31 z.B. eine lineare mechanische Last) würde der Antrieb bei Lastzunahme eine Abbremsung (Drehzahlverringerung) erfahren, aber bei einem höheren Antriebsmoment (M_M) sofort wieder einen stabilen Arbeitspunkt einnehmen. Im Bereich vor dem Kippmoment würde der Antrieb dagegen infolge der dort eintretenden Verringerung des Antriebsmoments völlig zum Stehen kommen (instabil).

Praxistipp: Die **Asynchronmaschine** kann nur im Bereich der Geraden von $n_{K\,Mot} < n \leq n_0$ für *Motorbetrieb* und von $n_0 \leq n < n_{K\,Gen}$ für *Generatorbetrieb* eingesetzt werden. In diesem Bereich besteht normalerweise lediglich ein Drehzahlabfall von 3 bis 5 %. Damit ist also die *Drehzahl* der Asynchronmaschine *fast konstant*.

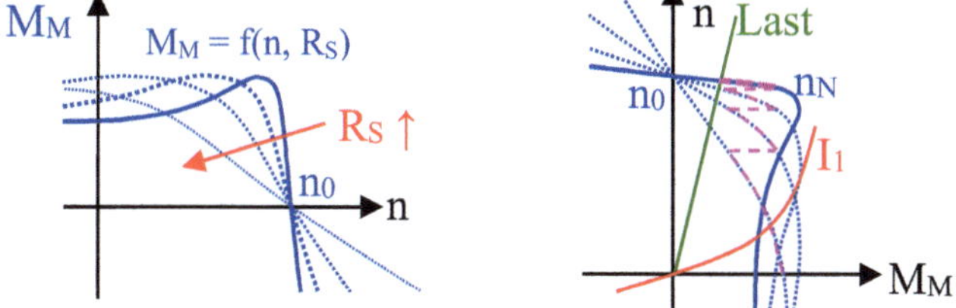

Abb. 20.32: Einfluss und Nutzung von Widerständen an den Schleifringen R_S

---

[257] Beachte: In Abb. 20.4 sind $I_1 = f(M_M)$ und $n = f(M_M)$ dargestellt wie in Abb. 20.31, rechte Grafik.

Werden bei einem **Schleifringläufer** Widerstände an die Schleifringe angeschlossen, wird R_2' vergrößert und folglich werden I_2' sowie I_1 verkleinert (Abb. 20.32 linke Darstellung). Für die Drehmomentkennlinie $M_M = f(n)$ bedeutet das weniger steile Geraden bei n_0. Bei Schleifringmaschinen kann ähnlich wie bei der Gleichstromnebenschlussmaschine mit einer schrittweisen Verringerung der Widerstände an den Schleifringen das *Anfahren* mit *kleineren Strömen* realisiert werden (Abb. 20.32 rechte Darstellung). Beim Kurzschlussläufer existiert diese Möglichkeit nicht, somit kann nur eine Stern-Dreieck-Umschaltung auf der Ständerseite für das *Anfahren* (bei großen Maschinen notwendig) genutzt werden [258].

Zur **Veränderung der Drehzahl** können

- die *Läuferwiderstände* (nur beim Schleifringläufer, Abb. 20.32),
- die Größe der *Ständerspannungen* u_{1L}, u_{2L} und u_{3L} (Abb. 20.33) oder
- die *Kreisfrequenz* ω der Ständerspannungen u_{1L}, u_{2L} und u_{3L} (Abb. 20.34)

gestellt werden.

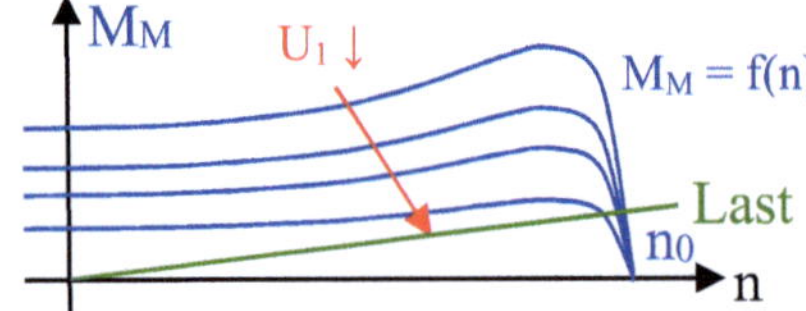

Abb. 20.33: Einfluss der Ständerspannung

Läuferwiderstände an den Schleifringen ermöglichen eine *gute,* aber *verlustbehaftete* Drehzahlstellung. Verluste werden heute aber gern vermieden. Dagegen ist deutlich zu sehen, dass die *Ständerspannung* nur eine *sehr kleine* Drehzahländerung ergibt. Für eine Steuerung ist diese Variante somit ungeeignet.

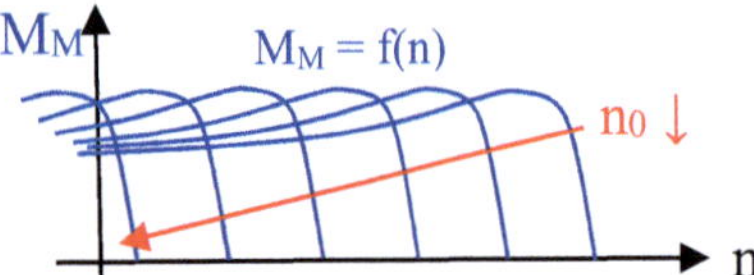

Abb. 20.34: Einfluss der Ständerfrequenz $\omega = 2\pi\, p\, n_0$

Praxistipp: Ein Vergleich der drei Varianten zur Drehzahländerung ergibt, dass nur die Regelung der *Ständerfrequenz* wirklich gute Ergebnisse erbringt.

Das wurde aber erst mit der Entwicklung leistungselektronischer *Frequenzumrichter* realisierbar. Existiert dagegen nur die feste Netzfrequenz, steht diese Variante nicht zur Verfügung. Da jetzt zunehmend preisgünstige Frequenzumrichter verfügbar sind, setzt sich diese Technik immer mehr durch.

Heute wird darüber hinaus z.T. die *feldorientierte Regelung* (Büh77 S. 225 ff) eingesetzt, bei der der Statorstrom (I, ω, φ der Leiter) in eine drehmomentbildende (analog zum Ankerstrom der Gleichstrommaschine) und eine flussbildende (analog zum Erregerstrom der Gleichstrommaschine) Stromkomponente aufgeteilt wird, wodurch sowohl das *Drehmoment* als auch die *Drehzahl* entsprechend der Aufgabenstellung *geregelt* werden können.

Der **Bremsbetrieb** (Gegenrichtungsbetrieb) erfordert einen relativ hohen Strom und hat keine ausreichende Wirkung. Bei *Bremsmotoren* wird deshalb z.B. eine Scheibenbremse in den Motor integriert und nur beim Betrieb durch eine Magnetspule (im einfachen Fall vom dann wirksamen Streufeld) gelöst. Diese Art stellt auch das Bremsen bei Stillstand sicher.

---

[258] Z.B. fahren Motore mit Wicklungen für 400 V in Sternschaltung an (mit 230 V an den Wicklungen und somit geringerem Strom) und haben dann bei Dreieckschaltung mit 400 V ihren Normalbetrieb.

Der **Generatorbetrieb** erfolgt teilweise selbstständig während des Motorbetriebs, z.B. beim Absenken der Last eines Aufzuges. Weil die Drehzahl nur unwesentlich größer wird als bei Motorbetrieb (Abb. 20.31), wird dies ohne genaue Beobachtung gar nicht bemerkt.

Eine Nutzung als Generator erfolgt heute teilweise bei *Windkraftanlagen* wegen der dafür etwas besser angepassten Drehzahl-Drehmoment-Kennlinie. Als Generator kann die Asynchronmaschine mit Kurzschlussläufer nur im *Parallelbetrieb* zum Netz arbeiten. Sie benötigt das Netz einmal zur *Erregung* der Ständerwicklung und zum anderen wegen der von ihr zwangsweise erforderlichen Blindleistung (siehe Abb. 20.31 cosφ in der rechten Darstellung oder Abb. 20.30 Ortskurve).

Praxistipp: Umfangreiche Typenreihen insbesondere der Kurzschlussläufer in *Standardaus-führung*, als *Bremsmotore* oder als *Getriebemotore* mit verschiedenster Ausgangsdrehzahl ermöglichen eine Nutzung dieser preisgünstigen Motore für fast jede Antriebsaufgabe. Dabei ist immer ein Motorschutzschalter zum Schutz vor Überlast (zu hohe Leiterströme) vorzusehen.

Die Asynchronmaschinen erreichen dabei einen *Wirkungsgrad* von η = 0,77 bei kleinen Motoren (ca. 1 kW) bis η = 0,92 bei großen (100 kW).

Die *Kühlung* erfolgt in der Regel in selbstgekühlter Ausführung durch außen das Gehäuse umströmende Luft, selten mit durchströmender Luft und nur bei großen Maschinen teilweise fremdgekühlt durch Gebläse oder in Ausnahmen Flüssigkeiten.

Der *Einphasenbetrieb* des Asynchronmotors spielt insbesondere im Haushaltsbereich eine wichtige Rolle. Prinzipiell kann jeder Asynchronmotor auch einphasig betrieben werden. Dabei ist darauf zu achten, dass die Wicklungen ihre Nennspannung erhalten (z.B. sind Wicklungen für 230 V in Dreieckschaltung an 230V Einphasenspannung anzuschließen).

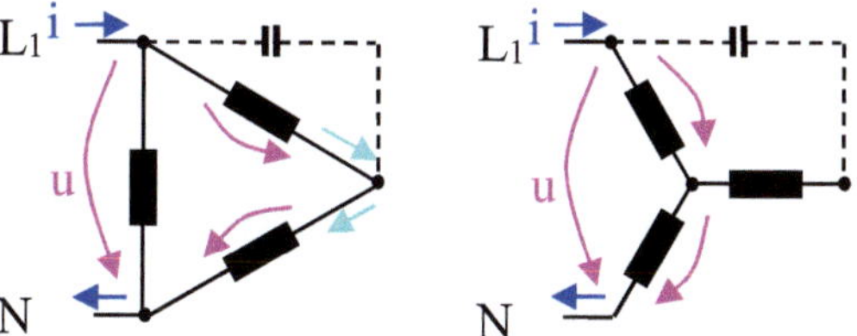

Abb. 20.35: Anschluss eines Asynchronmotors an ein einphasiges Netz

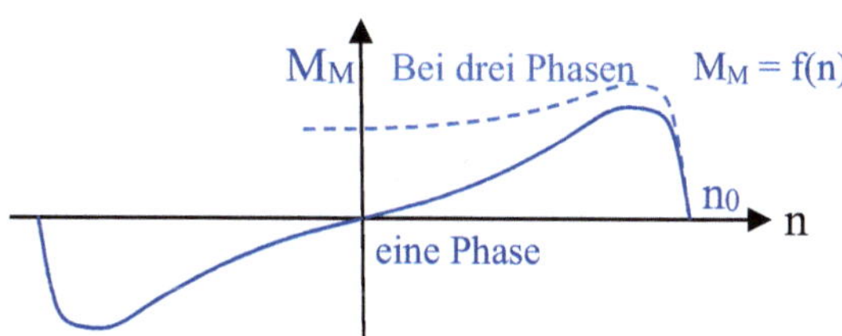

Abb. 20.36: Drehmoment-Drehzahl-Kennlinie bei Einphasenbetrieb

Ohne zusätzlichen Kondensator ergibt sich eine Drehmoment-Drehzahl-Kennlinie, die bei n = 0 kein *Anlaufmoment* besitzt und die unabhängig von der Spannungsrichtung in *beiden* Drehrichtungen eine gleiche Kennlinie aufweist.

Wird der Motor in beliebige Drehrichtung mechanisch angedreht, läuft er infolge des dann vorhandenen Drehmomentes in diese Richtung weiter [259]. Durch die Phasenverschiebungen beim Laufen wird aus dem Wechsel- ein allerdings elliptisches Drehfeld. Es wird nur ca. 60 bis 70 % der Leistung erreicht und es gibt mehr Motorgeräusche. Ein Motorschutzschalter verhindert bei Abbremsung eine Überlastung.

---

[259] Nach Abbremsung kann er aber nicht wieder allein anlaufen.

Praxistipp: Mit einem *Zusatzkondensator* kann eine Hilfsphase erreicht werden, die den eigenständigen Anlauf ermöglicht (Abb. 20.37).

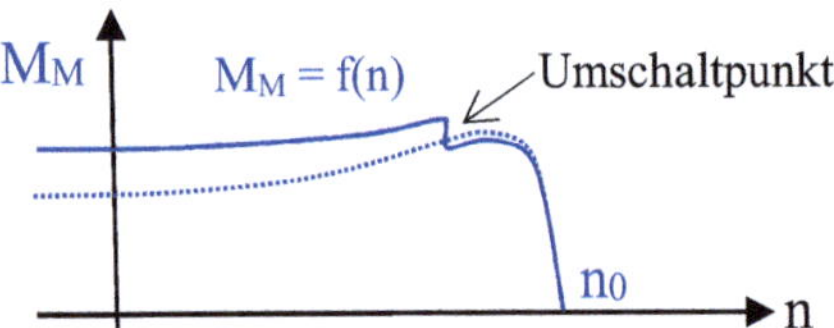

Abb. 20.37: Einphasenbetrieb mit Anlaufkondensator und dessen Abschaltung

Infolge der Veränderung der Phasenverschiebung bei Betrieb (vergleiche cosφ in Abb. 20.31) wird für den Anlauf ein anderer Kondensator benötigt als bei Nennbetrieb. Deshalb wird der Anlasskondensator (üblicherweise durch einen Fliehkraftschalter) nach dem Hochlauf abgeschaltet. Der Kondensator kann so dimensioniert werden, dass das Anlaufmoment sogar größer ist als bei vergleichbarem Dreiphasenbetrieb bzw. auch über dem Kippmoment liegt. Weiteres siehe (Tae70 S. 115, 155 ff, 245 ff).

Praxistipp: Motore, die für Einphasenbetrieb vorgesehen sind, werden als Einphasenmotore mit Hilfswicklungen und entsprechend dimensioniertem Kondensator so hergestellt, dass sie fast die Leistung bzw. das Drehmoment eines vergleichbaren Dreiphasenmotors erreichen. Auch hier ist ein Motorschutzschalter zum Schutz vor Überlast erforderlich.

Für Kleinantriebe unter ca. 100 W hat sich der **Spaltmotor** als Bauform durchgesetzt.

Abb. 20.38: Spaltmotor mit zusätzlichen Kurzschlussringen im Stator

Der Spaltmotor gleicht dem Einphasenbetrieb mit Hilfswicklung. Die Pole sind als *Polschuhe* ausgebildet, von denen eine Seite mit einem *Spalt* abgeteilt und mit einem *Kurzschlussring* umgeben ist. Der induzierte Wirbelstrom in den Kurzschlussringen sorgt für ein [260] zeitverzögertes Zusatzfeld in einer gegenüber der Seite ohne Ring *versetzten Richtung*, sodass ein elliptisches Drehfeld entsteht.

Praxistipp: Diese sehr einfachen robusten kleinen Motore haben einen Wirkungsgrad von 15 bis 25 % und werden z.B. für Lüfter in Backöfen, kleine Wasserpumpen (Aquarien bis zu Heizungsanlagen) und weitere Kleinantriebe verwendet. [261]

20.3.4 Synchronmaschine

Die **Synchronmaschine** wird als Schenkel- und Vollpolmaschine gebaut. Überwiegend wird sie als *Generator* zur Elektroenergieerzeugung angewandt. Bei großen Dauerantrieben wird sie auch als *Motor* genutzt, besonders in Kombination mit einer *Blindleistungskompensation*.

---

[260] Der Wirbelstrom wirkt dem Anstieg bzw. Abfall des Feldes seiner Polschuhseite entgegen.
[261] Dabei befindet sich der *Läufer* ohne Probleme vollständig im Wasser.

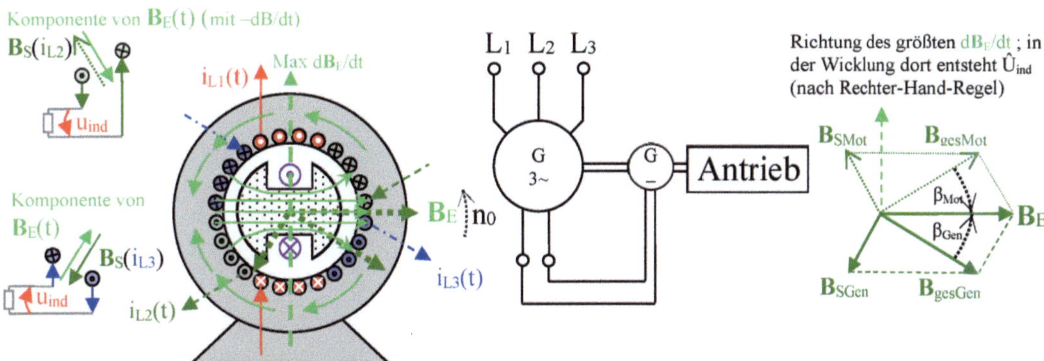

Abb. 20.39: Synchronmaschine mit Schenkelpol als Generator mit Erregermaschine

Das **Polrad** der Synchronmaschine besteht aus einem Elektromagneten (oder in speziellen Fällen einem Permanentmagneten) und erzeugt das *Erregerfeld* B_E. Das Polrad wird bei Generatorbetrieb von einer Antriebsmaschine getrieben (Richtung n_0); bei Motorbetrieb folgt es dem Drehfeld.

Im **Generatorbetrieb** werden bei Leerlauf (keine Entnahme elektrischer Leistung) durch das Erregerfeld B_E des Polrades in den drei Ständerwicklungen Spannungen $U_{g\,eff} = c_1\,n_0\,\Phi_E$ [262] phasengleich zum Umlauf *induziert*. Die Richtung der größten momentanen Zunahme von dB_E/dt läuft B_E um 90 ° in Drehrichtung voraus [263] und beim Vorbeilauf entsteht in den senkrecht dazu stehenden Ständerwicklungen jeweils das Maximum der Induktionsspannung. Bei Entnahme von Strömen (in Abb. 20.39 als Beispiel bei reiner Wirkleistung an den Klemmen) fließen diese durch die Ständerinduktivitäten L_{S1}, L_{S2} und L_{S3} zeitverzögert. $\hat{I}$ wird so erst erreicht, wenn das größte dB_E/dt schon vorbei ist. (Bei den in Abb. 20.39 gewählten L_S beträgt die Verzögerung gerade 30°. Das entspricht der Zeit t_4 mit $i_{L3} = \hat{I}$ und $i_{L1} = i_{L2} = -1/2\,\hat{I}$ in Abb. 20.26.) Die Ständerströme erzeugen das *Ständerfeld* B_S ($B_{SGen} = B_S$) und dieses wirkt gegen das dort steigende B_E (nach der Lens'schen Regel).

Praxistipp: Das *Polradfeld* B_E läuft bei Generatorbetrieb dem sich als Summe ergebenden Drehfeld $B_{gesGen} = B_E + B_{SGen}$ mit dem **Polradwinkel** β_{Gen} in Drehrichtung *voraus*.

Dabei bleibt B_S umso mehr hinter dem Polrad zurück, je größer der entnommene Strom ist. Bei **Motorbetrieb** erzeugen die Ständerströme das Ständerdrehfeld B_{SMot}. Im Leerlauf (keine Entnahme mechanischer Leistung) läuft das Polrad phasengleich mit dem Drehfeld mit, induziert eine Spannung gleicher Größe wie die angelegte [264], sodass der Strom null wird. Bei Entnahme mechanischer Leistung bleibt das Polrad dagegen hinter dem Drehfeld zurück (In Abb. 20.39 gerade um 30°, das entspricht t_2 mit $i_{L2} = \hat{I}$ und $i_{L1} = i_{L3} = -1/2\,\hat{I}$ in Abb. 20.26). Die durch dB_E/dt des hinterherlaufenden Polrads induzierte Spannung weicht von der angelegten ab und es fließt ein Ständerstrom, der umso größer ist, je mehr das Polrad zurückbleibt (siehe auch Abb. 20.40). Zu t_2 wird B_E in Abb. 20.39 kleiner, also ist u_{ind} negativ und $i_{L2}(t)$ sowie B_S werden verkleinert (gemäß der Lens'schen Regel).

Praxistipp: Das *Polradfeld* läuft bei Motorbetrieb dem Gesamtdrehfeld $B_{gesMot} = B_E + B_{SMot}$ um den **Polradwinkel** β_{Mot} in Drehrichtung *hinterher*.

---

[262] Vergleiche Abschnitt 20.1.1 und auch Abschnitt 6.1.6. „c_1" ist die Maschinenkonstante analog zu (20.1).
[263] Kurz vorher war an diesem Ort gerade noch eine Komponente nach unten, sie ist jetzt null und kurz danach geht eine Komponente nach oben (entspricht dem Nulldurchgang einer Sinusfunktion).
[264] Bei richtig eingestellter Erregung für reine Wirkleistung (siehe auch Abb. 20.42), sonst folgen Blindströme.

Der Läufer bekommt über zwei Schleifringe eine Gleichspannung [265], das hat den Vorteil der Beeinflussbarkeit des Erregerfeldes.

Für einfache Untersuchungen der Wirkungsweise soll für den Ständer nur eine wirksame Gesamtinduktivität [266] L_S angenommen und deren Drahtwiderstand vernachlässigt werden. Der Läufer wird als Spannungsquelle für die induzierte Spannung berücksichtigt. In Abb. 20.40 ist eine der drei Phasen und die Zeigerdarstellung der Spannungen, Ströme sowie magnetischen Flüsse der Ständerwicklung abgebildet (u, i und Φ sind skalare Zeitfunktionen). Alle drei symmetrischen Phasen ergeben ein gleiches Zeigerbild (bei Messung jeweils aller U, I und φ). Im Verbraucherpfeilsystem stimmen in Abb. 20.40 auch die Induktionsspannung und das größte $d\Phi_E/dt$ überein.

Die Zeiger der Flüsse $\Phi(t)$ in Abb. 20.40 entstehen aus den Zeitfunktionen, die dem Anteil der Flussdichtevektoren durch die Wicklungsfläche entsprechen (bei Beachtung des Winkels zwischen diesen).

Eine Darstellung von *Zeigern* (u, i) und *Vektoren* (**B**) wäre problematisch, weil Zeiger in der komplexen Zeitebene dagegen Vektoren in einer Ebene des Raumes darzustellen sind. Für eine genaue Untersuchung wäre eine Zusammenfassung der Zeiger der drei Phasen (Fis79 S. 180 ff, 265, 282 ff) oder eine *Raumzeigerdarstellung* zweckmäßig; siehe Abschnitt 19.1.

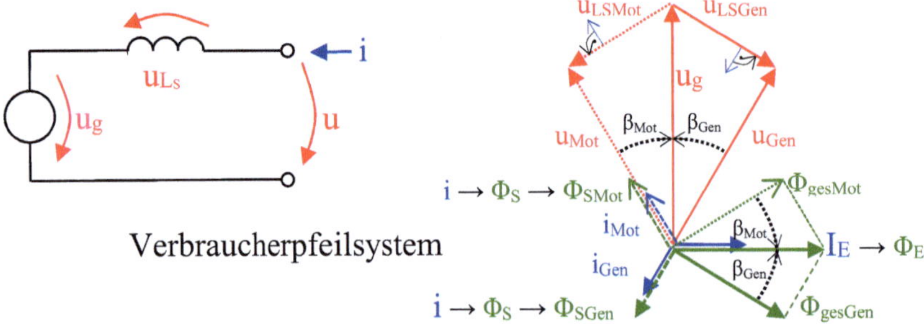

Abb. 20.40: Vereinfachte Ersatzschaltung und Zeigerbild bei reiner Wirkleistung

Der Erregerflusszeiger in Abb. 20.40 zeigt in Richtung des Pols (wird hier als Bezugsrichtung gewählt). Der Strom i ergibt den Ständerfluss $\Phi_S = \Phi_{SGen}$. Die vom Erregerfluss Φ_E induzierte Spannung u_g wird in Richtung des größten $d\Phi_E/dt$ dargestellt und läuft somit dem Fluss 90° zeitlich voraus.

Für das Verbraucherpfeilsystem zeigt bei **Generatorbetrieb** i_{Gen} gegen die Richtung von u_{Gen} (reine Wirkleistungsabgabe, Ohm'sche Last) und u_{LS} (an der Induktivität) geht 90° gegenüber i_{gen} voraus. Die Klemmenspannung u_{Gen} läuft der Generatorspannung u_g somit um den Polradwinkel β_{Gen} hinterher und steht 90° vor $\Phi_{gesGen} = \Phi_E + \Phi_{SGen}$.

Im Falle einer *kapazitiven oder induktiven Last* würde der Strom in den drei Wicklungen weniger oder mehr verzögert werden (β kleiner oder größer). Dabei entsteht zusätzlich entsprechend der Last eine *Phasenverschiebung* φ zwischen u und i.

Bei **Motorbetrieb** (für den Fall reiner Wirkleistungsaufnahme) zeigt i_{Mot} in die Richtung von u_{Mot} und u_{LS} geht wiederum 90° gegenüber i_{Mot} vor. Die Klemmenspannung läuft dabei der induzierten Gegenspannung u_g mit dem Polradwinkel β_{Mot} voraus. Aus i_{Mot} folgt der Ständerfluss Φ_{SMot} und damit $\Phi_{gesMot} = \Phi_E + \Phi_{SMot}$.

Praxistipp: Beim **Betrieb** der Synchronmaschine gibt es zwei Einflussmöglichkeiten:
1. Vergrößerung/Verkleinerung der *Antriebsleistung*, β wird erhöht/verringert.
2. Vergrößerung/Verkleinerung der *Erregung* (Φ_E bzw. I_E), $U_{g\,eff}$ wird erhöht/verringert.

---

[265] Bei schleifringlosen Maschinen wird eine Wechselspannung transformatorisch übertragen und auf dem Polradläufer gleichgerichtet.
[266] Insbesondere beim Schenkelpolläufer (Fis79 S. 180 ff , 265, 282 ff) ist gegenüber dem Vollpolläufer das Läuferquerfeld besonders zu beachten und eine Längs- sowie Querinduktivität zu berücksichtigen.

20.3.5 Parallelbetrieb eines Synchrongenerators zum Netz

Untersuchung für einen **Parallelbetrieb zum starren Netz**, d.h. U_N = const, ω_N = const und φ_U = const = 0 (als Bezugsgröße) mit einer *einphasigen Ersatzschaltung*, die sich nach den vorherigen Überlegungen anbietet:

1. *Veränderung der Antriebsleistung* bei konstanter Erregung $|u_g|$ (Erzeugerpfeilsystem):

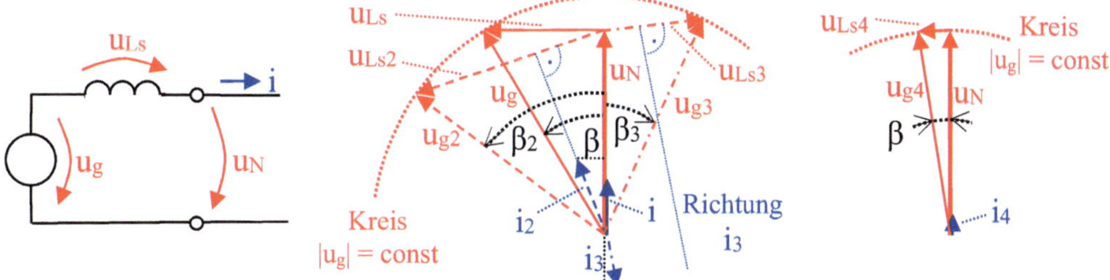

Abb. 20.41: Parallelbetrieb zum Netz mit konstanter Erregung (Erzeugerpfeilsystem)

In Abb. 20.41 entsprechen u_N, u_{Ls}, u_g und i der *Einspeisung reiner Wirkleistung* ins Netz. Der Strom i ist gleichphasig zu u_N; Erregung und Antriebsleistung wurden dafür so eingestellt. Das entspricht dem Einzelbetrieb mit vergleichbarer Ohm'scher Last in Abb. 20.40.

Die Darstellung von u_N, u_{Ls2}, u_{g2} und i_2 zeigt nach *Erhöhung* der Antriebsleistung mit einem größeren vorlaufenden Polradwinkel $\beta_2 > \beta$ die Einspeisung eines *höheren* Wirkstromes (Wirkleistung) mit einem kleinen zusätzlichen Blindstrom (Blindleistung).

Dagegen zeigen u_N, u_{Ls3}, u_{g3} und i_3 nach *Verringerung* der Antriebsleistung mit einem hinterherlaufenden Polradwinkel β_3 (negativ, Uhrzeigersinn) die *Entnahme* von Wirkleistung aus dem Netz (also Motorbetrieb [267]; auch hier ein kleiner zusätzlicher Blindanteil).

Die Blindanteile fallen in der Darstellung von Abb. 20.41 gegenüber der Praxis zu groß aus, da die Spannungen der Statorspule zur besseren Sichtbarkeit übertrieben wurden. Bei u_N, u_{Ls4}, u_{g4} und i_4 (Erregung wurde auf den Leerlauf $i = 0$ eingestellt) ist zu sehen, dass für kleine Spannungen U_{Ls} der Statorspule der Blindanteil entlang der Tangente des Kreises sehr gering oder vernachlässigbar wird.

Praxistipp: Die Veränderung der *Antriebsleistung* beeinflusst (fast) nur die *Wirkleistung*.

2. *Veränderung der Erregung* bei konstanter Antriebsleistung (Erzeugerpfeilsystem):

In Abb. 20.42 entsprechen u_N, u_{Ls}, u_g und i wieder der *Einspeisung reiner Wirkleistung* ins Netz. Als Ausgangspunkt wurden Erregung und Antriebsleistung dafür wie in Abb. 20.41 und in Abb. 20.40 eingestellt.

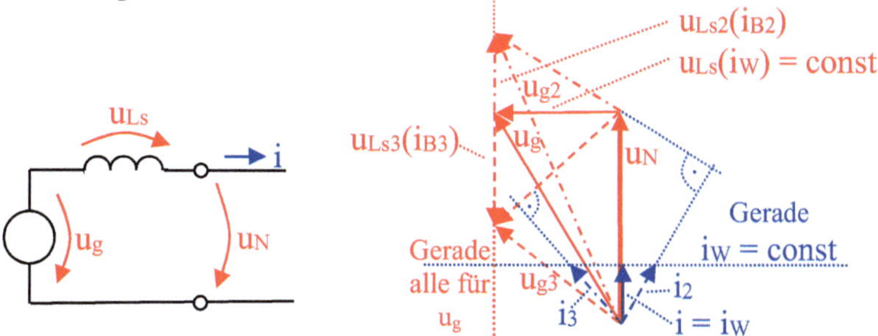

Abb. 20.42: Parallelbetrieb zum Netz mit konstanter Antriebsleistung

---

[267] Die Ersatzschaltung stellt das Erzeugerpfeilsystem dar, für das ein Verbrauch mit negativem Strom erscheint.

Bei konstanter Antriebsleistung müssen die Wirkleistung und so der Wirkanteil des Stromes konstant bleiben, deshalb liegen die *Zeigerspitzen aller Ströme auf einer Geraden* (i_W = const). Infolgedessen bleibt auch der Spannungsabfall an der Statorinduktivität, den der Wirkanteil der Ströme hervorruft, $u_{Ls}(i_W)$ = const. Somit liegen auch die *Zeigerspitzen aller induzierten Spannungen u_g auf einer Geraden*. Für eine kapazitive Last läuft der Strom vor (i_3) und u_g wird verkleinert; für eine induktive Last läuft der Strom nach (i_2) und u_g wird vergrößert.

Bei Motorbetrieb ergeben sich analoge Beziehungen, nur dass die Gerade aller u_g bei negativem Wirkstrom i_W [268] auf der rechten Seite von u_N liegt.

Praxistipp: Die Veränderung der *Erregung* u_g durch I_E beeinflusst nur die *Blindleistung*.

Bei Parallelbetrieb wird demzufolge

- durch Einstellen (oder Regeln) der Antriebsleistung die *Wirkleistungsübernahme* gestellt (oder geregelt) und
- durch Einstellen (oder Regeln) der Erregung die *Blindleistungsübernahme* gestellt (oder geregelt).

Für den Parallelbetrieb von Generatoren bedeutet es, dass die Leistungsanteile der beteiligten Generatoren entsprechend aufgeteilt werden können und müssen. Bei etwa gleich großen Generatoren entsteht durch die Wirkleistungsübernahme eines Generators (durch Vergrößerung der Antriebsleistung) eine *Drehzahlerhöhung,* daraufhin eine *Erhöhung der Netzfrequenz,* als Folge davon wiederum eine Erhöhung der Drehzahl des anderen Generators sowie dementsprechend eine Entlastung dessen Antriebsmaschine [269]. Für eine Regelung des Zusammenwirkens von Generatoren, bei der jeder anteilig gleich belastet werden soll, müssen bei beiden (oder allen) jeweils einzeln die Drehzahlen der Antriebsmaschinen nach einer statischen Kennlinie (*Statik*) geregelt werden (bei einer einfachen Regelung).

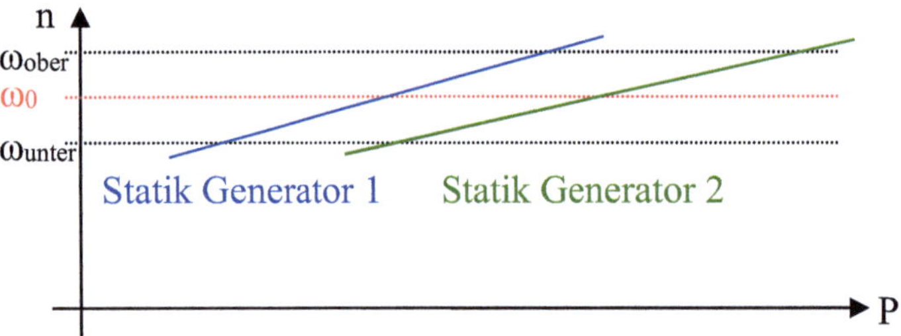

Abb. 20.43: Regelung des Parallelbetriebs mit einer Statik

Abb. 20.43 zeigt, dass bei einer Erhöhung/Verringerung der Drehzahl (damit der Netzfrequenz) beide Generatoren durch deren Regelung ihre Leistung gleichsam erhöhen/verringern. Dabei müssen die Generatoren beide (alle) im Bereich **zwischen** ω_{unter} **und** ω_{ober} **im zulässigen Arbeitsbereich** bleiben. So können die Generatoren zusammen auf Schwankungen des Wirkleistungsbedarfs der Last reagieren.

Praxistipp: Die *Netzfrequenz* ist bei dieser Art der Regelung *nicht konstant.* Sie variiert um einige Zehntel Hz. Das trifft auch auf die Energieversorgung zu. [270]

---

[268] Die Ersatzschaltung stellt das Erzeugerpfeilsystem dar, für das ein Verbrauch mit negativem Strom erscheint.

[269] Ungeregelte Antriebe erzeugen im Arbeitsbereich mit steigender Drehzahl normalerweise ein geringeres Moment (vergleiche mit den Kennlinien des Gleich- und Asynchronmotors in Abb. 20.4, Abb. 20.9 und Abb. 20.31).

[270] Große Verbundnetze werden auf eine Frequenzgenauigkeit < ±0,5% (49,75 bis 50,25 Hz) geregelt (AEG70 S. 277).

Außerdem muss mit einer Regelung der Spannung U_N über die Erregung in ähnlicher Weise die Blindleistung aufgeteilt werden, die insgesamt gleichfalls eine Reaktion auf den Blindleistungsbedarf der Last darstellt.

20.3.6 Inselbetrieb und Betriebsverhalten der Synchronmaschine

Bei Inselbetrieb befindet sich nur ein Synchrongenerator im Netz (z.B. Notstromaggregat).

Praxistipp: Bei **Inselbetrieb eines einzelnen Generators** kontrolliert
- ein Spannungsregler die Erregung so, dass die Ausgangsspannung konstant bleibt,
- ein Drehzahlregler die Antriebsleitung so, dass die Frequenz konstant bleibt.

Damit erfolgt jeweils eine Anpassung an die aktuelle Last (mit Wirk- und Blindanteil).

Das Betriebsverhalten verdeutlicht die **Kennlinien der Synchronmaschine** in Abb. 20.44.

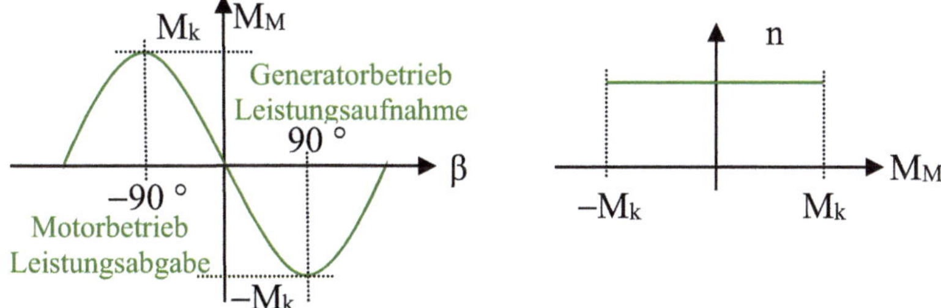

Abb. 20.44: Drehmoment-Polradwinkel- und Drehzahl-Drehmoment-Kennlinie

Das Drehmoment kann zwischen maximaler Zufuhr ($-M_k$) bis maximaler Abgabe (M_k) variieren. Dabei gibt es nur von $-90° < β < 90°$ *stabile Arbeitspunkte*, bei denen z.B. eine größere Last zur Vergrößerung des Hinterherlaufens des Polrades und so zu einem höheren Moment, also wieder zu einem stabilen Arbeitspunkt führt.

Praxistipp: Die Drehzahl der Synchronmaschine selbst bleibt völlig konstant.

Bei Überschreiten der *Kippmomente* M_k (bzw. $-M_k$) gerät der Synchronmotor (-generator) „außer Tritt" und kommt zum Stehen bzw. zu instabilem Verhalten. Der Nennbetrieb liegt in der Regel bei ±15 bis ±30°.

Zusammenfassend ermöglichen die **Betriebszustände der Synchronmaschine** alle 360° der denkbaren Phasenverschiebungen zwischen Strom und Spannung.

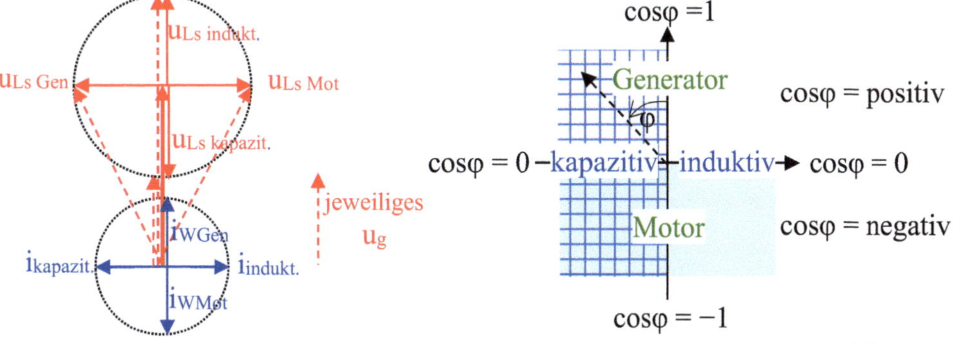

Abb. 20.45: Alle Betriebszustände mit Erzeugerpfeilsystem als Ausgang [271]

---

[271] Vergleiche Abschnitt 11.1.4 Abb. 11.25; dort war das Verbraucherpfeilsystem der Ausgangspunkt.

Der **Anlauf** einer Synchronmaschine muss grundsätzlich extra gelöst werden, weil ein Selbstanlauf prinzipbedingt nicht möglich ist. Dazu werden

- das Hochfahren durch einen Fremdantrieb (mit der Antriebsmaschine beim Generator-, mit einem Hilfsmotor beim Motorbetrieb),
- ein asynchroner Hochlauf mit einem zusätzlichen im Polrad angeordneten Kurzschlusskäfig [272] oder
- ein Frequenzhochlauf (langsames Erhöhen der Frequenz bis zur Sollfrequenz von einer Anfangsfrequenz, bei der sich der Motor allein in den Synchronismus zieht)

benutzt.

- Ein *Motor* zieht sich in der Nähe der synchronen Drehzahl in den Synchronismus.
- Ein *Generator im Einzelbetrieb* wird im Weiteren geregelt.
- Ein *Generator im Parallelbetrieb* muss auf das vorhandene Netz synchronisiert ($U = U_{Netz}$, $\omega = \omega_{Netz}$, $\varphi_u = \varphi_{u\,Netz}$), dann zum Netz dazugeschaltet und sein Betrieb geregelt werden.

Zu einer **Drehzahlregelung** bei einem Motor kann nur eine Frequenzstellung mit Umrichtern verwendet werden.

Die **Hauptanwendungsgebiete** sind

- Generatoren bis ca. 1000 MW Leistung (mit einem Wirkungsgrad von ca. 98,5%),
- Motoren für große *Dauerlasten* (z.B. Gebläseanlagen) in Kombination mit einer Blindleistungskompensation,
- *Antriebsverbünde* mit hohen Forderungen an synchronen Lauf und
- in neuerer Zeit der *Stromrichtermotor* (umrichtergesteuerter Synchronmotor, bei dem z.B. ein Polradsensor die Frequenz steuert).

Trotz der hohen Wirkungsgrade ist bei den großen Maschinen eine effektive **Kühlung** erforderlich. Diese wird je nach Ausführung und Anwendung als Luft- oder auch Wasserkühlung vorgesehen.

20.3.7 Kennwerte Übungs- und Messaufgaben

Kennwerte für symmetrischen Drehstrom
U_L, I_L, φ_{iL}, U_{LL}, f, P_W, P_B und P_S

Kennwerte für unsymmetrischen Drehstrom
U_{L1}, I_{L1}, φ_{iL1}, U_{12}, U_{L2}, I_{L2}, φ_{iL2}, U_{23}, U_{L3}, I_{L3}, φ_{iL3}, U_{31}, f, P_W, P_B und P_S

Kennwerte auf dem Typenschild der Asynchronmaschine
U_N, I_N, $\cos\varphi$, n_N, f, P_{mech} (U_N und I_N normalerweise für Stern- und Dreieckschaltung)

Kennwerte auf dem Typenschild der Synchronmaschine
U_N, I_N bei $\cos\varphi = 1$ und P_S des Stators, U_E und I_E des Polrades sowie n_0, f und P_{mech}

Aufgabe 20.7

Bei unsymmetrischer Last am Drehstromnetz werden gemessen:
$U_{L1} = 230$ V, $I_{L1} = 5$ A und $P_{W1} = 920$ W bei einer induktiven Last,
$U_{L2} = 230$ V, $I_{L2} = 7$ A und $P_{W2} = 1450$ W bei einer induktiven Last und
$U_{L3} = 230$ V, $I_{L3} = 4$ A und $P_{W3} = 855$ W bei einer kapazitiven Last.

---

[272] Bei synchroner Drehzahl ist der Kurzschlusskäfig unwirksam.

1) Bestimmen Sie die drei $\cos\varphi$ und den Ausgleichsstrom im Nullleiter.
2) Geben Sie die symmetrischen Komponenten der Ströme an.

Aufgabe 20.8

Die Parameter der Ersatzschaltung einer Asynchronmaschine mit Kurzschlussläufer können aus Leerlauf- und Kurzschlussversuch ermittelt werden. Im Leerlaufversuch (mit einem Antrieb bis zur synchronen Drehzahl) wird an einer Phase der Sternschaltung $U = U_N = 220$V, $I = 0,05$ A und $\cos\varphi = 0,2$ gemessen. Beim Kurzschlussversuch (mit festgebremstem Läufer) wird $U = 140$ V, $I = I_N = 0,93$ A und $\cos\varphi = 0,14$ gemessen. Bei Nennbetrieb ist $\cos\varphi_N = 0,78$, die abgegebene mechanische Leistung ist $P = 0,33$ kW und der Widerstand einer Wicklung wird zu $R_1 = 12,4\ \Omega$ gemessen.

1) Berechnen Sie R_1+R_2', $X_{\sigma 1}+X_{\sigma 2}'$, X_h und R_{Fe}.
2) Geben Sie s und η bei Nennbetrieb an.

Hinweis: Benutzen Sie bei Leerlauf die Näherung $R_1 = X_{\sigma 1} = 0$, vernachlässigen Sie bei Kurzschluss und Belastung I_{Fe} und I_μ und beachten Sie, dass P für drei Phasen gilt sowie bei Kurzschluss R_2', aber bei Belastung R_2'/s zu setzen ist.

Zusatzaufgabe: Vergleichen Sie das Vorgehen mit dem Transformator Abb. 20.14, Abb. 20.15, Abb. 20.16 und Aufgabe 20.5.

Aufgabe 20.9

Messung der Ständerinduktivität einer Synchronmaschine am Versuchsstand

Versuchsaufbau:

Der Synchrongenerator, eine Antriebsmaschine (Gleichstromnebenschlussmotor) und die Drehzahlmessung werden mechanisch und elektrisch nach Vorlage angeschlossen.

Versuchsdurchführung:

Spannung und Strom werden gemessen. (Drehzahl und Erregung dabei konstant halten).
1. Spannung und Strom für Leerlauf und zwei Ohm'sche Belastungen bei konstanter Induktionsspannung (I_E und n konstant) messen.
2. Aus den Zeigerdiagrammen jeweils U_{LS} und β ermitteln sowie aus U_{LS}, ω und I die Ständerinduktivität berechnen. Die Ergebnisse beider Lastfälle sind zu vergleichen.

Zusammenfassung der Versuchergebnisse:

Die Messung ergibt an allen Phasen (im Rahmen der Messgenauigkeit) ein gleiches Zeigerbild. Der Polradwinkel β steigt mit höherer Belastung entsprechend den theoretischen Erwartungen. Die Induktivität kann nach dem einfachen Ersatzschaltbild (Abb. 20.40) berechnet werden und stimmt für beide Belastungsfälle gut überein.

Aufgabe 20.10

Ein Synchrongenerator soll auf das Netz synchronisiert, Wirk- sowie Blindleistung ins Netz eingespeist werden (Synchrongenerator/-motor mit Gleichstrommotor/-generator als Antriebsmaschine). Dazu ist eine Messschaltung zur Messung der erforderlichen Spannungen, der Wirk-, der Scheinleistung und der Phase φ zu erarbeiten und aufzubauen.

Versuchsaufbau:

Der Synchrongenerator und die Antriebsmaschine (Gleichstromnebenschlussmotor) werden mechanisch und elektrisch nach Vorlage sowie dazu die Messgeräte angeschlossen.

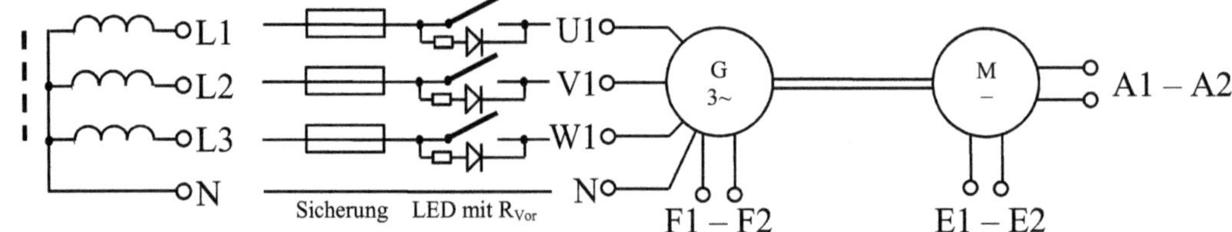

Abb. 20.46: Netztrenntrafo Synchronisierung und Maschinensatz

Hinweis: Bei relativ kleinen Maschinen (< 200 W) zur Phasenmessung ein Oszilloskop mit potentialfreien Eingängen und für den Strom einen Shunt ca. 1 Ω einsetzen.

Versuchsdurchführung:

Zur Synchronisation müssen zu jedem Zeitpunkt für alle drei Phasen die Spannungen vom Netz und dem Generator exakt übereinstimmen (alle LED leuchten nicht). Nur dann darf der Generator an das Netz geschaltet werden und befindet sich erst einmal im Leerlauf.

Hinweis: Eine kompetente fachliche Anleitung ist für den Versuch erforderlich!

Mit der parallel zum Netz laufenden Maschine sind

1. die Einspeisung von Wirkleistung,
2. die Einspeisung von kapazitiver und induktiver Blindleistung,
3. der Motorbetrieb mit reiner Wirkleistung sowie
4. der Motorbetrieb mit kapazitiver und induktiver Blindleistung

zu untersuchen und zu demonstrieren.

Hinweis: Für den Motorbetrieb ist sicherzustellen, dass dann der Gleichstromgenerator in seine Spannungsquelle einspeisen kann (bei relativ kleinen Maschinen (< 200 W) nehmen das oft die Verluste der Gleichspannungserzeugung auf).

Zusammenfassung der Versuchergebnisse:

Die Messungen stimmen (im Rahmen der Messgenauigkeit) mit den theoretischen Erwartungen (Abschnitt 20.3.5) gut überein.

20.4 Auswahl eines Motors für eine Antriebsaufgabe

Vor der Auswahl eines Motors muss eine Analyse der Antriebsaufgabe durchgeführt werden. Dazu gehören:

1. Die Ermittlung der benötigten Antriebsleistung, Drehzahl, Drehzahlstellung und aller Nebenbedingungen,

2. Die Betriebsart, bei der diese Leistung umgesetzt wird (Dafür wurden in VDE 0530 acht Betriebsarten genormt, die sich vor allem hinsichtlich des Erwärmungs- und Abkühlungsverhaltens unterscheiden.),
    S1 Dauerbetrieb
    S2 Kurzzeitbetrieb
    S3 Aussetzbetrieb ohne Einfluss des Anlaufs auf die Erwärmung
    S4 Aussetzbetrieb mit Einfluss des Anlaufs auf die Erwärmung
    S5 Aussetzbetrieb mit Einfluss des Anlaufs und des Bremsens auf die Erwärmung
    S6 Durchlaufbetrieb mit Aussetzbelastung
    S7 Unterbrochener Betrieb mit Anlauf und Bremsung
    S8 Unterbrochener Betrieb mit periodisch wechselnder Drehzahl und Leistung

3. Die benötigte Motorausführung,
   - Befestigung, z.B. Fußmotor, Flanschmotor …
   - Lagerarten, z.B. Wälzlager u.ä.
   - Achsenausführung, z.B. ein oder zwei Achsenenden, mit Gewinde usw.
   - Norm- und Listenmotore
   - Sondermotore, z.B. Bremsmotore, Getriebemotore
   - Schutzart, Sonderschutz (hohe Luftfeuchtigkeit, Tropenfestigkeit, Explosionsschutz)
   - Kühlung, z.B. Selbstkühlung (natürlich ohne Einwirkungen), Eigenkühlung (Oberflächen- oder Durchzugslüfter, Flüssigkeitskühlung)
   - Stromart, Spannung, Frequenz, Schaltung
   - Schutztechnische Angaben, z.B. Überlastschutz, Temperaturüberwachung u.ä.

4. Wichtig ist darüber hinaus ein Kostenvergleich.

Weiterführende Aufstellungen dazu sind in (Vog80 S. 163 ff, 313) und (Bed75 S. 175 ff) zu finden.

20.5 Ausblick, weitere elektrische Maschinen

Insbesondere um durch einen höheren Wirkungsgrad weiter den Energiebedarf zu reduzieren, wird nach Alternativen gesucht. Neben neuen Magnetmaterialien und neuen Konstruktionsdetails verändert sich auch die Anwendung bekannter Maschinen.

- So kann mit einer stromrichtergesteuerten Synchronmaschine bei einigen Anwendungen ohne Abstriche bei den Betriebseigenschaften ein etwas höherer Wirkungsgrad gegenüber Asynchronmaschinen erreicht werden.
- Für Windkraftanlagen kommen zunehmend doppeltgespeiste Asynchronmaschinen ins Spiel, weil sie besser an die Windverhältnisse angepasst werden können und keine Blindleistung aus dem Netz benötigen.
- Selbst der Reluktanzmotor (eine altbekannte bislang unbedeutende Art eines nur synchron arbeitenden Motors) kommt durch die Möglichkeiten der Frequenzumrichter und seinen noch einmal etwas höheren Wirkungsgrad wieder ins Spiel.
- Andererseits sind für Stell- und Regelantriebe Schrittmotore zu einer breiten Anwendung gelangt.
- Auch bei Gleichstrommotoren, die weiterhin für Regelantriebe eine Rolle spielen, finden ständig Verbesserungen statt.

Die Entwicklung kann demnach nicht als abgeschlossen angesehen werden

21 Leistungselektronische Energiewandler

Die Abschnitte 4 bis 6, 9 und 11 sollten verstanden worden sein.
Hilfreich kann die Wiederholung der mathematischen Formalismen in den Abschnitten 10.1 bis 10.3 sowie die Bauelemente aus Abschnitt 12 sein. Es werden

- das Grundprinzip leistungselektronischer Schaltungen,
- die Wirkungsweise und Eigenschaften ihrer Steuerung bei Gleich-, Wechsel- und Drehstrom,
- drei Verfahren selbstgesteuerter Stromrichter,
- Phasenanschnittsteuerung bei fremdgesteuerten Stromrichtern sowie
- einige Anwendungsbeispiele zum Kennenlernen des Betriebsverhaltens

vorgestellt.

Für den Einsatz und deren Planung ist immer die Aufgabe zur Energiewandlung bzw. für die vorgesehene Anwendung ausschlaggebend (vergleiche Abschnitt auch 21.2).

21.1 Arbeitsweise von Stromrichtern

21.1.1 Grundprinzip und Eigenschaften

Die Vorläufer der Stromrichter waren Kommutatoren – oder allgemeiner gesagt – rotierende Kontakte, welche periodisch synchron zum Vorgang ein-, aus- bzw. umschalten.

Das Grundprinzip leistungselektronischer Strom-, Wechsel- oder Umrichter soll an den beiden einfachsten Schaltungen dargestellt werden (in diesem Fall DC-DC-Wandler).

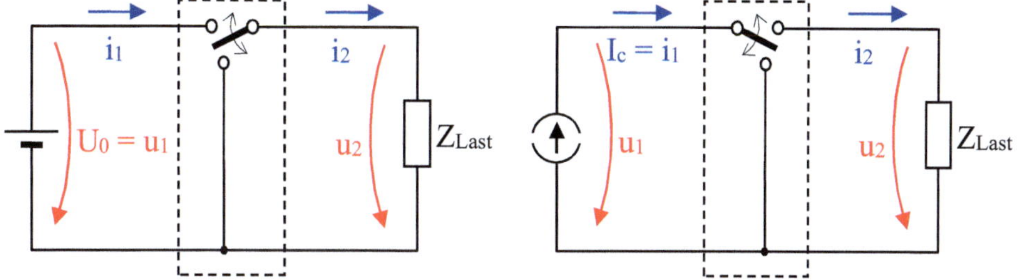

Abb. 21.1: Die beiden einfachsten idealisierten Stromrichterschaltungen

Das Wirkprinzip beider Schaltungen mit einem *idealen Umschalter* [273] ist sofort erkennbar. Nur in *einer* Schalterstellung (Schalter oben), wird *Strom von der Quelle zur Last gespeist*. Bei periodischem Schalten kann somit der *Mittelwert* der Speisung eingestellt werden.

Bei Abb. 21.1 ist aber auch zu sehen, dass die linke Variante *nur* eine *ideale Spannungsquelle* und eine Ohm'sche und induktive Last ermöglicht, weil der Strom der Induktivität

---

[273] $R_{offen} = \infty$, $R_{geschlossen} = 0$ und $t_{umschalt} = 0$. Da praktisch keine reinen Ohm'schen Lasten vorkommen, ist der ideale Umschalter das einfachste Element eines Stromrichters, weil zumindest auf einer Seite der Strom weiterfließen können muss.

© Der/die Autor(en), exklusiv lizenziert an
Springer Fachmedien Wiesbaden GmbH, ein Teil von Springer Nature 2026
E. Boeck und H. Kallies, *Lehrgang Elektrotechnik und Elektronik*,
https://doi.org/10.1007/978-3-658-50903-3_21

weiterfließen kann, während eine Kapazität kurzgeschlossen würde. Dagegen ermöglicht die rechte Variante *nur* eine *ideale Stromquelle* und eine *Ohm'sche und kapazitive Last,* weil der Strom der Konstantstromquelle weiterfließen kann, während eine Spannungsquelle kurzgeschlossen würde.

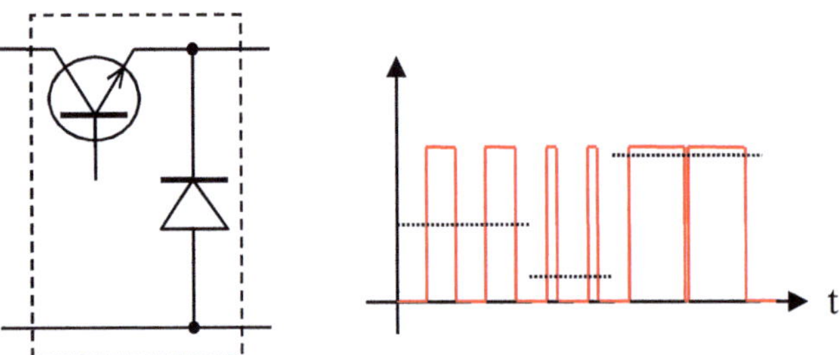

Abb. 21.2: Praktische Realisierung des Umschalters und Mittelwerte des Schaltens

Praktisch kann der Umschalter z.B. durch einen Schalttransistor mit entsprechendem Steuersignal und eine Freilaufdiode realisiert werden, die sofort den Strom übernimmt. Die verschiedenen Mittelwerte zeigt als Beispiel die Abb. 21.2 rechts.

Praxistipp: Es darf **niemals** ein Schalter *parallel zu einer Kapazität* oder einer *Spannungsquelle* bzw. *in Reihe mit einer Induktivität* oder einer *Stromquelle* angeordnet werden.

Physikalisch sind Anordnungen wie im Praxistipp Unsinn, in der Praxis würden die Schalterbauelemente durch zu große Ströme oder zu hohe Spannungen zerstört.

Für die meisten Anwendungen sind die rechteckförmigen Speisespannungen oder Ströme ungünstig und müssen geglättet werden. (Induktivitäten oder Kapazitäten in der Last glätten sogar von selbst.)

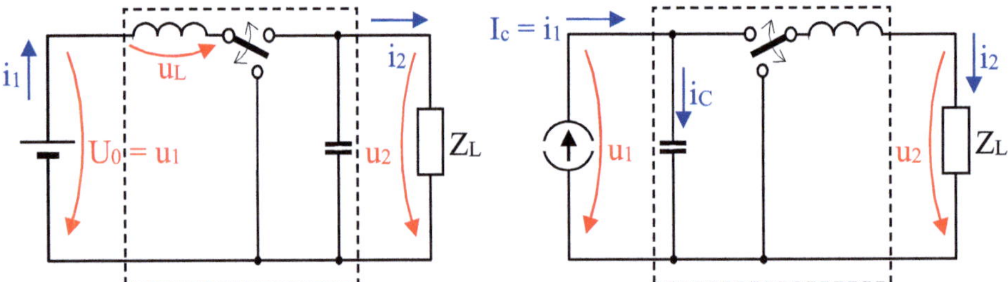

Abb. 21.3: Die beiden idealisierten Stromrichterschaltungen mit Glättungselementen

Zur Glättung kann auf der Seite der Spannungsquelle bzw. der kapazitiven Last nur eine Induktivität und auf der Seite der Stromquelle bzw. der induktiven Last nur eine *Kapazität* eingesetzt werden. Zusätzlich sind die Umschalter umzudrehen, weil die Glättungsinduktivität keine Stromunterbrechung und die Glättungskapazität keinen Kurzschluss vertragen können. Den Strom der induktiven Last übernimmt die Glättungskapazität, die Spannung der kapazitiven Last die Glättungsinduktivität.
Diese Schaltungen vertragen darüber hinaus eine *beliebige Last* [274] und natürlich auch *reale Quellen.*
Da die Schaltungen quasi eine Umkehrung voneinander darstellen, können beide bei einer Last mit entsprechender Quelle (z.B. Motor → Generatorbremse) auch zurückspeisen.

---

[274] Nur Induktivitäten mit unterschiedlichen Anfangsströmen können nicht in Reihe sowie Kapazitäten mit unterschiedlichen Anfangsspannungen nicht parallel geschaltet werden.

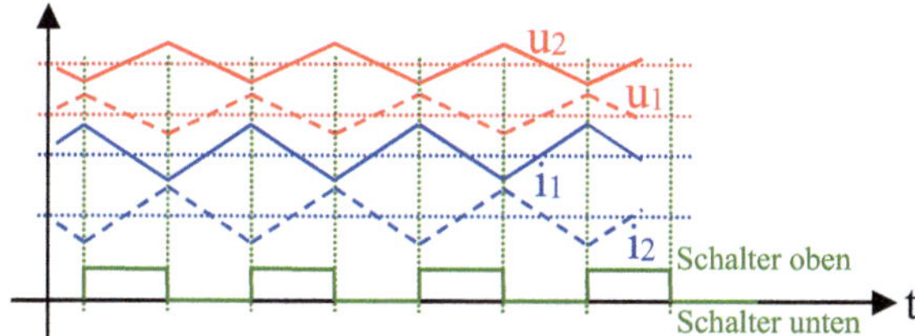

Abb. 21.4: Ströme, Spannungen und Mittelwerte bei periodischem Umschalten [275]

In Abb. 21.3 linke Variante (normale Kurven in Abb. 21.4) bedeuten die **Schalterstellungen**:

1. (**oben**) *Einspeisen eines Stromes* mit Verringerung des Stromes der Induktivität i_1 und Aufladen des Kondensators u_2

$$L di_1/dt = U_0 - u_2 < 0 \quad \text{und} \quad C du_2/dt = i_1 - i_2 > 0 \quad \text{sowie}$$

2. (**unten**) *Kurzschluss* mit Anstieg des Stromes der Induktivität i_1 und Entladen des Kondensators u_2 über die Last

$$L di_1/dt = U_0 > 0 \quad \text{und} \quad C du_2/dt = -i_2 < 0.$$

Bei der rechten Variante (gestrichelte Kurven in Abb. 21.4) bedeuten die **Schalterstellungen**:

3. (**oben**) *Einspeisen eines Stromes* mit Entladen des Kondensators u_1 und Anstieg des Stromes der Induktivität i_2

$$C du_1/dt = i_1 - i_2 < 0 \quad \text{und} \quad L di_2/dt = u_1 - u_2 > 0 \quad \text{sowie}$$

4. (**unten**) *Leerlauf* und so Aufladen des Kondensators u_1 und Abfall des Stromes der Induktivität i_2 beim Freilauf über die Last

$$C du_1/dt = i_1 < 0 \quad \text{und} \quad L di_2/dt = -u_2 < 0.$$

Bei periodischem Schalten stellt sich zwischen dem Ansteigen und Abfallen ein *Gleichgewicht* ein und es entsteht ein stationärer Vorgang mit konstantem Mittelwert. Durch Ändern des *Tastverhältnisses* t_{oben}/t_{unten} beim Schalten werden die Mittelwerte verändert. Das Übertragungsverhältnis $\overline{U_1}/\overline{U_2}$ wird also einfach durch das Tastverhältnis festgelegt.

Bei Schalterstellung 1. wird die prinzipbedingte Verringerung des Stromes der Induktivität nur erreicht, wenn die Kondensatorspannung höher ist als die Spannung der Spannungsquelle.

$$u_c = u_2 > U_0 = u_1 \qquad \text{(damit } u_L = U_0 - u_2 = L di_1/dt = \text{negativ)}$$
$$u_2 > u_1 \qquad \text{für das Gleichgewicht wird } \overline{u_1\,i_1} = \overline{u_2\,i_2} \text{ und somit } i_1 > i_2$$

Bei Schalterstellung 3. kann das prinzipbedingte Entladen des Kondensators nur erfolgen, wenn die Kondensatorspannung *höher* ist als der Spannungsabfall an der Last.

$$u_c = u_1 > u_2 = i_2\,Z_L \qquad \text{(damit } i_C = i_1 - i_2 = C du_1/dt = \text{negativ)}$$
$$u_1 > u_2 \qquad \text{für das Gleichgewicht wird } \overline{u_1\,i_1} = \overline{u_2\,i_2} \text{ und somit } i_2 > i_1$$

Somit stellt die linke Variante in Abb. 21.3 einen **Aufwärtswandler** (Hochsetzsteller mit Spannungsvergrößerung) und die rechte einen **Abwärtswandler** (Tiefsetzsteller mit Spannungsverkleinerung) dar.

Wenn die Wandlung mit idealen Schaltern und Glättungselementen erfolgt, gibt es durch die Wandlung *keine Leistungsverluste* $\overline{P_1} = \overline{P_2}$. Die Wandler verhalten sich somit völlig analog zum idealen Transformator. Bei *realen Schaltern* (z.B. wie in Abb. 21.2) und verlustbehafteten Glättungselementen gibt es *Leistungsverluste durch den Wandler*, die die speisende Seite aufbringen muss.

Durch Drehen und Vertauschen der Klemmen des Schaltervierpols entstehen weitere Schaltungsvarianten, die in der Praxis anzutreffen sind.

---

[275] Die Glättungszeitkonstanten sind viel größer als die Taktzeit, so bleiben di/dt und du/dt praktisch konstant.

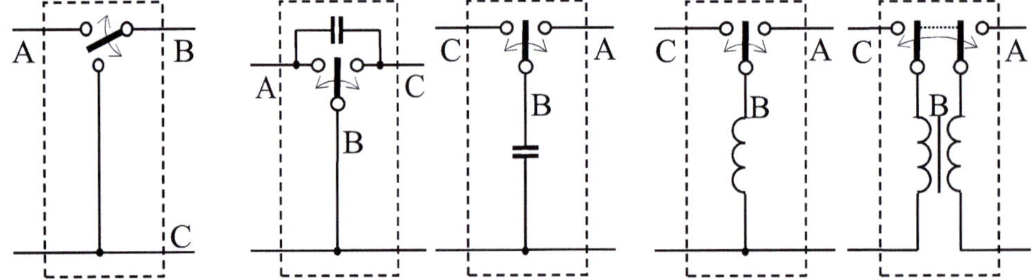

Abb. 21.5: Beispiele weiterer Schaltungsvarianten

Die Schaltung mit Übertrager ist elektrisch gleichwertig mit der einfachen Spule, realisiert
aber außerdem eine galvanische Trennung und kann über das Windungszahlenverhältnis
zusätzlich wandeln. Als Schalter werden insbesondere Feldeffekt-, Bipolartransistoren,
Thyristoren und IGBT zusammen mit Dioden eingesetzt.

Praxistipp: Auch **Schaltnetzteile** realisieren im Prinzip die dargestellten Arbeitsweisen.

Für **Wechsel- und Drehstromquellen** sowie -lasten sind zusätzliche Kommutierungen
erforderlich.

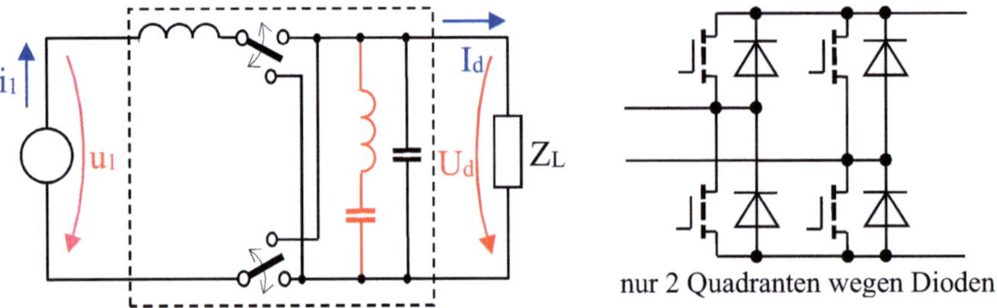

Abb. 21.6: Stromrichterschaltung für Vierquadrantenbetrieb AC → DC

Die Schaltung in Abb. 21.6 hat *vier Schaltzustände* (davon sind beide Kurzschlüsse elektrisch
identisch). Somit kann je nach momentaner Polung von u_1 für die Lastseite richtig eingespeist
werden. Weil für Wechselstrom p(t) nicht konstant ist, muss zu den Zeiten der Leistung mit
$p(t) > \overline{P}$ gespeichert und bei $p(t) < \overline{P}$ aus dem Speicher entnommen werden, da auf der
Gleichstromseite konstante Leistung benötigt wird. Das wird in der Praxis am besten mit
einem Filter (dargestellt mit L und C als *Saugkreis*) für *doppelte Netzfrequenz* ($2f_N \ll f_{Takt}$)
realisiert. (Das Beispiel der FET-Dioden-Schaltung kann nicht voll gesteuert werden, weil auf
der Gleichstromseite nur eine Polung möglich ist. [272])

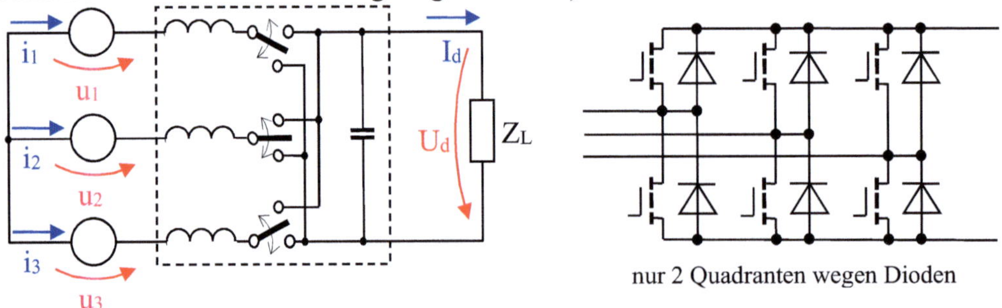

Abb. 21.7: Stromrichterschaltung für Vierquadrantenbetrieb 3 x AC → DC

Die Schaltung in Abb. 21.7 hat *acht Schaltzustände* (davon sind beide Kurzschlüsse elektrisch
identisch). Somit kann je nach momentanen u_1, u_2 und u_3 für die Lastseite optimal eingespeist
werden. Für ein symmetrisches Dreiphasensystem sind $p_1(t) + p_2(t) + p_3(t) = P_d = const$ und
somit ist kein Ausgleich wie bei Wechselstrom erforderlich. (Die als Beispiel dargestellte

FET-Dioden-Schaltung kann auch hier nicht voll gesteuert werden, weil auf der Gleichstromseite nur eine Polung möglich ist. [276])

Wenn der Ausgang auch drei Phasen haben soll (Dreiphasendirektumrichter), sind drei Dreifachumschalter anzuordnen und es entstehen 27 Schaltzustände (mit 18 vollgesteuerten Ventilen [277]). Von diesen Schaltzuständen können dann 18 genutzt werden, um eingangsseitig die drei Ströme und ausgangsseitig die drei Spannungen ihren sinusförmigen Sollwerten anzupassen (Boe93 S. 216 ff).

Die zeitlichen **Umschaltstrategien** für solche Stromrichter (z.B. wie in Abb. 21.6, Abb. 21.7) verbunden mit einer schnellen Regelung (von z.B. Eingangsstrom und Ausgangsspannung) sind sehr komplex. Insbesondere hohe Taktfrequenzen (> 20 kHz) sowie Anforderungen bezüglich einer schnellen Reaktion auf Veränderungen erfordern für diese Steuerungen eine Echtzeitverarbeitung im Bereich einiger µs.

> Praxistipp: Deshalb werden oft nur Varianten mit Zweiquadrantensteuerung und in der Regel sogar ungesteuerte Gleichrichter realisiert.

Vierquadrantenbetrieb zeigt Abb. 21.8 in Abhängigkeit von Strom- und Spannungsrichtung am Ausgang.

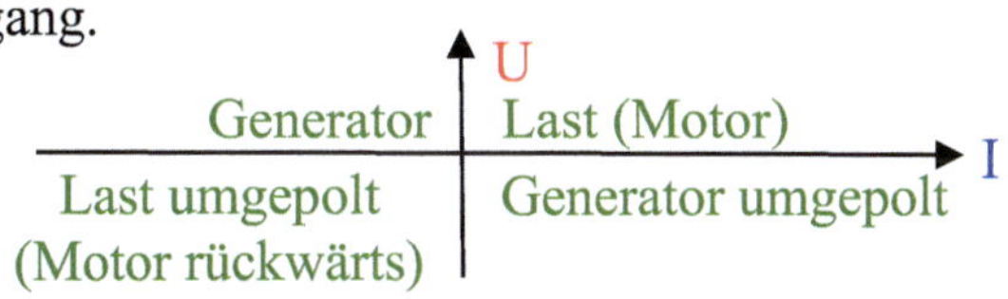

	U
Generator	Last (Motor)
Last umgepolt (Motor rückwärts)	Generator umgepolt → I

Abb. 21.8: Vierquadrantenbetrieb für einen Stromrichter

Ist ähnlich wie bei den FET-Dioden-Schaltungen nur eine Spannungs- bzw. Stromrichtung möglich, können z.B. nur die oberen bzw. rechten zwei Quadranten genutzt werden.

Dabei bedeuten die Betriebszustände für den Stromrichter:

- Last — *Gleichrichterbetrieb* AC → DC (ungesteuert, Phasenanschnittsteuerung, sinusförmige Steuerung zusätzlich Strom und Spannung phasengleich)
- Last — *Umrichterbetrieb* bei AC → AC nur gesteuert als Zwischenkreis- umrichter oder Direktumrichter realisierbar
- Generator— *Wechselrichterbetrieb* bei DC → AC nur gesteuert möglich, (Phasenanschnittsteuerung, sinusförmige Steuerung)
- Generator— *Umrichterbetrieb* bei AC → AC nur gesteuert als Zwischenkreis- umrichter (oder Direktumrichter) realisierbar

Die umgepolte Last und der umgepolte Generator benötigen das Gleiche noch einmal in umgekehrter Richtung oder einen Polaritätsumschalter. Bei Vierquadrantensteuerung (mit vollgesteuerten Ventilen) kann das ein Stromrichter allein durch die entsprechende Steuerstrategie.

Die Bezeichnung bzw. **Einteilung von Stromrichtern** erfolgt nach verschiedenen Gesichtspunkten, die wichtigsten sind:

- Nach der Art der Schaltung
  - Mittelpunktschaltung (2-, 3-Pulsschaltung),
  - Brückenschaltung (4-, 6-, 12-Pulsschaltung),
- Nach der Steuerung
  - ungesteuert,
  - halbgesteuert,
  - vollgesteuert,

---

[276] Es sind nicht alle Schaltzustände frei ansteuerbar; die Dioden leiten immer in eine Richtung.
[277] Die Bezeichnung Ventile ist in der Leistungselektronik für beliebige Schalterelemente üblich.

- Nach der Betriebsart
  - Einquadrantenbetrieb,
  - Zweiquadrantenbetrieb,
  - Vierquadrantenbetrieb,
- Nach dem Löschvorgang
  - netzgelöscht,
  - selbstgelöscht,
- Nach der Art der Ventile
  - ungesteuerte Ventile (Dioden),
  - nur einschaltbare Ventile (Tyristor, Triac),
  - ein- und ausschaltbare Ventile (GTO, Bipolartransistor, Feldeffekttransistor, IGBT),
- Nach der Wirkungsweise
  - Spannungswechselrichter (Abb. 21.8 obere Quadranten),
  - Stromwechselrichter (Abb. 21.8 rechte Quadranten),
- Nach Direkt- oder Zwischenkreisumrichtern.

Zur physikalischen Wirkungsweise der Ventile siehe Abschnitt 12.5, zu den Schaltungen Abb. 15.18 und Aufgabe 12.11.

Zwischenkreisumrichter bestehen aus einem Gleichrichter, einem Gleichstromzwischenkreis (z.B. zur Glättung der Gleichspannung) und einem anschließenden Wechselrichter. Der Gleichrichter kann dabei auch ungesteuert ausgeführt werden und Gleich- wie Wechselrichter werden weitgehend unabhängig gesteuert und geregelt.

Bei einem **Direktumrichter** wird in einem Schritt die gesamte Umformung durchgeführt, gesteuert und geregelt. Das wird heute nur in untersynchronen Stromrichterkaskaden realisiert, deren Steuerung eher mit einer Phasenanschnittsteuerung vergleichbar ist und die nur deutlich unter 50 Hz am Ausgang ermöglichen.

Netzrückwirkungen durch nichtlineare Ströme bzw. Spannungen wegen der schaltenden Betriebsweise der Stromrichter sowie auftretende Blindleistung müssen immer untersucht und beherrscht werden. Das beginnt schon bei einfachen Diodengleichrichtern. Ziele sind eine hohe Netzqualität und geringe Störungen (EMV-Bestimmungen) .

Praxistipp: Filter gegen Oberschwingungen, eine sinusförmige Ansteuerung, phasengleiche Steuerung von Strom und Spannung sowie hohe Taktfrequenzen senken die Rückwirkungen.

21.1.2 Steueralgorithmen für selbstgesteuerte Stromrichter

Die Ventile eines selbstgesteuerten Stromrichters werden ausschließlich *von der Steuerung gezündet sowie gelöscht*. Die eventuell notwendige Synchronisation mit einem Netz muss dabei vom Steueralgorithmus zusätzlich sichergestellt werden.

1. Differenzbandverfahren

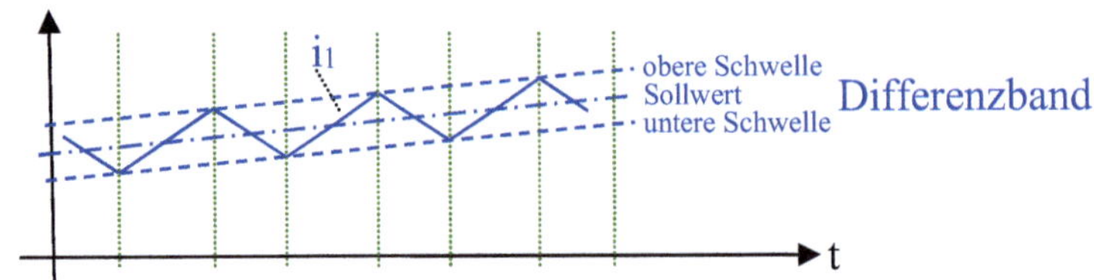

Abb. 21.9: Differenzband zur Steuerung des Stroms

Bei Erreichen der oberen oder unteren Schwelle in Abb. 21.9 muss auf einen anderen Schaltzustand umgeschaltet werden. Das kann z.B. durch einen Komparator ermittelt werden. Folgt der Sollwert des *Differenzbands* z.B. einem *sinusförmigen Sollstrom,* wird der Strom selbst mit den durch die Schwellen vorgegebenen Schwankungen um den Sollstrom *pendeln.*

Vorteile dieses Verfahrens: Die Abweichungen Δi_1 sind *unabhängig* von der Last nur durch das Differenzband bestimmt.
Solange der Stromanstieg, -abfall linear bleibt, entspricht der Mittelwert des Iststromes dem des Sollstromes (über jedes Taktintervall gemittelt).
Das Verfahren ist relativ einfach realisierbar.

Nachteile dieses Verfahrens: Die *Taktfrequenz* hängt von der Last ab und ist nicht konstant.
Demzufolge sind die Störfrequenzen variabel.

2. Verfahren mit fester Taktfrequenz

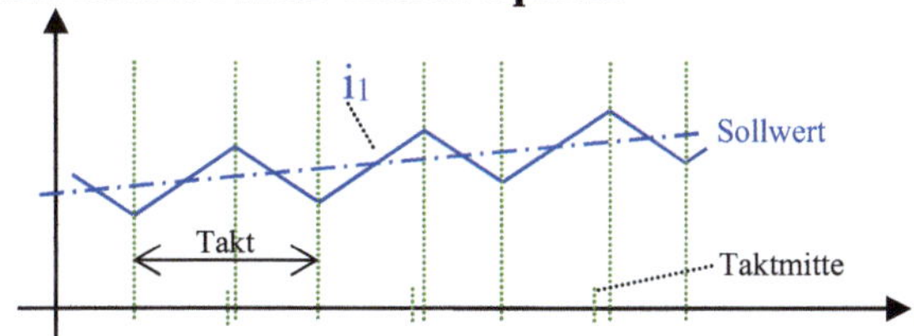

Abb. 21.10: Feste Taktfrequenz mit Pulsbreitenmodulation zur Steuerung des Stroms

Der *Anstieg* des Stroms in Abb. 21.10 beginnt immer mit Taktbeginn. Der Umschaltzeitpunkt muss aus dem Mittelwert des Sollstromes für jeden aktuellen Takt *vorauskalkuliert* werden. Das kann z.B. näherungsweise durch ein Dreiecksverfahren geschehen oder durch eine (aber langsamere) übergeordnete Stromregelung [278]. Folgt der Sollwert z.B. einem *sinusförmigen Sollstrom,* wird der Strom selbst verfahrensbedingt um den Sollstrom *pendeln.*

Vorteile dieses Verfahrens: Die Taktfrequenz hängt nicht von der Belastung ab und ist konstant.
Demzufolge sind die Störfrequenzen vorgegeben.
Solange der Stromanstieg, -abfall linear bleibt, entspricht der Mittelwert des Iststromes dem des Sollstromes (über jedes Taktintervall gemittelt).

Nachteile dieses Verfahrens: Die *Abweichungen* Δi_1 sind von der Last *abhängig.*
Das Verfahren benötigt schnelle Berechnungen oder eine übergeordnete Regelung.

3. Feste Taktfrequenz für jede Umschaltung

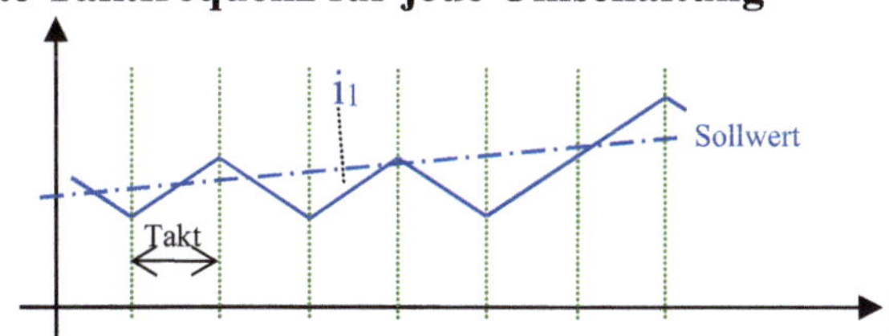

Abb. 21.11: Feste Taktfrequenz zur Steuerung des Stroms

Für den Strom in Abb. 21.11 wird *bei jedem Taktbeginn* entschieden, ob der Anstieg/Abfall *fortgesetzt* werden muss *oder* ob das Gegenteil benötigt wird. Die Entscheidung erfolgt danach, ob der Sollstrom über-/unterschritten wurde oder noch nicht. Das kann durch einen

---

[278] Da Messung und Regelung für Mittelwerte erfolgen, ist diese Regelung nur anwendbar, wenn eine quasistationäre Regelung möglich ist.

Komparator geschehen. Folgt der Sollwert z.B. einem *sinusförmigen Sollstrom*, wird der
Strom selbst mit verfahrensbedingten Schwankungen um den Sollstrom *pendeln*.

Vorteile dieses Verfahrens: Die *Taktfrequenz* hängt nicht von der Belastung ab und ist
konstant.
Demzufolge sind die Störfrequenzen vorgegeben.
Das Verfahren ist relativ einfach realisierbar.

Nachteile dieses Verfahrens: Die *Abweichungen* Δi_1 sind von der Last *abhängig*.
Der Mittelwert des Iststromes entspricht nur im Mittel über viele
Takte dem Sollstrom.

Die dargestellten Verfahren zeigen, dass eine *exakte Regelung auf einen Sollwert* (etwa im
Sinne eines PI-Reglers) mit einem Stromrichter nicht möglich ist. Als Regler (z.B. zur
Regelung einer Last) kann der Stromrichter zu den **strukturumschaltenden Reglern**
gerechnet werden. Mit einer entsprechenden Regel- und Schaltstrategie kann aber der Istwert
so geregelt werden, dass er *eng um den Sollwert pendelt* (siehe auch Abschnitt 18.1.3).
Das heißt aber auch, dass bei *Ausfall* des Reglers oder der Steuerung der Ventile der gerade
aktuelle Zustand weiterläuft und im ungünstigen Fall der Strom bis zur *Zerstörung* ansteigt.

Durch Mittelwertbildung über einen *quasistationären* Zeitraum können die Verfahren der
linearen Regelungstechnik genutzt werden.

Praxistipp: Zur Regelung für die Last an einem DC-DC-Wandler ist dann z.B. eine
Spannungsregelung (PI-Regler) für konstante Ausgangsspannung mit einer *unterlagerten
Eingangsstromregelung*, deren Sollwert die Spannungsregelung liefert, zu realisieren.

21.1.3 Steueralgorithmen für fremdgesteuerte Stromrichter

Die Ventile eines fremdgesteuerten Stromrichters werden zumindest *vom Nulldurchgang des
Netzes gelöscht*. Die notwendige Synchronisation mit dem Netz erfolgt somit zwangsläufig.

Diese netzgelöschten Stromrichter sind für Wechsel- und Drehstrom nutzbar und benötigen
nur eine Ansteuerung zum Zünden der Ventile. Die Einflussnahme beschränkt sich somit auf
die Festlegung des Zündzeitpunkts. Auch der ungesteuerte Gleichrichter, der sofort nach dem
Nulldurchgang von selbst leitend wird (zündet), gehört zu den fremdgesteuerten
Stromrichtern.

Zündzeitpunkt nach der Phasenanschnittsteuerung

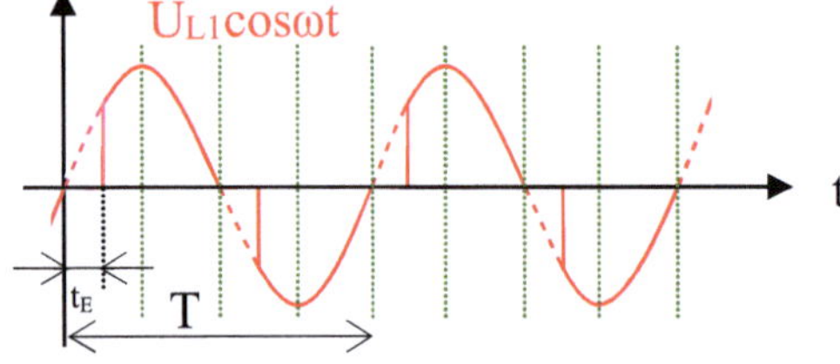

Abb. 21.12: Prinzip der Phasenanschnittsteuerung

Die Ventile werden entsprechend Abb. 21.12 zu t_E nach einem Nulldurchgang gezündet und
vom *Nulldurchgang des Ventilstromes automatisch gelöscht*. Die Festlegung von t_E erfolgt
z.B. durch eine Zeitverzögerung mit einem Timerbaustein oder einfacher durch das Aufladen
eines Kondensators nach dem Nulldurchgang.

Vorteile dieses Verfahrens: Es erfolgt eine einfache natürliche *Synchronisation* auf die
Netzfrequenz.
Das Verfahren ist sehr *einfach* realisierbar.

Nachteile dieses Verfahrens: Nur ein Einschalten pro Netzhalbwelle ermöglicht *keine Sinusform* von Strom und Spannung.
Die nichtsinusförmigen Schwingungen ergeben *viele Störungen* mit einer größeren Anzahl von Oberschwingungen der Netzfrequenz.
Bei *Netzausfall ist kein Betrieb* möglich.

Wenn im Stromkreis *Induktivitäten* (bzw. Kapazitäten) liegen, wird bei Stromnulldurchgang gelöscht [279]. Dieser stimmt in solchen Fällen *nicht* mit dem *Spannungsnulldurchgang* überein. Außerdem kann nur gezündet werden, wenn das betreffende Ventil aufgrund der momentanen Spannungsverhältnisse Strom führen kann. Zusätzlich sind Freiwerdezeiten der Ventile zu beachten.

In der Regel wird ein netzgelöschter Wechselrichter als *Stromwechselrichter* gebaut, dann übernimmt immer das folgende Ventil den Strom und die Freilaufdioden entfallen.

Praxistipp: Wird ein netzgelöschter Stromrichter als Stellglied oder Regler eingesetzt, muss allein die Beeinflussung des Zündzeitpunktes ausreichen.

21.1.4 Kennwerte und Übungsaufgaben

Kennwerte von Stromrichtern können sein:

$U_{N\,Eingang}$ [280], $U_{N\,Ausgang}$,
P_N, P_{Max},
$I_{Ausgang\,Max}$,
η,
f [276], $\cos\varphi$ (bei AC zusätzlich) und
Sinusform oder nur Blockform, Oberschwingungsanteile oder Störungen,
f_{Takt}, wenn selbstgesteuert

Aufgabe 21.1

Die in Abb. 21.12 dargestellte Phasenanschnittsteuerung soll für $\hat{U} = 325$ V, $f = 50$ Hz und $t_E = 3$ ms, 5 ms und 8 ms durchgeführt werden.
Bestimmen Sie für rein Ohm'sche Last mit $R = 100\ \Omega$ die Ströme.
Zusatzaufgabe: Zeichnen Sie qualitativ die Ströme für eine Reihenschaltung von L und R.

Aufgabe 21.2

Ein DC-DC-Wandler mit einer Eingangsspannung von 18 V soll eine mittlere Spannung von 13,5 V abgeben (Schaltung analog zu Abb. 21.3, rechts, aber mit realer Spannungsquelle und so 18 V am Kondensator). Bei fester Taktfrequenz nach Abb. 21.10 ist der Spannungsanstieg bei der Taktfrequenz von $f_T = 20$ kHz in guter Näherung konstant ($\rightarrow$ Gerade).
Geben Sie das Tastverhältnis an und wie groß wird t_E bei f_T?

Ein Beispiel für einen Hochsetzsteller zum Bau einer Taschenlampe ist in (Boe21).

---

[279] Nicht abschaltbare Ventile (z.B. Triacs) verlieren ihre Leitfähigkeit nur, wenn ihr Strom null wird.
[280] Hierbei sind auch „von - bis" Angaben möglich.

21.2 Beispiele für Stromrichter

21.2.1 Phasenanschnittsteuerung für Wechselstromsteller

Für Anwendungen im Kleinleistungsbereich (Haushalt, Heimwerkzeug u.ä.) werden zur Leistungsstellung (Dimmer für eine Lichtregelung, Drehzahlstellung von Universalmotoren z.B. bei Küchengeräten, Staubsaugern, Bohrmaschinen usw.) Wechselstromsteller mit Phasenanschnittsteuerung eingesetzt.

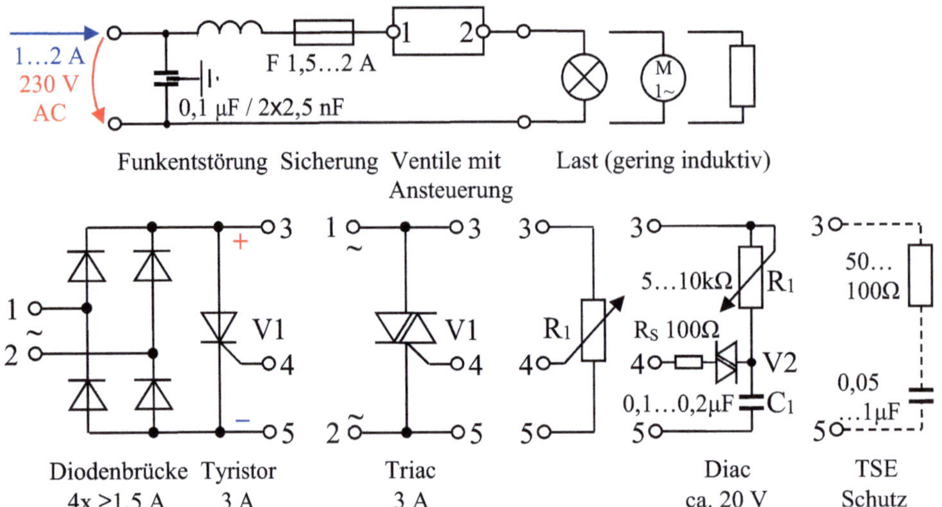

Abb. 21.13: Wechselstromsteller mit Phasenanschnittsteuerung

Diese Wechselstromsteller können die Spannung etwa von 20 bis 220 V (bei 230 V Netzspannung) stellen und somit die Leistung der Geräte beeinflussen. Als Wechselstromsteller sollen positive und negative Halbwellen behandelt werden. Ein Tyristor, der nur eine Richtung zulässt, muss deshalb durch eine Gleichrichterbrücke ergänzt werden. Heute werden *Triacs* verwendet, die beide Richtungen ermöglichen. Vom Prinzip her werden für die Eingangsseite der *erste und dritte Quadrant* in Abb. 21.8, aber für die Gleichstromseite (bei der Tyristorvariante sichtbar) ein *Einquadrantenbetrieb* realisiert.

Die Einstellung des Zündzeitpunktes erfolgt im einfachsten Fall durch ein Potentiometer. Dabei wird ausgenutzt, dass ein Tyristor oder Triac bei einem bestimmten Gatestrom zündet. Wenn das Ventil noch nicht gezündet hat, liegt die volle Spannung über dem Ventil und steigt nach der Sinusfunktion an. Je nach Potentiometerstellung wird der notwendige Gatestrom früher oder später erreicht. Der Stellbereich und die Stabilität für diese einfache Variante ist nicht sehr gut (maximal bis 90°). Wird das Potentiometer höher eingestellt, flackert z.B. das Licht, sodass diese Schaltung kaum genutzt wird. Besser ist die *Variante mit Kondensatoraufladung und Diac*, der bei einer gegebenen Spannung von selbst zündet und den Kondensator (zwischen Katode und Gate, mit „+" am Gate) über das Gate entlädt. Der Widerstand R_S dient dabei zur Strombegrenzung und somit zum Schutz des Gates. Mit dieser Variante wird ein guter Stellbereich etwa von der Zündspannung des Gates bis kurz vor 180 ° erreicht. Ein kleiner Sicherheitsabstand soll verhindern, dass die Zündung erst zur nächsten Halbwelle erfolgt und ebenfalls ein Flackern auftritt. Der Stellbereich kann aber mit dem Potentiometer (wegen der nicht konstanten Spannung) nur nicht linear verändert werden. Deshalb werden bei wichtigen Anlagen auch *Timerschaltkreise* eingesetzt.

Bei *induktiver Last* (z.B. schon bei einem Universalmotor) wird der Strom auch nach dem Spannungsnulldurchgang etwas weiterfließen, sodass bei Stromnulldurchgang ein schneller Spannungsanstieg möglich ist. Das kann zu einem Trägerstaueffekt im Thyristor bzw. Triac führen, wenn die Zeit nicht reicht, dass alle Ladungsträger aus der Gateschicht abfließen. Zur

Unterdrückung dieses Effekts ist die *TSE-Beschaltung* (C und R parallel zum Ventil) erprobt worden.

Zusätzlich sind unbedingt eine *Funkentstörung* (sonst wirken sich die Störungen bis mindestens in den UKW-Bereich aus) und eine *flinke Sicherung* zum Schutz der Ventile vorzusehen. Die Ventile können z.B. den Kurzschlussstrom einer defekten Last nicht bewältigen, bis eine normale Sicherung anspricht.

21.2.2 Messungen an einem Dimmer mit Phasenanschnitt

Die Arbeitsweise eines Dimmers mit Phasenanschnitt soll verdeutlicht werden.

Versuchsaufbau:

Anschluss des Dimmers (z.B. handelsübliche Unterputzausführung) und eines Oszilloskops über einen zusätzlichen Anschlusskasten (bei dessen Bau Sicherheitsvorschriften beachten!).

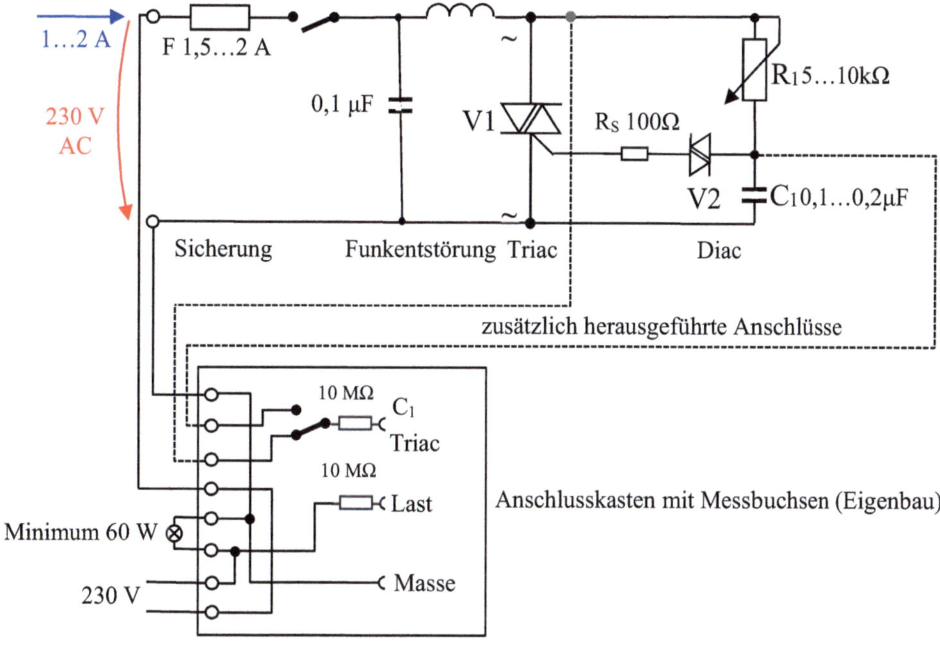

Abb. 21.14: Schaltung für den Versuchsaufbau

Versuchsdurchführung:

1. Öffnen des Dimmers zum Aufnehmen seiner Schaltung (nur dazu und spannungsfrei)
2. Inbetriebnahme und Funktionsprobe
3. Darstellen der Spannung an der Last (Glühlampe) in Abhängigkeit vom Zündwinkel α
4. Darstellen und Vergleich der Spannung am Thyristor in Abhängigkeit vom Zündwinkel
5. Darstellen der Spannung am Kondensator der Zeitsteuerung

Zusammenfassung der Versuchsergebnisse:

Der Phasenanschnitt ist gut zu erkennen und die Funktionsweise nachzuvollziehen.

21.2.3 Mit Frequenzumrichter gesteuerter Asynchronmotor

Frequenzumrichter für Asynchronantriebe sind in einem weiten Leistungsbereich verfügbar. Sie besitzen eine eigene Mikrorechnersteuerung. Ihr Ausgangsstrom wird sinusförmig

moduliert mit Taktfrequenzen meist über 20 kHz. Für kleine Leistungen (ca. bis 2 kW) ist oft
ein einphasiger Eingang trotz dreiphasigem Ausgang vorhanden. Mit dazugehöriger Software
werden sie über eine Schnittstelle vom PC aus konfiguriert und gegebenenfalls gesteuert. Für
den Betrieb stehen in der Regel neben der Frequenzsteuerung

- eine U/f-Abhängigkeit [281] für die Ausgangsspannungen oder
- eine Vektorsteuerung (vergleichbar mit einer Differenzbandsteuerung für alle drei
  Phasen mit der Möglichkeit einer lastabhängigen Regelung [282])

zur Verfügung.
Zusätzlich sind Überlastsicherungen mit Strom- und Temperaturüberwachung vorhanden.

Praxistipp: Die **Anwendung ist recht unkompliziert**. Messungen im Inneren des Frequenz-
umrichters sind aus Sicherheitsgründen nicht möglich. Die gut geglätteten Ströme und
Spannungen ($f_T > 20$ kHz) außen zeigen nicht mehr als die dazugehörende Software.

21.2.4 Netzgelöschter Wechselrichter

Ein **Stromwechselrichter** nach Abb. 21.15 gestattet nur eine Stromrichtung durch die Ventile
und somit auf der Gleichstromseite (vergleiche (Heu91 S. 116 ff) und (Mic92 S. 104 ff, 133)).
Da immer das nächste Ventil den Strom übernimmt, werden keine Freilaufdioden benötigt.
Bei der Untersuchung der Funktionsweise wird zur Vereinfachung die *Induktivität* L_d so groß
angenommen, dass der *Strom* I_d *völlig konstant* bleibt. (In der Praxis wird er etwas ansteigen
und abnehmen.)

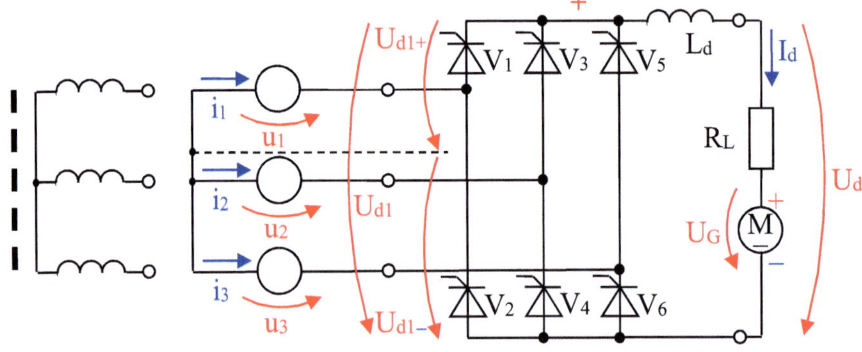

Abb. 21.15: Netzgeführter Gleich- und Wechselrichter (Zweiquadrantenbetrieb)

Das nachfolgende Ventil bei „+" kann nur den Strom *übernehmen*, wenn seine Phase zu
diesem Zeitpunkt eine *höhere positive Spannung* hat (z.B. bei $t = T/6$ wird $u_2 > u_1 = U_{d1+}$),
sodass nach seinem Zünden am bisherigen Ventil eine negative Spannung anliegt und
dasselbe gelöscht wird. Das zeigen die Pfeile in Abb. 21.16.

---

[281] Der Strom der Wicklungen wird ca. $U/\omega L$, sodass die Spannung entsprechend verringert werden muss, damit
I_N nicht überschritten wird.

[282] Die Regelung und Pulsmustersteuerung erfolgt mit Algorithmen, die Raumzeiger verwenden. Die
Bezeichnung der Steuerung variiert von „prädiktiver Stromsteuerung" über „Modellführungsverfahren" bis
„Vektorsteuerung".

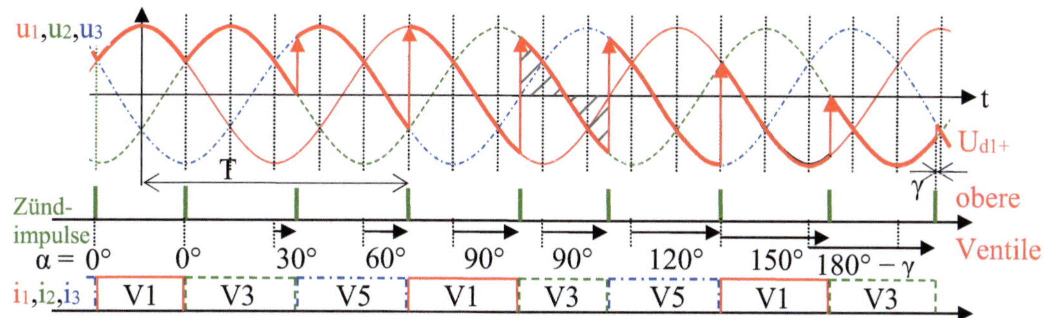

Abb. 21.16: Spannung U_{d1+} und Strom in Abhängigkeit vom Zündwinkel α

Besonders kritisch ist das Löschen bei $\alpha = 180°$, wo zur Sicherheit um den *Löschwinkel* γ vorher gezündet werden muss, damit bei 180° das Ventil sicher gelöscht ist, bevor das nächste Ventil nicht mehr höher positiv ist.

Bei *kleiner Zündverzögerung* werden zu U_{d1+} genau die jeweiligen Maxima der drei Phasen durchgeschaltet, die Energie liefert die Dreiphasenspannungsquelle und die Gleichspannungsquelle fungiert als Senke (Motor). Für eine Zündverzögerung $> 30°$ geht die Spannung etwas ins *Negative*. Sie ist gerade gleich viel im Positiven wie im Negativen bei genau $90°$ *mit dem Mittelwert null* (siehe Schraffur). Dabei wird jetzt die Energie zwischen Dreiphasen- und Gleichspannungsquelle *hin- und hergespeichert*. Trotz gleichbleibender Stromrichtung wird die Spannung U_{d1+} für eine Zündverzögerung $> 90°$ *im Mittel negativ* und hat bei $180° - \gamma$ den größten *negativen Mittelwert*. Dabei muss die Energie von der Gleichspannungsquelle geliefert werden und die Dreiphasenspannungsquelle fungiert als Senke (vergleiche Gleichstrommaschine im 1. und 4. Quadranten [283], Abb. 20.4). Das entspricht z.B. bei einem Elektrofahrzeug dem Rückspeisen der Energie beim Generatorbremsen.

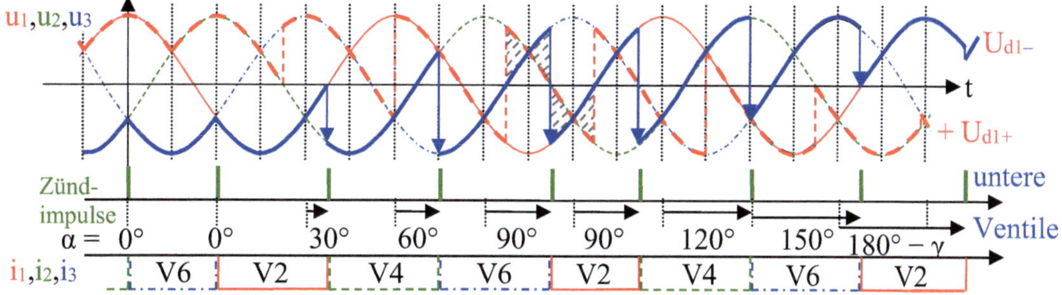

Abb. 21.17: Spannung U_{d1-} und Strom in Abhängigkeit vom Zündwinkel α

Die Spannung und den Strom bei U_{d1-} zeigt Abb. 21.17. Hier kann das nächste Ventil nur den Strom übernehmen, wenn die Spannung seiner Phase stärker negativ ist.

Zur Verdeutlichung ist neben der Spannung U_{d1-} die Spannung bei U_{d1+} gestrichelt eingezeichnet. Die Spannung zwischen „+" und „−" ist zu jedem Zeitpunkt $U_{d1} = U_{d1+} + U_{d1-}$ (bei 90° wieder der schraffierte Bereich, der im Mittel null ergibt).

Praxistipp: Es ist deutlich erkennbar, wie die Spannung U_{d1} mit *Vergrößerung der Zündverzögerung* im Mittel *kleiner*, dann *null* und danach zunehmend *negativ* wird.

Den Spannungsunterschied zwischen U_{d1} und U_d muss die *Induktivität* tragen. Der Strom wird somit (wenn auch bei einer großen Induktivität gering) wegen $L\,di/dt$ zu- bzw. abnehmen. Die Induktivität wirkt damit als Speicher für die Mittelwertbildung. Wenn der Strom fast konstant ist, ist auch $R_L I_d$ und somit U_d fast konstant.

---

[283] Kennlinie mit Drehrichtungsumkehr bedeutet, dass der 3. zum 4. und der 1. zum 3. Quadranten wird.

Die *Stromübernahme* geschieht in der Praxis innerhalb einiger µs (siehe Abb. 21.18). Dabei

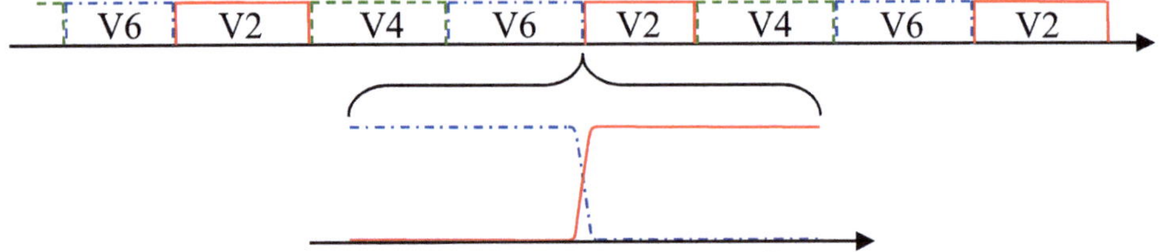

Abb. 21.18: Stromübernahme durch das nächste Ventil

wird das vorhergehende Ventil gelöscht (alle Ladungsträger aus der Gateschicht entfernt) und
das neue wird über die ganze Fläche vollständig leitend.

Nur wenn γ *zu klein* gewählt wurde, reicht die Zeit nicht zum vollständigen Löschen und der
Thyristor zündet kurz danach bei positiver Spannung wieder durch. Dann sind nach kurzer
Zeit gegenüberliegende Thyristoren leitend, was zum Kurzschluss von U_d führt. Das
sogenannte *Kippen des Wechselrichters* kann schwere Schäden verursachen.

21.2.5 Messen an einem netzgelöschten Wechselrichter

Der netzgelöschte Wechselrichter kann als das am einfachsten handhabbare Beispiel eines
Wechselrichters untersucht werden.

Versuchsaufbau:

Von einem Maschinensatz (Abb. 21.19) mit Antriebsmaschine (Gleichstrommotor/-generator)
und Stromerzeuger (Gleichstromgenerator /-motor) soll mit einem Wechselrichter
(Abb. 21.20) Energie in ein Wechselstromnetz eingespeist werden. Dazu ist eine
Messschaltung zur Messung von Wirk-, Scheinleistung (U_{eff} und I_{eff}), U_d, I_d und $\cos\varphi$ zu
erarbeiten und aufzubauen.

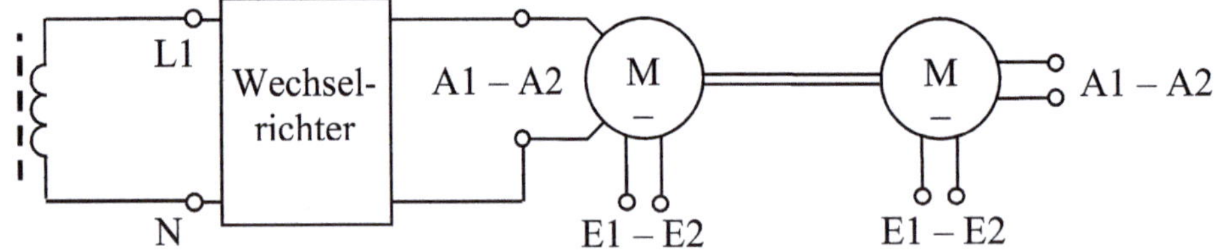

Abb. 21.19: Netztrenntrafo, Wechselrichter und Maschinensatz

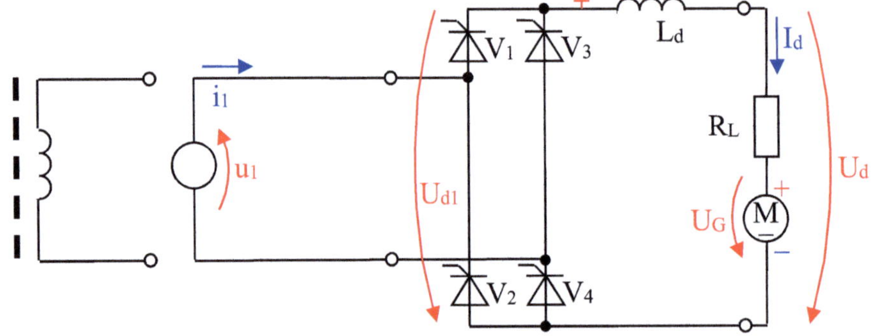

Abb. 21.20: Einphasenstromwechselrichter für Zweiquadrantenbetrieb

Da die Katoden auf verschiedenen Potentialen liegen, muss in der Praxis die Ansteuerung
zwischen Katode und Gate mit Impulsübertragern galvanisch getrennt werden
(Abb. 21.21).
Eine Ansteuerung für die Impulse zum Phasenanschnitt sollte vorbereitet sein.

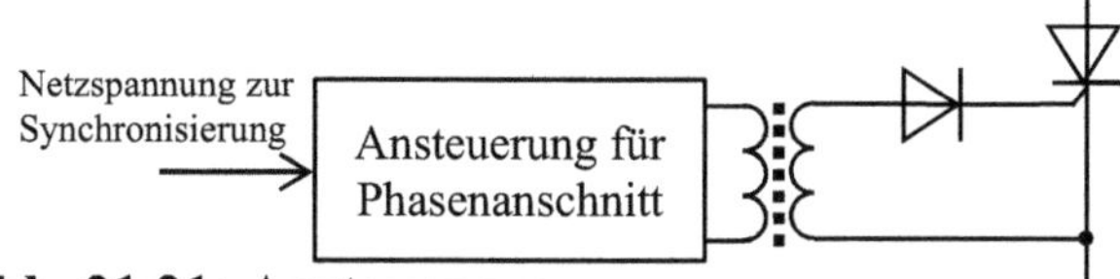

Abb. 21.21: Ansteuerung

Hinweis: Bei relativ kleinen Leistungen (< 200 W) muss zur Phasenmessung und zur
Darstellung von Strömen und Spannungen ein Oszilloskop mit potentialfreien
Eingängen und für den Strom einen Shunt mit ca. 1 Ω eingesetzen werden.

Versuchsdurchführung:

Mit dem Wechselrichter sind
1. der Gleichrichterbetrieb mit $\alpha = 0°$ bis 90° (Motorbetrieb mit Leistungsentnahme aus
dem Wechselstromnetz) und
2. der Wechselrichterbetrieb mit $\alpha = 90°$ bis $180° - \gamma$ (Einspeisen von Leistung des
Gleichstromgenerators ins Wechselstromnetz)
zu untersuchen und zu demonstrieren.
Eine kompetente fachliche Anleitung ist für den Versuch erforderlich!

Zusammenfassung der Versuchsergebnisse:

Die in Abschnitt 21.2.4 erläuterten Verhältnisse können – übertragen auf einen
Einphasenbetrieb – gut nachvollzogen werden.

21.3 Entwicklungstrends

Entwicklungsziele sind kleinere Baugrößen, höherer Wirkungsgrad und bessere Netzqualität.
Dem dienen:
- Integration mehrerer Ventile und von Teilen der Steuerung in leistungselektronische
Module,
- Erhöhung der Taktfrequenz, damit Verkleinerung von Induktivitäten,
- Weiterentwicklung abschaltbarer Ventile, insbesondere geringere Verluste, höhere
Durchlassströme und höhere Sperrspannungen,
- Übergang zu neuen Halbleitermaterialien, insbesondere zu Siliciumkarbid (SiC) und
Galliumnitrit (GaN) für Dioden und Leistungsfeldeffekttransistoren,
- Arbeiten an verbesserten Schaltungsdetails entsprechend der Anforderungen von den
Anwendungen.

Daneben erfolgt außer der Weiterentwicklung bestehender die Erschließung immer neuer
Anwendungen. Es geht z.B. um
- Verbesserungen der Wechselrichter in der Fotovoltaik,
- den Einsatz für doppeltgespeiste Asynchronmaschinen bei Windkraftanlagen,
- den Einsatz für neue Strecken zur Hochspannungsgleichstromübertragung,
- Lösungen für die Energiespeicherung mit Akkumulatoren,
- Verbesserungen der Steuerungen von leistungsstarken LED-Beleuchtungen.

22 Kurzes Fazit zur Arbeit im Beruf

Bei der Bewältigung beruflicher Aufgabenstellungen in der Elektrobranche geht es sowohl in der beruflichen Facharbeit als auch in akademischen Berufen regelmäßig um die praktische Anwendung der in diesem Buch dargestellten elektrotechnischen Sachverhalte. Die Lösung beruflicher Problemstellungen verlangt dabei häufig eine anwendungsbezogene Komposition verschiedener Teilaspekte der einzelnen Kapitel dieses Lehrgangs. Das Erkennen der zur Aufgabenerfüllung notwendigen Aspekte der Elektrotechnik stellt einen wesentlichen Aspekt beruflicher Handlungskompetenz dar und sollte daher in institutionellen Bildungsgängen als Kompetenzanforderung Berücksichtigung finden ((Rie00 S. 155–164) (Fis03)). Berufliche Aufgabenstellungen stellen einen sequenziellen Ablauf von Tätigkeiten dar, die von der Annahme und Analyse eines Auftrags bis zur abschließenden Kontrolle und Übergabe an einen, zum Teil auch innerbetrieblichen, „Kunden" reicht. Insbesondere in industriellen Kontexten gehören mehrere Arbeitsprozesse, die parallel oder sequenziell angeordnet sind, zu einem zusammenhängenden Geschäftsprozess. Berufliche Arbeits- und Geschäftsprozesse eint der Zweck der Wertschöpfung, also der Herstellung von Produkten bzw. der Bereitstellung von Dienstleistungen. Arbeits- bzw. Geschäftsprozesse folgen abstrakten Verlaufsmustern und lassen sich daher zur allgemeinen Beschreibung beruflicher Tätigkeiten verwenden. ((Häg02) (Bra05 S. 157–163)) Bei der Bearbeitung beruflicher Arbeits- und Geschäftsprozesse entstehen verschiedene Schnittstellen zu anderen Disziplinen. Hierbei kann es sich – wie beispielsweise in der Baubranche – um andere technische Fachrichtungen handeln. Es ergeben sich darüber hinaus stets Schnittstellen zu betriebswirtschaftlichen betrieblichen Prozessen. Daraus resultiert in beruflichen Anforderungssituationen stets die Notwendigkeit einer interdisziplinären Denkweise, wie es bereits in Kapitel 1 dieses Lehrgangs beschrieben worden ist.

Um die mehrdimensionalen Anforderungen, die sich aus der Bearbeitung von beruflichen Arbeits- und Geschäftsprozessen ergeben, in der Berufsausbildung zu berücksichtigen, sind seit 1996 die neu verabschiedeten Rahmenlehrpläne für den Unterricht an der Berufsschule nach sogenannten Lernfeldern, anstelle von traditionellen Unterrichtsfächern, gegliedert, die auf die Förderung ganzheitlicher Kompetenzen zur Bearbeitung komplexer beruflicher Aufgabenstellungen und nicht die Förderung von isoliertem Fachwissen abzielen. Eine beispielhafte Gegenüberstellung der Lernfelder der Ausbildungsberufs Elektroniker*in für Energie- und Gebäudesysteme ist in Tabelle 22.1 dargestellt.

Im Bereich der akademischen (Ingenieur*innen) Bildung zeigen sich an ersten Hochschulen Bestrebungen, berufliche Problemstellungen anstelle des tradierten Fächerkanons als strukturgebende Elemente der Studienordnungen zu nutzen. Innovative Beispiele zeigen sich in den Bachelorstudiengängen Maschinenbau und Verfahrenstechnik der Universität Bremen (Uni25) und Maschinenbau – Product Engineering and Context der TH Köln (THK25).

Lernfeld	Abschnitt
Elektrotechnische Systeme analysieren, Funktionen prüfen und Fehler beheben	(2), 4, 5, 9
Elektrische Systeme planen und installieren	(2), 4, 5, 6, 11
Steuerungen und Regelungen analysieren und realisieren	15
Informationstechnische Systeme bereitstellen	16
Elektroenergieversorgung und Sicherheit von Anlagen und Geräten konzipieren	(2), 4, 5, 6, 9, 11, (19)
Elektrotechnische Systeme analysieren und prüfen	(2), 4, 9, 11,
Steuerungen und Regelungen für Systeme programmieren und realisieren	15
Energiewandlungssysteme auswählen und integrieren	(2), 4, 5, 6, 9, 11, 13, 19, 20
Kommunikation von Systemen in Wohn- und Zweckbauten planen und realisieren	16
Elektrische Geräte und Anlagen der Haustechnik planen, in Betrieb nehmen und übergeben	(2), 4, 5, 9, 11
Energietechnische Systeme errichten, in Betrieb nehmen und instand halten	(2), 4, 5, 6, 9, 11
Energie- und gebäudetechnische Anlagen planen und realisieren	(2), 4, 5, 6, 9, 11
Energie- und gebäudetechnische Systeme anpassen und dokumentieren	(2), 4, 5, 6, 9, 11

Tabelle 22.1: Zusammenhang Lernfelder – Abschnitte

In der gewerblich-technischen Berufsausbildung (insbesondere in der Fachrichtung Elektrotechnik) hat sich der Einsatz **technischer Lernsysteme** zur Förderung fachlicher Handlungskompetenzen etabliert. Im Rahmen des arbeitsprozessorientierten Berufsschulunterrichts sollen diese Lernsysteme die Durchführung von realitätsnahen Arbeitsprozessen ermöglichen und zugleich elektrotechnisches Wissen, wie es in diesem Buch beschrieben wird, fördern und herausbilden.

Für die Entwicklung und den Einsatz solcher technischen Lernsysteme sind dabei vielseitige didaktische Überlegungen, aber auch ein genaues Verständnis der beruflichen Aufgaben sowie der elektrotechnischen Grundlagen notwendig. In (Kal15) wird ein Vorgehensmodell entwickelt, das diese Anforderungen vereint und eine Handlungsempfehlung für Lehrkräfte und Ausbilder gibt.

23 Lösungen der Übungsaufgaben

23.1 Lösungen zu Abschnitt 4

Zu Aufgabe 4.1

1) Der Strom ist $I = \dfrac{dQ}{dt} = \dfrac{Q}{t}$ für $\dfrac{dQ}{dt} =$ const in t und die Gesamtladung ist $Q = N \cdot q_o$.

$$Q = I \cdot t \rightarrow Q = 1{,}5\ \text{A} \cdot 3600\ \text{s} = \underline{5400\ \text{As}}$$

$$N = Q/q_0 = 5400\ \text{As}/(1{,}6 \cdot 10^{-19}\ \text{As}) = \underline{3{,}38 \cdot 10^{22}}\ \text{Elektronen}$$

2) In $1\,\text{cm}^3$ können so viele Elektronen zur Leitung beitragen, wie es Atome gibt.

$$n = \frac{\gamma}{m_{cu}} \quad \text{und} \quad \rho = \frac{dQ}{dV} = \frac{Q}{V} = n q_0 \quad \text{für} \ \frac{dQ}{dV} = \text{const}$$

$$n = \frac{\gamma}{m_{cu}} = \frac{8{,}93\,\text{g/cm}^3}{106 \cdot 10^{-24}\,\text{g}} = \underline{\underline{8{,}42453 \cdot 10^{22}\ \text{cm}^{-3}}}$$

$$\rho = n\,q_0 = 8{,}42453 \cdot 10^{22}\ \text{cm}^{-3} \cdot 1{,}6 \cdot 10^{-19}\ \text{As} = \underline{13{,}5\ \text{As/mm}^3}$$

3) Die Stromdichte war $S = \dfrac{dI}{dA_\perp} = \dfrac{I}{A_\perp}$ für $\dfrac{dI}{dA_\perp} = $ const über $A_\perp$

$$S = \frac{1{,}5\ \text{A}}{1{,}5\ \text{mm}^2} = \underline{1\ \text{A/mm}^2}$$

4) Die Geschwindigkeit ist Weg pro Zeit. Dabei ist der Weg gleich Volumen des Leiters geteilt durch die Querschnittsfläche. Das Volumen muss genau die Anzahl Elektronen N enthalten, die der Strom in der gegebenen Zeit t benötigt.

Die Elektronen dieses Volumens müssen genau einmal durch die Querschnittsfläche fließen.

$$V = \frac{N}{n} = \frac{3{,}38 \cdot 10^{22}}{8{,}42453 \cdot 10^{22}\ \text{cm}^{-3}} = 0{,}4\,\text{cm}^3$$

$$l_L = \frac{V}{A_\perp} = \frac{400\,\text{mm}^3}{1{,}5\,\text{mm}^2} = 267\,\text{mm}$$

$$v_d = \frac{l_L}{t} = \frac{267\ \text{mm}}{3600\ \text{s}} = \underline{0{,}074\ \text{mm/s} \approx 0{,}1\ \text{mm/s}}$$

Oder aus $S = v_d\ \rho$:

$$v_d = \frac{S}{\rho} = \frac{1\,\text{A mm}^{-2}}{13{,}5\,\text{As/mm}^3} = \underline{0{,}074\,\text{mm/s} \approx 0{,}1\,\text{mm/s}}$$

Dieses sind alltägliche Größenordnungen. Beachte:

- Es sind von der Größenordnung her ca. 10^{22} Elektronen beteiligt.
- Diese bewegen sich für den Strom mit der winzigen Driftgeschwindigkeit $\approx 0{,}1$ mm/s.
- Sie schieben sich aber durch die Kraftwirkungen ihrer Felder gegenseitig mit einer Ausbreitungsgeschwindigkeit des Stromes entsprechend der Lichtgeschwindigkeit des Mediums vorwärts. Dadurch kommt praktisch sofort der gesamte Stromkreis in Bewegung.
- Als zulässige Stromdichte bei Hausinstallationen wird 6 A/mm² angesehen. Damit wären 10 A (und so die Driftgeschwindigkeit ≈ 1 mm/s) für 1,5 mm².

Zu Aufgabe 4.2

1) S = const über $A_\perp$ (der Fläche eines halben Zylinders des versunkenen Leiters)

$$A_\perp(r) = \frac{2\pi r\, 1}{2} = \pi\, r \cdot 1\,\text{m} = 314{,}15\ \text{cm} \cdot r\,.$$

$$S(r) = \frac{I}{A_\perp(r)} = \frac{100\,\text{A}}{3{,}1415\ \text{m} \cdot r} = r^{-1} \cdot 31{,}8\,\text{A/m}; \quad E(r) = \frac{S(r)}{\kappa_{\text{Erde}}} = \frac{31{,}8\,\text{A/m}}{r \cdot 10^{-2}\,\text{A/Vm}} = \frac{3180\,\text{V}}{r}$$

2) Die Schrittspannung kommt durch die unterschiedlichen Potentiale zwischen den beiden
Füßen zustande. Sie ist in diesem Fall gegeben durch:

$$U_S = \int_{r_1}^{r_1+0,5\,\text{m}} E(r)\,dr = 3180\ \text{V} \int_{r_1}^{r_1+0,5\,\text{m}} \frac{dr}{r} = 3180\ \text{V} \cdot \ln\left(\frac{r_1 + 0{,}5\ \text{m}}{r_1}\right)\,.$$

Abstand in m	1	5	10	15	20	25	30
Schrittspannung in V	1290,635	303,381	155,303	104,373	78,599	63,033	52,561

3)

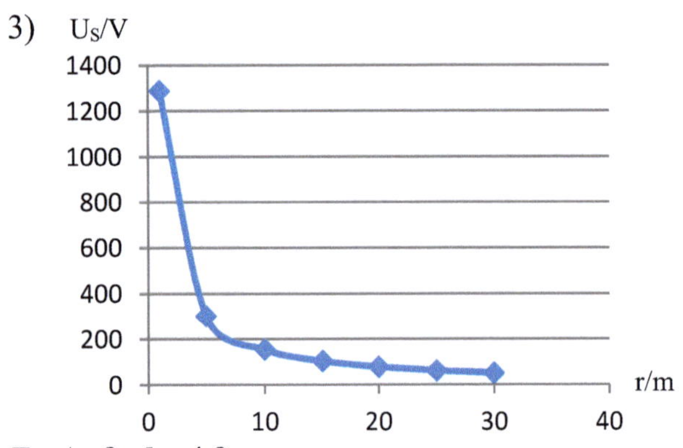

Die Schrittspannung beträgt über 1000 V
und wird erst in einer Entfernung über
30 m kleiner als 50 V. Wenn man sich
zufällig näher befindet, besteht nur die
Möglichkeit, mit geschlossenen Füßen
zu springen (ohne umzufallen!).
Vergleiche auch Abschnitt 4.1.5 letzte
Messaufgabe.

Zu Aufgabe 4.3

$$I_V = \frac{U}{R_V} = \frac{100\ \text{V}}{10\ \text{k}\Omega} = 0{,}01\,\text{A}$$

Damit wird: $\quad I_R = I_m - I_V = 0{,}1\,\text{A}$

$$R = \frac{U}{I_R} = \frac{100\,\text{V}}{0{,}1\,\text{A}} = 1\ \text{k}\Omega \qquad G = \frac{1}{R} = 1\ \text{mS}$$

Zu Aufgabe 4.4

$$A_\perp = \frac{\pi d^2}{4} = 0{,}071\,\text{mm}^2, \qquad R = \frac{l_{\text{leiter}}}{\kappa \cdot A_\perp} \rightarrow$$

$$l_{\text{leiter}} = R \cdot \kappa \cdot A_\perp = 2\,\text{k}\Omega \cdot 56\,\text{m/}\Omega\text{mm}^2 \cdot 0{,}071\,\text{mm}^2 = 7916\ \text{m}$$

Länge bis zur Fehlerstelle ist die Hälfte, also <u>3958 m</u>.

Zu Aufgabe 4.5

1) $\qquad \Delta\vartheta = 40\ ^\circ\text{C} - 20\ ^\circ\text{C} = 20\ \text{K}$

$$R_\vartheta = R_{20}(1 + \alpha_{20} \cdot \Delta\vartheta) = 2\,\text{k}\Omega(1 + 3{,}93 \cdot 10^{-3}\,\text{K}^{-1} \cdot 20\,\text{K}) = 2\,\text{k}\Omega \cdot 1{,}078 = \underline{\underline{2157\,\Omega}}$$

2) $\qquad$ In $R = \dfrac{l_{\text{leiter}}}{\kappa \cdot A_\perp}$ wird $\dfrac{1}{\kappa_{40}} = \dfrac{1}{\kappa_{20}} \cdot (1 + \alpha_{20} \cdot \Delta\vartheta)$, d.h., es wird

$$\kappa_{40} = 56\,\text{m/}\Omega\text{mm}^2 / (1 + 3{,}93 \cdot 10^{-3}\,\text{K}^{-1} \cdot 20\,\text{K}) = 51{,}92\ \text{m/}\Omega\text{mm}^2 \text{ verwendet.}$$

(Änderung von l und $A_\perp$ mit der Temperatur sind vernachlässigbar)

$$l_{leiter} = R \cdot \kappa_{40} \cdot A_\perp = 200\,\Omega \cdot 51.92\,\frac{m}{\Omega mm^2} \cdot 0,07\,mm^2 = 7372\ m$$

Länge einer Ader beträgt die Hälfte <u>3686 m</u>.

Zu Aufgabe 4.6

$$R = \frac{l_{leiter}}{\kappa \cdot A_\perp} \rightarrow R = \frac{50\,m}{56\,\frac{m}{\Omega mm^2} \cdot 0,07\,mm^2} = \frac{50}{3,92}\,\Omega = 12,7\ \Omega$$

Zu $4\,\Omega$ des Lautsprechers kommen 2 x 12,7 Ω = <u>25,4 Ω</u> hinzu und verringern den Strom.

Zu Aufgabe 4.7

1) Mit den Werten aus der Kennlinie werden:

$I_Z(I_{Last}=0) = I_{z\ max} = 100$ mA $\rightarrow R_{vor} = (6\ V - 5,1\ V) / 100$ mA = <u>9 Ω</u>

2) Mit den Werten aus der Kennlinie werden:

$I_{Last\ max} = (6\ V - 4,9\ V) / 9\ \Omega - 0,3$ mA = <u>122 mA > 65 mA</u>

Zusatzaufgabe: Mit den Werten aus der Kennlinie werden:

$I_Z(I_{Last}=0) = I_{z\ max} = 100$ mA $\rightarrow R_{vor\ max} = (6,3\ V - 5,1\ V) / 100$ mA = <u>12 Ω</u>

$I_{Last\ max\ min} = (5,9\ V - 4,9\ V) / 12\ \Omega - 0,3$ mA = <u>83 mA > 65 mA</u>

Zu Aufgabe 4.8

1) Spannungsteilerregel:

$$\frac{U_{Osz}}{U_{Mess}} = \frac{R_{E\,Osz}}{R_{E\,Osz} + R_V} \rightarrow R_V = \frac{U_{Mess}\,R_{E\,Osz}}{U_{Osz}} - R_{E\,Osz} = \frac{3000\,V \cdot 10\,M\Omega}{300\,V} - 10\,M\Omega = \underline{\underline{90\,M\Omega}}$$

2) Um einen Überschlag zu vermeiden, sind 9 mal 10 $M\Omega$ geradlinig hintereinander anzuordnen, dadurch entsteht eine <u>Gesamtlänge von 9 cm</u>.

Zu Aufgabe 4.9

Parallel- und Reihenschaltung, um einerseits den Strom aufzuteilen und andererseits 6 Ω zu erreichen

$$\frac{1}{R_{ges}} = \frac{1}{R_1 + R_2 + R_3} + \frac{1}{R_4 + R_5 + R_6} = \frac{1}{12\,\Omega} + \frac{1}{12\,\Omega} \rightarrow R_{ges} = \underline{\underline{6\,\Omega}}.$$

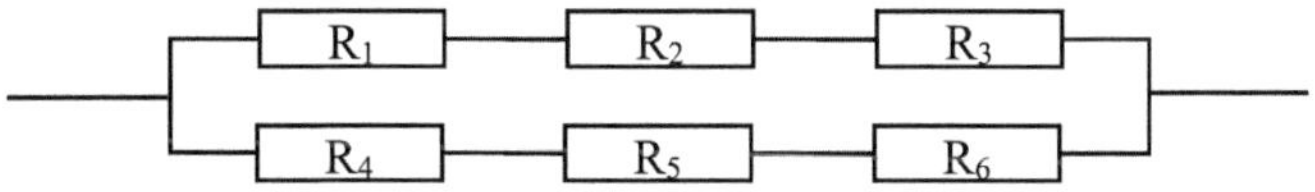

Zu Aufgabe 4.10

1)

Im 10 V Messbereich ist $R_E = 10 \cdot 10\ k\Omega = 100\ k\Omega$.

$$\frac{U_{Mess}}{U_{Batterie}} = \frac{R_1}{R_1 + R_2} \rightarrow U_{Mess} = U_{Batterie} \cdot \frac{R_1}{R_1 + R_2} = 10\,V \cdot \frac{100\,k\Omega}{100\,k\Omega + 50\,k\Omega} = \underline{6,7\,V}$$

mit Voltmeter:

$$\frac{U_{Mess}}{U_{Batterie}} = \frac{R_1 \parallel R_{Mess}}{R_1 \parallel R_{Mess} + R_2} \rightarrow U_{Mess} = U_{Batterie} \cdot \frac{R_1 \parallel R_{Mess}}{R_1 \parallel R_{Mess} + R_2} = 10\,V \cdot \frac{50\,k\Omega}{50\,k\Omega + 50\,k\Omega} = \underline{5\,V}$$

Messfehler $= (6{,}7 - 5)/6{,}7 = \underline{\underline{25\,\%}}$.

2)

Widerstand des Messgerätes ist 100-mal größer als 100 kΩ $\rightarrow$ Fehler $\underline{\underline{\leq 1\,\%}}$.

Zu Aufgabe 4.11

Für eine Wicklung: $P_W = U_{eff} \cdot I_{eff} \cdot \cos\varphi$, $P_b = U_{eff} \cdot I_{eff} \cdot \sin\varphi$, $P_S = U_{eff} \cdot I_{eff}$, $\eta = \dfrac{P_{ab}}{P_{zu}}$ $\rightarrow$

$$P_W = 3\,U_{eff\,L1\text{-}N} \cdot I_{eff\,L1\text{-}N} \cdot \cos\varphi = 3 \cdot 230V \cdot 0{,}93A \cdot 0{,}78 = \underline{\underline{500W}}$$

$$P_s = 3\,U_{eff\,L1\text{-}N} \cdot I_{eff\,L1\text{-}N} = 3 \cdot 230\,V \cdot 0{,}93\,A = \underline{\underline{641{,}7\,W}}$$

$$P_b = \sqrt{P_s^2 - P_W^2} = \underline{\underline{402\,W}}$$

$$\eta = \frac{P_{ab}}{P_{zu}} = \frac{P_{Mech}}{P_W} = \frac{330\,W}{500\,W} = 0{,}66 = \underline{\underline{66\,\%}}.$$

Zu Aufgabe 4.12

1)

$$I_{Max} = \sqrt{\frac{P}{R}} = \sqrt{\frac{0{,}125\,W}{470\,\Omega}} = \underline{\underline{0{,}016\,A}}$$

2)

Der $\underline{\underline{\text{Effektivwert ist der gleiche}}}$ wie bei 1).

Zu Aufgabe 4.13

Glühlampe $P_{Licht} = \eta \cdot P_{el} = 0{,}05 \cdot 100\,W = \underline{\underline{5\,W}}$

LED-Array $P_{el} = \dfrac{P_{Licht}}{\eta} = \dfrac{5\,W}{0{,}4} = \underline{\underline{12{,}5\,W}}$

Zusatzaufgabe:

Energiesparlampe $P_{el} = \dfrac{P_{Licht}}{\eta} = \dfrac{5\,W}{0{,}25} = \underline{\underline{20\,W}}$

Zu Aufgabe 4.14

1)

$$I_{Max} = \frac{U_{eff}}{R} = \frac{20\,V}{4\,\Omega} = \underline{\underline{5\,A}} \rightarrow P = U \cdot I = 20\,V \cdot 5\,A = \underline{\underline{100\,W}}$$

2)

$$I = \frac{U_{eff}}{R} = \frac{20\,V}{8\,\Omega} = \underline{\underline{2{,}5\,A}} \rightarrow P = U \cdot I = 20\,V \cdot 2{,}5\,A = \underline{\underline{50\,W}}$$

3)

Die beiden Lautsprecher sind parallel anzuschließen $\rightarrow \underline{\underline{R_{Gesamt} = 4\,\Omega}}$.

Zu Aufgabe 4.15

$m = (96485^{-1})\,(A_{Ag}/z)\,(Q/As)\,g = (96485^{-1})\,(107{,}9/1)\,(1\,A\ 3600\,s/As)\,g = \underline{\underline{4{,}0\,g}}$

Zu Aufgabe 4.16

1)

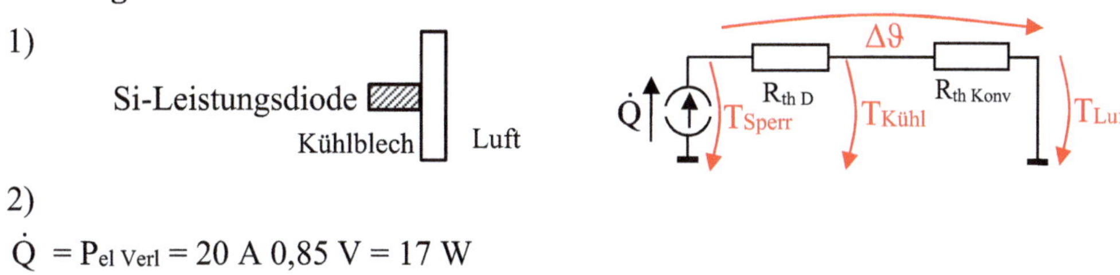

2)

$\dot{Q}$ = $P_{el\,Verl}$ = 20 A 0,85 V = 17 W

$\Delta\vartheta$ = $T_{Sperr} - T_{Luft}$ = 150 °C – 25 °C = 125 K   entspricht dem Maschensatz

$R_{th\,Konv}$ = 1/(k A) = 1/(10^{-3} W cm^{-2} K^{-1} $A_{Kühl}$)

$\Delta\vartheta$ = $\dot{Q}$ ($R_{th\,D}$ + $R_{th\,Konv}$) = $\dot{Q}$ [$R_{th\,D}$ + 1/(10^{-3} W cm^{-2} K^{-1} $A_{Kühl}$)] $\rightarrow$

$A_{Kühl}$ = 1/[($\Delta\vartheta$/$\dot{Q}$ – $R_{th\,D}$)10^{-3} W cm^{-2} K^{-1}] = 1/[(125 K/17 W – 2 K/W) 10^{-3} W cm^{-2} K^{-1}]

      = (10^3/5,35) cm^2 = <u>187 cm^3</u>

Zu Aufgabe 4.17

1)

Φ = a P_{el} = 80 lm/W   4 W = <u>320 lm</u>

2)

Halbkugelfläche: A = $2\pi\,r^2$

E = Φ/A = Φ/($2\pi\,r^2$) $\rightarrow$ r = [Φ/(2π E)]$^{1/2}$ = [320 lm/(2π 500 lm m^{-2})]$^{1/2}$ = 0,32 m = <u>32 cm</u>

23.2 Lösungen zu Abschnitt 5

Zu Aufgabe 5.1

Für die Spannungsfestigkeit müssen 2 Kondensatoren in Reihe verwendet werden.

$U_{ges} = U_1 + U_2$ = 15 V + 15 V = 30 V

$$\frac{1}{C_{Reihe}} = \frac{1}{C_1} + \frac{1}{C_2} = \frac{1}{2000\ \mu F} + \frac{1}{2000\ \mu F} \rightarrow C_{Reihe} = 1000\ \mu F$$

Für 2000 µF kann eine Parallelschaltung eingesetzt werden.

$C_{ges} = C_{Reihe1} + C_{Reihe2}$ = 1000 µF + 1000 µF = 2000 µF

Es ist bei gleichem C egal, ob erst in Reihe und dann parallel oder umgekehrt geschaltet wird.

Zu Aufgabe 5.2

Für einen konstanten Strom und $u_c(0) = 0$ folgt:

$$u_c(t) = \frac{I}{C}\int_0^t dt = \frac{I}{C}t \quad \text{von } 0 \le t \le T_1,$$

danach kommt nichts mehr dazu.

Zu Aufgabe 5.3

1) Zur Lösung der DGL siehe Abschnitt 8.2.

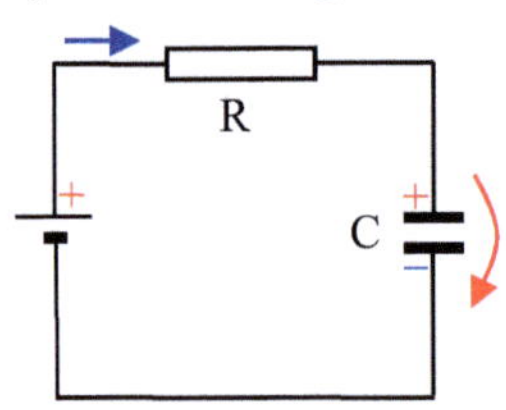

Maschensatz   Strom-Spannungs-Beziehungen

$u_R + u_C - U_0 = 0$ $u_R = i\,R$ $i = C\,du_C/dt$

$\rightarrow RC\,du_C/dt + u_C = U_0$

Lösung: $u_{C\,\text{homogen}} = k\,e^{-t/RC}$, $u_{C\,\text{inhomogen}} = U_0$ und $u(t=0) = 0$

$\underline{u_C = U_0(1 - e^{-t/RC})}$ und $\underline{i = (U_0\,e^{-t/RC})/R}$

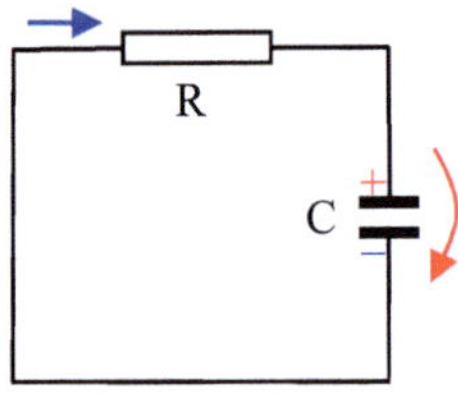

$u_R + u_C = 0$ $u_R = i\,R$ $i = C\,du_C/dt$

$\rightarrow RC\,du_C/dt + u_C = 0$

Lösung: $u_{C\,\text{homogen}} = k\,e^{-t/RC}$ und $u(t=0) = U_0$

$\underline{u_C = U_0\,e^{-t/RC}}$ und $\underline{i = -\,(U_0\,e^{-t/RC})/R}$

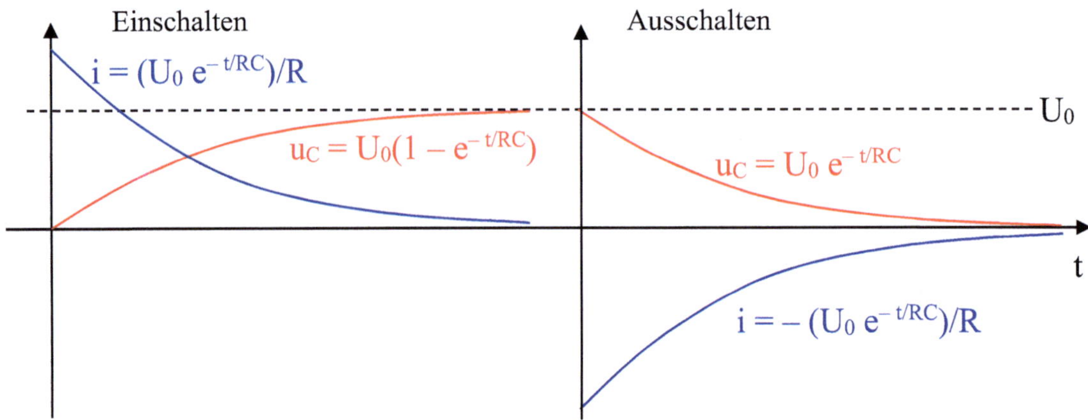

2)
Für die Kurven gibt es zwei Parameter: U_0 und $\tau = RC$. Die Zeitkonstante τ bestimmt den Zeitverlauf der Vorgänge.

Zusatzaufgabe:
Für den Strom $i = (U_0\,e^{-t/RC})/R$ folgt zum Zeitpunkt $t = \tau = RC$:

$i = (U_0\,e^{-1})/R = U_0\,/(e\,R) = i(0)/e$ oder i_{Max}/e.

Es wird z.B. mit dem Kursor die Zeit gesucht, zu der $i = i_{\text{Max}}/e$ ist.

Die Subtangente (der Abschnitt unterhalb des Punkts P der Tangente und des Schnittpunkts der Tangente mit der t-Achse) ist bei dieser Exponentialfunktion immer gleich τ .

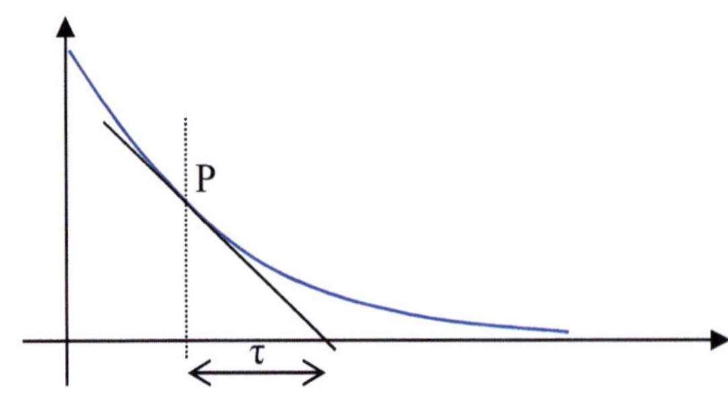

Zu Aufgabe 5.4

1)

$$\tau = R \cdot C \;\rightarrow\; R = \frac{\tau}{C} \;\rightarrow\; R = \frac{10\,s}{10\,\mu F} = \underline{\underline{1\,M\Omega}}$$

2)

Der Leckwiderstand wirkt als Parallelwiderstand zu 1 MΩ.

$R \| R_{Leck} = 10\,M\Omega \cdot 1\,M\Omega / (10\,M\Omega + 1\,M\Omega) = 10/11\,M\Omega = 0{,}909\,M\Omega$ ca. 10 % kleiner.

$\tau = R \cdot C = 0{,}909\,M\Omega \cdot 10\,\mu F = \underline{\underline{9{,}09\,s}}$ ca. 10 % kürzer.

Zu Aufgabe 5.5 *

$C = Q/U = D \cdot A/U = D \cdot A/[E_1(d-d_f) + E_2\,d_f]$ mit $E = D/(\varepsilon_0\,\varepsilon_r)$

$C = D \cdot A/[(d - d_f)\,D/(\varepsilon_0\,\varepsilon_{r1}) + d_f\,D/(\varepsilon_0\,\varepsilon_{r2})] = A\,\varepsilon_0\,/[(d - d_f)/\varepsilon_{r1} + d_f/\varepsilon_{r2}]$ entspricht $C_1\|C_2$

$C = 0{,}1 \cdot 1\;m^2 \cdot 8{,}854 \cdot 10^{-12}\;AsV^{-1}m^{-1}/[0{,}5\;mm - d_f\,(1 + 1/2{,}4)]$

$C(d_f) = 885{,}4\;pF\;mm/(0{,}5\;mm + 1{,}42\;d_f) = \underline{0{,}8854\;nF/(0{,}5 + 1{,}42\;d_f/mm)}$

$C(0{,}2\;mm) = 885{,}4\;pF/0{,}784 = \underline{1{,}13\;nF}$

Zu Aufgabe 5.6

$W = C\,U^2/2 = 250\;\mu F\;(500\;V)^2/2 = 250 \cdot 0{,}25/2\;Ws = \underline{31\;Ws}$

Zu Aufgabe 5.7

1)

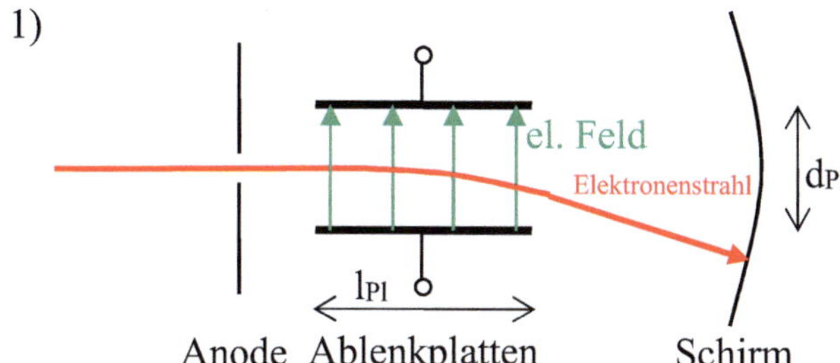

Die Beschleunigung in y-Richtung ist konstant $\rightarrow b_y = dv_y/dt = F/m_{el} = -q_0 \cdot E/m_{el}$

$\rightarrow$ Geschwindigkeit in y-Richtung $v_y = b_y\,t_{Ablenk} = (-q_0 \cdot E/m_{el})\,(l_{Pl}/v_0) = -q_0 \cdot E\,l_{Pl}/m_{el}\,v_0$

mit $v_0 = 593\;(U/V)^{-\frac{1}{2}}\;km/s = 593\;(2000\;V/V)^{-\frac{1}{2}}\;km/s = 26000\;km/s$

$v_y = -1{,}6 \cdot 10^{-19}\;As\;(20\;V/2\;mm)\;2\;cm\,/\,(9{,}1 \cdot 10^{-31}\;kg\;26000\;km/s)$

$v_y = -10^3 \cdot 1{,}6 \cdot 200\,/(9{,}1 \cdot 26)\;A\;V\;s^2/g\;m = \underline{1350\;km/s}$

2) Dreieck der Geschwindigkeitskomponenten v_{ges}, v_0 und v_y.

$\tan\alpha = v_y/v_0 = -q_0 \cdot E\,l_{Pl}/(m_{el}\,v_0^2) = -(1350\;km/s)/(26000\;km/s) = -0{,}052$

$\underline{\alpha = -3\,°}$

23.3 Lösungen zu Abschnitt 6

Zu Aufgabe 6.1

1)

$\Theta = I \cdot w = 1\,A \cdot 10 = \underline{\underline{10\,A}}$ (oder 10 Amperewindungen)

2)

$$Rm_L = \frac{1}{A \cdot \mu_0} = \frac{0,001\,m}{0,0001\,m^2 \cdot 1,256 \cdot 10^{-6}\,Vs/Am} = 8,0 \cdot 10^6\ A/Vs$$

$$Rm_{Fe} = \frac{1}{A \cdot \mu_0 \cdot \mu_r} = \frac{0,2\,m}{0,0001\,m^2 \cdot 1,256 \cdot 10^{-6}\,Vs/Am \cdot 5000} = 320 \cdot 10^3\ A/Vs$$

3)

$$\Phi = \frac{\Theta}{Rm_L + Rm_{Fe}} = \frac{10\,A}{(8,0 \cdot 10^6 + 320 \cdot 10^3)\,A/Vs} = 1,2 \cdot 10^{-6}\ Vs$$

$$B = \frac{\Phi}{A} = \frac{1,2 \cdot 10^{-6}\,Vs}{0,0001\,m^2} = 1,2 \cdot 10^{-2}\ T$$

4)

$$H_L = \frac{B}{\mu_0} = \frac{1,2 \cdot 10^{-2}\,T}{1,256 \cdot 10^{-6}\,Vs/Am} = 9600\ A/m$$

$$H_{Fe} = \frac{B}{\mu_0 \cdot \mu_r} = \frac{1,2 \cdot 10^{-2}\,T}{1,256 \cdot 10^{-6}\,Vs/Am \cdot 5000} = 1,9\ A/m$$

$$Vm_L = Rm_L \cdot \Phi = 8 \cdot 10^6\,A/Vs \cdot 1,2 \cdot 10^{-6}\,Vs = 9,6\ A$$

$$Vm_{Fe} = Rm_{Fe} \cdot \Phi = 320 \cdot 10^3\,A/Vs \cdot 1,2 \cdot 10^{-6}\,Vs = 0,38\ A$$

Zu Aufgabe 6.2

$$A = \pi \cdot r^2 = \pi \cdot 2,5^2\,cm^2 = 19,6\ cm^2 \quad \rightarrow$$

$$Rm_L = \frac{1}{A \cdot \mu_0} = \frac{0,5\,m}{0,00196\,m^2 \cdot 1,256 \cdot 10^{-6}\,Vs/Am} = 2 \cdot 10^8\ A/Vs$$

$$\Theta = I \cdot w = 1\,A \cdot 1000 = 1000\,A$$

$$\Phi = \frac{\Theta}{Rm_L} = \frac{1000\,A}{2 \cdot 10^8\,A/Vs} = 5\,\mu Vs$$

$$B = \frac{\Phi}{A} = \frac{0,000005\,Vs}{0,00196\,m^2} = 0,0026\ T$$

Zu Aufgabe 6.3

1)

Die Funktion des FI-Schalters basiert auf dem Durchflutungsgesetz. Der zum Verbraucher fließende Strom wird w-mal umfasst (obere Windungen), der vom Verbraucher wegfließende Strom wird ebenfalls w-mal, aber mit umgekehrter Richtung umfasst (untere Windungen). Wird im Fehlerfall an einem Verbraucher ein Strom von 30 mA gegen Erde abgeleitet, so ist die Summe von hin- und zurückfließenden Strömen nicht mehr null. Es entsteht entsprechend der Stromdifferenz eine magnetische Urspannung, die zur Auslösung des FI-Schalters und damit zur Abschaltung der Stromzufuhr führt.

2)

$$\Theta = (I + 30\,mA - I) \cdot w = 0,03\,A \cdot 5w = 150\,mA \quad \text{oder}\ 150\ \text{Milliamperewindungen.}$$

Zu Aufgabe 6.4

1)

Für diese Anordnung ist als Standpunkt **nur** „ruhend zum Magnetfeld" möglich, da ein konkreter Leiter nicht vorliegt.

2) Da der Betrag $|\mathbf{v}(r)|$ von r abhängt, muss du_{ind} für jedes „dr" berechnet werden.

$du_{ind} = -v_x(r)\,B_y\,dl_z$ mit $dl_z = dr$ und n = Drehzahl, d.h. $v(r) = n\cdot 2\pi\, r$ $\rightarrow$

$$u_{ind} = \int_{r_{innen}}^{r_{außen}} du_{ind} = -\int_{r_{innen}}^{r_{außen}} v_x(r)\,B_y\,dr$$

$$u_{ind} = \int_{r_{innen}}^{r_{außen}} du_{ind} = -n\,2\,\pi\,B_y \int_{r_{innen}}^{r_{außen}} r\;dr = -n\,2\,\pi\,B_y\,(r_{außen}^{\ 2} - r_{innen}^{\ 2})/2$$

Zu Aufgabe 6.5

1)

Für diese Anordnung ist als Standpunkt **einmal** ruhend zum Magnetfeld und zum **anderen** ruhend zum Leiter möglich.

2)

Standpunkt ruhend zum Magnetfeld:

Da nur die Leiterteile in z-Richtung einen Beitrag liefern (l_x und l_y sind nicht senkrecht zu $\mathbf{v}$ **und** zu $\mathbf{B}$), hängt der Betrag $|\mathbf{v}(r)|$ nicht von r ab.

Aus $u_{ind} = -(\mathbf{v}_{Leiter} \times \mathbf{B})\cdot \mathbf{l}_{Leiter} = -v_x\,B_y\,l_z$ folgt:

$$u_{ind} = -v_x\,B_y\,l_z = -v_{außen}\cdot \sin(\varphi)\ B_y\ 2\,w\,l_z = -n\,2\,\pi\,r_s\,\sin(\varphi)\,B_y\,2\,w\,l_z\ .$$

Standpunkt ruhend zum Leiter:

Die Leiterschleife erfährt einen sich mit der Zeit ändernden magnetischen Fluss.

$$\Phi = B_y\cdot A_\perp = B_y\cdot A_{Schleife}\cos(\varphi); \quad u_{ind} = w\,\frac{d\Phi}{dt}; \quad \frac{d\varphi}{dt} = \omega = 2\,\pi\,n \ \text{ und }\ A_{Schleife} = 2r_s\,l_z$$

$$u_{ind} = w\,B_y\,(2\,r_s\,l_z)\,\frac{d\cos\varphi}{dt} = w\,B_y\,2\,r_s\,l_z\,(-\sin\varphi)\,\frac{d\varphi}{dt} = -w\,B_y\,2\,r_s\,l_z\,\sin(\varphi)\,2\,\pi\,n$$

Zu Aufgabe 6.6

1)

Für diese Anordnung ist als Standpunkt **nur** ruhend zu den Leitern möglich, da das Magnetfeld nicht als ruhend fassbar ist.

2)

Die w_2 Leiterschleifen erfahren einen sich mit der Zeit ändernden magnetischen Fluss

$\Phi = \Theta_1/R_m = w_1\,\hat{I}_1\,\sin(\omega t)/(l_{Fe}/\mu_0\,\mu_r\,A)$ $\rightarrow$

$$u_{ind} = w_2\,\frac{d\Phi}{dt} = \frac{w_2 w_1\,\hat{I}_1\,\mu_0\mu_r\,A}{l_{Fe}}\cdot \frac{d\sin\omega t}{dt} = \frac{w_2 w_1\,\hat{I}_1\,\mu_0\mu_r\,A\,\omega}{l_{Fe}}\cos\omega t$$

$$u_{ind} = \frac{100\cdot 10\cdot 1\,\text{A}\cdot 1{,}256\cdot 10^{-6}\ \text{Vs/Am}\cdot 5000\cdot 1\,\text{cm}^2\cdot 2\,\pi\,50\,\text{Hz}}{20\ \text{cm}}\cdot \cos(2\,\pi\,50\,\text{Hz}\,t)$$

$$= 1\,\text{V}\cdot \cos(2\,\pi\,50\,\text{Hz}\,t) \ \rightarrow\ \hat{U}_{ind} = 1\ \text{V}$$

Zu Aufgabe 6.7

Für die Anordnungen in den Aufgabe 6.4, Aufgabe 6.5 und Aufgabe 6.6 sind **teilweise** als Standpunkte **nur** jeweils einer der beiden nutzbar („ruhend zu den Leitern" bzw. „ruhend zum Magnetfeld"). Somit ist keine der beiden Formen verzichtbar oder reine Redundanz.

Zu Aufgabe 6.8

Paralleldrahtleitung:

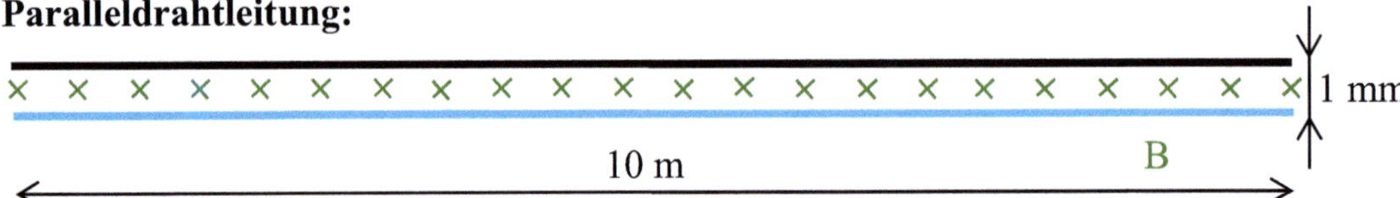

Die Leiterschleife erfährt einen sich mit der Zeit ändernden magnetischen Fluss

$$\Phi = B \cdot A = B \cdot l \cdot d = B_{Max}\sin(\omega t) \cdot l \cdot d \quad \text{und aus} \quad u_{ind} = w\frac{d\Phi}{dt} \quad \text{folgt:}$$

$$u_{ind} = \frac{d\Phi}{dt} = B_{Max} \cdot l \cdot d\,\frac{d\sin\omega t}{dt} = B_{Max} \cdot l \cdot d \cdot \omega\cos\omega t$$

$$u_{ind} = 0{,}002\,\text{Vs/m}^2 \cdot 10\,\text{m} \cdot 1\,\text{mm} \cdot 2\,\pi\,50\,\text{Hz} \cdot \cos(2\,\pi\,50\,\text{Hz}\,t)$$

$$= 6{,}3\,\text{mV}\cos(2\,\pi\,50\,\text{Hz}\,t)$$

$$\underline{\hat{U}_{ind} = 6{,}3\,\text{mV}}$$

Verdrillte Paralleldrahtleitung:

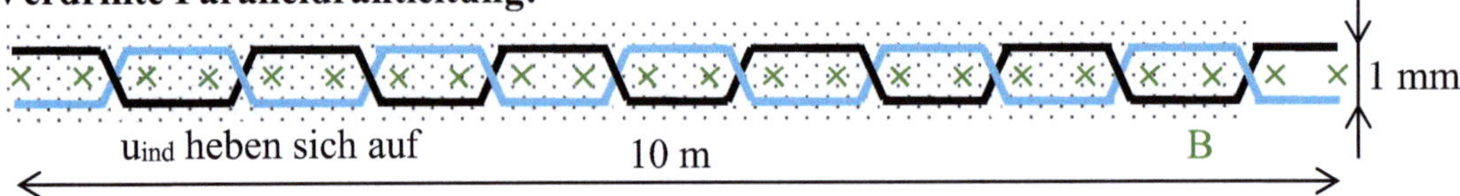

Die Leiterschleife wird durch den Drill ständig umgedreht, wodurch sich die induzierten Spannungen umpolen und somit aufheben. Nur die letzte Verdrillung erfährt einen sich mit der Zeit ändernden magnetischen Fluss, der sich nicht aufhebt (bei ungerader Anzahl Verdrillungen = ungünstigster Fall).

$$\Phi = B \cdot A = B \cdot l_{Drill} \cdot d = B_{Max}\sin(\omega t) \cdot l_{Drill} \cdot d \quad \text{und aus } u_{ind} = w\,d\Phi/dt \text{ folgt:}$$

$$u_{ind} = \frac{d\Phi}{dt} = B_{Max} \cdot l_{Drill} \cdot d\,\frac{d\sin\omega t}{dt} = B_{Max} \cdot l_{Drill} \cdot d \cdot \omega\cos\omega t$$

$$u_{ind} = 0{,}002\,\text{Vs/m}^2 \cdot 3\,\text{cm} \cdot 1\,\text{mm} \cdot 2\,\pi\,50\,\text{Hz} \cdot \cos(2\,\pi\,50\,\text{Hz}\,t) = 19\,\mu\text{V}\cos(2\,\pi\,50\,\text{Hz}\,t)$$

$$\underline{\hat{U}_{ind} = 19\,\mu\text{V}}$$

Koaxialkabel:

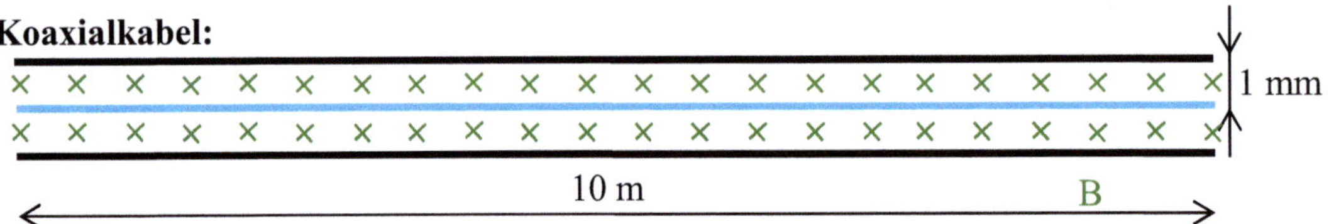

Der in der Mitte liegende Hinleiter bildet z.B. mit dem oberen Teil des Rückleiters eine Leiterschleife (gegen den Uhrzeigersinn) und mit dem genau gegenüberliegenden unteren Teil des Rückleiters eine Leiterschleife (mit dem Uhrzeigersinn), wodurch sich die induzierten Spannungen gegenseitig aufheben. Nur wenn durch ungenaue Zentrierung der Mittelleiter nicht immer genau in der Mitte liegt, haben die Leiterschleifen ungleiche Flächen und es bleibt eine Differenz.

$$u_{ind} = \frac{d\Phi}{dt} = B_{Max}\,A_{Differenz}\,\frac{d\sin\omega t}{dt} = B_{Max}\,A_{Differenz}\,\omega\cos\omega t$$

Da die Flächendifferenz schlecht theoretisch gefasst werden kann, soll von ca. 1 ‰ ausgegangen werden. Es ergibt sich damit $\underline{\hat{U}_{ind} = 6{,}3\,\mu\text{V}}$.

Zu Aufgabe 6.9

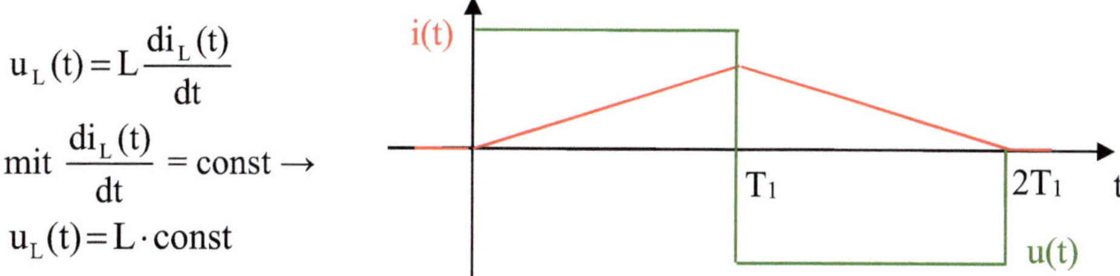

$$u_L(t) = L\frac{di_L(t)}{dt}$$

$$\text{mit } \frac{di_L(t)}{dt} = \text{const} \rightarrow$$

$$u_L(t) = L \cdot \text{const}$$

Zu Aufgabe 6.10

Die Bemessungsgleichung lautet $L = w^2/R_m$, daraus folgt:

$$L_{Test} = \frac{w_{Test}^2}{R_m} \quad \text{und} \quad L_{Soll} = \frac{w_X^2}{R_m} \quad \text{somit} \quad \frac{w_X^2}{L_{Soll}} = \frac{w_{Test}^2}{L_{Test}} = R_m.$$

$$\frac{w_X^2}{1\,\text{mH}} = \frac{10^2}{5\,\mu\text{H}} \quad \text{und} \quad w_X = \sqrt{\frac{1\,\text{mH} \cdot 100}{5\,\mu\text{H}}} = \sqrt{20\,000} = \underline{\underline{141}}$$

Zu Aufgabe 6.11

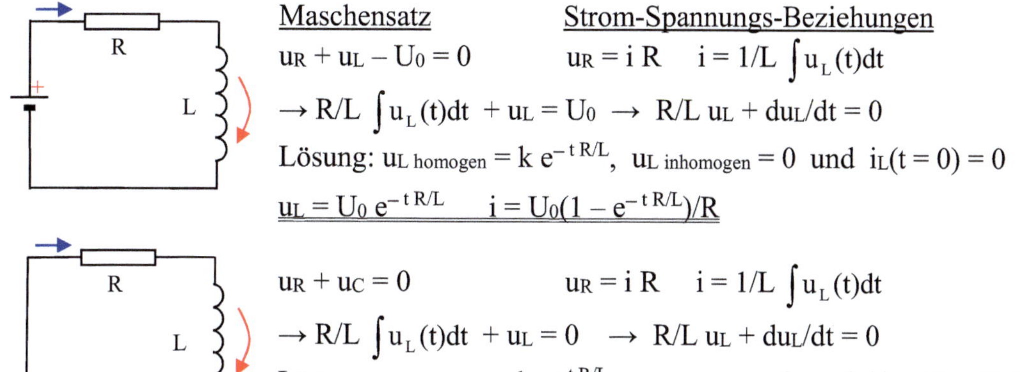

Maschensatz Strom-Spannungs-Beziehungen

$u_R + u_L - U_0 = 0$ $\quad u_R = i\,R \quad i = 1/L \int u_L(t)dt$

$\rightarrow R/L \int u_L(t)dt + u_L = U_0 \rightarrow R/L\ u_L + du_L/dt = 0$

Lösung: $u_{L\,homogen} = k\,e^{-t\,R/L}$, $u_{L\,inhomogen} = 0$ und $i_L(t=0) = 0$

$\underline{u_L = U_0\,e^{-t\,R/L}} \qquad \underline{i = U_0(1 - e^{-t\,R/L})/R}$

$u_R + u_C = 0$ $\quad u_R = i\,R \quad i = 1/L \int u_L(t)dt$

$\rightarrow R/L \int u_L(t)dt + u_L = 0 \rightarrow R/L\ u_L + du_L/dt = 0$

Lösung: $u_{L\,homogen} = k\,e^{-t\,R/L}$, $u_{L\,inhomogen} = 0$ und $i(t=0) = U_0/R$

$\underline{u_C = -U_0\,e^{-t\,R/L}} \qquad \underline{i = (U_0\,e^{-t\,R/L})/R}$

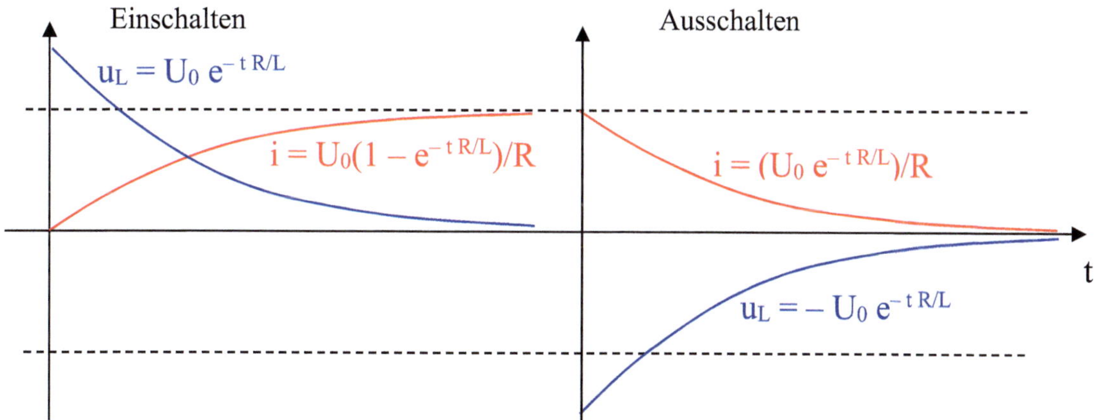

Für die Kurven gibt es zwei Parameter: U_0 und $\tau = L/R$. Die Zeitkonstante τ bestimmt den Zeitverlauf der Vorgänge.

Zusatzaufgabe:
Für den Strom $u_L = U_0\,e^{-t\,R/L}$ folgt zum Zeitpunkt $t = \tau = L/R$:

$$u_L = U_0\,e^{-1} = U_0/e = u_L(0)/e \quad \text{oder} \quad u_{L\,Max}/e.$$

Es wird z.B. mit dem Kursor die Zeit gesucht, zu der $u_L = u_{L\,Max}/e$ ist.
(Zur Subtangente siehe Aufgabe 5.3)

Zu Aufgabe 6.12

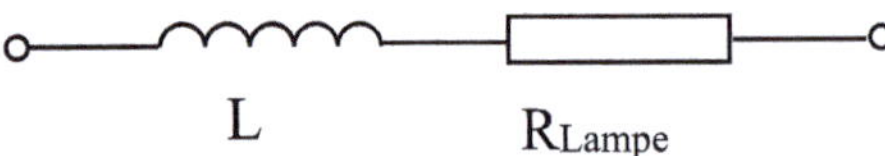

$$u_L(t) = L\frac{di_L(t)}{dt} \rightarrow \text{solange die Induktivität im linearen Bereich betrieben wird:}$$

$$L = u_L(t)\left(\frac{di_L(t)}{dt}\right)^{-1}.$$

$$L = \left(\sqrt{2}\cdot(230\,\text{V} - 30\,\text{V})\cdot\cos(2\,\pi\;50\,\text{Hz}\cdot t)\right)\left(\frac{d\{\sqrt{2}\cdot 0{,}4\,\text{A}\cdot\sin(2\,\pi\;50\,\text{Hz}\cdot t)\}}{dt}\right)^{-1}$$

$$L = \left(\sqrt{2}\cdot(230\,\text{V} - 30\,\text{V})\cdot\cos(2\,\pi\;50\,\text{Hz}\cdot t)\right)\left((2\,\pi\;50\,\text{Hz})\sqrt{2}\cdot 0{,}4\,\text{A}\cdot\cos(2\,\pi\;50\,\text{Hz}\cdot t)\right)^{-1}$$

$$L = (230\,\text{V} - 30\,\text{V})/(2\,\pi\;50\,\text{Hz}\cdot 0{,}4\,\text{A})$$

$$L = 200\,/(2\,\pi\;50\cdot 0{,}4)\,\text{Vs/A} = \underline{\underline{1{,}6\,\text{H}}}$$

Weil die Spannung an dem Widerstand der Lampe mit dem Strom gleichphasig ist, die an der Induktivität aber 90° vorläuft, kann für genaue Rechnungen nicht 230−30 gesetzt werden. Es müsste $\sqrt{230^2 - 30^2} = 228$ genutzt werden – siehe Abschnitt 11.1 – damit folgt 1,8 H.

Zu Aufgabe 6.13

Die Strom-Spannungs-Beziehungen lauten:

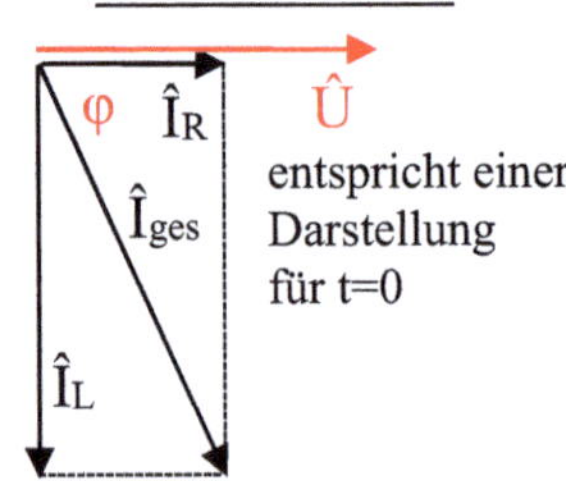

$$i_R(t) = \frac{u(t)}{R_{Fe}} = (\hat{U}/R)\cos(\omega\,t) \equiv \hat{I}_R\cos(\omega\,t) \quad \text{und}$$

$$i_L(t) = \frac{1}{L}\int u(t)\,dt = \frac{1}{L}\int \hat{U}\cos(\omega\,t)\,dt = \frac{\hat{U}}{L}\int \cos(\omega\,t)\,dt = \frac{\hat{U}}{\omega L}\sin(\omega\,t) \equiv \hat{I}_L\sin(\omega\,t).$$

$i_R(t)$ ist dabei zeitgleich mit $u(t)$, dagegen ist $i_L(t)$ um 90° später $(\sin 90° = \cos 0°)$.
Die Summe wird nach den Additionstheoremen für sin- und cos-Funktionen:

$$i(t) = i_R(t) + i_L(t) = \sqrt{(\hat{U}/R_{Fe})^2 + (\hat{U}/\omega L)^2}\,\cos(\omega\,t - \varphi) \equiv \hat{I}_{ges}\cos(\omega\,t - \varphi)$$

$\hat{U}$ und die $\hat{I}$-Werte können mit ihren Winkeln dargestellt werden. Die Dreiecke davon zeigen:

$\hat{I}_R = \hat{I}_{ges}\cos\varphi \quad$ und

$\hat{I}_L = \hat{I}_{ges}\sin\varphi \quad\rightarrow$

(mit $\hat{U}/\hat{I} = U_{eff}/I_{eff}$)

$R_{Fe} = \hat{U}/\hat{I}_R = \hat{U}/(\hat{I}_{ges}\cos\varphi) = 200\,\text{V}\,/\,(0{,}4\,\text{A}\cos 87°) = 500\,\Omega\,/\,0{,}052 = \underline{9600\,\Omega}$

$\omega L = \hat{U}/\hat{I}_L = \hat{U}/(\hat{I}_{ges}\sin\varphi) = 200\,\text{V}\,/\,(0{,}4\,\text{A}\sin 87°) = 500\,\Omega\,/\,0{,}998 = 500{,}7\,\Omega$

$L\; = \omega L/\omega = 500{,}7\,\Omega\,/(2\,\pi\;50\,\text{Hz}) = \underline{1{,}6\,\text{H}}$

R_{Fe} ist hier ca. 20-mal größer als ωL.

(Vergleiche auch Abschnitt 20.2.1 und 20.2.4.)

Zu Aufgabe 6.14

1)

$L = \dfrac{\Phi_{kopp}}{I}$　kann für einen linearen Bereich als Differenzengleichung geschrieben werden:

$L = \dfrac{\Delta\Phi_{kopp}(\Delta I)}{\Delta I}$　$\rightarrow$　im linearen Bereich um den Nullpunkt

$L = 0{,}04\ \text{Vs} / (0{,}02\ \text{A}) = \underline{2\ \text{H}}$

2)

$L_{diff}(I_=) = \dfrac{d\Phi_{kopp}}{d\,I} \cong \dfrac{\Delta\Phi_{kopp}(\Delta I)}{\Delta I}$　für ein lineares Stück der Kennlinie　$\rightarrow$

$L_{diff}(I_= = 0{,}11\,\text{A}) = \dfrac{0{,}0788 - 0{,}0775}{0{,}12 - 0{,}1}\ \dfrac{\text{Vs}}{\text{A}} = \underline{\underline{0{,}065\,\text{H}}}$

3)

Ein Absinken der wirkenden Induktivität von 2 auf 0,065 H würde bei gleicher Spannung den kleinen Strom (um seinen Gleichanteil $I_=$; lineare Betrachtung ist so möglich) gemäß

$i_L(t) = \dfrac{1}{L_{diff}(I_=)} \int u_L(t)\,dt$

um den Faktor 2 / 0,065 = 30 steigen lassen. Das wurde früher für Magnetverstärker verwendet.

Bei großer Aussteuerung ergibt sich eine Art wirksame Induktivität (je nachdem, wie lange der Strom in der Sättigung ist). Das führt bis zur Zerstörung. Genaue Rechnungen sind nur bei Einbeziehung der Kennlinie mit einer Simulation möglich.

Zu Aufgabe 6.15

$\mathbf{F}_{magn} = Q\,(\mathbf{v}_0 \times \mathbf{B})$　　　und　　$\mathbf{F}_{Fieh} = m\,(v_0/R)^2\,\mathbf{R}$

Aus dem Gleichgewicht folgt für die Beträge:

$F_{magn} = Q\,v_0\,B = m\left(\dfrac{v_0}{r}\right)^2 r = F_{Fieh}$　$\rightarrow$

$r = \dfrac{m\,v_0{}^2}{Q\,v_0\,B} = \dfrac{m\,v_0}{Q\,B} = \dfrac{1{,}57 \cdot 10^{-24}\ \text{g} \cdot 200\,000\ \text{km/s}}{1{,}6 \cdot 10^{-19}\ \text{As} \cdot 48 \cdot 10^{-6}\ \text{Vs/m}^2} = \underline{41\ \text{km}}$

Zu Aufgabe 6.16

Aus $\mathbf{F} = I_2\,\mathbf{l}_{Leiter} \times \mathbf{B}$　folgt für die Beträge:

$F = I_2\,l_{Leiter}\,B$　　　$F = 1\ \text{A} \cdot 10\ \text{cm} \cdot 1\ \text{Vs/m}^2 = 0{,}1\ \text{Ws}\,/\text{m} = \underline{0{,}1\ \text{N}}$

Zu Aufgabe 6.17

$F = \dfrac{B^2}{2\mu_0} A$　$\rightarrow$　$F = (1\ \text{Vs/m}^2)^2 \cdot (2 \cdot 1{,}256\ 10^{-6}\ \text{Vs/Am})^{-1} \cdot 1\ \text{cm}^2 = 40\ \text{Ws}\,/\text{m} = \underline{40\ \text{N}}$

23.4 Lösungen zu Abschnitt 9

Zu Aufgabe 9.1

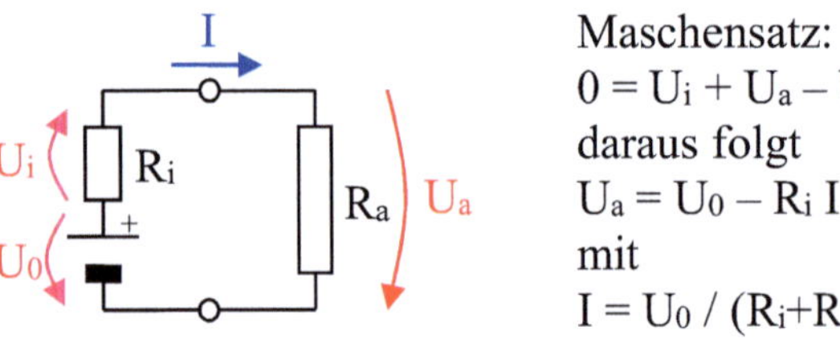

Maschensatz:
$$0 = U_i + U_a - U_0$$
daraus folgt
$$U_a = U_0 - R_i\, I$$
mit
$$I = U_0 / (R_i + R_a)$$

1)

Für den Leerlauf gilt: $U_a = U_0 = 12\ \text{V}$, für den Startvorgang gilt: $U_a = 11\ \text{V}$ und $I = 160\ \text{A}$,

$U_i = U_0 - U_a = 12\ \text{V} - 11\ \text{V} = \underline{1\ \text{V}}$, $R_i = U_i / I = 1\ \text{V} / 160\ \text{A} = \underline{0{,}00625\ \Omega}$

$I_k = U_0/R_i = 12\ \text{V}/0{,}00625\ \Omega = \underline{1920\ \text{A}}$

2) und 3)

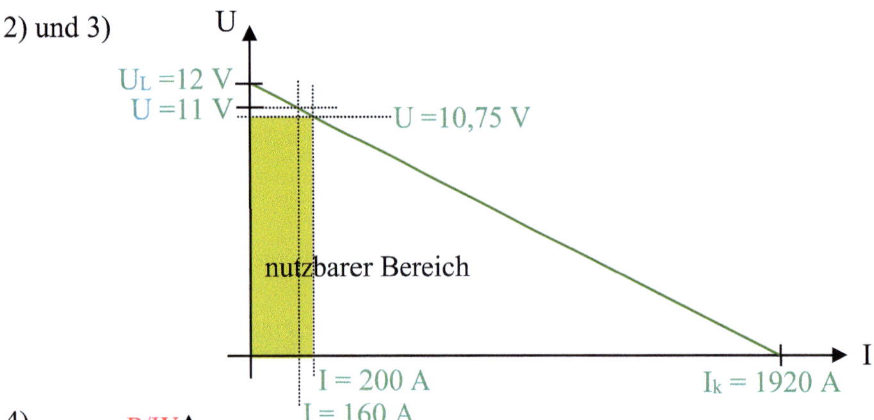

4)

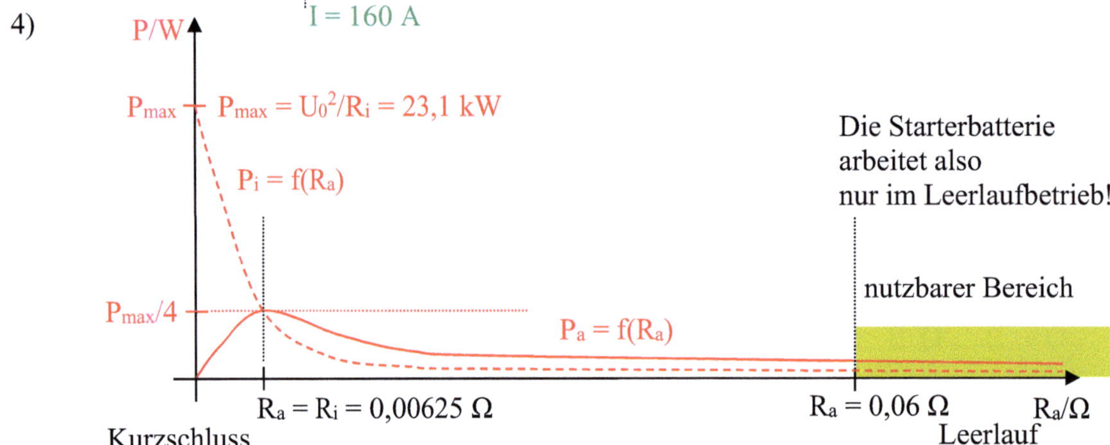

Die Starterbatterie arbeitet also nur im Leerlaufbetrieb!

Zu Aufgabe 9.2

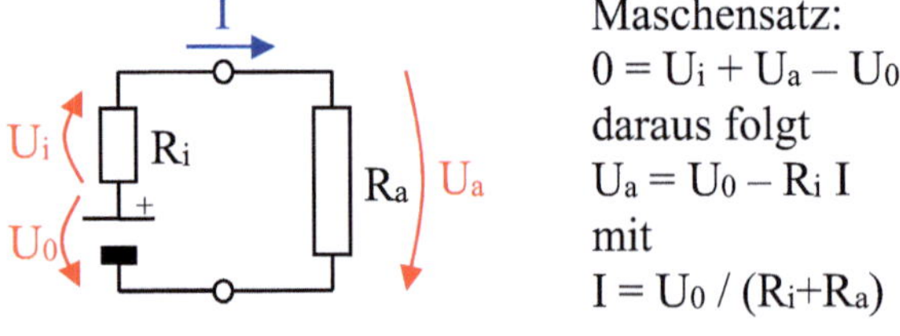

Maschensatz:
$$0 = U_i + U_a - U_0$$
daraus folgt
$$U_a = U_0 - R_i\, I$$
mit
$$I = U_0 / (R_i + R_a)$$

1)

1. Messung $U_{a1} = U_0 - R_i\, I_1$ mit $U_{a1} = 7{,}5\ \text{V}$ und $I_1 = 0{,}3\ \text{A}$

2. Messung $U_{a2} = U_0 - R_i\, I_2$ mit $U_{a2} = 8{,}5\ \text{V}$ und $I_2 = 0{,}1\ \text{A}\ \rightarrow$

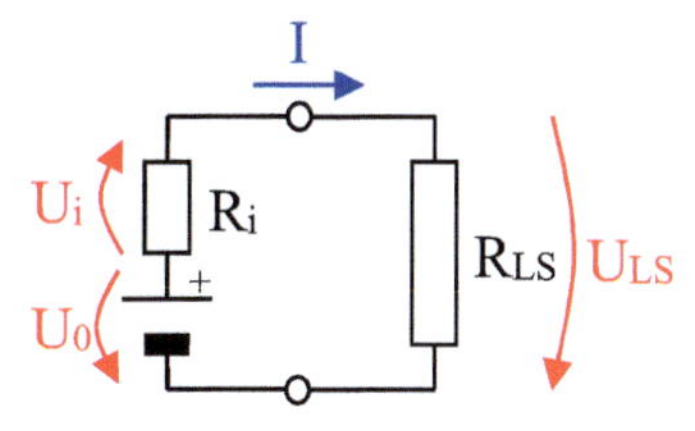

$U_0 = U_{a1} + R_i I_1 = U_{a2} + R_i I_2$

$R_i = (U_{a2} - U_{a1})/(I_1 - I_2)$

$R_i = (8{,}5\ \text{V} - 7{,}5\ \text{V})/(0{,}3\ \text{A} - 0{,}1\ \text{A})$

$R_i = \underline{5\ \Omega}$

$U_0 = U_{a1} + R_i I_1$

$U_0 = 7{,}5\ \text{V} + 5\ \Omega \cdot 0{,}3\ \text{A}$

$U_0 = \underline{9\ \text{V}}$

2)

Solange das Verhalten der Batterie durch eine Gerade entsprechend U_0 und R_i genügend genau beschrieben werden kann, ist diese Gerade durch **zwei Punkte** vollständig bestimmt.

Zu Aufgabe 9.3

Maschensatz:

$0 = U_i + U_{LS} - U_0$

daraus folgt

$U_{LS} = U_0 - R_i\, I$

mit

$P_{LS} = U_0^2\,/R_{LS}$

1)

1. Messung: $U_{LS1} = U_0 - R_i I_1$ mit $U_{LS1} = \sqrt{P_{LS1} \cdot R_{LS1}} = \sqrt{80\ \text{W} \cdot 4\ \Omega} = 17{,}9\ \text{V}$ und

$\qquad\qquad I_1 = U_{LS1}/R_{LS1} = 4{,}47\ \text{A}$

2. Messung: $U_{LS2} = U_0 - R_i I_2$ mit $U_{LS2} = \sqrt{50\ \text{W} \cdot 8\ \Omega} = 20\ \text{V}$ und $I_2 = 2{,}5\ \text{A} \rightarrow$

$U_0 = U_{LS1} + R_i I_1 = U_{LS2} + R_i I_2$

$R_i = (U_{LS2} - U_{LS1})/(I_1 - I_2) = (20\ \text{V} - 17{,}9\ \text{V})/(4{,}47\ \text{A} - 2{,}5\ \text{A}) = 1{,}07\ \Omega$

$U_0 = U_{LS1} + R_i I_1 = 17{,}9\ \text{V} + 1{,}07\ \Omega \cdot 4{,}47\ \text{A} = 22{,}7\ \text{V}$

2)

$P_{LS2} = U_{LS1}^2\,/R_{LS2} = 17{,}9^2\ \text{V}^2/8\ \Omega = 40{,}1\ \text{W}$

Da die Spannung aber durch die geringere Belastung etwas ansteigt, ergaben sich 50 W.

Zu Aufgabe 9.4

Zu Aufgabe 9.5

1) und 2)

U /V	21,7	20,5	19	17,5	10	5	0
I /A	0	0,5	1,5	3,0	3,2	3,3	3,4
$P = U \cdot I$ W	0	10,25	28,5	52,5	32	16,5	0

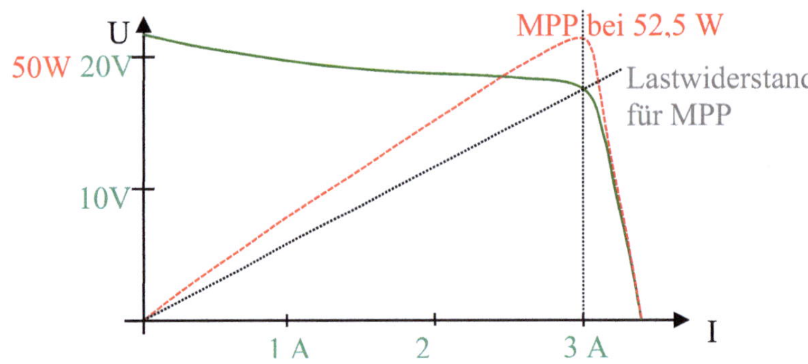

3)
Wird ein Lastwiderstand an das Solarpanel angeschlossen, der den MPP als Arbeitspunkt ergibt, kann die größtmögliche Leistung entnommen werden.

Zu Aufgabe 9.6

1)
Es gibt drei Maschen und zwei Knoten. Davon sind zwei Maschen und ein Knoten unabhängig. Die Schritte der Rechnung erfolgen wie in Abschnitt 9.2.1 $\rightarrow$ die Ergebnisse:

$$I_1 = \frac{U_{01}(R_{i2} + R_L) - U_{02}R_L}{R_{i1}R_L + R_{i2}R_L + R_{i1}R_{i2}} = 0,3\,\text{A} \quad \text{nach oben}$$

$$I_2 = \frac{-U_{01}R_L + U_{02}(R_{i1} + R_L)}{R_{i1}R_L + R_{i2}R_L + R_{i1}R_{i2}} = 0,1\,\text{A} \quad \text{nach oben}$$

$$I_L = \frac{U_{01}R_{i2} + U_{02}R_{i1}}{R_{i1}R_L + R_{i2}R_L + R_{i1}R_{i2}} = 0,4\,\text{A} \quad \text{nach unten}$$

2)
Gleiche Formeln mit veränderten Parametern $\rightarrow$

$I_1 = 0,214\,\text{A}$

$I_2 = 0,214\,\text{A}$

$I_L = 0,428\,\text{A}$

Die Last bekommt bei dieser Variante einen höheren Strom.

Zu Aufgabe 9.7

1)

Widerstand R_L einer Lampe: $\quad R_L = \frac{U_{LNenn}}{I_{LNenn}} = \frac{6\,\text{V}}{0,1\,\text{A}} = 60\,\Omega$

Widerstand R_7 einer Lampenkette: $R_7 = \sum_1^7 R_L = \sum_1^7 60\,\Omega = \underline{\underline{420\,\Omega}}$

Widerstand R_{Lges} der drei parallelen Lampenketten: $R_{Lges} = R_7 / 3 = \underline{\underline{140\,\Omega}} \rightarrow$

$I_{ges} = U_0/(R_i + R_{Lges}) = 45\,\text{V} / (10\,\Omega + 140\,\Omega) = 0,3\,\text{A}$

Durch jede Lampenreihe und somit durch jede Lampe fließen 1/3 also $\underline{\underline{0,1\,\text{A}}}$

2)

Widerstand der Kette mit zwei ausgefallenen Lampen: $R_5 = \sum_1^5 R_L = \underline{\underline{300\,\Omega}}$

Widerstand R_{L2ges} der drei parallelen Lampenketten:

$$1/R_{L2ges} = 1/R_7 + 1/R_7 + 1/R_5 = \frac{1}{420\,\Omega} + \frac{1}{420\,\Omega} + \frac{1}{300\,\Omega} = 123,5\,\Omega \quad \rightarrow$$

$I_{2ges} = U_0/(R_i + R_{L2ges}) = 45\,V / (10\,\Omega + 123,5\,\Omega) = 0,337\,A$

Nach der Stromteilerregel folgt:

$I_3/I_{ges} = R_{Lges}/R_5$ und $I_3 = I_{ges} \cdot R_{Lges}/R_5 = 0,337\,A \cdot 123,5\,\Omega / 300\,\Omega = \underline{0,138\,A}$

Der Strom steigt von 0,1 auf 0,138 A; die Lampen sollten also möglichst schnell ausgewechselt werden.

Zu Aufgabe 9.8

Da an den drei Klemmen für **alle möglichen** Ströme und Spannungen diese jeweils an beiden Schaltungen gleich sein müssen, können auch die folgenden Spezialfälle genutzt werden.
1. Für die Punkte A und B mit offenem C

$$\frac{R_1(R_2 + R_3)}{R_1 + R_2 + R_3} = R_{1s} + R_{2s}$$

2. Für die Punkte B und C mit offenem A

$$\frac{R_2(R_1 + R_3)}{R_1 + R_2 + R_3} = R_{2s} + R_{3s}$$

3. Für die Punkte C und A mit offenem B

$$\frac{R_3(R_1 + R_2)}{R_1 + R_2 + R_3} = R_{1s} + R_{3s}$$

Das sind drei Gleichungen mit drei Unbekannten und nur bekannten Widerständen an einer Schaltung. Die Lösung lautet von Dreieck zu Stern:

$$R_{1S} = \frac{R_1 R_3}{R_1 + R_2 + R_3} \qquad \text{aus} \quad 1. - 2. + 3. \text{ folgt } 2R_{1s}$$

$$R_{2S} = \frac{R_1 R_2}{R_1 + R_2 + R_3} \qquad \text{aus} \quad 1. + 2. - 3. \text{ folgt } 2R_{2s}$$

$$R_{3S} = \frac{R_2 R_3}{R_1 + R_2 + R_3} \qquad \text{aus} - 1. + 2. + 3. \text{ folgt } 2R_{3s}$$

Zu Aufgabe 9.9

$$R_{Amp} = \frac{U}{I} = \frac{100\,mV}{50\,\mu A} = 2000\,\Omega$$

Der Shunt liegt parallel zum Amperemeter.

$$\frac{I_{Shunt}}{I_{Amp}} = \frac{R_{Amp}}{R_{Shunt}} = \frac{I_{Mess} - I_{Amp}}{I_{Amp}} \quad \rightarrow$$

$$R_{Shunt} = \frac{I_{Amp} R_{Amp}}{I_{Mess} - I_{Amp}} = \frac{50\,\mu A \cdot 2000\,\Omega}{10^6\,\mu A - 50\,\mu A} = \frac{10^5\,\Omega}{999950} = \underline{\underline{0,100005\,\Omega}}$$

Zu Aufgabe 9.10

$$R_{Motges} = R_{Mot1} \parallel R_{Mot2} = \frac{R_{Mot1}}{2} = 100\,\Omega$$

Eingangswiderstand des Messverstärkers 10 kΩ parallel zu 20 Ω kann vernachlässigt werden.
$(1/20 + 1/10^4 = 501/10^4$ d.h. 0,2 % Abweichung)

$$R_{ges} = R_{Mess} + R_{Motges} = 120\ \Omega$$

Innenwiderstand der Quelle 0,1 Ω in Reihe mit R_{ges} kann vernachlässigt werden.
(0,1 + 120 = 120,1 d.h. weniger als 0,1 % Abweichung)

$$I = \frac{U_0}{R_{ges}} = \frac{24\,V}{120\ \Omega} = 0,2\ A$$

Zu Aufgabe 9.11

1)

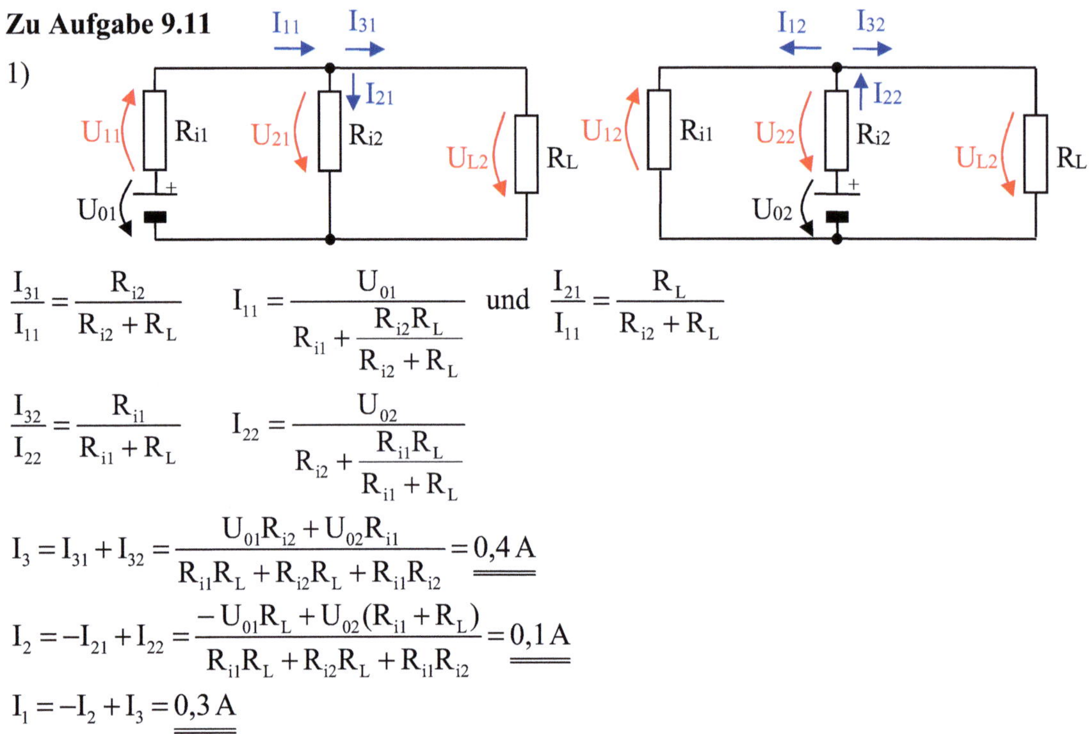

$$\frac{I_{31}}{I_{11}} = \frac{R_{i2}}{R_{i2} + R_L} \qquad I_{11} = \frac{U_{01}}{R_{i1} + \dfrac{R_{i2}R_L}{R_{i2} + R_L}} \quad \text{und} \quad \frac{I_{21}}{I_{11}} = \frac{R_L}{R_{i2} + R_L}$$

$$\frac{I_{32}}{I_{22}} = \frac{R_{i1}}{R_{i1} + R_L} \qquad I_{22} = \frac{U_{02}}{R_{i2} + \dfrac{R_{i1}R_L}{R_{i1} + R_L}}$$

$$I_3 = I_{31} + I_{32} = \frac{U_{01}R_{i2} + U_{02}R_{i1}}{R_{i1}R_L + R_{i2}R_L + R_{i1}R_{i2}} = 0,4\,A$$

$$I_2 = -I_{21} + I_{22} = \frac{-U_{01}R_L + U_{02}(R_{i1} + R_L)}{R_{i1}R_L + R_{i2}R_L + R_{i1}R_{i2}} = 0,1\,A$$

$$I_1 = -I_2 + I_3 = 0,3\,A$$

2) Es sind nur andere Zahlenwerte in die Gleichungen einzusetzen.

$$I_3 = 0,428\,A \qquad\qquad I_2 = I_1 = 0,214\,A$$

Die Ergebnisse stimmen mit den Ergebnissen von Aufgabe 9.6 überein.

Zu Aufgabe 9.12

Für die Gleichstromversorgung haben die Kondensatoren einen „Widerstand" von ∞ und die
Schaltung kann entsprechend vereinfacht werden. Das Ersetzen von U_{0Sig} durch einen
Kurzschluss tritt danach nicht mehr in Erscheinung.

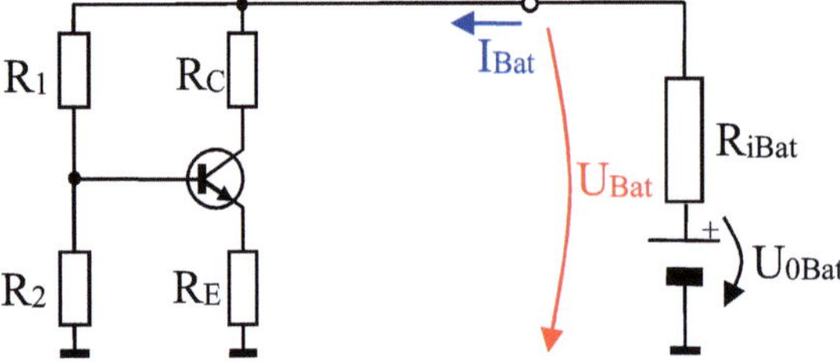

Für die Signalfrequenz haben die Kondensatoren (so wurden diese dimensioniert) einen
vernachlässigbaren „Widerstand" (d.h. null, entspricht Kurzschluss). Das Ersetzen von U_{0bat}
durch einen Kurzschluss tritt auch hier danach nicht mehr in Erscheinung.

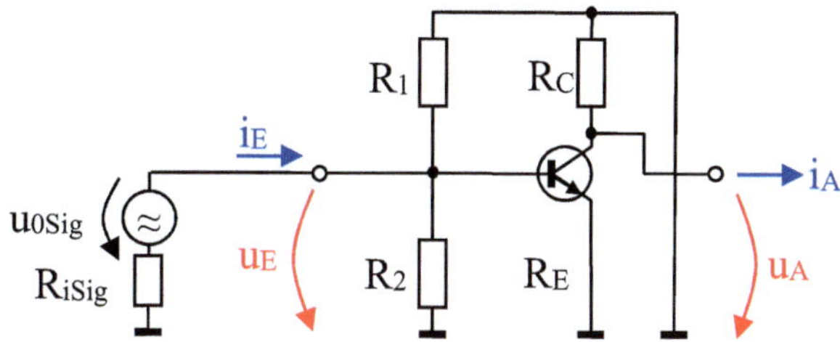

Zu Aufgabe 9.13

1)

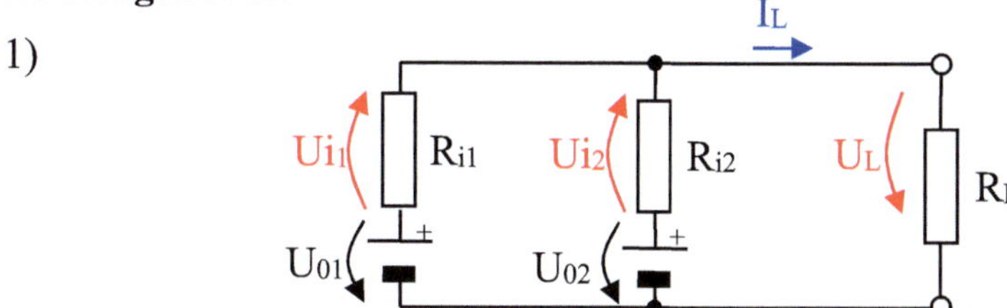

$I_{c\,ers} = I_k = U_{01}/R_{i1} + U_{02}/R_{i2} = 9/6\ \text{A} + 8{,}1/9\ \text{A} = 2{,}4\ \text{A}$ (hier die einfachere Rechnung)

$R_{i\,ers} = R_{i1} \parallel R_{i2} = 6{\cdot}9\ /(6 + 9) = 3{,}6\ \Omega$

$\rightarrow U_{0\,ers} = I_{c\,ers}\,R_{i\,ers} = 2{,}4{\cdot}3{,}6\ \text{V} = 8{,}64\ \text{V}$

$I_L = U_{0\,ers}/(\,R_{i\,ers} + R_L) = 8{,}64/21{,}6\ \text{A} = \underline{0{,}4\ \text{A}}$

2)

Es sind die neuen Parameter einzusetzen.

$I_{c\,ers} = 3\ \text{A}$

$R_{i\,ers} = 3\ \Omega$

$\rightarrow U_{0\,ers} = 9\ \text{V}$

$I_L = 9/21\ \text{A} = \underline{0{,}428\ \text{A}}$

Die Ergebnisse stimmen mit den Ergebnissen der Aufgabe 9.6 und 9.11 überein.

Zu Aufgabe 9.14

Die Bestimmung von Ersatzzweipolen für den Ein- und Ausgang der Transistorverstärkerstufe in Bezug auf die Signalquelle (z.B. durch eine Messung im einjustierten Gleichstromarbeitspunkt entspr. Aufgabe 9.12) zeigt folgende Abbildung:

Am Ausgang erscheint für den Transistor eine gesteuerte Stromquelle mit $I_c = \beta\ i_E$ (β Stromverstärkungsfaktor, i_E Eingangsstrom, vergleiche Abschnitt 12.3.3).

1)

Die Eingangsspannung wird $u_E = i_E\,R_{iEin} = 10\ \mu\text{A}{\cdot}10\ \text{k}\Omega = \underline{0{,}1\ \text{V}}$

und die Ausgangsspannung wird $u_A = I_c\,R_{iAus} = \beta\ i_E\,R_{iAus} = 200{\cdot}10\ \mu\text{A}{\cdot}5\ \text{k}\Omega = \underline{10\ \text{V}} \rightarrow$

$v_0 = u_A/u_E = \beta\ i_E\,R_{iAus}\ /\ i_E\,R_{iEin} = \beta\ R_{iAus}/R_{iEin} = 200{\cdot}5\ \text{k}\Omega\ /10\ \text{k}\Omega = 10\ \text{V}\ /\ 0{,}1\ \text{V} = \underline{100}$

2) $R_{iAusNeu} = R_{iAus} \parallel R_{iEinNächste} = 5\ \text{k}\Omega \parallel 10\ \text{k}\Omega = 5\ {\cdot}10/15\ \text{k}\Omega = 3{,}33\ \text{k}\Omega \rightarrow$

$u_A = I_c\,R_{iAusNeu} = \beta\ i_E\,R_{iAus} = 200{\cdot}10\ \mu\text{A}{\cdot}3{,}33\ \text{k}\Omega = \underline{6{,}66\ \text{V}}$

$v_0 = u_A/u_E = 6{,}66\ \text{V}\ /\ 0{,}1\ \text{V} = \underline{66{,}6}$

Zu Aufgabe 9.15

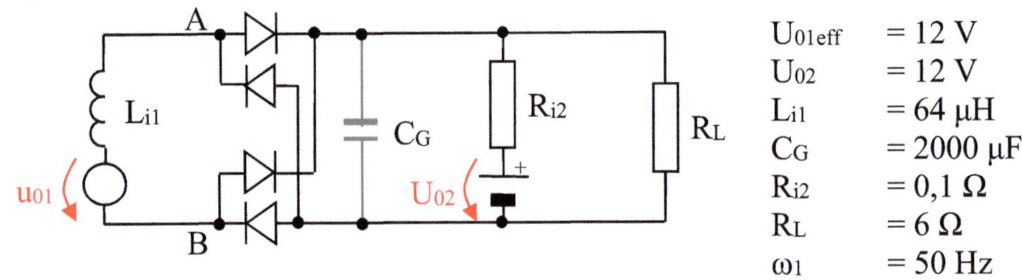

$$U_{01\text{eff}} = 12\ \text{V}$$
$$U_{02} = 12\ \text{V}$$
$$L_{i1} = 64\ \mu\text{H}$$
$$C_G = 2000\ \mu\text{F}$$
$$R_{i2} = 0{,}1\ \Omega$$
$$R_L = 6\ \Omega$$
$$\omega_1 = 50\ \text{Hz}$$

1) Ein Modell der Schaltung ist mit den Möglichkeiten der Simulationssoftware einzugeben. Die Zeitverläufe der interessierenden Spannungen und Ströme können dann berechnet und grafisch ausgegeben werden.

2) Das Modell der Schaltung ist um C_G zu erweitern. Die Zeitverläufe der interessierenden Spannungen und Ströme sind neu zu berechnen und grafisch auszugeben.

23.5 Lösungen zu Abschnitt 11

Zu Aufgabe 11.1

1)
Bei $f = 0$ (bzw. $f \ll f_{\text{Grenz}}$) wird $X_C \gg R$ und so fällt die gesamte Spannung an C (also am Ausgang) ab. Bei $f = f_{\text{Grenz}}$ werden die Beträge der Spannungsabfälle an R und C gleich, und für $f \gg f_{\text{Grenz}}$ fällt die gesamte Spannung an R ab (damit nichts am Ausgang). Es werden also tiefe Frequenzen durchgelassen und hohe gesperrt.

2)
$Z^2 = R^2 + 1/\omega^2 C^2$, $U^2 = U_R{}^2 + U_C{}^2$ $\rightarrow$ Spannungsteilerregel

$U_R/U = R/Z = R\ /(R^2 + 1/\omega^2 C^2)^{1/2}$ $\rightarrow$

$U_R = U\ R\ /(R^2 + 1/\omega^2 C^2)^{1/2} = 5V\cdot 2\ k\Omega/[(2\ k\Omega)^2 + 1/(2\pi\ 100Hz\cdot 1\ \mu F)^2]^{1/2} = \underline{3{,}9\ V}$

$I = U_R\ /\ R = \underline{1{,}95\ mA}$

$\rightarrow$ in Thaleskreis $U = 5$ V, $U_R = 3{,}9$ V und $I = 1{,}95$ mA einzeichnen $\rightarrow$

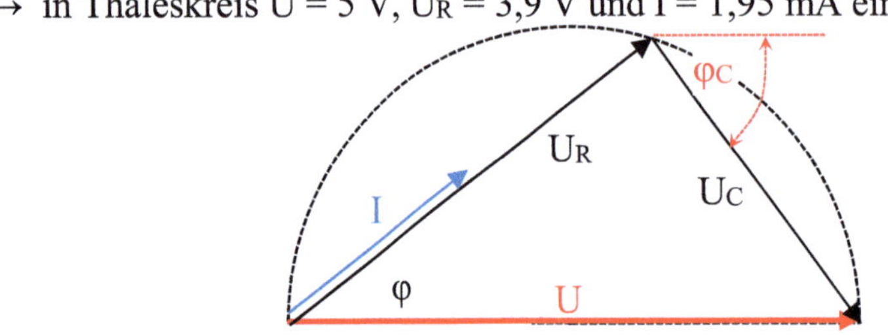

$U_C = \underline{3\ V}$ sowie Winkel von $<U, I>$ $\varphi = \underline{37°}$ werden im Zeigerbild gemessen. Damit werden der Winkel von $U_R = 37°$ und von $U_C = -53°$ gegen die Richtung von U.

3)
$U_C = (U^2 - U_R{}^2)^{1/2} = [(5\ V)^2 - (3{,}9\ V)^2]^{1/2} = \underline{3{,}1\ V}$

$\varphi = \arctan(U_C\ /\ U_R) = 3{,}1\ V\ /\ 3.9\ V = \underline{38{,}5°}$, $\varphi_C = -\arctan(U_R\ /\ U_C) = -3{,}9\ V\ /\ 3.1\ V = \underline{-51{,}5°}$

4)
$1/(2\pi f_{go} C) = R$ $\rightarrow$ $f_{go} = 1/(2\pi CR) = 1/(2\pi\ 1\mu F\cdot 2k\Omega) = \underline{79\ Hz}$

So war bei 100 Hz U_C bereits kleiner als U_R.

5)

f /Hz	ω	$U_C/U_{C\,max}$ in %	$-\varphi_C$	$(1/\omega C)$	R	$(R^2 + 1/\omega^2 C^2)^{1/2}$
1,00	6,28318531	99,99	0,719962104	159154,9431	2000	159167,5090
1,70	10,6814150	99,98	1,223813852	93620,55476	2000	93641,91515
3,10	19,4778745	99,92	2,230871969	51340,30422	2000	51379,24520
5,60	35,1858377	99,75	4,025363986	28420,52555	2000	28490,81032
10,00	62,8318531	99,22	7,162455807	15915,49431	2000	16040,66579
17,00	106,814150	97,79	12,05873887	9362,055476	2000	9573,300514
31,00	194,778745	93,18	21,28377354	5134,030422	2000	5509,833789
56,00	351,858377	81,78	35,13469315	2842,052555	2000	3475,235636
79,00	496,371639	70,97	44,79135412	2014,619533	2000	2838,783518
100,00	628,318531	62,27	51,48811275	1591,549431	2000	2555,979184
170,00	1068,14150	42,39	64,91557566	936,2055476	2000	2208,275532
310,00	1947,78745	24,86	75,60294777	513,4030422	2000	2064,844470
560,00	3518,58377	14,07	81,91226803	284,2052555	2000	2020,092232
1000,00	6283,18531	7,933	85,45013469	159,1549431	2000	2006,322580

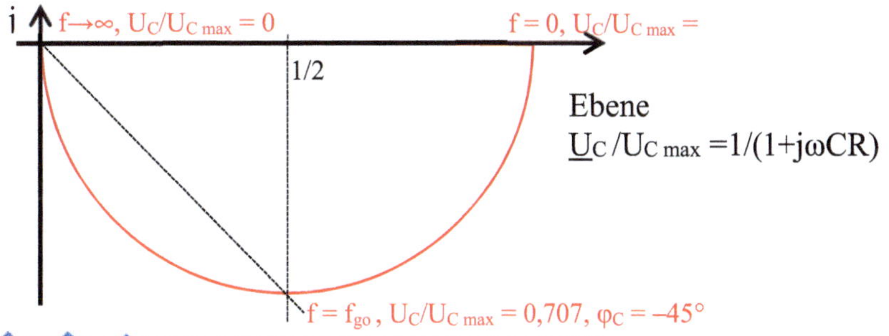

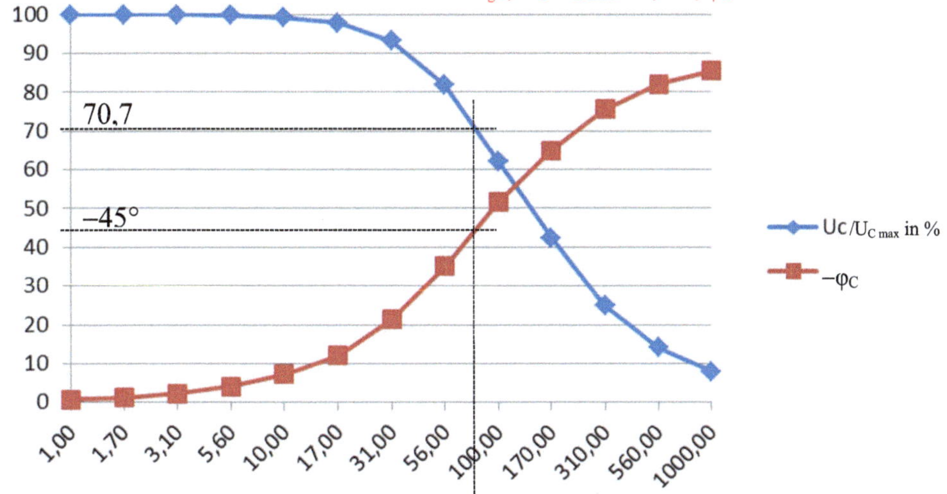

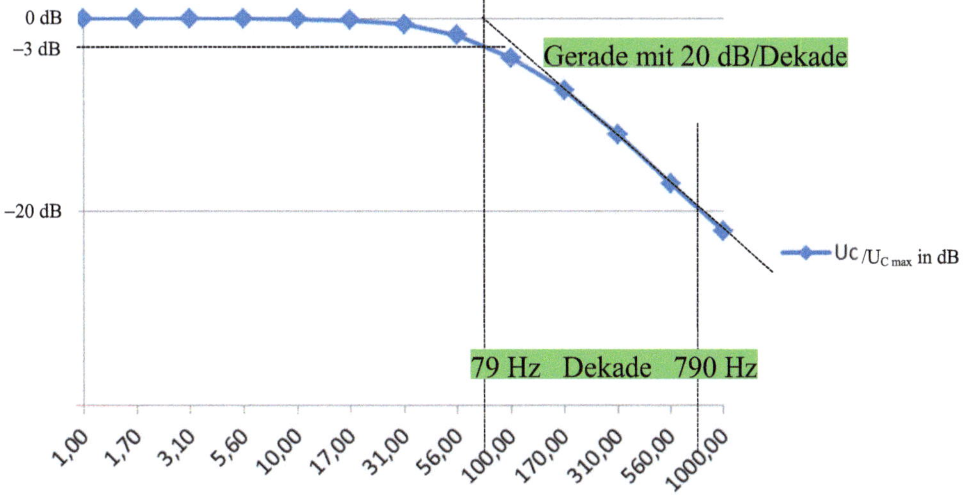

Mit $U_C = U(1/\omega C)/(R^2 + 1/\omega^2 C^2)^{1/2}$ und $\varphi_C = -\arctan\{(1/\omega C)/R\} \rightarrow$ Ortskurve sowie eine lineare und logarithmische (in dB) Darstellung über der logarithmischen Frequenz. Die Ausgangsamplitude eines Tiefpasses 1. Ordnung nimmt nach der Grenzfrequenz mit 20 dB/Dekade ab (1/10 der Anfangsamplitude bei $10 \cdot f_{go}$).
Zusatzaufgabe:

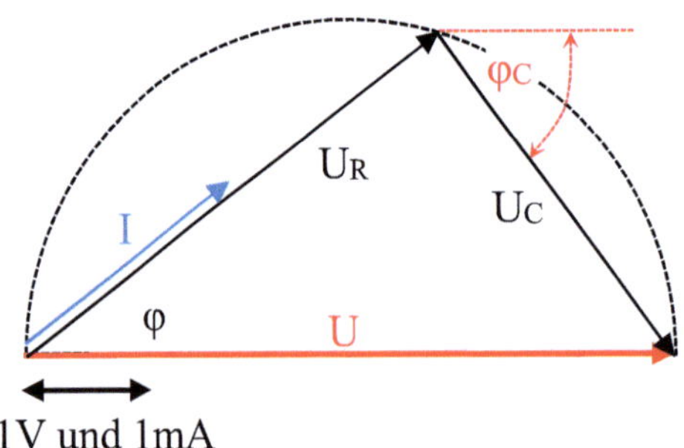

Zu Aufgabe 11.2

1)

Bei $f = 0$ (bzw. $f \ll f_{Grenz}$) wird $X_C \gg R$ und so fällt die gesamte Spannung an C ab (damit nichts am Ausgang). Bei $f = f_{Grenz}$ werden die Beträge der Spannungsabfälle an R und C gleich, und für $f \gg f_{Grenz}$ fällt die gesamte Spannung an R ab (also am Ausgang). Es werden demnach hohe Frequenzen durchgelassen und tiefe gesperrt.

2)

$Z^2 = R^2 + 1/\omega^2 C^2$, $U^2 = U_R^2 + U_C^2 \rightarrow$ Spannungsteilerregel

$U_R/U = R/Z = R/(R^2 + 1/\omega^2 C^2)^{1/2} \rightarrow$

$U_R = U R/(R^2 + 1/\omega^2 C^2)^{1/2} = 5\ V \cdot 2\ k\Omega/[(2\ k\Omega)^2 + 1/(2\pi\ 100\ Hz \cdot 1\ \mu F)^2]^{1/2} = \underline{3{,}9\ V}$

$I = U_R / R = \underline{1{,}95\ mA}$

$\rightarrow$ in Thaleskreis $U = 5\ V$, $U_R = 3{,}9\ V$ und $I = 1{,}95\ mA$ einzeichnen $\rightarrow$

$U_C = \underline{3\ V}$ sowie Winkel von $<U, I>\ \varphi = \underline{37°}$ werden im Zeigerbild gemessen. Damit werden der Winkel von $U_R = 37°$ Winkel und von $U_C = -53°$ gegen die Richtung von U.

3)

$U_C = (U^2 - U_R^2)^{1/2} = [(5\ V)^2 - (3{,}9\ V)^2]^{1/2} = \underline{3{,}1\ V}$

$\varphi = \arctan(U_C / U_R) = 3{,}1\ V / 3.9\ V = \underline{38{,}5°}$, $\varphi_C = -\arctan(U_R / U_C) = -3{,}9\ V / 3.1\ V = \underline{-51{,}5°}$

4)

$1/(2\pi f_{gu}C) = R \rightarrow f_{gu} = 1/(2\pi\ CR) = 1/(2\pi\ 1\ \mu F \cdot 2\ k\Omega) = \underline{79\ Hz}$

So war bei 100 Hz U_C bereits kleiner als U_R (der Ausgangsspannung).

5)

f /Hz	ω	$U_R/U_{R\,max}$ in %	$\varphi = \varphi_R$	$(1/\,\omega C)$	R	$(R^2 + 1/\omega^2C^2)^{1/2}$
1,00	6,28318531	1,26	89,2800379	159154,9431	2000	159167,5090
1,70	10,6814150	2,14	88,7761861	93620,55476	2000	93641,91515
3,10	19,4778745	3,89	87,7691280	51340,30422	2000	51379,24520
5,60	35,1858377	7,02	85,9746360	28420,52555	2000	28490,81032
10,00	62,8318531	12,47	82,8375442	15915,49431	2000	16040,66579
17,00	106,814150	20,89	77,9412611	9362,055476	2000	9573,300514
31,00	194,778745	36,30	68,7162265	5134,030422	2000	5509,833789
56,00	351,858377	57,55	54,8653068	2842,052555	2000	3475,235636
79,00	496,371639	70,45	44,7913541	2014,619533	2000	2838,783518
100,00	628,318531	78,25	38,5118873	1591,549431	2000	2555,979184
170,00	1068,14150	90,57	25,0844243	936,2055476	2000	2208,275532
310,00	1947,78745	96,86	14,3970522	513,4030422	2000	2064,844470
560,00	3518,58377	99,01	8,08773197	284,2052555	2000	2020,092232
1000,00	6283,18531	99,68	4,54986531	159,1549431	2000	2006,322580

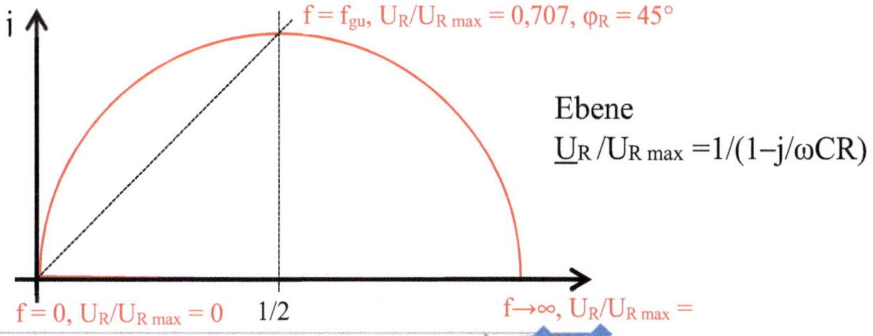

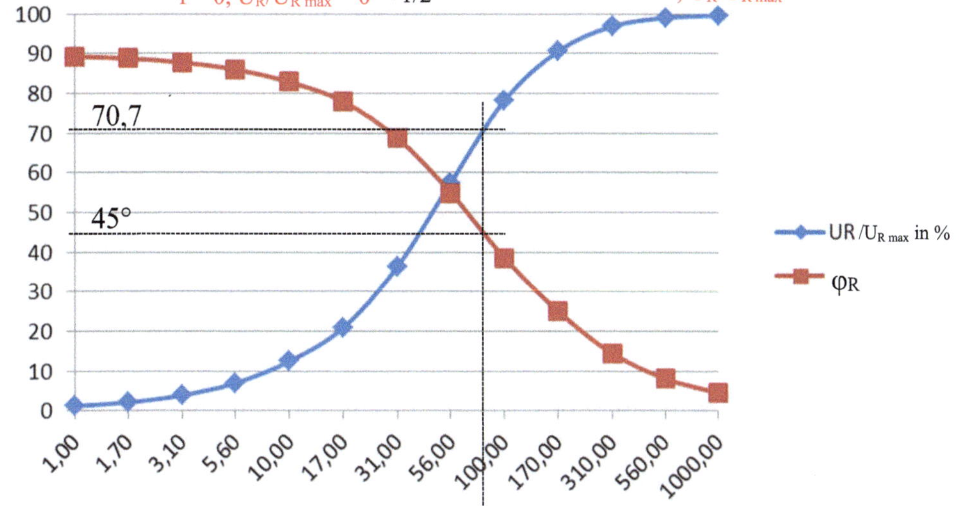

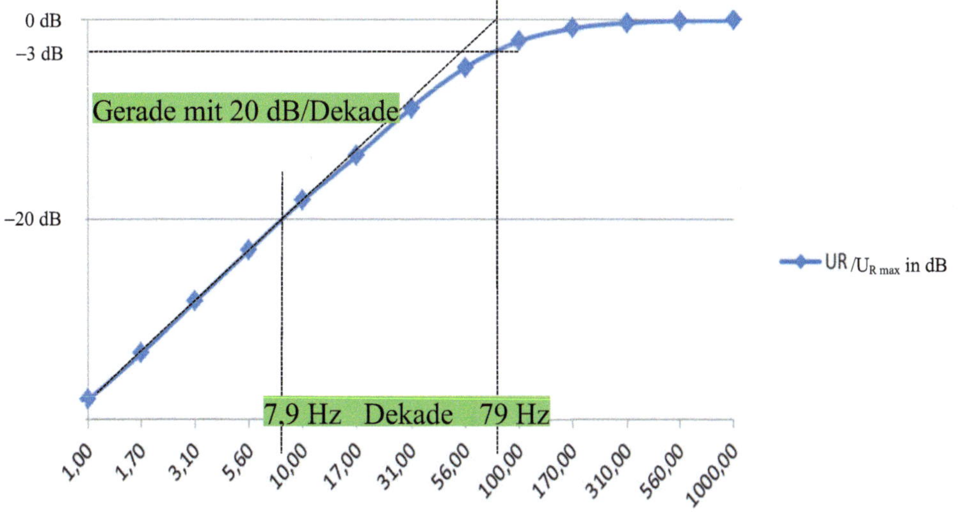

Mit $U_R = UR/(R^2 + 1/\omega^2C^2)^{1/2}$ und $\varphi_R = \arctan(R/\omega C) \rightarrow$ Ortskurve sowie
eine lineare und logarithmische (in dB) Darstellung über der logarithmischen Frequenz.
Die Ausgangsamplitude eines Hochpasses 1. Ordnung nimmt bis zur Grenzfrequenz mit
20 dB/Dekade zu (1/10 der Endamplitude bei $f_{gu}/10$).
Zusatzaufgabe:

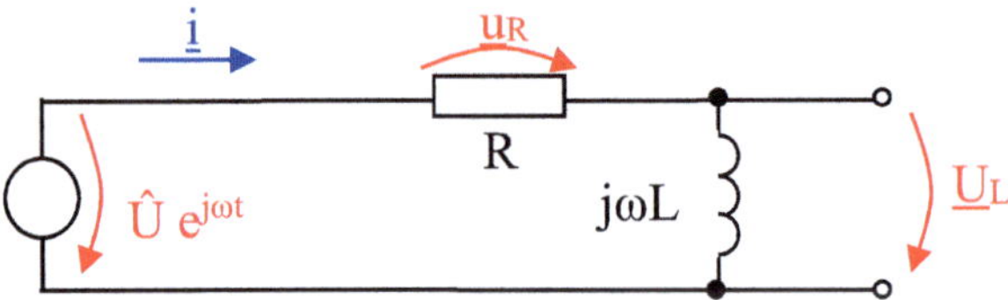

Zu Aufgabe 11.3

1)

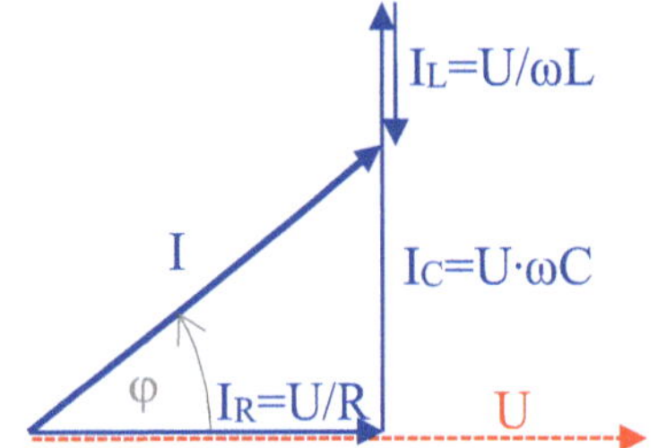

Ausgangspunkt: dieselbe Spannung U
$I = U \cdot \{(1/R)^2 + [\omega C - 1/\omega L]^2\}^{1/2}$

2)

$U = I / G_{ges} = I /\{(1/R)^2 + [\omega C - 1/\omega L]^2\}^{1/2}$, $\varphi = \arctan\{(\omega C - 1/\omega L)/(1/R)\}$

$U = 2,5\ mA/\{1/(2\ k\Omega)^2 + [2\pi\cdot 100\ Hz\cdot 1\ \mu F - 1/(2\pi\cdot 100\ Hz\cdot 40\ mH)]^2\}^{1/2} = \underline{64\ mV}$

$\varphi_I = \arctan\{(\omega C - 1/\omega L)/(1/R)\} = \arctan\{[2\pi\cdot 100\ Hz\cdot 1\ \mu F - 1/(2\pi\cdot 100\ Hz\cdot 40\ mH)]\cdot 2000\ \Omega\}$

$\varphi_I = -89°$, $\varphi_U = \underline{89°}$

(d.h., $1/\omega L > \omega C$ und so läuft der Strom um 89° der Spannung hinterher)

3)

$f_0 = 1/[2\pi(C\ L)^{1/2}] = 1/[2\pi(1\ \mu F\cdot 40\ mH)^{1/2}] = \underline{796\ Hz}$

Bei 100 Hz war somit $\omega L = 25\ \Omega$ in der Parallelschaltung der kleinste Widerstand mit dem
größten Strom; dessen Leitwert wurde durch C nur geringfügig verkleinert.

$\Delta f_B = f_0/[R(C/L)^{1/2}] = 1/(2\pi\ RC) = 1/(2\pi\cdot 2000\ \Omega\cdot 1\ \mu F) = \underline{79,6\ Hz}$

Das ist ein relativ schmales Band.

$\Delta f_B = f_0/10$, d.h. Q = 10 und bei f_0 wird $I_C = I_L = Q\cdot I = 10\cdot I = 25\ mA$.

4)

f/Hz	$2\pi\cdot f\cdot 1\ \mu F$	$1/(2\pi\cdot f\cdot 40\ mH)$	B_C-B_L	B^2+1/R^2	U/mV	$\varphi_I\ (=-\varphi_U)$
10	$6,28319\cdot 10^{-05}$	0,397887358	-0,39782453	0,158264603	6,284172701	-89,9279887
100	0,000628319	0,039788736	-0,03916042	0,001533788	63,83477051	-89,2684875
757	0,004756371	0,005256108	-0,00049974	$4,99737\cdot 10^{-07}$	3536,465690	-44,9848978
796	0,005001416	0,004998585	$2,8306\cdot 10^{-06}$	$2,50008\cdot 10^{-07}$	4999,919878	0,32436037
837	0,005259026	0,004753732	0,00050529	$5,05322\cdot 10^{-07}$	3516,865784	45,3017367
1000	0,006283185	0,003978874	0,00230431	$5,55985\cdot 10^{-06}$	1060,250221	77,7574828
10000	0,062831853	0,000397887	0,06243397	0,003898250	40,04102264	89,5411588

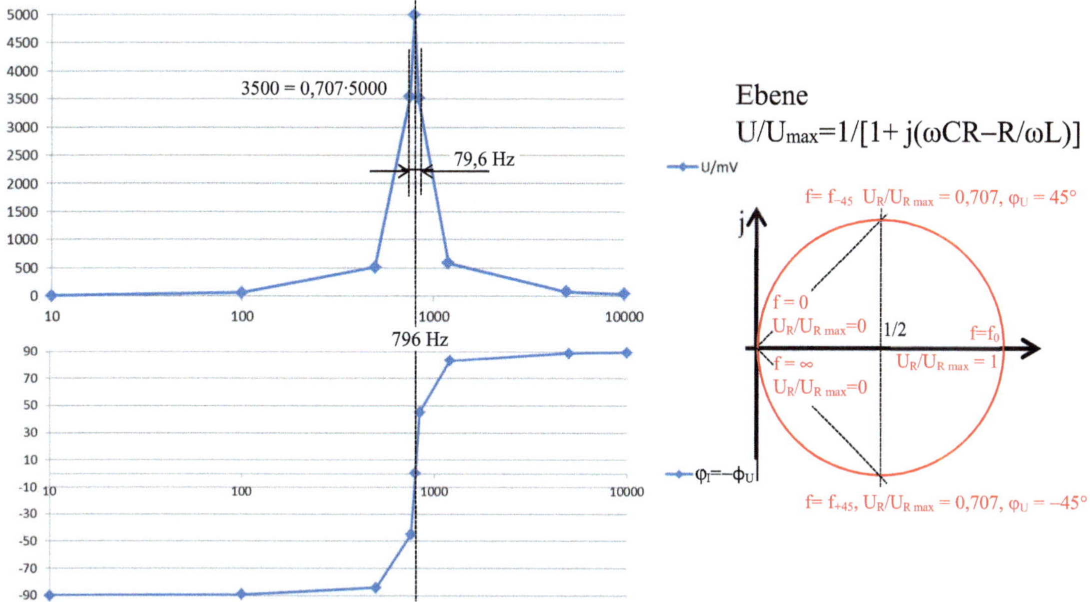

Zu Aufgabe 11.4

1)

$$\underline{v}_u = -\frac{R_F \| 1/j\omega C_F}{R_1} = \frac{R_F}{R_1} \cdot \frac{1}{1+j\omega C_F R_F} = v_u(\omega=0) \cdot \frac{1}{1+j\omega C_F R_F} \;\rightarrow\; \omega_{go} = 1/(C_F R_F) \;\rightarrow$$

$$C_F = 1/(2\pi\, f_{go}\, R_F) = 1/(2\pi \cdot 1\ \text{kHz} \cdot 100\ \text{k}\Omega) = \underline{1{,}59\ \text{nF}}$$

2)

$$\frac{v_u}{v_u(\omega=0)} = \frac{1}{\sqrt{1+(\omega C_F R_F)^2}} \quad \text{und} \quad \varphi = -\arctan(\omega C_F R_F) \;\; (-,\ \text{weil im Nenner})$$

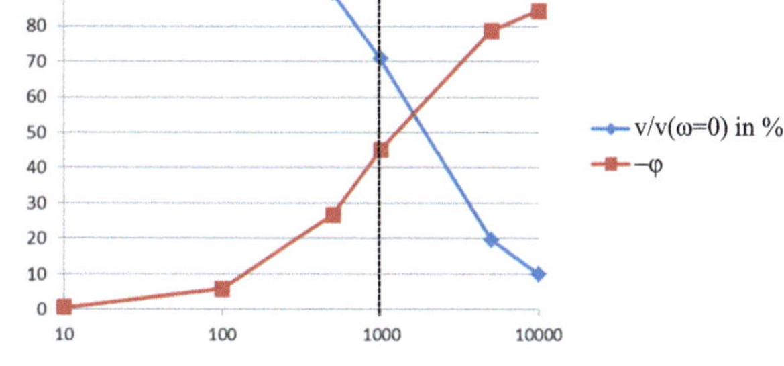

Zu Aufgabe 11.5

1)
Siehe Aufgabe 4.11

$$P_W = 3\,U_{\text{eff L1-N}} \cdot I_{\text{eff L1-N}} \cdot \cos\varphi = 3 \cdot 230\,\text{V} \cdot 0{,}93\,\text{A} \cdot 0{,}78 = \underline{500\,\text{W}}$$

$$P_s = 3\,U_{\text{eff L1-N}} \cdot I_{\text{eff L1-N}} = 3 \cdot 230\,\text{V} \cdot 0{,}93\,\text{A} = \underline{641{,}7\,\text{W}}$$

$$P_b = \sqrt{P_s^2 - P_W^2} = \underline{402\ \text{W}}$$

$$\eta = \frac{P_{ab}}{P_{zu}} = \frac{P_{\text{Mech}}}{P_W} = \frac{330\,\text{W}}{500\,\text{W}} = 0{,}66 = \underline{\underline{66\,\%}}$$

2)

$$R = \frac{U_{eff\ L1\text{-}N}\ \cos\varphi}{I_{eff\ L1\text{-}N}} = \frac{P_W/3}{I_{eff\ L1\text{-}N}^2} = \frac{500\ W/3}{0{,}93^2\ A^2} = \underline{\underline{192{,}7\ \Omega}}$$

$$L = \frac{U_{eff\ L1\text{-}N}\ \sin\varphi}{\omega\ I_{eff\ L1\text{-}N}} = \frac{P_b/3}{\omega\ I_{eff\ L1\text{-}N}^2} = \frac{402\ W/3}{2\,\pi\cdot 50\,Hz\cdot 0{,}93^2\ A^2} = \underline{\underline{0{,}493\ H}}$$

3)

Es können je drei Kondensatoren zwischen den Leitern angeschlossen werden. Die Leistung ist aus der Sicht der drei Leiter gleich der zwischen Leitern und Nullpunkt.

$P_{b\,C} = U_{eff\,L1\text{-}L2}^2\ \omega C = P_b/3\ \rightarrow$

$C = P_b/(3U_{eff\,L1\text{-}L2}^2\ \omega) = 402\ W\ /(3\cdot 400^2\ V^2\cdot 2\pi\cdot 50\ Hz) = \underline{\underline{2{,}7\ \mu F}}$

Die drei Kondensatoren müssen für Wechselstrom ausgelegt sein.

Zu Aufgabe 11.6

1)

Es kann eine Schaltung analog zu Abb. 11.35 modelliert und simuliert werden. Die Grund- und die ersten Oberschwingungen (n = 3, 5 ,7) werden einzeln grafisch ausgegeben.

2)

Die Grund- und die ersten Oberschwingungen (n = 3, 5 ,7) werden entsprechend addiert grafisch ausgegeben.

3)

Das Amplituden- und das Phasenspektrum (U_{cn} und φ_n) berechnen lassen und grafisch ausgeben.

Zu Aufgabe 11.7

1)

Es kann eine Schaltung mit einer Rechteckquelle modelliert und simuliert werden. Das Amplituden- und das Phasenspektrum berechnen lassen und grafisch ausgeben (U_{an} und U_{bn} oder U_{cn} und φ_n).

2) Es können die Signale grafisch ausgegeben werden.

Zu Aufgabe 11.8

Linkes Signal $u(t) = U_0\ \{1(t\text{-}t_1)\ -1(t\text{-}t_2)\} \leftrightarrow U(p) = (U_0/p)(e^{pt_1} - e^{pt_2})$

Rechtes Signal $u(t) = (U_0\,t)\cdot 1(t)\ /t_0 - U_0(t\text{-}t_0)\cdot 1(t\text{-}t_0)\ /t_0 - U_0\cdot 1(t\text{-}t_0) \leftrightarrow$

$U(p) = U_0/(t_0\,p^2) - U_0/(t_0\,p^2)e^{pt_0} - (U_0/p)e^{pt_0}$

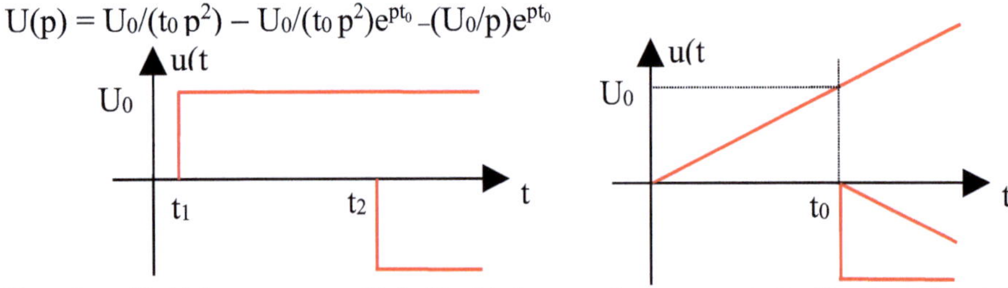

Beachte: Bei Nutzung von Tabelle 10.1 muss immer anstatt „t" „(t − t$_x$)" stehen.

Zu Aufgabe 11.9

$U(p) = (I_c/p)/(1/R + pC + 1/pL) = (I_c/C)/[p^2 + p/RC + 1/4R^2C^2 - 1/4R^2C^2 + 1/LC]$

$U(p) = (I_c/C)/[(p + 1/2RC)^2 + (1/LC - 1/4R^2C^2)]$ (nach Tabelle 10.1, 6. Zeile, 4.Spalte)

$u(t) = (I_c/C) \, (1/LC - 1/4R^2C^2)^{-\frac{1}{2}} \, e^{t/2RC} \, \sin\{t \, (1/LC - 1/4R^2C^2)^{-\frac{1}{2}}\}$

Dabei folgt die Resonanzfrequenz aus $\omega_0^2 = 1/LC$, die Dämpfung aus $\delta = 1/2RC$ bzw. die Eigenfrequenz aus $\omega_e^2 = \omega_0^2 - \delta^2$.

$I_x/I = Z_{ges}/X = 1/Y_{ges}X$

$I_R = (I_c/p)/(1/R + pC + 1/pL)R = (I_c/RC)/[(p + 1/2RC)^2 + (1/LC - 1/4R^2C^2)]$

(nach Tabelle 10.1, 6. Zeile, 4. Spalte)

$i_R(t) = (I_c/\omega_e CR) \, e^{-t/2RC} \, \sin\{\omega_e t\} = u(t)/R$

$I_L = (I_c/p)/(1/R + pC + 1/pL)pL = (I_c/LC) \, /p[(p + 1/2RC)^2 + (1/LC - 1/4R^2C^2)]$

(nach Tabelle 10.1, 8. Zeile, 4. Spalte)

$i_L(t) = I_c \, \{1 - e^{-t/2RC} \, [\cos(\omega_e t) + (\delta/\omega_e)\sin(\omega_e t)]\} = (1/L) \int u(t)dt$

$I_C = (I_c/p) \, pC/(1/R + pC + 1/pL) = I_c \, p/[(p + 1/2RC)^2 + (1/LC - 1/4R^2C^2)]$

(nach Tabelle 10.1, 7. Zeile, 4. Spalte)

$i_C(t) = I_c \, e^{-t/2RC} \, [\cos(\omega_e t) - (\delta/\omega_e)\sin(\omega_e t)] = C \, du/dt$

Zu Aufgabe 11.10

$\delta = \omega_0 \; \rightarrow \; R/2L = (LC)^{-\frac{1}{2}}$

$R = 2L \, (LC)^{-\frac{1}{2}} = 2(L/C)^{\frac{1}{2}} = 2(60 \; \mu H/200 \; \mu F)^{\frac{1}{2}} = \underline{1,1 \; \Omega}$

Zu Aufgabe 11.11

1)

$U_2(p)/U_m(p) = 1/pC(R + 1/pC) = 1/(pCR + 1)$

$U_m(p)/U_1(p) = (1/pC)\|(R + 1/pC)/[R + (1/pC)\|(R + 1/pC)]$

$U_m(p)/U_1(p) = (p/CR + 1/C^2R^2)[p^2 + 3p/CR + 1/C^2R^2]^{-1}$

$U_2(p)/U_1(p) = (1/C^2R^2)(pCR + 1)/(pCR + 1) \, [p^2 + 3p/CR + 1/C^2R^2]^{-1}$

$U_2(p)/U_1(p) = (1/C^2R^2) \, [p^2 + 3p/CR + 1/C^2R^2]^{-1}$

Nur für den aperiodischen Fall kann es als Filter genutzt werden.

$U_2(p)/U_1(p) = (1/C^2R^2) \, [(p - p_1) \, (p - p_2)]^{-1} \; \text{mit} \; p_{1,2} = -3/2CR \pm [(3/2CR)^2 - 1/C^2R^2]^{\frac{1}{2}} = -\delta_{1,2}$

$U_2(p)/U_1(p) = (1/C^2R^2) \, [(p + \delta_1) \, (p + \delta_2)]^{-1}$

$U_2(p) = (U_0/C^2R^2) \, \{p[(p + \delta_1) \, (p + \delta_2)]\}^{-1} \quad$ (Tabelle 10.1, 8. Zeile, 2. Spalte)

$u_2(t) = U_0 \, [\omega_0^2/\delta_1\delta_2(\delta_1 - \delta_2)] \, [\delta_1(1 - e^{-\delta_2 t}) - \delta_2(1 + e^{-\delta_1 t})] \quad \text{mit} \; \omega_0^2 = 1/C^2R^2$

Damit werden $u_2(t=0) = 0$, $u_2(t \rightarrow \infty) = U_0$.

Besser wäre der aperiodische Grenzfall mit $\delta_1 = \delta_2 = \delta$ (Tabelle 10.1, 3. Zeile, 4. Spalte)

$u_2(t) = U_0 \, [\omega_0^2/\delta^2] \, [1 - e^{-\delta t} - t \, \delta \, e^{-\delta t}] \quad \text{mit} \; \omega_0^2 = 1/C^2R^2$

Damit werden $u_2(t=0) = 0$, $u_2(t \rightarrow \infty) = U_0$ mit zwei gleichen Zeitkonstanten, was zu 40 dB pro Dekade führt.

2)

$$H(p) = \frac{U_2(p)}{U_1(p)} = (1/C^2R^2) \, [(p + \delta_1) \, (p + \delta_2)]^{-1} \quad \text{bzw.} \quad H(p) = \frac{U_2(p)}{U_1(p)} = (1/C^2R^2) \, (p + \delta)^{-2}$$

Zur zusätzlichen Aufgabe 11.12

1)

Überprüfung: $\tau = L/R = 100$ mH$/10\ \Omega = 10$ ms ist ausreichend groß gegenüber 1 ms.

$di/dt = U_L/L \approx$ const $\to I \approx I_m =$ const   (mit $v = t_E/(t_E + t_A)$ und $t_E + t_A = T$)

$\to$ für Einschalten $U_L = L\ di/dt = U_0 - I_m\ R \to \Delta I_{Ein} = t_E\ (U_0 - I_m\ R)/L = v\ T\ (U_0 - I_m\ R)/L$

$\to$ für Ausschalten $U_L = L\ di/dt = - I_m\ R \quad \to \Delta I_{Aus} = t_A\ (- I_m\ R)/L\quad = (1-v)\ T\ (- I_m\ R)/L$

$\Delta I = t\ di/dt \to \Delta I_{Ein} = - \Delta I_{Aus} = v\ T\ (U_0 - I_m\ R)/L = (1-v)\ T\ I_m\ R/L \to$

$v\ U_0 = - I_m\ R \to I_m = v\ U_0/R$

$\to$ für Einschalten $U_L = U_0\ (1 - v)$

$\to$ für Ausschalten $U_L = - v\ U_0$

$\to P_{Quelle} = v\ U_0\ I_m = v\ U_0\ v\ U_0/R$

$\to P_{Last} = R\ I_m^2 = R\ (v\ U_0/R)^2$

Überprüfung: $\underline{P_{Quelle}} = v\ U_0\ v\ U_0/R = R\ (v\ U_0/R)^2 = \underline{P_{Last} = (v\ U_0)^2/R}$

(Bei idealen Schaltern ohne R_i und R_L treten keine Verluste auf.)

2)

$I_m = v\ U_0/R \to I_m(0,1) = 0,1 \cdot 10$ V$/10\ \Omega = \underline{0,1\ A}$; $I_m(0,5) = \underline{0,5\ A}$; $I_m(0,9) = \underline{0,9\ A}$

$U_R = R\ I_m \to U_R(0,1) = \underline{1\ V}$; $U_R(0,5) = \underline{5\ V}$; $U_R(0,9) = \underline{9\ V}$

Der mittlere Eingangsstrom I_{Ein} wird:

$I_{Ein} = v\ I_m = v^2 U_0/R \to I_{Ein}(0,1) = \underline{0,01\ A}$; $I_{Ein}(0,5) = \underline{0,25\ A}$; $I_{Ein}(0,9) = \underline{0,81\ A}$

23.6 Lösungen zu Abschnitt 12

Zu Aufgabe 12.1

1) Die Berechnung erfolgt nach der Formel $\kappa = q_0(b_n n + b_p p)$ und Tabelle 12.2: Einige Halbleitermaterialien.

<u>Germanium (Ge):</u>

$$\kappa = q_0\left(b_n n + b_p p\right) = 1,6 \cdot 10^{-19}\ \text{As}\left(3900\ \frac{\text{cm}^2}{\text{Vs}} \cdot 2,33 \cdot 10^{13}\ \text{cm}^{-3} + 1900\ \frac{\text{cm}^2}{\text{Vs}} \cdot 2,33 \cdot 10^{13}\ \text{cm}^{-3}\right)$$

$$\kappa = 21,65 \cdot 10^{-3}\ \text{cm}^{-1}\ \Omega^{-1}$$

<u>Silicium (Si):</u>
$$\kappa = 5,38 \cdot 10^{-6}\ \text{cm}^{-1}\ \Omega^{-1}$$

<u>Galliumarsenid (GaAs):</u>
$$\kappa = 1,85 \cdot 10^{-9}\ \text{cm}^{-1}\ \Omega^{-1}$$

<u>Kupfer (Cu):</u> (bei p = 0)
$$\kappa = 546,3 \cdot 10^{3}\ \text{cm}^{-1}\ \Omega^{-1}$$

2) Der Widerstand folgt aus der Bemessungsgleichung $R = \dfrac{1}{\kappa \cdot A} = \dfrac{U}{I}$ ($\to$ der Strom).

<u>Germanium (Ge):</u>

$$I = \kappa\ U\ \frac{A}{l} = 21,65 \cdot 10^{-3}\ \Omega^{-1}\ \text{cm}^{-1} \cdot 5\ \text{V} \cdot \frac{0,1 \cdot 0,1\ \text{mm}^2}{0,1\ \text{mm}} = 1,08 \cdot \text{mA} \approx 1\,\text{mA}$$

<u>Silicium (Si):</u>
$I = \underline{\underline{269 \cdot nA}} \approx 300 \text{ nA}$

<u>Galliumarsenid (GaAs):</u>
$I = \underline{\underline{92,5 \cdot pA}} \approx 100 \text{ pA}$

<u>Kupfer (Cu):</u>
$I = \underline{\underline{27 \cdot 10^3 \text{ A}}}$

Zusatzaufgabe:
Das entspricht etwa den **Sperrströmen** einer Diode **dieser Materialien**.
(Bei Kupfer können an die kleine Probe keine 5 V angelegt werden.)

Zu Aufgabe 12.2

1) Alle Phosphoratome geben bei Raumtemperatur ein Valenzelektron ins Leitband ab.
$n = \underline{\underline{1 \cdot 10^{15} \text{ cm}^{-3}}}$.

Mit dem Massenwirkungsgesetz $n \cdot p = n_i^2$ und Tabelle 12.2 folgt:
$p = n_i^2 / n = (1{,}6 \cdot 10^{10} \text{ cm}^{-3})^2 / (10^{15} \text{ cm}^{-3}) = \underline{\underline{2{,}56 \cdot 10^5 \text{ cm}^{-3}}}$

$$\kappa = q_0 \left(b_n n + b_p p \right) = 1{,}6 \cdot 10^{-19} \text{ As} \cdot \left(1500 \frac{\text{cm}^2}{\text{Vs}} \cdot 1 \cdot 10^{15} \text{ cm}^{-3} + 600 \frac{\text{cm}^2}{\text{Vs}} \cdot 2{,}56 \cdot 10^5 \text{ cm}^{-3} \right)$$

$\kappa = \underline{\underline{0{,}24 \text{ cm}^{-1} \, \Omega^{-1}}}$ (vergleiche $\kappa = 5{,}38 \cdot 10^{-6} \text{ cm}^{-1} \, \Omega^{-1}$ bei Eigenleitung)

2) Mit $R = \dfrac{1}{\kappa \cdot A} = \dfrac{1}{q_0 \cdot b_n \cdot n \cdot A}$ (bei $p \approx 0$) $\rightarrow$

$$b_n = \frac{1}{q_0 \cdot R \cdot n \cdot A} = \frac{8 \text{ mm}}{1{,}602 \cdot 10^{-19} \text{ As} \cdot 400 \, \Omega \cdot 1 \cdot 10^{15} \text{ cm}^{-3} \cdot 1 \text{ mm}^2} = 1250 \frac{\text{cm}^2}{\text{Vs}} \ .$$

Die Beweglichkeit hat also gegenüber 1500 cm²/Vs etwas abgenommen.

Zu Aufgabe 12.3

Mit $S = I / A_\perp = I / (h \, b) = q_0 \, v_D \, n \ \rightarrow$

$v_D = I /(h \, b \, q_0 \, n) \rightarrow$ Lorentzkraft $\rightarrow$ el. Feld $\rightarrow$ Spannung (über $h \cdot b$ sind v_D, F, E = const und v_D senkrecht zu **B** sowie beide senkrecht zu **F**, **E**)

$U_H = b \, E = b \, F/q_0 = b \, (q_0 \, v_D \, B) /q_0 = b \, v_D \, B = b \, \{ I /(h \, b \, q_0 \, n)\} \, B = I \, B / (h \, q_0 \, n)$

$U_H = 1 \text{ mA} \cdot 2000 \text{ Vs} \cdot 10^{-4} \text{ cm}^{-2} / (0{,}02 \text{ cm} \cdot 1{,}6 \cdot 10^{-19} \text{ As} \cdot 10^{15} \text{ cm}^{-3})$

$U_H = 2 \text{ V} / (0{,}02 \cdot 1{,}6)$

$U_H = \underline{\underline{62{,}5 \text{ V}}}$

In der Halbleiterentwicklung wird dieser Zusammenhang umgekehrt zur Messung der Trägerkonzentration genutzt: $U_H = I \, B / (h \, q_0 \, n) \ \rightarrow \ n = I \, B / (h \, q_0 \, U_H)$

(Offensichtlich sind 2000 T bei $n = 1 \cdot 10^{15} \text{cm}^{-3}$ ein recht hoher Wert. Bei einer Dotierung von $n = 1 \cdot 10^{17} \text{cm}^{-3}$ würden nur 0,625 V entstehen.)

Zu Aufgabe 12.4

Photonen entsprechender Energie (Bandabstand) erzeugen durch Fotogeneration
Elektronen/Loch-Paare. Dadurch wird die Leitfähigkeit durch mehr bewegliche Träger erhöht.
Soll dieser Effekt möglichst deutliche Auswirkungen auf die Leitfähigkeit haben, muss die
Leitfähigkeit ohne Lichteinstrahlung möglichst klein sein.
Damit ergibt sich eine niedrige Dotierung.

Zu Aufgabe 12.5

Wärmeenergie ermöglicht die Generation von Elektronen/Loch-Paaren, dadurch wird die
Leitfähigkeit erhöht. Soll dieser Effekt möglichst deutliche Auswirkungen auf die
Leitfähigkeit haben, muss die Leitfähigkeit bei Raumtemperatur möglichst klein sein.
Damit ergibt sich eine niedrige Dotierung.
Der Widerstand von 1000 Ω für 20 °C kann durch Querschnittsfläche und Dicke (Länge)
eingestellt werden.

Zu Aufgabe 12.6

1) Mit $n_p \cdot p_p = n_i^2 = 2{,}56 \cdot 10^{20}$ cm^{-6} und völlige Ausnutzung von n_D, n_A bei 300 K $\rightarrow$

Für die P-Schicht $n_p = \dfrac{n_i^2}{p_p} = \dfrac{2{,}56 \cdot 10^{20} \text{ cm}^{-6}}{10^{17} \text{ cm}^{-3}} = \underline{\underline{2560 \text{ cm}^{-3}}}$.

Für die N-Schicht wird gleichfalls $p_n = \underline{\underline{2560 \text{ cm}^{-3}}}$.

2) $n_p/n_n = f_F(W_{\text{L P-Elektrode}}) / f_F(W_{\text{L N-Elektrode}})$ mit $f_F = \left(1 + e^{\frac{(W - W_F)}{k \cdot T}}\right)^{-1}$, somit wird

$$\frac{n_P}{n_N} = \frac{f_F(W_{LP})}{f_F(W_{LN})} = \frac{\left(1 + e^{\frac{(W_{LP} - W_F)}{k \cdot T}}\right)^{-1}}{\left(1 + e^{\frac{(W_{LN} - W_F)}{k \cdot T}}\right)^{-1}} = \frac{\left(1 + e^{\frac{(W_{LN} - W_F)}{k \cdot T}}\right)}{\left(1 + e^{\frac{(W_{LP} - W_F)}{k \cdot T}}\right)} \approx \frac{\left(e^{\frac{(W_{LN} - W_F)}{k \cdot T}}\right)}{\left(e^{\frac{(W_{LP} - W_F)}{k \cdot T}}\right)} = e^{\left[\frac{(W_{LN} - W_F)}{k \cdot T} - \frac{(W_{LP} - W_F)}{k \cdot T}\right]}$$

$$\ln\left(\frac{n_P}{n_N}\right) = \ln\left(e^{\left[\frac{(W_{LN} - W_F)}{k \cdot T} - \frac{(W_{LP} - W_F)}{k \cdot T}\right]}\right) = \frac{W_{LN} - W_{LP}}{k \cdot T} \ .$$

Mit $W_{LN} = -q_0 \, \varphi_N$ und $W_{LP} = -q_0 \, \varphi_P$ (siehe Abb. 12.10 Energien negativ und $W_{LN} < W_{LP}$;
φ_N und φ_P sind die Potentiale an den Elektroden der N- und P-Schicht) ergibt sich:

$$\ln\left(\frac{n_P}{n_N}\right) = \frac{-q_0 \cdot \varphi_N - (-q_0) \cdot \varphi_P}{k \cdot T} = (\varphi_N - \varphi_P) \cdot \frac{-q_0}{k \cdot T} \ .$$

Mit $kT/q_0 = 26$ mV wird daraus:

$$U_D = \ln\left(\frac{n_P}{n_N}\right) \cdot \frac{k \cdot T}{-q_0} = \ln\left(\frac{2560 \text{ cm}^{-3}}{10^{17} \text{ cm}^{-3}}\right) \cdot (-26 \text{ mV}) = (-31{,}3) \cdot (-26 \text{ mV}) = \underline{\underline{0{,}81 \text{ V}}} \ .$$

Zu Aufgabe 12.7

1) Aus I folgt die Anzahl (N) Elektronen und somit die Anzahl Rekombinationen $\rightarrow$

$I = \Delta Q / \Delta t \ \rightarrow \ \Delta Q = N \, q_0 = I \, \Delta t$

$N = I \, \Delta t / q_0 = 20$ mA$\cdot 1$ s $/ \ 1{,}6 \cdot 10^{-19}$ As

$N = \underline{\underline{12{,}5 \cdot 10^{16}}}$

2)

Aus $P_{el} = U\,I$ und $W_{ph} = h\,c/\lambda \;\rightarrow\; P_{Licht} = W_{Licht}\,/\,\Delta t = N\,W_{ph}\,/\,\Delta t = N\,h\,c/\,(\lambda\,\Delta t) \rightarrow$

$P_{el} = 1{,}35\ \text{V}\cdot 20\ \text{mA} = \underline{27\ \text{mW}}$

$P_{Licht} = 12{,}5\cdot 10^{16}\cdot 6{,}625\cdot 10^{-34}\ \text{Ws}^2\cdot 3\cdot 10^{8}\ \text{ms}^{-1}\,/\,(940\ \text{nm}\cdot 1\ \text{s}) = \underline{26\ \text{mW}}$

Damit wird $\eta = P_{Licht}\,/\,P_{el} = 26\,/\,27 = 0{,}96 = \underline{96\ \%}$

3)

$\eta_Q = P_{MessLicht}\,/\,P_{Licht}$ und $P_{MessLicht} = \eta_{Mess}\,P_{el} = \eta_{Mess}\,P_{Licht}\,/\,\eta \rightarrow$

$\eta_Q = \eta_{Mess}\,P_{Licht}\,/\,(\eta\,P_{Licht}) = \eta_{Mess}\,/\,\eta$

$\eta_Q = 35\ \%\,/\,96\ \% = \underline{37\ \%}$

Zu Aufgabe 12.8

1)

Graphische Lösung $\rightarrow$

i(t) einzeichnen und u(t) daraus
konstruieren.

(Die Nichtlinearität
ist im Bereich sehr kleiner
Spannungen kaum sichtbar
und somit vernachlässigbar.)

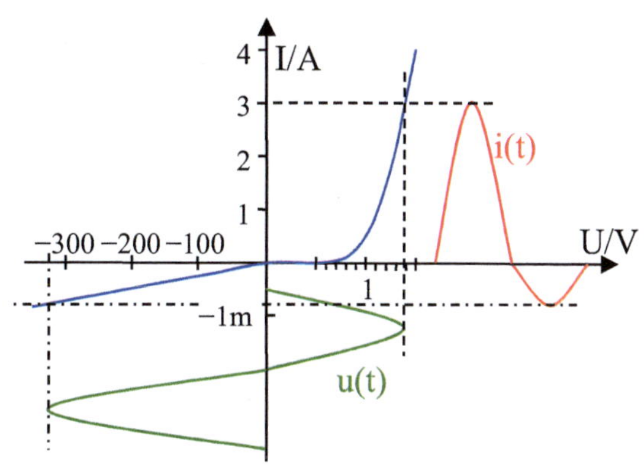

2)

In einer Periode entstehen die Leistungen $p(t) = i\cdot u\cdot f_{t1} + i\cdot u\cdot f_{t2}$ mit

$f_{t1} = 1(t) - 1(t{-}10\ \text{ms})$

und

$f_{t2} = 1(t{-}10\ \text{ms}) - 1(t{-}20\ \text{ms})$.

$p(t) = 3\ \text{A}\cdot 0{,}88\ \text{V}\cdot \sin^2(2\pi\,t/20\ \text{ms})\cdot f_{t1} + 0{,}8\ \text{mA}\cdot 320\ \text{V}\cdot \sin^2(2\pi\,t/20\ \text{ms})\cdot f_{t2}$

$p(t) = 2{,}64\ \text{W}\,\sin^2(\dots)\,f_{t1} + 0{,}256\ \text{W}\,\sin^2(\dots)\,f_{t2}$

$$\overline{P} = \frac{1}{20\ \text{ms}}\int_{0}^{20\ \text{ms}} p(t)\,dt = \frac{1}{10\ \text{ms}}\int_{0}^{10\ \text{ms}} 2{,}64\ \text{W}\,\sin^2(\omega\,t)\,dt + \frac{1}{10\ \text{ms}}\int_{10\ \text{ms}}^{20\ \text{ms}} 0{,}256\ \text{W}\,\sin^2(\omega\,t)\,dt$$

$$\overline{P} = \frac{(2{,}64\ \text{W} + 0{,}256\ \text{W})}{10\ \text{ms}}\int_{0}^{10\ \text{ms}}\sin^2(\omega\,t)\,dt = \frac{2{,}9\ \text{W}}{10\ \text{ms}}\left(\frac{1}{2}t\Big|_{0}^{10\ \text{ms}} - \frac{1}{4\omega}\sin(2\,\omega\,t)\Big|_{0}^{10\ \text{ms}}\right)$$

$$\overline{P} = \frac{2{,}9\ \text{W}}{10\ \text{ms}}\,5\ \text{ms} = \underline{\underline{1{,}45\ \text{W}}}$$

Der Kühlkörper muss 1,45 W kühlen.

Zu Aufgabe 12.9 und 12.10

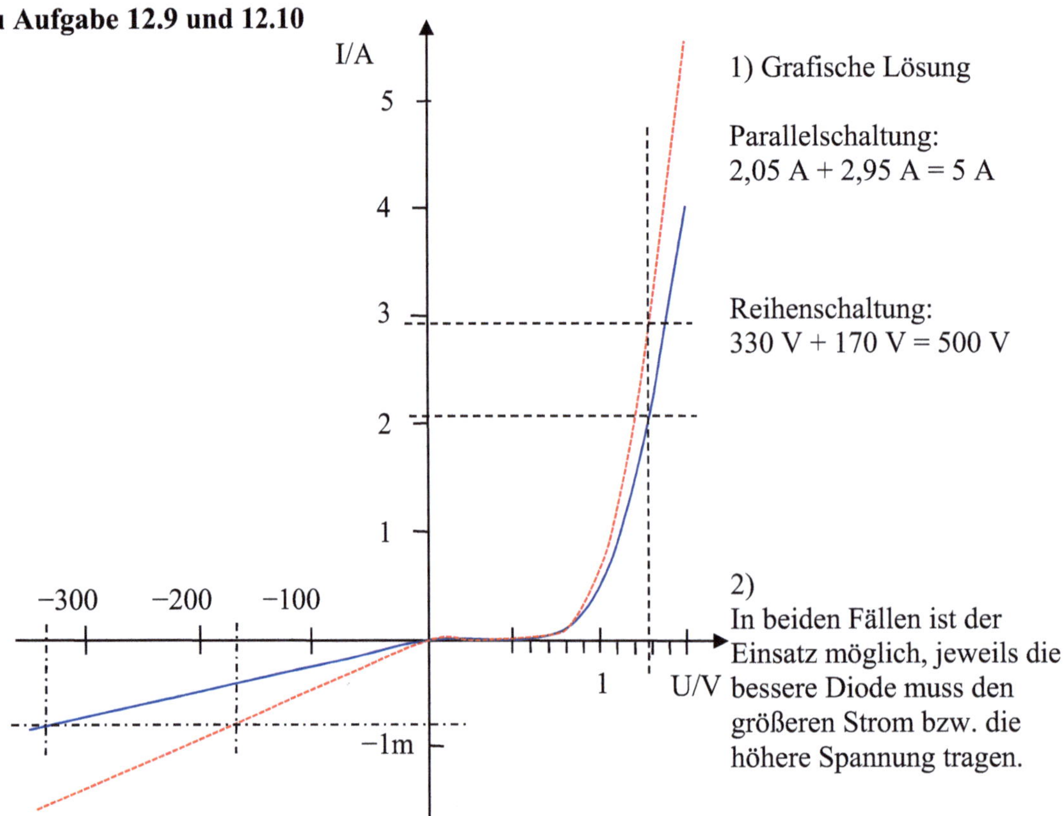

Zusatzaufgabe:

Bei Parallelschaltung beide Ströme kontrollieren und Gesamtstrom langsam erhöhen. Wenn der Strom einer Diode $I_{FM} = 3$ A erreicht, Messung abbrechen. Erreicht vorher der Gesamtstrom 5 A, sind die Dioden einsetzbar.
Bei Reihenschaltung beide Spannungen kontrollieren und Gesamtspannung langsam erhöhen. Wenn die Spannung an einer Diode $U_{RM} = 350$ V erreicht, Messung abbrechen. Erreicht vorher die Gesamtspannung 500 V, sind die Dioden einsetzbar.

Zu Aufgabe 12.11

$U_=$ (ohne Siebung!) wird über der Zeit grafisch dargestellt.

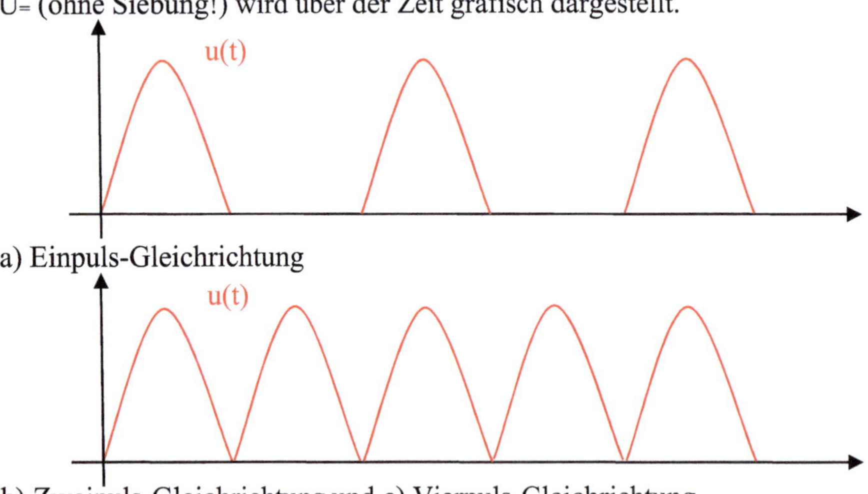

a) Einpuls-Gleichrichtung

b) Zweipuls-Gleichrichtung und c) Vierpuls-Gleichrichtung

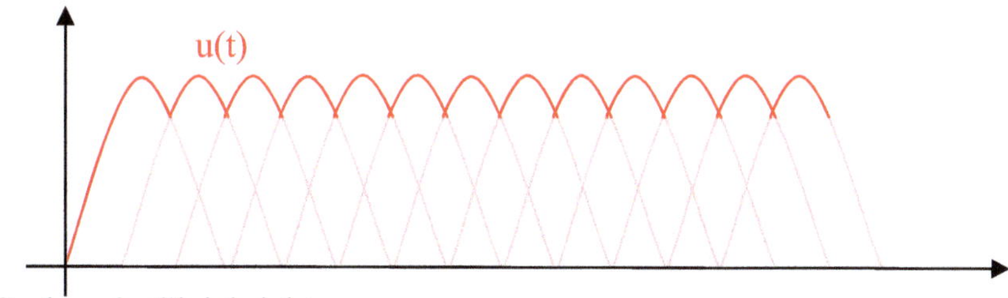

d) Sechspuls-Gleichrichtung

Zu Aufgabe 12.12

1)

Für Schaltung Abb. 12.24 a)

$U_{Rc} = U_{Bat} - U_{CE} = 12\,V - 5\,V = 7\,V \rightarrow$ mit $I_C = 2\,mA$

$$R_C = \frac{7\,V}{2\,mA} = 3.500\,\Omega \approx 3,3\,k\Omega$$

Mit $B = 180$ und $I_C = 2\,mA$ kann I_B ausgerechnet werden.

$$I_B = \frac{I_C}{B} = \frac{2\,mA}{180} = 11\,\mu A \;.$$

Mit $R_1 + R_2 = \dfrac{U_{Bat}}{10\,I_B}$ und $\dfrac{R_2}{R_1 + R_2} = \dfrac{U_{BE}}{U_{Bat}}$ lassen sich nun R_1 und R_2 berechnen.

$$R_1 + R_2 = \frac{U_{Bat}}{10 \cdot I_B} = \frac{12\,V}{10 \cdot 11\,\mu A} = 109\,k\Omega \approx 100\,k\Omega$$

$$R_2 = \frac{U_{BE}}{U_{Bat}}(R_1 + R_2) = \frac{0,7\,V}{12\,V} \cdot 100\,k\Omega = 5,8\,k\Omega \approx 6,8\,k\Omega$$

d.h., es bleibt $R_1 \approx \underline{\underline{100 k\Omega}}$

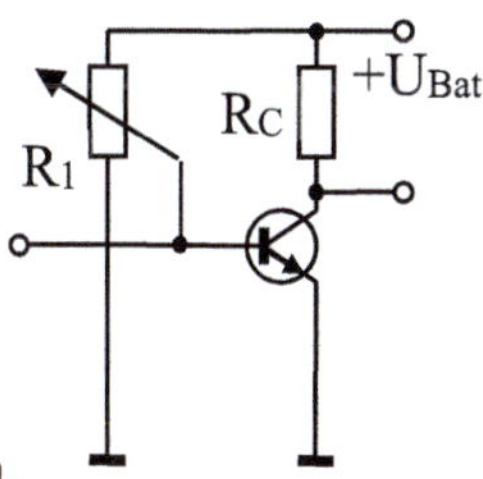

2)

Mit R_E wird $R_C = 3300\,\Omega - 220\,\Omega = 3080\,\Omega \approx \underline{\underline{3,3\,k\Omega}}$

3)

Mit $R_1 \approx 100\,k\Omega$ kann die nebenstehende Schaltung gewählt werden.

Zu Aufgabe 12.13

Leerlaufspannungsverstärkung $v_U = u_A/u_E$ (bei Leerlauf: $i_A = 0$).

Aus der Ersatzschaltung mit Ersatzvierpol folgt (beachte die reinen Parallelschaltungen):

$i_B = u_E/r_{BE} \rightarrow u_E = i_B\,r_{BE}$

$u_A = -\beta\,i_B\,(r_{CE} \parallel R_C)$ (Bei obigen Zählpfeilen)

$v_U = u_A/u_E = -\beta\,i_B\,(r_{CE} \parallel R_C)\,/\,(i_B\,r_{BE})$

$v_U = u_A/u_E = -\beta\,(r_{CE} \parallel R_C)\,/\,r_{BE}$ (d.h. u_A nach oben – umgekehrt wie u_E)

$v_U = u_A/u_E = -220 \cdot [(1/18\,\mu S) \parallel (3,3\,k\Omega)]\,/\,(2,7\,k\Omega)$

$v_U = -220 \cdot 3,1\,k\Omega\,/\,(2,7\,k\Omega) = \underline{\underline{253}}$

Mit den Näherungen $1/18\,\mu S \gg 3,3\,k\Omega$ wird:

$v_U = -\beta\,R_C\,/\,r_{BE} = -269$ (v_U wird in der Näherung geringfügig zu groß.)

Zu Aufgabe 12.14

1)

Für Schaltung Abb. 12.24 a)

$U_{Rc} = U_{Bat} - U_{CE} = 12\,V - 2\,V = 10\,V \rightarrow$ mit $I_C = 150\,mA$

$$R_C = \frac{10\,V}{150\,mA} = 67\,\Omega \approx \underline{\underline{68\,\Omega}}$$

Mit $B = 100$ und $I_C = 150\,mA$ kann I_B ausgerechnet werden.

$$I_B = \frac{I_C}{B} = \frac{150\,mA}{100} = 1{,}5\,mA$$

Mit $R_1 + R_2 = \dfrac{U_{Bat}}{10\,I_B}$ und $\dfrac{R_2}{R_1 + R_2} = \dfrac{U_{BE}}{U_{Bat}}$ lassen sich nun R_1 und R_2 berechnen.

$$R_1 + R_2 = \frac{U_{Bat}}{10 \cdot I_B} = \frac{12V}{10 \cdot 1{,}5\,mA} = 800\,\Omega \approx 820\,\Omega$$

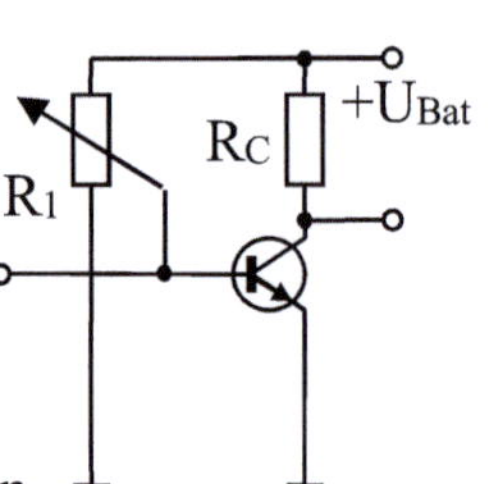

$$R_2 = \frac{U_{BE}}{U_{Bat}}(R_1 + R_2) = \frac{0{,}7\,V}{12\,V} \cdot 800\,\Omega = 47\,\Omega \approx \underline{\underline{47\ \Omega}}$$

d.h., es bleibt $R_1 = \underline{\underline{820\,\Omega}}$ (bei E12)

2)

Mit $R_1 \approx 820\,\Omega$ kann die nebenstehende Schaltung gewählt werden.

Zu Aufgabe 12.15

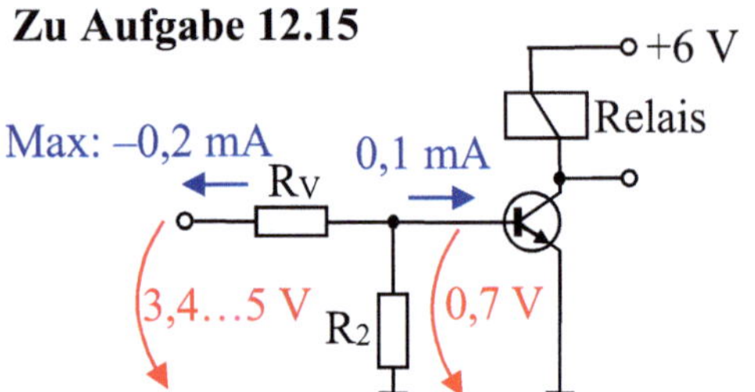

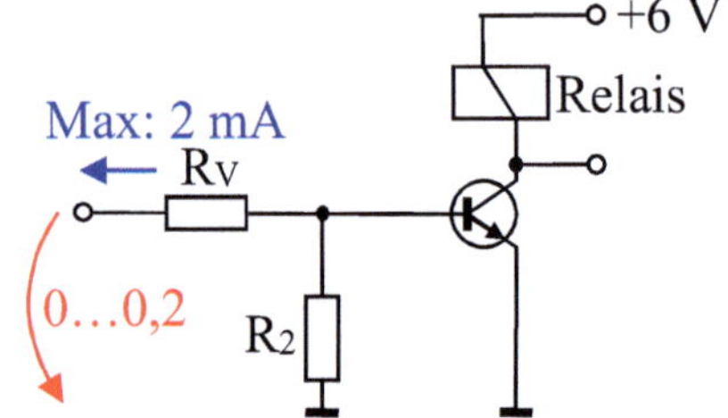

$I_C = 9{,}75\,mA$, $U_{CE} = 0{,}15\,V$, $I_B = 0{,}1\,mA$, $U_{BE} \approx 0{,}7\,V$

$I_C = 0{,}5\,mA$, $U_{CE} = 5{,}7\,V$, $I_B \approx 0\,mA$, $U_{BE} < 0{,}4\,V$

1. Durchgeschalteter Transistor:

Es dürfen auch bei der größten Spannung maximal –0,2 mA gezogen werden (entsprechend gezeichneter Stromrichtung!).

$\rightarrow R_V = U_{MaxRV}\,/(-\,I_{MaxRV}) = (5\,V - 0{,}7\,V)\,/\,0{,}2\,mA = 21{,}5\,k\Omega \qquad \rightarrow \underline{\underline{22\,k\Omega}}$

Bei U_{Min} wird $-I_{RV} = -(3{,}4\,V - 0{,}7\,V)\,/\,22\,k\Omega = -0{,}123\,mA$.

Auch in diesem Fall muss davon $I_B = 0{,}1\,mA$ bekommen.

$\rightarrow R_2 = U_{BE}/(-I_{RV} - I_B) = 0{,}7\,V\,/\,(0{,}123 - 0{,}1\,mA) = 0{,}7\,V\,/\,0{,}023\,mA = 30{,}4\,k\Omega \rightarrow \underline{\underline{33\,k\Omega}}$

Test bei U_{Max} für $I_{R2}(0{,}7\,V) = 0{,}023\,mA$:

$I_B = 0{,}2\,mA - 0{,}023\,mA = 0{,}177\,mA$ schaltet sogar noch besser und ist ungefährlich.

2. Überprüfung gesperrter Transistor:

$U_2\,/\,U_{Max} = R_2\,/\,(R_V + R_2)$

$\rightarrow U_2 = U_{Max}\,R_2\,/\,(R_V + R_2) = 0{,}2\,V \cdot 33\,k\Omega\,/\,(22\,k\Omega + 33\,k\Omega) = 0{,}12\,V < 0{,}4\,V$ ist ausreichend. Damit ist die Schaltung dimensioniert.

Zu Aufgabe 12.16

1)

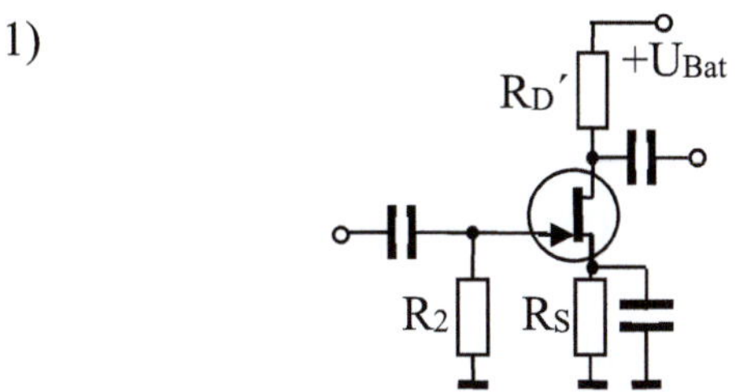

$R_D' + R_S = (U_{Bat} - U_{DS}) / I_D = (9\text{ V} - 5{,}5\text{ V}) / 1{,}5\text{ mA} = 2{,}3\text{ k}\Omega$

Für $U_{GS} = 0{,}6\text{ V}$ beträgt R_S bei $I_D = 1{,}5\text{ mA}$:

$R_S = U_{GS} / I_D = 0{,}6\text{ V} / 1{,}5\text{ mA} = 400\ \Omega \rightarrow \underline{470\ \Omega}$ (bei E 6) oder 390 Ω (bei E 12)

Für R_D' folgt: $R_D' = (R_D' + R_S) - R_S = 2{,}3\text{ k}\Omega - 470\ \Omega = 1{,}83\text{ k}\Omega \rightarrow \underline{1{,}8\text{ k}\Omega}$ (bei E 12).

Eine bessere Einstellung ist nur mit Einstellreglern möglich. Für eine normale Funktion dürfte der etwas veränderte Arbeitspunkt verträgliche Abweichungen ergeben.

2)

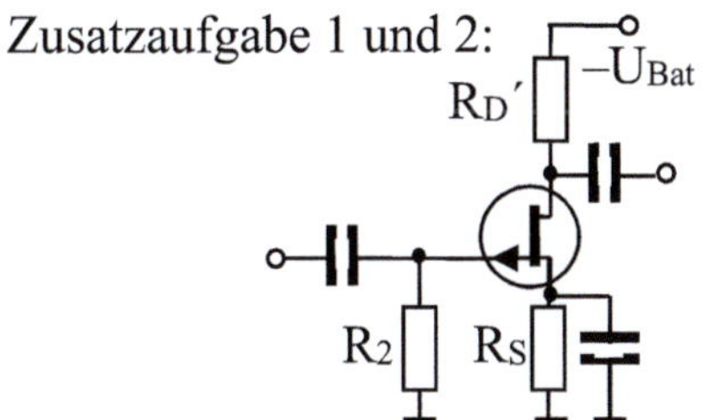

$v_{u\,Leer} = u_A / u_{GS} = S \cdot u_{GS}\, R_D / u_{GS} = 6\text{ mS} \cdot 1{,}8\text{ k}\Omega = \underline{10{,}8}$

(Bei $U_{Bat} = 24\text{ V}$ würde $R_D' = 12\text{ k}\Omega$ und somit $v_{u\,Leer} = 72$ werden.) Entscheidend ist vor allem die Steilheit S des Feldeffekttransistors.

Zusatzaufgabe 1 und 2:

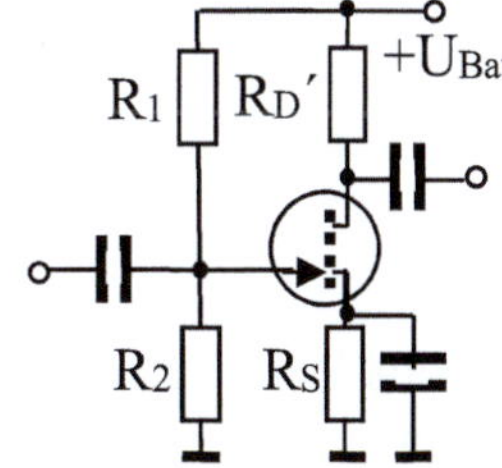

selbstleitender P-Kanal MOS-FET   selbstsperrender N-Kanal MOS-FET
(R1 und R2 hochohmiger Spannungsteiler für
U_{GS} = positiv – entsprechend Arbeitspunkt)

23.7 Lösungen zu Abschnitt 13

Zu Aufgabe 13.1

1)

$v_u = u_{Amax} / u_{1max} = 200\text{ mV} / 2{,}5\text{ mV} = \underline{80}$

Der invertierende Verstärker hätte einen typischen Eingangswiderstand von 10 …20 kΩ. Am Innenwiderstand des Messwandlers von 200 Ω würden $200/(10000\ldots20000 + 200) = 2\ldots1\ \%$ der Wandlerspannung verloren gehen. Es kann der invertierende Verstärker gewählt werden.

2)

Wir wählen für $R_1 = 20\text{ k}\Omega$ und aus Symmetriegründen auch für R_2. Daraus ergibt sich die Spannungsverstärkung für den invertierenden Verstärker zu $v = -80$.

$R_F = |v|\, R_1 = 80 \cdot 20\text{ k}\Omega = \underline{1{,}6\text{ M}\Omega}$.

3)

Es kann für $U_A = \pm 200\text{ mV}$ die kleinste Batteriespannung gewählt werden $\pm 4\text{ V}$.

Zu Aufgabe 13.2

Zu a)

1) R_V folgt aus der unteren Grenzfrequenz.
   $R_V = 1/(2\pi f_{gu}C) = 1/(2\pi\cdot20\ \text{Hz}\cdot10\ \text{pF}) = 795\ \text{M}\Omega \approx \underline{820\ \text{M}\Omega}$ (bei E12)
2) R_1 ist null und R_2 unendlich (Impedanzwandler).
   $R_F = 0$ (Impedanzwandler)
3) Für die Aussteuerbarkeit ($\pm 2{,}5$ mV) können ±4 V (je nach OV auch kleiner) gewählt
   werden, d.h. evtl. Batterien.
4) Laut Tabelle 13.1 sind für den Operationsverstärker ohne äußere Bauelemente
   $R_{Ein} = 2\ \text{M}\Omega$ und $R_{Aus} = 75\ \Omega$.
   Der Eingangswiderstand wird $R_E = R_{Ein}\ v_0/v_u = 2\ \text{M}\Omega\cdot5000 = \underline{10\ \text{G}\Omega} \gg 820\ \text{M}\Omega$
   Ausgangswiderstand, Frequenzgang und Drift sind hierbei unkritisch.

Zu Aufgabe 13.3

1) Daraus ergibt sich die Spannungsverstärkung: $v_u = 10\ \text{V}/250\ \text{mV} = \underline{40}$.
   Der invertierende Verstärker hätte den typischen Eingangswiderstand 10 …20 kΩ. Am
   Innenwiderstand des Messwandlers (200 Ω) würden von der Wandlerspannung
   $200/(10000…20000 + 200) = 2…1\ \%$ verloren gehen.
   Es kann der invertierende Verstärker gewählt werden (für den invertierenden Verstärker
   wird $v = -40$).
2) Wir wählen für $R_1 = 10$ kΩ und aus Symmetriegründen auch für R_2 und nehmen 2%
   Verlust in Kauf.
   $R_F = |v|\ R_1 = 40\cdot10\ \text{k}\Omega = \underline{400\ \text{k}\Omega}$.
3) Die Ausgangsspannung soll von -10 bis $+10$ V linear dargestellt werden. Die
   Versorgungsspannung muss $\pm0{,}7…2$ V größer/kleiner sein. Die Versorgungs-spannungen
   werden zu -12 V und $+12$ V gewählt.
4) Laut Tabelle 13.1 sind $R_{Ein} = 2\ \text{M}\Omega$ und $R_{Aus} = 75\ \Omega$.

Der Eingangswiderstand des Verstärkers wird:
$R_E = R_1 = \underline{10\ \text{k}\Omega}$, d.h. nicht verbessert.
Der Ausgangswiderstand des Verstärkers wird:
$R_A = R_{Aus}\ v_u/v_0 = 75\ \Omega\cdot40/200000 = \underline{15\ \text{m}\Omega}$.
Der Frequenzgang wird grafisch bestimmt. $\rightarrow \underline{40\ \text{kHz}}$
Die Drift von 90 dB wird um $v_0/v_u = 5000$ (folglich 74 dB)
verbessert, d.h. $\underline{164\ \text{dB}}$.

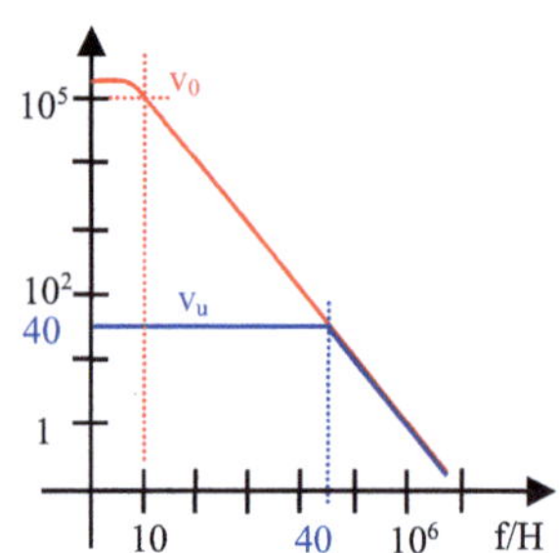

23.8 Lösungen zu Abschnitt 15

Zu Aufgabe 15.1

Ein mögliches Verfahren:

- Die Dezimalzahl A wird durch die Zahl B geteilt. Hexadezimalsystem B=16, Oktalsystem
  B=8 und Binärsystem B=2.
- Die Division ergibt eine ganze Zahl C_1 und den Rest D_1.
- C_1 wird erneut durch B geteilt. Es folgen die ganze Zahl C_2 und der Rest D_2.
- C_2 wird weiter durch B geteilt und man erhält die ganze Zahl C_3 und einen Rest D_3.
- Das wird solange fortgesetzt, bis die ganze Zahl C_x gleich null ist und der Rest D_x bleibt.
- Ist z.B. $C_4 = 0$, lautet die gesuchte Zahl: $D_4\ D_3\ D_2\ D_1$.

Hexadezimal:

128	/	16	=	8	Rest	$0 = D_1$	
8	/	16	=	0	Rest	$8 = D_2$	$128_D = 80_H = D_2\,D_1$

$192_D = C0_H$

$240_D = F0_H$

Oktal:

128	/	8	=	16	Rest	0	
16	/	8	=	2	Rest	0	
2	/	8	=	0	Rest	2	$128_D = 200_O$

$192_D = 300_O$

$240_D = 360_O$

Binär:

128	/	2	=	64	Rest	0	
64	/	2	=	32	Rest	0	
32	/	2	=	16	Rest	0	
16	/	2	=	8	Rest	0	
8	/	2	=	4	Rest	0	
4	/	2	=	2	Rest	0	
2	/	2	=	1	Rest	0	
1	/	2	=	0	Rest	1	$128_D = 10000000_B$

$192_D = 11000000_B$

$240_D = 11110000_B$

Zu Aufgabe 15.2

Zuerst die dezimalen Zahlen in binäre Zahlen umwandeln:

$134_D = 10000110_B$

$28_D\ = 11100_B$

$125_D = 1111101_B$

$31_D\ = 11111_B$

$255_D = 11111111_B$

$128_D = 10000000_B$

Bitweise UND-Verknüpfung

10000110.00011100.01111101.00011111 = 134.028.125.031

<u>11111111.11111111.11111111.10000000 = 255.255.255.128</u>

10000110.00011100.01111101.00000000 = 134.028.125.000 = bitweise UND.

Das gleiche Ergebnis erzeugen alle IP-Adressen von 134. 28.125.0 bis 134. 28.125.127, ($127_D = 01111111_B$); darauf beruht die Subnetzerkennung.

Zu Aufgabe 15.3

Addition von 10 + 118:

```
      118    1110110
      +10   +0001010
             111111    Übertrag
      =128 = 10000000
```

Multiplikation von 10 * 118 (die Rechnung erfolgt analog zu Dezimalzahlen):

1010 * 1110110	**10 * 118**
1010	10
1010	10
1010	80
0	
1010	
1010	
0	
11111 Übertrag	
10010011100	1180

Probe:
$10010011100 = 1{\cdot}2^{10} + 1{\cdot}2^7 + 1{\cdot}2^4 + 1{\cdot}2^3 + 1{\cdot}2^2 = 1024 + 128 + 16 + 8 + 4 = 1180$

Multiplikation von 8 * 118 (die Rechnung erfolgt analog zu Dezimalzahlen):

1000 * 1110110	**8 * 118**
1000	8
1000	8
1000	64
0	
1000	
1000	
0	
Übertrag	
1110110000	944

Probe:
$1110110000 = 1{\cdot}2^9 + 1{\cdot}2^8 + 1{\cdot}2^7 + 1{\cdot}2^5 + 1{\cdot}2^4 = 512 + 256 + 128 + 32 + 16 = 944.$

Die Multiplikation entspricht jeweils einer Linksverschiebung (mit Auffüllen von Nullen am Ende) um entsprechend viele Stellen. Im letzten Fall hätte auch 1110110 um drei Stellen nach links verschoben werden können 1110110000.

Zu Aufgabe 15.4

Mit drei Bit können 8 Abschnitte unterschieden werden 10/8 = 1,25.

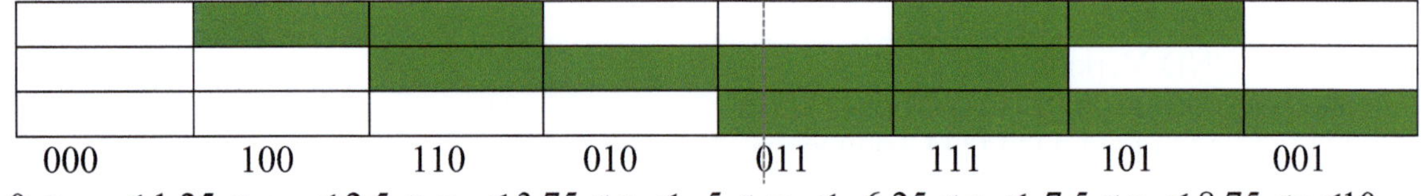

$0 < x_1 \le 1,25 < x_2 \le 2,5 < x_3 \le 3,75 < x_4 \le 5 < x_5 \le 6,25 < x_6 \le 7,5 < x_7 \le 8,75 < x_8 \le 10$

Bei jedem Übergang ändert sich nur ein Bit.

5,4 liegt im 5. Abschnitt „011", der $5 < x_5 \le 6,25$ beinhaltet.

Alternativ zum graphischen Weg:

$5,4 : 1,25 = 4,32$, also liegt es im 5. von 8 Abschnitten.

Bei 4 Bit Auflösung könnten 16 Abschnitte eingeteilt werden 10/16 = 0,625.

$5,4 : 0.625 = 8,64$, also liegt es im 9. von 16 Abschnitten und ist „0011".

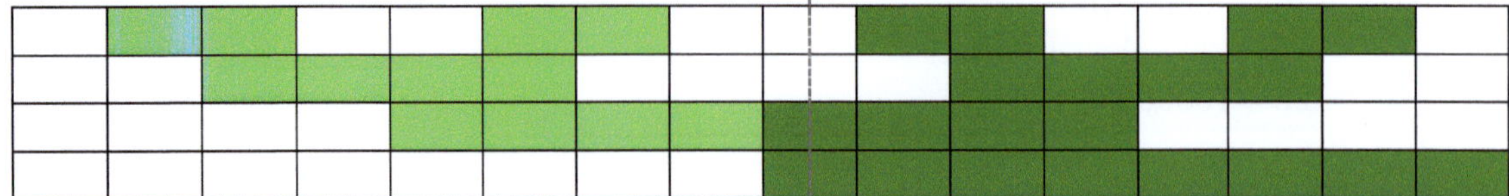

Zu Aufgabe 15.5

Belegungstabelle &

Nr.	x	v_1	$\bar{v}_2$	y	
1	0	0	0	0	x=0
2	1	0	0	0	keine Sicherheit
3	0	1	0	0	x=0
4	1	1	0	0	halbe Sicherheit
5	0	0	1	0	x=0
6	1	0	1	0	halbe Sicherheit
7	0	1	1	0	x=0
8	1	1	1	1	Sicherheit

disjunktive kanonische Normalform: $y = x\, v_1\, \bar{v}_2$

Belegungstabelle ≥ 1 negiert

Nr.	$\bar{x}$	$\bar{v}_1$	v_2	y	
1	1	1	1	0	x=0
2	0	1	1	0	keine Sicherheit
3	1	0	1	0	x=0
4	0	0	1	0	halbe Sicherheit
5	1	1	0	0	x=0
6	0	1	0	0	halbe Sicherheit
7	1	0	0	0	x=0
8	0	0	0	1	Sicherheit & x=1

disjunktive kanonische Normalform: $y = \bar{\bar{x}}\, \bar{\bar{v}}_1\, \bar{v}_2 \quad (= x\, v_1\, \bar{v}_2)$
Beide Funktionen sind identisch.

Zu Aufgabe 15.6

Belegungstabelle >

Nr.	x_1	x_2	y	
1	0	0	0	$x_1 = x_2$
2	1	0	1	$x_1 > x_2$
3	0	1	0	$x_1 < x_2$
4	1	1	0	$x_1 = x_2$

disjunktive kanonische Normalform: $y = x_1\,\bar{x}_2 \quad (= \overline{\overline{x_1\,\bar{x}_2}} = \overline{\bar{x}_1 \vee x_2})$

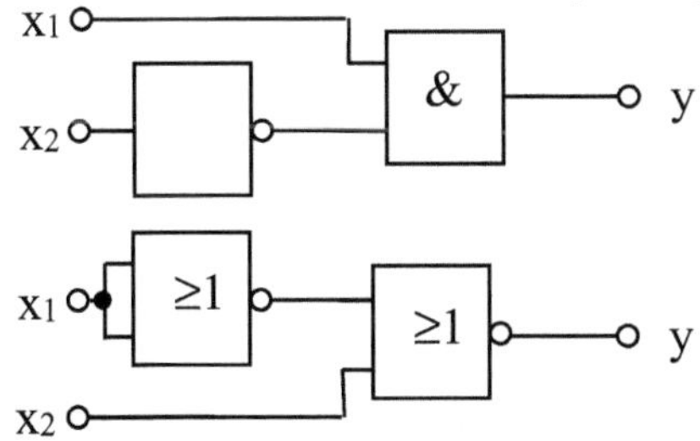

Zu Aufgabe 15.7

$$y_3 = (x_1 \vee x_2)\bar{x}_3 = \overline{\overline{(x_1 \vee x_2)}\,\bar{x}_3} = \overline{(\overline{x_1\,x_2})\,\bar{x}_3} = \overline{(\overline{x_1\,x_2})\,\bar{x}_3}$$

$$y_2 = \bar{x}_3$$

$$y_1 = (x_1 \vee x_2)\bar{x}_3 \vee x_3 = \overline{(\overline{x_1\,x_2})\,\bar{x}_3} \vee x_3 = \overline{[(\overline{x_1\,x_2})\,\bar{x}_3]\,\bar{x}_3}$$

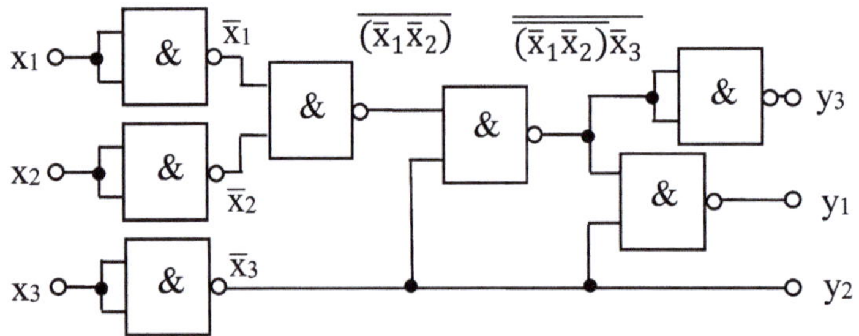

Kontrolle an der Belegungstabelle

Nr.	x_1	x_2	x_3	y_1	y_2	y_3	
1	0	0	0	0	1	0	nur Kontrollleuchten sollen ein sein
2	1	0	0	1	1	1	wenn Taster 1 betätigt, Licht und Zeitschalter ein
3	0	1	0	1	1	1	wenn Taster 2 betätigt, Licht und Zeitschalter ein
4	1	1	0	1	1	1	gleichfalls, wenn zufällig beide Taster betätigt
5	0	0	1	1	0	0	wenn Licht ein, alles ignorieren
6	1	0	1	1	0	0	wenn Licht ein, alles ignorieren
7	0	1	1	1	0	0	wenn Licht ein, alles ignorieren
8	1	1	1	1	0	0	wenn Licht ein, alles ignorieren

Es sind 7 Gatter notwendig (damit in der Regel 2 Bausteine mit je 4 Gattern).

23.9 Lösungen zu Abschnitt 17

Zu Aufgabe 17.1

1) und 2)

$$u(t) = \begin{cases} \hat{U} & \text{für } 0 \leq \omega t \leq \pi \\ 0 & \text{für } \pi \leq \omega t \leq 2\pi \end{cases} \text{ mit } \omega T = 2\pi \rightarrow u(t) = \hat{U}/2 + \frac{2\hat{U}}{\pi}\left(\sin \omega t + \frac{1}{3}\sin 3\omega t + \frac{1}{5}\sin 5\omega t + ...\right)$$

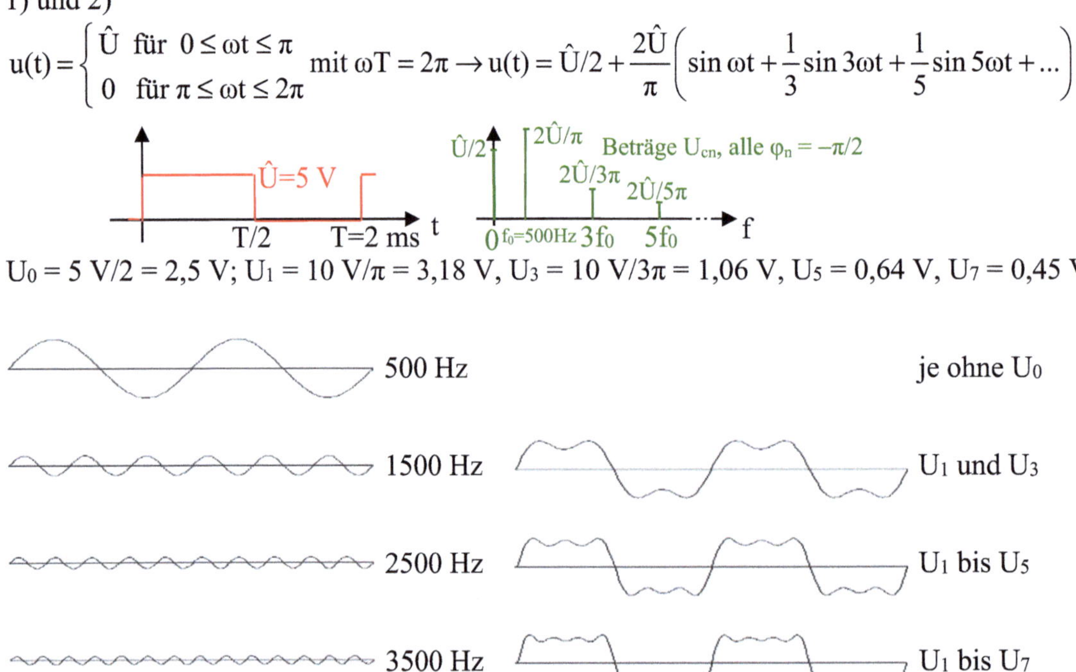

$U_0 = 5\,V/2 = 2{,}5\,V;\ U_1 = 10\,V/\pi = 3{,}18\,V,\ U_3 = 10\,V/3\pi = 1{,}06\,V,\ U_5 = 0{,}64\,V,\ U_7 = 0{,}45\,V$

3) Amplituden- und Phasenspektrum siehe oben.

Zu Aufgabe 17.2

1) Die Beträge der Amplituden (für m = 1 dargestellt)

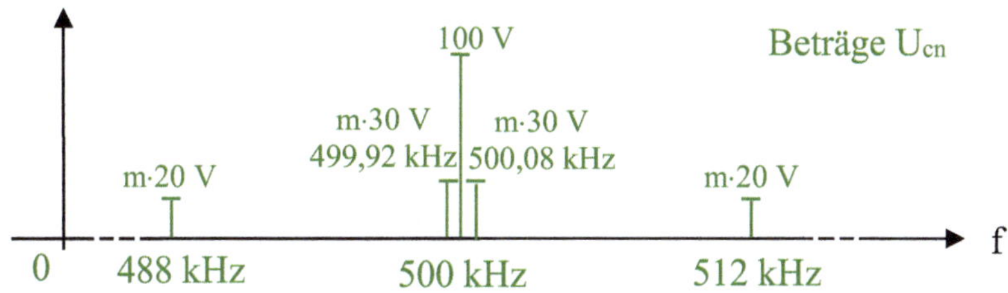

2) Die Übertragungsbandbreite reicht von < 488 kHz bis > 512 kHz →

Δf > 512 kHz − 488 kHz

Δf > <u>24 kHz</u>

Zu Aufgabe 17.3

1) Mögliche Oszillatorfrequenzen für eine Frequenzumsetzung:

Oszillatorfrequenzen können 3,8 kHz, 7,6 kHz und 11,4 kHz sein (alternativ 7,6 kHz mit 7,4 bis 4 kHz, 11,4 kHz mit 11,2 kHz bis 7,8 kHz und 15,2 kHz mit 15 kHz bis 11,6 kHz; dadurch werden die Frequenzbereiche aber umgedreht).

2) Bei einer Multiplikationsschaltung sind die unteren Seitenfrequenzen wieder zu entfernen: 0,2 kHz bis 3,6 kHz, 4 kHz bis 7,4 kHz und 7,8 kHz bis 11,2 kHz (alternativ die oberen Seitenfrequenzen 7,8 kHz bis 11,2 kHz, 11,6 kHz bis 15 kHz und 15,4 kHz bis 18,8 kHz).

Zu Aufgabe 17.4

1) Soll $\Delta\varphi = \Delta f / f_S$ = 5 (bei der höchsten UKW-Übertragungsfrequenz f_S =15 kHz) beibehalten werden, gilt Δf = 75 kHz nur für f_S =15 kHz. Demzufolge werden

Δf(10 kHz) = $\Delta\varphi$ 10 kHz = 5·10 kHz = 50 kHz,

Δf(1 kHz)   = 5 kHz oder

Δf(80 Hz)   = 0,4 kHz.

$$\omega(t) = \omega_T + \Delta\omega \cdot \cos\omega_S t = 2\pi\, f_T + 2\pi\, \Delta f \cdot \cos\omega_S t = \underline{2\pi\,[100\ \text{MHz} + (0{,}4\ \text{bis}\ 75\ \text{kHz})\cdot\cos\omega_S t]}$$

$$\Delta\varphi = \frac{\Delta\omega}{\omega_S} = \frac{\Delta f}{f_S} = \frac{5\,\text{kHz}}{1\,\text{kHz}} = \underline{5}\ \ \text{bzw.}\ \ \frac{50\,\text{kHz}}{10\,\text{kHz}} = \underline{5}$$

$$u(t) = \hat{U}_T \cos\left(\omega_T t + \frac{\Delta\omega}{\omega_S} \cdot \sin\omega_S t\right) = \underline{\underline{10\ \text{V} \cdot \cos\left(628 \cdot 10^6\ \text{s}^{-1} \cdot t + 5 \cdot \sin(2\pi\, f_S\, \text{s}^{-1} \cdot t)\right)}}$$

2) Mit $R_1 \| (1/j\omega C_1) \rightarrow |Z_1| = R_1/(1 + \omega^2 \cdot \tau^2)^{-\frac{1}{2}} \rightarrow$ mit $v(f = 0) = v_0$

$|v| = (R_F/R_1)(1 + \omega^2 \cdot \tau^2)^{-\frac{1}{2}} = v_0\,(1 + \omega^2 \cdot \tau^2)^{-\frac{1}{2}}$

$v/v_0 = 1 + 2\pi \cdot 15$ kHz$\cdot 50$ µs $= \underline{5{,}7}$

$v/v_0 = 1 + 2\pi \cdot 10$ kHz$\cdot 50$ µs $= \underline{4{,}1}$

$v/v_0 = 1 + 2\pi \cdot 1$ kHz$\cdot 50$ µs $\;\;= \underline{1{,}31}$

$v/v_0 = 1 + 2\pi \cdot 0{,}1$ kHz$\cdot 50$ µs $= \underline{1{,}03}$

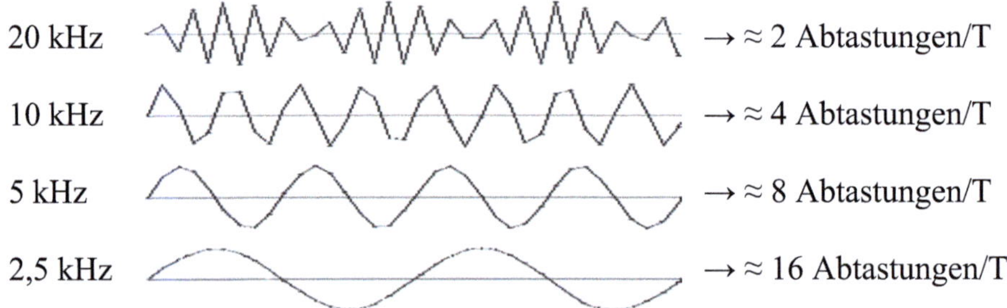

Damit würde formal $U_{Smax}(f) = U_{Smax}(15$ kHz$)\cdot(v_f/v_0)/(v_{15\,kHz}/v_0)$ und genauso
$\Delta f = 15$ kHz$\cdot(v_f/v_0)/(v_{15\,kHz}/v_0)$, da $\Delta f \sim U_S$.

$U_{Smax}(15$ kHz$)\;\; = U_{Smax}(15$ kHz$)\cdot 1 \qquad \rightarrow \Delta f_{15\,kHz}\;\; = 75$ kHz $\rightarrow \Delta\varphi = 5$

$U_{Smax}(10$ kHz$)\;\; = U_{Smax}(15$ kHz$)\cdot 0{,}72 \quad\;\; \rightarrow \Delta f_{10\,kHz}\;\; = 54$ kHz $\rightarrow \Delta\varphi = 5{,}4$

$U_{Smax}(1$ kHz$)\quad = U_{Smax}(15$ kHz$)\cdot 0{,}23 \quad\;\; \rightarrow \Delta f_{1\,kHz}\;\;\; = 17$ kHz $\rightarrow \Delta\varphi = 17$

$U_{Smax}(0{,}1$ kHz$) = U_{Smax}(15$ kHz$)\cdot 0{,}18 \quad\;\; \rightarrow \Delta f_{0,1\,kHz}\; = 14$ kHz $\rightarrow \Delta\varphi = 140$

$U_{Smax}(80$ Hz$)\;\; = U_{Smax}(15$ kHz$)\cdot 0{,}18 \quad\;\; \rightarrow \Delta f_{80\,Hz}\;\; = 14$ kHz $\rightarrow \Delta\varphi = 175$

Das funktioniert, weil mehr Seitenbänder bei geringeren Signalfrequenzen die Bandbreite von $\Delta\varphi = 5$ bei 15 kHz nicht überschreiten.

Zu Aufgabe 17.5

Sinusschwingungen mit 44 kHz abgetastet:

20 kHz $\rightarrow\; \approx 2$ Abtastungen/T

10 kHz $\rightarrow\; \approx 4$ Abtastungen/T

5 kHz $\rightarrow\; \approx 8$ Abtastungen/T

2,5 kHz $\rightarrow\; \approx 16$ Abtastungen/T

Ab acht Abtastungen pro Periodendauer ist die Qualität befriedigend.

Zu Aufgabe 17.6

1) Oberschwingungen für die jeweiligen Abtastungen:
Bei 8   Abtastungen werden 4   Frequenzwerte davon 3   Oberschwingungen bestimmt.
Bei 16   Abtastungen werden 8   Frequenzwerte davon 7   Oberschwingungen bestimmt.
Bei 32   Abtastungen werden 16   Frequenzwerte davon 15   Oberschwingungen bestimmt.
Bei 512 Abtastungen werden 256   Frequenzwerte davon 255 Oberschwingungen bestimmt.
Es sind aber alle geraden Oberschwingungen null, evtl. besteht zusätzlich ein Gleichanteil.

2) Die Amplitude der jeweils höchsten ermittelten Oberschwingung wird immer kleiner und bei 512 Abtastungen sind die Amplituden ca. ab der 31. Oberschwingung < 1%.

Zusatzaufgabe: Wenn an die Periode mit n Intervallen ein Intervall der nächsten Periode angehängt wird, hat das Spektrum auch gerade Oberschwingungen, veränderte Phasen der Schwingungen und somit große Fehler.

Zu Aufgabe 17.7

1) Die wesentlichen Unterschiede bei der Erzeugung der Effekte Delay , Hall und Echo sind
die Folgenden. Bei Hall sind nur wesentlich kürzere Verzögerungszeiten als beim Echo
einzusetzen. (α ist der Faktor zur Abschwächung des Signals.)

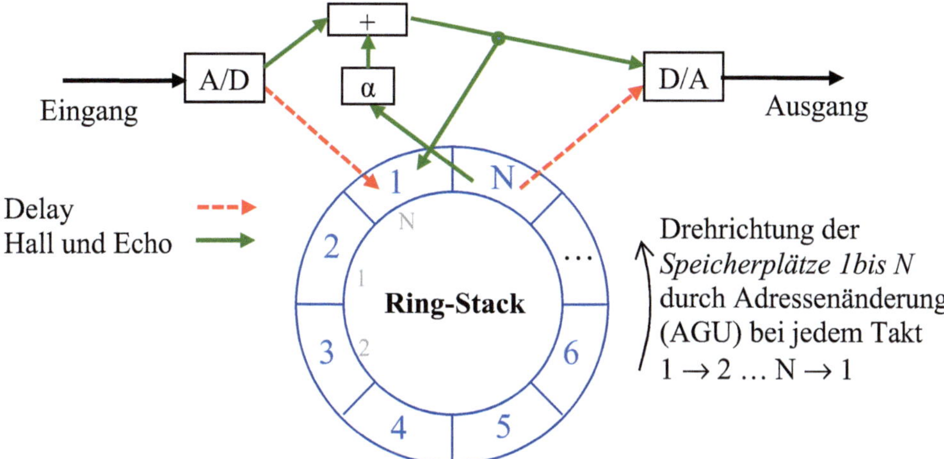

2) Die wichtigsten Parameter dafür sind:

Delay $\quad\rightarrow\quad$ Verzögerungszeit z.B. 0,0–2730,0 ms

Hall $\quad\rightarrow\quad$ Verzögerungszeit des Halleffekts z.B. 0,0–500,0 ms
Halldauer z.B. 0,3–99,0 s (Länge des Halleffekts)

Echo $\quad\rightarrow\quad$ Verzögerungszeit z.B. 0,0–1350,0 ms
Rückkopplungsintensität z.B. –99 bis +99% (– für invertiertes Signal)

Zu Aufgabe 17.8

1) Mit 24 Bit ist theoretisch ein Dynamikumfang von $20\log(2^{24}) = 144$ dB erreichbar.

2) Praktisch nutzen:

UKW-Rundfunk $\rightarrow$ ca.50 dB

Konzertsaal $\rightarrow$ bis ca. 70 dB

CD $\rightarrow$ 96 dB

Zu Aufgabe 17.9

1) Mit einer Abtastfrequenz von 96 kHz darf als höchste Signalfrequenz 48 kHz (mit gerade 2
Abtastungen pro Periode) auftreten. Bei 4 Abtastungen werden noch 24 kHz und bei 8
Abtastungen 12 kHz erreicht (vergleiche Aufgabe 17.5).

2) Z.B. genutzte Geräte:
Radio von 1968 $\qquad\rightarrow$ 80 Hz bis 16 kHz (±3dB)
VHS-Videorekorder $\qquad\rightarrow$ 20 Hz bis 20 kHz (±3dB mit 75 dB Dynamikumfang)
(auf der Stereospur)
Stereo PC-Lautsprecher $\rightarrow$ 80 Hz bis 18 kHz
Es werden heute leider kaum Angaben gemacht (geschweige denn garantiert).

23.10 Lösungen zu Abschnitt 18

Zu Aufgabe 18.1

Die Grafik legt einen einfachen exponentiellen Anstieg nahe. Aus Tabelle und Grafik folgt für $100\,°C \cdot 0.632 = 63{,}2\,°C$, sodass die Zeitkonstante $\tau = 2{,}5$ min ist. Die Überprüfung weiterer Kurvenpunkte bestätigt mit guter Näherung das Übertragungsverhalten: $\underline{\vartheta = 100\,°C\,(1-e^{-t/\tau})}$.

Zu Aufgabe 18.2

$u_A = (1/C_F)\int i_F\,dt = (1/C_F)\int(-u_1/R_1)\,dt = -[1/(C_F\,R_1)]\int u_1\,dt$, d.h. $\underline{u_A = -(1/\tau)\int u_1\,dt}$

So wird $U_A(p) = -(1/\tau)U_1(p)/p$ und $\underline{H(p) = U_A(p)/U_1(p) = -(1/\tau)\cdot(1/p)}$

Zu Aufgabe 18.3

Zur Schaltung des spannungsgegengekoppelten OV:

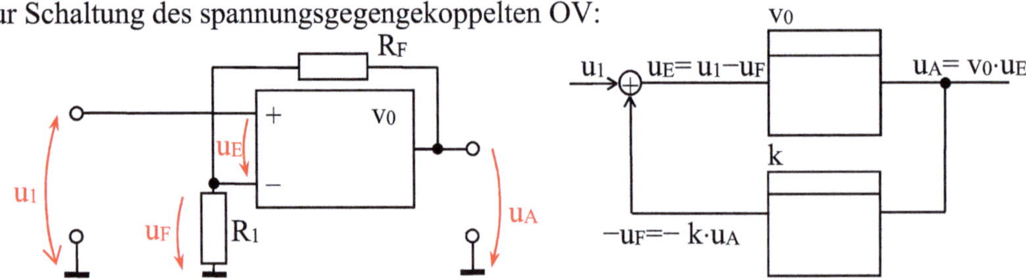

$u_A = v_0\cdot(u_1 - k\cdot u_A) = v_0\cdot u_1/(v_0\cdot k + 1) \approx u_1/k$ mit $k = R_1/(R_1 + R_F)$ (Spannungsteilung)
Oder entsprechend Abb. 18.1. (w vor dem Regler muss um 1/k vergrößert werden)

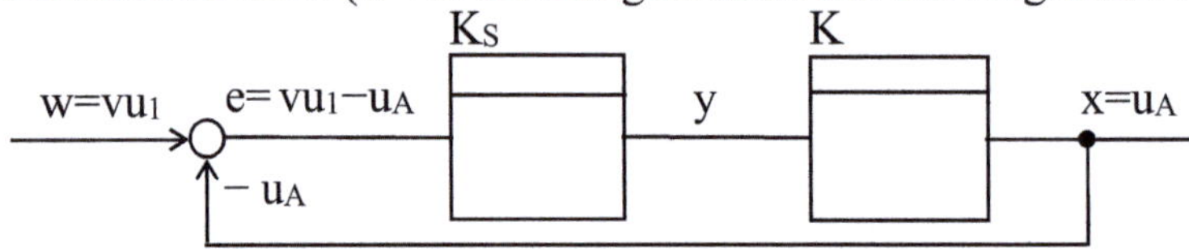

$x = u_A = K_S\cdot K_R\cdot u_E = K_S\cdot K_R\cdot(vu_1 - u_A)$ mit $v = (1 + R_F/R_1)$
$u_A = K_S\cdot K_R\cdot vu_1/(1 - K_S\cdot K_R) \approx vu_1$ für $K_R = v_0 \to \infty$ und $K_S = 1$
Das entspricht einem P-Glied als Regler mit $K_S = 1$ und einem P-Glied als Strecke mit $K_R = v_0$. Der Sollwert ist (das tatsächlich gewünschte) $w = vu_1$.
So wird das Übertragungsverhalten zu $\underline{u_A \approx (1 + R_F/R_1)\,u_1}$ und infolge $K_R = v_0 \to \infty$ die Regelabweichung praktisch null.

Zur Spannungsregelung:
Schaltung drehen und Kleinsignalersatzschaltung erstellen (vergleiche: Abschnitt 12.3.3, Abb. 12.33). Die Referenzspannung ist praktisch konstant, d.h. $\Delta U_{ZD} = w = 0$. Es gibt zwei Störungen ΔU_N und ΔR_L. Mit $U_L = R_L\cdot I_L$ folgt dessen Änderung aus dem totalen Differential
$\Delta U_L = (\partial U_L/\partial I_L)\cdot\Delta I_L + (\partial U_L/\partial R_L)\cdot\Delta R_L = R_L\cdot\Delta I_L + I_L\cdot\Delta R_L = (R_{L0}+\Delta R_L)\cdot\Delta I_L + (I_{L0}+\Delta I_L)\cdot\Delta R_L$,
(so folgt die entsprechende Ersatzschaltung für R_L bei Kleinsignalaussteuerung). Da U_N nicht konstant ist (ideale Quellen wären sonst einfach ein Kurzschluss), bleibt ΔU_N bei Kleinsignalaussteuerung bestehen.

$u_{BE} = \Delta U_{ZD} - \Delta U_L = -\Delta U_L,$

$u_{CE} = \Delta U_N - \Delta U_L$

$i_B = u_{BE}\,r_{BE}$

$i_E = (1+\beta)u_{BE}/r_{BE}$

$i_L = (1+\beta)u_{BE}/r_{BE} + u_{CE}/r_{CE}$

$\Delta U_L = i_L(R_{L0}+\Delta R_L)$

$\qquad + I_{L0}\Delta R_L$

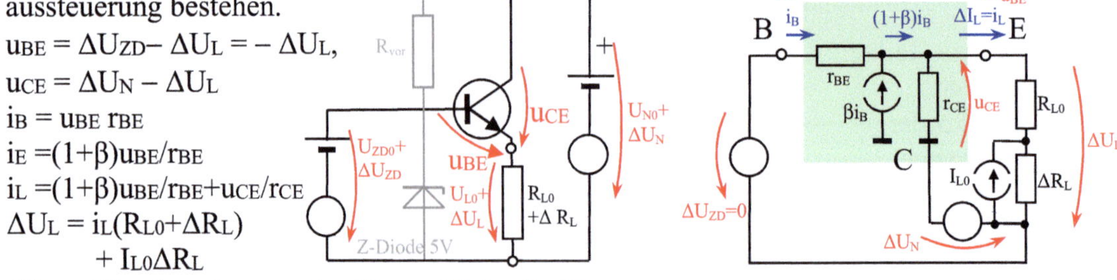

$\Delta U_L = [(1+\beta)u_{BE}/r_{BE} + u_{CE}/r_{CE}](R_{L0}+\Delta R_L) + I_{L0}\Delta R_L$

$\Delta U_L = [(1+\beta)(-\Delta U_L)/r_{BE}+(\Delta U_N-\Delta U_L)/r_{CE}](R_{L0}+\Delta R_L) + I_{L0}\Delta R_L$

$\Delta U_L = \{(\Delta U_N/r_{CE})(R_{L0}+\Delta R_L) + I_{L0}\Delta R_L\}/\{1+[(1+\beta)/r_{BE}+1/r_{CE}](R_{L0}+\Delta R_L)\}$

$\Delta U_L(\Delta U_N=0) = I_{L0}\Delta R_L/\{1+[(1+\beta)/r_{BE}+1/r_{CE}](R_{L0}+\Delta R_L)\}$
$\underline{\Delta U_L(\Delta U_N=0) \approx \Delta R_L\ I_{L0}/\beta(0{,}02\ldots1)}$

$\Delta U_L(\Delta R_L=0) = \{(\Delta U_N/r_{CE})R_{L0}\}/\{1+[(1+\beta)/r_{BE}+1/r_{CE}]R_{L0}\}$
$\underline{\Delta U_L(\Delta R_L=0) \approx \Delta U_N\ (R_{L0}/r_{CE})/\beta(0{,}02\ldots1)}$

für $\Delta U_L/r_{CE} \approx 0$ bei $r_{CE}>10$ kΩ; $\Delta R_L << R_{L0}$; $1<<[(1+\beta)/r_{BE}]R_{L0}$ für $R_{L0}/r_{BE}\approx0{,}02\ldots1$ (und so $[(1+\beta)/r_{BE}]R_{L0}$ genügend groß gegenüber 1); $\beta>>1$

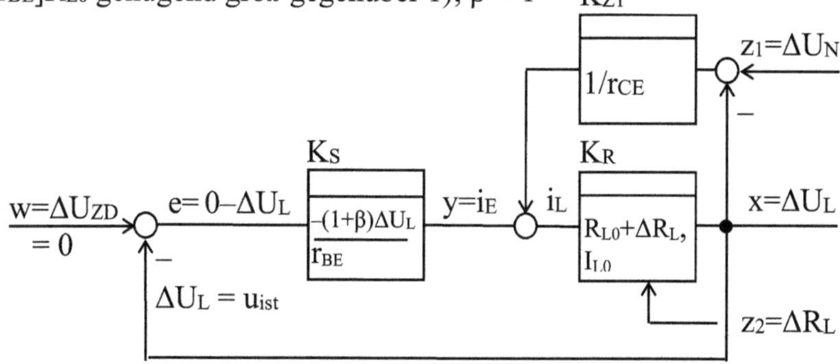

Da in der Praxis r_{BE}, r_{CE} und β nicht konstant sind, wenn die Aussteuerung größer ist, handelt es sich nur um eine lineare Näherung. Es ist zu sehen, dass auch bei einer relativ einfachen Anordnung die theoretische Analyse kompliziert werden kann (Kleinsignalbetrachtung zur Linearisierung, Abhängigkeiten für U_L und Wirkungsweise der Transistorschaltung). Durch Hinzufügen eines Operationsverstärkers, der $U_{ZD} - U_L$ verstärkt an die Basis übergibt, würden mit $\beta(0{,}02\ldots1){\cdot}v$ die ΔU_L noch deutlich kleiner werden.

Zu Aufgabe 18.4

Reglerstruktur der Heizungssteuerung von Abschnitt 15.3.2

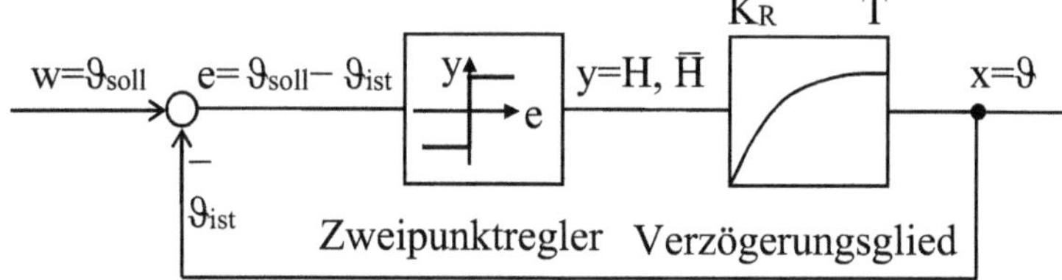

Damit wird nur die Temperaturregelung, aber es werden keine weiteren Funktionen (Ein/Aus, Pumpe) erfasst. Die Heizungsanlage kann komplizierter als ein Verzögerungsglied 1. Ordnung sein (so ist z.B. eine zusätzliche Totzeit vorhanden). Hier hilft die Messung einer Sprungantwort der Strecke und die Näherung der Messkurve durch mehrere Glieder.

23.11 Lösungen zu Abschnitt 20

Zu Aufgabe 20.1

1)

$\eta = P_{ab}/P_{zu} = 150$ kW $/(220$ V$\cdot750$ A $+ 220$ V$\cdot12$ A$) = \underline{89\%}$

2) Mit $P_{N\,mech} = \omega\,M_N \rightarrow$

$M_N = P_{N\,mech}/(2\pi\,n) = 150$ kW$/(2\pi\,650$ U/min$) = 150{\cdot}10^3$ W$\cdot60$ s$/(2\pi\,650) = \underline{2200\ \text{Nm}}$

Zu Aufgabe 20.2

1)

$P_{el} = U_N\, I_N = 220\ \text{V}\cdot 610\ \text{A} = \underline{134\ \text{kW}}$

2)

$\eta = P_{ab}/P_{zu} = 220\ \text{V}\cdot 610\ \text{A}/(150\ \text{kW} + 220\ \text{V}\cdot 12\ \text{A}) = \underline{88\%}$

3)

Für den Generator ist: $P_{zu} = P_{N\ mech} + P_{Erregung} \rightarrow$ Verluste aus der Antriebsleistung
Für den Motor ist: $P_{zu} = P_{N\ el} + P_{Erregung}$ $\rightarrow$ Verluste aus dem Elektroanschluss
Wenn dieselbe Maschine verwendet wird, dürfen weder U_N, I_N noch $P_{N\ mech}$ überschritten
werden. So ist im Motorbetrieb $P_{mech} < P_{N\ el}$ und im Generatorbetrieb $P_{el} < P_{N\ mech}$.

Zu Aufgabe 20.3

U_{eff} wie I_{eff} sind durch Spannungsfestigkeit bzw. Strombelastbarkeit begrenzt. Für beide muss
der Nennbelastungsfall benutzt werden. Mit $P_S = U_{eff} \cdot I_{eff} \rightarrow$

$I_N = P_{SN} / U_N = 550\ \text{VA} / 220\ \text{V} = \underline{2{,}5\ \text{A}}$

Zu Aufgabe 20.4

1) Die Leistung ist ausreichend, denn die vorgesehene Leistung belastet den Trafo
vergleichbar stark. Bei Leerlauf entspricht das Spannungsverhältnis sehr gut dem Windungs-
verhältnis. $\rightarrow U_{Last}/U_{Leer}$ entspricht näherungsweise auch dem gewünschten Verhältnis.

$(24\ \text{V})/(27\ \text{V}) = (18\ \text{V})/ U_L \rightarrow U_L = 18\ \text{V} \cdot 27\ /24 = 20{,}25\ \text{V}$

Es müssen $27\ \text{V} - 20{,}25\ \text{V} = 6{,}75\ \text{V}$ weniger werden (bei Leerlauf). Aus den Testwindungen
folgt: $(5\ \text{Wind })/(4{,}3\ \text{V}) = w_{zusätzlich} /(6{,}75\ \text{V})$

$w_{zusätzlich} = 6{,}75 \cdot 5 / 4{,}3 = 6{,}97 \approx \underline{\textbf{7 Windungen}}$

2)

Die Windungen sind mit gegensinniger Wicklungsrichtung anzuschließen, damit gemäß
Aufgabe die Spannung abgezogen wird.
Halbe (oder nicht ganzzahlige Wicklungen) sind nicht möglich, da ein geschlossener
Stromkreis immer eine Windung darstellt (auch wenn sie etwas „weitläufig" gewickelt ist).

Zu Aufgabe 20.5

1)
Aus dem Leerlauf folgt:

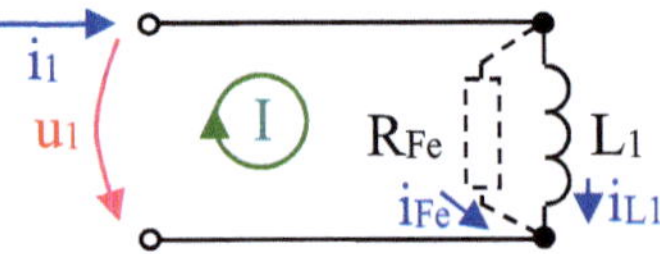
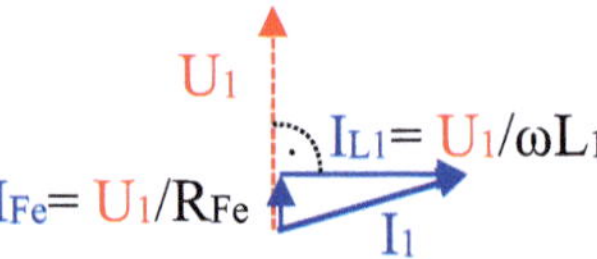

An R_{Fe} liegt U_1 und es fließt $I_1\cdot\cos\varphi$, d.h.

$R_{Fe} = U_1 / (I_1\ \cos\varphi) = 230\ \text{V} /(102\ \text{mA} \cdot 0{,}2) = \underline{11274\ \Omega}$

An ωL_1 liegt U_1 und es fließt $I_1\cdot\sin\varphi$, d.h

$\omega L_1 = U_1 / (I_1\ \sin\varphi) = 230\ \text{V} /(102\ \text{mA} \cdot 0{,}9797) = 2301\ \Omega$

$L_1 = 2301\ \Omega / (2\pi\cdot 50\ \text{Hz}) = \underline{7{,}32\ \text{H}}$

Aus dem Kurzschluss folgt:

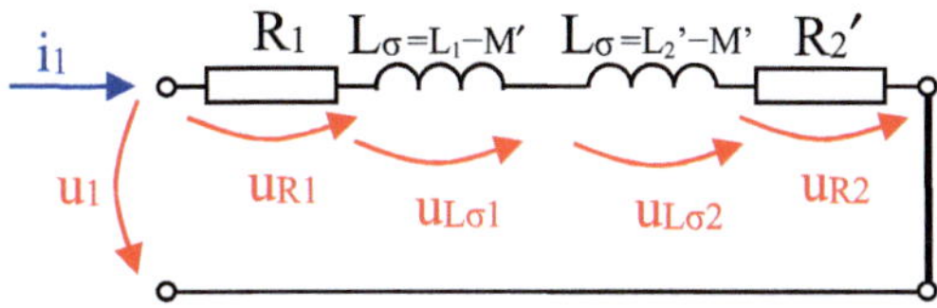

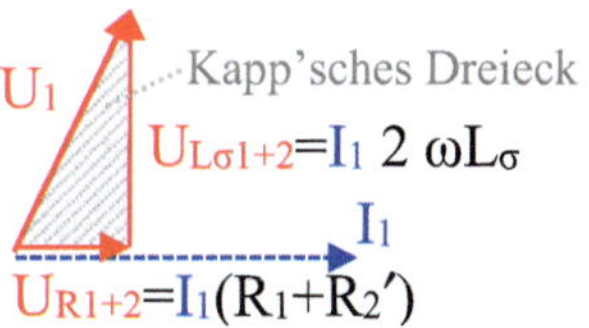

An $R_1 + R_2'$ liegt $U_1 \cos\varphi$ und es fließt I_1 , d.h.

$R_1 + R_2' = U_1 \cos\varphi / I_1 = 105\text{ V} \cdot 0{,}66 / 2{,}5\text{ A} = \underline{27{,}7\ \Omega}$

$2\,\omega L_\sigma = U_1 \sin\varphi / I_1 = 105\text{ V} \cdot 0{,}751 / 2{,}5\text{ A} = 31{,}6\ \Omega$

$L_\sigma = 31{,}5\ \Omega / (2 \cdot 2\pi \cdot 50\text{ Hz}) = \underline{50\text{ mH}}$

$L_\sigma = (1-k)\, L_1$, d.h.

$k = 1 - L_\sigma / L_1 = 1 - 0{,}05 / 7{,}32 = \underline{0{,}993}$

2)

Ohm'sche Nennbelastung $U_1 = 230$ V, $I_1 = 2{,}5$ A Vernachlässigung von R_{Fe} und M'

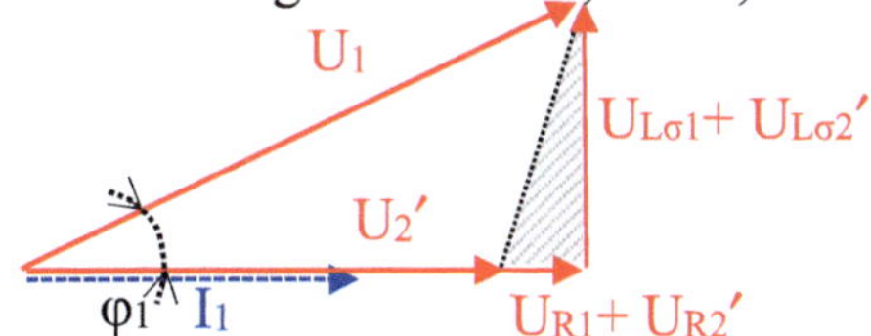

$(U_2' + U_{R1} + U_{R2}')^2 + (U_{L\sigma1} + U_{L\sigma2}')^2 = U_1^2$, d.h.

$\{U_2' + (R_1 + R_2')\, I_1\}^2 + (2\omega L_\sigma I_1)^2 = U_1^2$, daraus folgt

$U_2' = \{U_1^2 - (2\omega L_\sigma I_1)^2\}^{1/2} - (R_1 + R_2')\, I_1$

$U_2' = \{230^2 - (31{,}6 \cdot 2{,}5)^2\}^{1/2} - (27{,}7 \cdot 2{,}5)\ \text{V} = \underline{173{,}9\text{ V}}$

mit　$U_2' / U_2 = w_1/w_2$　wird

$U_2 = U_2' / (w_1/w_2) = 173{,}9\text{ V} / 12 = \underline{14{,}5\text{ V}}$

$\eta = P_{ab} / P_{zu} = \{U_1 I_1 - (R_1 + R_2')\, I_1^2\} / U_1 I_1$

$\eta = \{230 \cdot 2{,}5 - 27{,}7 \cdot 2{,}5^2\} / (230 \cdot 2{,}5) = \underline{0{,}7}$

Zu Aufgabe 20.6

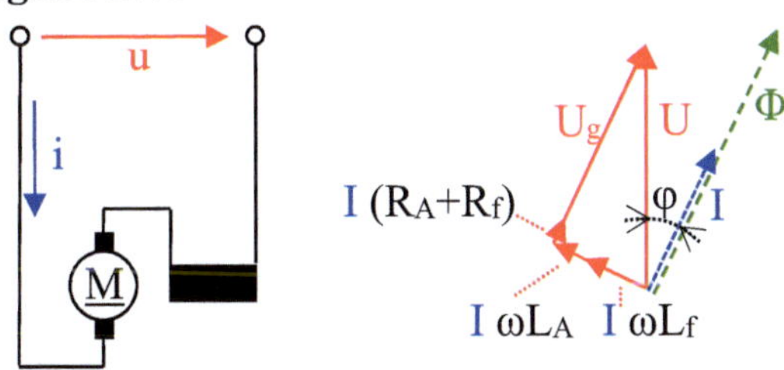

$\eta = P_{ab} / P_{zu} = P_{mech} / (U_N\, I_N \cos\varphi) = 70\text{ W} / (220 \cdot 0{,}8 \cdot 0{,}75\text{ VA}) = \underline{0{,}53}$

Zusatzaufgabe: Aus dem Spannungsdreieck des Zeigerbildes folgt:

$U_g + I(R_A + R_f) = U_N \cos\varphi$, d.h.

$U_g = U_N \cos\varphi - I(R_A + R_f) = 220\text{ V} \cdot 0{,}75 - 0{,}8\text{ A} \cdot 75\ \Omega = \underline{105\text{ V}}$

Zu Aufgabe 20.7

1) $P_w = U\, I \cos\varphi\ \rightarrow\ \cos\varphi = P_w / (U\, I)\ \rightarrow$

$\cos\varphi_1 = $ 920 W / (230 V·5 A) = 0,8

     d.h. $\varphi_1 = -37\,°$

$\cos\varphi_2 = $ 1450 W / (230 V·7 A) = 0,9

     d.h. $\varphi_2 = -25\,° - 120\,° = -145\,°$

$\cos\varphi_3 = $ 855 W / (230 V·4 A) = 0,93

     d.h. $\varphi_3 = +22\,° - 240\,° = -218\,°$

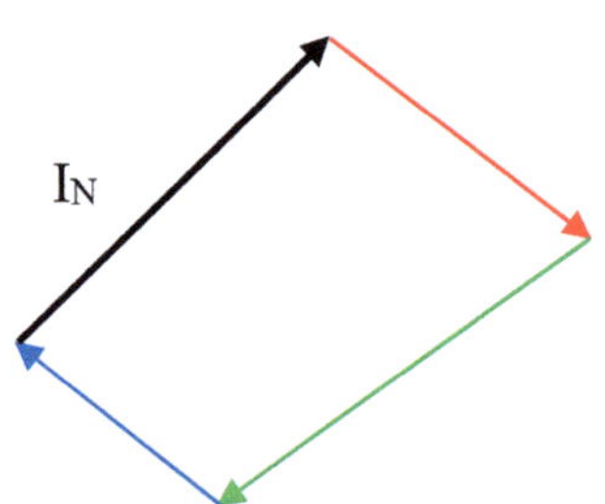

I_N ergibt sich aus dem Zeigerdiagramm der drei Ströme. Gemessen: Breite 4,76, Höhe 4,6 →

$I_N = $ 6,6 A und $\varphi_N = $ −44 °

Rechnung nach Komponenten entsprechend der Zeichnung:

waagerecht: 5 A $\cos\varphi_1$ + 7 A $\cos(\varphi_2 - 120\,°)$ + 4 A $\cos(\varphi_3 - 240\,°)$ = 4,88 A

senkrecht :   5 A $\sin\varphi_1$ + 7 A $\sin(\varphi_2 - 120\,°)$ + 4 A $\sin(\varphi_3 - 240\,°)$ = 4,56 A

$I_N = (4{,}88^2 + 4{,}56^2)^{1/2}$ A = 6,7 A , $\varphi_N = \arctan(4{,}56/4{,}88) = $ 43° → geringe Abweichung

2)

– symmetrisches *Mitsystem*:

    $i_{m1} = I_m\cos(\omega t - \varphi_m)$, $i_{m2} = I_m\cos(\omega t - \varphi_m - 2\pi/3)$ und $i_{m3} = I_m\cos(\omega t - \varphi_m - 4\pi/3)$,

– symmetrisches *Gegensystem*:

    $i_{g1} = I_g\cos(\omega t - \varphi_g)$, $i_{g2} = I_g\cos(\omega t - \varphi_g + 2\pi/3)$ und $i_{g3} = I_g\cos(\omega t - \varphi_g + 4\pi/3)$ und

– *Nullsystem*:

    $i_{01} = i_{02} = i_{03} = I_0\cos(\omega t - \varphi_0)$ (für jede der drei Drehstromphasen)

In der Zeigerdarstellung gilt für die drei Zeiger der Drehstromphasen $\underline{I}_1, \underline{I}_2$ und $\underline{I}_3$:

$\underline{I}_1 = \underline{I}_m \qquad\qquad + \underline{I}_g \qquad\qquad + \underline{I}_0$

$\underline{I}_2 = \underline{I}_m \exp(-j2\pi/3) + \underline{I}_g \exp(+j2\pi/3) + \underline{I}_0$

$\underline{I}_3 = \underline{I}_m \exp(-j4\pi/3) + \underline{I}_g \exp(+j4\pi/3) + \underline{I}_0$

Dabei sind in dieser Darstellung auf der linken wie auf der rechten Seite je 3 Parameter bei 3 Gleichungen. Nach Umordnen zu $\underline{I}_m$, $\underline{I}_g$ und $\underline{I}_0$ folgt daraus:

$\underline{I}_m = 1/3\,\{\underline{I}_1 + \underline{I}_2 \exp(j2\pi/3) + \underline{I}_3 \exp(j4\pi/3)\}$

$\underline{I}_g = 1/3\,\{\underline{I}_1 + \underline{I}_2 \exp(j4\pi/3) + \underline{I}_3 \exp(j2\pi/3)\}$

$\underline{I}_0 = 1/3\,\{\underline{I}_1 + \underline{I}_2 \qquad\qquad + \underline{I}_3\}$

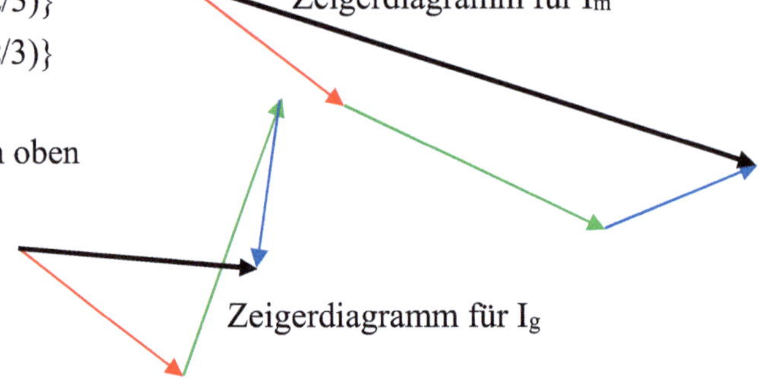

I_0 wird 1/3 des Nullleiterstromes I_N von oben

→ $I_N = $ 2,2 A und $\varphi_N = $ −44 °.

Gemessen:

$I_m = $ 14,7 A und $\varphi_m = -17{,}4°$

$I_g = $ 5,9 A   und $\varphi_g = -4{,}7°$

Zu Aufgabe 20.8

1) Aus dem Ersatzschaltbild folgt:

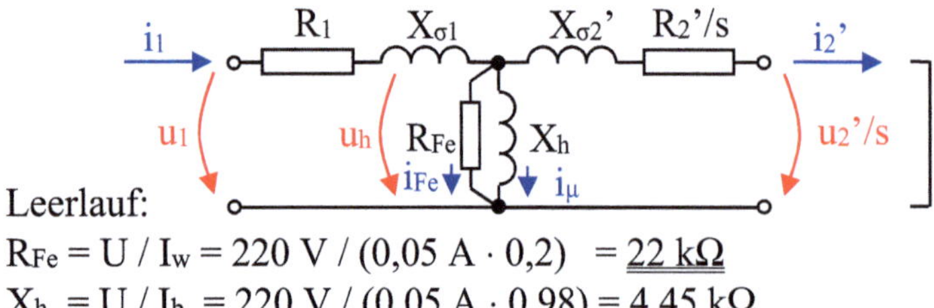

Leerlauf:

$R_{Fe} = U / I_w = $ 220 V / (0,05 A · 0,2) = 22 kΩ

$X_h = U / I_b = $ 220 V / (0,05 A · 0,98) = 4,45 kΩ

Kurzschluss:

$R_1 + R_2' = U_w / I = 140\ \text{V} \cdot 0{,}14 / 0{,}93\ \text{A} = \underline{21\ \Omega}$

$X_{\sigma 1} + X_{\sigma 2}' = U_b / I = 140\ \text{V} \cdot 0{,}99 / 0{,}93\ \text{A} = \underline{149\ \Omega}$

2) Belastung:

$R_2' = (R_1 + R_2') - R_1 = 21\ \Omega - 12{,}4\ \Omega = 8{,}6\ \Omega$

$P_{mech} = 3 \cdot P_2 = 3 \cdot I_1^2 \cdot R_2'/s$, d.h.

$s = 3 \cdot I_1^2 \cdot R_2'/P_{mech} = 3 \cdot 0{,}93^2\ \text{A}^2 \cdot 8{,}6\ \Omega /330\ \text{W} = \underline{0{,}068}$, d.h. $n = n_0 - s \cdot n_0 = \underline{2796\ \text{U/min}}$

$\eta = P / (3 \cdot I_N \cdot U_N \cos\varphi_N) = 330\ \text{W} / (3 \cdot 220\ \text{V} \cdot 0{,}93\ \text{A} \cdot 0{,}78) = \underline{0{,}74}$

Zusatzaufgabe:

Das Vorgehen ist identisch mit dem Transformator, wenn die Sekundärseite als Mechanik verstanden wird. Leerlauf $n = n_0$, Kurzschluss $n = 0$ und Belastung $n = n_N$ bei $P = P_N$.

23.12 Lösungen zu Abschnitt 21

Zu Aufgabe 21.1

$\hat{I} = \hat{U} / R = 325\ \text{V}/(100\ \Omega) = \underline{3{,}25\ \text{A}}$

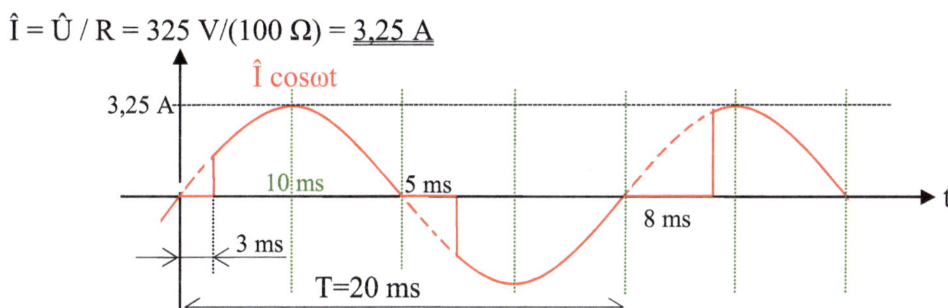

Zusatzaufgabe: Ströme qualitativ für eine Reihenschaltung von L und R.

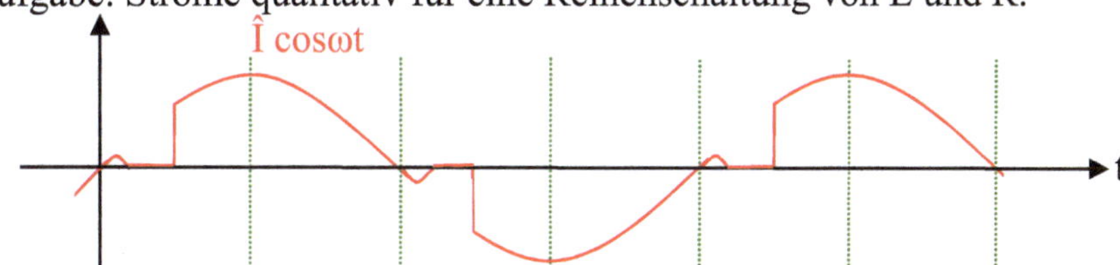

Der Strom fließt etwas weiter und wird dann erst etwas später zu null.

Zu Aufgabe 21.2

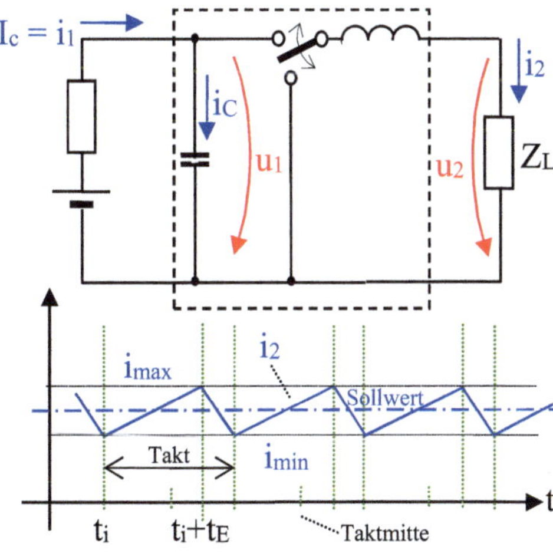

Bei konstantem Stromanstieg gilt
$u_L \approx U_{L\ Mittel} = \text{const}$.

Maschensätze für Einschalten bzw. Kurzschluss:

$0 = u_L + u_2 - u_1$ bzw. $0 = u_L + u_2$

Spannung der Induktivität: $u_L = L\ di_2/dt \rightarrow$

$i_2 \approx I_{min} + [(u_1 - u_2)/L](t - t_i)$ für $t_i \leq t \leq t_i + t_E$

$i_2 \approx I_{max} + (-u_2/L)(t - t_i)$ für $t_i + t_E \leq t \leq t_i + t_T$

$I_{max} = I_{min} + [(u_1 - u_2)/L]t_E \rightarrow I_{max} - I_{min} = t_E(u_1 - u_2)/L$

$I_{min} = I_{max} + (-u_2/L)(t_T - t_E) \rightarrow I_{max} - I_{min} = (t_T - t_E)u_2/L$

$\rightarrow t_E(u_1 - u_2)/L = (t_T - t_E)\ u_2/L \rightarrow$

$(t_T - t_E)/t_E = t_T/t_E - 1 = [(u_1 - u_2)/L]/(u_2/L) = u_1/u_2 - 1$

$t_E/t_T = u_2/u_1 = 13{,}5\ \text{V}/(18\ \text{V}) = \underline{0{,}75}$

$t_E = (t_E/t_T)/f_T = \underline{37\ \mu s}$

Literaturverzeichnis

AEG70, AEG-Telefunken. 1970. *AEG-Telefunken-Handbücher, Band 12: Synchronmaschinen.* Berlin : AEG-Telefunken, 1970.

Arn04, Arnold, P./Kilian, L./Thillosen, A./Zimmer, G. (Hrsg.). 2004. *E-Learning. Handbuch für Hochschulen und Bildungszentren. Didaktik, Organisation, Qualität.* Nürnberg : BW Bildung und Wissen, 2004.

Bed75, Bederke, Hans-Jürgen, Ptassek, Robert, Rothenbach, Georg, Vaske, Paul. 1975. *Elektrische Antriebe und Steuerungen.* Stuttgart : B. G. Teubner, 1975.

Bei13, Beier, Thomas , Wurl, Petra. 2013. *Regelungstechnik.* München : Carl Hanser Verlag, 2013.

Boe21, Erich Boeck. Seite von Erich Boeck. [Online] http:\\\\www.erich-boeck.de.

Boe23, Boeck, Erich. 2023. *Theoretische Elektrotechnik und spezielle Relativitätstheorie.* Wisbaden : Springer Vieweg, 2023.

Boe78, Boeck, Erich. 1978. Theoretische Untersuchungen des Impulsverhaltens von Lumineszenzdioden. *Wissenschaftliche Zeitschrift der Universität Rostock.* 27. Jahrgang Mathematisch-Naturwissenschaftliche Reihe, 1978, Heft 9, S. 989-994, (vergleiche http://www.erich-boeck.de/media/Promotion.pdf).

Boe93, Boeck, Erich. 1993. Sinusförmige Modulation für direkte Umrichter bei Pulsbetrieb. [Buchverf.] Prof. Dr. Peter-Klaus Budig (Hrsg.). *12. Internationale Fachtagung "Industrielle Automatisierung - Automatisierte Antriebe".* Chemnitz : Techn. Universität Chemnitz-Zwickau Fachbereich Elektrotechnik, (vergleiche http://www.erich-boeck.de/43023.html), 1993.

Bor69, Born, Max. 1969. *Die Relativitätstheorie Einsteins (Fünfte Auflage).* Berlin, Heidelberg, New York : Springer-Verlag, 1969.

Bra05, Brandt, Michael, Pahl, Jörg-Peter. 2005. Arbeits- und Geschäftsprozessorientierung: Definitorische und didaktische Unsicherheiten an gewerblich-technischen Berufsschulen. *lernen & lehren.* http://www.lernenundlehren.de/heft_dl/Heft_80.pdf. – Zuletzt geprüft am: 16.05.2025, 2005, 80.

Bro79, Bronstein, I. N., Semendjajew, K. A. 1979. *Taschenbuch der Mathematik (19. Auflage).* Leipzig und Moskau : G. Teubner Verlagsgesellschaft Leipzig und Verlag Nauka Moskau, 1979.

Büh77, Bühler, Hansruedi. 1977. *Einführung in die Theorie geregelter Drehstromantriebe, Band 2.* Basel : Birkhäuser Verlag, 1977.

Büh77a, Bühler, Hansruedi. 1977. *Einführung in die Theorie geregelter Drehstromantriebe, Band 1.* Basel : Birkhäuser Verlag, 1977.

Bun25, Bunderministerium für Bildung und Forschung. 2025. DQR25 Glossar. *https://www.dqr.de/dqr/de/der-dqr/glossar/glossar_node.html.* [Online] 2025.

Dör89, Dörner, Dietrich. 1989. *Die Logik des Misslingens.* Reinbek bei Hamburg : Rowohlt Verlag GmbH, 1989.

Dut94, Dutke, S. 1994. *Mentale Modelle: Konstrukte des Wissens und Verstehens. Kognitionspsychologische Grundlagen für die Software-Ergonomie. Göttingen: Verlag für angewandte Psychologie.* 1994.

Ein70, Einstein, Albert. 1970. *Über die spezielle und die allgemeine Relativitätstheorie.* Berlin : Akademie-Verlag, 1970.

Fis03, Fischer, Martin. 2003. Grundprobleme didaktischen Handelns und die arbeitsorientierte Wende in der Berufsbildung. *bwp@ Berufs- und Wirtschaftspädagogik – online.* http://www.bwpat.de/ausgabe4/fischer_bwpat4.pdf. – Zuletzt geprüft am: 12.05.2025, 2003, 4.

Fis79, Fischer, Rolf. 1979. *Elektrische Maschinen.* München, Wien : Carl Hanser Verlag, 1979.

Föl08, Föllinger, Otto. 2008. *Regelungstechnik (10. Auflage).* Heidelberg : Hüthig Verlag, 2008.

Fri85, Fritsche, Gottfried. 1985. *Signale und Funktionaltransformationen.* Berlin : VEB Verlag Technik, 1985.

Hab12, Haberfellner, Reinhard, Vössner, Siegfried, Fricke, Ernst, De Weck, Olivier L. 2012. *Systems Engineering: Grundlagen und Anwendung (12. Auflage).* Zürich : Orell Füssli Verlag, 2012.

Häg02, Hägele, Thomas, Knutzen, Sönke. 2002. Arbeitsprozessorientierte Entwicklung schulischer Lernsituationen. *lernen & lehren (Heft 67).* 2002, S. 115-118.

Heu91, Heumann, Klemens. 1991. *Grundlagen der Leistungselektronik.* Stuttgart : B.G. Teubner, 1991.

Kal15, Kallies,Hanno. 2015. *Entwicklung technischer Lernsysteme.* Herzogenrath : Shaker Verlag GmbH, 2015.

Kar11, Kark, Klaus W. 2011. *Antennen und Strahlungsfelder.* Wiesbaden : Vieweg+Teubner Verlag, Springer Fachmedien GmbH, 2011.

Küp84, Küpfmüller, Karl. 1984. *Einführung in die theoretische Elektrotechnik (11. Auflage).* Berlin, Heidelberg, New York : Springer- Verlag, 1984.

Lan73, Lange, Franz-Heinrich. 1970 und 1973. *Signale und Systeme (2. überarbeitete Auflage), Bände 1 bis 3 .* Berlin : Verlag Technik, 1970 und 1973.

Lin93, Lindner, Brauer, Lehmann. 1993. *Taschenbuch der Elektrotechnik und Elektronik.* Leipzig, Köln : Fachbuchverlag, 1993.

Lun08, Lunze, Jan. 2008. *Regelungstechnik 1 (7. Auflage).* Berlin, Heidelberg : Springer-Verlag, 2008.

Lun91, Lunze, Klaus. 1991. *Einführung in die Elektrotechnik (13. Auflage).* Berlin : Verlag Technik GmbH, 1991.

Lun91a, Lunze, Klaus. 1991. *Theorie der Wechselstromschaltungen (8. Auflage).* Berlin : Verlag Technik GmbH, 1991.

Mar01, Martschinke, S. 2001. *Aufbau mentaler Modelle durch bildliche Darstellungen. Eine experimentelle Studie über die Bedeutung der Merkmalsdimensionen Elaboriertheit und Strukturiertheit im Sachun-terricht der Grundschule.* s.l. : Münster: Waxmann, 2001.

Max76, Maxwell, James Clerk. 1976. *Über physikalische Kraftlinien (Deutsch herausgegeben von Ludwig Bolzmann), Nachdruck von 1898.* Braunschweig : Friedr. Vieweg u. Sohn GmbH (für Wissenschaftliche Buchgesellschaft, Darnstadt), 1976.

Mic92, Michel, Manfred. 1992. *Leistungselektronik.* Berlin, Heidelberg : Springer-Verlag, 1992.

Mie70, Mierdel, Georg. 1970. *Elektrophysik.* Berlin : VEB Verlag Technik, 1970.

Nol12, Nolting, Wolfgang. 2012. *Grundkurs Theoretische Physik 4.* Berlin, Heidelberg : Springer-Verlag, 2012.

Pau07, Paus, Hans J. 2007. *Physik in Experimenten und Beispielen (3. Auflage).* München : Carl Hanser Verlag, 2007.

Pau74, Paul, Reinhold. 1974. *Halbleiterphysik.* Berlin : VEB Verlag Technik, 1974.

Phi76, Philippow, Eugen. 1976. *Taschenbuch Elektrotechnik, Band 1.* München, Wien : Carl Hanser Verlag, 1976.

Poh44, Pohl, Robert Wichard. 1944. *Einführung in die Elektrizitätslehre (10. u. 11. Auflage).* Berlin : Springer Verlag, 1944.

Reb05, Rebhan, Eckhard. 2005. *Theoretische Physik II.* Heidelberg : Spektrum Akademischer Verlag, 2005.

Reb99, Rebhan, Eckhard. 1999. *Theoretische Physik I.* Heidelberg, Berlin : Spektrum Akademischer Verlag, 1999.

Rie00, Riedl, Alfred, Schelten, Andreas. 2000. Handlungsorientiertes Lernen in technischen Lernfeldern. [Buchverf.] Reinhard Bader und Peter F. E. Sloane. *Lernen in Lernfeldern: Theoretische Analysen und Gestaltungsansätze zum Lernfeldkonzept.* Markt Schwaben : Eusl-Verl.-Ges, 2000.

Sch09, Schmidt, Ulrich. 2009. *Professionelle Videotechnik.* Berlin, Heidelberg : Springer-Verlag, 2009.

Sei98, Seifart, Manfred, Beikirch, Helmut. 1998. *Digitale Schaltungen.* Berlin : Verlag Technik, 1998.

Spe65, Spenke, Eberhard. 1965. *Elektronische Halbleiter.* Berlin, Heidelberg, New York : Springer Verlag, 1965.

Tae70, Taegen, Frank. 1970. *Einführung in die Theorie der elektrischen Maschinen I.* Braunschweig : Friedr. Vieweg + Sohn GmbH, 1970.

THK25, TH Köln. 2025. Maschinenbau – Product Engineering and Context. [Online] 2025. https://www.th-koeln.de/studium/maschinenbau--product-engineering-and-context-bachelor_92158.php.

Tie10, Tietze, Ulrich, Schenk, Christoph. 2010. *Halbleiterschaltungstechnik (13. Auflage).* Berlin, Heidelberg : Springer-Verlag, 2010.

Uni25, Universität Bremen. 2025. Maschinenbau und Verfahrenstechnik – Uni Bremen. [Online] 2025. https://muv.uni-bremen.de/.

Vog80, Vogel, Johannes. 1980. *Grundlagen der elektrischen Antriebstechnik.* Heidelberg : Hüthig Verlag, 1980.

Wei08, Weinzierl, Stefan. 2008. *Handbuch der Audiotechnik.* Berlin Heidelberg : Springer-Verlag, 2008.

Wei81, Weißmantel, Christian, Hamann, Claus. 1981. *Grundlagen der Festkörperphysik.* Berlin : VEB Deutscher Verlag der Wissenschaften, 1981.

Sachverzeichnis